# 机械密封结构

## 图例及应用

孙开元　郝振洁　主编

化学工业出版社

·北京·

本书介绍了密封的作用、分类、原理和材料选择，静密封和动密封的分类及选型，详细阐述了各种机械密封的结构、特点、性能和适用条件，并介绍了机械密封的新技术及特殊场合机械密封的特点，同时，根据最新国家标准列出常用密封件参数，方便读者查阅选用，此外还介绍了机械密封性能检测及故障分析方法，最后列举了各个领域常见的密封结构应用图例。

本书适合于机械设计人员和工程施工技术人员或机械类专业教师、学生学习参考和查阅。

**图书在版编目（CIP）数据**

机械密封结构图例及应用/孙开元，郝振洁主编．—北京：化学工业出版社，2017.4（2024.6重印）
ISBN 978-7-122-29143-1

Ⅰ．①机…　Ⅱ．①孙…　②郝…　Ⅲ．①机械密封-结构图-图解　Ⅳ．①TH136-64

中国版本图书馆CIP数据核字（2017）第035419号

责任编辑：张兴辉　　文字编辑：陈　喆
责任校对：吴　静　　装帧设计：王晓宇

出版发行：化学工业出版社（北京市东城区青年湖南街13号　邮政编码100011）
印　　装：北京七彩京通数码快印有限公司
787mm×1092mm　1/16　印张17　字数424千字　2024年6月北京第1版第13次印刷

购书咨询：010-64518888　　售后服务：010-64518899
网　　址：http://www.cip.com.cn
凡购买本书，如有缺损质量问题，本社销售中心负责调换。

定　　价：89.00元

# 前言

密封是机器设备中防止泄漏的唯一手段，起密封作用的零件称为密封件，密封件是机械产品中应用最广的零部件之一，它对整台机器设备、整套装置，甚至对整个工厂的安全生产影响都很大。系统中的工作介质或润滑剂的泄漏，会造成资源浪费，并且泄漏到环境中的物质会污染空气、水以及土壤，这些物质一般很难回收，严重影响人体健康和产品质量，甚至还会导致火灾、爆炸和人身伤亡等重大事故，因此，不仅要注意和避免肉眼可见的液体泄漏，还应避免不可见的气体逸出。

随着我国现代化工业的发展，密封技术在石油、化工、机械、冶金、电力、建材、轻工、纺织、交通运输及国防军工行业得到广泛应用，同时对密封的要求也越来越高，并迫切需要通过改进密封技术解决机器设备在安装、使用中出现的问题。因此，为了使机器设备能在高效率下安全可靠地长时间、连续运转，必须重视发展密封技术和培养掌握密封技术的工程技术人员，以解决生产上出现的有关密封问题。密封的设计、制造已逐步引起人们的重视，随着研究的不断深入，机械密封技术有了很大的发展，已经形成较完整的密封系统及设计方法。

本书概要介绍了密封的原理与分类，着重介绍了机械密封的各种结构及应用特点。不仅以表格形式介绍了各种密封件的结构参数，还通过实例介绍了密封系统，特别是各领域内机械密封的新技术及应用图例，为读者提供了直接的参考依据，有助于快速掌握机械密封的实用技术。由于篇幅有限，本书不能详细阐述各种密封结构的设计计算方法，请读者参阅相关技术设计手册。

在本书的编写过程中参阅了大量著作和网络资料，在此对参考文献作者表示感谢。本书由孙开元、郝振洁主编，张丽杰、柴树峰、马雅丽任副主编，参加编写工作的还有王文照、孙爱丽、李若蕾、刘雅倩、贾继红、冯淑忠、邵汉强、袁一、廖苓平、韩继富、刘宝萍、孙葳、孙振邦、孙佳璐、孙燕。本书由于战果主审。

书中若有不足之处，敬请广大读者批评指正。

**编者**

# 目录

# 第1章 概述

## 1.1 密封的作用

### 1.1.1 泄漏与密封

泄漏是自然界常见的现象。日常生活中如自来水、煤气的泄漏常常给人们带来不便甚至危害；工业中如压力容器、管道、反应器、阀门、液压设备、运输工具一旦发生泄漏，轻则造成能源和原材料的大量浪费、设备不能正常工作，重则导致设备报废、整个工厂或系统陷于瘫痪、人员伤亡和严重的环境污染。因此，人们在生产实践中千方百计地设法防止和消除泄漏。

泄漏是指介质，如气体、液体、固体或它们的混合物，从一个空间进入另一个空间的人们不希望发生的现象。单位时间内泄漏的介质量称为泄漏率。

由于机械加工的结果，机械产品的表面必然存在各种缺陷以及形状和尺寸偏差。因此在机械零件的接触处不可避免地会产生微小的间隙，当存在压力差或浓度差时，工作介质就会通过间隙而泄漏。密封是指机器、设备的连接处没有泄漏的现象。能起密封作用的零部件称密封件。较复杂的密封连接称为密封系统或密封装置。

在工程实践中，常用密封性或紧密性这个概念来评价密封连接的有效性。系统和设备的紧密性可以通过泄漏率的大小来评定。从物理意义上讲，并不存在绝对的紧密性。所谓紧密性应该像其他物理量一样，可以定量地加以衡量。文献将连接的紧密性定义为："在一定的操作条件下，连接的泄漏率低于某一规定的指标泄漏率；或在规定的泄漏率指标下，连接能够承受特定的操作条件。满足上述条件的连接是紧密的，反之则认为是不紧密的"。实际上连接的泄漏率大小是与检漏条件、检漏方法、检漏人员等密切相关的。不同的测试人员或采用不同的检漏方法、不同的检漏设备所得到的测试结果往往不一致。因而，文献对系统和设备的紧密性作了较为严格的定义："在某一特定的操作条件下，采用指定的、具有相应测试分辨率的检漏方法测得的泄漏率低于某一规定的指标泄漏率。满足上述条件的系统和设备是紧密的，反之是不紧密的"。

不同的工业部门对系统和设备的紧密性有不同的要求。例如，我国国家标准 GB/T 4622.3—2007《缠绕式垫片技术条件》中所规定的四级泄漏率指标（$1.2\times10^{-5}$ cm$^3$/s、$1.0\times10^{-4}$cm$^3$/s、$1.0\times10^{-3}$cm$^3$/s、$1.0\times10^{-2}$cm$^3$/s）可基本满足一般工业和某些石油化工企业装置的紧密性要求。对核能和某些重要的化工设备，其泄漏率则应控制在 $10^{-7}$cm$^3$/s 以下。而心脏起搏器所用同位素电池的泄漏率数量级约为 $10^{-12}$Pa・m$^3$/s。

泄漏率通常用体积流率、质量流率以及 $pv$ 流率来表示，其常用的单位为 cm$^3$/s、g/s、

$Pa \cdot m^3/s$等。

密封技术所要解决的问题就是防止或减少泄漏。

### 1.1.2 密封的基本方法

密封的本质在于阻止被密封的空间与周围介质之间的质量交换。密封装置所要解决的问题就是设法防止或减少泄漏，方法有很多，目前的密封方法大致可归纳为以下几种：

(1) 尽量减少密封部位

在进行容器和设备设计时，应尽可能少设置密封部位。特别是对于那些处理易燃、易爆、有毒、强腐蚀性介质的容器和设备，更应少采用密封连接。例如，当可以同时选择单级单吸和单级双吸离心泵输送上述物料时，则宜用前者，因为单吸离心泵比双吸离心泵少一处密封。

(2) 堵塞或隔离泄漏通道

静密封采用的各种密封垫、密封胶、胶黏剂就属于这一类。由于垫片或密封胶均具有良好的变形特性，因此容易与被连接元件表面贴合，填满表面的微间隙，堵塞或减小被密封流体的泄漏通道，实现密封。

对于动密封，泄漏主要发生在高低压相连通且具有相对运动的部位，由于有相对运动，因此必然存在间隙。设法把间隙堵塞住，即可做到防止或减少泄漏，软填料密封即属于这一类。隔离泄漏通道，就是在泄漏通道中设置障碍，使通道切断（泄漏亦被切断），机械密封、油封等接触式密封都属于这一类。

(3) 增加泄漏通道中的流动阻力

介质通过泄漏通道泄漏时会遇到阻力。流动阻力与泄漏通道的长度成正比，与泄漏通道的当量半径的4次方（对于层流状态）或3次方（对于分子流状态）成反比。因此，在同样的压差下，可把通道加设很多齿，或开各式沟槽，以增加泄漏时的阻力，从而阻止或减少泄漏，如迷宫密封、间隙密封等。对于垫片密封来说，适当增加垫片宽度，即增加泄漏通道长度，提高垫片的密封比压，即减小泄漏通道的当量半径，可增加泄漏阻力，改善连接的密封。

(4) 采用永久性或半永久性连接

采用焊接、钎焊或利用胶黏剂可形成永久性或半永久性连接。

(5) 引出或注入

将泄漏流体引回吸入室或通常为低压的吸入侧（例如抽气密封、抽射器密封等）或将对被密封流体无害的流体注入密封室，阻止被密封流体的泄漏（例如缓冲气密封、氮气密封等）。

(6) 在通道中增设做功元件

因加设做功元件，工作时做功元件对泄漏液造成反压力，与引起泄漏的压差部分抵消或完全平衡（大小相等，方向相反），以阻止介质泄漏。离心密封、螺旋密封即属于这一类。

(7) 几种密封方法的组合

把两种或两种以上密封组合在一起来达到密封。例如填料-迷宫密封、螺旋-填料密封、迷宫-浮环密封等。

(8) 其他新型密封

如磁流体密封、封闭式密封、刷式密封、指尖密封等。

### 1.1.3 密封的作用和意义

(1) 密封的作用

① 提高机器效率、降低能耗。

a. 减少机器的内漏、外漏和穿漏，提高机器容积效率。

b. 减少摩擦损失，提高机器的机械效率。例如，将双端面密封改为单端面密封、非平衡型改为平衡型、双支承减底泵封闭一端减少密封都能减少摩擦损失，提高机械效率。

c. 改变密封方式，提高机器或机组的效率。例如，将屏蔽泵改用机械密封泵，使电动机效率提高；采用磁力传动泵，提高机器效率。

d. 改变辅助系统，减少能耗，提高机组效率。例如，热油泵自冲洗改为小叶轮循环冲洗；双端面密封改为单端面密封，节省封油辅助系统的能耗。

② 节约原材料。例如，工艺流体回收，减少或消除动力蒸汽和工艺流体的损耗，减少封油损耗等。

③ 提高机器可靠性。例如，轴封的漏损和寿命决定轴封和机器的可靠性。

④ 安全和环境保护。

(2) 密封的意义

① 密封技术虽然不是领先性技术，但却是决定性技术。例如，美国挑战号航天飞机由于密封事故而坠落；核电站循环泵为了安全可靠，由有轴封泵改成无轴封泵，改进机械密封后因工作可靠，又由无轴封泵改回成有轴封泵，从而提高了电动机效率。这两件事情充分说明机械密封虽然不是领先性技术，但却是决定性技术。

② 密封件虽然不大，只是个零部件，但却能决定机器设备的安全性、可靠性和耐久性。

在石油化工厂机泵釜中的轴封不大，一旦发生产品泄漏事故，不仅会影响到机泵设备的工作，还会发生燃烧或爆炸，造成工艺装置停工和人身伤亡等。

③ 机械密封在日常机泵釜等设备维修工作中，工作量约占50%。通过对国内外几个石化企业的调查，都说明了在日常机泵釜等设备维修中，机械密封的维修工作量几乎占50%。离心泵的维修费大约有70%是用于处理密封故障。在离心式压缩机失效原因中，润滑和密封系统的故障占55%～60%。密封系统价格占机组价格的20%～40%。美国的密封技术工作者认为，由于开发密封技术，仅汽轮机一项，每年节约能源费用3亿美元。全世界轴承年销售额为90多亿美元，其中90%的轴承都未达到设计寿命，而在轴承早期失效故障中，有75%是由于油封失效，仅此一项就花掉60多亿美元。

# 1.2 密封的分类及选型

## 1.2.1 密封的分类

密封可分为相对静止接合面间的静密封和相对运动接合面间的动密封两大类。静密封的密封部位是静止的，如管道法兰、螺纹连接、压力容器与盖间的密封等。动密封的密封部位有相对运动，可分为旋转密封和往复密封，还可以分为接触式密封和非接触式密封及无轴封密封三类。

(1) 静密封的分类、特点及应用

根据工作压力，静密封可分为中、低压静密封和高压静密封。中、低压静密封常用材质较软、垫片较宽的垫密封，高压静密封则用材料较硬、接触宽度很窄的金属垫片。

根据工作原理，静密封又可分为法兰连接垫片密封、自紧密封、研合面密封、O形环密封、胶圈密封、填料密封、螺纹连接垫片密封、螺纹连接密封、承插连接密封、密封胶密封。

法兰连接垫片密封是指在两连接件（如法兰）的密封面之间垫上不同型式的密封垫片，如非金属、非金属与金属的复合垫片或金属垫片，然后将螺纹或螺栓拧紧，拧紧力使垫片产生弹性和塑性变形，填塞密封面的不平处，达到密封目的。密封垫的型式有非金属垫片、金属垫片和金属复合垫片。非金属垫片有橡胶、石棉橡胶板、柔性石墨、聚四氟乙烯、聚氯乙烯等，截面形状都是矩形。金属垫片有铝、铜、钢材等材料，类型有平垫片、环形垫、齿形垫、透镜垫、三角垫、双锥垫、金属丝垫等。金属复合垫包括各种金属包垫、金属缠绕垫。螺旋缠绕垫片由多个金属同心环构成，两金属环之间的空隙以前用石棉填充，现在改用特氟隆、膨胀石墨、陶瓷、石英及石墨/石英。法兰连接垫片密封广泛用于各种工艺管道、阀门、设备、机、泵法兰连接处，设备上的人孔、手孔、视镜、大盖法兰连接处等。密封压力和温度与连接件的型式及垫片的形状、材料有关。通常，法兰连接密封可用于温度范围为－70～600℃，压力大于1.333kPa（绝压）、小于或等于35MPa的条件下；若采用特殊垫片，则可用于更高的压力。

自紧密封是指密封元件不仅受外部连接件施加的力进行密封，而且还依靠介质的压力压紧密封元件进行密封，介质压力越高，对密封元件施加的压紧力就越大。采用平垫自紧密封时介质压力作用在盖上并通过盖压紧垫片，主要用于介质压力在100MPa以下、温度为350℃的高压容器、气包的手孔密封。采用自紧密封环时介质压力直接作用在密封环上，利用密封环的弹性变形压紧在法兰的端面上，用于高压容器法兰的密封。

研合面密封是靠两密封面的精密研配消除间隙，用外力压紧（如螺栓）来保证密封。实际使用中，密封面往往涂敷密封胶，以提高严密性。两密封面的粗糙度 $Ra$ 要达到2～5μm，自由状态下，两密封面之间的间隙不大于0.05mm。通常用于密封压力在100MPa以下、温度为550℃的介质，如汽轮机、燃气轮机等的气缸接合面，此时螺栓受力较大。

O形环密封包括非金属O形环和金属空心O形环两种。非金属O形环装入密封沟槽后，其截面一般受到15%～30%的压缩变形，在介质压力作用下，移至沟槽的一边，封闭需密封的间隙，达到密封目的。非金属O形环密封性能好，寿命长，结构紧凑，装拆方便。根据要求选择不同的密封圈材料，可在－100～20℃的温度下使用，密封压力可达100MPa，主要用于气缸、油缸的缸体密封。金属空心O形环的断面形状为长圆形，当环被压紧时，利用环的弹性变形进行密封。金属空心O形环用管材焊接而成，常用材料为不锈钢管，也可用低碳钢管、铝管和铜管等。为提高密封性能，O形环表面需镀覆或涂以金、银、铂、铜、氟塑料等。管子壁厚一般选取0.25～0.5mm，最大为1mm。用于密封气体或易挥发的液体，应选用较厚的管子；用于密封黏性液体，应选用较薄的管子。金属空心O形环分为充气式和自紧式两种。充气式是在封闭的O形环内充惰性气体，可增加环的回弹力，用于高温场合。自紧式是在环的内侧圆周上钻有若干小孔，因管内压力随同介质压力增高而增高，使环具有自紧性能，用于高压场合。金属空心O形环密封适用于高温、高压、高真空、低温等条件，可用于直径达6000mm、压力为280MPa、温度为－250～600℃的场合。

胶圈密封由壳体、橡胶圈、V形槽、管子组成，结构简单，重量轻，密封可靠，适用于快速装拆的场合。O形环材料一般为橡胶，最高使用温度为200℃，工作压力为0.4MPa，若压力较高或者为了密封更加可靠，则可用两个O形环。

填料密封是指在钢管与壳体之间充以填料（俗称盘根），用压盖和螺钉压紧，以堵塞调节出的间隙，达到密封的目的。多用于化学、石油、制药等工业设备可拆式内伸接管的密封。根据充填材料不同，可用于不同的温度和压力。

螺纹连接垫片密封由接头体、螺母、金属平垫、接管组成，适用于小直径螺纹连接或管道连接的密封。在拧紧螺纹时，非金属软垫片不仅承受压紧力，而且还承受转矩，垫片容易产生扭转变形，因此非金属软垫片密封常用于介质压力不高的场合。金属平垫密封，又称“活接头”，结构紧凑，使用方便。垫片为金属垫，适用压力为32MPa，管道公称直径 $DN \leqslant 32mm$。

螺纹连接密封是把两根管子之间用接管套连接。其结构简单、加工方便，用于管道公称

直径 $DN \leqslant 50\text{mm}$ 的密封。由于螺纹间配合间隙较大，需在螺纹处放置密封材料，如铅油麻丝、聚四氟乙烯胶带、密封胶等，最高使用压力为 1.6MPa。铅油麻丝等溶剂型填料在液态时能填满间隙，固化后溶剂蒸发，导致收缩龟裂，而且耐介质腐蚀性能差，很容易泄漏。聚四氟乙烯胶带不可能完全紧密填充，调整时容易断丝，易堵塞管路阀门，而且聚四氟乙烯和金属的摩擦因数低，管螺纹接头很容易松动，密封效果也不是很好。液态密封胶是较理想的螺纹密封剂，涂在螺纹表面，拧紧后即开始固化，形成致密坚硬的胶层，固化后不收缩，能保证螺纹间隙充满，不渗不漏。

承插连接密封主要用于常压下铸铁管材、陶瓷管材、水泥管材等不重要的管道连接密封。在管子连接处充填矿物纤维或植物纤维进行堵封，且需要耐介质的腐蚀。

密封胶密封是用刮涂、压注等方法将密封胶涂在要紧压的两个面上，靠胶的浸润性填满密封面凹凸不平处，形成一层薄膜，能有效地起到密封作用。密封胶密封适用于非金属材料，如塑料、玻璃、皮革、橡胶，以及金属材料制成的管道或其他零件的密封。这种密封牢固，结构简单，密封效果好，但耐温性差，通常用于 150℃ 以下，用于汽车、船舶、机车、压缩机、油泵、管道以及电动机、发动机等的平面法兰、螺纹连接、承插连接的胶封。

(2) 动密封的分类、特点及应用

根据密封面间是滑动还是旋转运动，动密封可以分为往复密封和旋转密封两种基本类型。根据密封件与其做相对运动的零部件是否接触，可以分为接触式、非接触式、无轴封三大类密封。组合式密封则是把接触式密封或非接触式密封几种结合起来，以满足较高的密封要求。一般来讲，接触式密封的密封面相互靠紧、接触，甚至嵌入，以减少间隙或消除间隙达到密封，因此密封性好，但受摩擦磨损限制，适用于密封面线速度较低的场合。非接触式密封的密封件不直接接触，预留有固定的装配间隙，因而没有机械摩擦和磨损，密封件工作寿命长，但密封性较差，适用于较高速度的场合。

① 接触式动密封　在接触式动密封中，按密封件的接触位置又可分为圆周（径向）密封和端面（轴向）密封。端面密封又称为机械密封。按密封原理可分为填料密封、油封密封、涨圈密封、机械密封。其中机械密封既有接触式密封，也有非接触式密封。

填料密封包括毛毡密封、软填料密封、硬填料密封、挤压型密封和唇型密封。

毛毡密封是在壳体槽内填以毛毡圈，以堵塞泄漏间隙，达到密封的目的。毛毡具有天然弹性，呈松孔海绵状，可储存润滑油和防尘。轴旋转时，毛毡又将润滑油从轴上刮下反复自行润滑。一般用于低速、常温、常压的电机、齿轮箱等机械中，温度不超过 90℃，用以密封润滑脂、油、黏度大的液体及防尘，但不宜用于气体密封。适用转速：粗毛毡，$v_c \leqslant 3\text{m/s}$；优质细毛毡且轴经过抛光，$v_c \leqslant 10\text{m/s}$。

软填料密封又称压盖填料密封，是在轴与壳体之间充填软填料（俗称盘根），然后用压盖和螺钉将填料压紧在轴的表面，以达到密封的目的。填料压紧力沿轴向分布不均匀，轴在靠近压盖处磨损最快。压力低时，轴转速较高，反之，转速较低。软填料密封主要用于液体或气体介质往复运动和旋转运动时的密封，如各种阀门、水泵、真空泵等，泄漏率为 10～1000mL/h。常见的填料主要有橡胶、合成纤维、石棉、合成树脂、柔性填料、油浸石墨填料等。选择适当填料材料及结构，可用于压力不大于 35MPa、温度不大于 600℃和速度不大于 20m/s 的场合。

硬填料密封是指在密封箱内装有若干密封盒，盒内装有一组密封环。分瓣密封环靠弹簧和介质压力差贴附于轴上。填料环在填料盒内有适当的轴向和径向间隙，使其能随轴自由浮动。填料箱上的锁紧螺钉的作用只用于压紧各级填料盒，而不用于各级填料环上。密封环材料通常为青铜、巴氏合金、石墨等。硬填料密封主要用于往复运动轴的密封，如往复式压缩机的活塞杆密封。为了能补偿密封环的磨损和追随轴的跳动，可采用分瓣环、开口环等。通过选择适当的密封结构和密封环形式，硬填料密封也适用于旋转轴的密封，如高压搅拌轴的密封。硬填料密封适用于介质压力为350MPa、线速度为12m/s、温度为－45～400℃的场合，但需要对填料进行冷却或加热。

挤压型密封按密封圈截面形状分有O形、方形等，以O形应用最广。挤压型密封就是在流体介质没有压力或低压的情况下，靠密封圈安装在槽内预先被挤压，产生压紧力，工作时又靠介质压力挤压密封圈，使其变形增大，封闭密封间隙，达到密封的目的。挤压型密封结构紧凑，所占空间小，动摩擦阻力小，拆卸方便，成本低，用于往复及旋转运动，密封压力从$1.33\times10^{-5}$Pa的真空到40MPa的高压，温度为－60～200℃，线速度小于或等于3.5m/s。

唇型密封依靠密封唇的过盈量和工作介质压力所产生的径向压力即自紧作用，使密封件产生弹性变形，堵住漏出间隙，达到密封的目的，与挤压型密封相比有更显著的自紧作用。其结构有Y形、V形、U形、L形、J形之分，与O形环密封相比，结构较复杂，体积大，摩擦阻力大，装填方便，更换迅速。主要用于往复运动的密封。选用适当材料的油封，可用于压力达100MPa的场合。常用密封材料有橡胶、皮革、聚四氟乙烯等。

油封密封常用于防止轴承润滑油的泄漏，因此得名。油封也是一种自紧式唇型密封，在自由状态下，油封内径比轴径小，即有一定的过盈量。油封装到轴上后，其刃口的压力和自紧弹簧的收缩力对密封轴产生一定的径向抱紧力，遮断泄漏间隙，达到密封目的。油封分有骨架与无骨架、有弹簧与无弹簧几种型式。油封安装位置小，轴向尺寸小，使机器结构简单、尺寸紧凑，密封性能好，使用寿命较长，装拆容易，检修方便，成本低廉，对机器的振动和主轴的偏心都有一定的适应性，但不能承受高压。油封常用于液体密封，尤其广泛用于尺寸不大的旋转传动装置中密封润滑油，也用于封气或防尘。

涨圈密封将带切口的弹性环放入槽中，由于涨圈本身的弹力，而使其外圆紧贴在壳体上，涨圈外径与壳体间无相对转动。由于介质压力的作用，涨圈一端面贴合在涨圈槽的一侧产生相对运动，用液体进行润滑和堵漏，从而达到密封的目的。涨圈密封广泛用于使用密封油的装置。一般用于液体介质密封（因涨圈密封必须以液体润滑），用于气体密封时，要有油润滑摩擦面。适用范围：工作温度不大于200℃，线速度不大于10m/s，往复运动时压力不大于70MPa，旋转运动时压力不大于1.5MPa。

机械密封的主要部件是动环和静环，一个随主轴旋转，一个固定不动。光滑而平直的动环和静环的端面，靠弹性构件和密封介质的压力使其互相贴合并作相对转动，端面间维持一层极薄的液体膜而达到密封的目的。机械密封密封性能好，寿命长，广泛用于密封各种不同黏度、有毒、易燃、易爆、强腐蚀性和含磨蚀性固体颗粒的介质，寿命可达25000h，一般不低于8000h。目前已达到如下技术指标：轴径为5～2000mm，压力为$10^{-6}$MPa的真空到45MPa的高压，温度为－200～450℃，线速度为150m/s。

② 非接触式动密封　非接触式动密封有迷宫密封和动力密封等。迷宫密封是利用流体在间隙内的节流效应限漏，泄漏量较大，通常用在级间密封等密封性要求不高的场合。动力密封有离心密封、浮环密封、螺旋密封、气压密封、喷射密封、水力密封、磁流密封等，是靠动力元件产生压头抵消密封两侧的压力差以克服泄漏，它有很高的密封性，但能耗大，且难以获得高压头。非接触式密封，由于密封面不直接接触，启动功率小，寿命长。如果设计得合理，则泄漏量也不会太大，但这类密封是利用流体力学的平衡状态而工作的，如果运转条件发生变化，就会引起泄漏量很大的波动，而且市场上不能直接购到这类密封件，基本上都由用户自行设计。

迷宫密封也称梳齿密封，主要用于气体密封，可用于液体、固体等的密封。它可以通过在旋转件和固定件之间形成的很小的曲折间隙内充以润滑脂来实现密封，适用于高速场合，但需注意在圆周速度大于5m/s时可能使润滑脂由曲路中甩出。它还可以使流体经过许多节流间隙与膨胀空腔组成的通道，经过多次节流而产生很大的能量损耗，流体压头大为下降，使流体难以渗漏，以达到密封的目的。这种密封不受转速和温度的限制，与其他密封配合后的效果更好，在离心压缩机、蒸汽透平、燃气透平、鼓风机等机器中作为级间密封和轴端密封，有着广泛的用途。

离心密封包括叶轮密封和甩液环密封，是借离心力作用（甩油盘）将液体介质沿径向甩出，阻止液体进入泄漏缝隙，从而达到密封目的的。其转速愈高，密封效果愈好，若转速太低或静止不动，则密封无效。其结构简单，成本低，没有磨损，不需维护。离心密封用于密封润滑油及其他液体，不适用于气体介质，广泛用于高温、高速的各种传动装置，以及压差为零或接近于零的场合。

浮环密封中的浮动环可以在轴上径向浮动，密封腔内通入比介质压力高的密封油。径向密封靠作用在浮动环上的弹簧力和密封油压力与隔离环贴合来实现；轴向密封靠浮动环与轴之间的狭小径向间隙对密封油产生节流来实现。这种密封结构简单，检修方便，但制造精度高，需采用复杂的自动化供油系统，适用于介质压力大于10MPa、转速为10000～20000r/min、线速度在100m/s以上的流体机械，如气体压缩机、泵类等的高速、高压、强腐蚀介质的轴封。

螺旋密封是在原密封腔内和传动轴上分别加工出一定角度的螺旋，利用螺杆泵原理，当液体介质沿泄漏间隙渗漏时，借螺旋作用而将液体介质赶回去，以保证密封。在设计螺旋密封装置时，对于螺旋赶油的方向要特别注意。假设轴的旋转方向从右向左看为顺时针方向，则液体介质与壳体的摩擦力为逆时针方向，而摩擦力在该右螺纹的螺旋线上的分力向右，故液体介质被赶向右方。其结构简单，制造、安装精度要求不高，维修方便，使用寿命长，适用于高温、高速、深冷、腐蚀甚至带颗粒的液体密封，不适用于气体密封。

气压密封利用空气压力来堵住旋转轴的泄漏间隙，以保证密封。这种密封结构简单，但要有一定压力的气源供气，气源的空气压力比密封介质的压力大0.03～0.05MPa。气压密封不受速度、温度限制，一般用于压差不大的地方，如用以防止轴承腔的润滑油漏出；也可用于气体的密封，如防止高温燃气漏入轴承腔内。气压密封往往与迷宫密封或螺旋密封组合使用。

喷射密封通过在泵的出口处引出高压流体高速通过喷射器，将密封腔内泄漏的流体吸入泵的入口处，以达到密封的目的，但需设置停泵密封装置。其结构简单，制造、安装方便，密封效果好，但容积效率低，适用于无固体颗粒、低温、低压、腐蚀性介质。

水力密封利用旋转的液封盘将液体旋转产生离心压力来堵住泄漏间隙，以达到密封的目的。液封盘可制成光面，也可制成带有径向叶片的形式，以增大水的离心力。为了减小液封盘两侧的压差，在液封盘的高压区设有迷宫密封。水力密封可用于气体或液体的密封，能达到完全不漏，故常用于对密封要求严格之处，如用于易燃、易爆或有毒气体的气体风机，在汽轮机上用以密封蒸汽。这种密封消耗功率大，温升高，为防止油品高温焦化，切向速度不宜超过50m/s。

磁流体密封是将微小磁性颗粒悬浮在甘油等载流体中，而形成铁磁流体，填充在密封腔内。壳体采用非磁性材料，转轴用磁性材料制成。磁极尖端磁通密度大，磁场强度高，与轴构成磁路，使铁磁流体集中而形成磁流体圆形环，起到密封作用，可达到无泄漏、无磨损。轴不需要高精度，不需外润滑系统，但不耐高温，适用于高真空、高速度的场合。

③ 无轴封密封　动密封还包括无轴封密封，其形式分为隔膜式、屏蔽式、磁力传动式等。

隔膜式是在柱塞泵缸前加一隔膜使输送介质与泵缸隔开，并防止输送介质在动密封处泄漏。柱塞在缸内做往复运动，使缸内油产生压力，推动隔膜在隔膜腔内左右鼓动，达到吸排的目的。隔膜式密封多用于介质压力小于 50MPa 的剧毒、易燃、易爆或贵重介质的场合，如用于隔膜计量泵、隔膜阀、隔膜压缩机等往复运动的机械，以达到完全无泄漏。

屏蔽式是将叶轮装在电机伸出轴上，泵送设备与电机组成一个整体。电机定子内腔和转子表面各有一层金属薄套保护，称屏蔽套，以防止输送介质进入定子和转子。轴承靠输送介质润滑。屏蔽式密封多用于介质为剧毒、易燃、易爆或贵重介质的场合，如用于屏蔽泵、屏蔽压缩机、搅拌釜、制冷机等旋转机械，以达到完全无泄漏。

磁力传动式是将内磁转子装在泵轴端，并用密封套封闭在泵体内部，形成静密封。外磁转子装在电机轴端，套入密封套外部，使内外磁转子处于完全偶合状态。内外转子间的磁场力透过密封套而相互作用，进行力矩的传递。磁力传动式密封多用于介质为剧毒、易燃、易爆或贵重介质的场合，如用于磁力泵、搅拌器等旋转机械，以达到完全无泄漏，目前常用于传递功率在 75kW 以下的场合。

### 1.2.2 密封的选型

对密封的基本要求是密封性好，安全可靠，寿命长，并应力求结构紧凑，系统简单，制造维修方便，成本低廉。大多数密封件是易损件，应保证互换性，实现标准化、系列化。

各种型式的密封，均有其特点和使用范围，设计密封时应先进行分析比较。表 1-1 列出了各种常用密封方法的特征。

表 1-1 常用密封类型的特征

| 密封类型 | 使用条件 | | 耐压性 | 耐高速性 | 耐热性 | 耐寒性 | 耐久性 | 用途 | 备注 |
|---|---|---|---|---|---|---|---|---|---|
| | 往复运动 | 转动 | | | | | | | |
| 填料密封 | 良 | 良 | 良 | | 良 | 可 | 可 | 泵、水轮机、阀、高压釜 | 可用缠绕填料、编织填料或成形填料 |
| O形圈密封 | 良 | 可 | 良 | 可/良 | 可/良 | 可 | 可 | 活塞密封 | 可广泛用作静密封，此时耐久性良好 |
| Y形圈密封 | 优 | | 优 | 良 | 可/良 | 可 | 可 | 活塞密封 | 有时作静密封 |
| 机械密封 | | 优 | 优 | 优 | 优 | 优 | 优 | 泵、水轮机、高压釜、压气机、搅拌机 | 可用不同的材料组合，包括金属波纹管密封 |
| 油封 | (可) | 优 | 可 | 优 | 可/良 | 可 | 可 | 轴承密封 | 或与其他密封并用，防尘 |
| 分瓣滑环密封 | 可 | 良 | 优 | 优 | 优 | 优 | 优 | 水轮机、汽轮机 | 多用石墨作滑环 |
| 迷宫式密封 | 优 | 优 | 优 | 优 | 优 | 优 | 优 | 汽轮机、泵、压气机 | 适宜高速；低速不用 |
| 浮环密封 | 可 | 良 | 优 | 优 | 优 | 优 | 优 | 泵、压气机 | |
| 离心密封 | | 优 | 良 | 良 | 良 | 良 | 优 | 泵 | |
| 螺旋密封 | | 优 | 良 | 良 | 良 | 良 | 优 | 泵 | |
| 磁流体密封 | | 优 | 可 | 优 | 良 | 优 | 优 | 压气机 | 只用于气体介质 |

## 1.3 密封材料

### 1.3.1 密封材料要求

密封材料应满足密封功能的要求。由于被密封的介质不同，以及设备的工作条件不同，要求密封材料具有不同的适用性。对密封材料的要求一般是：

① 材料致密性好，不易泄漏介质。

② 有适当的机械强度和硬度。

③ 压缩性和回弹性好，永久变形小。

④ 高温下不软化、不分解，低温下不硬化、不脆裂。

⑤ 抗腐蚀性能好，在酸、碱、油等介质中能长期工作，其体积和硬度变化小，且不黏附在金属表面上。

⑥ 摩擦因数小，耐磨性好。

⑦ 具有与密封面接合的柔软性。

⑧ 耐老化性好，经久耐用。

⑨ 加工制造方便，价格便宜，取材容易。

显然，任何一种材料要完全满足上述要求是不可能的，但具有优异密封性能的材料能够满足上述大部分要求。

橡胶是最常用的密封材料。除橡胶外，适合于做密封材料的还有石墨带、聚四氟乙烯以及各种密封胶等。

## 1.3.2 密封材料种类和用途

通用橡胶密封制品在国防、化工、煤炭、石油、冶金、交通运输和机械制造工业等方面的应用越来越广泛，已成为各种行业中的基础件和配件。橡胶密封制品的主要特点是量大面广。除工业部门外，家用电器如家用冰箱、洗衣机和电视机等，也大量使用橡胶密封制品。

橡胶密封制品的品种繁多，最常用的有：O形密封圈、旋转轴唇形密封圈、各种截面的成型填料密封圈、隔膜、阀垫、密封垫片和门窗密封胶条等。根据使用状态可分为静态密封件、动态密封件及高真空密封件三种。

橡胶密封制品常用材料如下。

(1) 丁腈橡胶

丁腈橡胶具有优良的耐燃料油及芳香溶剂等性能，但不耐酮、酯和氯化烃等介质，因此耐油密封制品以采用丁腈橡胶为主。丁腈橡胶的耐油性随丙烯腈含量增加而提高，但丙烯腈含量高的丁腈橡胶耐寒性较差。采用丁腈橡胶制作的密封制品，其耐热性能一般在100℃左右，若用无硫或有机过氧化物硫化时，则可提高其耐热性能达140℃。常用的增塑剂有邻苯二甲酸二丁酯和癸二酸二辛酯，对于耐热性能要求较高的密封制品，采用磷酸三甲苯酯作为增塑剂效果较好。

丁腈橡胶是通用橡胶密封制品中使用量较大的胶种，为了提高其使用价值，在混炼时采用聚氯乙烯进行改性，以提高丁腈橡胶的定伸应力、撕裂强度和耐老化性能。若将三元尼龙掺合于橡胶胶料中，则可提高拉伸强度和抗撕裂性能。特殊的填充剂如碳纤维、氮化硅、二硫化钼、聚四氟乙烯、石墨等的使用，可以提高丁腈橡胶的耐热和耐磨性能。

(2) 氯丁橡胶

氯丁橡胶具有良好的耐油和耐溶剂性能。它有较好的耐齿轮油和变压器油性能，但不耐芳香族油。氯丁橡胶还具有优良的耐天候老化和耐臭氧老化性能。氯丁橡胶的交联断裂温度在200℃以上，通常用氯丁橡胶制作门窗密封条。氯丁橡胶对于无机酸也有良好的耐腐蚀性。此外，由于氯丁橡胶还具有良好的挠曲性和不透气性，因此可制成膜片或真空用的密封制品。

(3) 天然橡胶

天然橡胶与多数合成橡胶相比，具有良好的综合力学性能、耐寒性、较高的回弹性及耐磨性。天然橡胶不耐矿物油，但在植物油和醇类中较稳定。在以正丁醇与精制蓖麻油混合液组成的制动液的液压制动系统中作为密封件的胶碗、胶圈均用天然橡胶制造，一般密封胶条也常用天然橡胶制造。

(4) 氟橡胶

氟橡胶具有突出的耐热（200～250℃）、耐油性能，可用于制造气缸套密封圈、胶碗和旋转轴唇形密封圈。

(5) 硅橡胶

硅橡胶具有突出的耐高低温、耐臭氧及耐天候老化性能，在−70～260℃的工作温度范围内能保持其特有的使用弹性及耐臭氧、耐天候等优点，适宜制作热机构中所需的密封垫，如强光源灯罩密封衬圈、阀垫等。由于硅橡胶不耐油，机械强度低，价格昂贵，因此不宜制作耐油密封制品。

(6) 三元乙丙橡胶

三元乙丙橡胶的主链是不含双键的完全饱和的直链型结构，其侧链上有二烯烃，这样就可用硫黄硫化。由于三元乙丙橡胶内聚能低，无庞大侧基阻碍分子链运动，因而能在较宽的温度范围内保持分子链的柔性和弹性。三元乙丙橡胶具有优良的耐老化性、耐臭氧性、耐候性、耐热性（可在120℃环境中长期使用)、耐化学性（如醇、酸、强碱、氧化剂)，但不耐脂肪族和芳香族类溶剂侵蚀。三元乙丙橡胶在橡胶中是密度最低的，有高填充的特性，但缺乏自粘性和互粘性。此外，三元乙丙橡胶有突出的耐蒸汽性能，可制作耐蒸汽膜片等密封制品。三元乙丙橡胶已广泛用于制作洗衣机、电视机中的配件和门窗密封制品，或多种复合体剖面的胶条生产中。

(7) 聚氨酯橡胶

聚氨酯橡胶具有优异的耐磨性和良好的不透气性，使用温度范围一般为−20～80℃；此外，还具有中等耐油、耐氧及耐臭氧老化特性，但不耐酸碱、水、蒸汽和酮类等；适于制造各种橡胶密封制品，如油封、O形圈和隔膜等。

(8) 氯醚橡胶

氯醚橡胶兼有丁腈橡胶、氯丁橡胶、丙烯酸酯橡胶的优点，其耐油、耐热、耐臭氧、耐燃、耐碱、耐水及耐有机溶剂性能都很好，并有良好的工艺性能，但耐寒性较差。在使用温度不太低的情况下，氯醚橡胶仍是制造油封、各种密封圈、垫片、隔膜和防尘罩等密封制品的良好材料。

(9) 丙烯酸酯橡胶

丙烯酸酯橡胶具有耐热油（矿物油、润滑油和燃料油）特别是在高温下（一般可达175℃）的耐油稳定性能，间隙使用或短时间内耐温可达200℃以上。它的缺点是耐寒性差。因此适合在非寒冷地区制作耐高温油的油封，但不适合作高温下受拉伸或压缩应力的密封制品。

# 第2章 静密封

## 2.1 垫片密封

### 2.1.1 垫片密封的工作原理、分类及应用

（1）垫片密封的工作原理

垫片密封是过程工业装备中压力容器、工艺设备、动力机器和连接管道等可拆连接处最主要的静密封形式。它是夹持在两个独立的连接件之间的材料或材料的组合，作用是在预定的使用寿命内，保持两个连接件间的密封。垫片必须能够密封结合面，保证密封介质不渗透和不被腐蚀，并能经受温度和压力等作用。

垫片密封是靠外力压紧密封垫片，使其本身发生弹性或塑性变形，以填满密封面上的微观凹凸不平来实现密封的；也就是利用密封比压使介质通过密封面的阻力大于密封面两侧的介质压力来实现密封。它包括初始密封和工作密封两部分。

① 初始密封。垫片用于对两个连接件密封面产生初始装配密封和保持工作密封。在理论上，如果密封面完全光滑、平行，并有足够的刚度，则它们可以依靠紧固件夹持在一起，无须垫片而达到密封的目的。但在实际中，连接件的两个密封面总存在粗糙度，也不是绝对平行的，刚度也有限，加上紧固件柔度不同和排列分散，因此垫片接受的载荷通常是不均匀的，为了弥补这种不均匀的载荷和相应的变形，在两连接密封面间插入一垫片，使之适应密封面的不规则性。所以，要产生初始密封的基本要求是压缩垫片，使其与密封面间产生足够的压紧力，即垫片预紧力（也称为初始密封比压），以阻止介质通过材料本身渗透，同时垫片材料受压缩后产生的弹性或塑性变形能够填塞密封面的变形及其表面粗糙度，以堵塞界面泄漏的通道。

② 工作密封。当垫片预紧力作用在垫片上之后，它必须在装置的设计寿命内保持足够的应力，以维持允许的密封度。当接头受到流体压力作用时，密封面被迫发生分离，此时要求垫片能释放出足够的弹性应变能，以弥补这一分离量，并且留下足以保持密封所需要的工作（残留）垫片应力。此外，这一弹性应变能还要补偿装置长期运行过程中任何可能发生的垫片应力的松弛，因为各种垫片材料在长期的应力作用下，都会发生不同程度的应力降低。此外，接头的不均匀的热变形，例如连接件与紧固件材料不同，也会引起各自的热膨胀量不同，导致垫片应力的降低或升高；或者紧固件因受热引起应力松弛而减少作用在垫片上的应力等。

综上所述，任何形式的垫片密封，首先要在连接件的密封面与垫片表面之间产生垫片预紧力，其大小与装配垫片时的“预紧压缩量”以及垫片材料的弹性模量等有关，而分布状况

与垫片截面的几何形状有关。从理论上讲，垫片预紧力愈大，其储存的弹性应变能愈大，用于补偿分离和松弛的余地也就愈大，当然要以密封材料本身的最大弹性承载能力为极限。就实际使用而言，垫片预紧力的合理取值取决于密封材料与结构、密封要求、环境因素、使用寿命及经济性等。

(2) 垫片的分类及应用

垫片按其构造的主体材料分为金属、半金属和非金属垫片三大类。

① 非金属（软）垫片　非金属材料是非金属垫片或金属与非金属组合垫片的最基本的构成材料。了解各种非金属垫片材料的主要组分、结构特征和优缺点，是更好理解这些垫片最终结构具有的性能和应用的基础。按照构成这些材料的基本组分和供货状态，可进行如下分类。

按组成垫片的基本组分（基质）可分为七类。

a. 植物质，如纸、棉、软木等。

b. 动物质，如皮革、羊毛毡等。

c. 矿物质，如石棉、玻璃、陶瓷等纤维。

d. 橡胶质，如天然橡胶（NR）、各种合成橡胶，包括丁腈橡胶（NBR）、氯丁橡胶（CR）、丁苯橡胶（SBR）、氟橡胶（FPM）、硅橡胶（MQ）、乙丙橡胶（EPDM）等。

e. 合成树脂质，如纯聚四氟乙烯、膨胀聚四氟乙烯、填充聚四氟乙烯等。

f. 石墨质，如柔性石墨（也称膨胀石墨）、碳纤维和石墨纤维等。

g. 短纤维增强弹性体（橡胶、塑料），如石棉、矿棉等无机纤维、有机纤维、碳或石墨纤维增强弹性体等。

按目前工业上常用的垫片（板材）品种有如下几种。

a. 橡胶垫片（弹性体板）。

b. 石棉橡胶垫片。

c. 无石棉橡胶垫片。

d. 聚四氟乙烯垫片，包括纯聚四氟乙烯、填充聚四氟乙烯或膨胀聚四氟乙烯，以及在它们内部插入金属网或板增强的聚四氟乙烯垫片等。

e. 聚四氟乙烯包覆垫片，包括聚四氟乙烯包覆橡胶垫片、石棉橡胶垫片、无石棉橡胶垫片和聚四氟乙烯包覆有金属增强的橡胶垫片、石棉橡胶垫片、无石棉橡胶垫片。

f. 柔性石墨垫片，包括纯柔性石墨垫片或各种纤维、金属网、金属波纹板增强的柔性石墨垫片等。

后三种垫片中有金属骨架增强的垫片也划归为半金属类垫片。

常用非金属（软）垫片及适用范围见表 2-1。

**表 2-1　常用非金属软（平）垫片使用条件**

| 类型 | 使用条件 | | |
|---|---|---|---|
| | 最高温度 $t$/℃ | 最大压强 $p$/MPa | 介　质 |
| 纸质垫片 | 100 | 0.1 | 燃料油、润滑油等 |
| 软木垫片 | 120 | 0.3 | 油、水、溶剂 |
| 天然橡胶 | 100 | 1.0 | 水、海水、空气、惰性气体、盐溶液、中等酸、碱等 |
| 丁腈橡胶(NBR) | 100 | 1.0 | 石油产品、脂、水、盐溶液、空气、中等酸、碱、芳烃等 |
| 氯丁橡胶(CR) | 100 | 1.0 | 水、盐溶液、空气、石油产品、脂、制冷剂、中等酸、碱等 |
| 丁苯橡胶(SBR) | 100 | 1.0 | 水、盐溶液、饱和蒸汽、空气、惰性气体、中等酸、碱等 |

续表

| 类型 | 使用条件 | | |
|---|---|---|---|
| | 最高温度 $t$/℃ | 最大压强 $p$/MPa | 介质 |
| 乙丙橡胶(EPDM) | 175 | 1.0 | 水、盐溶液、饱和蒸汽、中等酸、碱等 |
| 硅橡胶(MQ) | 230 | 1.0 | 水、脂、酸等 |
| 氟橡胶(FPM) | 260 | 1.0 | 水、石油产品、酸等 |
| 石棉橡胶垫片 | 150 | 4.8 | 水、水蒸气、空气、惰性气体、盐溶液、油类、溶剂、中等酸、碱等 |
| 聚四氟乙烯垫片： | | | 强酸、碱、水、水蒸气、溶剂、烃类等 |
| 纯车削板 | 260(限 150) | 10.0 | |
| 填充板 | 260 | 8.3 | |
| 膨胀带 | 260(限 200) | 9.5 | |
| 金属增强 | 260 | 17.2 | |
| 柔性石墨垫片 | 650(蒸汽)<br>450(氧化性介质)<br>2500(还原性、惰性介质) | 5.0 | 酸(非强氧化类)、碱、水蒸气、溶剂、油类等 |
| 无石棉橡胶垫片： | | 14 | 视黏结剂(SBR、NBR、CR、EPDM 等)而定 |
| 有机纤维增强 | 370(连续 205) | | |
| 无机纤维增强 | 425(连续 290) | | |

② 半金属垫片　非金属材料具有很好的柔软性和可压缩性，制成的垫片预紧比压小、容易与法兰表面紧密贴合，但主要缺点是强度不高、回弹性差，不适合高压、高温场合，所以结合金属材料强度高、回弹性好、能经受高温的特点，形成将两者组合结构的垫片，即为半金属垫片。除上述内衬金属骨架的非金属板制成的垫片外，金属缠绕垫片、金属包覆垫片、金属波齿复合垫片、金属齿形复合垫片是目前各工业部门应用最广泛的半金属垫片，尤其是与柔性石墨、柔性聚四氟乙烯材料复合的这些垫片。

常用半金属垫片及适用范围如表 2-2 所示。

**表 2-2　半金属垫片使用条件**

| 类型 | | 断面形状 | 使用条件 | |
|---|---|---|---|---|
| | | | 最高温度 $t$/℃ | 最大压强 $p$/MPa |
| 金属缠绕垫片 | | | 取金属带或非金属填充带材料的使用温度。下列温度是非金属材料使用温度 | 42(有约束)<br>21(无约束) |
| | 填充 PTFE： | | | |
| | 有约束 | | 290 | |
| | 无约束 | | 150 | |
| | 填充柔性石墨： | | | |
| | 蒸汽介质 | | 650 | |
| | 氧化性介质 | | 500 | |
| | 填充白石棉网 | | 600 | |
| | 填充陶瓷(硅酸铝) | | 1090 | |
| 金属包覆垫片 | 内石棉板 | | 400 | 6 |
| | 内石墨板 | | 500 | |
| 金属包覆波形垫片 | 内石棉板 | | 400 | 4 |
| | 内石墨板 | | 500 | |

③ 金属垫片　在高温、高压及载荷循环频繁等苛刻操作条件下，各种金属材料仍是密封垫片的首选材料。为了减少螺栓载荷和保证结构紧凑，除了金属平垫片尽量采用窄宽度外，各种具有线接触特征的环垫结构，如齿形垫、椭圆垫、八角垫、透镜垫等则是优选的形式。常用金属垫片及使用条件见表 2-3。

**表 2-3　金属垫片及使用条件**

| 类型 | 断面形状 | 使用条件 | |
|---|---|---|---|
| | | 最高温度 $t$/℃ | 最大压强 $p$/MPa |
| 金属平垫片 | | | 50 |
| 铝 | | 430 | |
| 碳钢 | | 540 | |
| 铜 | | 320 | |
| 镍基合金 | | 1040 | |
| 铅 | | | |
| 有约束 | | 200 | |
| 无约束 | | 100 | |
| 蒙乃尔合金 | | | |
| 蒸汽工况 | | 430 | |
| 其他工况 | | 820 | |
| 银 | | 430 | |
| 不锈钢 | | | |
| 0Cr19Ni9(304) | | 510 | |
| 0Cr17Ni12Mo2(316) | | 680 | |
| 0Cr23Ni13(309S) | | 930 | |
| 金属波形垫片 | | | 7 |
| 铝 | | 430 | |
| 碳钢 | | 540 | |
| 铜 | | 320 | |
| 镍基合金 | | 1040 | |
| 铅 | | | |
| 有约束 | | 200 | |
| 无约束 | | 100 | |
| 蒙乃尔合金 | | | |
| 蒸汽工况 | | 430 | |
| 其他工况 | | 820 | |
| 银 | | 430 | |
| 不锈钢 | | | |
| 0Cr19Ni9(304) | | 510 | |
| 0Cr17Ni12Mo2(316) | | 680 | |
| 0Cr23Ni13(309S) | | 930 | |
| 金属齿形垫片 | | | 15 |
| 铝 | | 430 | |
| 碳钢 | | 540 | |
| 铜 | | 320 | |
| 镍基合金 | | 1040 | |
| 铅 | | | |
| 有约束 | | 200 | |
| 无约束 | | 100 | |
| 蒙乃尔合金 | | | |
| 蒸汽工况 | | 430 | |
| 其他工况 | | 820 | |
| 银 | | 430 | |
| 不锈钢 | | | |
| 0Cr19Ni9(304) | | 510 | |
| 0Cr17Ni12Mo2(316) | | 680 | |
| 0Cr23Ni13(309S) | | 930 | |

续表

| 类型 | 断面形状 | 使用条件 | |
|---|---|---|---|
| | | 最高温度 $t$/℃ | 最大压强 $p$/MPa |
| 金属环形密封环 | | | |
| （八角形或椭圆形环） | | | |
| 铝 | | 430 | |
| 碳钢 | | 540 | |
| 铜 | | 320 | |
| 镍基合金 | | 1040 | |
| 铅 | | | |
| 有约束 | | 200 | |
| 无约束 | | 100 | 70 |
| 蒙乃尔合金 | | | |
| 蒸汽工况 | | 430 | |
| 其他工况 | | 820 | |
| 银 | | 430 | |
| 不锈钢 | | | |
| 0Cr19Ni9(304) | | 510 | |
| 0Cr17Ni12Mo2(316) | | 680 | |
| 0Cr23Ni13(309S) | | 930 | |
| 金属中空 O 形密封环 | | 815 | 280 |

## 2.1.2 中低压设备和管道的垫片密封

法兰连接是过程装备中低压设备、管道和阀门中应用最广泛的可拆连接，这种机械结构由垫片-法兰-螺栓组成。其中法兰是通用的机械零件，对常用的法兰已经标准化。国内外已经形成了包括法兰、垫片和螺栓的系列化的标准体系。垫片工作正常与否，除了取决于设计选用的垫片本身的性能外，还取决于密封系统的刚度和变形、接合面的表面粗糙度和平行度、紧固载荷的大小和均匀性等。

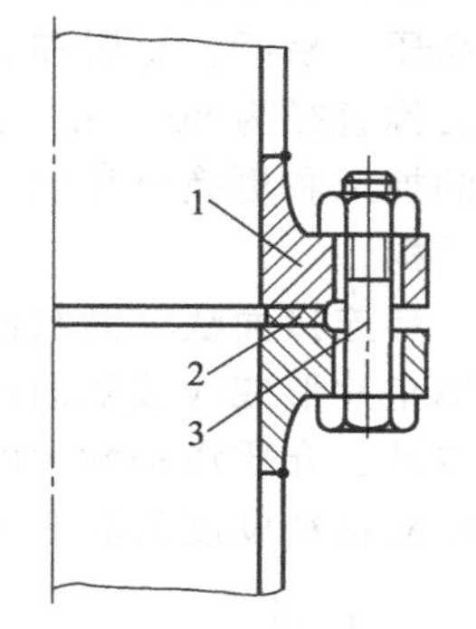


图 2-1 垫片-法兰-螺栓连接
1—法兰；2—垫片；3—螺栓

中低压设备和管道的垫片密封主要采用图 2-1 所示的法兰连接密封，其连接件和紧固件主要是法兰和连接螺栓、螺母等。法兰密封面的形式、大小与垫片的形式、使用场合及工作条件有关。常用的法兰密封面形式有全平面、突面、凹凸面、榫槽面和环连接面（或称梯形槽）等几种，如图 2-2 所示，其中以突面、凹凸面、榫槽面最为常用。

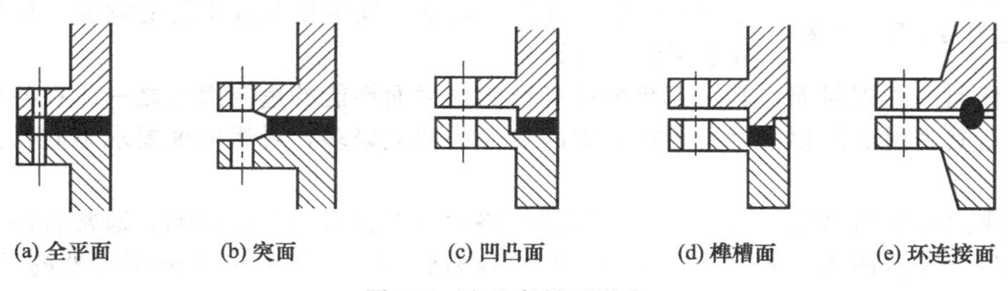


图 2-2 法兰密封面形式

对于全平面的法兰，垫片覆盖了整个法兰密封面，由于垫片与法兰的接触面积较大，给定的螺栓载荷下垫片上的压缩应力较低，因此全平面法兰适用于柔软材料垫片或铸铁、搪瓷、塑料等低压法兰场合。

对于突面法兰，尽管为了定位需要垫片的外缘通常延伸到与螺栓接触，但起密封作用的仅是螺栓圆以内法兰凸面与垫片接触的部分，因此相对同样螺栓载荷下的全平面法兰而言，它能产生较高的垫片应力，适用于垫片材料较硬和压力较高的场合。突面结构简单、加工方便、装拆容易，且便于进行衬里的防腐。压缩面可做成平滑的，也可以在压缩面上开 2～4 条宽为 0.8mm、深为 0.4mm、截面为三角形的周向沟槽。这种带沟槽的突面能较为有效地防止非金属垫片被挤出压紧面，因而适用范围更广。一般完全平滑的突面适用于公称压力≤2.5MPa的场合，带沟槽后容器法兰可用于公称压力为 6.4MPa 的场合，管法兰甚至可用于公称压力为 25～42MPa 的场合，但随着公称压力的提高，适用的公称直径相应减小。各种非金属垫片、包覆垫、金属包垫、缠绕式垫片等均可用于该密封面。

凹凸型密封面法兰是由一凹面和一凸面两法兰相配而成，垫片放于凹面内。其优点是安装易于对中，能有效地防止垫片被挤出，并使垫片免于吹出。其密封性能优于突面密封面，可适用于公称压力≤6.4MPa 的容器法兰和管法兰。但对于操作温度高、密封口直径大的设备，采用该种密封面时，垫片仍有被挤出的可能，此时可采用榫槽面法兰或带有两道止口的凹凸面法兰等。各种非金属垫片、包覆垫、金属包垫、缠绕式垫片、金属波形垫、金属平垫、金属齿形垫等适用于该密封面。

榫槽型密封面法兰比凹凸型密封面法兰的密封面更窄，它是由一榫面和一槽面相配合而成的，垫片置于槽内。由于垫片较窄，压缩面积小，且受到槽面的阻挡，因此垫片不会被挤出，受介质冲刷和腐蚀的倾向小，安装时易于对中，垫片受力均匀，密封可靠。该法兰可用于高压、易燃、易爆和有毒介质等对密封要求严格的场合，当公称压力为 20MPa 时，可用于公称直径为 800mm 的场合。当压力更低时，则可用于直径范围更大的场合，但该种密封面的加工和更换垫片比较困难。金属或非金属平垫、金属包垫、缠绕式垫片都适用于该种密封结构。

环连接面法兰是与椭圆形或八角形的金属垫片配合使用的。它是靠梯形槽的内外锥面和金属垫片形成线接触而达到密封的，具有一定的自紧作用，密封可靠。适用于压力和温度存在波动、介质渗透性大的场合，允许使用的最大公称压力为 70MPa。梯形槽材料的硬度值比垫圈材料硬度值高 30～40HB。

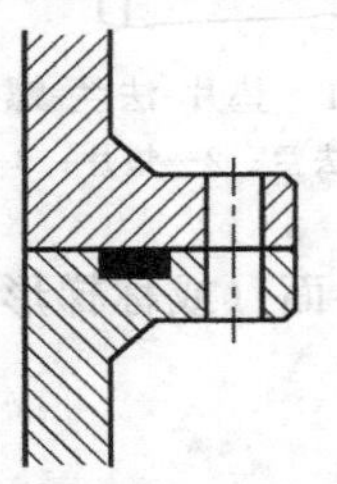

图 2-3　金属与金属直接接触

除了上述的密封面形式外，还有配用 O 形环、透镜垫等特殊形式的密封面，如图 2-3 所示。它在单面法兰上开一环形凹槽，内装垫片，螺栓预紧后，两法兰直接接触。这种结构的主要特点是将垫片压缩到预定厚度后，继续追加螺栓载荷直至两法兰面直接接触。所以当存在介质压力和温度波动时，垫片上的密封载荷不发生变化，以使接头保持在最佳的泄漏控制点，同时螺栓也不承受循环载荷，减少了发生疲劳或松脱的危险。显然，它还减小了法兰的转角。

对于任何一种密封面，其表面粗糙度是影响密封面性能的重要因素之一。在各种法兰标准中虽然对其密封面的粗糙度有要求，但因垫片的种类繁多，对粗糙度要求不同，具体可查相关标准。

法兰密封面在机械加工后，表面的切削纹路对密封也有一定的影响，通常有同心圆和螺旋形线两种。显然前者对密封是有利的，但不容易做到。绝不允许有横跨内外的径向划痕，以免形成直接泄漏的通道。

# 2.2 胶密封

## 2.2.1 密封胶的分类及性能

(1) 密封胶的分类

密封胶指用于机械结合面，起密封作用的一种胶黏剂，也称液态垫片。密封胶一般呈液态或膏状。通常可按化学成分、应用范围、强度、固化特性及涂膜特性予以分类。

① 按化学成分分类，即按基料所用的高分子材料予以分类。

a. 树脂类。如环氧树脂、聚氨酯等。

b. 橡胶类。如丁腈橡胶、聚硫橡胶等。

c. 混合类。如聚硫橡胶和酚醛树脂、氯丁橡胶和醇酸树脂等。

d. 天然高分子类。如阿拉伯胶等。

按照该分类方法，则可根据高分子材料的性能，推测密封胶的耐热性、机械强度及对介质的稳定性。

② 按应用范围分类，可分为耐热类、耐压类以及耐化学腐蚀类等。

③ 按强度分类，有结构类和非结构类。

a. 结构类：胶层有较高的强度和承载能力，主要用于耐压密封。

b. 非结构类：强度不高，承载能力较小，主要用于低压密封。

④ 按固化特性分类，可分为固化密封胶、非固化密封胶和厌氧型密封胶。

a. 固化密封胶。其固化方法有以下几种。

一元系加热催化固化法：加热状态下实现固化过程，固化过程中密封胶组分发生化学变化，固化时间取决于配方和固化温度。

一元系蒸汽催化固化法：将密封胶置于蒸汽的环境中，经化学变化实现固化。相对湿度增加通常会加速固化过程。

二元系固化法：室温下将密封胶与固化剂或催化剂混合，使之发生化学变化而实现密封胶的固化。

溶剂挥发固化法：使用时因密封胶中的溶剂挥发而固化，无化学反应。

水乳化固化法：将密封胶置于水中使之乳化，乳化后水蒸发过程即为固化过程。

b. 非固化密封胶。这类密封胶是软质凝固性密封胶，施工后仍保持不干性状态。

c. 厌氧型密封胶。这类密封胶以丙烯酸酯为主，添加少量引发剂、促进剂和稳定剂配置而成。胶液在空气中不固化，在隔绝空气即无氧情况下发生聚合，遂从液态转变为坚韧结构的固态。油、水和有机溶剂均可促进固化。

⑤ 按涂膜特性分类，可分为不干性粘接型密封胶、半干性黏弹型密封胶、干性固化型密封胶和干性剥离型密封胶。

a. 不干性粘接型密封胶：一般以合成树脂为基体，成膜后长期不固化，保持粘接性和浸润性，基体材料为聚酯酸乙烯酯和有机硅树脂，部分以聚酯树脂、聚丁二烯及聚氨酯树脂为基体。

b. 半干性黏弹型密封胶：介于不干性和干性密封胶之间，溶剂迅速挥发后成软皮膜，具有黏弹性，受热后黏度不会降低。

半干性黏弹型密封胶一般采用柔韧而富有弹性的线型合成树脂作基体，主要有聚氨酯树脂、石油树脂和聚四氟乙烯树脂，部分采用聚丙烯酸酯和液体聚硫橡胶作为基体。

c. 干性固化型密封胶：胶液涂敷后，溶剂迅速挥发而固化，膜的黏弹性及可拆性较差。

干性固化型密封胶的基体主要有酚醛树脂、环氧树脂和不饱和聚酯等热固性树脂，部分采用天然树脂（如阿拉伯胶）等。

d. 干性剥离型密封胶：液态胶涂敷后，溶剂挥发成膜，快干并可剥离。干性剥离型密封胶一般以合成橡胶或纤维素树脂等为基体，主要有氯丁橡胶和丁腈橡胶，部分采用纤维素树脂。

(2) 密封胶的性能

密封胶的性能是通过它的固化特性、化学性能、温度性能、耐天候性能、力学性能、耐磨性、黏附性、动载荷性能、电性能、色泽稳定性、可燃性、毒性、可修复性、可回用性以及对生产工艺的适应性等进行综合评价的。

① 固化特性　固化型密封胶的固化时间、温度、固化方式和相对湿度等是其固化过程的主要影响因素。

固化型密封胶的固化时间随着基本材料的固化方式、温度和相对湿度的不同而不同，可从不足几小时到几天甚至几星期。

加入催化剂虽可加速固化，但却缩短了密封胶的有效期。相对湿度对一元系密封胶固化时间的影响比对二元系的影响明显。

密封胶大多采用室温固化方法，提高温度不但可缩短某些密封胶的固化时间而且可能提高其工作强度。

以热塑性树脂为基体的密封胶通过加热软化，固化过程中不发生化学反应。以热固性树脂为基体的密封胶，受热影响较小，固化时伴有化学反应。

② 温度性能　其包括密封胶的工作温度极限、承受温度变化的能力及温度变化频率。密封胶的长期工作温度一般为－93.6～204.6℃，有些硅酮密封胶可在260～371℃范围内连续工作数小时。密封胶的温度性能可根据其热收缩系数、弹性模量（随温度而变化）、延展性的降低和弹性疲劳来估计。

③ 化学性能　密封胶因化学腐蚀而分解、膨胀和脆化。这种化学腐蚀往往又会污染被密封的工作介质。微量水分也会使密封胶耐化学腐蚀性发生变化。密封胶的可透气性也会影响其化学性能。故要求密封胶对所密封的介质有良好的稳定性。

④ 耐天候性能　它是评价密封胶优劣的一个重要的指标，因为密封胶常在日光、冷热和某种自然环境中使用。因此，应根据实际需要选择耐天候性能合适的密封胶，防止其早期龟裂老化。

⑤ 力学性能　主要指标为抗拉强度、延展性、可缩性、弹性模量、抗撕裂性、耐磨性及耐动态疲劳强度性能等。对密封胶力学性能的选择取决于工况条件。

⑥ 黏附性　它取决于密封胶与被密封表面的相互作用力，此外还与被密封的介质有关。

⑦ 电性能　包括绝缘强度、介电常数、体积电阻系数、表面电阻系数和介电损耗常数。考虑密封胶的绝缘强度时，应说明密封胶的使用条件，如温度、湿度以及与密封胶相接触的介质。

⑧ 色泽稳定性、可燃性和毒性　当外观有一定要求时，密封胶应具备良好的色泽稳定性，而不应被环境污染。对于易燃场合必须选用阻燃密封胶。密封胶本身无毒，但有的密封胶有强烈气味，如丙烯酸酯类和环氧树脂类密封胶等。也有的密封胶所用的催化剂有毒，如以环氧树脂为基体的干性附着型固化密封胶所使用的催化剂可导致皮炎。

⑨ 可修复性和可回用性　非固化型密封胶在使用后易于清理，而塑料和橡胶型密封胶则比较困难。在回用性方面，许多密封胶特别是橡胶型密封胶在固化后不可回收利用；而有些溶剂型固化密封胶通过加入溶剂、加热或搅拌可重复使用。

⑩ 工艺性能　工艺性能好的密封胶是指储存期长、活性期适宜、流动性好、涂覆简单、

施工方便、修整容易的密封材料。因此，工艺性能是选用密封胶时必须考虑的重要内容。

## 2.2.2 密封胶的密封机理

填塞接合部分的间隙，即可获得密封，而密封胶是理想的填塞剂，它具有良好的填充性、贴合性、浸润性、成膜性、黏附性、不渗透性及耐化学性等，可较容易地把接合面间隙填塞、阻漏而获得良好的密封效果。

如图 2-4 所示，接合面往往存在微观的凹凸不平，当用密封胶填充时，由于其良好的浸润能力，很容易就能把凹凸处填满及粘贴于接合面上，阻塞流体通道，达到密封的目的。而用无黏性的固态垫片时，即使紧固力较大，也难以填满微观的凹凸处。在紧固力的长期作用下，垫片会产生永久变形、蠕变、回弹力变小等情况，流体介质就会从接合面处泄露出来。

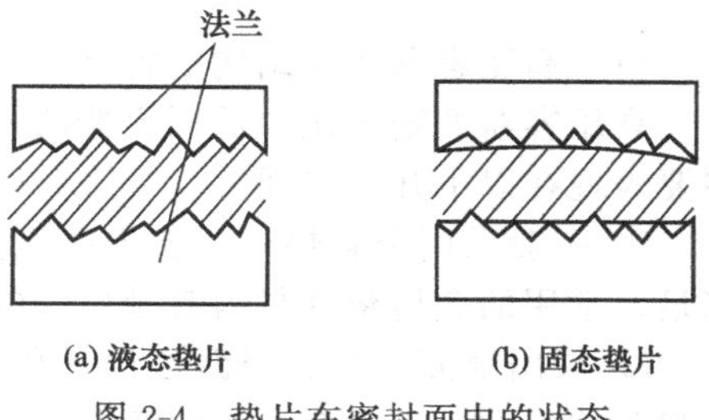


图 2-4 垫片在密封面中的状态

密封胶一般呈液态或膏体，由于配方不同，使用时表现的性状各异，密封机理也有不同。

（1） 半干性黏弹型和不干性粘接型

这类密封胶在接合面间的最终状态为黏稠物质。由于液态物质是不可压缩的，呈液膜形态的密封层发生泄漏，通常是由于内部介质压力将胶液从接合面间挤出所致。所以这类密封胶的黏度越大密封性能越好，接合面间隙越小则越有利于密封，密封间隙接合面长度越大泄漏越小。

不干性密封胶能长期不蒸发，不气化，永久维持液态，且有很大的黏性和较好的浸润能力，易堵塞间隙。把它填塞在接合面内，便能长期形成液膜得到较好的密封效果。

（2） 干性固化型和干性剥离型

这类密封胶使用前均为黏稠液，涂敷后，一旦溶剂挥发，成为干性薄层或弹性固状膜，牢固地附着与接合面上，它们在使用过程中所表现的形态与固体垫片有些相似。故可结合对固体垫片的分析来解释其密封机理。不同的是密封胶是靠液态时的浸润性填满密封面的凹凸不平来实现密封的，同时，还存在胶与密封面的附着作用及胶本身固化过程中的内聚力。因此，固化胶的密封是浸润、附着和内聚力综合作用的结果。

## 2.2.3 液体密封胶的选用

密封胶品种很多，只有合理选用，才能达到预期的密封效果。

干性粘接型密封胶主要用于不经常拆卸的部位。由于它干、硬，缺少弹性，因此不宜在经常承受振动和冲击的连接部位使用，但它的耐热性较好。

干性剥离型密封胶由于其溶剂挥发后能形成柔软而具有弹性的胶膜，适用于承受振动或间隙比较大的连接部位，但不适用于大型连接面和流水线装配。

不干性粘接型密封胶可用于经常拆卸、检修的连接部位，形成的膜长期不干，并保持黏性，耐振动和冲击，适用于大型连接面和流水线装配作业，更适用于设备的应急检修。此类胶在高温下会软化，间隙大，效果不佳；与固态垫片联合使用效果较好。

半干性黏弹型密封胶干燥后具有黏合性和弹性，受热后黏度不会降低，复原能力适中，密封涂层比较理想，可单独使用或用于间隙大的接合面。此类密封胶介于干性或不干性之间，兼有两者的优点，较为常用。

密封胶虽然是一种很好的密封材料，但若是选用不当，仍可造成泄漏，故合理选用密封胶是获得良好密封效果的关键。

## 2.3 高压密封

### 2.3.1 高压容器密封结构的特点与分类

（1）高压容器密封结构的特点

高压容器的密封比中低压容器的密封要困难得多，两者在密封原理与密封结构上的区别主要表现在以下几个方面。

① 一般采用金属垫片。由于高压密封要求垫片应力大，因此非金属垫片材料一般无法满足。常用的金属垫片材料有延性好的退火铝、退火紫铜、软钢及不锈钢等。

② 采用窄面密封。窄面密封有利于提高垫片应力，减小总的密封力，减小螺栓、法兰和封头的尺寸。有时亦采用线接触密封代替窄面密封以减小总的密封力。

③ 尽可能采用自紧密封。利用介质的压力在密封部位产生附加的密封比压，以阻止介质的泄漏。介质压力愈高，垫片压得愈紧，密封就愈可靠。故预紧力不需很大，相应的连接件尺寸就可减小，并能保证压力和温度有波动时连接的紧密性。因此，自紧密封要比强制密封的结构更为紧凑、可靠。

（2）高压容器密封结构的分类

根据密封作用力的不同，高压密封可分为以下三类：

① 强制密封。如平垫片密封、卡扎里密封、透镜垫密封等。

② 半自紧密封。如八角环垫、椭圆环垫等。

③ 自紧密封。如楔密封、伍德密封、三角垫密封等。

强制密封是依靠拧紧主螺栓使顶盖、密封元件和筒体端部之间具有一定的密封比压从而实现密封的。内压上升后，螺栓伸长，顶盖上浮，密封比压减小。因此，强制型密封要求大的螺栓力，使垫片在操作状态下仍有较大的残余压紧应力，以保证垫片、顶盖与筒体端部之间的可靠密封。

半自紧密封是利用螺栓预紧载荷使密封元件产生变形并提供建立初始密封比压，当压力升高后，由于密封结构的自紧作用，密封面上的密封比压也随之上升，从而保证连接的密封性能。

自紧式密封是利用其结构的特点，使垫片、顶盖和筒体端部之间的密封比压随工作压力的升高而增大，由此实现密封作用。其特点是压力越高，垫片在接触面间的压紧力就越大，密封性能也就越好，操作条件波动时，密封仍然可靠；但是结构比较复杂，制造较困难。自紧密封按密封元件变形方式还可分为轴向自紧密封和径向自紧密封。在预紧时，为建立初始密封所需施加的螺栓力较小，故可以不用大直径螺栓。

### 2.3.2 高压密封形式

（1）平垫片密封

平垫片密封是最常见的强制密封，如图 2-5 所示。这种结构与中低压容器密封中常用的法兰垫片密封相似，只是将非金属垫片改为金属垫片，将宽面密封改为窄面密封。预紧和操作时依靠端部大法兰上的主螺柱施加足够的预紧力以实现密封。预紧力的大小与垫片的宽度和材料的屈服强度有关。操作时内压上升后介质压力作用在顶盖上并传至主螺柱，使主螺柱发生弹性伸长，垫片随之发生回弹，平衡状态下仍需保持垫片上有一定的比压。平垫片形式简单，但结构笨重，不易拆装，不适合压力和温度波动较大的场合，因此一般仅用于温度低于200℃、压力小于32MPa、容器内径不大于800mm的场合。

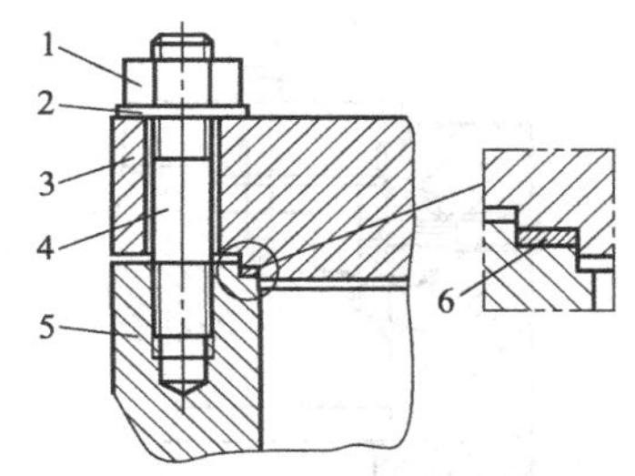

图 2-5 平垫片密封结构
1—主螺母；2—垫圈；3—顶盖；4—主螺柱；5—筒体端部；6—平垫片

（2）卡扎里密封

卡扎里密封为强制密封，如图2-6所示，它改用螺纹套筒代替主螺柱，解决了主螺柱拧紧与拆卸的困难。螺纹套筒与顶盖和法兰上的螺纹是间断的螺纹，每隔一定的角度$\theta$（10°～30°）螺纹断开，装配时只要将螺纹套筒旋转相应的角度便可装好。垫片的预紧力通过压环施加。由于介质压力引起的轴向力由螺纹套筒承受，因而预紧螺栓的直径比平垫片密封的主螺柱小得多。装拆方便是卡扎里密封的最大优点。

改进的卡扎里密封，主要是为改善套筒螺纹锈蚀给拆卸带来困难的情况，仍旧采用主螺柱，但预紧还是依靠预紧螺栓来完成，而主螺柱不需拧得很紧，从而拆装较为省力。

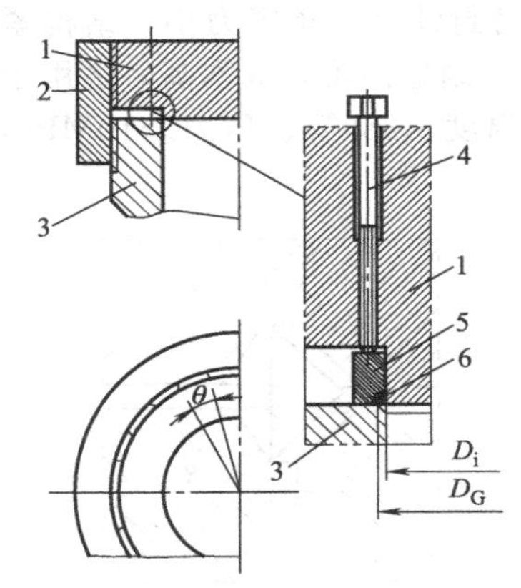

图 2-6 卡扎里密封结构
1—顶盖；2—螺纹套筒；3—筒体端部；4—预紧螺栓；5—压环；6—密封垫

由于卡扎里密封的螺纹套筒加工困难、螺纹加工精度要求高，因此这种密封常用于内径≥1000mm、温度≤350℃、压力≥30MPa的场合。

（3）楔形密封

楔形密封属于自紧密封，当工作时，浮动的顶盖受内压作用升高将楔形垫压紧，达到自紧目的，其结构如图2-7所示。楔形垫有两个密封面，靠斜面受力所得径向分力将垫圈与筒体压紧。这种结构虽有自紧作用，但仍有主螺柱，其不仅要提供预紧力，还要承受浮动端盖所受到的介质载荷，因此主螺柱较大，法兰尺寸也较大。

楔形密封结构由于浮动顶盖可自由移动，在温度、压力有波动的情况下仍能保持良好的密封性能，螺柱预紧力较小，但结构稍笨重，消耗金属较多，占有一定的高压空间，而且因采用软金属密封垫，易被挤压在顶盖和压环的间隙中，拆卸困难，所以这种密封常用于直径≤1000mm、温度≤350℃、压力≥32MPa的场合。

（4）伍德密封

伍德密封是使用最早的自紧式高压密封，如图2-8所示。安装时，将顶盖、楔形压垫、四合环、牵制环依次装入，拧紧拉紧螺栓，使四合环贴住筒体，用牵制螺柱将顶盖吊起而压紧楔形压垫，便可起到预紧作用。操作时，压力载荷全部加到浮动顶盖上，故密封比压随介质压力上升而增加。为使楔形压垫与筒体端部有更好的密封作用，在楔形压垫的外表面加工出1～2道约5mm深的环形槽，即增加了楔形压垫的柔度，使密封面的贴合更容易，减小了密封面的接触面积，提高了密封比压。顶盖和压垫之间按线接触密封设计，为防止密封力过大把密封面压溃，设计中应注意选配适当强度的材料。

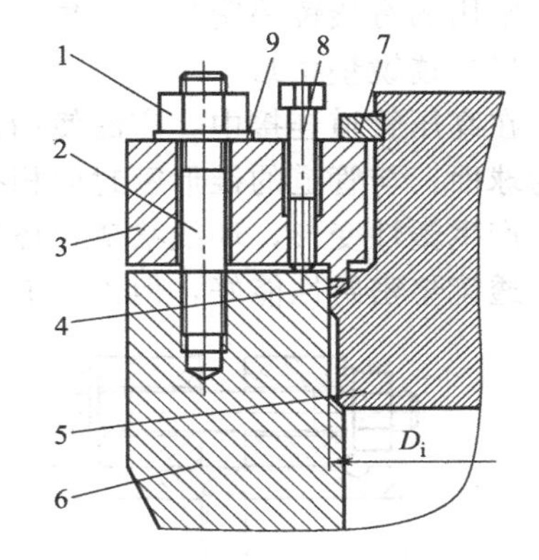

图 2-7 楔形密封结构
1—主螺母；2—主螺柱；3—压环；4—密封垫；5—顶盖；6—筒体端部；7—卡环（由两个半圆环组成）；8—顶起螺栓；9—垫圈

伍德密封由于顶盖可以自由移动，故温度、压力

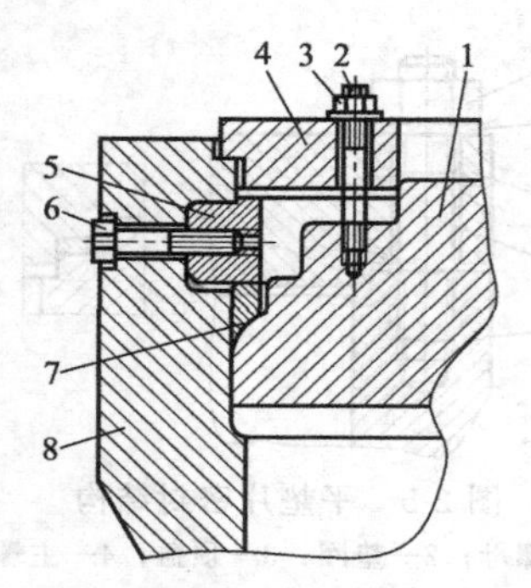


图 2-8　伍德密封结构

1—顶盖；2—牵制螺柱；3—螺母；4—牵制环；5—四合环；6—拉紧螺栓；7—楔形压垫；8—筒体端部

有波动时密封性能保持良好，且有自紧作用，开启速度快，适用于顶盖快开的场合，虽然没有大的螺栓结构，但密封结构较复杂，零件多，组装时要求高，零件加工精度要求高，因此常用于直径为 600～800mm，温度＜350℃、压力≥30MPa 的场合。

(5) 三角垫密封

三角垫密封属于径向自紧式密封，其局部结构如图 2-9所示。三角垫密封的机理如下：三角垫在自由状态下的轴向高度 $L$ 稍大于密封槽的总深度，预紧螺栓时，顶盖与筒体端部靠合，三角垫受轴向压缩，与上下密封槽结合，在上下端点处产生预紧密封压力，当内压作用时，三角垫向外弯曲，其锥面与密封槽锥面紧密接合，实现密封。

三角垫密封的优点为：密封性好，预紧力小，结构紧凑，开启方便。其缺点为：三角垫尺寸公差和粗糙度规定较严，制造困难，成本高，适用于压力和温度有波动的高压容器。适用范围：直径＜1000mm，温度≤350℃、压力＞10MPa，也有用于直径＞1000mm，压力为 20～35MPa 的场合的。

三角垫材料可采用一般的低碳钢。为了防止由于内压力波动所引起的垫圈与上下密封槽表面的擦伤，可在垫圈外面镀 0.05mm 左右的铜或在垫圈的顶底部垫一层极薄的铜箔或铝箔。

图 2-9　三角垫密封的局部结构

## 2.3.3　高压管道的密封结构与选用

高压管道的密封通常为强制密封。由于高压管道是在现场安装，因此对连接的尺寸精度要求不如容器高，加之管道振动、有热载荷等给法兰连接带来很大的附加弯矩或剪力，造成密封困难。因此高压管道的连接结构设计应给予特殊的考虑。其一是管道与法兰的连接不采用焊接，而采用螺纹连接，这样当连接管道不直或管道振动、有热载荷时，法兰的附加弯矩大为减少；其二是采用球面或锥面的金属垫片，形成球面与锥面或锥面与锥面的接触密封。常用的有透镜垫密封，八角环、椭圆环密封，齿形垫片密封等。

(1) 透镜垫密封

在高压管道连接中，广泛使用透镜垫密封结构，如图 2-10 所示。透镜垫两侧的密封面均为球面，与管道的锥形密封面相接触，初始状态为一环线。在预紧力作用下，透镜垫在接触处产生塑性变形，环线状变为环带状。

透镜垫密封性能好，但由于它属于强制型密封，结构较大，密封面为球面与锥面相接

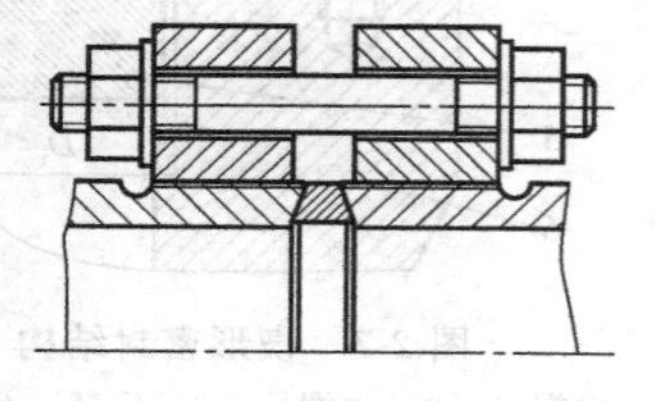

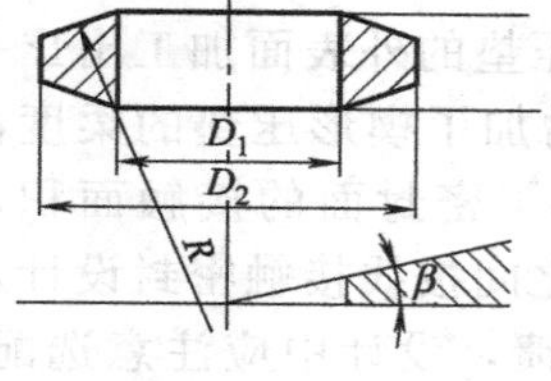


(a) 一般透镜垫　　(b) 高温透镜垫

图 2-10　高压管道的透镜垫密封

触，因此易出现压痕，零件的互换性较差。

(2) 八角环、椭圆环密封

八角环、椭圆环密封在石油和化工行业中应用较为广泛，其结构如图 2-11 所示。垫片安装在法兰面的梯形环槽内，当拧紧螺栓时，受轴向压缩与上、下梯形槽贴紧，产生塑性变形，形成一环状密封带，建立初始密封。升压后，介质压力的作用将使八角环和椭圆环径向扩张，垫片与梯形槽的斜面更加贴紧，产生自紧作用。但是，介质压力的升高同样使螺栓和法兰变形，造成密封面间的相对分离、垫片比压的下降。因而，八角环、椭圆环密封可认为是一种半自紧式的密封连接。

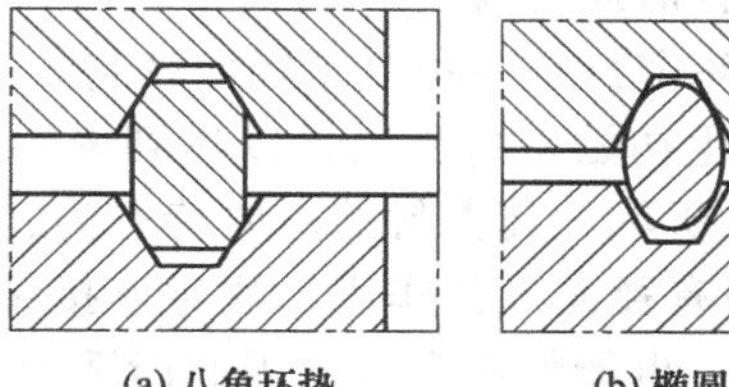

(a) 八角环垫　(b) 椭圆环垫

图 2-11 八角环、椭圆环密封的局部结构

八角环、椭圆环的材料一般采用纯铁、低碳钢、Cr5Mo、0Cr13、0Cr18Ni9、00Cr19Ni10 等，其硬度应比法兰材料低 30～40HB。

垫片和法兰面上的梯形槽加工精度和表面粗糙度要求极高，其密封表面不允许有划痕、刮伤等缺陷。

八角环、椭圆环密封的设计可按 GB 150《钢制压力容器》中附录 G 的规定进行。

(3) 齿形垫片密封

高压管道的连接亦可采用齿形垫片密封结构。齿形垫片通常用 08、10、0Cr13、0Cr18Ni9 材料制造，上、下表面加工有多道同心三角形沟槽，如图 2-12 (a) 所示。螺栓预紧后，垫片三角形的尖角处与上、下法兰密封面相接触，产生塑性变形，形成多个具有压差空间的线接触密封。与平垫片相比，其所需的密封力大大减少。为提高连接的密封性能，可在金属齿形垫片的上、下表面覆合柔性石墨或聚四氟乙烯制成齿形组合垫片，如图 2-12 (b) 所示。

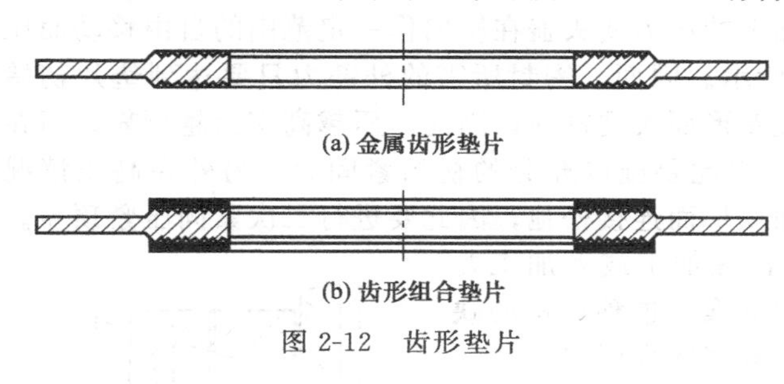

(a) 金属齿形垫片

(b) 齿形组合垫片

图 2-12 齿形垫片

当公称直径为 300mm 时，最大公称压力为 25MPa，小直径的齿形组合垫最大公称压力可达 42MPa。

## 2.3.4 超高压容器的密封结构

超高压容器的密封结构是超高压设备的一个重要组成部分，超高压容器能否正常运行在很大程度上取决于密封结构的完善性。多数超高压容器的操作条件都是很复杂的，设计时必须考虑到以下因素：

① 操作压力、温度的波动及其变化。

② 容器的几何尺寸及操作空间的限制。

③ 容器接触介质对材质的要求。

超高压密封结构的设计选用依据主要从以下几方面考虑：

① 在正常操作和压力温度波动的情况下都能保证良好的密封。

② 结构简单，加工制造以及装拆检修方便。

③ 结构紧凑、轻巧，元件少，占有高压空间少。

④ 能重复使用。

以下是最常见的几种超高压密封。

(1) B形环密封

B形环密封是一种自紧径向密封，它依靠B形环波峰和筒体、顶盖上密封槽之间的径向过盈来产生初始密封比压，以达到密封。当内压作用后，B形环向外扩张，密封比压增加，如图2-13所示。其密封的主要特点为：

① 因有径向自紧作用，故对连接结构的刚度要求低，即使顶盖在内压作用下轴向有较大位移时，也能保证密封，因此能适用于温度和压力波动较大的场合。

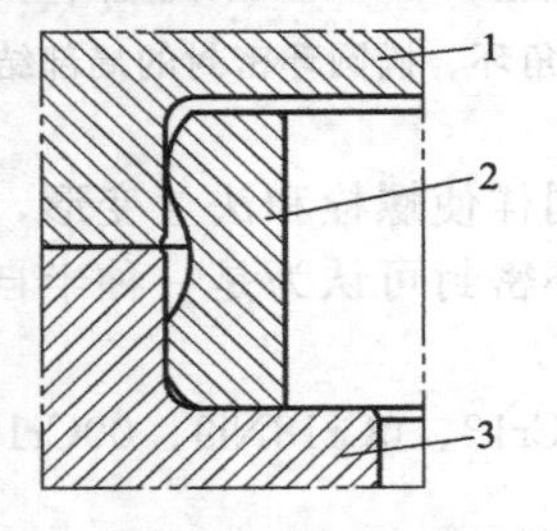


图2-13 B形环密封的局部要求
1—顶盖或封头；2—B形环；3—筒体端部

② 压力越高、直径越大，密封性能越好。

③ 加工精度和粗糙度要求高，B形环和筒体、顶盖上密封槽接触表面的粗糙度应控制在0.8μm以内。

④ 结构简单，但装拆时要求仔细谨慎，防止擦伤密封面而影响密封性能，故重复使用性能差。

B形环的材料没有特殊要求，常用材料为20、25钢，当设计压力较高，筒体材质选用高强度钢时，也可选用35、45钢。

(2) Bridgman密封

① 结构与特点 Bridgman密封是在容器的内壁和垫环之间放一垫片，利用作用在凸肩头盖端面上的压力使头盖在轴向作一定范围的自由移动而压紧垫片，从而形成自紧密封，如图2-14所示。因而，密封所需的外部力只要达到垫片初始密封就可以了。由于内压作用使垫片塑性变形而实现密封，因此内压越高密封越可靠。但在低压情况下，由于自紧密封效果不显著，因此要施以充分的初始紧固力。另外在高压情况下，由于压力和温度的波动，使垫片表面变形而连接松弛，因此要进行二次紧固压紧顶盖。

Bridgman密封结构简单，没有需要特殊加工或者加工要求很高的零件，所以加工方便、制造成本低廉。这种结构的缺点是主要元件都装于容器筒体内部，占据较多的高压空间。

在操作状态下，由压力而产生的轴向载荷是由压紧顶盖与筒体的螺纹连接来承受的，虽然结构简单，但是螺纹受载很大，容易损坏。当容器直径很大时，不但凸肩头盖、压紧顶盖十分笨重，拧紧顶盖也不甚容易，而且大直径且有精度要求的螺纹也不易加工。

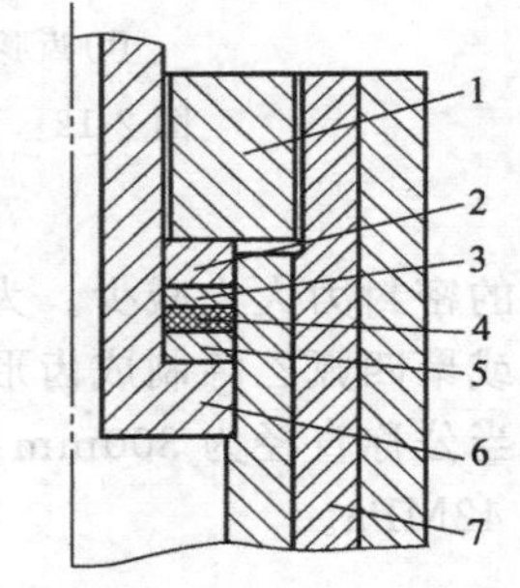


图2-14 Bridgman密封
1—压紧顶盖；2—压环；3,5—垫环；4—垫片；6—凸肩头盖；7—筒体

该密封结构常用于内径300mm、压力在700MPa以下的超高压容器上。

② 材料的选择 为了保证容器的初始密封及在超高压下密封可靠，选择有关零件的材质时应考虑如下几个因素。

a. 垫片应有足够大的塑性变形特性，以使密封面很好地相互贴合，同时应有足够大的弹性，以防止密封垫被挤入垫环与筒体顶部的间隙中去。另外，还应考虑到垫片与筒体材料间可能发生的“擦伤”或“咬死”现象。常用的垫片材料有橡胶、聚四氟乙烯等软材料，黄铜、退火紫铜等也用得较多。铝、软钢、纯铁、不锈钢等常被用在工作温度较高、操作介质对材质有特殊要求的场合。另外，为了改善金属垫片的密封性能，往往在其表面进行镀银处理。

b. 操作状态下，垫片、垫环所受的表面压力很大，垫环应采用强度较高的材料，以防止被压碎，但它的强度应低于压紧顶盖材料的强度。常用的材料有40Cr、35CrMo等。

凸肩头盖、压紧顶盖是直接受力部件，因此可选用与筒体相同的材料，也可选用如34CrNi3MoA、35CrMo、40Cr等高强度钢。

# 第3章 动密封

## 3.1 接触密封

### 3.1.1 软填料密封

填料密封又称压盖填料密封，俗称盘根，主要用于过程机器和设备运动部分的密封，如离心泵、真空泵、搅拌机、反应釜等的转轴和往复泵、往复压缩机的柱塞或活塞杆，以及螺旋运动阀门的阀杆与固定机体之间的密封。它是最古老的一种密封结构，随着现代工业尤其是宇航、核电、大型石油化工等工业的发展，对密封的要求越来越高，在许多苛刻的工况下，填料密封被其他密封型式所代替。尽管如此，由于填料密封本身固有的特点，至今在较多场合仍是普遍使用的密封型式，特别是近年来许多新材料和新结构的出现，使填料密封获得了新的发展。

填料密封依其采用的密封填料的型式分成软填料密封和硬填料密封，后者主要用于高压、高温、高速下工作的机器或设备。因软填料密封构造简单并容易更换，应用十分普遍，也可作为预密封与硬填料密封联合使用，故本书仅讲述软填料密封。

与机械密封相比，软填料密封有结构简单、价格便宜、加工方便、装拆容易和使用范围很广的优点；缺点是软填料密封因依靠压紧力使填料与轴（杆）紧密接触而填塞泄漏通道，故填料与轴（杆）表面的摩擦和磨损较大，造成材料和功率消耗也大。而为了润滑摩擦部位并携出摩擦热，降低材料磨损，延长使用寿命，软填料密封要允许有一定的泄漏，因此对于机器转速高、密封要求严、寿命要求长的场合，软填料密封就显得力不从心。

(1) 基本结构

图 3-1 为一典型结构的软填料密封。软填料 6 装在填料函 3 内，压盖 2 通过压盖螺栓 1 轴向预紧力的作用使软填料产生轴向压缩变形，同时引起填料产生径向膨胀的趋势，而填料的膨

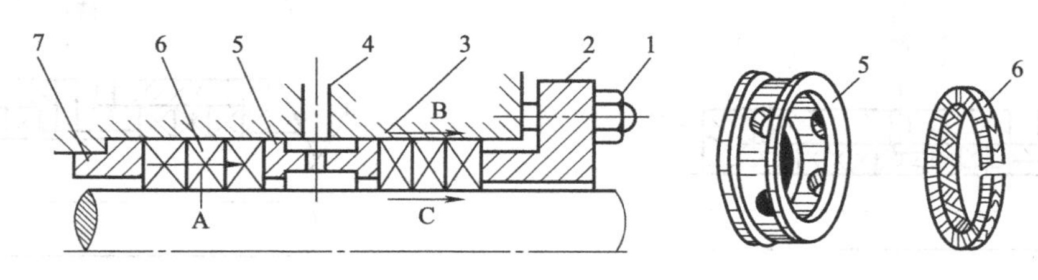


图 3-1 软填料密封

1—压盖螺栓；2—压盖；3—填料函；4—封液环入口；5—封液环；6—软填料；7—底衬套；

A—软填料渗漏；B—靠填料函内壁侧泄漏；C—靠轴侧泄漏

胀又受到填料函内壁与轴表面的阻碍作用，使其与两表面之间紧贴，间隙被填塞而达到密封。即软填料是在变形时依靠合适的径向力紧贴轴和填料函内壁表面，以保证可靠的密封的。

为了使沿轴向径向力分布均匀，采用中间封液环5将填料函分成两段。为了使软填料有足够的润滑和冷却，往封液环入口4注入润滑性液体（封液）。为了防止填料被挤出，采用具有一定间隙的底衬套7。

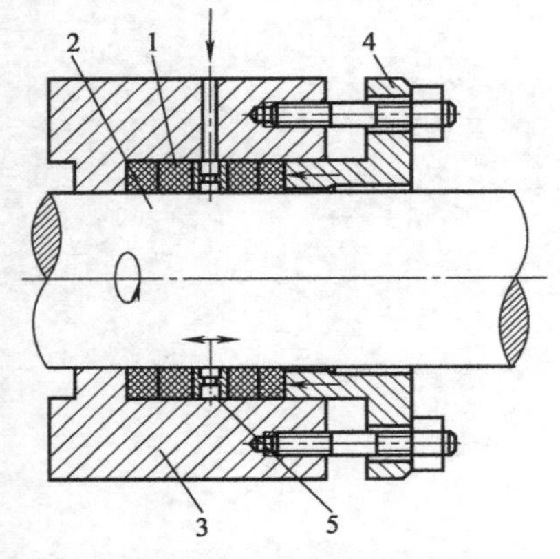


图 3-2 软填料密封基本结构

1—填料；2—转轴；3—填料函；4—压盖；5—液封环

图3-2为一旋转轴与泵体之间采用的软填料密封。如图所示，该填料密封是首先将某种软质材料1填塞轴2与填料函3的内壁之间，然后预紧压盖4上的螺栓，使填料沿填料函轴向压紧，由此产生的轴向压缩变形引起填料沿径向内外扩胀，形成其对轴和填料函内壁表面的贴紧，从而阻止内部流体向外泄漏。为了使填料起到更可靠的密封作用，或对填料进行润滑或冷却，以延长填料的寿命，在填料函中间放置液封环5，通过它向环内注入有压力的中性介质、润滑剂或冷却液。有时在填料顶部和（或）底部加装衬套，使它与轴保持较小的间隙，以防止填料挤出。此外，也有在各段填料之间放置隔离环等结构，以起传递压紧载荷的作用。

(2) 封液填料箱结构

封液填料箱结构属于典型的填料密封结构。压力沿轴向的分布不均匀，靠近压盖的压力最高，远离压盖的压力逐渐减小，因此填料磨损不均匀，靠近压盖处的填料易损坏。

封液环装在填料箱中部，它可以改善填料压力沿轴向分布的不均匀性。在封液环处引入封液（每分钟几滴）进行润滑，减少填料的磨损，延长使用寿命。

若在封液入口呈180°的箱体上开一封液出口，则为贯通冲洗，漏液在封液处被稀释带走。这样的结构可用于易燃、易爆介质或压力小于0.345MPa、温度小于120℃的场合。

(3) 封液冲洗填料箱结构

封液冲洗填料箱结构如图3-3所示。在箱体6的底部设封液环7，并引入压力较介质压力高约0.05MPa的清洁液体作为冲洗液，阻止被密封介质中的磨蚀性颗粒进入填料摩擦面。在封液环4处引入封液（每分钟数滴），对填料进行润滑。也可以不设封液环4，直接由冲洗液流兼进行润滑。在压盖2处引入冷却水，带走漏液，冷却轴杆，并阻止环境中粉尘进入摩擦面。

(4) 双重填料箱结构

双重填料箱结构如图3-4所示。两个填料箱重合。外箱体4的底部兼作箱体的填料压

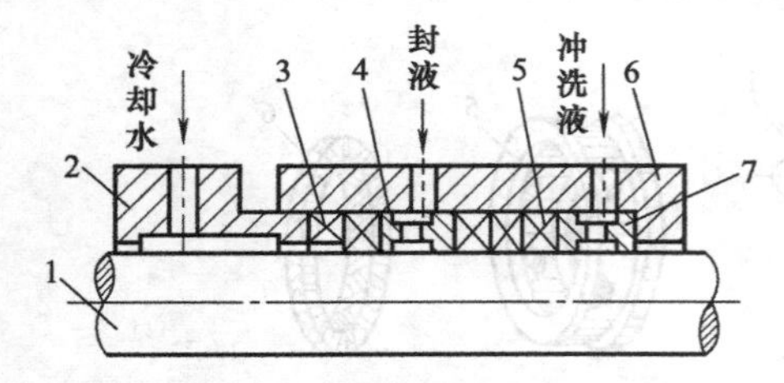


图 3-3 封液冲洗填料箱结构

1—轴；2—压盖；3—外侧填料；4，7—封液环；5—内侧填料；6—箱体

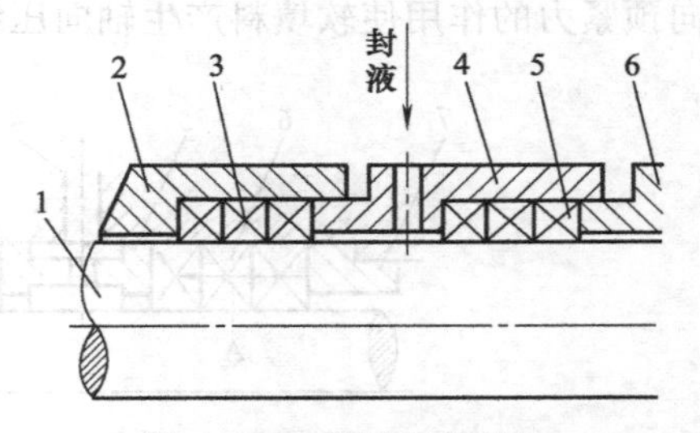


图 3-4 双重填料箱结构

1—轴；2—内箱体；3—内侧填料；4—外箱体；5—外侧填料；6—压盖

盖，通过螺钉压紧内侧填料3。在外箱体4处可引入封液，进行冲洗、冷却、稀释并带走漏液。该结构适用于密封易燃、易爆介质或压力较高（高于1.2MPa）的场合。

（5）改进型填料密封结构

改进型填料密封结构如图3-5所示。填料由橡胶或聚四氟乙烯制成的上密封环3和下密封环4组成，两者交替排列。上密封环与箱体接触，下密封环与轴接触，因此，盘根与轴的接触面积约减少一半，两个密封环之间有足够的空间储存润滑油，对轴的压力沿轴向分布较均匀，改善摩擦情况。

（6）填料旋转式密封结构

填料旋转式密封结构如图3-6所示。填料4的支撑面不是在箱体2上，而是在旋转轴1的台肩上。压盖6上的螺钉与传动环7连接。填料靠传动环与轴台肩之间的压力产生的摩擦力随轴旋转，摩擦面位于填料外圆和箱体内侧表面，热量容易通过夹套3内的冷却水排除。该结构可用于高速旋转设备，不磨损轴。

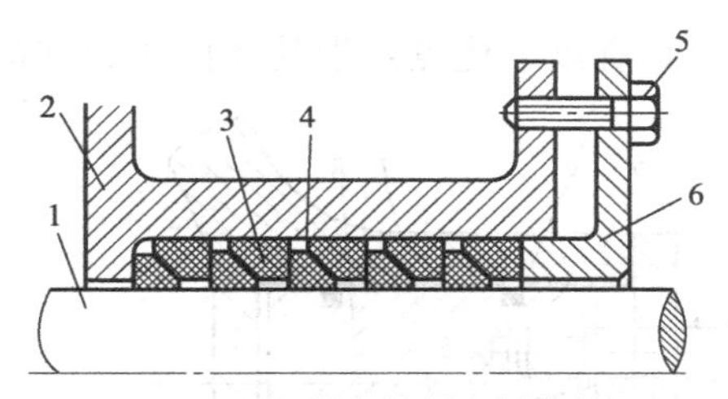


图3-5　改进型填料密封结构

1—轴；2—箱体；3—上密封环；4—下密封环；5—螺钉；6—压盖

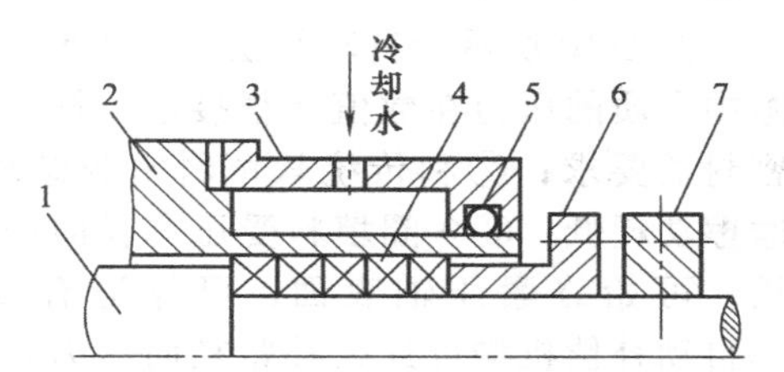


图3-6　填料旋转式密封结构

1—轴；2—箱体；3—夹套；4—填料；5—O形环；6—压盖；7—传动环

（7）夹套式填料箱结构

夹套式填料箱结构如图3-7所示。在填料箱外侧设有冷却夹套1，通过冷却水进行冷却循环，用于介质压力低于0.69MPa、温度低于200℃的场合。若介质温度超过200℃，则为了防止热量通过轴传给轴承，需从填料箱压盖3通入冷却水冷却传动轴4，经轴套2外侧，再从压盖3上排液口排出。

（8）带轴套填料箱结构

带轴套填料箱结构如图3-8所示。填料7与轴1之间装设轴套5。轴套与轴之间采用O形环8密封。O形环的材料应适合被密封介质的腐蚀及温度要求。轴套靠键3传动而随轴旋

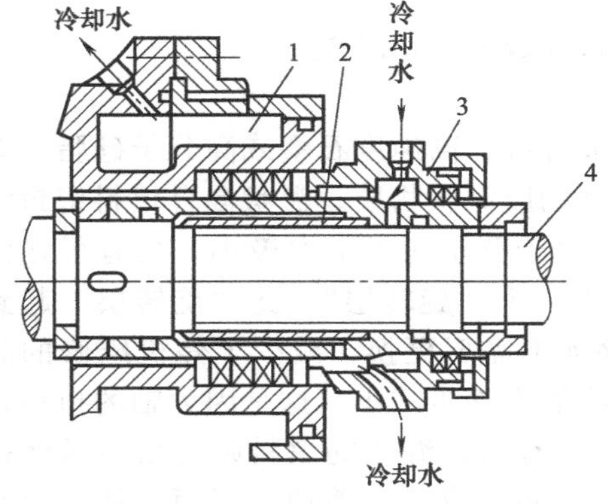


图3-7　夹套式填料箱结构

1—夹套；2—轴套；3—压盖；4—轴

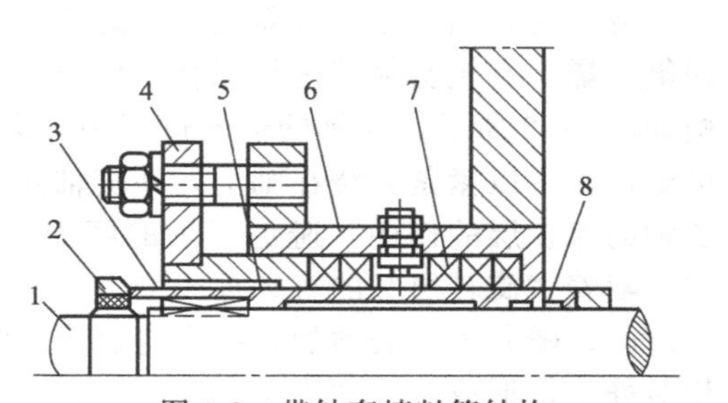


图3-8　带轴套填料箱结构

1—轴；2—螺母；3—键；4—压盖；5—轴套；6—箱体；7—填料；8—O形环

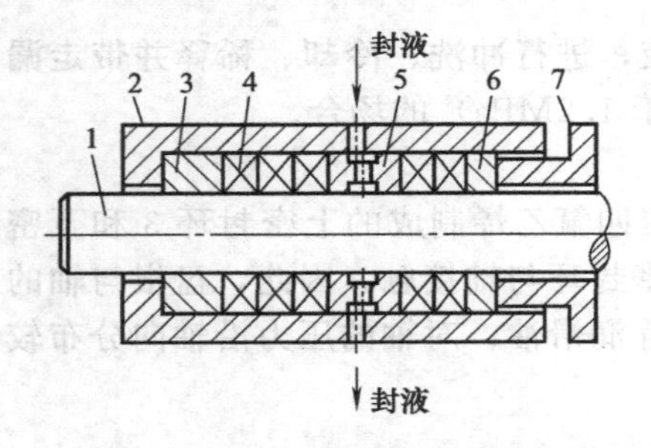


图 3-9　带节流衬套填料箱结构

1—轴；2—箱体；3—节流衬套；4—填料；5—封液环；6—垫环；7—压盖

转，并利用螺母 2 固定到轴上。轴套与填料接触的部位进行了硬化处理。这种结构的优点是当轴套磨损时便于更换与维修。

(9) 带节流衬套填料箱结构

带节流衬套填料箱结构如图 3-9 所示。当被密封介质压力大于 0.6MPa 时，在填料箱底部应增设节流衬套 3，以增大介质进入填料箱的阻力，降低密封箱内的介质压力。同时增设垫环 6，以防填料在压盖 7 高压紧力的条件下从缝隙中挤出。

(10) 自动补偿径向压紧软填料密封结构

设置补偿结构，目的是对填料的磨损进行及时的或自动的补偿；而且拆装、检修方便，可以缩短因此而引起的停工时间。采用液压加载和弹簧加载可以自动补偿。

图 3-10 所示为自动补偿径向压紧软填料密封结构，具有以下优点：①其径向压力和间隙中介质的压力在数值上很接近，符合软填料密封的要求；②和传统软填料密封结构相比，摩擦功耗低；③各圈填料受压套径向压力的作用，可始终紧压轴表面，可保证有效密封；④自动补偿机构可连续补紧径向压力，提高了密封的可靠性；⑤在同样的密封条件下，减轻了轴与填料的磨损，可延长轴和填料的使用寿命。

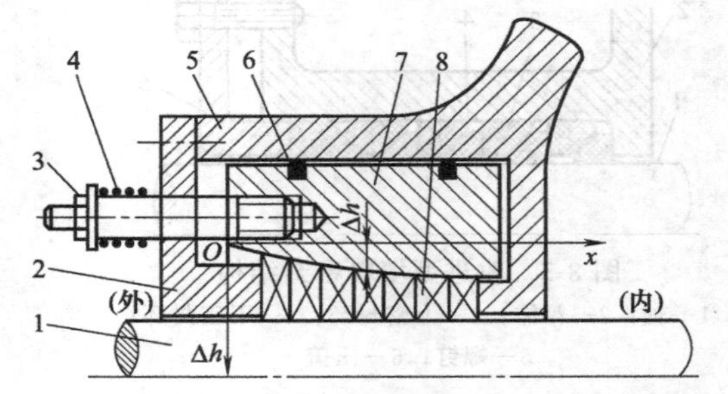


图 3-10　自动补偿径向压紧软填料密封

1—轴；2—外挡板；3—调整螺母；4—弹簧；5—壳体；6—O 形圈；7—压套；8—软填料

(11) 柔性石墨填料密封结构

柔性石墨填料密封结构如图 3-11 所示。柔性石墨环 3 系压制成形，具有高耐渗透能力和自润滑性，不需要过大的轴向压紧力，对轴可减少磨损。但由于柔性石墨环抗拉、抗剪切能力较低，一般需与强度较高的填料环 2 组合使用。通常，介质压力较低时，填料环设置在填料箱内两端，材料为石棉；介质压力较高时，每两片柔性石墨环装设一片填料环，其材料为石墨、塑料（常温），高温高压时用金属环。这样，可以防止石墨嵌入压盖 5 与轴 1、箱体 4 与轴 1 之间的间隙。该结构适用于往复和旋转运动的各种密封。

柔性石墨环装在轴上之前需用刀片切口，各环切口互成 90°或 120°。

(12) 泥状混合填料密封结构

泥状混合填料是一种新型的密封填料，它由纯合成纤维、高纯度石墨或高分子硅脂、聚四氟乙烯、有机密封剂进行混合，形成一种无规格限制的胶泥状物质。泥状混合填料密封结构如图 3-12 所示，在轴的运转过程中，泥状混合填料由于分子间吸引力极小，具有很强的可塑性，可以紧紧缠绕在轴上，并随轴同步旋转，形成一个“旋转层”，此“旋转层”起到了轴的保护层的作用，避免了轴的磨损，使得轴套永远不需要更换，减少了停机维修的时间；随着“旋转层”的直径逐步增大，轴对纤维的缠绕能力逐步减小（这是因为轴的扭矩是一定的，随着力臂的增加，扭力将逐步下降的结果），没有与轴缠绕的填料则与填料函保持相对静止，形成一个“不动层”。这样在泥状混合填料中间形成一个剪切分层面，从而使摩擦区域处在填料中间而不是填料与轴之间。

(13) 胶圈填料密封结构

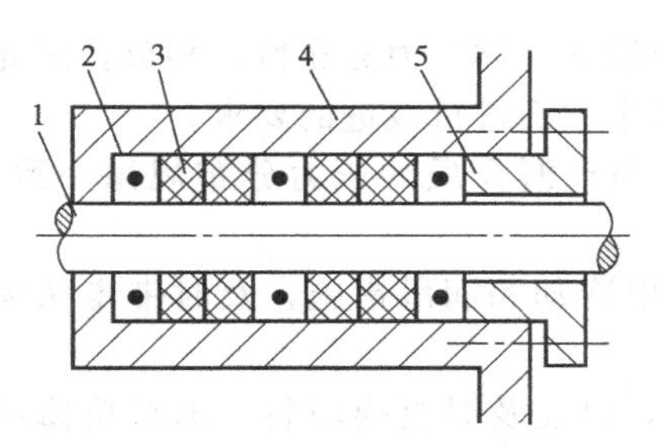


图 3-11 柔性石墨填料密封结构

1—轴；2—填料环；3—柔性石墨环；4—箱体；5—压盖

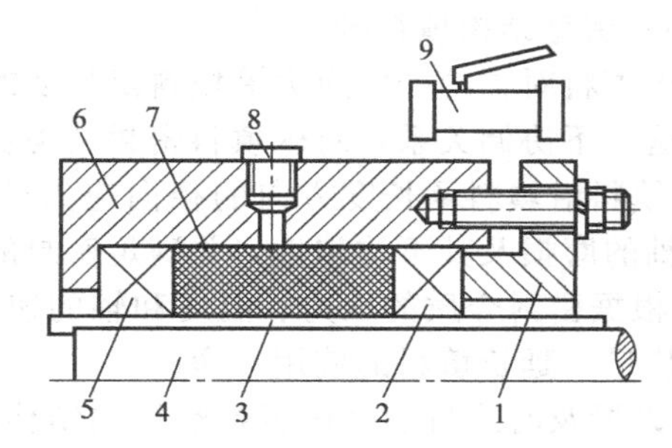


图 3-12 泥状混合填料密封结构

1—压盖；2,5—软填料环；3—轴套；4—轴；6—填料函；7—泥状混合填料；8—快速接管；9—注射系统

胶圈填料密封结构如图 3-13 所示。胶圈密封是最简单的填料密封，摩擦力小，成本低，所占空间小，但不能用于高速场合。

胶圈密封用于旋转运动时，其尺寸设计完全不同于用作固定密封或往复运动密封时的情况，因为旋转轴与橡胶圈之间摩擦发热很大，而橡胶却有一种特殊的反常性能，即在拉伸应力状态下受热，橡胶会急剧地收缩。因此设计时，一般取橡胶圈外径的压缩量为橡胶圈直径的 4%～5%，这个数值由橡胶圈外径大于相配槽的内径来保证。常用的是 O 形，但 X 形较理想。

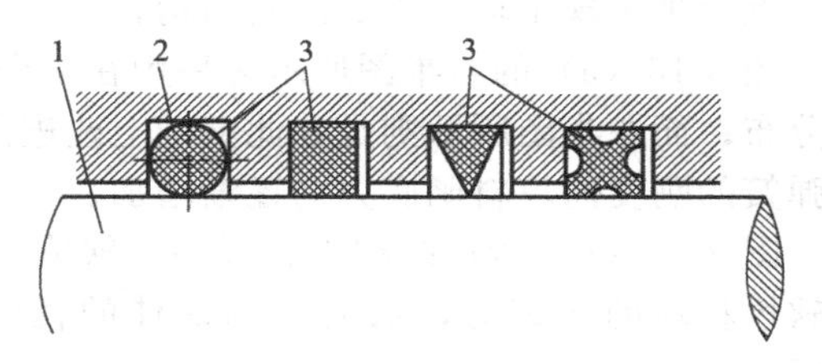


图 3-13 胶圈填料密封结构

1—轴；2—箱体；3—橡胶圈

(14) 弹簧压紧胶圈水泵填料密封结构

弹簧压紧胶圈水泵填料密封结构如图 3-14 所示，用弹簧压紧胶圈的水泵密封，轴 1 的左腔为润滑油腔，右腔为水腔，两腔之间装有三个橡胶密封件 7，用两个弹簧 4 压紧封严，孔环 6 加入润滑脂来润滑密封件 7 的摩擦表面。这种结构可防止油腔与水腔互相渗漏。

(15) 弹簧压紧填料密封结构

弹簧压紧填料密封结构如图 3-15 所示，用弹簧压紧胶圈的密封，其压紧力为常数（取决于弹簧 3)。常用作往复运动的密封，有时也用于旋转运动的密封。橡胶密封环 5 的锐边应指向被密封介质，密封介质的压力将有助于密封。

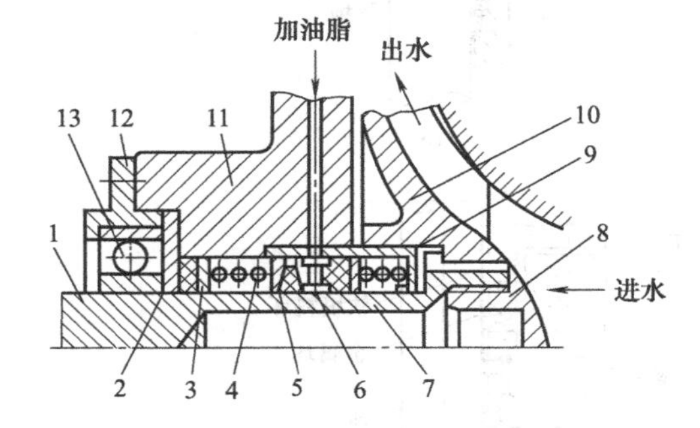


图 3-14 弹簧压紧胶圈水泵填料密封结构

1—轴；2—挡板；3—压圈；4—弹簧；5—垫圈；6—孔环；7—橡胶密封件；8—螺母；9—轴承；10—叶轮；11—壳体；12—轴承盖；13—滚动轴承

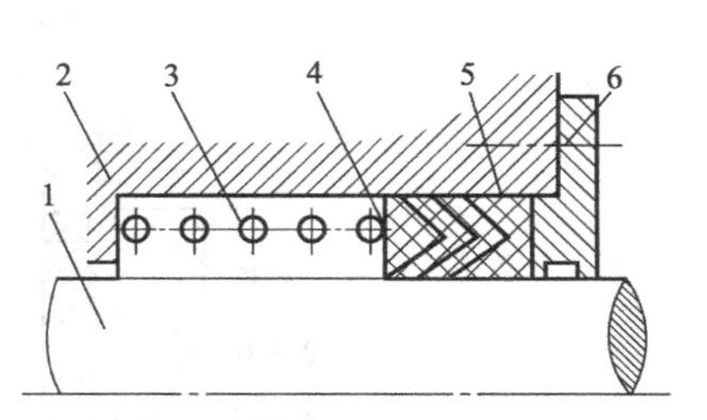


图 3-15 弹簧压紧填料密封结构

1—轴；2—箱体；3—弹簧；4—压圈；5—密封环；6—盖

(16) 新型结构填料函

由于填料对轴的径向应力沿填料函长度的分布规律与泄漏流体压力分布恰好相反，因此为解决这一不协调关系，对软填料密封结构提出从以下几个方面进行改进的要求。

① 填料沿填料函长度方向的径向应力分布均匀，且与泄漏介质的压力分布规律一致，以减小轴的磨损及其不均匀性，并满足密封的要求。

② 根据密封介质的压力、温度和轴的速度大小，考虑冷却和润滑措施，及时带走摩擦产生的热量，延长填料的使用寿命。

③ 设置及时或自动补偿填料磨损的结构，装拆方便，以能及时更换填料，缩短检修停工时间。

④ 在填料函底部设置底套，以防止填料挤出；为防止含固体颗粒介质的磨蚀和腐蚀性介质的腐蚀，采用中间封液环，注入封液（自身或外来封液），起冲洗和提高密封性的作用。

⑤ 采用由不同材质的填料环组合的结构，如柔性石墨和碳纤维填料环的组合，提高了填料的密封性能。

近年来出现了填料密封的新结构，如图 3-16 所示，这些结构正是以上概念的实际应用。

图 3-16（a）的右半图所示为采用在各个软填料环之间加入金属环以获得均匀的径向应力分布；而左半图所示则是在此基础上改进的一种结构，即用碟形弹簧代替上述的金属环，且弹簧的刚度向填料函底方向逐渐增加。

图 3-16（b）所示结构由金属环、软填料和圆柱形弹簧交替组合而成。通过分别调节各层软填料环的压缩力，从而得到最佳的径向应力分布。弹簧还起着补偿径向应力松弛的作用。

图 3-16（c）所示是将一组软填料环安装在一可轴向移动的金属套筒之中，预紧力由套筒螺栓调节。操作时由于介质压力作用在套筒底上，进一步压缩软填料，增加了底部软填料与轴的抱紧，从而使径向应力与密封流体压力的分布相配合。

图 3-16（d）所示填料函中的金属环和软填料环的截面沿填料函底方向逐渐减小，从而在压盖作用力下，软填料的径向应力相应逐渐增加，同样使径向应力获得合理分布。

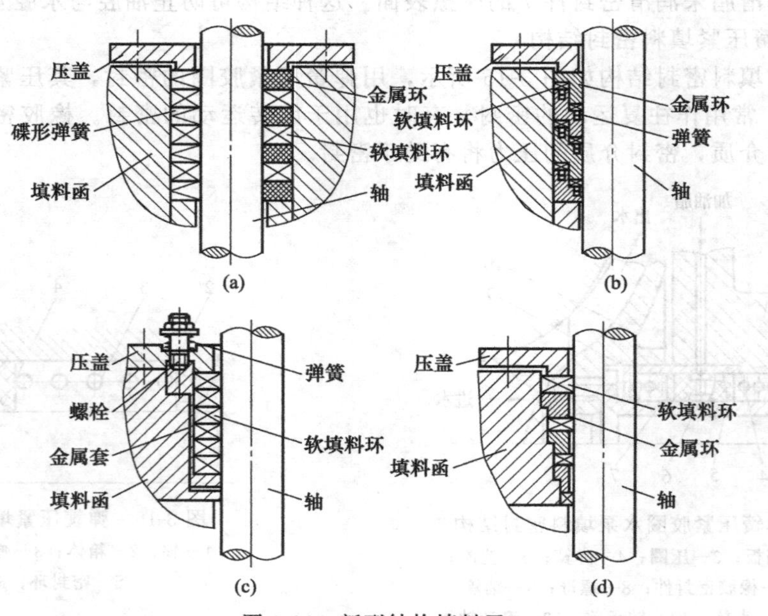


图 3-16 新型结构填料函

### 3.1.2 往复密封

往复密封是指用于机械作往复运动机构处的密封，包括液压密封、气动密封、活塞环密封（发动机、压缩机等）、柱塞泵密封等。用于往复运动的填料密封上一节已作了介绍，本节主要介绍往复运动的其他密封的基本原理和技术特征等。

（1）液压密封

液压传动是以液体为工作介质，实现有控制地传递和转换能量的传动系统。图 3-17 是液压缸往复运动密封系统。一般的液压密封指液压缸活塞密封和活塞杆密封，当范围更广、要求更严时，则液压密封还包括防止灰尘或外界液体进入系统的防尘密封。液压密封由聚合物、弹性体或塑料等材料制造。液压缸中的支撑环起到类似滑动轴承的作用，支撑侧向载荷，维持液压密封同心的作用，由聚合物材料或金属制成。往复运动密封与纯粹旋转运动密封的不同之处在于，往复运动密封的泄漏率在构成一个循环的两个行程中是彼此不相同的。

图 3-18 为液压缸中往复运动密封结构的立体图。液压往复运动密封设计包括活塞、活塞杆密封设计及辅助密封件防尘圈、导向支撑环、缓冲圈、挡圈、防污保护圈的设计。

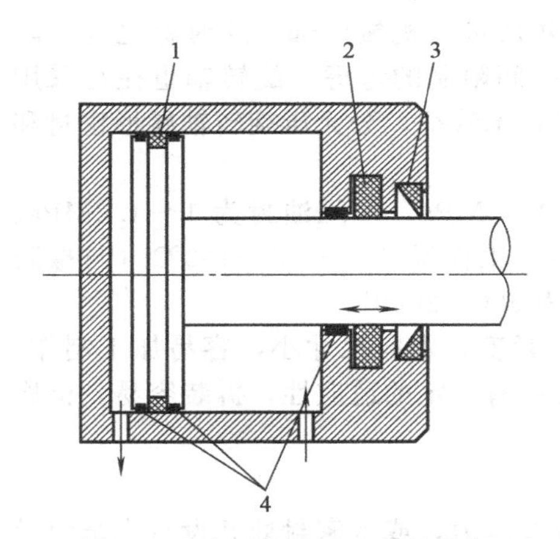


图 3-17　液压往复运动密封系统
1—活塞密封；2—活塞杆密封；3—防尘密封；4—支撑环

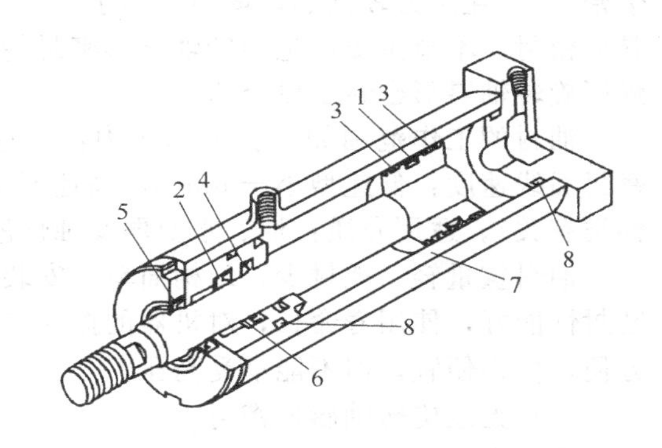


图 3-18　液压缸往复运动密封
1—活塞密封（孔用密封）；2—活塞杆密封（轴用密封）；3—导向支撑环；4—缓冲圈；5—防尘圈；6—挡圈；7—防污保护圈；8—静密封

（2）气动密封

气动是“气动技术”或“气体传动与控制”的简称。该技术是以空气压缩机为动力源，以压缩气体为工作介质，进行能量传递或信号传递的工程技术，是实现各种生产控制、自动控制的重要手段之一。气动元件（气缸、气动马达、气阀）的密封技术是气动技术的一项关键技术，其中尤以往复运动的气缸密封技术更为关键。与液压密封相比，气动密封的压力较低，一般为 0.6～0.7MPa，有时可达 1.6MPa，且其滑动速度多为 0.2～0.5m/s，有时可达 2m/s。气动密封的寿命，按其滑动距离要求达到 5000～20000km。图 3-19 所示为气动气缸的主要构件，其密封构件有：活塞杆密封、活塞密封、防尘密封、冲程终了刹车系统的衬垫密封。活塞杆和活塞的支撑环承担了附加的侧向载荷。从本节可以看出，气动密封在接触区与液压密封明显不同。

### 3.1.3 旋转轴唇形密封

旋转轴唇形密封（图 3-20）由于结构简单、紧凑，摩擦阻力小，对无压或低压环境的

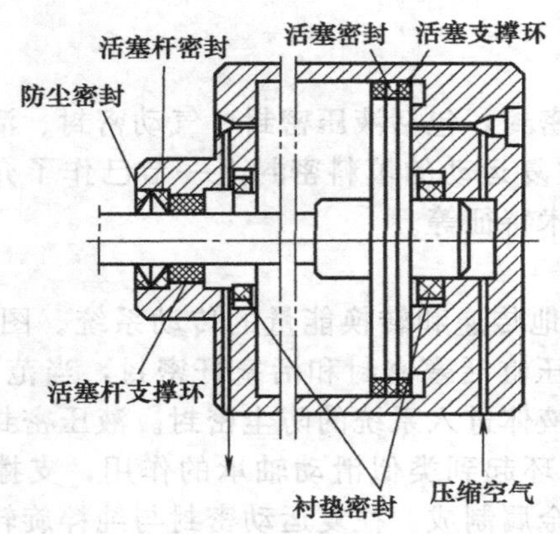

图 3-19 气动气缸主要构件和密封系统

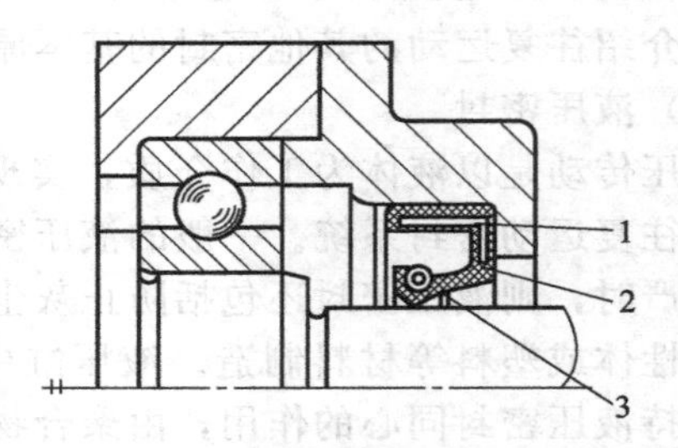

图 3-20 油封在旋转轴上的密封
1—骨架；2—油封；3—弹簧

旋转轴密封可靠，因而获得了广泛应用。在无压环境中，常用于防止机械润滑油的向外泄漏，故又称为“油封”；或者用于防止外界灰尘等有害物质进入机械内部，这时称之为“防尘密封”。在压力较低的环境中，出于成本或机械结构空间限制的考虑，旋转轴也往往采用唇形密封。本节主要讨论旋转轴唇形密封的基本原理和技术特征，分无压旋转轴唇形密封和耐压旋转轴唇形密封予以介绍。

油封的工作范围如下。工作压力：普通油封小于 0.05MPa，耐压油封为 1～1.2MPa。密封面线速度：低速型小于 6m/s，高速型为 6～15m/s。工作温度：－60～150℃（与橡胶种类有关）。适用介质：油、水及弱腐蚀性液体。寿命为 500～2000h。

油封重量轻，耗材少，结构简单，安装腔体的结构紧凑，轴向尺寸小，容易加工制作，密封性能好，使用寿命长，对机器的振动和主轴的偏心都有一定的适应性，拆装容易，检修方便，价格便宜，但不能承受高压。

(1) 无压旋转轴唇形密封

在大多数带有油润滑旋转轴的机器中，润滑油并没有压力，或者密封处并没有完全浸没于润滑油中。密封处或者部分或者暂时浸没于润滑油中，或者直接处于一种飞溅润滑的环境中，如汽车发动机和齿轮箱的转轴密封。早期的汽车发动机，速度很低，采用简单纤维或皮革材料来完成密封工作；但后来，随着转轴速度和温度的提高，研制开发了各种弹性体径向唇形密封结构。在现代发动机和齿轮箱中，要求转轴密封能够满足 30m/s 的线速度和 130℃润滑油温度的工况要求，同时要求无泄漏操作。与此同时，密封必须要能够防止外界的灰尘、水滴等进入机械内部。

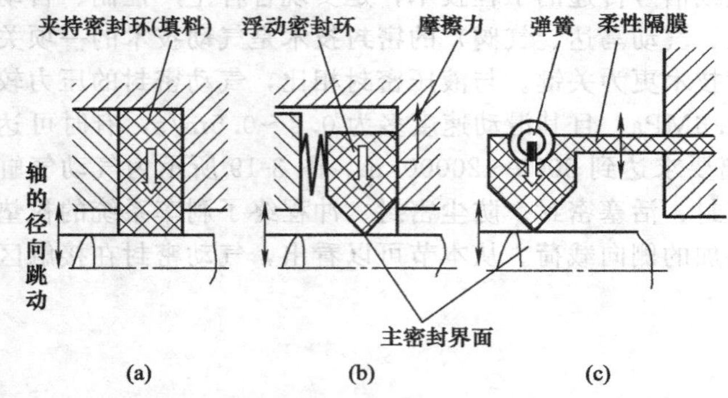

图 3-21 弹性体唇形密封的主要构件及其发展过程

① 基本概念 对润滑油的密封，最早形式为纤维、皮革等材料的填料密封，随着耐油和耐磨性能良好的合成橡胶出现，逐渐发展出了密封性能良好的径向唇形密封。

图 3-21 所示为从填料密封到唇形密封的发展过程。弹性体填料密封（夹持密封环）由于填料本身与旋转轴的接触面积大，摩擦、磨损相当严重，并且对轴的径向跳动补

偿能力很弱，见图 3-21（a）。采用弹性体浮动环结构后，接触宽度减少，情况得到了很大改善，如图 3-21（b）所示，浮动密封环被撑大装于轴上，密封环内径与轴的过盈配合形成了接触载荷。与弹性体填料密封相比，浮动环密封的主密封界面的摩擦功耗和温升得以降低，但轴向密封界面的摩擦接触限制了密封追随轴径向位移的能力。最后，发展出了柔性隔膜顶端携带唇形密封环的结构，如图 3-21（c）所示，隔膜起到了第二密封功能的作用，并有效地、无摩擦地对唇形密封环进行了悬挂支撑。为了补偿因弹性材料老化而发生的应力松弛，接触载荷用卡形弹簧进行增强。

② 密封唇的几何形状　图 3-22 为现代弹性体径向唇形密封的结构图，柔性环状隔膜的一端为密封唇口，另一端与金属骨架固连。密封唇口的接触面为 0.1～0.2mm 宽的环带。多年的研究和开发结果表明，要获得无泄漏的唇形密封，除了选择合适的弹性材料外，密封带的形状和位置、密封带与弹簧的相对位置具有十分重要的作用。

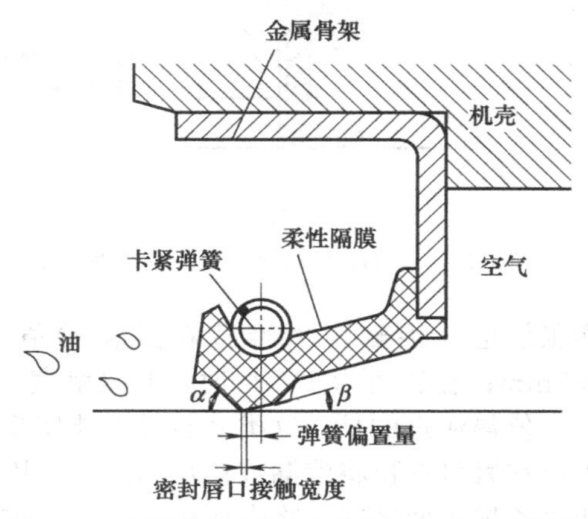

图 3-22　弹性体唇形密封的构成及其唇部结构

（2）耐压旋转轴唇形密封

对介质压力超过 0.1MPa 的旋转轴的密封，主要采用机械密封来实现，但设计者往往出于降低成本或节省结构空间的考虑，采用唇形密封结构。旋转接头、旋转式压缩机、混合器、液压泵、离心泵、急冷设备用密封装置等往往要求尽量节省结构空间，结构紧凑的耐压旋转轴唇形密封不失为一种好的选择。

① 橡胶弹性体唇形密封　前面讨论的无压旋转轴唇形密封并不能应用于介质有压力的场合。由于它具有较长的腰部膜片，流体作用面积较大，从而使得有压流体通过膜片作用在密封唇口处的接触力很高，即使在中等速度下，密封也会因过大的摩擦而损坏。为了减小压力的影响，需要对结构进行修改。图 3-23 所示为两种经过修改而适用于带压环境的旋转轴橡胶弹性体唇形密封结构。弹性体材料可为丁腈橡胶（NBR）或氟橡胶（FPM）。与无压唇形密封相比，其腰部的轴向长度较短，减少了被密封流体压力的作用面积；但是相应地也降低了密封唇部的回弹能力，进而减少了密封对轴径向跳动的追随适应能力。这类唇形密封的径向载荷比普通唇形密封的大，如图 3-23（a）所示带弹簧加载唇形密封的唇口接触压力一般为 0.2～0.4N/mm，而如图 3-23（b）所示无弹簧唇形密封的唇口接触压力大约为 0.05N/m。这类密封适应的介质压力小于或等于 0.1MPa。允许密封唇口的接触宽度随介质压力的增加而增加，在压力为 0.1MPa 的情况下，带弹簧加载唇形密封的接触宽度大约为

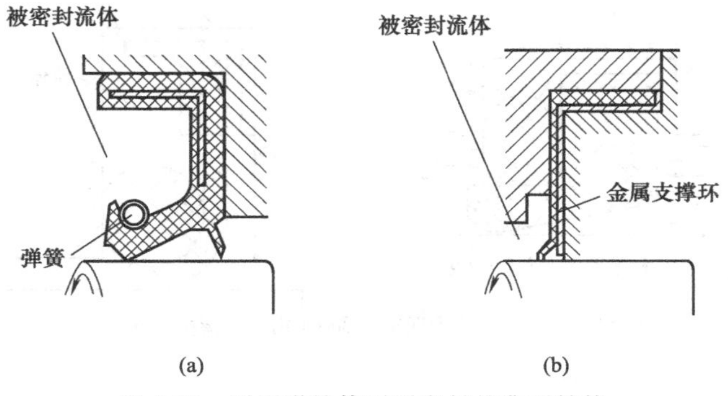

图 3-23　耐压弹性体唇形密封的典型结构

1mm，而无弹簧唇形密封的接触宽度为0.5mm。前者在正确安装和使用的条件下，可以实现无泄漏运转，其实现无泄漏的机理与无压唇形密封相同，即返回泵送机理。而无弹簧唇形密封，由于存在弹性体的受热升温老化现象，可能丧失唇口的过盈接触能力而发生泄漏。

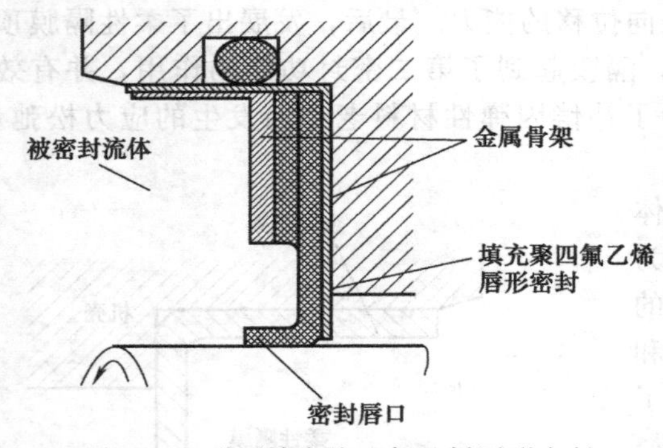

图 3-24 耐压填充聚四氟乙烯唇形密封

② 填充聚四氟乙烯唇形密封 与橡胶弹性体密封相比，填充聚四氟乙烯密封能够承受较高的温度，从而可以承受较高的压力。图3-24所示为一适用于密封带压流体的填充聚四氟乙烯唇形密封的典型结构，填充聚四氟乙烯密封唇片夹持在两金属骨架之间，装配于密封腔内。这类唇形密封的典型特征是唇部较短，其短唇的径向刚度大，从而所产生的轴静态偏心值和动态径向跳动值较小。未加压时，唇口的接触载荷一般为0.6～1.2N/mm；在150℃时，由于填充聚四氟乙烯弹性模量的下降和热膨胀效应，接触压力维持在其初始值的40%～50%。未加压时，其接触宽度大约为0.5mm；在压力为1MPa时，其接触宽度增加至1.5mm。

值得注意的是，这类密封并不能实现零泄漏运转。由于普通唇口的填充聚四氟乙烯密封不能在唇口部位将泄漏液体反向送回，因此泄漏将不可避免地发生。旋转轴和粗糙的填充聚四氟乙烯表面之间，将会产生一弹性流体动压膜，随着接触压力的增加，膜厚会减小，但仍然较厚，大约为十分之几微米。受压的填充聚四氟乙烯唇形密封可以视为一个间隙很小的衬套密封，在压力的作用下，将不可避免地引起流体沿界面的流动，从而形成泄漏。另外，在高压的作用下，密封唇会发生轴向变形，介质侧唇口端小曲率弯曲将形成密封唇口的喇叭状，而与轴不再接触，这进一步增加了泄漏。

为了提高填充聚四氟乙烯唇形密封的耐压能力，降低摩擦功耗和泄漏量，开发出了反向填充聚四氟乙烯唇形密封，图3-25（a）所示为其密封原理。与普通唇形密封不同的是，反向唇形密封唇口朝向空气侧，唇与轴间隙中的流体压力向外作用使唇与轴分离，而密封外周和O形圈处的流体压力向内作用，使密封唇与轴闭合，同时，O形圈从轴向支撑着填充聚四氟乙烯唇形密封。这种结构使得密封内外的径向力得到很大程度上的平衡。为了限制介质压力作用增加的唇口径向载荷处于一相对低的范围内，需要精心设计选择密封接触点的位置。为了获得较低的泄漏率，提高由过盈产生的初始接触压力。利用塑性记忆效应来补偿操作时唇口摩擦升温后的热膨胀效应。由填充碳石墨聚四氟乙烯制造的反向唇形密封，初始接

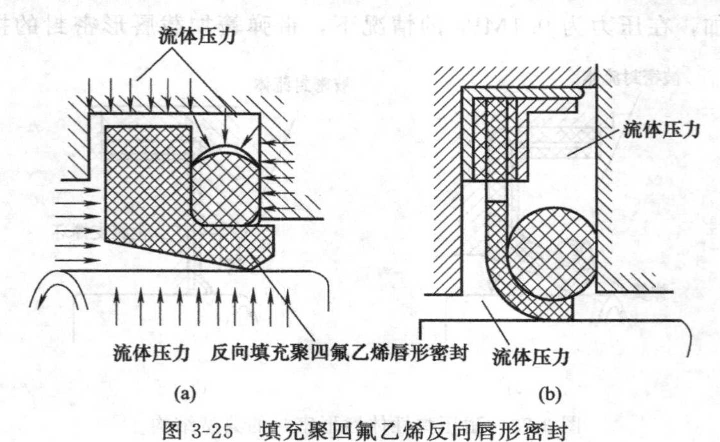

图 3-25 填充聚四氟乙烯反向唇形密封

触宽度为 0.2～0.3mm；每增加 500h 的运转时间，接触宽度大约增加 0.2mm。图 3-25（b）所示为将反向唇形密封原理应用于普通填充聚四氟乙烯唇形密封的结构，很明显，这种结构的唇口接触宽度比机加工的密封楔宽度大，不过可以通过选择合理断面直径的 O 形圈来弥补。

这种密封的介质压力可达 3MPa，而泄漏小于 1mL/h。与普通填充聚四氟乙烯唇形密封相比，反向唇形密封的优点在于当介质压力较高时，其摩擦功耗和泄漏率都很低。

### 3.1.4 机械密封

（1）概念

机械密封按国家有关标准定义为：由至少一对垂直于旋转轴线的端面在流体压力和补偿机构弹力（或磁力）的作用以及辅助密封的配合下保持贴合并相对滑动而构成的防止流体泄漏的装置。

机械密封又称端面密封（mechanical end face seal），是旋转轴用动密封。机械密封性能可靠，泄漏量小，使用寿命长，功耗低，毋需经常维修，且能适应生产过程自动化和高温、低温、高压、真空、高速以及各种强腐蚀性介质、含固体颗粒介质等苛刻工况的密封要求。

机械密封一般主要由四大部分组成：①由静止环（静环）和旋转环（动环）组成的一对密封端面，该密封端面有时也称为摩擦副，是机械密封的核心；② 以弹性元件（或磁性元件）为主的补偿缓冲机构；③辅助密封机构；④使动环和轴一起旋转的传动机构。

（2）目前技术水平

机械密封的目前技术水平：

单级压力　　1013Pa～35MPa

使用温度　　最高达 1000℃；最低可达低温深冷

机器转速　　高达 50000r/min

$p_s v$ 值　　达 1000MPa·m/s

（3）发展方向及特点

① 发展方向

a. 接触式密封减少泄漏、减小磨损、提高可靠性和工作稳定性、延长使用寿命。

b. 非接触式密封减少泄漏、提高流体膜刚度和工作稳定性、延长使用寿命。

随着科技进步和工业的发展，高参数机械密封实用化的要求越来越高。

② 发展特点

a. 技术不断创新。新技术、新概念、新产品、新材料、新工艺和新标准不断涌现；高参数（如高压、高速、高温、大直径）、高性能（如干运转、零泄漏、无油润滑、浆液）和高水平（如高 $pv$ 值、大型剖分式、监控）的密封产品大量研制；失效机理（如疱疤、热裂、空化-汽蚀、橡胶密封圈泡胀和老化）、失效分析（如可靠性和概率）和失效监控（如流体膜、摩擦状态和相态）的研究和应用。

b. 使用范围不断扩大。机械密封在许多工艺设备（如反应釜、转盘塔、搅拌机、离心机等）上都广泛采用。

c. 发展要求重视密封系统。过去只重视单独密封件，现在已经发展到重视整个密封系统，而且已制定了新的密封系统标准（API-682“离心泵与转子泵的轴封系统”标准）。

d. 注意安全和环境保护。过去只注意眼睛可视的“泄漏”，不注意眼睛看不见的易挥发物的“逸出”；现在发展到要求控制易挥发物的逸出量，也就是说从要求“零泄漏”到要求“零逸出”。美国摩擦学家和润滑工程师学会（简称 STLE 摩润学会）已制订了 SP-30 等易挥发物逸出量控制规定的指南。

e. 要求不断提高。在石油化工方面，为了延长工艺装置的检修周期和装置的操作周期，要求机械密封的工作寿命由1年延长到2年，国外由2年延长到3年（API-682中作了明确规定）。

f. 研制产品要求实用化。不仅要求研制出新产品，更重要的是使所研制产品得到实际应用。

# 3.2 非接触密封

## 3.2.1 间隙密封

间隙密封一般为流阻型非接触动密封，系统流体沿着微小环形间隙利用黏性摩擦的耗损进行节流而达到密封目的。有固定环密封、浮动环密封等多种形式，既可用于液体环境，也可用于气体环境。

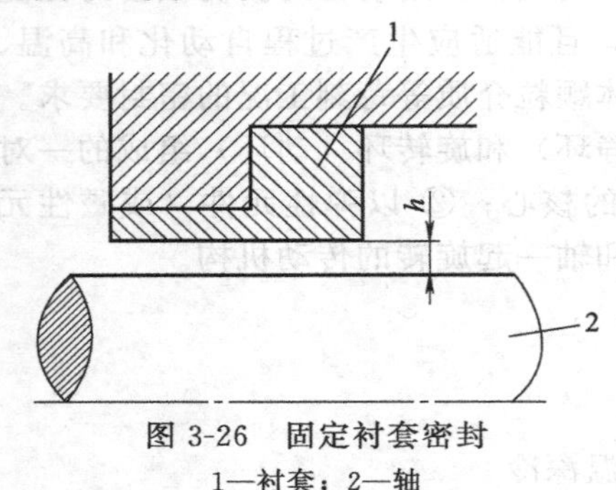


图 3-26 固定衬套密封

1—衬套；2—轴

如图3-26所示的普通固定衬套密封即为一典型的间隙密封，流体通过衬套与轴的微小间隙 $h$ 流动时，由于流体的黏性摩擦作用而实现降压密封的目的。固定衬套密封设计简单，安装容易，价格低廉，但由于长度较大，必须具有较大的间隙以避免因轴的偏转、跳动等因素引起轴与衬套的固体接触，从而具有较大的泄漏率。固定衬套密封常用作低压离心机轴端密封、离心泵泵壳与叶轮间的口环密封、离心泵密封腔底部的衬套密封、高压柱塞泵背压套筒密封等。

光滑面间隙密封可以用作液体和气体密封，压差达100MPa甚至更高，滑动速度和温度实际上不受限制。

柱面间隙密封中有密封环、套筒等。离心泵的叶轮密封环、液压元件的润滑与缸套、高压往复泵的背压套筒等密封，都是依靠柱面环形间隙节流的流体静压效应，达到减少泄漏的作用的。

(1) 密封环

为了提高离心泵的容积效率，减少叶轮与泵壳之间的液体漏损和磨损，在泵壳与叶轮入口外缘装有可拆的密封环。

密封环的形式见图3-27。平环式结构简单，制造方便，但是密封效果差。由于泄漏的液体具有相当大的速度并以垂直方向流入液体主流，因而产生较大的涡流和冲击损失。这种密封环的径向间隙 $S$ 一般在0.1～0.2mm之间。直角式密封环的轴向间隙 $S_1$ 比径向间隙大得多，一般在3～7mm之间，由于泄漏的液体在转90°之后其速度降低了，因此造成的涡流和冲击损失小，密封效果也较平环式更好。迷宫式密封环由于增加了密封间隙的沿程阻力，

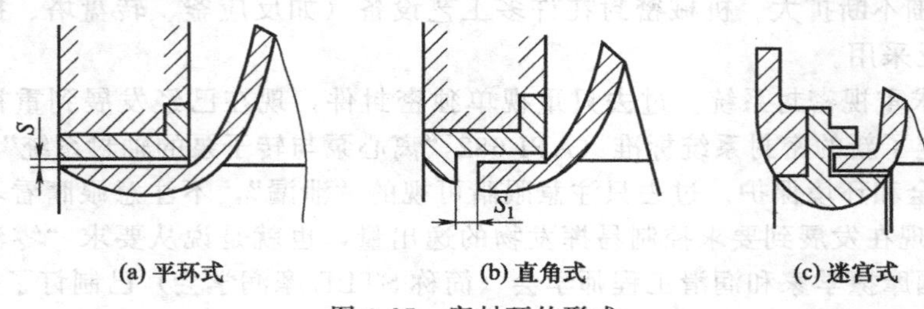


图 3-27 密封环的形式

因而密封效果好；但是结构复杂，制造困难，在一般离心泵中很少采用。

密封环的磨损会使泵的效率降低，当密封间隙超过规定值时应及时更换。密封环应采用耐磨材料制造，常用材料有铸铁、青铜等。

（2）套筒密封

套筒密封结构简单、紧凑、摩擦阻力小，但有一定泄漏量，并且泄漏量随密封间隙的增大而增加。

套筒密封的结构如图 3-28 所示，套筒外径与壳体的间隙大于套筒内径与轴的间隙，当流体通过内筒间隙时，产生压力梯度，而外筒受到流体的均匀压缩，这样在套筒的轴向上产生不同压力差和变形，压力越高，间隙缩小量越大。为了在轴向长度方向上控制间隙和压力梯度，可以把套筒做成变截面结构。

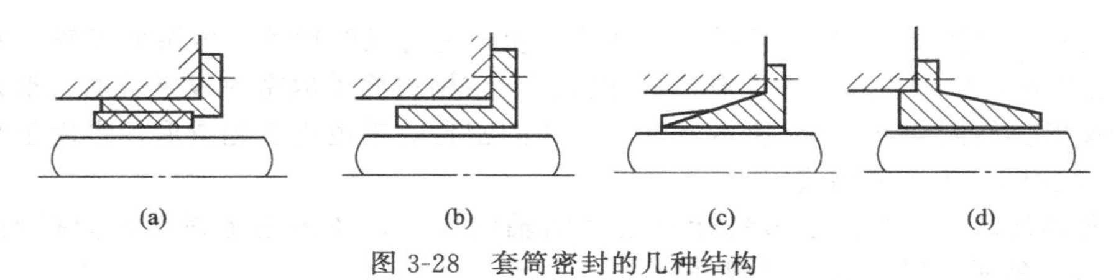


图 3-28 套筒密封的几种结构

卧式往复柱塞泵套筒与轴的间隙按压力不同而异，如压力为 600MPa 时，间隙取 0.013～0.043mm，而套筒外径与柱塞的间隙取 0.045～0.11mm；当压力为 100MPa 时，套筒与柱塞的间隙取 0～0.024mm，外筒间隙取 0～0.031mm。液压元件的间隙取 0.004～0.008mm。柱塞的表面粗糙度 $Ra=0.20\sim0.025\mu m$，套筒内孔 $Ra=0.20\mu m$，外圆 $Ra=1.60\sim0.20\mu m$。柱塞材质为 GCr15、W18Cr4V，套筒材质为 W18Cr4V、铍青铜、30Cr3MoWV 等。

套筒密封使用寿命长，适用于高温、高压、高速场合，也可与其他密封结构组合使用。由于套筒密封存在不可避免的泄漏，因此必须配有压力控制系统和泄漏回收装置。

## 3.2.2 迷宫密封

迷宫密封也称梳齿密封，属于非接触型密封。迷宫密封是在转轴周围设若干个依次排列的环形密封齿，齿与齿之间形成一系列节流间隙与膨胀空腔，使密封介质在通过曲折迷宫的间隙时产生节流效应而达到阻漏的目的。

由于迷宫密封的转子和机壳间存在间隙，无固体接触，因此毋需润滑，并允许有热膨胀，适用于高温、高压、高旋转频率的场合。迷宫密封主要用于密封气体介质，在汽轮机、燃气轮机、离心式压缩机、鼓风机等机器中作为级间密封和轴端密封，或其他动密封的前置密封，有着广泛的用途。迷宫密封的特殊结构形式，即“蜂窝迷宫”，除可在上述旋转机械中应用外，还可作为往复密封，用于无油润滑的活塞式压缩机的活塞密封。

迷宫密封还可作为防尘密封的一种结构形式，用于密封油脂和润滑油等，以防灰尘进入。

（1）典型结构

迷宫密封是由一系列节流齿隙和膨胀空腔构成的，其结构形式主要有以下几种。

① 曲折形。图 3-29 所示为几种常用的曲折形迷宫密封结构。图 3-29（a）所示为整体式曲折形迷宫密封，当密封处的径向尺寸较小时，可做成这种形式，但加工困难。这种密封相邻两齿间的间距较大，一般为 5～6mm，因而使这种形式的迷宫所需轴向尺寸较长。图 3-29（b）～（d）所示为镶嵌式的曲折密封，其中以图 3-29（d）所示形式密封效果最

好，但因加工及装配要求较高，应用不普遍。在离心式压缩机中广泛采用的是图 3-29（b）及图 3-29（c）所示形式的镶嵌曲折密封，这两种形式的密封效果也比较好，其中图 3-29（c）所示结构比图 3-29（b）所示结构所占轴向尺寸更小。

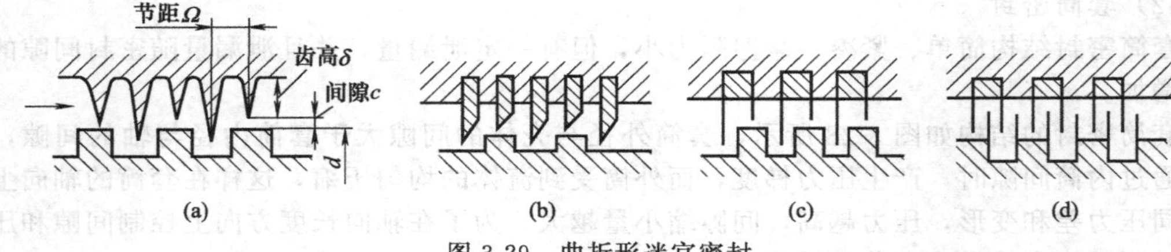

图 3-29 曲折形迷宫密封

② 平滑形。如图 3-30（a）所示，为制造方便，密封段的轴颈也可做成光轴，密封体上车有梳齿或者镶嵌有齿片。这种平滑形的迷宫密封结构很简单但密封效果较曲折形差。

③ 阶梯形。如图 3-30（b）所示，这种形式的密封效果也优于光滑形，常用于叶轮轮盖的密封，一般有 3～5 个密封齿。

④ 径向排列形。有时为了节省迷宫密封的轴向尺寸，还采用密封片径向排列的形式，如图 3-30（c）所示。其密封效果很好。

⑤ 蜂窝形。如图 3-30（d）所示，它是用 0.2mm 厚不锈钢片焊成一个外表面呈蜂窝状的圆筒形密封环，固定在密封体的内圆面上，与轴之间有一定间隙，常用于平衡盘外缘与机壳间的密封。蜂窝形迷宫的密封性能优于片齿迷宫，还能提高转子的动力稳定性，适用于高压差的平衡盘密封，可减少漏气能耗，但加工工艺稍复杂。

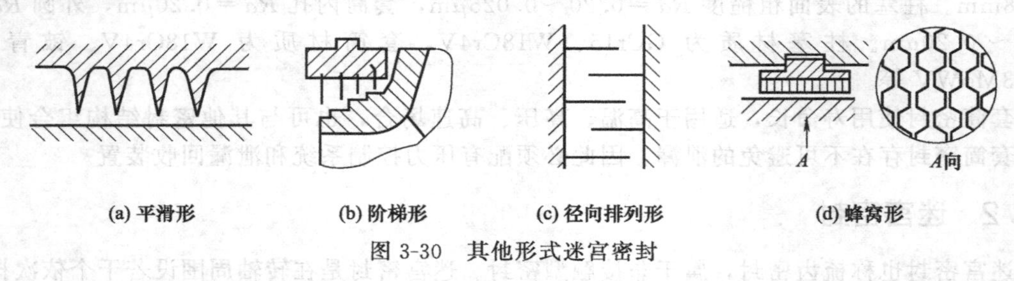

图 3-30 其他形式迷宫密封

迷宫密封的密封齿结构形式有密封片和密封环两种，如图 3-31 所示，其中图 3-31（a）、图 3-31（b）所示为密封片式，图 3-31（c）所示为密封环式。图 3-31（a）中所示密封片用不锈钢丝嵌在转子上的狭槽中，而图 3-31（b）中所示转子和机壳上都嵌有密封片，其密封效果比图 3-31（a）所示结构更好，但转子上的密封片有时会被离心力甩出。密封片式的主要特点是：结构紧凑，相碰时密封片能向两旁弯折，减少摩擦；拆换方便；但若装配不好，有时会被气流吹倒。密封环式的密封环由 6～8 块扇形块组成，装入机壳的槽中，用弹簧片将每块环压紧在机壳上，弹簧压紧力为 60～100N。密封环式的主要特点是：轴与环相碰时，

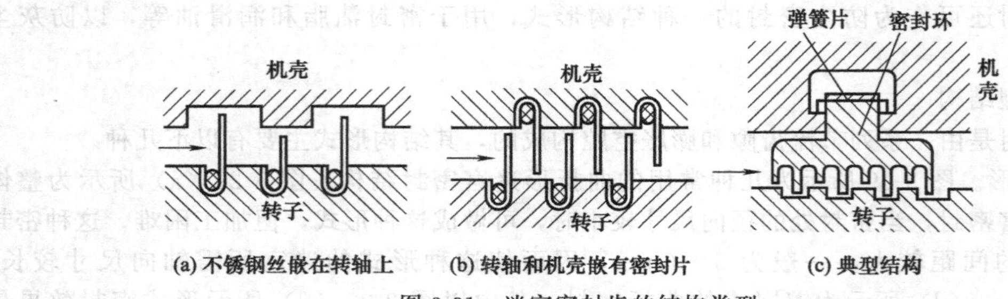

图 3-31 迷宫密封齿的结构类型

齿环自行弹开，避免摩擦；结构尺寸较大，加工复杂；齿磨损后要将整块密封环调换，因此应用不及密封片结构广泛。

（2）工作原理

迷宫密封的实际结构将导致气体流动为湍流。一个节流齿隙和一个膨胀空腔构成了一级迷宫，多级迷宫组成了实际应用的迷宫密封。齿隙的作用是把气体的势能（压力能）转变成动能，迷宫空腔的作用是通过气体的湍流混合作用尽可能地把气流经齿隙转化的动能转化为热能，而不是让它再恢复为压力能。

## 3.2.3　气膜密封

20世纪60年代初，Dry Gas Seal首次基于气体润滑轴承理论提出气膜密封概念，并试图应用于航空发动机上；1969年英国约翰克兰（Johncrane International）公司开始从事气膜密封的研究；到20世纪70年代中期气膜密封开始在离心式压缩机领域获得工业应用。随着气膜密封技术的不断完善，应用领域逐渐扩大，已发展成为很先进的流体密封技术，至今已开发出系列风机、各类转子泵、低速搅拌设备用气膜密封产品并不断推广应用。

从气膜密封的发展历程可看出，气膜密封是一种新型的、先进的旋转轴机械密封。它主要用来密封旋转机械中的气体或液体介质，与其他密封相比，具有低泄漏率、无磨损运转、低能耗、寿命长，效率高、操作简单可靠、被密封流体不受油污染等特点。譬如，在压缩机中，气膜密封可替代迷宫密封及油润滑机械密封。现在，气膜密封在压缩机及特殊泵领域得到了广泛的应用。

（1）典型结构

气膜机械密封和传统上的液用机械密封类似，只不过气膜机械密封的两端面被一稳定的薄气膜分开，成为非接触状态。图3-32为气膜密封的结构示意图。

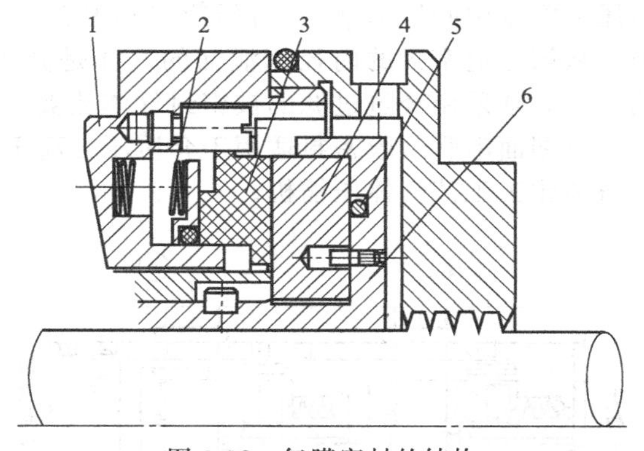

图3-32　气膜密封的结构

1—弹簧座；2—弹簧；3—静环；4—动环；5—密封圈；6—轴套

（2）类型

① 单端面干气密封　单端面干气密封适合使用在被密封气体可以泄漏到大气而不会引起任何危险的场合，如空气压缩机、氮气压缩机和二氧化碳压缩机。

当被密封气体比较脏的时候，应采用图3-33所示的迷宫密封。由压缩机出口引出高压被密封气体经过滤器后得到清洁的气体称为密封气，直接进入管口A，其压力稍高于被密封气体，导致密封腔内的气体向被密封气体方向流动，防止脏的被密封气体进入密封腔内，部分密封气通过密封端面的间隙漏到大气中。

② 双端面干气密封　双端面干气密封如图3-34所示。这种密封能防止被密封气体漏到大气中，在两个密封之间的管口B通入缓冲气，如氮气，氮气压力应比被密封气体压力高，缓冲气一部分通过外侧密封端面间隙漏到大气，另一部分通过内侧密封端面间隙漏到被密封的气体中。适用于被密封气体不允许泄漏到大气中及允许缓冲气漏到被密封气体中的场合，如烃类气体及严禁泄漏到大气中的其他危险气体。

③ 串联干气密封　串联干气密封如图3-35所示。这种密封是将两个单端面密封串起来使用成为串联气膜密封。介质侧的密封承担全部压力差，大气侧的密封作为安全密封，实际上是在无压力条件下运转。

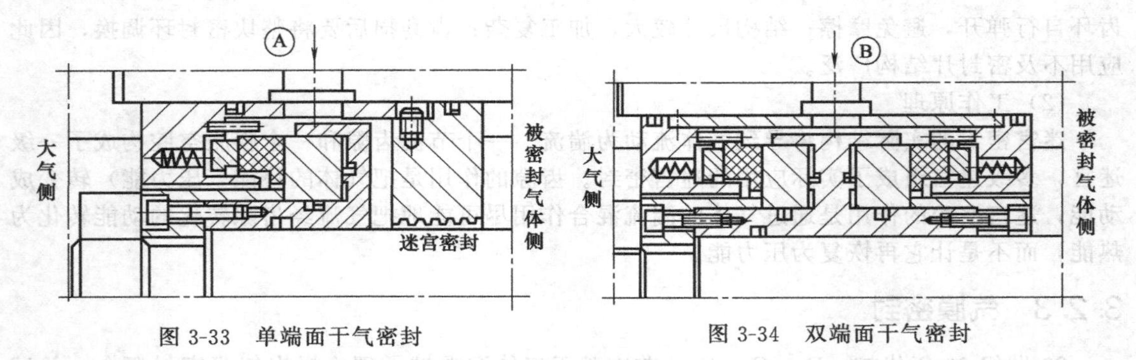


图 3-33 单端面干气密封　　　　图 3-34 双端面干气密封

被密封的气体由 A 口引入，经密封端面外径向内径方向泄漏，泄漏的气体经管口 C 排向火炬。大气侧的密封端面仅存在密封火炬和大气之间很低的压力差，所以由大气侧密封向内径侧泄漏的气体是微量的。当被密封的气体比较脏的时候，一个迷宫密封应装在被密封气体侧密封的前边。高压被密封的工艺气体经过滤后，通过管口 A 引入密封内。

串联气膜密封适用于允许微量的被密封气体泄漏到大气中的场合，如石油化工生产用工艺气体压缩机。

④ 三端面串联干气密封　三端面串联干气密封如图 3-36 所示，用于被密封气体总压力差超过 10MPa 的场合。前两个密封为等压力差分配，第三个密封已接近无压力操作的安全密封，如同串联密封中大气侧密封那样。被密封气体压力 $p_1$ 由 A 口引入，通过第一道密封后压力降至中间压力 $p_L$，再经第二道密封后压力降至排火炬的压力 $p_s$，由管口 C 排至火炬。从第三道密封的内径侧泄漏的气体是微量的，排至大气。如果被密封的工艺气体是脏的，则必须采用经过过滤的被密封气体从被密封气体侧的管口 A 引入。

三端面串联气膜密封适用于介质压力高于 10MPa、允许有微量气体泄漏到大气的场合，如石油化工工艺气体压缩机。

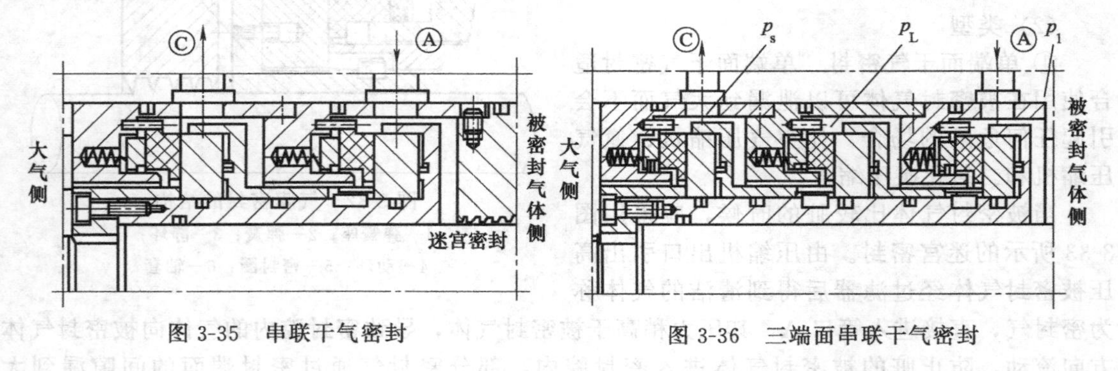


图 3-35 串联干气密封　　　　图 3-36 三端面串联干气密封

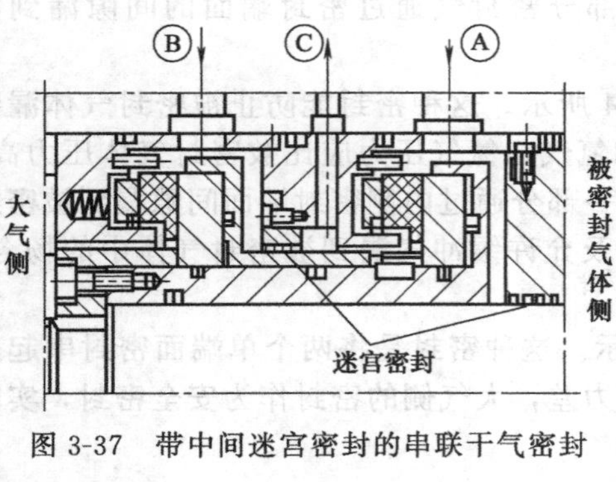

图 3-37 带中间迷宫密封的串联干气密封

⑤ 带中间迷宫密封的串联干气密封　带中间迷宫密封的串联干气密封是在串联气膜密封中的两个密封端面之间装设迷宫密封，用于工艺气体不允许漏到大气、也不允许缓冲气漏到被密封气体中的场合，如氢气压缩机，天然气、乙烯、丙烯压缩机。

带中间迷宫密封的串联干气密封结构如图 3-37所示。这种密封型式中的被密封气体侧的密封能承担全部压力差，被密封气体由 A 口引入，经密封端面外径一侧向内径一侧泄漏的气体由管口 C 排到火炬。如果被密封气体比较脏，则密封前侧应装设迷宫密封。被密封气体经过滤后由管口 A 进入密封腔，冲洗密封端面。大气侧密封采用缓冲气（氮气或空气）经管口 B 引入密封腔，冲洗密封端面。从密封端面泄漏的缓冲气汇同泄漏的工艺气体一起由管口 C 排至火炬。缓冲气的压力应保持通过迷宫密封到火炬的气量是稳定的。

⑥ 螺旋槽双向旋转干气密封　螺旋槽双向旋转干气密封适合主机双向旋转的螺旋槽单端面气膜密封，根据密封端面布置的型式，如双端面密封、串联密封都可以设计成双向旋转形式。

密封端面开有螺旋槽的密封结构气膜刚度大，摩擦力小，发热量小，但仅适用于一个方向的运转，改变旋转方向会引起密封的损坏。螺旋槽双向旋转气膜密封则解决了这个问题，它可以在两个方向、全速条件下运转。

螺旋槽双向旋转干气密封结构如图 3-38 所示，螺旋槽双向旋转气膜密封是在静环 8 和动环 5 端面上分别开有螺旋槽，且在两密封端间用一个石墨制成的中间环 6 隔开。根据旋转方向不同，密封端面间隙可以在静环一侧建立，此时动环端面上螺旋槽方向不适合打开密封端面，它与中间环有很大的摩擦力，动环将带动中间环一起转动，并与静环端面螺旋槽形成气膜密封。相反，密封端面间隙也可以在动环上建立（如与前述旋转方向相反），此时中间环便与静环相对静止，与动环端面之间形成气膜密封。

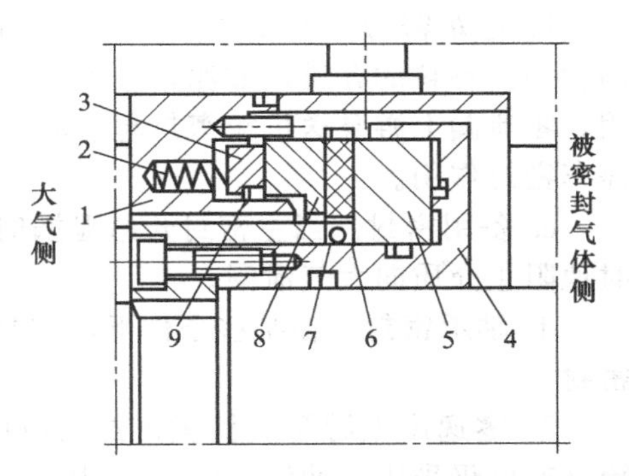

图 3-38　螺旋槽双向旋转干气密封
1—密封壳体；2—弹簧；3—推力环；
4—轴套；5—动环；6—中间环；
7,9—O 形环；8—静环

气膜密封在静止状态时，动环与静环均与中间环接触，并在各自端面上形成密封。动环轴向固定在轴套 4 上。

## 3.2.4　液膜密封

与气膜密封相对应，液膜密封一般指全液膜润滑非接触机械密封。减少或排除机械密封的泄漏，同时改善密封端面的润滑状况和操作稳定性，是密封使用者和研究者追求的目标。气膜密封在气相环境中获得了成功应用，但具有气体泄漏率较大的特点，将它直接用于液相环境，将可能出现不能接受的大泄漏量。近年出现的“上游泵送”密封概念有效地解决了这一难题，实现了非接触机械密封的低泄漏率，甚至达到了零泄漏。

（1）基本原理

上游泵送液膜润滑机械密封，简单说来，就是普通机械密封的端面由一具有低流量、高压力的“端面泵”所代替，该“泵”把少量的隔离流体沿着密封端面输送到密封腔。该密封端面的“泵”效应通过在端面开各种流体动压槽来实现，最常见的是螺旋槽。由于密封腔的液体压力比隔离流体的压力高，而隔离流体的流向是从低压的隔离流体腔流向高压的密封腔，故常被称为向“上游”泵送。与气膜密封不同的是，液膜密封的开槽区处于低压侧，槽与低压流体相通；未开槽的密封坝区靠近被密封的高压过程流体。

一种典型的上游泵送机械密封见图 3-39。该图所示的上游泵送机械密封由一内装式机械密封和装于外端的唇形密封所组成，机械密封端面含有螺旋槽，将隔离流体从密封压盖空腔泵送入泵腔。唇形密封作为隔离流体的屏障，将隔离流体限制在密封压盖腔内。

（2）工业应用

① 零泄漏上游泵送机械密封的应用　零泄漏上游泵送机械密封的装配结构与普通的单

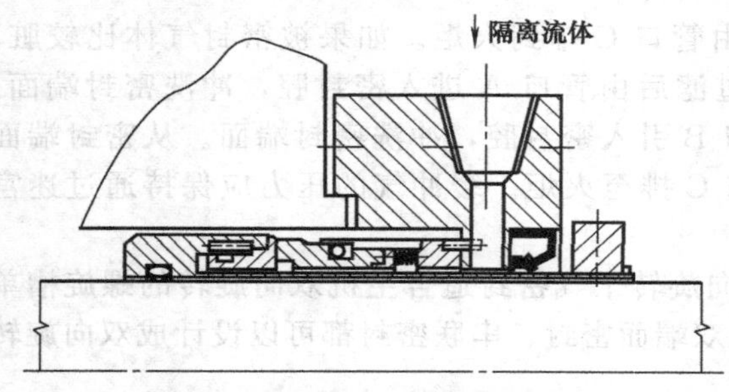


图 3-39 上游泵送液膜机械密封

端面接触式机械密封相同，唯一的区别只是在密封端面上开设流体动压槽；在各类非接触式机械密封中结构最为简单，不需要其他复杂的辅助系统（但仍可采用自冲洗辅助措施），可在以下条件中得以应用：

a. 用作输送饱和蒸汽压低于环境大气压的各种介质的旋转流体机械类轴封。这类介质的特点是不易汽化，即使泄漏也是以液体形式出现，而不会发生挥发性泄漏，如各种油品、水等，因此，在条件允许的情况下可以采用无需缓冲流体辅助系统的零泄漏上游泵送机械密封。

b. 停车密封。可以与螺旋密封、叶轮密封等一起作为组合密封使用，用于密封高黏度、高含固体颗粒的介质，如泥浆、重油等。在工作状态下螺旋密封、叶轮密封起主要的密封作用，零泄漏上游泵送机械密封起辅助的密封作用。在停车状态下零泄漏上游泵送机械密封起停车密封作用。

c. 备用密封。当主密封开始泄漏时，作为备用密封的零泄漏上游泵送机械密封可以及时地阻止介质向大气泄漏。

d. 轴承密封。在某些条件下，如高速齿轮箱轴承密封等亦可采用零泄漏上游泵送机械密封。

② 零逸出上游泵送机械密封的应用　零逸出上游泵送机械密封需要增设缓冲液辅助系统（亦可仍采用自冲洗措施），可用于密封某些高污染性、高危险性介质等。

a. 用作输送饱和蒸汽压高于环境大气压的各种介质的旋转流体机械类轴封。如炼油石化企业中的液态烃、轻烃、液氨等类介质的特点是易气化，采用普通接触式机械密封时一般处于气液两相混合摩擦状态，产生大量的气相泄漏，对环境污染严重，且工作稳定性能不佳，使用寿命较短。采用零逸出上游泵送机械密封可以有效地解决此类密封问题。

b. 可替代普通的双端面机械密封。双端面接触式机械密封常用于密封化学、石油化工、农药等行业中具有剧毒、昂贵、高污染性的工艺流体，需用复杂的封液循环保障系统，以提供压力高于密封介质压力的封液，能耗大、可靠性差，使用寿命有限。图 3-40 所示为推荐的一种零逸出上游泵送机械密封装置，该装置由内外两套密封组成：内侧为零逸出上游泵送机械密封，外侧为零泄漏上游泵送机械密封（在某些情况下可采用水封或油封等），中间通入压力低于密封介质的缓冲液。该密封装置的能耗量不足双端面密封的 1/5，使用寿命大大延长，密封工作压力可以更高，而且取消了复杂的封油系统，使密封装置的可靠性明显提高，运行费用显著下降。

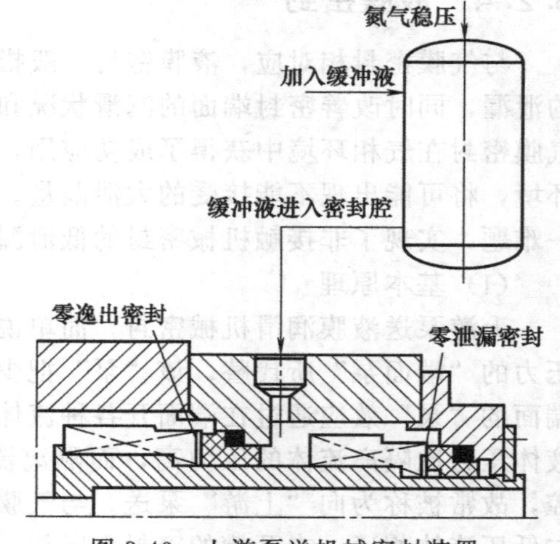


图 3-40 上游泵送机械密封装置

随着研究开发工作的不断深入及工业应用经验的日益积累，零泄漏和零逸出上游泵送机械密封的应用范围将不断拓宽。

## 3.2.5 离心密封

离心密封是利用回转体带动液体旋转使之产生径向离心压力以克服泄漏的装置。产生的该离心压力，或者用来抵抗液体的压力，或者形成一液体屏障以密封气体。离心密封的能力来源于机器轴的旋转带动密封元件所做的功，属于一种动力密封。离心密封没有直接接触的摩擦副，为非接触动密封，可以采用较大的密封间隙，但当转速降低或停车时，密封能力丧失，需要配置停车密封。

离心密封的特点在于它没有直接接触的摩擦副，可以采用较大的密封间隙，因此能密封含有固相杂质的介质，磨损小，寿命长，若设计合理则可以做到接近于零泄漏。但是这种密封所能克服的压差小，亦即密封的减压能力低。离心密封的功率消耗大，甚至可达泵有效功率的 1/3。此外，由于它是一种动力密封，所以一停车立即丧失密封功能，为此必须辅以停车密封。

(1) 密封原理

离心密封有光滑圆盘密封、背叶片密封、副叶轮密封等多种形式。

①光滑圆盘密封　用于密封各种传动装置润滑油或其他液体的甩油盘、甩水盘是最常见的光滑圆盘离心密封。它有较好的密封性能，又便于制造。在甩油盘的一面或两面设置若干小叶片，依靠叶轮旋转时产生的鼓风作用，使漏出的润滑油随径向流动的气流甩向回油孔，则又构成了甩油叶轮密封。在光滑轴上车出 1～2 个环形槽（图 3-41），可以阻止液体沿轴爬行，使其在离心力作用下沿沟槽端面径向甩出，由集液槽引至回液箱，这是最简单的离心密封，常用作低压轴端密封。

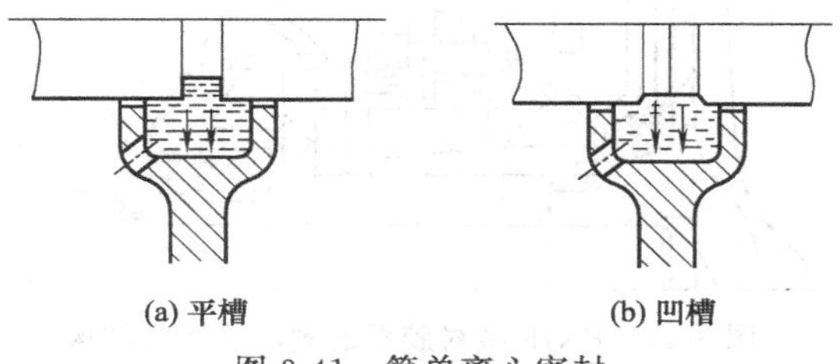

图 3-41　简单离心密封

② 背叶片密封　背叶片密封（图 3-42）是离心泵常用的轴封装置。背叶片密封是在工作叶轮的背面设置若干个直的或弯曲的叶片，起到降压密封作用。

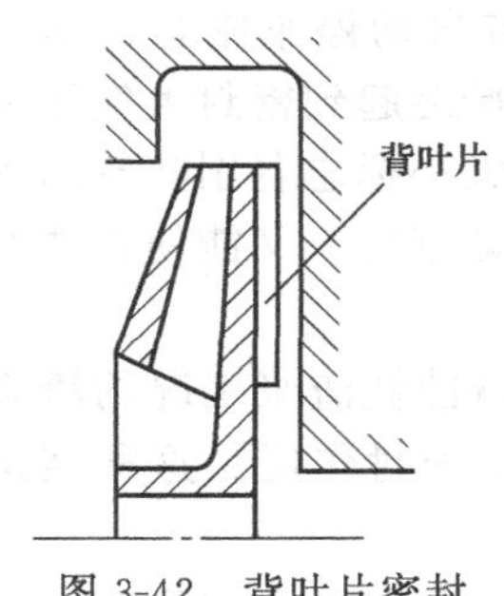

图 3-42　背叶片密封

背叶片密封和副叶轮密封，两者密封原理相同，所不同的只是所增设的做功元件不同。背叶片只增设一个做功元件（背叶片），而副叶轮密封增设两个做功元件（背叶片和副叶轮）。

③ 副叶轮密封　副叶轮密封装置通常由背叶片、副叶轮、固定导叶和停车密封等组成，如图 3-43 所示。

所谓背叶片就是在叶轮的后盖板上设置几个径向或弯曲筋条。当叶轮工作时，依靠叶轮带动液体旋转时所产生的离心力将液体抛向叶轮出口，由于叶轮和泵壳之间存在一定间隙，在叶轮无背叶片的情况下，具有一定压力的出口液体必然会通过此间隙产生泄漏流动，即从叶轮出口处的高压侧向低压侧轴封处流动而引起泄漏。设置背叶片后，由于背叶片的作用，这部分泄漏液体也会受到离心力作用而产生反向离心压力来阻止泄漏液向轴封处流动。背叶片除可阻止泄漏外，还可以降低后泵腔的压力和阻挡（或减少）固体颗粒进入轴封区，故常用于化工泵和杂质泵上。

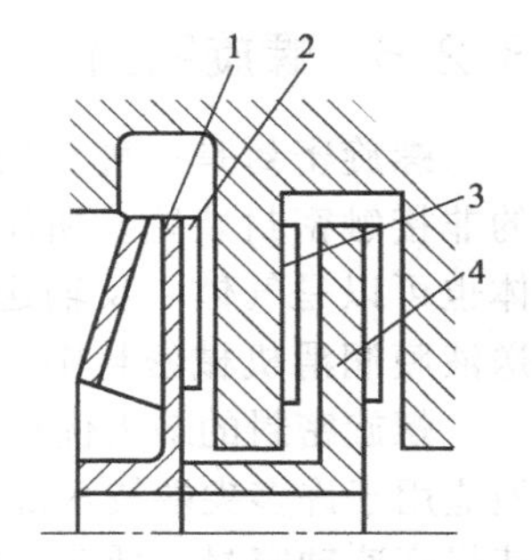

图 3-43　副叶轮密封装置
1—叶轮；2—背叶片；3—固定导叶；4—副叶轮

常见的副叶轮多是一个半开式离心叶轮，所产生的离心压力也是起封堵输送介质的逆压作用。

当背叶片与副叶轮产生的离心压力之和等于或大于叶轮出口压力时，便可封堵输送介质的泄漏，达到密封作用。

固定导叶（又称为阻旋片）的作用是阻止副叶轮光背侧液体旋

转，提高封堵压力。当无固定导叶时，副叶轮光背侧的液体大约以三分之一的叶轮角速度旋转，压力呈抛物线规律分布，因而副叶轮光背侧轮毂区的压力小于副叶轮外径处的压力。当有固定导叶时，则可阻止液体旋转，使光背侧轮毂区的压力接近副叶轮外径的压力，从而提高了副叶轮的封堵能力。试验结果表明，有固定导叶可使封液能力提高15%以上。

显然，背叶片和副叶轮只在泵运行时起密封作用，所以为防止泵停车后输送介质或封液泄漏，应配置停车密封，使之在泵转速降低或停车时，停车密封能及时投入工作，阻止泄漏，运行时，停车密封又能及时脱开，以免密封面磨损和耗能。

(2) 典型结构

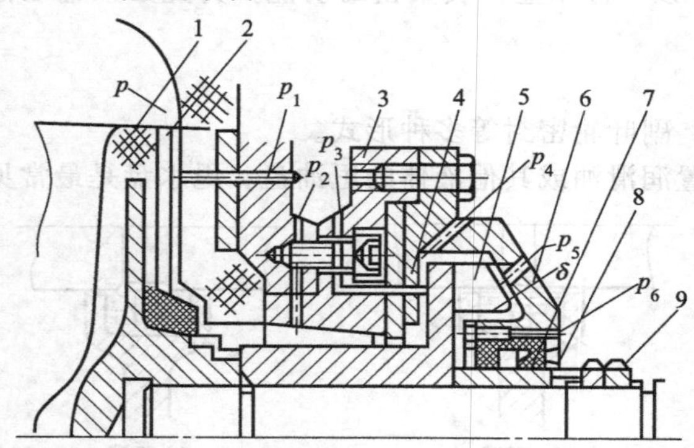


图 3-44 PNJF 型衬胶泵的副叶轮密封结构

1—主叶轮；2—背叶片；3—减压体；4—固定导叶；5—副叶轮；6—减压盖；7—密封圈；8—轴套；9—调整螺母

① 衬胶泵的副叶轮密封　衬胶泵用于没有尖角颗粒的各类矿浆的输送，耐酸、碱工况。图 3-44 所示是 PNJF 型衬胶泵的副叶轮密封结构，图中标出了测压点的位置。当泵运转时，泵内叶轮外圆处的压力为 $p$，经主叶轮后盖板背面的背叶片降压后剩余的压力为 $p_2$，副叶轮光滑背面入口处压力为 $p_3$。由于沿程损失及副叶轮的抽吸作用，压力 $p_3$ 略低于 $p_2$。装置在轴封处的副叶轮所产生的压力 $p_4$ 是由 $p_2$、$p_3$ 所决定的。由于副叶轮的特性及 $p_2$（$p_3$）的压力分布特点，使副叶轮外圆处的压力 $p_4$ 始终略大于 $p_3$，从而起到密封作用。该型副叶轮密封不带自动停车密封，而是依靠橡胶密封圈抱紧在轴上以保证停车时的密封。由于橡胶密封圈能始终起到密封大气压力的作用，故在副叶轮工作时，在入口处必然造成一定的负压。负压的大小标志着副叶轮的密封能力。从这一角度考虑，负压越大越好，但是为了使副叶轮既能保证密封，又能使轴功率消耗最小，则以造成副叶轮入口的压力略微负压为好。

② 沃曼渣浆泵的副叶轮密封　沃曼泵是广泛用于输送磨蚀性或腐蚀性渣浆工况的渣浆泵。如图 3-45 所示，其副叶轮密封结构原理同前，填料密封可起停车密封作用。这种结构在渣浆泵中已获得广泛应用。

③ IE 型化工泵的副叶轮密封结构　IE 型化工泵应用于输送各种浓度和湿度的腐蚀性介质的工况，如磷酸。图 3-46 所示为 IE 型化工泵的副叶轮密封结构，其独特之处是带有一种飞铁停车密封结构。

## 3.2.6 螺旋密封

螺旋密封是一种利用螺旋反输送作用，压送一种黏性流体以阻止被密封的系统流体泄漏的非接触密封装置。所压送的起密封作用的黏性流体一般为液体，而被密封的流体可以是液体也可以是气体。反输送密封的原理也被用于流体动力型上游泵送弹性体唇形密封或上游泵送液膜润滑机械密封中。

螺旋密封的最大优点是密封偶件之间即使有较大的间隙，也能有效地起密封作用，被成功地应用于许多尖端技术部门，如气冷堆压缩机密封、增殖堆钠泵密封等。它有时也被应用于减速机高速轴密封、低速高压泵轴密封。螺旋密封属于动力密封，当速度较低或停车时，密封能力消失，往往需要辅以停车密封，这样就使结构变得复杂，并加大了轴向尺寸，使用受到了一定的限制。螺旋密封可用于高温、深冷、腐蚀和介质带有颗粒等密封条件苛刻的工况。

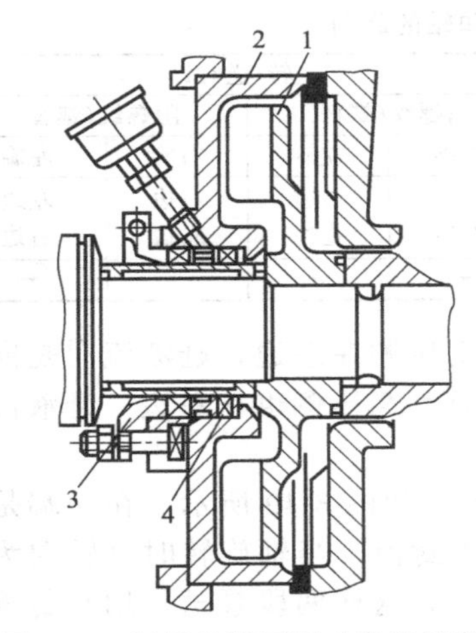


图 3-45　沃曼渣浆泵副叶轮密封结构

1—副叶轮；2—减压盖；3—填料压盖；4—填料

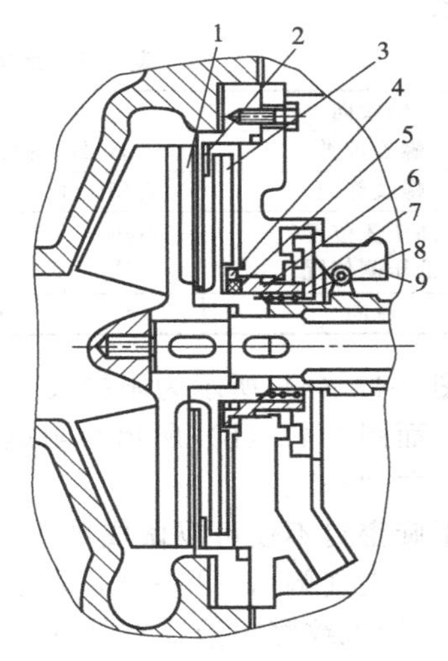


图 3-46　IE 型化工泵的副叶轮密封结构

1—背叶片；2—固定导叶；3—副叶轮；4—动环；5—动环密封圈；6—动环座；7—弹簧；8—推力盘；9—飞铁

螺旋密封分为两大类：一类是普通螺旋密封（图 3-47），它是在密封部位的轴或孔之一的表面上车削出螺旋槽；另一类是螺旋迷宫密封（图 3-48），它是在密封部位的轴和孔的表面上分别车削出旋向相反的螺旋槽。普通螺旋密封通常简称为螺旋密封。螺旋迷宫密封又名“复合螺旋密封”。

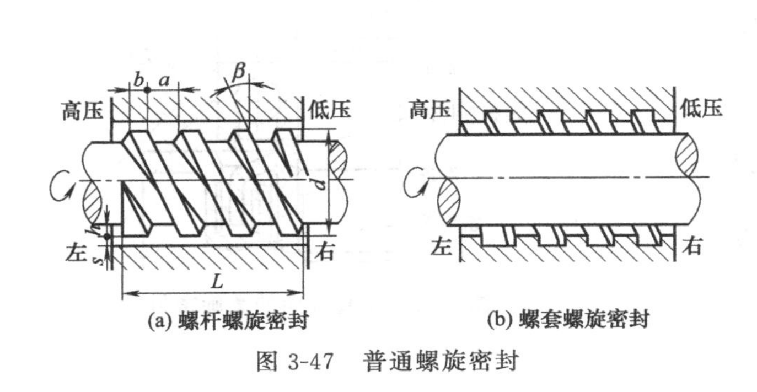


图 3-47　普通螺旋密封

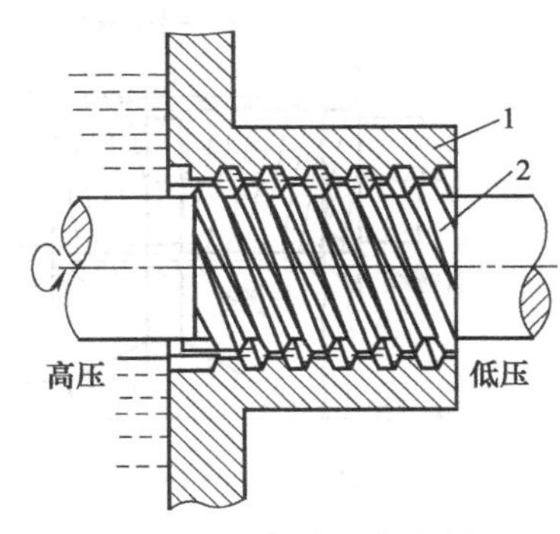


图 3-48　螺旋迷宫密封

1—螺套（左旋）；2—螺杆（右旋）

（1）螺旋密封

螺旋密封的工作原理相当于一个螺杆容积泵，如图 3-47（a）所示，假设轴切出右螺纹，且从左向右看按逆时针方向旋转，此时，充满密封间隙的黏性流体犹如螺母沿螺杆松退情况一样，将被从右方推向左方，随着容积的不断缩小，压头逐步增高，这样建立起的密封压力与被密封流体的压力相平衡，从而阻止发生泄漏。这种流体动压反输型螺旋密封是依靠被密封液体的黏滞性产生压头来封住介质的。因此它又称作黏性密封。

螺旋密封也可以用来密封气体，需要外界向密封腔内供给封液。

螺旋密封可以采用螺杆，见图 3-47（a）；也可以采用螺套，见图 3-47（b）；可以采用右旋螺纹或左旋螺纹。但为了实现正确的密封，必须弄清楚螺旋密封的赶液方向。表 3-1 中列出了螺旋密封的螺纹种类、螺纹旋向和螺旋密封轴的转向（从左向右看）及赶液流向之间的关系。

表 3-1 螺旋密封的螺纹种类、螺纹旋向和轴的旋向

| 轴转向 | 右转(顺时针) | | | | 左转(逆时针) | | | |
|---|---|---|---|---|---|---|---|---|
| 螺旋种类 | 阳螺纹(螺杆) | | 阴螺纹(螺套) | | 阳螺纹(螺杆) | | 阴螺纹(螺套) | |
| 螺纹旋向 | 右旋 | 左旋 | 右旋 | 左旋 | 右旋 | 左旋 | 右旋 | 左旋 |
| 高压侧位置<br>低压侧位置 | 右边<br>左边 | 左边<br>右边 | 左边<br>右边 | 右边<br>左边 | 左边<br>右边 | 右边<br>左边 | 右边<br>左边 | 左边<br>右边 |
| 流向 | → | ← | ← | → | ← | → | → | ← |

图 3-47 (a) 所示为阳螺纹、右旋，转向为左转，则其高压侧在左边，赶液流向是向左“←”；而图 3-47 (b) 所示为阴螺纹、左旋，转向为左转，则其高压侧也在左边，赶液流向也是向左“←”。

螺旋密封不仅可以做成单段的，也可以做成两段螺纹的，如图 3-49 所示。在一端是右旋螺纹（大气侧），另一端是左旋螺纹（系统侧），中间引入封液。当轴旋转时（转向为右转），右旋螺纹将封液往右赶进，而左旋螺纹将封液往左赶进，这样两段泵送作用在封液处达到平衡，产生压力梯度，而泄漏量则实际上等于零。利用这种现象作为密封手段，用以防止系统流体通过间隙漏入大气中。这种密封，特别适合于利用黏性液体产生压力，以密封某些气体。

垂直轴向的螺旋密封如图 3-50 所示，螺旋密封件有内、外螺纹，内螺纹使漏出的润滑脂往下赶回，外螺纹使润滑脂往上赶回，最后把润滑脂赶回到密封盖与轴承之间的空间。

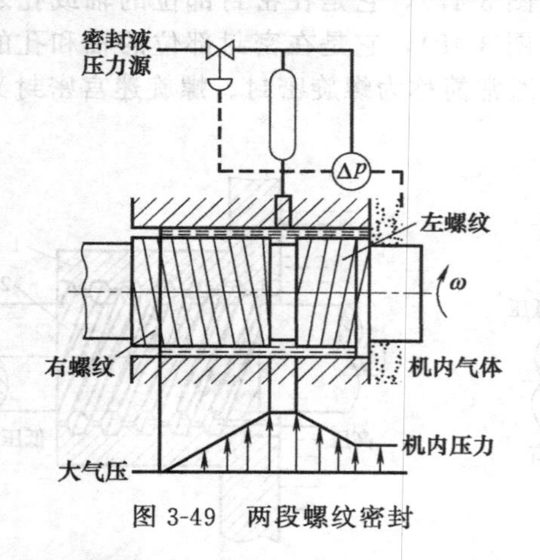

图 3-49 两段螺纹密封

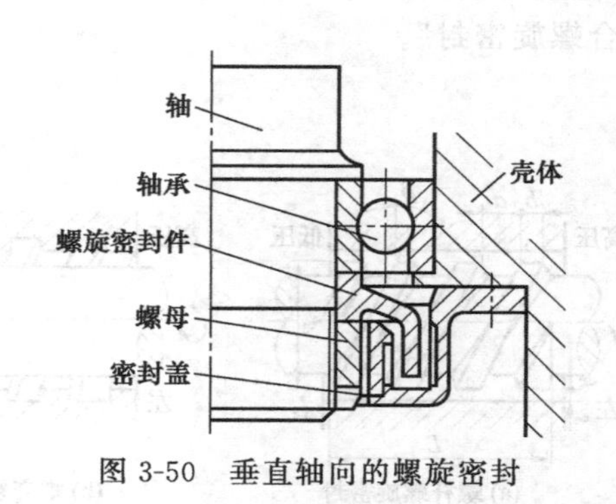

图 3-50 垂直轴向的螺旋密封

(2) 螺旋迷宫密封

螺旋迷宫密封由旋向相反的螺套和螺杆组成（图 3-48），当轴转动时，流体在旋向相反的螺纹间发生涡流摩擦而产生压头，阻止泄漏。它相当于螺杆旋涡泵，能产生较高的压头，但与螺旋密封相反，它只适用于低黏度流体，因为黏度越高越不易产生漩涡运动，这种密封曾与机械密封联合使用成功地解决了电站的高压锅炉给水泵的密封。

螺旋迷宫密封与螺旋密封的不同之处在于：在轴表面车制了螺旋槽，在密封的孔上也车制有螺套，而且具有与轴相反的螺纹旋向，使轴与螺套间的流动形成强烈的紊流。此外，螺旋迷宫密封的螺旋运动速度比螺杆密封的高，它在紊流工况下用于低黏度液体。螺旋密封一般用于层流工况下大黏度液体（如黏度大于水的液体）。

(3) 特点

① 螺旋密封是非接触型密封，并且允许有较大的密封间隙，不发生固相摩擦，工作寿命可长达数年之久，维护保养容易。

② 螺旋密封属于“动力型密封”，它依赖于消耗轴功率而建立密封状态。轴功率的一部分用来克服密封间隙内的摩擦，另一部分直接用于产生泵送压头，从而阻止介质泄漏。

③ 螺旋密封适用于气相介质条件，因为螺旋间隙内充满的黏性液体可将气相条件转化成液相条件。

④ 螺旋密封适合在低压条件下（压力小于1～2MPa）工作。这时的气相介质泄漏量小，封液（即黏性液体）可达到零泄漏。封液不需循环冷却，结构简单。

⑤ 螺旋密封不适合在高压条件下工作（压力不宜大于2.5～3.5MPa）。

⑥ 螺旋密封也不适合在高速条件（线速度大于30m/s）下工作。因为这时封液受到剧烈搅拌，容易出现气液乳化现象。

⑦ 螺旋密封只有在旋转并达到一定转速后才起密封作用，并没有停车密封性能，需要另外配备停车密封装置。

⑧ 螺旋密封除作为离心泵和低压离心压缩机轴的密封外，还可作为防尘密封使用。

⑨ 螺旋密封要求封液有一定黏度，且温度的变化对封液黏度影响不大，若被密封流体黏度高，则也可作封液用。

### 3.2.7 停车密封

停车密封是非接触动力密封的重要组成部分。当部件旋转频率降低或停车时，动力密封失去密封能力，只有依靠停车密封阻止流体泄漏。某些液封和气封也带有停车密封，以便停车后将封液、封气系统关闭。

衡量停车密封启闭性能好坏的标志是它的随机性能的好坏。众所周知，机器在停车时其转速以“快—慢—零”的方式变化，而在启动时其转速是以“零—慢—快”的方式变化的。动力密封在转速由快至慢的变化过程中逐渐丧失作用，而在转速由慢至快的变化过程中逐渐产生作用。把动力密封丧失或产生密封作用时的转速视为停车密封的临界转速，以$n_{kp}$表示。$n_{kp}$越大，停车密封的工况越恶劣；$n_{kp}$越小，停车密封的工况就越好。理想的停车密封，应从停车惯性转速降至$n_{kp}$时开始，即投入工作；而在启动过程中，转速达到$n_{kp}$时，停车密封即应脱离工作，以减少密封面的摩擦及磨损。

停车密封的结构类型有多种，其中应用最广的是离心式停车密封，此外还有压力调节式停车密封、胀胎式停车密封等。

(1) 离心式停车密封

利用离心力的作用，实现在运转时脱开、在静止时闭合的停车密封称为离心式停车密封。它是停车密封的主要类型，有很多种形式。

图3-51所示为弹簧片离心式停车密封。机器启动后，弹簧片上的离心子在离心力的作用下向外甩，将弹簧片顶弯，从而使两密封端面脱开，成为非接触状态，机器的密封由其他动力密封来实现。停车时装在旋转环上的三个弹簧片平伸，将端面压紧，实现停车密封。

图3-52所示为杠杆离心式停车密封。机器启动后，杠杆在离心力的作用下促使密封右面的密封端面后移而两密封端面分离实现非接触，而在停车时杠杆失去离心力而丧失作用力，后移的密封端面在弹簧力的作用下与另一密封面闭合实现停车密封。

图3-53所示为唇形密封圈离心式停车密封，运转时唇部因离心力而脱开；停车时唇部收缩而闭合。唇口可以在轴向实现与轴向端面的脱开或闭合，见图3-53 (a)；唇口也可以在径向实现与轴表面的脱开或闭合，见图3-53 (b)。为了增强脱开时的离心力，可以在弹性体内放置金属件。为了增强停车的闭合力，可在密封圈外设置弹簧，见图3-53 (c)。

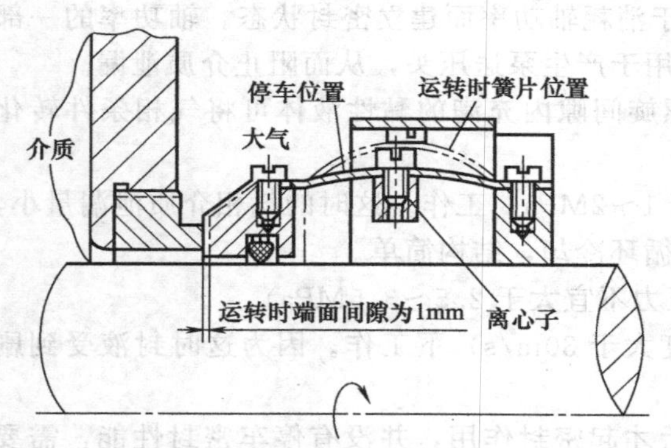


图 3-51 弹簧片离心式停车密封

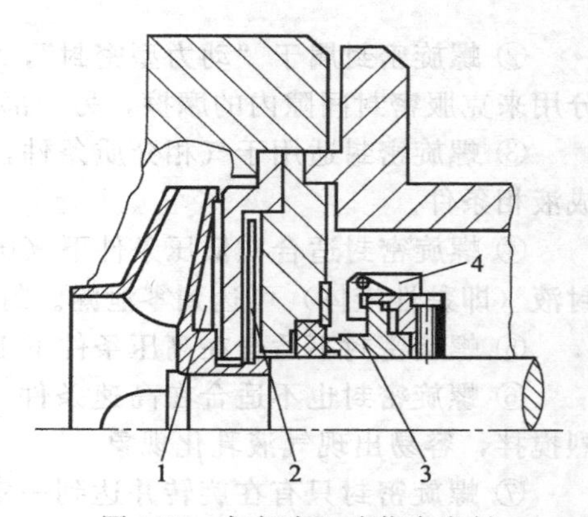


图 3-52 杠杆离心式停车密封

1—背叶片离心密封；2—副叶轮离心密封；3—机械密封；4—离心力开启密封端面杠杆

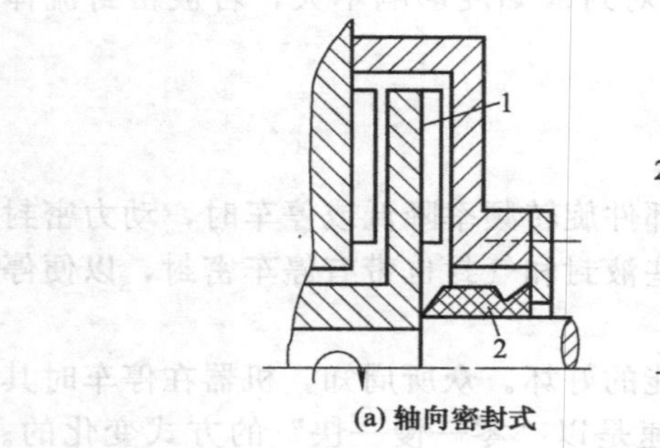


(a) 轴向密封式

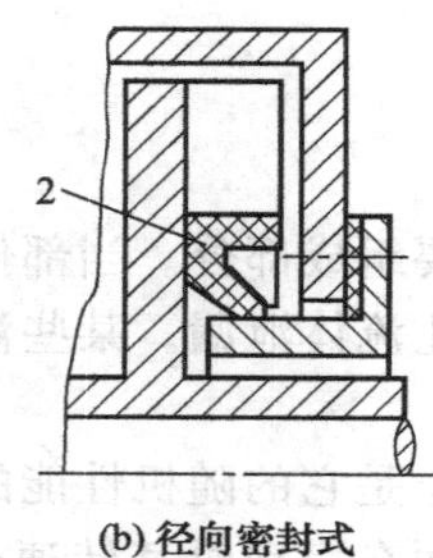


(b) 径向密封式

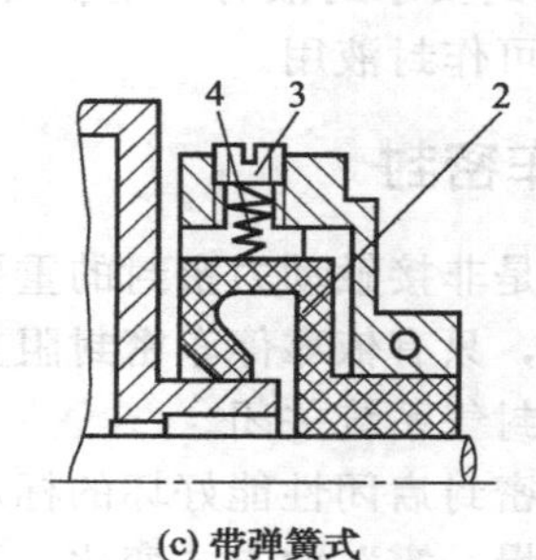


(c) 带弹簧式

图 3-53 唇形密封圈离心式停车密封

1—副叶轮；2—唇形密封圈；3—调节螺钉；4—弹簧

(2) 压力调节式停车密封

利用机器内部的介质压力或外界提供的压力实现密封的脱开或闭合的停车密封为压力调节式停车密封。图 3-54 所示为一种与螺旋密封组合的压力调节式停车密封。停车时，可在轴上移动的螺旋套在弹簧力推动下，使其台阶端面与机壳端面压紧而密封；运转时，两段反向的螺旋使间隙中的黏性流体在端面处形成压力峰，作用于螺旋轴的台阶端面使其与壳体端面脱离接触。

图 3-55 所示为带有滑阀的停车密封。运转时，差压缸充压，使滑阀左移，密封面 A 脱开，同时弹簧被压缩；停车时，差压缸卸压，滑阀在弹簧作用下右移，滑阀与密封环贴紧而形成停车密封。

图 3-56 所示为气控涨胎式停车密封。运转时，放气，使涨胎脱开轴套表面；停车时，充

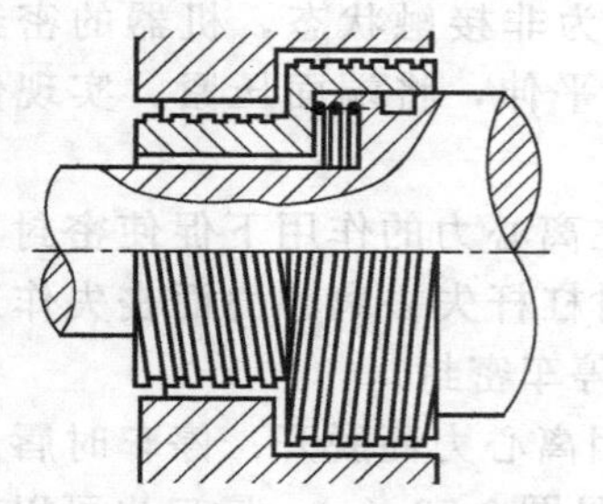

图 3-54 螺旋压力调节式停车密封

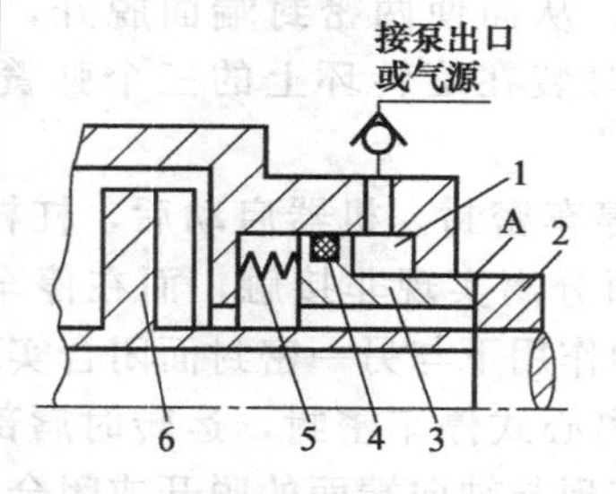


图 3-55 滑阀式停车密封

1—差压缸；2—密封环；3—滑阀；4—滑阀密封圈；5—弹簧；6—副叶轮

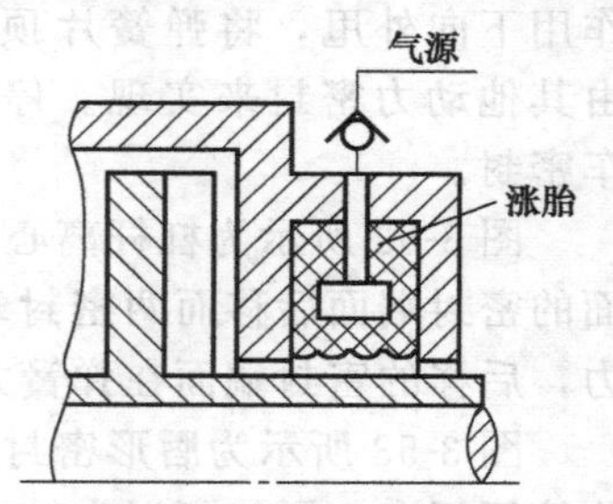


图 3-56 气控涨胎式停车密封

气，涨胎抱紧轴套表面而形成停车密封。

(3) 气膜式停车密封

气膜式停车密封是气膜非接触机械密封在停车密封方面的具体应用。如图 3-57 所示，运转时，端面的流体动压槽（如螺旋槽）将周围环境的气体吸入端面，并在端面间产生足够的流体动压力迫使端面分开成为非接触状态；停车时，端面间的流体动压力消失，密封端面在介质压力和弹簧力的作用下闭合，实现停车密封。

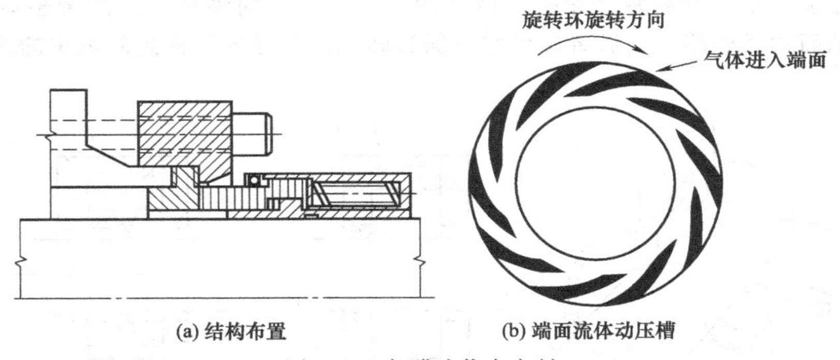


图 3-57 气膜式停车密封

(4) 填料式停车密封

利用填料密封作为停车密封，这种方法简单可靠，材料也容易购买。填料式停车密封又可分为两种，如图 3-58 所示。其中图 3-58 (a) 所示为人工松紧式，图 3-58 (b) 所示为机械松紧式。

① 人工松紧式。开车前人工将填料压盖稍松开，停车后将填料压盖压紧。这种停车密封结构简单、价格便宜，但操作稍麻烦，可靠性差，且工作时填料有磨损。一般说来，对于台数不多而又不经常启停的泵，使用人工松紧填料式停车密封能获得价廉、方便而有效的结果。

② 机械松紧式。开车时，随着轴转速的增大，配重在离心力作用下飞开，弹簧被压缩，而锥套被推动左移，使填料松开。停车时，配重在弹簧作用下回位，锥套右移，填料被压紧。这种停车密封结构复杂，轴要左右移动，但填料可自动松紧，摩擦、磨损小，密封性好。

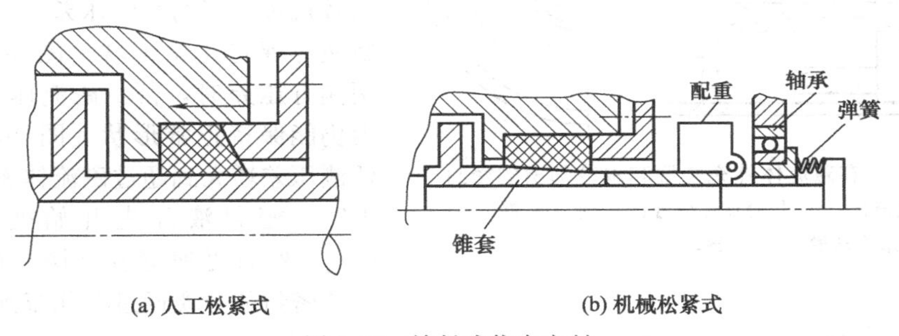


图 3-58 填料式停车密封

此外，还可以借助于螺杆、齿轮、杠杆等结构来控制停车密封的启闭。

### 3.2.8 磁流体密封

磁流体是具有被磁铁吸引性质的液体，它具有液体的流动性又具有通常所述的磁性，具有十分广泛的用途。磁流体密封由于具有非接触、零泄漏的特点，应用广泛。磁流体密封不仅可以做旋转动密封，而且可以做往复式动密封；不仅可以做轴向密封，而且还可以做径向密封，并能与其他形式密封组合使用，发挥其优越性。

(1) 工作原理

图 3-59 为磁流体密封的密封原理图。圆环形永久磁铁 1、极靴 2 和转轴 3 所构成的磁性回路，在磁铁产生的磁场作用下，把放置在轴与极靴顶端缝隙间的磁流体 4 加以集中，使其形成一个所谓的 O 形环，将缝隙通道堵死而达到密封的目的。这种密封方式可用于转轴是磁性体［图 3-59 (b)］和转轴是非磁性体［图 3-59 (c)］两种场合。前者磁束集中于间隙处并贯穿转轴而构成磁路，而后者磁束并不通过转轴，只是通过密封间隙中的磁流体而构成磁路。

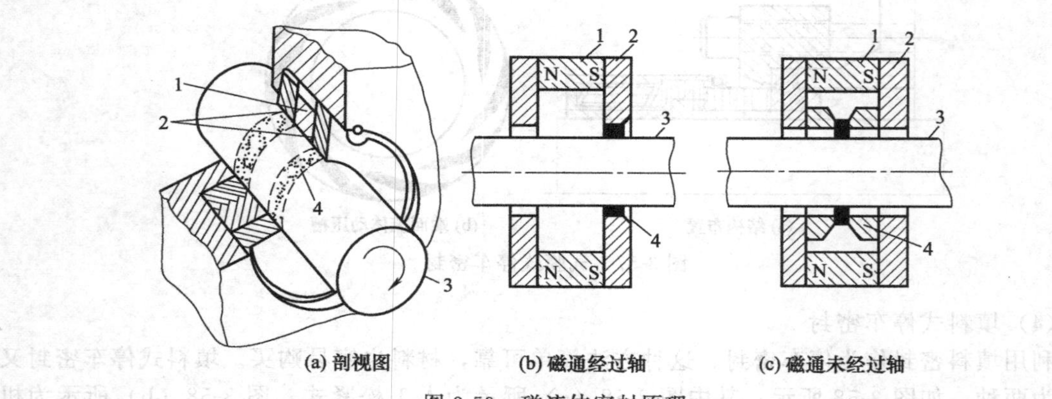


图 3-59 磁流体密封原理

1—永久磁铁；2—极靴；3—旋转轴；4—磁流体

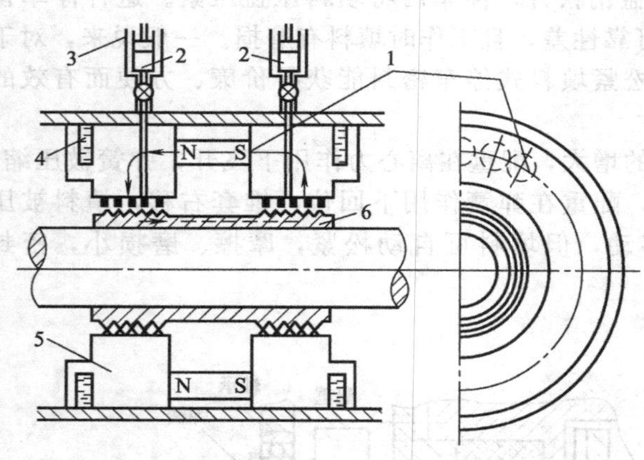


图 3-60 具有磁流体补充装置和水冷却槽的密封

1—磁流体；2—加磁流体装置；3—永久磁铁；4—水冷却槽；5—导磁轴套；6—环形极板

在磁流体密封中，由于磁流体会有损耗，因此应考虑设置磁流体的补给装置。由于磁流体的温度升高会影响密封的耐压能力，因此应装设冷却水槽。图 3-60 所示为具有磁流体补充装置和水冷却槽的密封。

图 3-61 所示为磁流体密封的工作和失效机理。当两侧无压差时，极靴处的密封液环保持正常形状［图 3-61 (a)］；当两侧有压差时，密封磁流体呈弓形截面，但仍能保持正常形状［图 3-61 (b)］；当两侧压差增大到超过磁流体密封的承载能力时，密封液环先开始变形［图 3-61 (c)］，然后迅速穿孔［图 3-61 (d)］，此时被密封的介质通过针孔流到下一级。

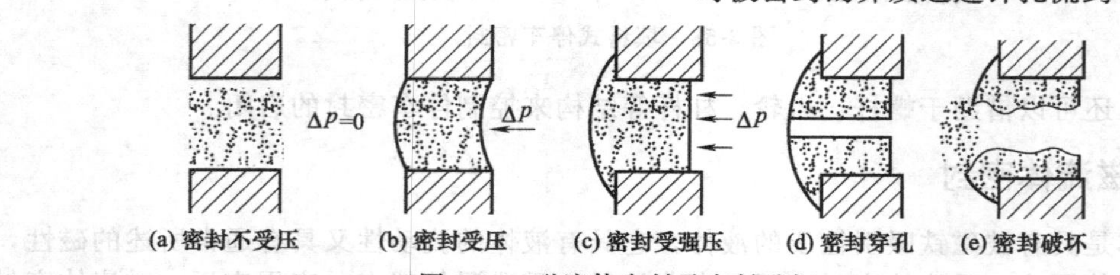


图 3-61 磁流体密封及密封破坏

如果不断地增加压差，则密封液环最终被破坏［图 3-61（e)］；如果被密封的介质通过针孔流到下一级，下一级压力增大，压差减小，针孔愈合［图 3-61（b)］。因此，多级磁流体密封具有一定的破坏压力和恢复压力。为了安全起见，通常使工作压力小于各级恢复压力的总和，也就是说，要有一定的安全储备。

（2）特点

磁流体密封的主要优点如下：

① 因为是由液体形成的密封，所以只要是在允许的压差范围内，它可以实现零泄漏。从而对于剧毒、易燃、易爆、放射性物质，特别是贵重物质及高纯度物质的密封，具有非常重要的意义。

② 因为是非接触式密封，不存在固体摩擦，仅有磁流体内部的液体摩擦，所以功率消耗低，使用寿命长易于维护。密封寿命主要取决于磁流体的消耗，而磁流体又可在不影响设备正常运转的情况下通过补加孔加入，以弥补磁流体的损耗。

③ 结构简单，制造容易。没有复杂的零部件，且对轴的表面质量和间隙加工要求不高。

④ 特别适用于含固体颗粒的介质。这是因为磁流体具有很强的排他性，在强磁场作用下，磁流体能将任何杂质都排出磁流体外，从而不至于出现因存在固体颗粒的磨损造成密封提前失效的情况。

⑤ 可用于往复式运动的密封。通常只需将导磁轴套加长，使导磁轴套在做往复运动的整个行程中都不脱离外加磁场和磁极的范围，使磁流体在导磁轴套上相对滑动，并始终保持着封闭式的密封状态。

⑥ 轴的对中性要求不高。

⑦ 能够适应高速旋转运动，特别是在挠性轴中使用。据一些资料介绍，磁流体密封用于小轴径转速达 50000r/min 左右，一般情况下转速达 20000r/min 左右。不过在高速场合下使用，要特别注意加强冷却措施，并考虑离心力的影响。实验证明，当轴的线速度达 20m/s 时，离心力就不可忽略了。

⑧ 瞬时过压，在压力回落时磁流体密封可自动愈合。

但磁流体也有以下不足之处：

① 磁流体密封能适用的介质种类有限，特别是对石油化工。

② 要求工艺流体与磁流体互相不熔合。

③ 受工艺流体蒸发和磁铁退磁的限制。

④ 不耐高压差（压差应＜7MPa)。

⑤ 耐温范围小。

⑥ 不能对任何液体都安全地应用，目前多用于蒸汽和气体的密封。

⑦ 磁流体尚无法大量供应。

（3）应用

磁流体密封通常按轴的导磁性来分，有磁通经过轴的、带导磁轴的密封及磁通不经过轴的、带非导磁轴的密封。按级数来分，有单级磁流体密封和多级磁流体密封。按道数来分，有单道盒装磁流体密封及两道盒装磁流体密封。盒装结构装配方便，调整也方便。两道盒装密封可以增减齿面，增减级数。此外，还有极靴装在转轴上和极靴装在静止的极板上，以及带冷却水套的补充磁流体的磁流体密封。

磁流体密封被广泛应用于计算机硬盘的驱动轴上，以避免轴承润滑脂、水分和粉尘等可能对磁盘造成的危害。另一类应用磁流体密封最早最多最成功的设备是真空设备，其中转轴或摆动杆的真空动密封已达标准化、通用化的程度。

磁流体密封在其他领域也得到了应用。图 3-62 所示为做轴承密封的磁流体密封。在外界磁场作用下，润滑剂能准确地充装，并吸附在摩擦-润滑表面，降低摩擦，减少磨损。这种用作轴承的磁流体密封，不仅起到了密封作用，而且起到了润滑的作用。

磁流体密封不仅可以用作旋转轴动密封，而且还可以用作往复式动密封。图 3-63 所示为活塞与气缸间的润滑与密封。在活塞环槽内设置永久磁体，可以使磁流体吸附在活塞表面随之运动，起到密封和润滑的作用。

磁流体密封与其他密封组合的型式很多，较常见的是磁流体密封与离心密封的组合密封，如图 3-64 所示。由于离心密封随旋转频率提高而具有增加压力的能力，但在停车时其承载能力等于零，无法自身密封，因此需要采用停车密封。如将密封流体改用磁流体，停车时在原位置能保持住磁流体而达到密封。

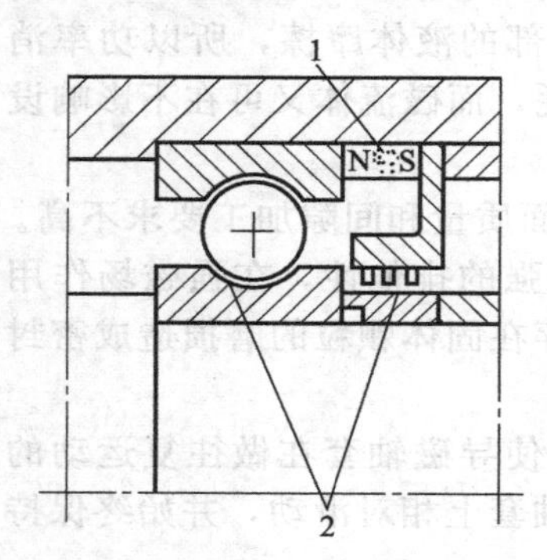


图 3-62　轴承的磁流体密封
1—永久磁体；2—磁流体

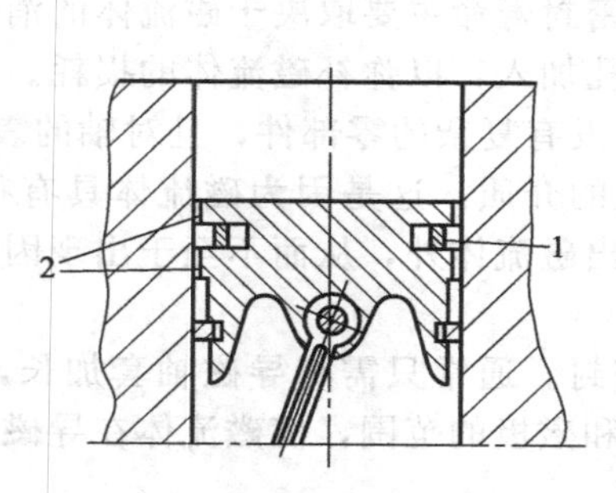


图 3-63　活塞和气缸的磁流体润滑与密封
1—永久磁体；2—磁流体

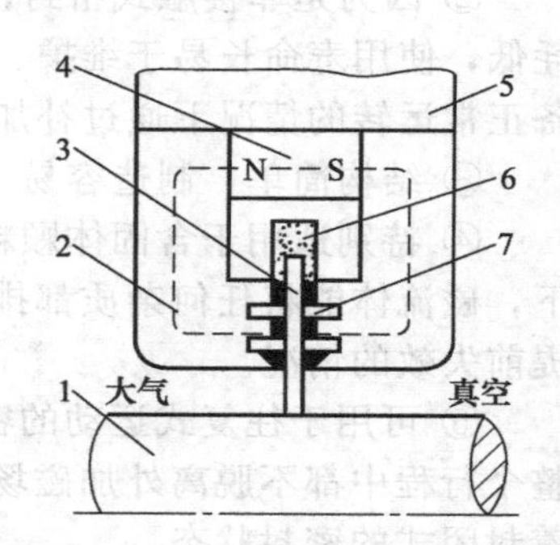


图 3-64　离心密封与磁流体密封的组合密封
1—转轴；2—磁极片；3—回转圆盘；4—磁铁；5—壳体；6—磁流体；7—停车或低速回转时磁流体密封

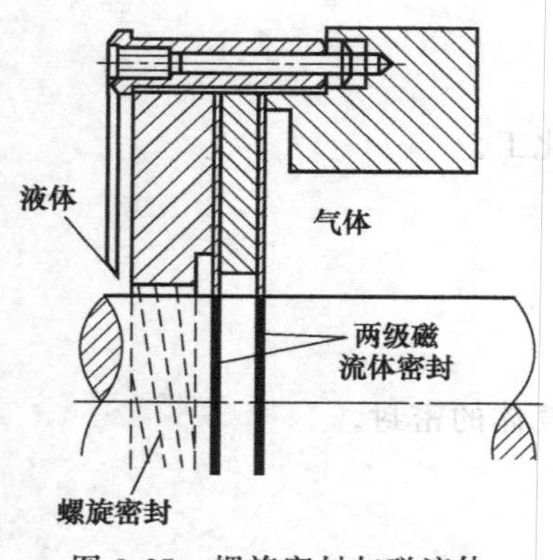


图 3-65　螺旋密封与磁流体密封的组合密封

图 3-65 所示为磁流体密封与螺旋密封组合用于密封液体的情形。在设备运转时螺旋密封起到了主密封的作用，在设备停车静止时，螺旋密封的作用丧失，磁流体密封起到了阻止介质泄漏的作用。磁流体密封用于液体环境时，应尽可能避免被密封液体对磁流体的乳化和稀释作用。

## 3.2.9　全封闭密封

随着石油化工工业和化学工业的快速发展，对无泄漏机泵的要求明显提高。当机泵用于运送有毒、易燃或有放射性的介质时，这种要求更加强烈。

（1）工作原理

全封闭密封是将系统内外的泄漏通道全部隔断，或者将工作机和动力机置于同一密闭系统内，可以完全杜绝介质向外泄漏。

全封闭密封没有一般动密封存在的摩擦、磨损、润滑以及流体通过密封面的流动即泄漏问题，是一种特殊类型的密封。在密封剧毒、放射性和稀有贵重物质等方面以及在其实验和生产中，全封闭密封都有重要用途。

常见的实现零泄漏全封闭密封的形式有密闭式机泵、隔膜传动和磁力传动。前面讨论的磁流体密封是一种准全封闭密封，虽然它避免了被密封流体与大气的直接接触，但存在被密封流体与磁流体混合、通过磁流体扩散形成泄漏的可能。

（2）典型结构

① 密闭式机泵 密闭式机泵有筒袋式和屏蔽式两种。

图 3-66 所示为筒袋密闭式搅拌机。电动机的转子和定子均浸没于介质中。绝缘材料、导线对介质稳定，轴承为干式或靠介质润滑。动力电线用密封导线柱引入和引出。同样型式也可用于超高压聚乙烯反应釜、全封闭氟利昂制冷机和合成氨循环气压缩机。

图 3-67 所示为屏蔽式鼓风机。电机的转子与定子之间有屏蔽套隔开，电磁能通过屏蔽套传入，带动转子，可避免介质对定子绕组的侵蚀。有适用于输送各种化学介质的屏蔽泵、屏蔽风机、屏蔽搅拌釜等。但是用于高压时因屏蔽套较厚而导致能耗大、效率低。

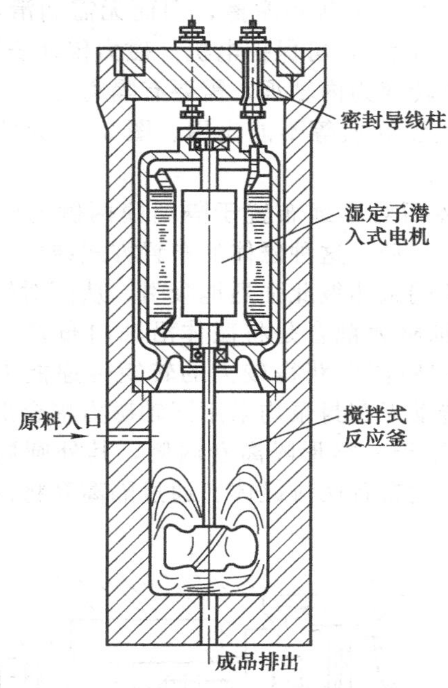


图 3-66 筒袋密闭式搅拌机

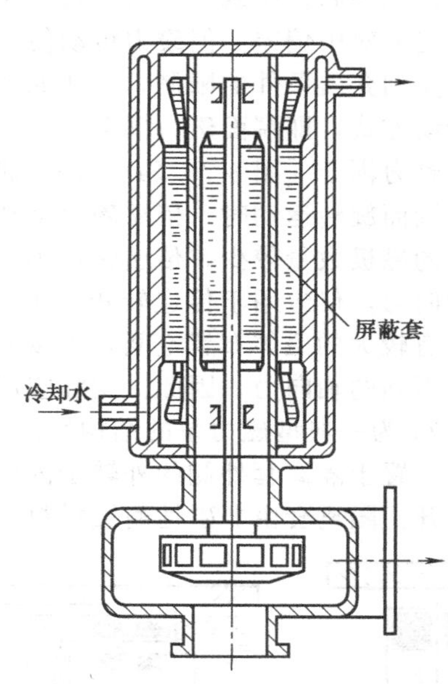


图 3-67 屏蔽式电机传动鼓风机

② 隔膜传动 隔膜传动是一种借助隔膜将压力能、机械运动传入机泵内部，以输送、压缩流体或带动机件的全封闭密封形式。这种传动能保证产品的纯度，避免内漏、外漏。

图 3-68 为隔膜式压缩机的机构图。它通过柔性隔膜的直线运动，将机械能量和位移从隔膜的一侧传递到另一侧。图 3-69 为长行程的筒形隔膜传动。当活塞向上移动时，隔膜随

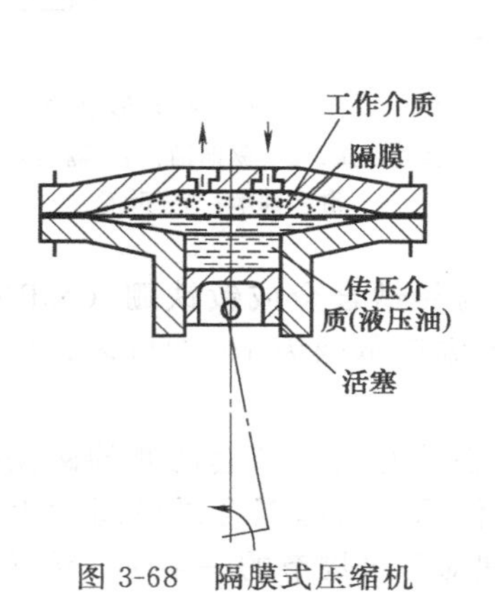


图 3-68 隔膜式压缩机

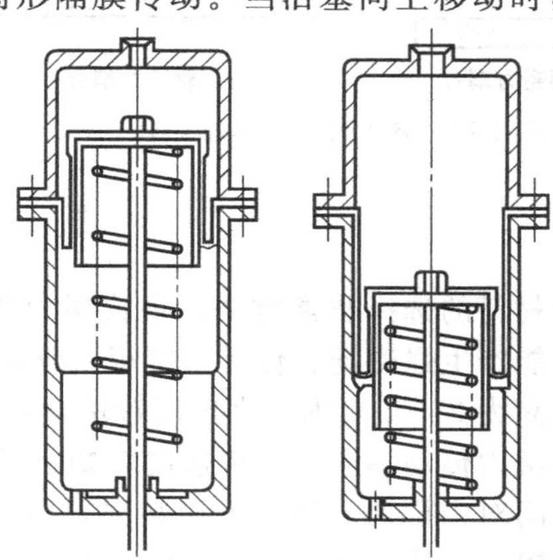

图 3-69 长行程的筒形隔膜传动

着活塞沿相同的方向延伸，直到活塞侧壁被隔膜材料完全覆盖。当反向运动时，隔膜离开活塞，进入活塞与缸壁之间的空间，适宜于延伸运动的隔膜必须很薄。

制造隔膜的材料有金属、聚四氟乙烯及各种橡胶。金属隔膜适用的压差较大，但行程很小。隔膜材料的选取主要决定于被密封流体的性质、压力及温度等。隔膜的总体设计要考虑到运动方式、制造条件、结构空间的限制条件等。

在隔膜传动机构中，隔膜的疲劳破裂是影响寿命的主要因素。该机构传递往复运动、摇摆运动较为方便；主要用于隔膜泵、隔膜压缩机、隔膜阀、波纹管阀、波纹管泵等。

③ 磁力传动　磁力传动是一种特殊的隔膜密闭传动。它利用永久磁体异极相吸、同极相斥的性质，通过气隙和隔离膜（套）将机械运动传递到密闭的空间内。磁力传动属于全封闭密封结构，使动密封转变为静密封。磁力传动不存在接触和摩擦，因而无需润滑和冷却，且功耗小、效率高。超载时，内外转子相对滑动（脱滑），可保护电机。磁力传动安装方便，允许有一定的对中偏差。但磁力传动使泵的外轴承转变为内轴承，需要有隔离套。内磁转子等材料要受到介质条件的限制，对于某些腐蚀、高温介质等不能应用。图 3-70 为两种基本的磁力传动方式，即端面磁力耦合和同轴磁力耦合。

端面磁力耦合［图 3-70（a）］是将偶数对磁体面对面地布置于隔离膜两侧的转子端面上，一个端面旋转运动时，依靠磁力带动另一端面运动。这种磁体的布置方式结构简单，但允许布置的磁极数量较少，传递转矩小，且由于两端磁体彼此强烈地吸引，从而对轴和轴承施加了轴向力，仅应用于传递转矩小的场合。同轴磁力耦合是将磁体沿轴向布置［图 3-70（b）］，具有较大的磁体布置空间，可以布置较多的磁体以获得较大的转矩传递能力，同时不会产生不利的轴向力。因此，实际应用的磁力传动无密封泵均采用同轴磁力耦合形式。

图 3-71 为一典型磁力泵的结构简图。内转子置于一筒形隔离套内侧，其外圆周布置有两排磁体，置于隔离套外侧的外转子内侧圆周相应地布置两排磁体。通过隔离套将内外空间完全分隔开。隔离套由非磁性耐蚀材料制成。

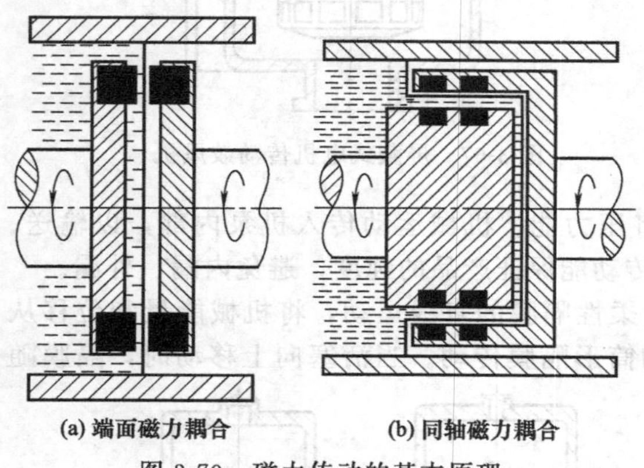


图 3-70　磁力传动的基本原理

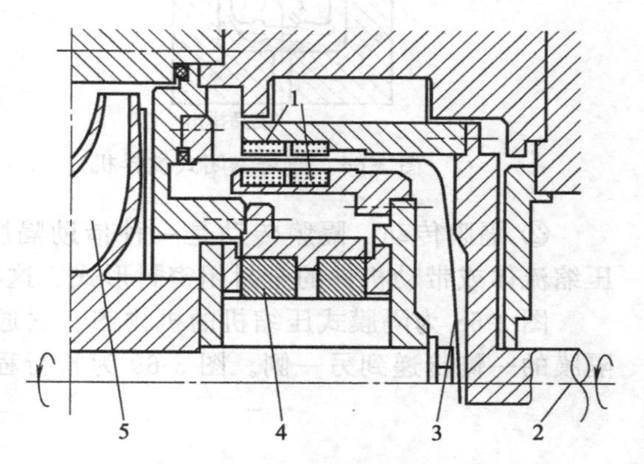


图 3-71　全封闭密封磁力传动离心泵

1—永久磁铁；2—驱动轴；3—隔离套；4—滑动轴承；5—叶轮

磁性材料的选择非常重要。现代磁力传动磁性材料为钐钴合金或钕铁硼（NdFeB）合金，它们能产生强磁场、传递大转矩。钕铁硼合金适用的温度范围为 100℃以内，较高温度范围（最高为 250℃）内，宜选用钐钴合金。

大型磁力传动耦合器能传递的转矩已达 300N・m。在静止时隔离套两侧的磁铁彼此吸引，磁极间对中排列。当转子旋转时，由于传递转矩的作用，引起耦合磁极间发生切向偏置，其偏置量随传递转矩的增大而增大，当偏置量达到偶对磁极周节的一半时，传递的转矩达到最大值。超过此极限，驱动件将发生打滑现象，传递转矩失效。当泵的叶轮被卡住时，就可能发生这种现象。当处于允许温度范围内时，磁性材料并不会产生退磁现象。可是当冷却失效，隔离套由于涡流损失发热严重，发生打滑现象时，必须立即停车。如果温度和压力条件允许，则隔离套可由高分子材料制造，从而避免了涡流损失。

磁力泵不容忽视的一个重要问题是内转子的轴承问题。该轴承置于内部，必须依靠所输送的介质来进行冷却和润滑，大多采用由碳化硅材料制成的滑动轴承，但它不允许干运转，必须保证切实有效的润滑冷却措施，介质中含有固体颗粒或磁性微粒时，必须首先予以过滤清除。

与双端面机械密封相比，全封闭磁力传动密封的成本更高，它最主要的优点是能实现零泄漏。密封型式的最终选择取决于特定的过程流体和操作条件。

# 第4章 机械密封

## 4.1 机械密封的基本结构和工作原理

### 4.1.1 机械密封的基本结构

典型机械密封的基本元件有端面密封副、弹性元件、辅助密封元件、传动件、防转件和紧固件，如图4-1所示。

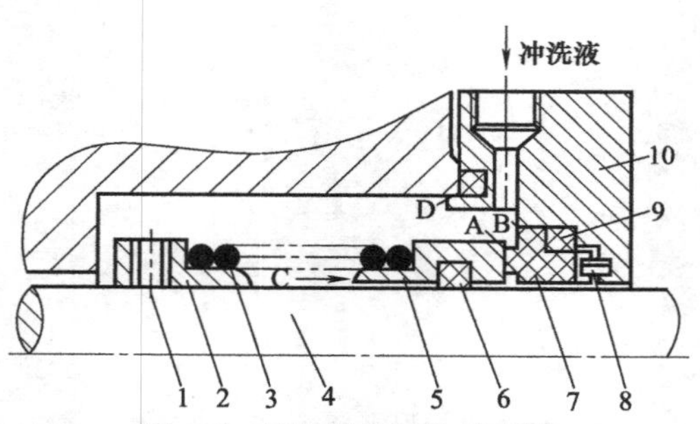


图4-1 机械密封结构原理图

1—紧定螺钉；2—弹簧座；3—弹簧；4—轴（或轴套）；5—旋转环（动环）；
6—动环密封圈；7—静止环（静环）；8—防转销；9—静环密封圈；10—压盖；
A～D—密封部位

机械密封组成元件的作用、要求如表4-1所示。

表4-1 机械密封组成元件的作用及要求

| 组成部分 | 零部件名称 | 作用 | 要求 |
| --- | --- | --- | --- |
| 端面密封副 | 动环和静环 | 使密封面紧密贴合，防止密封介质泄漏 | 要求动、静环具有良好的耐磨性，动环可以轴向灵活地移动 |
| 弹性元件 | 弹簧、波纹管、隔膜 | 主要起预紧、补偿和缓冲的作用 | 要求始终保持足够的弹性来克服辅助密封元件和传动件的摩擦和动环等的惯性，保证端面密封副良好的贴合和动环的追随性<br>要求材料耐腐蚀、耐疲劳 |

续表

| 组成部分 | 零部件名称 | 作用 | 要求 |
| --- | --- | --- | --- |
| 辅助密封 | O形圈、V形圈、U形圈、楔形圈和异形圈 | 主要起对静环和动环的密封作用、同时也起到浮动和缓冲作用 | 要求静环的密封元件能保证静环与压盖之间的密封性和静环有一定的浮动性，动环的密封元件能保证动环与轴或轴套之间的密封性和动环的浮动性<br>要求材料耐热、耐寒并能与介质相容 |
| 传动件 | 传动销、传动环、传动螺钉、传动键、牙嵌式连接器 | 将轴的转矩传给动环 | 材料耐磨和耐腐蚀 |
| 防转件 | 防转销 | 起到防止静环转动和脱出的作用 | 要求有足够的长度，防止静环在负压下脱出；要求定位准确，防止静环随动环旋转<br>要求材料耐腐蚀，必要时中间可加聚四氟乙烯套，以免损坏碳石墨静环 |
| 紧固件 | 紧定螺钉、弹簧座、压盖、组装套、轴套 | 起到对动、静环的定位、紧固的作用 | 要求轴向定位准确，保证一定的弹簧压缩量，使密封面处于正确的位置并保持良好的贴合<br>要求拆装方便、容易就位、能重复利用。要求与辅助密封配合处，对密封圈的安装要有导向倒角和压弹量<br>要求动环辅助密封与轴套配合处耐磨损和耐腐蚀，必要时与轴套配合处可采用硬面覆层 |

当旋转轴4旋转时，通过紧定螺钉1和弹簧3带动动环5旋转。防转销8固定在静止的压盖10上，防止静环7转动。当密封端面磨损时，动环5连同动环密封圈6在弹簧3推动下，沿轴向产生微小移动，达到一定的补偿能力，所以称为补偿环；静环不具有补偿能力，所以称为非补偿环。通过不同的结构设计，补偿环可由动环承担，也可由静环承担。由补偿环、弹性元件和副密封等构成的组件称为补偿环组件。

机械密封一般有四个密封部位，如图4-1所示的A～D。A处为端面密封，旋转环与静止环的端面彼此结合做相对滑动的动密封，又称机械密封装置中的主密封，是决定机械密封性能和寿命的关键；B处为静环7与压盖10端面之间的密封；C处为动环5与轴（或轴套）4配合面之间的密封，因能随补偿环轴向移动并起密封作用，所以又称副密封，当端面磨损时，它仅能跟随补偿环沿轴向做微量的移动，实际上是一个相对静密封；D处为压盖10与泵壳端面之间的密封。B、C、D三处是静止密封，这些泄漏通道相对来说比较容易封堵，一般不易泄漏；A处即为端面相对旋转密封，只要设计合理即可达到减少泄漏的目的。

## 4.1.2 机械密封的种类及应用

机械密封的分类方法很多，根据JB/T 4127.2—2013《机械密封 第2部分：分类方法》有如下几种分类方式。

① 按应用的主机分类，如表4-2所示。

**表4-2 机械密封按应用的主机分类**

| 分类 | 举 例 |
| --- | --- |
| 泵用机械密封 | ① 各种单级离心泵、多级离心泵、旋涡泵、螺杆泵、真空泵等用的机械密封<br>② 内燃机冷却水泵用机械密封，包括各种汽车、拖拉机、内燃机车等的内燃机冷却水泵用的机械密封<br>③ 船用泵机械密封，包括船舶和舰艇上的各种泵用机械密封 |
| 釜用机械密封 | 各种不锈钢釜、搪瓷釜、搪玻璃釜等用的机械密封 |
| 透平、螺杆压缩机用机械密封 | 各种离心压缩机、轴流压缩机、螺杆压缩机等用的机械密封 |
| 风机用机械密封 | 各种通风机、鼓风机等用的机械密封 |

续表

| 分类 | 举　例 |
| --- | --- |
| 潜水电机用机械密封 | 各种潜水电机、潜油电机、潜卤电机等用的机械密封 |
| 冷冻机用机械密封 | 各种螺杆冷冻机、离心制冷机等用的机械密封 |
| 其他主机用机械密封 | 分离机、洗衣机、高温染色机、减速机、往复压缩机曲轴箱等机械设备用的机械密封 |

② 按使用工况和参数分类，如表 4-3 所示。

**表 4-3　机械密封按使用工况和参数分类**

| 分类原则 | 分类 | 使用工况参数 |
| --- | --- | --- |
| 按密封腔的温度 $T$ | 高温机械密封 | $T>150℃$ |
| | 中温机械密封 | $80℃<T\leqslant 150℃$ |
| | 普温机械密封 | $-20℃\leqslant T\leqslant 80℃$ |
| | 低温机械密封 | $T<-20℃$ |
| 按密封腔压力 $p$ | 超高压机械密封 | $p>15MPa$ |
| | 高压机械密封 | $3MPa<p\leqslant 15MPa$ |
| | 中压机械密封 | $1MPa<p\leqslant 3MPa$ |
| | 低压机械密封 | 常压$<p\leqslant 1MPa$ |
| | 真空机械密封 | 负压 |
| 按密封端面线速度 $v$ | 超高速机械密封 | $v>100m/s$ |
| | 高速机械密封 | $25\ m/s\leqslant v\leqslant 100m/s$ |
| | 一般速度机械密封 | $v<25m/s$ |
| 按对被密封介质含磨粒的适用性 | 耐磨粒介质用的机械密封 | 被密封介质含有磨粒 |
| 按对被密封介质腐蚀程度的耐用性 | 耐强腐蚀介质的机械密封 | 指耐强酸、强碱及其他强腐蚀介质 |
| | 耐油、水及弱腐蚀介质的机械密封 | 指耐油、水、有机溶剂及其他弱腐蚀介质 |
| 按轴径 $d$ 大小 | 大轴径机械密封 | $d>120mm$ |
| | 一般轴径机械密封 | $25mm\leqslant d\leqslant 120mm$ |
| | 小轴径机械密封 | $d<25mm$ |
| | 中型机械密封 | 满足下列参数：<br>$p<0.5MPa$<br>$0℃<T<80℃$<br>$v<10m/s$<br>$d\leqslant 40mm$ |
| | 轻型机械密封 | 不满足重型和中型的其他机械密封 |

③ 按作用原理和结构分类，如表 4-4 所示。

**表 4-4　机械密封按作用原理和结构分类**

| 分类 | | 结构件图 | 概念及特点 | 适用范围 |
| --- | --- | --- | --- | --- |
| 按密封端面的对数 | 单端面密封 | | 指由一对密封端面组成的机械密封。结构简单，制造、装拆容易。一般不需要外供封液系统，但需设置自冲洗系统，以延长使用寿命 | 应用广泛，适用于一般液体场合，如油品等。与其他辅助装置合用时，可用于带悬浮颗粒、高温、高压液体等场合 |
| | 双端面密封 | | 指由两对密封端面组成的机械密封。按双端面机械密封是轴向布置或径向布置，又分为轴向双端面机械密封和径向双端面机械密封。密封腔内通过注入高于介质压力 0.05～0.15MPa 的外供封液，起“堵封”和润滑密封端面等作用，结构复杂，需设置外供封液系统 | 适用于腐蚀、高温、液化气带固体颗粒及纤维润滑性差的介质，以及易挥发、易燃、易爆、有毒、易结晶和贵重的介质 |

续表

| 分类 | | 结构件图 | 概念及特点 | 适用范围 |
|---|---|---|---|---|
| 按密封端面的对数 | 多端面密封 | 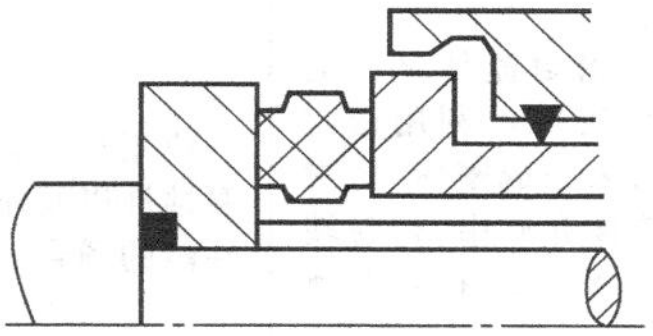 | 指由两对以上密封端面组成的机械密封。典型的是中间环多端面密封 | 旋转的中间环密封，可用于高速下降低 $pv$ 值；不转的中间环密封，用于高压或高温下减少受力变形或受热变形。具有中间环的螺旋槽端面密封可用作双向密封 |
| 按密封流体作用在密封端面上的压力是卸荷或不卸荷 | 平衡式 | 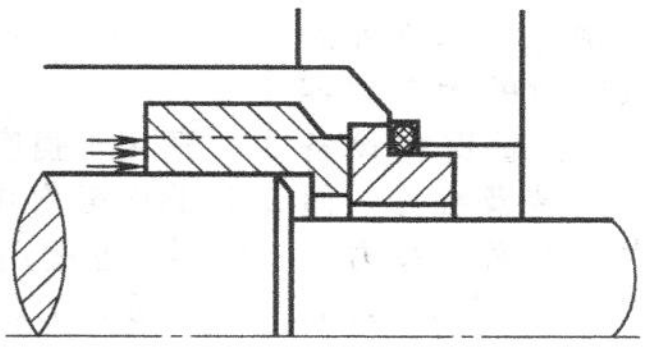 | 指密封流体作用在密封端面上的压力卸荷(载荷系数 $K<1$)的机械密封。按卸荷程度，分为部分平衡式机械密封($0<K<1$)和过平衡式机械密封($K\leqslant 0$)。结构比较复杂，端面比压随液体压力增高而缓慢增加，以改善端面磨损情况 | 适用于介质压力较高的场合。对于一般介质可用于压力≥0.7MPa的场合；对于外装式密封 $K=0.15\sim0.3$ 时，仅用于压力为0.2～0.3MPa的场合；对于黏度较小、润滑性差的介质，可用于介质压力不小于0.5MPa的场合 |
| | 非平衡式 | 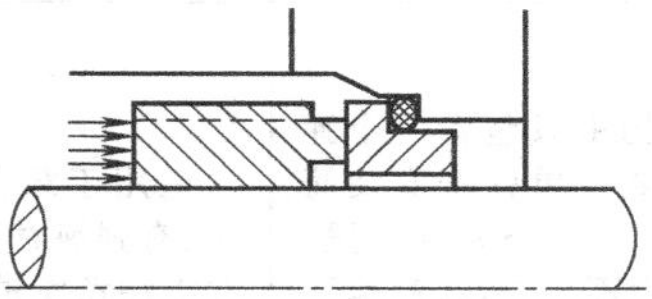 | 指密封流体作用在端面上的压力不卸荷(载荷系数 $K\geqslant 1$)的机械密封。结构简单，在较高液体压力下，由于端面比压增加，容易引起磨损 | 适用于介质压力较低的场合。对于一般介质可用于压力<0.7MPa的场合；对于润滑性差及腐蚀性介质可用于介质压力>0.5MPa的场合 |
| 按静止环是装于端盖(或相当于密封端盖的零件)的内侧或外侧 | 内装式 | 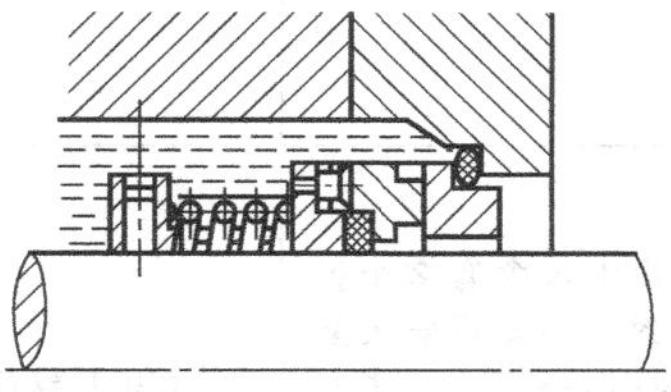 | 指静止环装于密封端盖(或相当于密封端盖的零件)内侧(即面向主机工作腔的一侧)的机械密封。该密封端面受力状态好、泄漏量小(因泄漏方向与离心力方向相反)，冷却与润滑条件好，使用工作范围广 | 应用广。常用于介质无强腐蚀性以及不影响弹性元件性能的场合 |
| | 外装式 | 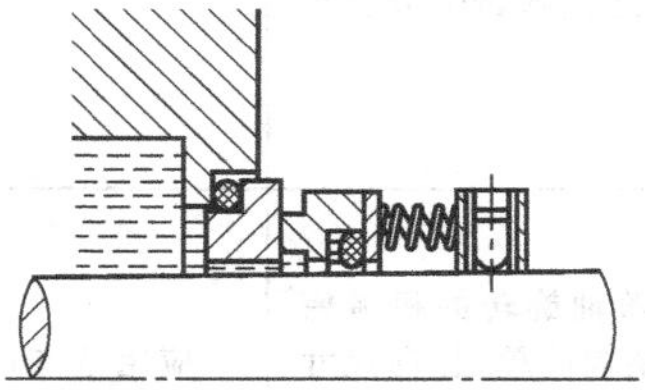 | 指静止环装于密封端盖(或相当于密封端盖的零件)外侧(即背向主机工作腔的一侧)的机械密封。该密封介质泄漏方向与离心力方向相同，泄漏量较大，其使用工作压力较低 | 适用于强腐蚀性介质或易结晶而影响弹性元件性能的场合；也适用于黏稠介质以及介质压力较低的场合 |
| 按弹性元件类型 | 弹簧式 | 大多数采用，见其他图 | 指的是用弹簧压紧密封端面，有时用弹簧传递转矩。制造简单，适用范围受辅助密封圈材质的限制 | 多数密封的使用形式，应用广泛 |
| | 波纹管式 | 见金属波纹管、聚四氟乙烯波纹管及橡胶波纹管结构图 | 指的是用波纹管压紧密封端面。由于不需要辅助密封圈，因此使用温度不受辅助密封圈材质的限制 | 多用于高温或腐蚀性介质的场合 |

续表

| 分类 | | 结构件图 | 概念及特点 | 适用范围 |
| --- | --- | --- | --- | --- |
| 按弹簧是否置于密封流体之内 | 弹簧内置式 | | 指弹簧置于密封流体之内的机械密封。该密封可利用密封箱内介质压力来完成密封，密封元件均处于流体介质中，密封端面的受力状态及冷却和润滑情况好 | 应用广。常用于介质无强腐蚀性以及不影响弹性元件性能的场合 |
| | 弹簧外置式 | | 指弹簧置于密封流体之外的机械密封。该密封的大多数零件不与介质接触，暴露在设备外，便于观察、安装及维修。但由于介质压力与弹簧的弹力方向相反，当介质压力有波动，而弹簧补偿量又不大时，会导致密封不稳定甚至更严重的泄漏 | 适用于强腐蚀性介质或易结晶而影响弹性元件性能的场合；也适用于黏稠介质以及介质压力较低的场合 |
| 按补偿机构中弹簧的个数 | 单弹簧式 | | 指补偿机构中只包含一个弹簧的机械密封。单弹簧安装简单，但更换时，需拆下密封装置。密封端面受力不均匀，在高速下弹簧受离心力影响变形大，不易调节，轴颈大 | 适用于载荷较小、轴颈较小、有强腐蚀性介质的场合，并需注意使轴的旋转方向和弹簧旋向相同 |
| | 多弹簧式 | | 指补偿机构中包含有多个弹簧的机械密封。多弹簧安装繁琐，更换弹簧时，不需拆下密封装置。端面受力均匀，受离心力影响较小，可通过弹簧个数进行调节 | 适用于载荷较大、轴颈较大、条件较苛刻的场合 |
| 按补偿环是否随轴旋转 | 旋转式 | | 指补偿环随轴旋转的机械密封。该密封结构简单，径向尺寸小。弹性元件受离心力作用容易发生变形，影响弹性元件的性能 | 应用范围广。多用于轴颈小、转速不高的场合（线速度在 25m/s 以下） |
| | 静止式 | | 指补偿环不随轴旋转的机械密封。该密封结构复杂，弹性元件不受离心力的影响，性能稳定 | 用于轴颈较大、线速度较高（大于 25m/s）及转动零件对介质强烈搅动后容易结晶的场合 |

续表

| 分类 | | 结构件图 | 概念及特点 | 适用范围 |
| --- | --- | --- | --- | --- |
| 按密封流体在密封面间的泄漏方向 | 内流式 | 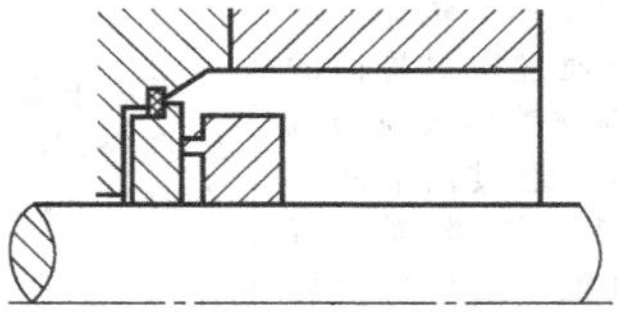 | 指密封流体在密封端面间的泄漏方向与离心力方向相反的机械密封。该密封由于离心力阻止泄漏流体，其泄漏量较外流式的小，密封可靠 | 应用较广。多用于内装式密封，适用于含有固体悬浮颗粒介质及介质压力较高的场合 |
| | 外流式 | 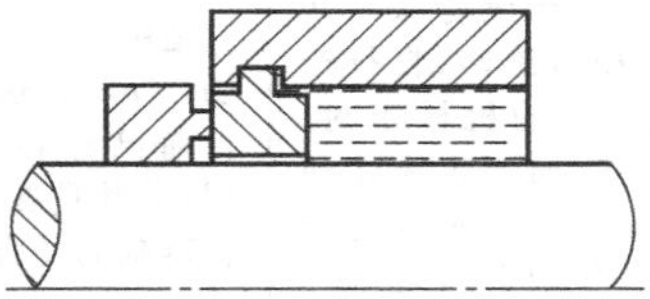 | 指密封流体在密封端面间的泄漏方向与离心力方向相同的机械密封。其泄漏量较大 | 多用于外装式机械密封中，能加强密封端面的润滑，但介质压力不宜过高，一般低于 1MPa |
| 按补偿环上离密封端面最远的背面是处于高压侧或低压侧 | 背面高压式 | 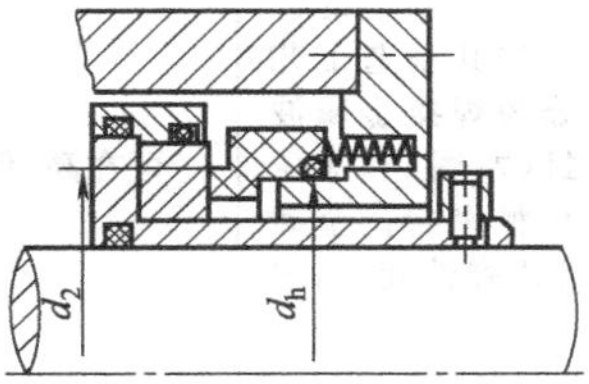 | 指补偿环上离密封端面最远的背面处于高压侧的机械密封 | 适用于密封弱腐蚀性介质 |
| | 背面低压式 | 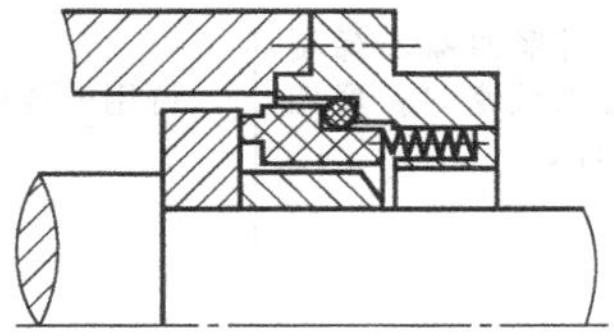 | 指补偿环上离密封端面最远的背面处于低压侧的机械密封。该密封的弹簧一般都置于低压侧，可避免接触高压侧流体，以防引起腐蚀 | 适用于密封强腐蚀性介质 |
| 按密封端面是否直接接触 | 接触式 | 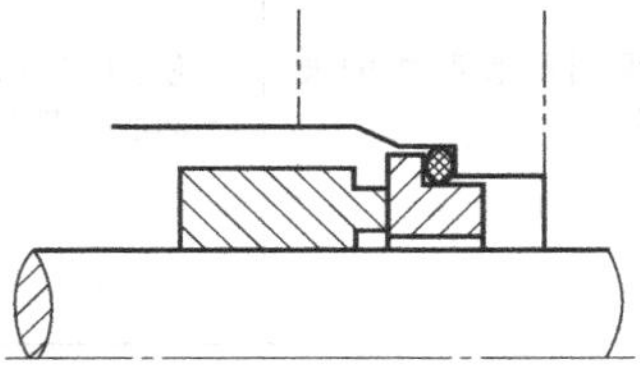 | 指靠弹性元件的弹力和密封流体的压力使密封端面紧密贴合的机械密封。通常密封端面处于边界润滑工况。该密封结构简单，泄漏量小，但磨损、功耗和发热量较大 | 绝大多数场合使用 |
| | 非接触式 | 见流体静(动)压式机械密封图 | 指靠流体静压或动压作用，在密封端面间充满一层完整的流体膜，迫使密封端面彼此分离、不存在硬性固相接触的机械密封。该密封的功耗和发热量小，正常工作时没有磨损，可实现零泄漏或零逸出 | 特殊场合或要求条件下使用 |

续表

| 分类 | | 结构件图 | 概念及特点 | 适用范围 |
|---|---|---|---|---|
| 按密封端面非接触时流体膜的状态 | 流体静压式 | 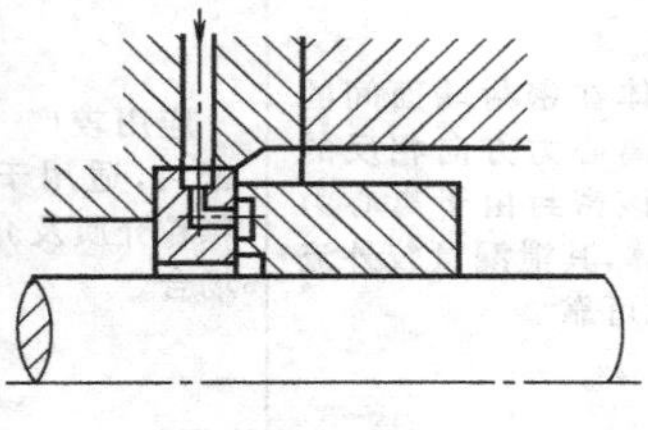 | 指密封端面设计成特殊的几何形状，利用外部引入流体或被密封介质本身通过密封界面的压力降，产生流体静压效应的机械密封。该密封通过调节外供液体压力控制泄漏、磨损和寿命。另外需设置一套外供液体系统，泄漏量较大 | 适用于高压介质和高速运转场合，往往与流体动压组合使用，但目前应用较少 |
| | 流体动压式 | 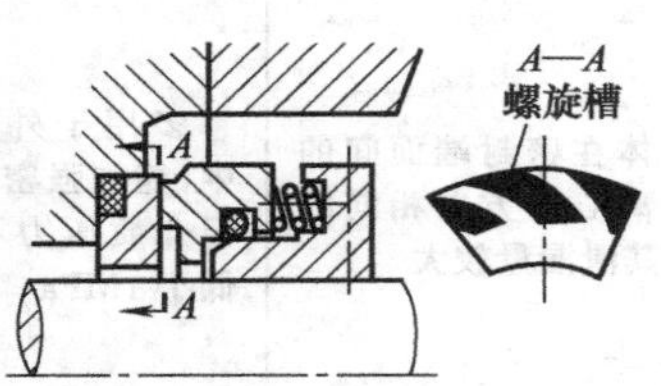 A—A 螺旋槽 | 指密封端面设计成特殊的几何形状，利用相对旋转，自行产生流体动压效应的机械密封。该密封由于旋转面产生流体动力压力场，引入密封介质作为润滑剂并保证两端面间互不接触 | 适用于高压介质和高速运转场合（$p_cv$ 值达 270MPa·m/s），目前已经在很多场合下使用，尤其是在重要的、条件比较苛刻的场合下使用 |
| 波纹管型机械密封按波纹管材料 | 金属波纹管型 | 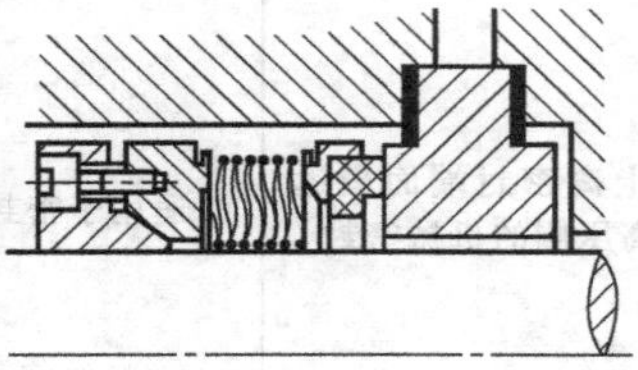 | 指波纹管采用金属制造的波纹管机械密封。按其制造工艺和结构特征又分为焊接金属波纹管型机械密封（左图）和液压金属波纹管型机械密封。金属波纹管本身可替代弹性元件，耐腐蚀性好 | 可在高、低温条件下使用 |
| | 聚四氟乙烯波纹管型 | 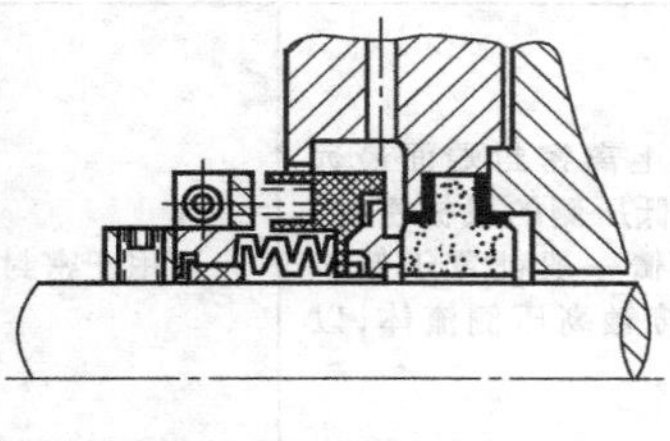 | 指波纹管采用聚四氟乙烯制造的波纹管型机械密封。聚四氟乙烯耐腐蚀性好 | 可用于各种腐蚀性介质中 |
| | 橡胶波纹管型 | 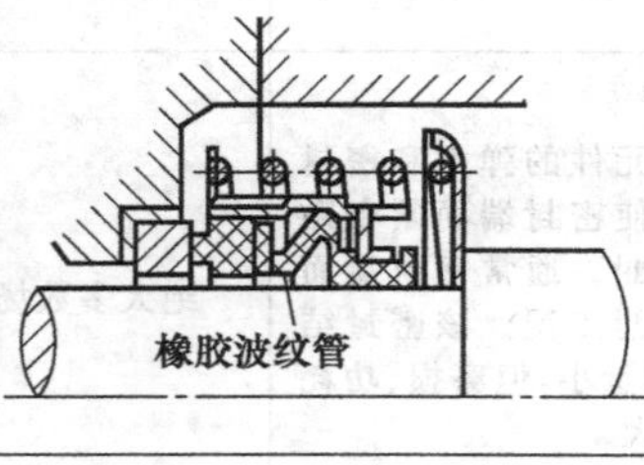 橡胶波纹管 | 指波纹管采用橡胶制成的波纹管型机械密封 | 使用广泛，但使用温度受不同胶料性能的限制 |
| 按密封流体所处的压力状态 | 单密封 | 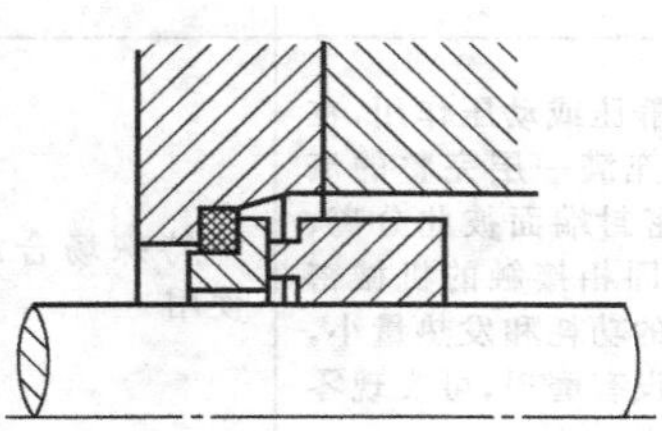 | 指的是密封流体处于一种压力状态的机械密封。该密封与单端面机械密封相同 | 应用广，适用于一般液体场合，如油品等。与其他辅助装置合用时，可用于带悬浮颗粒、高温、高压液体等场合 |

续表

| 分类 | | 结构件图 | 概念及特点 | 适用范围 |
|---|---|---|---|---|
| 按密封流体所处的压力状态 | 双密封 | | 指的是密封流体处于两种压力状态的机械密封。该密封中的二级密封串联布置，使密封介质的压力依次降低 | 适用于介质压力较高及对介质泄漏有要求的场合 |
| | 多级密封 | | 指的是密封流体处于两种以上的压力状态的机械密封 | 适用于特殊介质（易泄漏、有毒性、有辐射的介质）及特殊场合（对环境安全要求极严格） |

注：$p_c v$ 值是密封端面比压 $p_c$ 与密封端面平均滑动速度 $v$ 的乘积。

### 4.1.3　机械密封的摩擦、磨损和润滑

（1）摩擦特性

机械密封的摩擦特性中有摩擦因数与密封准数（$f$-$G$）、摩擦因数与介质压力（$f$-$p_s$）以及摩擦因数与周速（$f$-$v$）等特性。

① $f$-$G$ 特性　在动密封中，两个相对运动的接触表面，由于机械加工的结果，必然存在各种几何形状和尺寸的误差，因此两表面的接触是不连续的，而且是不均匀的，实际接触面积只是表面宏观接触面积的很小的一部分。当存在压差时，密封介质就会通过其中间隙产生泄漏。一旦两表面作相对运动，就必然伴随着摩擦，而摩擦会导致摩擦副零件的生热和磨损，这是引起泄漏和密封件损坏的主要原因。对动密封而言，若要移走摩擦热，改善密封面润滑，减少摩擦副磨损，就必须允许一定量的泄漏。由此可见，动密封的使用过程是摩擦副的摩擦、磨损与密封之间的动态平衡过程，决定了机器的使用寿命。显然，摩擦、磨损和密封中的一切问题都与固体的表面性质和密封摩擦面相对运动时的摩擦状态有关。摩擦状况与摩擦副的润滑有关，而摩擦副的润滑状况往往决定密封特性。因此，动密封更关注的是摩擦副的表面润滑状态。

按摩擦副之间流体膜的厚度，可将润滑分为无润滑（固体摩擦）、边界润滑、薄膜润滑和流体润滑状态，它们分别对应干摩擦、边界摩擦、混合摩擦和流体摩擦状态。如果在某种程度上允许流体介质泄漏，就可以使密封处于功率消耗低，磨损极其轻微的流体润滑状态。这种状态的密封泄漏量与流体膜厚度有关，膜厚越厚，泄漏越多。为了减少泄漏，边界润滑就成为了获得极薄流体膜的最佳选择，但是边界润滑对载荷、温度、速度变化等特别敏感，这些因素的变化往往会使边界润滑变成有剧烈磨损的固体摩擦或有过量泄漏的流体润滑状态。密封处在何种润滑状况，与具体的工况有关。石渡秀男等人根据轴承润滑理论和对机械密封进行实验后，得出如下的密封准数 $G$ 与摩擦因数 $f$ 的关系：

$$f=\psi G^m=\psi\frac{\eta vb}{W} \tag{4-1}$$

式中　$\psi$——密封特性数，由密封形式而定；
$\eta$——密封流体黏度；
$v$——端面的平均线速度；
$b$——端面宽度；
$W$——端面的总载荷；
$m$——指数，与动密封形式有关。

摩擦因数是密封端面摩擦力 $F$ 与总载荷（闭合力）之比，而密封准数 $G$ 是流体膜黏性力 $\mu vb$ 与流体膜承载能力 $W$ 之比。$f$-$G$ 特性是无因次特性，反映了密封的摩擦状况和流体膜形成的难易程度。它不仅可以用来判断摩擦状态，同时又可以用来确定不同工况下的摩擦因数，进而确定摩擦功耗和温升。

② $f$-$p_s$和 $f$-$v$ 特性　$p_s$为密封流体压力或系统压力。如图 4-2 所示为 $p_s \leqslant 1.0$MPa、$v \leqslant 10$m/s、$p_s v \leqslant 5$MPa·m/s 条件下不同材料的 $f$-$p_s$及 $f$-$v$ 的特性。其中图 4-2（a）、(b) 所示属于混合摩擦和边界摩擦，而图 4-2（c）、（d）所示属于干摩擦。图 4-2（c）所示是塑料与钢组对，图 4-2（d）所示是碳石墨与铸铁组对。

图 4-2（a）中所示为混合摩擦的密封，与流体摩擦的密封类似，随着接触压力的增大，摩擦因数不断下降；随着周速的增大，摩擦因数有可能上升或下降，与流体摩擦的成分和载荷的轻重有关。

图 4-2（b）中所示为边界摩擦的密封。随着压力和周速的增加，摩擦因数先下降，到一定值后恒定不变。

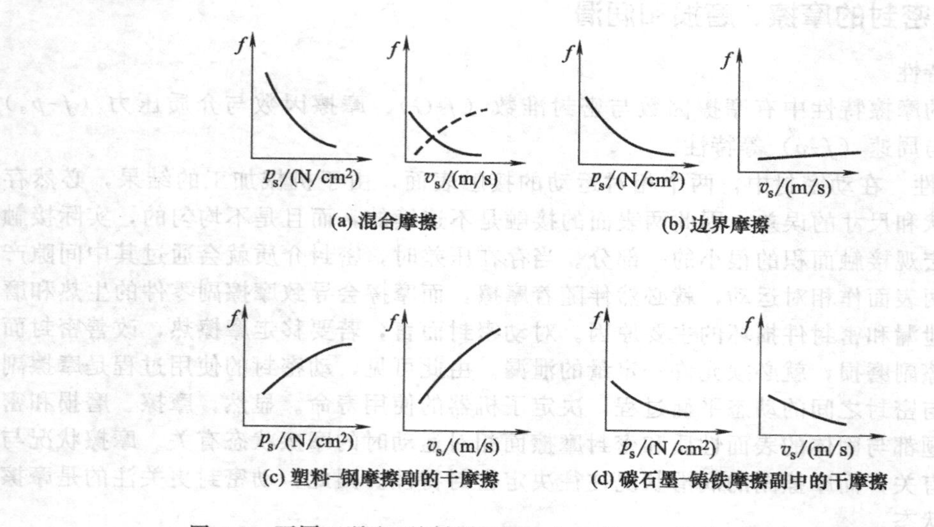


图 4-2　不同工况和不同材料下的 $f$-$p_s$ 及 $f$-$v$ 特性（$1\text{N/cm}^2 = 10\text{kPa}$）

图 4-2（c）、（d）中所示均为干摩擦的密封。塑料不能用在高载荷下的干摩擦场合，因为其热导率较低不利于排出摩擦热，所以密封面处的温度很容易超过密封材料的极限使用温度。摩擦因数随载荷与周速的增加而增大。碳石墨与铸铁由于有自润滑性，其规律与塑料不同。

(2) 密封特性

泄漏量是机械密封中主要的性能参数，通常用 $Q$ 表示，指的是单位时间内通过端面密封副和辅助密封泄漏的被密封介质的总量。机械密封的泄漏是由诸多因素造成的，据统计，接触式机械密封中 80%～90%的泄漏是由端面密封副所致，端面密封副的泄漏量主要决定于密封面间所处的摩擦状态。

图 4-3 所示为 $\phi$75mm 平衡型机械密封在转数为 3600r/min 下试验的 $Q$-$\Delta p$ 特性曲线，从图中可看出，在 $\Delta p < 0.5$MPa 时，泄漏量随压差 $\Delta p$ 的增加而增大；在 $\Delta p > 0.5$MPa 时，泄漏量随 $\Delta p$ 的增加而减小。图 4-4 所示为泄漏量校正系数与轴径和转速的关系曲线。该曲线可用来求取不同轴径和转速下的泄漏量校正系数，它与黏性流动无直接关系，纯粹是由表面微凸体相互运动产生的泵送效应，这一结论是由现场经验得到的。

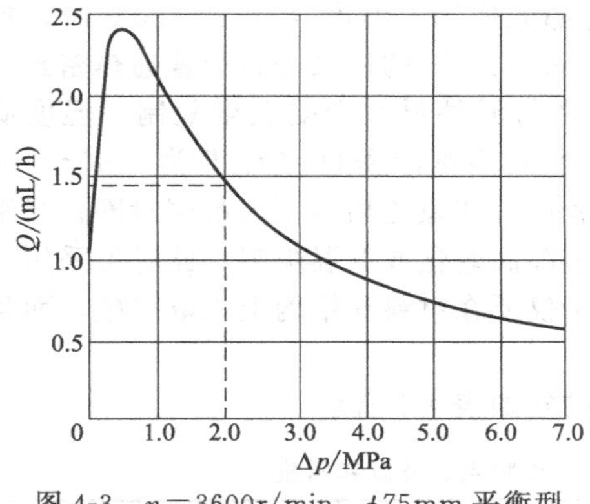


图 4-3 $n=3600\text{r/min}$、$\phi75\text{mm}$ 平衡型机械密封的 $Q$-$\Delta p$ 特性曲线

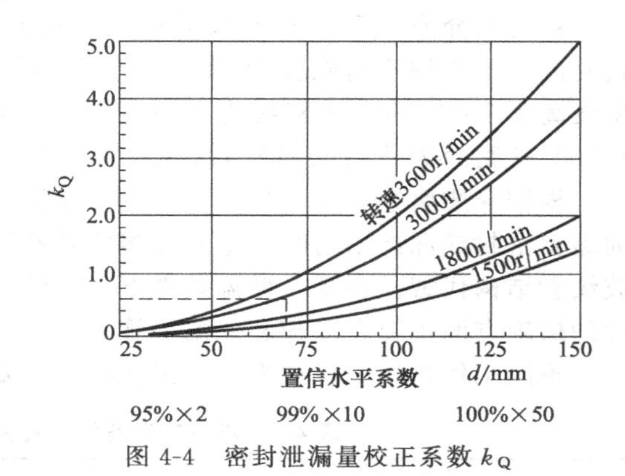


图 4-4 密封泄漏量校正系数 $k_Q$

# 4.2 机械密封的结构

## 4.2.1 机械密封的结构选型

由于机械密封结构形式的多样性，在选择机械密封结构形式时，需根据不同的用途、具体使用要求及工作条件，选定合适的结构形式。初步选定时，可以从以下几个角度考虑：

① 介质特性：浓度、黏度、腐蚀性、有无固体颗粒及纤维杂质、是否易气化或结晶等。

② 工作参数：被密封介质的压力和温度、轴径和转速。

③ 主机（泵、釜及工艺设备等）对被密封介质的允许泄漏量及泄漏方向的要求，密封装置寿命及可靠性要求。

④ 主机对密封装置结构尺寸的限制。

⑤ 操作及生产工艺的稳定性。

下面简单介绍从工作参数和介质特性两个角度进行选型的过程。

(1) 根据工作参数——$p$-$v$-$T$ 选型

① 工作压力 $p$。密封的工作压力是指密封室内密封介质的压力。由于密封室内的介质压力并不等于泵内介质压力，密封介质的压力可能高于、等于或低于泵内介质的压力，因此要根据泵的具体结构形式来确定密封的工作压力。通常，对于介质黏度高、润滑性能好、$p$ 在 0.8MPa 以下或低黏度、润滑性能较差的介质、$p$ 在 0.5MPa 以下的密封，均可采用非平衡型。当 $p>3\text{MPa}$ 时视为高压机械密封，需要采用平衡型密封。当 $p>15\text{MPa}$ 时，一般单端面平衡结构很难达到密封要求，可采用串联式多端面多级密封并逐级降压。

② 周速 $v$。通常以密封面平均直径的圆周速度来表示密封的周速。根据 $v$ 值的大小确定弹性元件是否随轴旋转而采用弹簧旋转式或弹簧静止式。周速低于 20～30m/s 时采用弹簧旋转式密封；对于周速高于 25m/s 的高速密封，为了避免旋转不平衡质量引起强烈振动以及避免离心力和搅拌热的影响，应采用弹簧静止式结构。周速高、$pv$ 值高时，可采用中间环机械密封来降低周速，从而降低 $pv$ 值；或者可以考虑采用流体静压密封或流体动压密封。

③ 温度 $T$。指被密封介质的温度，即工作温度。通常根据温度高低确定辅助密封圈的材料、密封面的冷却方法及辅助系统。对于易气化介质，应与压力同时考虑使工作温度低于沸点 14℃，否则不能保证稳定液膜，需要采取措施来改善工作条件。

被密封介质温度在80℃以下时，一般机械密封都能适用。温度 $T$ 在0～80℃时，辅助密封圈通常选用丁腈橡胶O形圈。一般介质温度在80～150℃的机械密封为普通热密封，而温度高于150℃的机械密封为高温密封。一般辅助密封元件材料会受温度限制，温度低于－20℃的密封为普通低温密封；温度低于－50℃的密封为深冷密封。当 $T$ 为－50～150℃时，根据介质腐蚀性的强弱，可选用氟橡胶、硅橡胶或聚四氟乙烯成型填料密封圈；当密封为高温密封或深冷密封时，橡胶和聚四氟乙烯易发生高温老化或低温脆裂，此时可采用金属波纹管结构代替。在高、低温条件下工作的密封，不仅要在材料和结构上采取措施，而且在辅助措施方面也要有冷却和保温措施。

不同工作条件下机械密封的工作特点、要求和措施如表4-5所示。

表4-5 不同工作条件下机械密封的工作特点、要求和措施

| 工作条件 | | | 特点 | 对轴封要求 | 采取措施 |
|---|---|---|---|---|---|
| 温度 | 高温 | 热油、热载体、油浆、苯酐、对苯二甲酸二甲酯、熔盐、熔融硫<br>塔底热油泵、热载体泵、油浆泵等轴封 | 随着温度增高，对密封磨损和腐蚀增大，材料强度降低，介质易气化、固化、结晶，密封环易变形，密封圈变质，弹簧失效，橡胶老化，组合环配合松脱等 | 密封材料要求耐热耐高温(密封环与辅助密封件)，具有良好的导热性、低的摩擦因数和线胀系数，保证密封面间隙中温度低于介质气化温度15～30℃，要注意保湿与冷却，要保证动环高温下的滑动差 | ①密封材料需要进行稳定性热处理，消除残余应力，且使各材料的线胀系数相近<br>②若采用单则端面密封，则端面宽度应尽量小，且需充分冷却和冲洗<br>③采用双端面密封，外供隔离流体，为了提高辅助密封面的寿命，在与介质接触侧的密封设置为冷却夹套<br>④考虑采用金属波纹管密封、浸金属碳石墨环和耐高温材料的辅助密封件；加强保温与冷却，采用蒸汽背冷、辅助压盖或衬套等 |
| | 低温 | 液氧、液氨、液氯、液态烃<br>液氨泵等轴封 | 密封面摩擦生热和温升导致介质气化和干摩擦，损坏密封，密封环材料易脆化，密封环易老化，失去弹性，影响密封性能。因湿度低，大气中的水分会冻结在密封面上，动环滑动性差，加速磨损。低温时，材料收缩，因此选择线胀系数相近的密封材料 | 要求填料材料和硬质材料耐低温，要有良好的疲劳强度和冲击韧性，要注意石墨在低温下的滑动，辅助密封面要耐低温老化，有一定的弹性，保冷或与大气隔离，防止冻冰，密封面有良好润滑，防止密封端面液膜气化 | ①介质温度高于－45℃时，除氯液外可采用单端面密封，但需要注意防止大气中的水分使密封圈冻结，导致密封失效，常在密封外侧设置简单密封，并通入清洁的阻封液<br>②介质温度高于－100℃时，采用波纹管密封，阻封气体为干燥惰性气体，防止大气中的水分冻结在密封上<br>③介质温度低于－100℃时，采用静止式波纹管密封，防止波纹管疲劳破坏<br>④液态烃(戊烷、丁烷、乙烯)建议采用双端面密封，用乙醇、乙二醇做隔离流体，丙烯醇作为隔离流体可用于－120℃<br>⑤摩擦副材料推荐采用碳化钨-碳石墨<br>⑥采用低端面比压，加强急冷与冲洗，防止液膜气化 |

续表

| 工作条件 | | | 特点 | 对轴封要求 | 采取措施 |
|---|---|---|---|---|---|
| 压力 | 带压 | 由于轴封处于泵的入口压力下，因此压力不高，但液态烃液化气等泵的压力稍高<br>合成氨水洗塔釜液、乙烯装置脱甲烷塔回流液、环氧乙烷解析塔釜液，加氢裂化原料，加氢精制原料 | 引起端面比压和 $pv$ 值增高，导致密封环受压变形或碎裂；密封圈容易被挤出；摩擦条件恶化，使密封失效 | 密封环要求有足够的强度和刚度，结构上考虑防变形，选用大的弹簧和传动销，以满足在高压下启动，扭矩增大时的强度要求；要避免密封圈被挤出，注意填料结构和形状；要求摩擦副材料有较低的摩擦因数、良好的导热性能和较高的 $p_cv$ 值；密封面存在流体膜，使润滑条件良好 | ①采用平衡型密封，减小载荷系数，以降低端面比压<br>②被密封介质压力大于15MPa时，宜采用几个端面密封串联起来的串联密封，逐步降低每级密封压力<br>③摩擦副材料宜用碳化钨-碳化硅，若用浸渍金属石墨，则应严格要求浸渍石墨的孔隙率，以防渗漏<br>④采用流体动力密封，提高 $p_cv$ 值<br>⑤加强冷却和润滑 |
| | 真空（负压） | 减压蒸馏系统泵和真空压缩机的轴封 | 混入空气形成干摩擦，泄漏量大 | 要求防止外界空气被吸入，保持必要的真空度，避免密封面分开，保证负压工作 | ①采用金属波纹管密封、带衬套和冲洗结构的单端面密封<br>②增强弹簧压力，防止负压下动环与静环分开，加防转销<br>③提高密封压力，变负压为正压 |
| 旋转 | 高速 | $v>20\sim30$m/s 的催化气压机、焦化气压机、加氢循环压缩机、氨压缩机等轴封 | 动环旋转时弹簧或波纹管的弹性受离心力严重影响，甚至失效；介质受搅拌影响摩擦热大、磨损快、高速下振动（零件的平衡问题）、$p_cv$ 值高 | 密封副材料有较高的 $p_cv$ 值，要考虑离心力和搅拌的影响，对转动件进行动平衡校正，防止振动；具有良好冷却和润滑；避免密封环材料产生热应力裂纹及热变形 | ①当密封端面周速 $v>25$m/s时，采用静止式密封；$v\leqslant25$m/s 时，采用旋转式密封<br>②转动零件的几何形状需对称，连接方式不推荐用销子、键等，以减小不平衡的影响<br>③选择摩擦系数较小的摩擦副材料，如碳化硅-浸铜石墨；应尽量减小端面密度<br>④采用平衡型流体动压密封，选择较高的 $p_cv$ 摩擦副材料组合<br>⑤加强冷却与润滑 |
| | 正反转 | 开停频繁和正反转 | 弹簧旋向有影响、零件受冲击、密封面摩擦条件恶劣 | 要求零件耐磨性和耐冲击性好，注意强度设计和加强防转机构，要注意弹簧的旋向 | ①组装套采用牙嵌式结构，驱动间隙要小，静环采用防转零件<br>②采用金属波纹管密封较适宜，或采用多点分布小弹簧结构 |

(2) 根据介质特性选型

对于腐蚀性较弱的介质，通常选用内置式机械密封，其端面受力状态和介质泄露方向都比外置式合理。对于强腐蚀性介质，由于弹簧选材较困难，可选用外置式或聚四氟乙烯波纹管式机械密封，但这种密封结构只适用于介质压力在0.2～0.3MPa范围内的密封。

对于易结晶、易凝固和高黏度的介质，应采用大弹簧旋转式结构，因为小弹簧容易被固体物堵塞，高黏度介质会使小弹簧轴向补偿移动受阻。

对于易燃、易爆、有毒介质，为了保证介质不外漏，应该采用有封液的双端面结构或集装式机械密封。

按上述工作参数和介质特性选定的结构只是一个初步方案，最终确定还必须考虑主机的特征和对密封的某些特殊要求。在选择机械密封的结构形式时，原则上应尽可能地选择标准系列密封，但在某些情况下就不能按常规的选择标准进行选择，如石油化工机泵用的机械密封，必须针对具体情况做特殊设计，同时采取必要的辅助设施。

不同介质或使用条件下的密封特点、密封要求及对机械密封形式的选择如表 4-6 所示。

表 4-6 不同介质或使用条件下的密封特点及密封要求

| 介质或使用条件 | | 特点及对密封要求 | 机械密封形式的选择 |
|---|---|---|---|
| 强腐蚀性介质 | 盐酸、铬酸、硫酸、醋酸等 | 密封件需承受腐蚀，密封面上的腐蚀速率通常为无摩擦作用表面腐蚀速率的 10～50 倍<br>要求密封环既耐腐蚀又耐磨，辅助密封圈的材料既要弹性好又要耐腐蚀、耐高温。要求弹簧使用可靠 | ①若用外装式机械密封，则应加强冷却，防止温度升高<br>②若用内装式机械密封，则应给弹簧加保护层，大弹簧外套塑料管，两端封住，或弹簧表面喷涂防护层，如聚四氟乙烯、氯化聚醚等<br>③若采用外装式波纹管密封，则应将动环与波纹管制成一体，材料为聚四氟乙烯(玻璃纤维填充)，静环为陶瓷；弹簧用塑料软管或涂层保护，弹簧与泄漏液隔离<br>④外装式密封使用压力 $p\leqslant0.5$MPa |
| 易气化介质 | 液化石油气、轻石脑油、乙醛、异丁烯、异丁烷、异丙烯 | 润滑性差，摩擦热易使密封端面间液膜气化，造成摩擦副干摩擦，缩短密封使用寿命<br>要求摩擦因数低、导热性好的摩擦副材料。同时，密封腔尤其是密封端面要充分冷却，防止泄漏引起密封端面结冰(靠大气侧) | ①介质压力 $p\leqslant0.5$MPa 时，采用非平衡型密封；介质压力 $p>0.5$MPa 时，采用平衡型密封，降低端面比压，或采用双端面密封，从外部引入密封流体至密封腔<br>②摩擦副材料建议采用碳化钨-石墨或碳化硅-石墨<br>③装设喉部衬套，以保证密封腔内必要的压力，使密封端面间的液体温度比相应压力下的液体气化温度低<br>④加强冷却与冲洗，以保证比密封腔要求的温度约低 14℃ |
| 易凝固介质 | 石蜡、蜡油、渣油、沥青、尿素、熔融硫黄、煤焦油、酚醛树脂、增塑剂 | 凝固点高，温度变化会引起介质固化，妨碍动环滑动<br>注意保温，要求冲洗，避免凝固 | 加强保温措施，采用蒸汽背冷($t>150$℃) |
| 高黏度介质 | 润滑脂、硫酸、齿轮油、气缸油、苯乙烯、渣油、硅油 | 黏度高时润滑性能好，但过高会影响动环的浮动性，增加弹簧的传动力矩。黏度过高时，密封面间不易形成液膜，润滑性能差，损坏密封环<br>要求摩擦副材料耐磨，弹簧要有足够的能力克服高黏度介质产生的阻力，避免密封腔温度过低而引起介质的黏度增高，要求密封腔保温或加热 | ①一般黏度的介质，当 $p\leqslant0.8$MPa 时，选用单端面非平衡型密封；当 $p>0.8$MPa 时，采用平衡型密封。当介质黏度为 700～1600MPa·s 时，需加大弹簧和传动销的设计尺寸，用以抵抗因黏度增加而增加的剪力；大于 1600MPa·s 时，还需要加强润滑，如采用单端面密封通入隔离流体<br>②采用静止式双端面密封<br>③采用硬对硬摩擦副材料<br>④考虑保温结构，保证介质黏度不因温度降低而增高 |
| 含固体颗粒介质 | 塔底残油、油浆、原油 | 会引起密封环端面剧烈磨损。固体颗粒沉积在动环处会使动环失去浮动，颗粒沉积在弹簧上会影响弹簧性能<br>要求摩擦副耐磨，要能排除固体颗粒或防止固体颗粒沉积 | 采用双端面密封，在密封腔内通入隔离流体。靠近介质侧的摩擦副采用碳化硅-碳化硅的材料组合<br>若采用单端面密封，则应从外部引入比被密封介质压力稍高的流体进行冲洗。当采用被密封介质进行冲洗时，在进入密封腔之前，应把固体颗粒分离掉，且采用大弹簧式密封结构 |

续表

| 介质或使用条件 | | 特点及对密封要求 | 机械密封形式的选择 |
|---|---|---|---|
| 气体介质 | 空气、乙烯气、丙烯气、氢气 | 润滑性能差，端面磨损大，渗透性强。用于搅拌设备时，多为立式，轴较长，摆动与振动大，工艺条件变化大，有时在高压下、有时在低压下或在真空下操作。用于压缩机时，转速高<br>要求石墨浸渍密封环气孔率低、摩擦副材料耐磨。要求密封环浮动性好，尤其是用于搅拌设备的密封。用于真空密封时，要注意外界空气漏入，注意密封的方向性 | ①若用于搅拌设备的密封，则当介质压力小于或等于 0.6MPa 时，可采用单端面密封（外装式），并要求带有冷却壳体；当介质压力大于 0.6MPa 或用于密封要求严格的场合时，应采用双端面密封<br>②用于真空密封时，多采用双端面密封，通入真空油或难以挥发的液体作为隔离液体。采用 V 形辅助密封圈时需要注意方向性<br>③若用于压缩机密封，则当转速较高时，应参考表 4-5“高速”栏；同时还要减小浸渍石墨环的孔隙率 |
| 易结晶介质 | 硫铵、磷铵、苛性钠、氢氧化钙、氯液、磷酸铵、丁醇（常温下结晶）等 | 温度变化使溶解物析出，导致摩擦副早期损坏<br>要求结构上要适应浆液密封端面，使用硬材料，要保证充分冷却或保温 | ①机械密封采用两道密封和 WC-WC 硬对硬材料组合<br>②宜加强冲洗、冷却和保温措施<br>③采用单个大弹簧结构，用清水背冷 |
| 易聚合介质 | 糠醛、甲醛、乙烯、氯乙烯单体、丙烯醛、醋酸乙烯 | 摩擦热或搅拌热等，使温度上升易引起聚合<br>注意保持温度不超过聚合温度，保证充分冷却，密封端面使用硬材料 | ①采用两道密封，提高封液量，加强冷却<br>②采用硬质合金密封环，加强弹簧比压（>0.15MPa），采用金属波纹管密封 |
| 易溶解介质 | 异丙醇（对水）、戊烷（对油）、明矾（对水）、硫酸铜、硫酸钾（对水）、橡胶（对苯、液氨、氨水）、甘油（对乙醇） | 溶解性大（对水、油脂或乙醇等有溶解性），会使密封圈溶解，使碳石墨的结合材料破坏<br>要求密封零部件耐水、油、乙醇等溶剂 | ①采用耐油橡胶（丁腈橡胶等）、聚四氟乙烯或金属填料；填料使用填充玻璃纤维的聚四氟乙烯，动环与静环材料选择碳化钨<br>②注意耐腐蚀性，对苯、氨、氨水不能用氟橡胶 |
| 易燃易爆介质 | 环乙烷、四乙基铅、氢氰酸 | 外漏会引起事故<br>要求收集泄漏液或采取稀释；防止漏出机外 | ①利用背冷方法捕集或稀释<br>②采用两道密封，利用阻塞流体使之与外界隔绝 |

炼油化工某些工艺装置中典型的机泵密封的工作特点和辅助措施如表 4-7 所示。

**表 4-7　炼油化工某些工艺装置中典型的机泵密封的工作特点和辅助措施**

| 工艺装置 | 典型机泵 | 特点 | 辅助措施 |
|---|---|---|---|
| 常减压蒸馏 | 初底泵、常底泵、减底泵 | 塔底重油温度（300～370℃）和渣油温度（370～400℃）较高，易凝固，使动环动作不良；减底泵密封处于负压，浆液易分解，塔底容易有脏物 | 采取自冲洗或外冲洗，采用冷却器，冲洗液过滤，备用泵压盖蒸汽保留，保持蒸汽流动，防止凝固；热态找正；采用 WC-WC 或金属波纹管。减底泵密封保持正压，开工时外冲洗，运转时自冲洗，冲洗管注意保温 |
| | 碱泵 | 结晶析出（靠大气侧），动环动作不良 | 采用硬面材料，清水背冷防结晶物析出 |
| 催化裂化 | 油浆泵、回炼油泵 | 含催化剂（固体颗粒）浆液，浆液温度高，动环动作不良，具有塔底泵的特点 | 采用外冲洗（因为浆渣多），注意热态找正，采用金属波纹管密封，备用泵压盖蒸汽保温，保持蒸汽流动，冲洗管注意保温 |
| | 苛性钠泵 | 结晶析出（靠大气侧），动环动作不良 | 采用硬面材料，清水背冷防结晶物析出 |

续表

| 工艺装置 | 典型机泵 | 特点 | 辅助措施 |
| --- | --- | --- | --- |
| 烷基化 | 液态烃泵 | 密度小($\rho<0.65$kg/L)、蒸气压高;易气化,吸入压力高 | 防止液化气气化,轴封箱压力和冲洗液温度应严加控制;采用逆冲洗及吸气阀,使输送管内充气,运转前放出全部气体;采用平衡型密封 |
| 铂重整 | 液化气泵 | 密度小($\rho<0.65$kg/L)、蒸气压高;易气化,吸入压力高 | 防止液化气气化,轴封箱压力和冲洗液温度应严加控制;采用逆冲洗及吸气阀,使输送管内充气,运转前放出全部气体;采用平衡型密封 |
| | 高温柴、汽油泵 | 热载体温度高,密封面容易出现干摩擦 | 采用平衡型密封,从排出口引入冲洗液,采用摩擦因数低的 WC-C 组合材料 |
| 加氢精制 | 进料泵 | 高温、高黏度,冲洗液易凝固,塔底泵浆渣较少,润滑性好 | 采用金属波纹管密封或多点分布小弹簧密封,冲洗液(冷却器出口)应控制在 130～160℃范围,备用泵内为防凝固可通入运转泵的输送液体 |
| 脱硫 | 高温进料泵 | 高温 | 采用金属波纹管密封 |
| | 熔融硫黄泵 | 注意轴封保温,防止凝固(130～150℃) | 注意轴封保温,运转时和停泵时防止凝固,用蒸汽背冷 |
| | 热水泵 | 密封面易发生干摩擦 | 采用多弹簧密封,限制冲洗温度,采用耐磨硬面材料 |
| | 铵泵 | 靠大气侧应防铵盐析出 | 采用蒸汽背冷 |
| 丙烷脱沥青 | 沥青泵 | 与塔底热油泵相同,高黏度,易凝结 | 限制在 130～150℃下运转,注意保温,停泵时蒸汽背冷防凝固 |
| | 丙烷泵 | 密度小($\rho<0.45$kg/L)、压力高(2MPa)、$p_cv$ 值高(属于液化气泵),防止密封面变形 | 防止气化,轴封箱压力、冲洗量的流量应得到控制,注意放气;采用平衡型密封,注意密封环结构和刚度,防止密封面变形 |
| 酮苯脱蜡 | 高温蜡浆 | 温度高易凝固 | 采用蒸汽背冷,采用金属波纹管密封 |
| | 溶剂泵 | 溶解度大 | 采用耐溶剂辅助密封;采用聚四氟乙烯;注意腐蚀性 |
| 糠醛精制 | 提取液、提余液泵 | 温度为 130～150℃,高黏度聚合物多时,动环动作不良 | 采用平衡型密封,带冷却器,必要时用金属波纹管密封,需要蒸汽背冷 |
| | 糠醛泵 | 介质在氧气和高温环境下,特别是脱气塔空气消除不够时易聚合 | 采用平衡型密封,带冷却器,采用蒸汽背冷。间隙孔板和粗滤器部分应防止堵塞 |

## 4.2.2 机械密封的主要零件

机械密封的主要零件有摩擦副（密封副）、辅助密封、弹性元件、传动件和紧固件。

（1）摩擦副

机械密封的摩擦副（密封副）主要由动、静环组成，有时还有中间浮动环。摩擦副是机械密封中最主要的零件，其性能好坏直接关系到密封效果和寿命，因此，对摩擦副的材料、结构、形状、尺寸及表面加工质量等都有较高的要求。

根据机械密封的工作特点和要求，对摩擦副密封环的设计应考虑下列问题：

① 摩擦副（密封副）的材料应选用该条件下摩擦和磨损量最少且耐腐蚀的并允许干摩擦（至少允许能在短时间内干摩擦）的材料。

② 选材时若比压或 $pv$ 值超过允许值，则可采用减小面积比（采用平衡型密封）的办法。但必须注意随着面积比的减小，密封的可靠性也会下降，因为在缝隙内流体膜压作用下密封面有开启失效的可能性。

③ 结构设计时应尽可能减小密封面平均直径，以降低周速和摩擦副温度。

④ 摩擦副中软材料环的密封面宽度应比硬材料环窄，以免硬环对磨时陷入软环引起密封面剥落或强烈的磨损。软、硬环密封面宽度差对于轴径为5～150mm的密封，其值为1～4mm。硬对硬的摩擦副的环宽可以相同，也可以不同，因为磨损极微，不至于互相嵌入。

⑤ 随着密封宽度的减小，摩擦副内摩擦热减少而使散热性改善。此外，密封面的磨损也比较均匀，缝隙有效高度也会随之减小。这样减小密封面宽度比较合理，但是太窄的密封面损坏的危险性增大（进入磨粒、出现擦伤、冲蚀磨损），局部强度下降和承磨凸台的刚度下降。塑料的导热性差，宽度对温度有影响，因此塑料环的宽度应小于一般石墨环。气体端面密封由于磨粒对密封面损伤可能性较小，因此其宽度可以比液体端面密封宽度取得小些。但当气体端面密封承载能力较小时，其宽度宜取大值。流体动压密封因为开槽，其宽度比普通机械密封大，流体静压密封的宽度比前两种密封更大，因为它是由力平衡和允许泄漏量来确定的。

⑥ 密封环的断面形状和定位方式应保证密封面变形量最小，形状尽可能趋向矩形或方形断面。脆性材料环要注意过渡断面处应是均缓过渡，圆角半径为1～3mm，这样可以使强度比尖角过渡大一倍。

⑦ 摩擦副组装时其定位和固装方式都有所不同，取决于密封的工作参数和结构，可以采用镶嵌、粘接、箍装等方式。

⑧ 选择静、动环时，考虑动环的给热系数比静环大，因此考虑动环用热导率较高的材料制作。改变摩擦副环的形状也有利于改善摩擦副的给热情况并降低摩擦副温度，例如，在密封面附近开环形槽。热导率高的材料做成厚环，其散热效果将会改善。

⑨ 摩擦副密封面不垂直对其工作有不良影响（如安装、制造、振幅和其他不良因素对工作有影响），因此必须采用结构和工艺措施保证最小的误差。动环误差一般比静环大，因此高速下采用静止式。

⑩ 摩擦副环上径向作用力取决于对中精度、轴和轴套同心度与密封面不垂直度，应尽可能减小此力。

如图4-5所示为几种动环的结构形式，图（a）～(d）所示为平衡型结构；图（e）所示为非平衡型结构。图（a）所示为硬面采用压配装在环上并用O形圈密封，这种结构适用于高压，其变形量小，但在温度作用下配合处容易松脱，通常用销钉防转。图（b）所示为复层结构，耐磨性好，易加工，但复层与基体结合强度不够会掉皮。图（c）所示为镶嵌热装结构，加工方便，但配合选得不合适，高温时易脱落。图（d）、(e）所示为整体结构，可以避免上述几种缺点，但全部用硬质合金加工较困难且价格较贵。

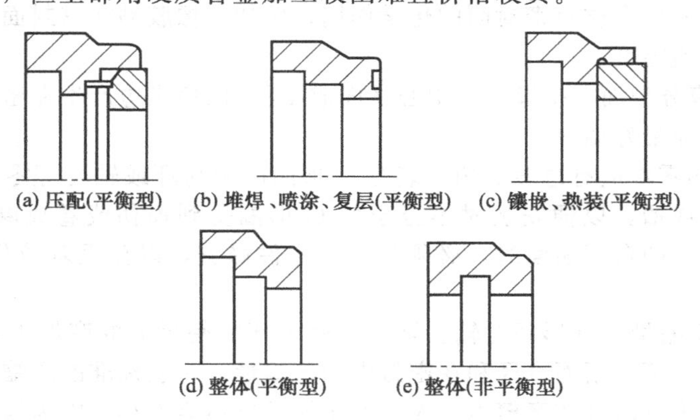


图4-5 几种动环结构

图 4-6 所示为几种静环结构形式。图（a）所示为常用的浮动型结构；图（b）所示为双 V 形圈密封的浮动型结构，具有补偿能力；图（c）所示为压配结构，采用双 O 形密封圈，中间可供静环冷却；图（d）所示为夹持结构，既可供静环冷却，又可以减小变形（因为刚度较好），一个端面磨完后掉过来还可以用另一个端面；图（e）、（f）为固定结构，分别固定在压盖上或轴肩上。此外，双 O 形圈夹持结构做成浮动型，可用于具有振摆较大的搅拌器轴封。

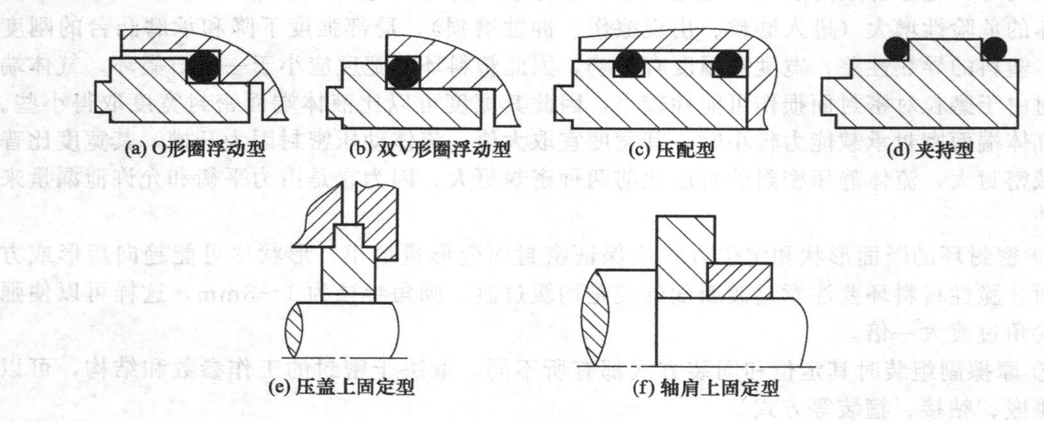


图 4-6 几种静环结构

（2）辅助密封

摩擦副的静、动环的结构形式往往取决于所采用的辅助密封元件的形式。辅助密封元件有两类：径向接触式密封与波纹管密封。径向接触式密封中有 O 形圈、V 形圈、楔形圈、矩形圈和平垫圈等，前两种最常用。波纹管密封中有金属波纹管、橡胶波纹管、塑料波纹管和蛇形套等，前两种最常用。辅助密封在复杂的角振动和轴向振动条件下保证挠性安装动、静环的密封性，不仅如此，还起到弹性支座的补偿和吸振的作用，波纹管还起到弹性元件和传动元件的作用。

① O 形圈 O 形圈形状简单、密封性好、高压降下作用稳定且对相互衔接零件的摩擦力小，故其广泛用于机械密封。通常可以按标准选用 O 形圈，但必须注意以下几个问题：

a. O 形圈的材料必须与被密封介质相容。必须考虑介质对密封圈的影响，这些影响可能表现为橡胶膨胀（泡胀）、断面直径增大、摩擦力增大或由于介质对橡胶有溶剂成分使之失重。此外，还要考虑介质对密封面的化学作用，例如，橡胶粘在密封面上或装密封环处金属腐蚀而增大表面粗糙度。

b. O 形圈制模分型面。接缝应与中心平面成 45°，以免飞边产生在密封面与密封圈接触处，也就是说分型面最好做成 45°的。

c. 装 O 形圈的零件应有过渡倒角。装有 O 形圈的密封环或轴套等零件，应该有锥形倒角、圆角过渡台肩或槽，以便安装时不至于使 O 形圈受到损伤或卷成麻花状，形成泄漏。当通过键槽、凹槽、凸台等表面时，必须将这些零件修整，以免毛刺拉伤 O 形圈，必要时应设置过渡模具。

d. O 形圈的压缩量。O 形圈对轴、轴套或密封环的密封面的摩擦力主要取决于表面粗糙度、橡胶圈硬度、环的断面直径和在密封中的压缩量。一般标准的压缩量对机械端面密封不是总合适的，因为有时会使摩擦力过大。但压缩量也不能太小，因为橡胶老化时其弹性会变差，并出现残余变形。

一般推荐下列压缩量数据，如表 4-8 所示。

表 4-8 O 形圈压缩量 mm

| 轴径 $d$ | 15～30 | 30～100 | 100～200 |
|---|---|---|---|
| 断面直径 $d_0$ | 4～5 | 5～6 | 6～8 |
| 压缩量 $\delta$ | 0.5～0.7 | 0.7～1.3 | 1.3～2 |

e. O 形圈的摩擦力在很大程度上取决于密封面（轴、轴套）的表面粗糙度。因为橡胶容易压入粗糙表面内形成较大剪切阻力，所以建议在装 O 形圈处的表面粗糙度应不低于 $Ra0.32$～$0.63\mu m$。摩擦力大小可按图 4-7 所示进行估算。

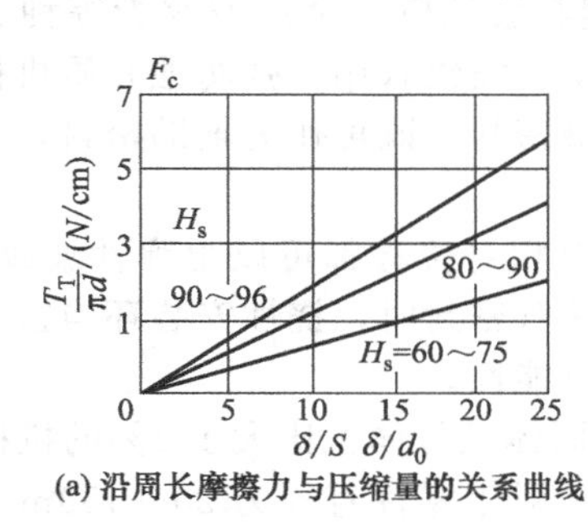


(a) 沿周长摩擦力与压缩量的关系曲线

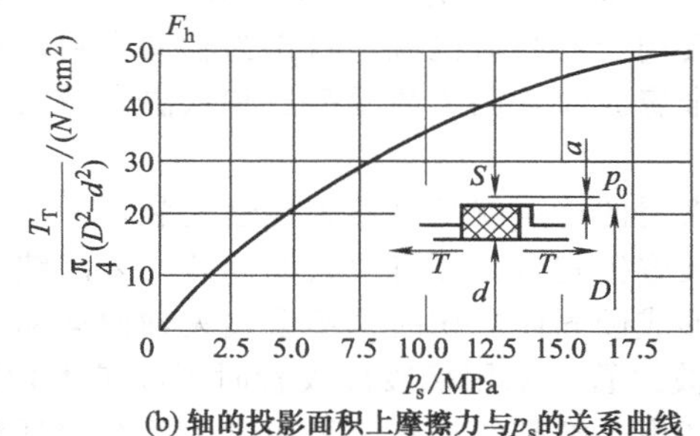


(b) 轴的投影面积上摩擦力与$p_s$的关系曲线

图 4-7 O 形圈的摩擦力

f. O 形圈内应力。O 形圈内应力随摩擦副表面垂直度误差的增大而增加，这样就会加速磨损。

g. O 形圈挤出。在一定压力下，O 形圈会被挤出。图 4-7（b）所示为 O 形圈在不同径向间隙（直径间隙）和不同硬度下的挤出压力极限曲线。曲线左上方为挤出区，右下方为未挤出区。当 O 形圈在挤出区发生振动时，在间隙区 O 形圈会发生疲劳破坏。

h. O 形圈接触区状况对磨损的影响。O 形圈接触区状况对橡胶圈的磨损有很大影响，影响因素主要是接触表面状态和掉入此间的磨粒。在发生振动时，磨粒将密封圈和其接触表面磨坏。在圆周振动和轴向振动时，会使密封圈磨坏。此外，压力脉动和径向振动时也会加速磨损。在交变压缩和剪切应力下，密封圈会发生疲劳破坏。

i. 配合轴或轴套的表面处理。为了提高 O 形圈的密闭性、耐磨性和防腐性，不仅可以对 O 形圈本身设法保护，也可以采用在轴或轴套上装密封圈处加以处理和喷涂陶瓷覆盖层等措施。

j. O 形圈的永久变形和弹性消失。O 形圈的永久变形和弹性消失是 O 形圈丧失密封能力的重要原因，往往是由于压缩量或拉伸量大，长时间产生橡胶应力松弛造成的；工作温度高，使 O 形圈产生温度松弛；工作压力高，长时间作用而使 O 形圈永久变形。为此，在设计上应尽量保证 O 形圈具有适宜的工作温度，选择适当耐高压、高硬度或耐高温、耐低温的 O 形圈材料。此外，采用增塑剂可以改善 O 形圈的耐压性能、增加弹性（特别是增加低温下的弹性）。

② V 形圈和楔形圈　在机械密封中由于聚四氟乙烯塑料密封圈的耐热、耐油和耐腐蚀性能比一般橡胶好，因此常用它做成 V 形圈和楔形圈。O 形圈是靠液压和预压缩载荷来起到密封作用的，而 V 形圈、U 形圈与楔形圈是靠弹簧载荷和液压载荷来起到密封作用的，V 形圈、U 形圈靠其唇边贴紧在轴或轴套上达到密封，一般 V 形圈内径应有 0.4～0.5mm 直径过盈，而外径应有 0.3～0.4mm 直径过盈，与轴孔配合。楔形圈有外平斜面和球形斜面与密封环内锥面（一般锥角为 30°）线接触，楔形圈有内平斜面和球形锥面与轴或轴套外

圆柱面窄带接触。楔形圈内圆唇边与轴或轴套应有一定的过盈，当轴径为 15～200mm 时，直径过盈量为 0.5～2mm。

在温度降低时，聚四氟乙烯 V 形圈与 U 形圈的尺寸会收缩，内、外径都收缩，要求依靠弹簧力和液压力使其唇边达到密封，而楔形圈则往里深入接触，与液压载荷无关。填充聚四氟乙烯楔形圈成功地用于－240℃的温度条件下，而填充聚四氟乙烯与石棉组合垫圈可用于 345℃的温度条件下。楔形圈类似球窝连接，在低速下可用于轴变形达 2.45mm 的轴封，而 V 形圈与 U 形圈只允许有很小的轴挠度。在安装时必须注意保护 V 形圈和 U 形圈的密封刃边勿受损坏。

③ 波纹管　波纹管有橡胶波纹管及蛇形套、塑料波纹管和金属波纹管等种类。橡胶波纹管及蛇形套用于低载荷机械密封作为辅助密封；塑料波纹管用于强腐蚀介质机械密封作为辅助密封；金属波纹管用于高温高压和低温介质机械密封，既可作为辅助密封，有的又可作为弹性元件。

波纹管密封的特点就是摩擦副挠性安装环的所有相对位移都可以由弹性波纹管来补偿，这就允许安装摩擦副密封环有较大的偏差。采用波纹管密封时，挠性安装环当密封泄漏在辅助密封前面形成硬固体沉积时也不会丧失轴向运动可能性。

a. 橡胶波纹管。采用橡胶波纹管时可以扩大含固体颗粒体积比大于 1%的机械端面密封使用范围。考虑到橡胶的老化，采用过盈配合（通常对于零件直径为 20～150mm 时，过盈值为 2～6mm）、弹簧压紧波纹管和对波纹管有过盈的外夹箍来保证波纹管与连接件的密封性。为了使波纹管（蛇形套）不受介质压力作用，在计算机械密封波纹管对摩擦副的摩擦力时，必须考虑波纹管与安放零件的相互作用力。

b. 氟塑料波纹管。聚四氟乙烯塑料波纹管与连接件采用螺纹连接、锥面连接或利用夹箍连接。采用螺纹连接时，摩擦副的摩擦力作用方向应使螺纹连接被上紧，而不是被松脱；并且在安装前，可在螺纹上涂一层密封胶。

在高温和中压下不采用聚四氟乙烯塑料做波纹管密封，因为聚四氟乙烯此时弹性变小、强度变小和产生冷流。随着介质温度和波纹管尺寸的增加，允许承受压力下降。受外压作用时，直径为 30～100mm 的聚四氟乙烯波纹管允许压力在温度不超过 70℃时为 0.3～1MPa。

搅拌器用聚四氟乙烯波纹管受介质内压作用。波纹管直径从 40mm 变化到 160mm，其允许压力从 1.2MPa 变化到 0.6MPa。温度从 20℃升高到 150℃时，允许压力下降到原来的 1/3。

采用骨架加强可以提高聚四氟乙烯波纹管的强度。聚四氟乙烯波纹管，可用橡胶加强件插入波节中，并用金属加强环套在波纹管外径上，做成骨架加强波纹管。金属加强环限制波纹管径向变形，橡胶加强件用作波纹管波节侧壁的弹性支承，以防内压升高时产生过大挠度。加强后波纹管的刚度可以提高约 1.5 倍。

c. 金属波纹管。金属波纹管应具有较大的弹性、强度和刚度。金属波纹管可用于压力达 7MPa 及温度为－240～650℃的场合下工作。波纹管薄膜厚度不大（小于 0.4mm），决定了要求波纹管材料具有很高的耐腐蚀性，并用于中性介质。

常用的金属波纹管有压制的和焊接的两类。压制波纹管采用薄壁管拉长和成形的办法在压力机上或用液压压模制成；焊接波纹管用薄膜片内、外圆焊接制成。

与压制波纹管相比，焊接波纹管的使用压力和温度的范围较广，尺寸紧凑，疲劳持久时限较长，扭曲刚度较大，可以作为具有精确工作特性的弹簧使用。同时焊接波纹管也存在以下缺点：焊缝易受疲劳破坏；焊接波纹管受液压作用力时，波纹管产生轴向位移，使它的有效面积发生变化，从而使密封的面积比发生变化。

（3）弹性元件

机械密封中的弹性元件（如弹簧、金属波纹管等）主要为摩擦副提供预紧弹簧比压（工作时还有液压作用力），保证动、静环良好地贴合，并且起到弹性安装静环的轴向位移和角位移的弹性补偿和静环磨损时自动补偿的作用。

弹簧的形式有圆柱形螺旋弹簧、波纹片弹簧、碟形弹簧和锥形螺旋弹簧等。波纹片弹簧和碟形弹簧的共同特点是结构紧凑、轴向尺寸短、刚度大，但轴向位移小、弹力小，适用于轴向尺寸小的场合。普遍采用的是集中大弹簧和多点分布小弹簧（圆柱螺旋弹簧）。

在设计圆柱螺旋弹簧时应注意下列问题：

① 弹簧压力应根据具体工作条件和用途正确选择弹簧比压来确定。

② 选择弹簧材料时不仅要考虑到强度和弹性，还应考虑耐腐蚀和疲劳性能。

③ 在轴径小于70mm时可采用集中大弹簧（为了缩短轴向距离，一般只用圈数少、节距大的弹簧）；为了使弹簧压力均匀和不受离心力影响，轴径大的机械密封采用多点分布小弹簧。

④ 弹簧两端必须与轴线垂直，因为端部歪斜会造成密封环偏磨。为了保证支承面与中心线垂直，使弹簧的弹力均匀，两端各需要有不少于3/4圈并紧的支承圈，并磨平其端面，其表面粗糙度应不低于$Ra3.2\mu m$，且两端并圈位置应错开。

⑤ 弹簧的工作压缩量应为极限压缩量的2/3～3/4。

⑥ 当软环承磨凸台全部磨损时，弹簧产生的比压应变化不大。经验法则是弹簧产生的比压此时的降低不应超过18%～20%。

⑦ 为了保证软环磨损时弹簧力降低不多，单弹簧采用圈数较少、节距大的螺旋弹簧。

⑧ 当采用并圈弹簧传动时，应注意弹簧的旋向和轴的转向配合。从静环侧看弹簧，泵轴向右面转时应使用右旋弹簧；泵轴向左转时应使用左旋弹簧。

⑨ 采用弹簧加载的推环式密封时，应注意随着介质压力的升高，密封的面积比也下降。

⑩ 当圆柱形小螺旋弹簧径长比太小时，为防止由于弹簧柔度超过极限值而丧失稳定性，可以使每支小弹簧套在导向销钉上。

（4）传动元件及其他金属构件

传动元件用来将摩擦力矩传给轴或传给压盖。传动件有两种，弹性安装密封环-弹性元件和弹性元件-轴的连接。前一种要求弹性安装密封环的轴向和角度方向在传动摩擦力矩时保持活动性。

传动件有弹簧、传动销、凸耳、拨叉、传动键、传动座（凹槽）、牙嵌联轴器等。

弹簧传动中有并圈弹簧末端传动和带钩弹簧传动，其弹簧旋向都是旋转时使弹簧力增大而不是减小，一般传动力矩较小。

传动销传动通过环座传给轴，常用于点布多弹簧结构和软环与压盖之间的防转销结构。它是一种常用简单的结构。

凸耳、拨叉和牙嵌联轴器都是金属与金属接触传动，特别适用于力矩大的复杂结构中，旋转方向不受限制。

传动座上压边与动环凹槽配合传动的形式，座的薄边压成坑，工艺性较好。

机械密封其他构件中有弹簧座、动静环座、传动销、组装套、紧定螺钉和轴套等。这些零件的材料选择参数以较高为好。常用材料中有不锈钢、铬钢，如1Cr13，2Cr13，1Cr18Ni9Ti等。

轴套采用不锈钢或碳钢表面镀铬。为了保证动环的追随性，在靠辅助密封接触区轴套表面喷涂陶瓷。这样可以保证动环灵活地在轴套上滑动，不至于发生锈蚀、卡堵等使动环卡住。

# 4.3 机械密封系统

## 4.3.1 机械密封系统的组成和布置

机械密封系统也被称为机械密封辅助系统或机械密封冲洗、冷却及管线系统。要想使机械密封可靠、稳定地工作，除密封本身应设计合理、材料选用适当和制造安装良好外，选用合适的辅助系统也很重要。机械密封系统包括基本器件和以下系统：压力控制系统、温度控制系统、流体替代系统和杂质清除系统。

机械密封系统的基本器件有：储罐、增压罐、换热器、过滤器、旋液分离器、孔板、节流套、循环轮、循环套、泄漏指示器、管道、管件及控制仪表等。

① 储罐　储罐是用于储存隔离流体的压力容器，如图 4-8 所示。储罐在加压时可采用气体加压。一般情况下为自然散热，必要时可加置蛇管换热器，以提高散热能力。储罐上装有液位计，必要时可装上手动的补液装置。

② 增压罐　增压罐是借助自身带有的压差活塞维持与被密封介质的压差并储存隔离流体的压力容器，通常带有装置蛇管的冷却（保温）夹套，如图 4-9 所示。必要时在增压罐上可安装磁性液位报警器。增压罐安装时只能垂直安装，并高于密封腔，高度为 0.5～1.0m。

③ 换热器　通常为间壁式换热器，用于介质冲洗密封系统中，其结构如图 4-10 所示。换热器可立式或卧式安装，应置于密封腔的上方，距离为 0.5～1m。

④ 过滤器　过滤器有两种常见的结构形式，即 Y 形过滤器和磁性过滤器，如表 4-9 所示。

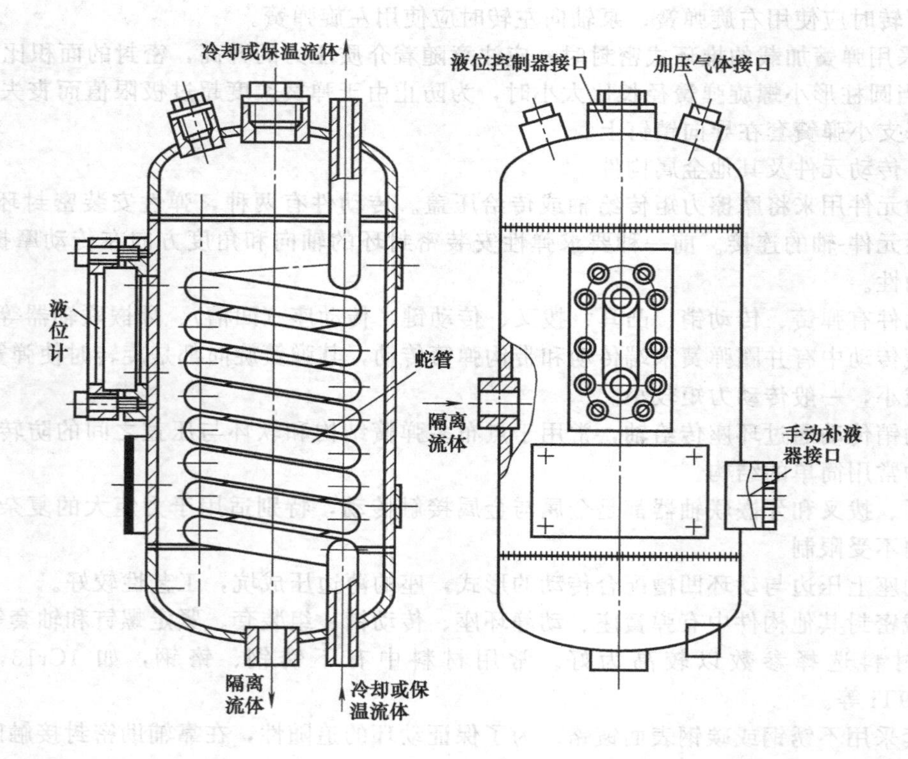


图 4-8　储罐

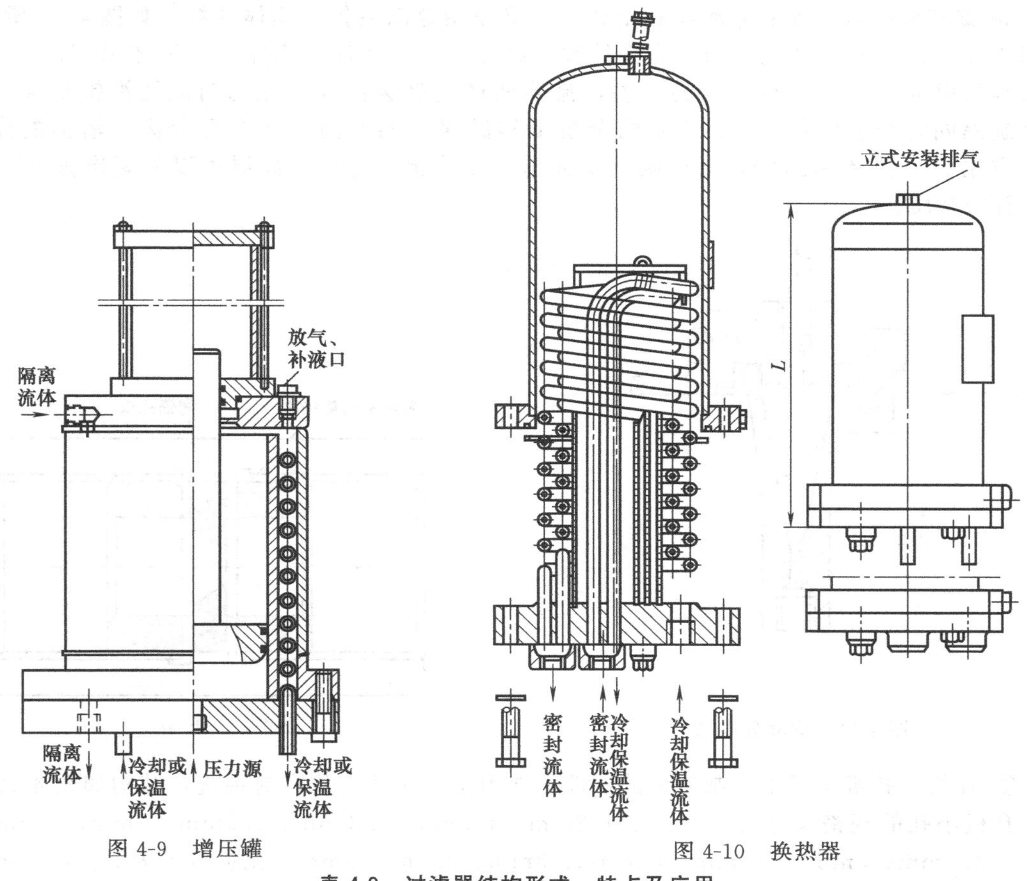


图 4-9　增压罐

图 4-10　换热器

**表 4-9　过滤器结构形式、特点及应用**

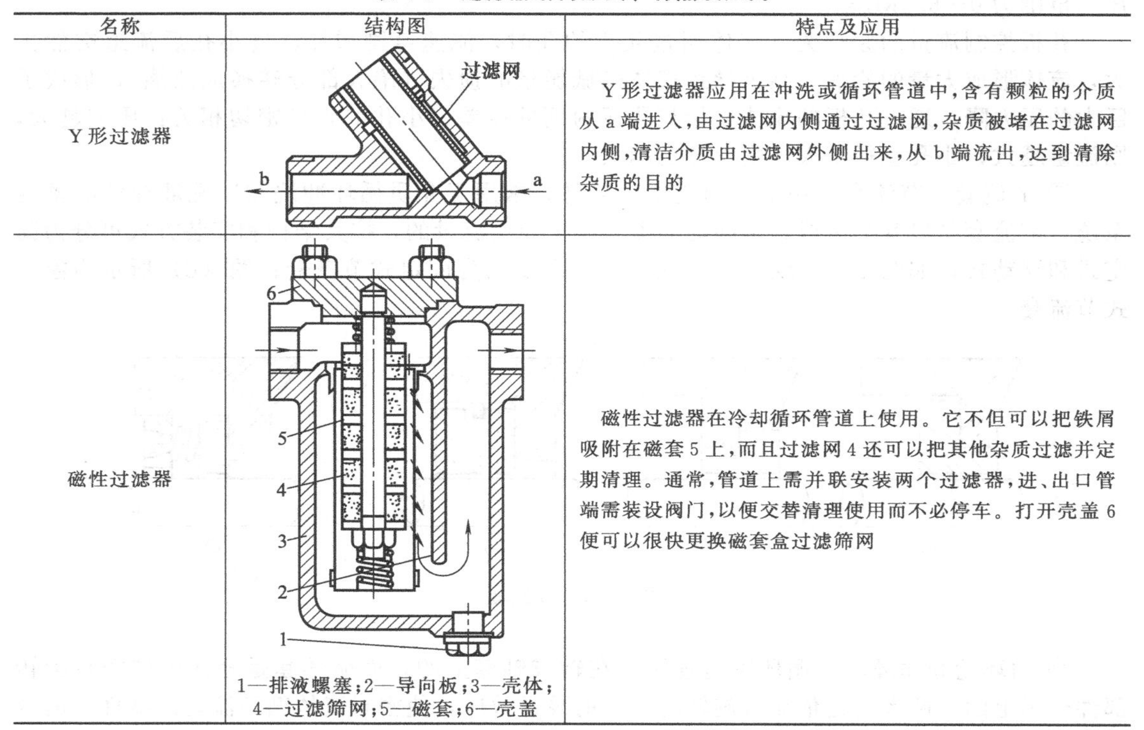


| 名称 | 结构图 | 特点及应用 |
| --- | --- | --- |
| Y形过滤器 |  | Y形过滤器应用在冲洗或循环管道中，含有颗粒的介质从a端进入，由过滤网内侧通过过滤网，杂质被堵在过滤网内侧，清洁介质由过滤网外侧出来，从b端流出，达到清除杂质的目的 |
| 磁性过滤器 | 1—排液螺塞；2—导向板；3—壳体；4—过滤筛网；5—磁套；6—壳盖 | 磁性过滤器在冷却循环管道上使用。它不但可以把铁屑吸附在磁套5上，而且过滤网4还可以把其他杂质过滤并定期清理。通常，管道上需并联安装两个过滤器，进、出口管端需装设阀门，以便交替清理使用而不必停车。打开壳盖6便可以很快更换磁套盒过滤筛网 |

⑤ 旋液分离器　旋液分离器利用离心沉降作用分离流体中固体颗粒，如图 4-11 所示，常用于介质冲洗密封系统。当含有固体颗粒的流体进入旋液分离器后，流体沿切向入口 1 进入锥形壁面，由于存在一定的压差，流体便产生高速流动，此切向流便沿锥形腔产生一个旋涡同时产生离心力。介质中的杂质依靠漩涡和离心力作用进行分离，清洁的介质自上方出口 2 进入密封腔，杂质则从下面出口 3 排出。这种分离器可以分离出去 95%～99.5%的杂质。

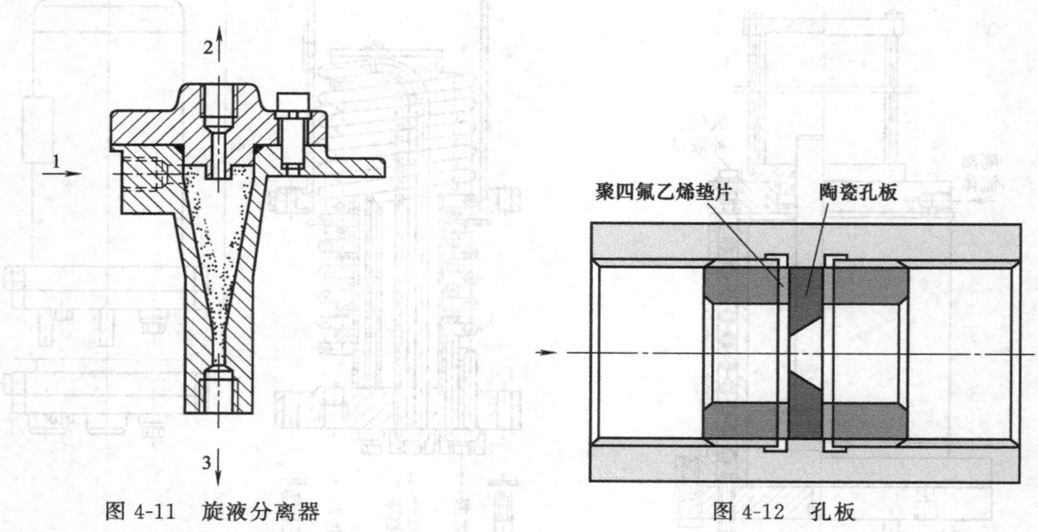


图 4-11　旋液分离器　　图 4-12　孔板

⑥ 孔板　孔板是用来控制流量的器件，常用于介质冲洗的密封系统，结构如图 4-12 所示。孔板小孔的规格尺寸有：1mm、1.2mm、1.5mm、2.0mm、2.5mm、3mm、3.5mm、4mm、4.5mm、5mm、5.5mm、6.7mm、8mm、9mm、10mm。流量范围为 2～40L/min，压力范围为 0～6.3MPa。

孔板控制流量的原理为：流体通过狭小的孔时，流速急剧增加，过小孔后流道突然扩大，流体形成大量的旋涡，结果导致流体机械能量的损失（绝大部分转换成热能），形成了巨大的压力降。通过孔板的流体流量与孔板两侧的压差、小孔的直径密切相关：压差越大，则流量越大；小孔直径越大，则流量也越大。

⑦ 节流套　节流套是用来控制流量的器件，常用于介质循环冲洗和冲洗液冲洗的密封系统。节流套是以其与轴或轴套间的间隙大小来控制流量的，按其结构和安装方式可分为固定式和浮动式，如图 4-13 所示，图 (a)～(c) 所示均为固定式节流套；图 (d) 所示为浮动式节流套。

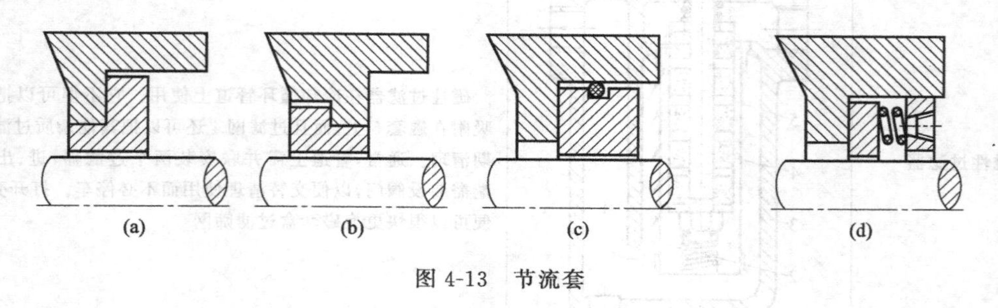


图 4-13　节流套

⑧ 循环轮和循环套　循环轮是直接装在轴或轴套上的，而循环套是套在机械密封旋转部件外圆上的，两者均是依靠其旋转时产生的泵送效应，使密封流体循环流动的器件。前者

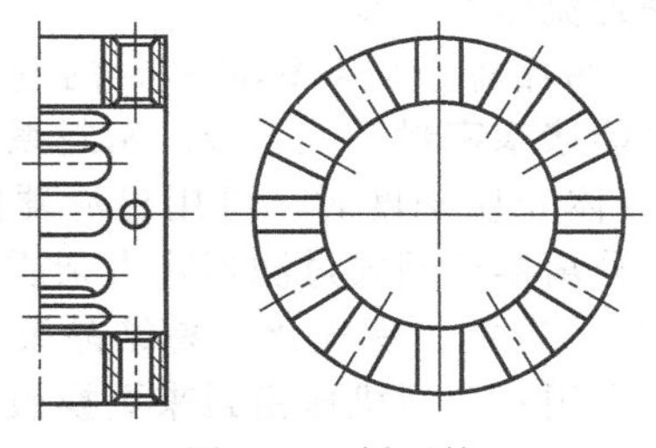
图 4-14 循环轮

图 4-15 循环套

常用于介质循环冲洗的密封系统，后者常用于隔离流体循环的密封系统。结构分别如图4-14、图 4-15所示。

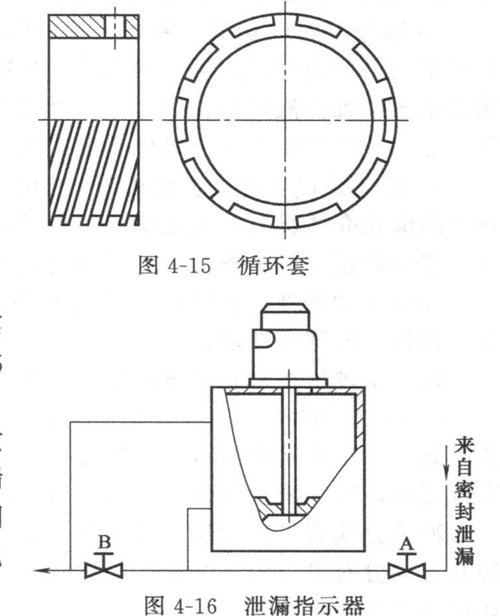

图 4-16 泄漏指示器

⑨ 泄漏指示器 泄漏指示器是指示被密封介质泄漏的器件，常用于易燃、易爆、有毒介质的泄漏指示。其结构如图 4-16 所示，其中阀 A 常打开，阀 B 常关闭，泄漏只能通过密封腔体，触发流量继电器，使设备停机，以防事故发生。

⑩ 管道 机械密封系统常用的无缝不锈钢钢管的公称直径、外径、壁厚、连接螺纹如表 4-10 所示。

**表 4-10 钢管的公称直径、外径、壁厚、连接螺纹**

| 公称直径 *DN* | | 钢管外径/mm | 管接头螺纹/mm | 公称压力 *PN*/MPa | | |
|---|---|---|---|---|---|---|
| mm | in | | | ≤2.5 | ≤8 | ≤16 |
| | | | | 壁厚/mm | | |
| 8 | 0.25 | 14 | M14×1.5 | 1.0 | 1.0 | 1.6 |
| 10/12 | 0.375 | 18 | M18×1.5 | 1.0 | 1.6 | 1.6 |
| 15 | 0.5 | 22 | M22×1.5 | 1.6 | 1.6 | 2.0 |

## 4.3.2 机械密封系统的功能

机械密封系统对改善机械密封的工作环境、提高机械密封工作的可靠性、延长其使用寿命等具有不可替代的作用。

(1) 机械密封系统的功能

① 冲洗功能 冲洗是机械密封系统具有的最基本的功能，也是机械密封系统最常见的工作方式，指向单端面密封或双端面密封的高压侧部位直接注入液体。一般机械密封均应进行冲洗，尤其是用于轻烃泵的机械密封更是如此。冲洗可以达到隔离介质、冷却和改善润滑的目的。向密封腔内通入与介质相容的液体进行外循环冲洗就可达到隔离介质的目的。

② 调节和控制密封工作温度的功能 机械密封系统具有对机械密封本身工作环境的温度进行调节和控制的功能。温度的调节与控制包括冷却和保温。饱和蒸气压高的介质，在密封腔内吸收机械密封的搅拌热和端面摩擦热，引起温度升高，若不及时进行冷却降温，则很可能导致介质在端面气化，使端面的润滑恶化，导致密封失效。而对于易结晶、易凝固的介质，则要采取保温措施，使介质不结晶、不凝固。

③ 调节和控制密封工作压力的功能 机械密封系统还具有调节、控制密封工作压力的功能。对于普通双端面机械密封，需要维持密封腔内隔离流体的压力稍高于被密封介质的压

力，而在逐级降压的串联机械密封中，需要维持级间密封流体的压差。

④ 除杂和过滤功能　密封流体中的微细固体颗粒、污垢等杂质对机械密封的危害是非常严重的，可能会导致密封端面严重的磨粒磨损，也可能堵塞密封系统管线。密封系统具有除去杂质、维持液体清洁的功能。当杂质的密度低于液体介质密度时，可用过滤器除去杂质，而当杂质的密度大于液体介质密度时，可采用旋液分离器或网式过滤器除去杂质。

⑤ 流体替代功能　直接密封气相介质及高温、有毒、贵重、易气化、易结晶及含固体颗粒的液相介质具有较大难度，可借助机械密封系统，采用双端面机械密封来更换被密封介质，将直接密封较困难的介质转换为密封润滑性能好、洁净的封液介质。

除以上功能外，密封系统还具有将正常泄漏的、对健康或环境有害的微量介质进行冲洗、稀释、转移等功能。

（2）实现机械密封系统功能的基本流程

① 冲洗　冲洗是一种控制温度、延长机械密封寿命最有效的措施。由机械密封系统功能可知，冲洗亦是其最重要的单元流程。冲洗实质上是直接冷却的方法，目的是带走热量、降低温度，防止液膜气化，改善润滑条件，防止干运转、杂质集积和气囊形成。

冲洗方式有：正冲洗、反冲洗、全冲洗、综合冲洗，如图 4-17 所示。根据冲洗液的来源和走向分有自（内）冲洗、外冲洗和循环冲洗。根据冲洗入口布置分有单点直冲洗、单点切向冲洗和多点冲洗。

a. 自（内）冲洗。自冲洗指的是利用被密封介质本身来实现对密封的冲洗。图 4-17（b）所示正冲洗是利用泵内部压力较高处（通常为泵出口）的液体作为冲洗液来冲洗；图 4-17（c）所示反冲洗是从轴封箱引出被密封介质返回泵内压力较低处（通常为泵入口），利用被密封介质自身循环冲洗；图 4-17（d）所示全冲洗是从泵高压侧（泵出口）引入被密封介质，又从轴封箱引出被密封介质返回泵的低压侧进行循环冲洗。可知，正冲洗、反冲洗和全冲洗均属自冲洗。自冲洗适用于密封腔内的压力小于泵出口压力、大于泵进口压力的场合。具体有正向直通式冲洗、正向旁通式冲洗和反向旁通式冲洗等，如图 4-18 所示。

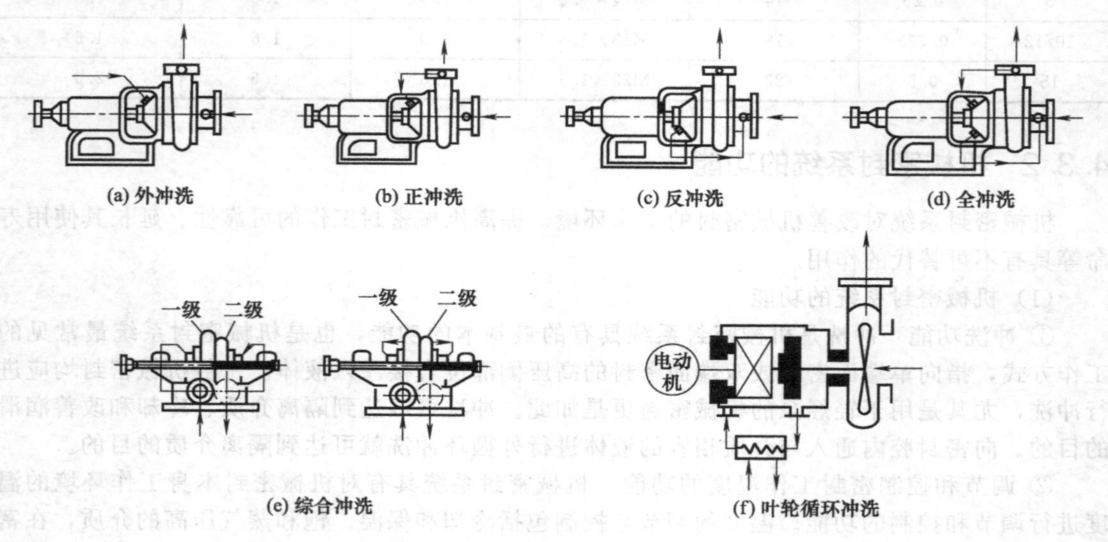


图 4-17　各种冲洗方式

b. 外冲洗。利用另外一种外来的冲洗液注入密封腔实现密封的冲洗称为外冲洗。该外来的冲洗液应该清洁，不含固体颗粒，无腐蚀性，且温度较低，有良好的润滑性能，在操作条件下不易气化，同时要与被密封的介质相容，不影响工艺产品质量。冲洗液压力要比密封

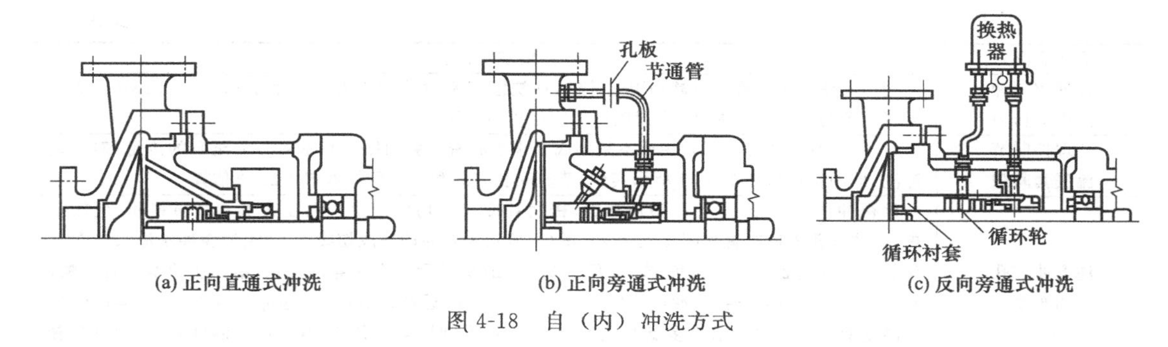


图 4-18 自（内）冲洗方式

腔压力高 0.1～2.0MPa。该冲洗方式可用于被密封介质温度较高、容易气化、具有强腐蚀性和含固体颗粒的情况下。典型的外冲洗如图 4-19 所示，外冲洗液的压力由封液站控制，流量由密封腔底部的节流衬套控制、由流量计显示。

c. 循环冲洗。循环冲洗指的是利用循环轮（套）、压力差、热虹吸等原理实现冲洗流体循环使用的冲洗方式。在图 4-17 中（f）所示的是叶轮局部循环冲洗，它常用于泵进、出口压差很小的场合，靠叶轮来产生液体循环所需的压差。图 4-20 所示为利用装在轴（轴套）上的循环轮的泵送作用，将介质从密封腔引出，经换热器冷却后再回到密封腔进行冲洗。

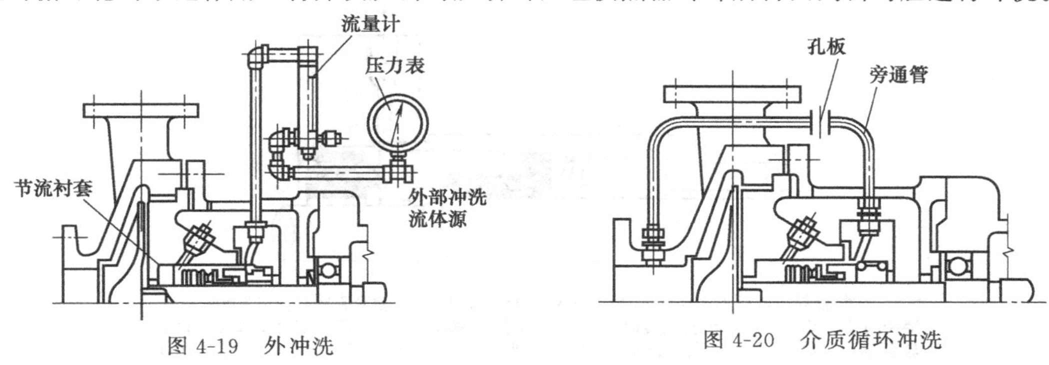


图 4-19 外冲洗

图 4-20 介质循环冲洗

至于冲洗方法的使用，应根据具体的压力分布、介质温度、介质的腐蚀性、含固体颗粒的浓度和介质的特性与工艺要求来确定。单级泵、两级泵和多级泵的冲洗方式选择如表4-11所示。

**表 4-11 冲洗方式的选择**

| 泵类型 | 冲洗方式 |
|---|---|
| 单级泵 | 当密封腔压力低于泵出口压力而大于入口压力时，可采用正冲洗、反冲洗或全冲洗<br>当密封腔压力稍大于入口压力时，采用反冲洗效果不显著，可采用正冲洗<br>当密封腔压力接近出、入口压力时，可采用叶轮局部循环冲洗<br>当密封腔压力接近出口压力而高于入口压力时，可采用反冲洗 |
| 两级泵和多级泵 | 均可采用综合冲洗法<br>当介质容易凝固堵塞，而就近有与被密封介质相容的冲洗液时，可采用外冲洗 |

在机械密封中，采用冲洗液控制密封腔温度时，除合理选用冲洗方式外，还需要注意一些问题，如表 4-12 所示。

**表 4-12 冲洗液控制密封腔温度时需要注意一些问题**

| 需注意问题 | 要求及措施 |
|---|---|
| 合理控制冲洗量 | 机械密封的冲洗量必须大于最小冲洗量(小于时，密封温差较大；大于时，密封温差不大)；由于密封腔内冲洗液搅拌热会使密封温度上升，因此冲洗量也不能太大<br>措施：采用可调的限流阀或固定的限流孔板控制密封腔压力和冲洗液流速。对于洁净液体，流速应控制在 5m/s 以下；对于含固体颗粒的浆液，必须控制流速在 3m/s 以下的安全范围内 |

续表

| 需注意问题 | 要求及措施 |
|---|---|
| 合理控制冲洗液的压力 | 为了不使冲洗液流速过高而引起冲蚀，冲洗液与密封腔的压力差应小于 0.05～0.1MPa，双端面时压差为 0.1～0.2MPa，密封腔压力应尽量为正压 |
| 合理控制节流底套间隙 | 对于各种冲洗方式，可采用或不采用底套来控制密封腔的压力和密封腔流至泵的流量（对于正冲洗，即冲洗量），如图 4-21 所示实例，节流底套间隙和压差可根据图 4-22 来估算 |
| 注意冲洗孔的布置 | 重视冲洗孔布置，避免石墨环冲蚀、密封环冷却不均匀产生的温度变形和杂质集积（包括结焦）。冲洗孔入口布置如图 4-23 所示，图(a)所示为直冲动环成切线注入，可避免冲洗液只注在不动的一个点上面发生冲蚀和（或）局部热变形；图(b)所示为直冲静环，因石墨环质软本身有空隙，易冲蚀，同时静环不转动，冲洗液始终对着一个地方，近冲洗点冷却、远冲洗点未冷却，会产生局部温度变形；图(c)所示为多点冲洗，可使冲洗液沿圆周均匀分布，避免局部温度变形，而且对着缝隙，动环转动也可避免形成冲蚀 |
| 冲洗液的性质必须与被密封介质相容 | 冲洗液对被密封介质和工艺过程均无不良影响，应尽可能选用有润滑性和腐蚀性弱且价格不贵的液体 |
| 注意其他辅助设施的配合 | 在冲洗管路上，当被密封介质温度较高时，可采用中间布置冷却器；当被密封介质含固体颗粒时，可装设 Y 形过滤器和（或）旋液分离器。若切向冲洗不能满足要求时，则可在密封腔中安装泵送轮（叶轮、螺旋轮等），保证冲洗液均匀流动并通过冷却器冷却冲洗液；若节流底套效果不明显时，则可采用唇形密封、浮动套或类似的副密封，以增进冲洗效果 |

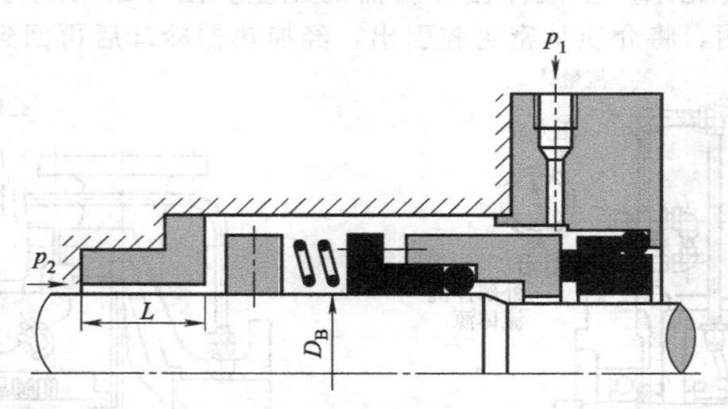


举例：轴封箱前压力$p_2$=0.30MPa，冲洗压力$p_1$=0.50MPa，轴套直径$D_B$=50.8mm，半径间隙$\delta$=0.203mm，轴套长度$L$=63.5mm，压差$\Delta p$=0.20MPa。查图可知$Q$=13.50L/min，轴套修正系数为2.00，底套修正系数为0.65，则冲洗量$Q_x$=13.50×0.65×2.00=17.75L/min

图 4-21　节流底套间隙、压差和冲洗量的关系（一）

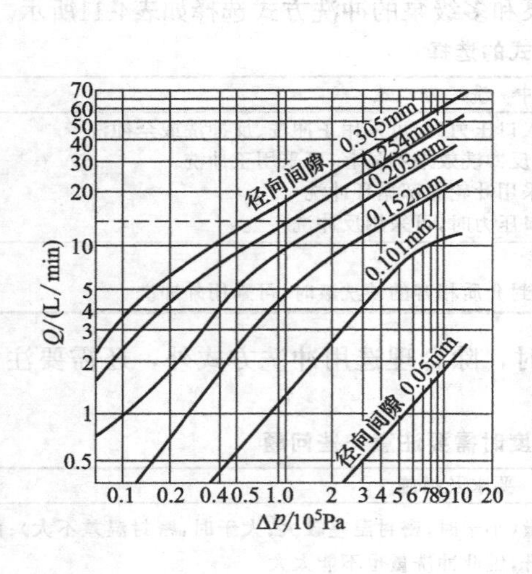


| 轴套直径$D_B$ | | 底套长度$L$ | |
|---|---|---|---|
| $D_B$/mm | 修正系数 | $L$/mm | 修正系数 |
| 12.7 | 0.5 | 6.35 | 2.0 |
| 19 | 0.75 | 9.53 | 1.6 |
| 25.4 | 1.00 | 12.7 | 1.4 |
| 31.75 | 1.25 | 15.88 | 1.3 |
| 38.1 | 1.50 | 19 | 1.2 |
| 44.45 | 1.75 | 22.23 | 1.1 |
| 50.8 | 2.00 | 25.4 | 1.0 |
| 63.5 | 2.50 | 31.75 | 0.90 |
| 76.2 | 3.00 | 38.1 | 0.80 |
| 88.9 | 3.50 | 44.45 | 0.75 |
| 101.5 | 4.00 | 50.8 | 0.70 |
| 114.3 | 4.50 | 63.5 | 0.65 |
| 127 | 5.00 | 76.2 | 0.60 |

图 4-22　节流底套间隙、压差和冲洗量的关系（二）

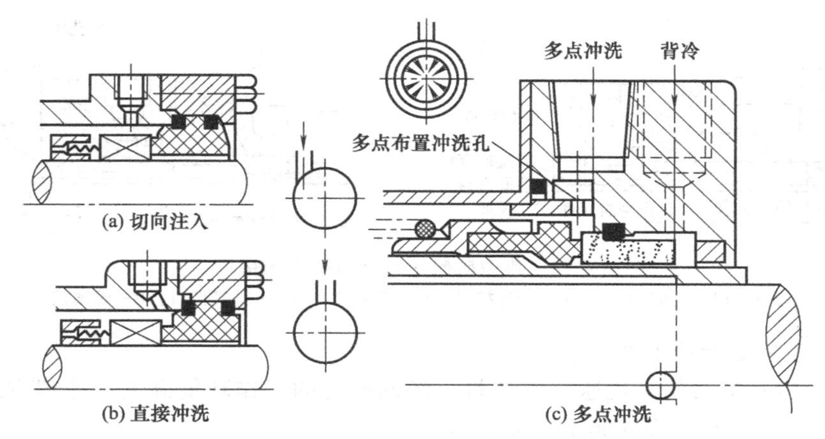

图 4-23 机械密封冲洗孔布置

② 背冷或急冷 将一种冷却剂（水、油等）直接从静环背面冷却静环的冷却方式是背冷，因冷却效果良好，能直接迅速冷却静环背面，故又叫急冷。

背冷常与冲洗方式结合使用，当被密封介质为高熔点液体或凝固性强的液体以及易结晶液体时，可将蒸汽（起保温作用）、溶剂或水送入静环背面防止密封的凝固并冲洗密封面的周围。当被密封介质为低温液体时，可利用不易冻结的液体来防止结冰或用甲醇来解冻。当低压鼓风机等气封使用外装式机械密封时，可往旋转部分注入液体背冷。

常见的背冷方式如图 4-24 所示。其中图（a）所示为外装式机械密封的背冷方式，不仅起到冷却密封面的作用，还可起到水封的作用，防止液体外漏，可适用于如酸泵等含有有毒液体、危险性液体遇空气后易结晶液体的场合；图（b）所示为带折流套管的背冷方式，其结构是在密封压盖上加一套管起到折流的作用，同时可使冷却剂与密封件充分接触，达到良好的冷却效果。

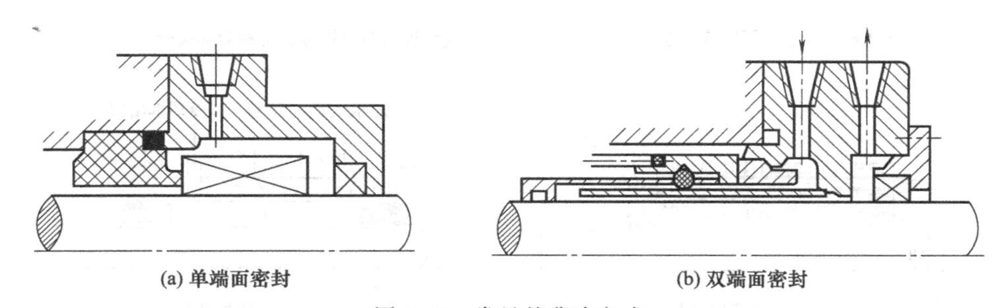

图 4-24 常见的背冷方式

常用的背冷液有水、蒸汽或氮气等。当用水作为背冷液时，需采用辅助密封防止其外流，若被密封介质的温度在100℃以上，则会在动环间隙较小的部位产生水垢以致妨碍动环的活动或密封面磨坏或密封搁住，最终导致密封失效。当用蒸汽作为背冷液时，如热油泵密封，不仅可以冷却密封面，而且由于温降不大还可以减小静环热变形。因此，在选用背冷方式和背冷液时，若背冷液为水，则必须注意水的硬度并且保证水在该温度下不易结垢；若密封温度较高，则可采用蒸汽作为背冷液；对于气相密封，可采用蒸汽静环背冷使密封处于全气相状态。

背冷液的压力通常为 0.02～0.05MPa，进、出口的温差应控制在 3～5℃。其流量的大小，一般可根据轴径的大小来确定：当轴径 $d<100$mm 时，流量为 0.2～2L/min；当轴径 $d>100$mm 时，流量为 0.5～3L/min。如图 4-25 所示为典型机械密封结构及管线接口，其

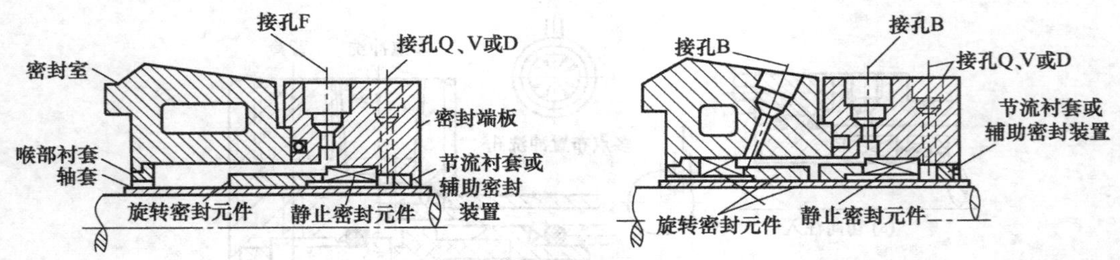


图 4-25　典型机械密封结构及管线接口

Q—（背冷）急冷接口；F—冲洗接口；D—排液接口；V—排气接口；B—隔离液

中包含有背冷及密封背冷液的辅助密封。

③ 冷却　冷却的目的是迅速移走热量，降低密封的工作环境温度。冷却方式有直接冷却和间接冷却，冲洗和背冷就属于直接冷却。

在机械密封中，间接冷却效果较直接冷却差些。但间接冷却对冷却液的要求不高，冷却液不与被密封介质接触，不会被介质污染，可实现循环使用，同时间接冷却可与其他冷却措施配合使用，实现综合冷却。间接冷却方式包括夹套冷却和换热器冷却，如图 4-26 所示，冷却介质有水、蒸汽和空气。夹套冷却分为轴封箱夹套、压盖夹套、静环夹套、底环夹套和轴套夹套等冷却方式。换热器冷却分为轴封箱内置式换热器、外置式换热器、蛇（盘）管冷却器、套管冷却器、翅片冷却器以及缺水地带用的蒸发换热器等冷却方式。

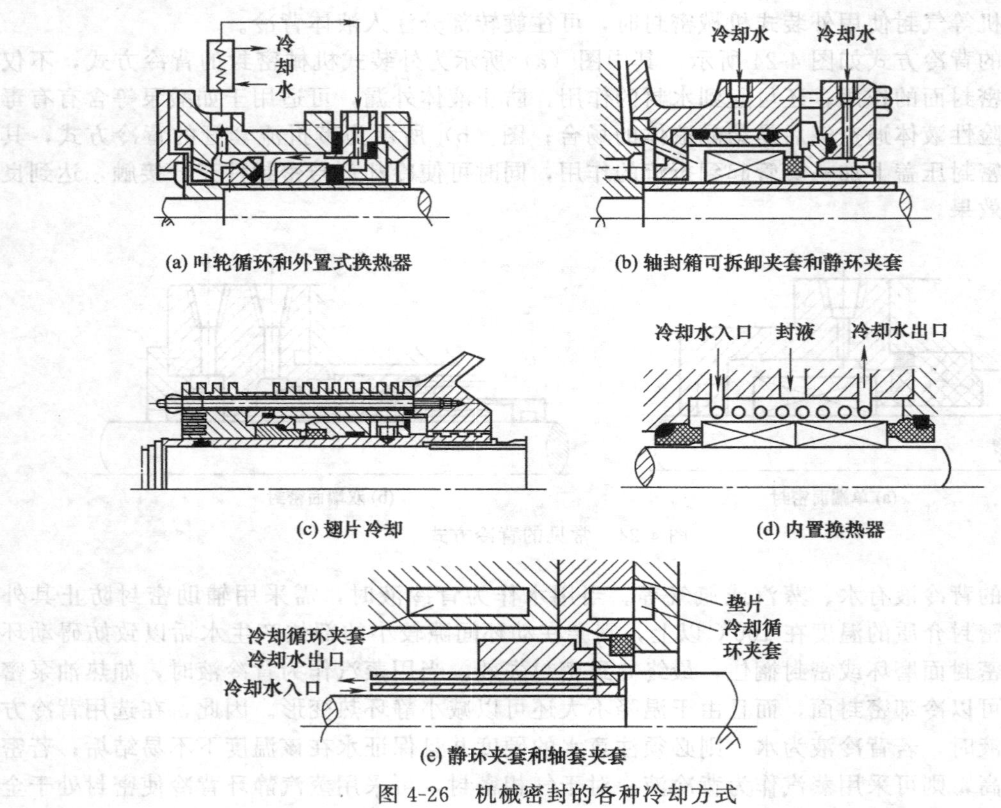


图 4-26　机械密封的各种冷却方式

机械密封用的蛇管冷却器分为外置式和内置式，如图 4-27 所示。图 4-27（a）所示为外置式蛇管冷却器，其冷却流程是：被密封介质通过内盘管转入外盘管，冷却到要求温度后，引出冷却器去轴封箱；冷却水先沿外壁空间进入，然后由中间空间引出。图 4-27（b）所示为内置式蛇管冷却器，其在密封腔内设置有冷却器蛇管。

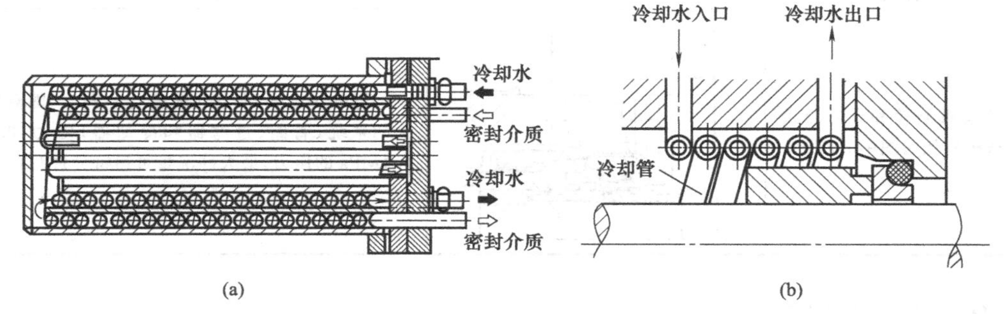


图 4-27　机械密封用蛇管冷却器

循环冷却是高温泵中采用的循环冲洗冷却方法之一，是利用密封自身转动的密封件上开设的凹槽、小孔、螺纹等泵送效应的循环结构实现循环冷却的。机械密封常用的循环冷却泵送机构及特点如表 4-13 所示。

④ 节流或限流　在机械密封系统中可通过孔板或节流衬套来实现对流体流量的限制和控制。

⑤ 除杂与过滤　除去固体颗粒等杂质是机械密封系统的一种基本功能，可采用过滤器或旋液分离器来除去系统中的杂质。机械密封系统用过滤器有滤网过滤器、磁环加滤网过滤器，适用于固体成分密度接近或小于密封流体的情况，其分离精度为 10～100$\mu$m；但易堵塞，应并联两台使用。加磁环的过滤器能除去磁性微粒。

表 4-13　机械密封常用的循环冷却泵送机构及特点

| 泵送机构名称 | 结构图 | 特点 |
| --- | --- | --- |
| 偏转导流凸台如右图中 1 所示 | 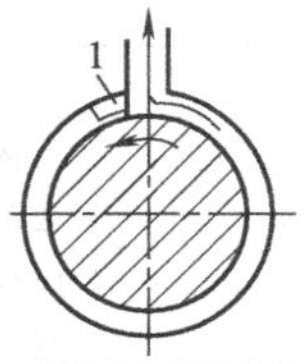  | 该机构是最简单的循环方式，只适用于单向旋转轴的场合 |
| 径向直叶片如右图中 2 所示 | 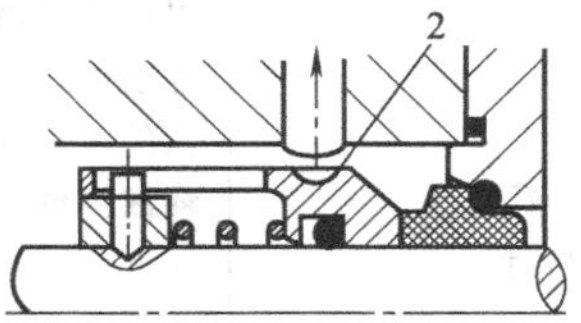  | 该机构是在旋转密封环外圆铣出直径叶片（半圆形槽），类似旋涡泵叶轮，起泵送作用 |
| 多孔叶轮如右图中 3 所示 | 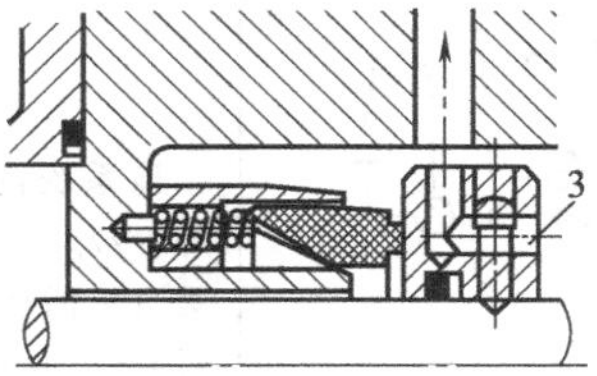  | 该机构是钻有轴向和连通的径向孔的多孔叶轮，它是由轴向进入、从径向排出，起泵送作用 |
| 轴向和径向混合叶片如右图中 4 所示 | 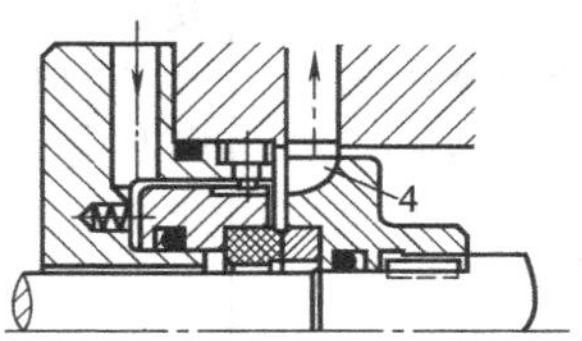  | 冷却效果良好 |

续表

| 泵送机构名称 | 结构图 | 特点 |
| --- | --- | --- |
| 带迷宫螺旋轮和导叶流道的泵送机构如右图中5所示 | 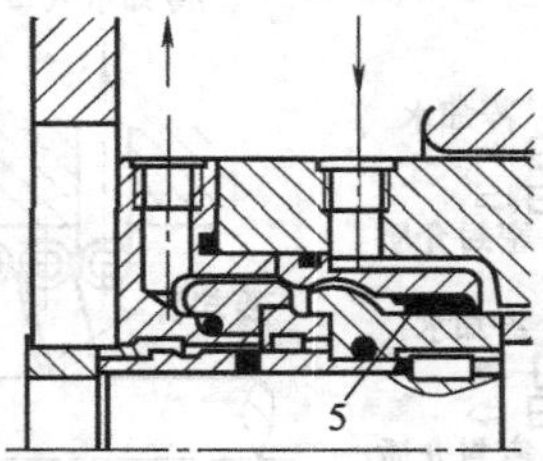 5 | 冷却效果良好，而且转速变化范围广，能克服较大的系统（管路、过滤器和冷却器）阻力，0.2～0.4MPa的压力，最大冲洗量可达每分钟几百升 |

## 4.3.3 压力控制系统

在机械密封的参数中，压力、周速、温度三者是紧密联系的，$pv$值的增大，必会导致温度的升高。一般机泵的转速是固定的或在一定范围内，由此可知，控制环境压力对机械密封来说是必不可缺的。

在满足工艺条件的前提下，采用平衡型密封可以减小密封面比压来改善工作条件。此外，对于离心泵来说可以采取叶轮开平衡孔、叶轮带背叶片、安装副叶轮、背叶片与副叶轮结合等办法来降低轴封箱前的压力，从而减轻轴封的载荷。为了减轻轴封载荷，还可以在机械密封（主密封）前采用迷宫密封、螺旋密封、节流底套、浮动套等副密封来分担载荷。为了保证密封面具有润滑液膜和一定的压力，可以采用双端面机械密封或串级式机械密封。

为了控制机械密封的环境压力，可以根据具体密封、介质性质和工作条件来选用压力控制系统，如表4-14所示。

表4-14 各种压力控制系统

| 分类 | 结构图 | 介绍 |
| --- | --- | --- |
| 利用虹吸的封液系统 | 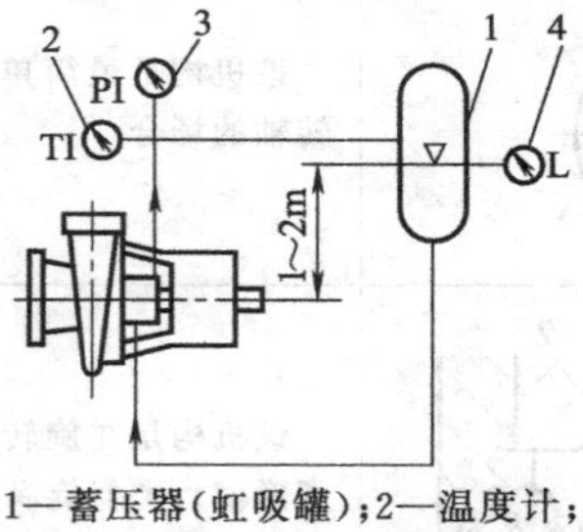 2 PI 3 1 4 TI L 1～2m<br>1—蓄压器（虹吸罐）；2—温度计；3—压力表；4—液位计 | 该系统利用轴封箱的压力和虹吸罐的位差，保证双端面具有稳定压差。由于温差相应地有了密度差而造成热虹吸封液循环供给系统。为产生良好的封液循环，罐内液位可以比轴封箱高出1～2m（不允许管路上有局部阻力），系统循环液体量（在轴封箱和管路内的液体量）为1.5～3L，罐的容积通常为循环液体量的5倍 |
| 封闭循环的封液系统 | 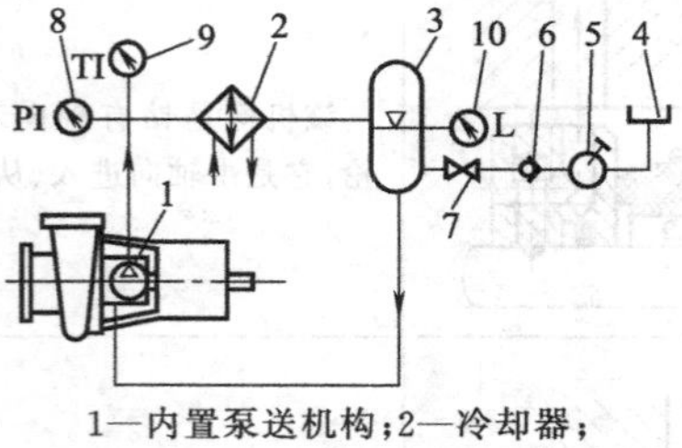 8 TI 9 2 3 10 6 5 4 PI L 7 1<br>1—内置泵送机构；2—冷却器；3—储液罐；4—供液罐；5—手动泵；6—单向阀；7—截止阀；8—压力表；9—温度计；10—液位计 | 该系统内置泵送机构，通常为螺旋轮，此外，冷却器和封液系统构成一整体。利用虹吸自然循环的封液系统在功耗小于1.5kW时有效，而利用泵送机构的强制循环封液系统在功率消耗达到4kW时依然有效。通过冷却器的水温为20℃，出轴封箱液温不超过60℃ |

续表

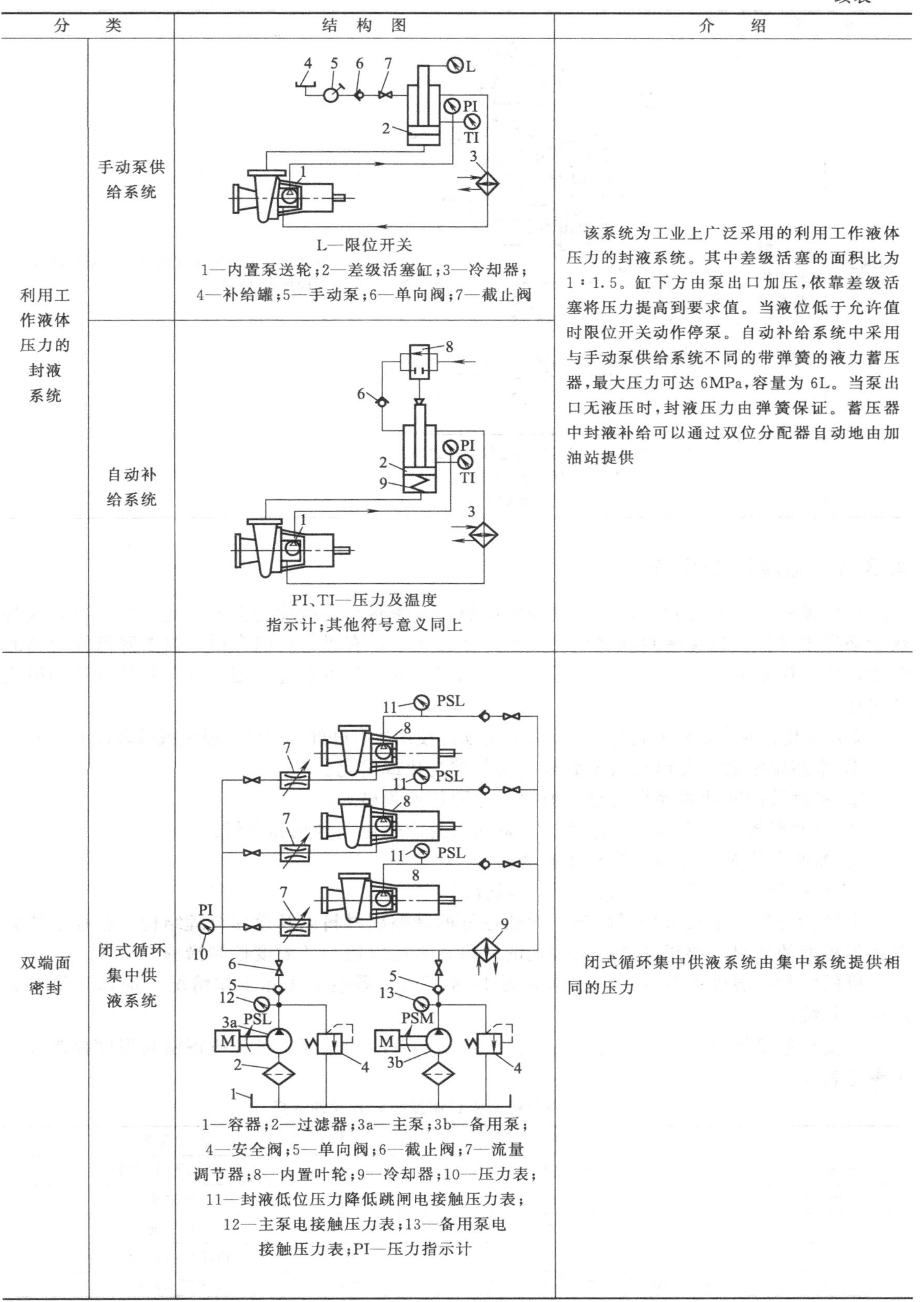

| 分类 | | 结构图 | 介绍 |
|---|---|---|---|
| 利用工作液体压力的封液系统 | 手动泵供给系统 | L—限位开关<br>1—内置泵送轮；2—差级活塞缸；3—冷却器；4—补给罐；5—手动泵；6—单向阀；7—截止阀 | 该系统为工业上广泛采用的利用工作液体压力的封液系统。其中差级活塞的面积比为1∶1.5。缸下方由泵出口加压，依靠差级活塞将压力提高到要求值。当液位低于允许值时限位开关动作停泵。自动补给系统中采用与手动泵供给系统不同的带弹簧的液力蓄压器，最大压力可达6MPa，容量为6L。当泵出口无液压时，封液压力由弹簧保证。蓄压器中封液补给可以通过双位分配器自动地由加油站提供 |
| | 自动补给系统 | PI、TI—压力及温度指示计；其他符号意义同上 | |
| 双端面密封 | 闭式循环集中供液系统 | 1—容器；2—过滤器；3a—主泵；3b—备用泵；4—安全阀；5—单向阀；6—截止阀；7—流量调节器；8—内置叶轮；9—冷却器；10—压力表；11—封液低位压力降低跳闸电接触压力表；12—主泵电接触压力表；13—备用泵电接触压力表；PI—压力指示计 | 闭式循环集中供液系统由集中系统提供相同的压力 |

续表

| 分类 | | 结构图 | 介绍 |
|---|---|---|---|
| 双端面密封 | 开式循环集中供液系统 | 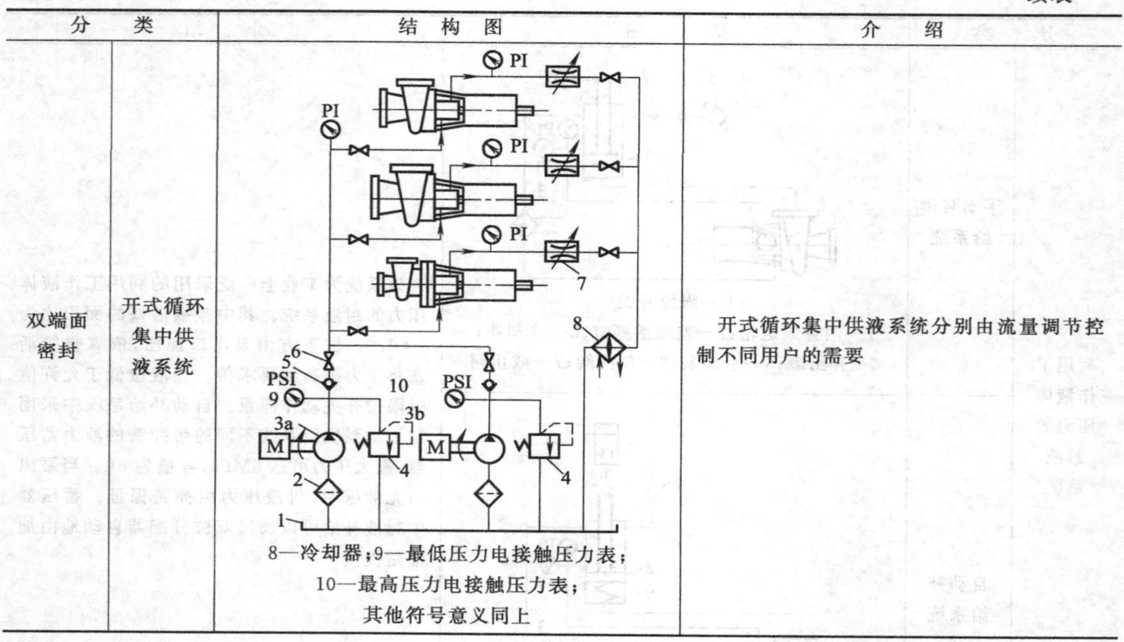<br>8—冷却器；9—最低压力电接触压力表；<br>10—最高压力电接触压力表；<br>其他符号意义同上 | 开式循环集中供液系统分别由流量调节控制不同用户的需要 |

## 4.3.4 温度控制系统

在机械密封工作过程中，密封端面的摩擦以及密封环的搅拌均会不断地产生热量，这些热量必须排除掉，避免密封环发生热变形；在工艺上，有时是高温介质，需要降低轴封箱的温度，才能保证密封正常工作。热量的排除和温度的降低可通过采用温度控制的方法和措施来实现。

采用温度控制不仅对密封有好处，而且对实际使用也有好处，即可以避免或减轻以下情况：

① 摩擦副密封环变形与碳石墨环浸渍剂被烧化或熔化。

② 密封端面间液膜黏度变化、液膜气化而使液膜破坏。

③ 辅助密封元件失效，如橡胶、塑料的密封圈软化、老化和分解。

④ 加速介质对零件的腐蚀与加速磨损。

⑤ 有些介质容易发生结晶、固化、聚合或分解。

由经验可知，单独采用耐高温、导热性好的摩擦副材料以及设置合理结构，往往不能完全达到预期的效果。要想完全达到预期的效果，需配以适当的温度控制措施。

机械密封的温度控制方法和措施如图 4-28 所示，需根据实际工作情况，选择和使用温度控制系统。

要实现温度控制，常用的方法有冲洗、冷却、背冷和循环。各种机械密封温度控制方式可参考表 4-15。

**表 4-15 各种机械密封温度控制方式的选择**

| 介质温度/℃ | 水(或水溶液) | 烃(中黏度) |
|---|---|---|
| −30～0 | 自冲洗、不冻液背冷 | 自冲洗、不冻液背冷 |
| 0～50 | 自冲洗 | 自冲洗 |
| 50～80 | 自冲洗、背冷或冷却 | 自冲洗 |
| 80～150 | 自冲洗、冷却器 | 自冲洗、轴封箱冷却水套，静环冷却或背冷 |
| >150 | 自冲洗加冷却器，轴封箱冷却水套，静环冷却或背冷 | 自冲洗、冷却器 |

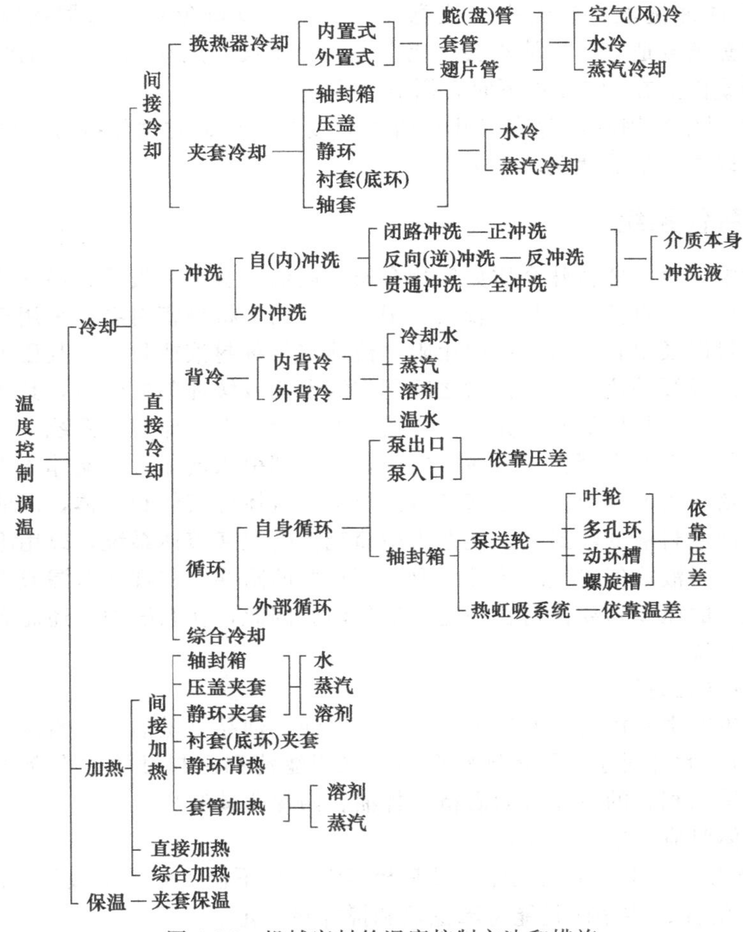

图 4-28 机械密封的温度控制方法和措施

在机械密封温度控制系统中，控制环境温度时应注意以下事项：

① 应保证轴封箱内环境温度比轴封箱压力下沸点低 14℃。若被密封介质是水，则轴封箱温度应保持低于 70℃，否则会出现闪蒸。

② 在密封面处尽量不采用高压和高速，以避免造成高温环境。

③ 冲洗液中如果有颗粒，就不要直接冲向密封面处。轴封箱冲洗时若没有良好的节流底套则就是无效的，节流底套的最小长度应为 12.7mm，6.35mm 长的节流底套是无效的。

④ 如果泵中为含固体颗粒液体，则在加压时可采用双冲洗：一个冲洗底套（窄间隙封液环），冲洗量为 7.35～11.35L/min，间隙流速为 3.048～4.57m/s；另一冲洗液送到密封面附近。

⑤ 采用排出液冲洗时可能有气体进入，应从轴封箱（压盖）底部引进冲洗液冲洗密封面处，另有一管线由封液环处引出返回吸入口。

⑥ 当轴封箱空间受限制时，可在轴封箱与压盖中间加接筒，夹持静环结构效果较差时，可利用定心连接以及金属与金属配合。

⑦ 用非被密封介质本身冲洗的冲洗液时，该机械密封的结构、材料和参数应按冲洗介质来考虑，并做适当处理。

⑧ 不管有无背冷，在压盖处设置节流套或金属唇边（宽度＞3.175mm），从安全角度考虑对被密封介质泄漏的吹出是有利的。

⑨ 在高温重油冲洗液冷却器中应注意介质黏度，以避免在冷却器内凝固，背冷时用100～150℃饱和蒸汽较适宜，用清水会生成水垢。介质凝固点在150℃以上时，夹套用蒸汽冷却为宜；介质凝固点在100℃以下时，用清水冷却。

⑩ 在高温密封中采用蒸汽背冷（开车前用作暖机，正常时用作冷却，洗净析出物，蒸汽置换空气，可以防止油品泄漏时着火）。

## 4.3.5 流体替代系统

在机械密封中，对一些特殊介质如气相介质，高温、有毒、贵重、易气化、易结晶及含固体体颗粒的介质等，直接密封具有较大的困难。可借助机械密封系统采用双端面密封、串级密封和多级密封以及组合密封，中间用阻塞流体（俗称封液或封气，其压力总是比被密封工艺流体压力高）或缓冲流体（双密封之间用作润滑剂或缓冲剂的流体，其压力总是比被密封工艺流体压力低）来替代被密封介质改变密封的环境，即流体替代系统。

阻塞流体指的是在双端面密封机械密封中，从外部引入流体，其流体压力高于被密封介质的压力，起封堵隔离的作用。在阻塞流体系统中，流体分液体和气体，以前常用液体来阻塞液体或气体，即液封液或液封气。现在为精简庞大的阻塞液体系统，改用阻塞气体来阻塞液体或气体，即气封液或气封气。此外，要实现良好的阻塞，实现零泄漏或零逸出，阻塞流体与被密封介质间的压差需要保持在一定的范围内。因此，在系统中，还需有控制阻塞流体压力的压差控制系统。

（1）阻塞流体的选择

在石油化工生产中常用的阻塞流体有水、润滑油、油品（煤油）或惰性气体（氮气、二氧化碳、蒸汽等）。此外对于含固体颗粒介质，采用滤清和冷却过的工作介质的滤清液；而对于腐蚀介质则采用相容的液体（如酒精、甘油、四氯化碳等）。

选择阻塞流体时应考虑以下几点：

① 必须与被密封介质（工艺流体）具有相容性并且不使工艺系统被污染。

② 应具有润滑性、洁净而且能将摩擦热和搅拌热带走。

③ 最好在运转条件下具有 $(10\sim32)\times10^{-6}\,m^2/s$ 的运动黏度。

④ 应长时间不氧化或变质（限制到最小限度），特别是在运转温度下，就算有很少的氧化或变质，也应不影响轴封工作。

⑤ 应该无着火危险性、无腐蚀性、对人体健康无害，一般希望闪点高于100℃。

⑥ 必须经过滤清和冷却，并能起到冷却作用。

⑦ 应与辅助密封材料相容。

⑧ 必须考虑到就地易取，可利用且经济。

（2）阻塞和加压系统的选择

阻塞系统应保证阻塞流体具有阻塞要求的压力。对于背靠背的双端面密封，阻塞流体压力应高于工艺流体压力和大气压；对于串级密封，缓冲流体压力应低于工艺流体压力，但高于大气压；对于面对面的双端面密封，阻塞流体可以高于或低于工艺流体压力。阻塞流体供给压力变动不应超过±5%，注意阻塞流体不受工艺流体污染，使阻塞流体返回储罐的压力高于内密封压力。

加压系统加压方式：在阻塞流体储罐上用气垫加压（重要场合下用氮气加压）；用阻塞液（封液）泵加压（重要场合下用成对的增压泵，一台工作，另一台备用）；临时加压用气囊蓄压器加压；固定差压采用弹簧-液压增压缸或差级液压缸加压。

加压系统调压方式：用背压调节器来调节给定压力；考虑用压力监视和监控设备。

加压系统控制方法：用背压调节器调节返回流体压力；储罐为常压罐，在每个密封后面或在返回集合管上，也可以用压力储箱；阻塞流体泵只输送阻塞流体，而且整个系统带压操作，采用压力监视并用监控设备。

阻塞流体应该冷却。冷却方式有：系统中加换热器冷却阻塞流体；系统中用空气冷却器；监控设备监视出、入口温度；如果气候需要，则可以在开车时加热阻塞流体。对于阻塞流体在系统中用过滤器，可滤清 10μm 微粒；应考虑用双过滤器，切换时应无流体损失；要监视过滤器压降；进入储箱前阻塞流体应经过 10μm 过滤器滤清。

此外还需注意：出入密封箱的阻塞流体应该具有关闭阀；密封上游用节流装置，防止阻塞流体进出时的损失；对阻塞流体进行流量指示，保证机械密封达到指定流量（可监测泄漏量）；压力指示也可以觉察泄漏；利用不锈钢管线和过滤器下游短管，消除生锈的可能性；储箱应合理，所有阻塞流体管线和密封室接头都要做标记。

## 4.3.6 杂质清除系统

杂质清除系统用于清除被密封介质中的杂质。被密封介质中往往会由于介质本身（如浆液、油浆等）含有固体颗粒、易结晶、易结焦的介质等，在一定工作条件下会出现固体颗粒。还有一些特殊用途泵的密封（如塔底泵、釜底泵的密封）在系统中有残渣、铁锈、污垢，甚至于安装时有残留杂物，都会给机械密封带来困难。

固体颗粒进入密封面间会划伤密封面，纤维质物料进入密封，也会使密封面间的液膜遭到破坏。固体杂质沉积在动、静环辅助密封处会影响密封环的浮动性，出现“密封搁住”现象；沉积在弹簧处则出现失弹现象，甚至出现堵塞导致“弹簧不弹”的问题。因此，必须清除被密封介质中的杂质。

（1）杂质清除系统

目前常用的固体杂质清除系统有三种，即主、副密封间打外冲洗，外置分离器杂质封液引出，外置分离器杂质封液入口，如图 4-29 所示。图 4-29（a）所示为主、副密封间打入外来洁净液，通常用清水，必要时用相容性的封液。图 4-29（b）及图 4-29（c）所示为将出口冲洗液经过外置分离器去除杂质（确切地说是减少固体杂质）后引入轴封箱的供液系统。图 4-29（b）所示为经过分离器过滤的含杂质封液引出系统，图 4-29（c）所示为含杂质封液返回泵入口的回收系统。

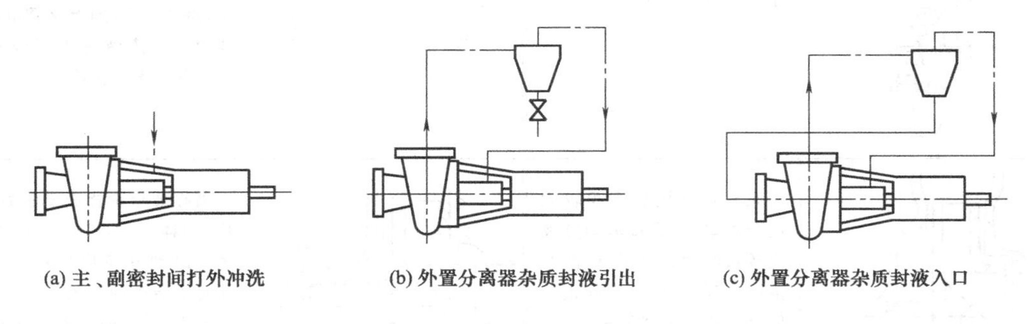

(a) 主、副密封间打外冲洗　(b) 外置分离器杂质封液引出　(c) 外置分离器杂质封液入口

图 4-29　常用的固体杂质清除系统

（2）杂质清除措施

常见的杂质清除措施有以下几种：

① 采用分离装置，在被密封介质进入轴封前，将固体杂质分离掉，例如采用过滤器、旋液分离器等，用分离方法清除固体杂质。

② 采用内、外冲洗方法，使固体杂质不至于侵入密封面缝隙内和其他间隙部位，以免造成磨损和堵塞，例如内冲洗、外冲洗、双冲洗等方法。

③ 在结构上采用双密封或串级密封，将含固体颗粒介质与外界隔开，而由有润滑性的洁净介质作为阻塞液体，为密封创造良好环境。对单密封采用大弹簧、加保护套、组装套开冲洗孔、外装式密封利用离心力分离等结构。加大间隙，避免杂质堵塞。

④ 在材料上采用硬对硬的摩擦副材料，防止杂质进入密封面缝隙内。

⑤ 调节温度，防止产生结晶、聚合、分解，例如 50% 苛性钠溶液，当温度低于 15℃ 时，会出现结晶，可用蒸汽伴管、加热、保温夹套等方法调节温度，防止其结晶。

⑥ 采用弹性体密封，使机械密封或部分零件与浆液隔绝，采用洁净的冲洗液，例如隔膜保护套、唇形密封作底套用、V 形圈密封作底套用等方法。

⑦ 采用稀释（溶剂）的方法和在泵结构上采取措施（例如叶轮背面装背叶片等）。

（3）杂质清除方式

各种不同的杂质清除方式及特点如表 4-16 所示。

表 4-16　杂质清除方式

| 方式结构图 | 说明 | 方式结构图 | 说明 |
| --- | --- | --- | --- |
| 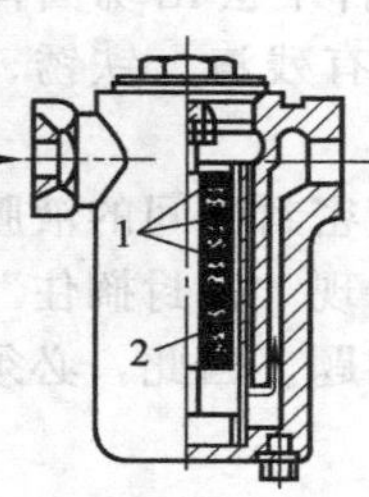 1—磁套；2—滤网 | 管路上安装磁性过滤器 | 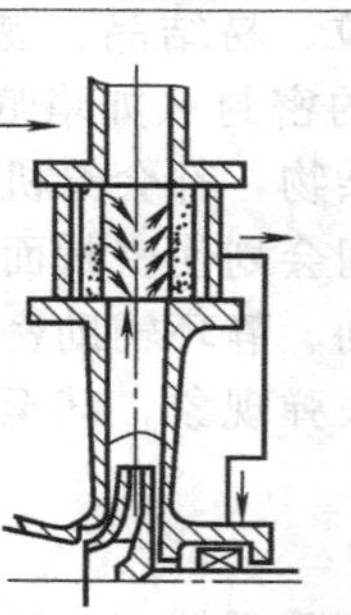  | 自清洗用多孔性陶瓷过滤器 |
| 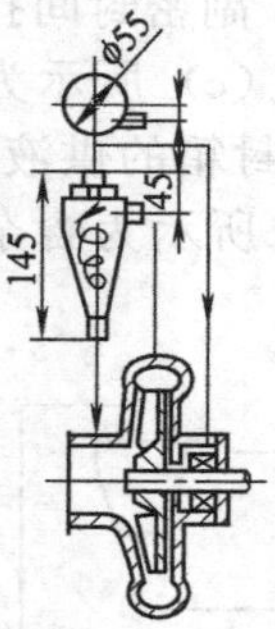  | 外接旋液分离器，通常用于开工时清除杂质 | 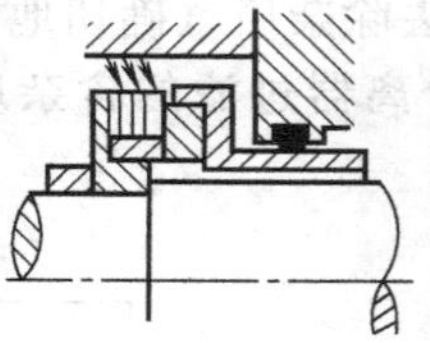  | 多孔性环，装在动环上与静环摩擦面平齐，此环用金属陶瓷或矿物陶瓷做成。由于此过滤环分离和阻挡的结果，磨粒进不到摩擦副的间隙内。滤清液进入间隙内，冷却和润滑摩擦副 |
| 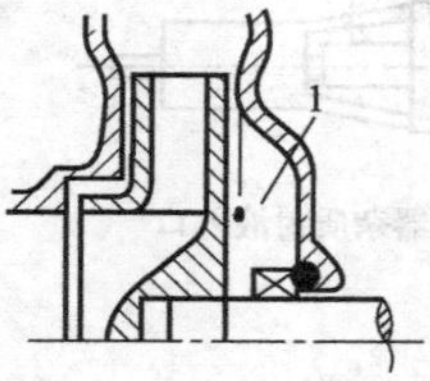  | 泵后盖处设置容积较大的分离室，靠旋转流动分离出较重的固体杂质 1，洁净液体流到轴封箱，而静止的固体杂质 1 沉降下来 | 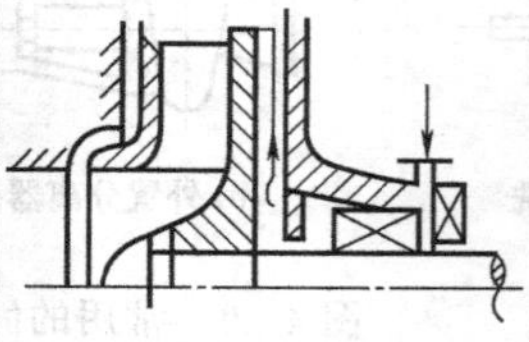  | 离心泵叶轮背面安置背叶片，固体颗粒在开式叶片作用下甩到叶轮出口蜗壳内，同时将洁净冲洗液一起抽到蜗壳内，保持轴封箱内洁净 |
| 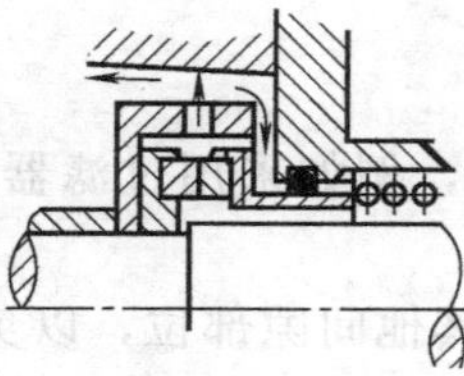  | 动环带保护罩的分离装置，带孔的保护罩围住动环和静环，间隙仅为几毫米；随动环旋转，固体颗粒进入间隙内，被甩向周边，通过小孔分离出去 | 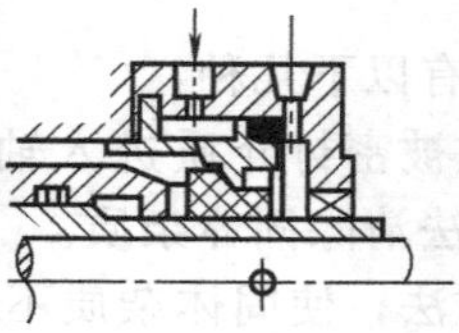  | 摩擦副周围装保温夹套，可以加热该处液体或冷却该处液体，使被密封介质不结晶、叠合和分解 |

续表

| 方式结构图 | 说明 | 方式结构图 | 说明 |
| --- | --- | --- | --- |
|  | 静环辅助密封和弹簧处为一蓄油室，其中放置保温用油，使密封圈与弹簧泡在油中不受磨粒侵入，同时也免受粘胶的黏合影响，因为油起到润滑作用 |  | 装设多唇的唇形密封，防止磨粒侵入密封室 |
|  | 静环与轴封箱间装有橡胶保护罩，使固体颗粒不至于进入弹簧和辅助密封处，避免堵塞 |  | 轴封箱底套处装缝隙密封，防止停车时磨粒进入密封室 |
|  | 组装套后部开泵送孔，可将密封液抽入冲洗弹簧处，避免固体杂质沉积 |  | 底套处采用单唇的唇形密封 |

综上所述，机械密封系统有压力控制、温度控制、流体替代（阻塞）以及杂质清除等系统。在一机械密封系统中，上述系统并不是同时都包括的。密封系统的选择主要取决于主密封的使用范围。例如，主密封用于高温液体，密封系统就要保证降低主密封的环境温度，即采用温度控制系统；如果主密封用于固体杂质含量高的工作介质，密封系统就要保证为主密封前降低固体杂质含量，即采用杂质清除系统；在腐蚀介质中，密封系统就要保证为主密封降低腐蚀速度或消除腐蚀，即采用流体替代的阻塞流体系统；在高压密封装置中，辅助系统应保证多级降压等措施，即采用压力控制系统。

## 4.4 机械密封的材料选择

在石油、化工等行业中，由于机泵的工作介质繁多和工作条件苛刻，如高速、高压、高温、强腐蚀、高精度、含固体颗粒等，在根据使用要求选择或设计机械密封时，除了选择合适的密封结构和密封系统以外，还必须对机械密封用材料加以重视，必须根据具体的用途、介质性质和工作条件，正确选择密封副、辅助密封圈、弹簧元件及其他零件的材料，这对保证机械密封的正常工作、延长其使用寿命、降低成本都起着非常重要的作用。

机械密封材料的基本要求主要体现在材料性能方面。密封材料的性能是保证有效密封的重要因素。选择密封材料时，主要是根据密封元件的工作环境如使用温度、工作压力、所适用的工作介质以及运动方式等进行选择的。

对密封材料的基本要求如下：

① 具有一定的力学性能，如拉伸强度、伸长率等。

② 弹性和硬度适当，压缩永久变形小。

③ 耐高温和低温，高温下不分解、软化，低温下不硬化。

④ 与工作介质相适应，不产生溶胀、分解、硬化等。

⑤ 耐氧化性和耐老化性好，经久耐用。

⑥ 耐磨损，不腐蚀金属。

⑦ 易于成形加工，价格低廉。

## 4.4.1 密封副材料及选择

密封副材料是指动环与静环的端面材料。根据统计，机械密封的泄漏有 80%～95%是由于密封副造成的，除了要保证密封面平行之外，主要是密封副材料问题。因此，正确选择密封副材料，可以保证机械密封长寿命地、稳定地运转。

（1）密封副材料性能

如表 4-17 所示，介绍了密封副材料的主要性能。

表 4-17 密封副材料性能介绍

| 主要性能 | 性能介绍 |
|---|---|
| 硬度配合好 | 是比摩擦学性能和其他因素更加重要的因素，是配合密封面的一个抗磨粒磨损的准则。一般配合面比密封面硬。对含磨粒介质的密封面硬度比密封流体中固体颗粒硬度大。密封面硬度与抗压强度成正比，密封面比压与硬度的比值，说明密封的相对膜厚即密封所处的摩擦状态 |
| 刚度 | 刚度指的是承载时保持正确的几何形状的能力。弹性模量高，意味着承载时可保持正确的几何形状。密封面对配合面的未对中和变形应有适应能力。另一方面，高弹性模量的材料较脆，容易受紧配合和热载荷影响而造成过度应力。而低弹性模量可增大材料的抗热冲击的能力 |
| 强度足够 | 强度指的是抗施加载荷的能力。对施加的载荷要有足够的强度。抗拉强度对于受流体静压、摩擦力和驱动力的密封环很重要。抗拉强度和有关的脆性对低热抗冲击和机械力冲击都很重要。抗压强度在脆性材料中通常要比抗拉强度大得多。对于碳石墨材料，抗压强度往往是一限制因素 |
| 高韧性 | 抵抗机械（力学）冲击和热冲击的能力 |
| 自润滑性好 | 耐干运转和耐高负荷 |
| 热性能好（导热性好、热膨胀系数低、抗热冲击和热疲劳） | 膨胀系数对温度梯度造成密封面热变形来说是一项重要的参数，同时对密封材料耐热冲击来说也是一项关键参数。热导率对密封界面摩擦产生的热量传导给冷却流体来说至关重要。低膨胀系数可使热冲击达到最小，而高导热率也可使温度梯度达到最小。温度梯度和热冲击会导致热应力开裂或热疲劳开裂。比热容在估计瞬时加热对热应力影响时很重要，在确定机械密封冲洗时可用 |
| 密度 | 在偏心或偏摆和质量很重要时，它是密封动力学的重要影响因素，在确定离心影响诱发的应力时亦很重要。旋转环的密度小，可减少惯性和平衡问题 |
| 抵抗温度能力 | 抵抗摩擦热和周围环境温度，不至于变质或丧失力学性能 |
| 抵抗化学能力 | 与流体和存在的任何杂质，在操作温度下的化学相容性需要核对 |
| 摩擦学性能 | 要有良好的耐磨性、保持流体膜良好的湿润性和良好的边界润滑性能 |
| $pv$ 值 | 它是密封副材料配合的相对性能，可表示所能承受住的接触压力与摩擦速度的乘积。密封流体性质对其影响很大，特别是碳化硅的 $pv$ 值受烧烃的影响而增大 |
| 渗透性 | 许多材料（陶瓷和碳石墨）都是多孔性的，除非经过处理，否则都会被气体和液体所渗透。它是直接通过密封材料潜在泄漏的量度 |

通过对密封副材料性能的介绍，可以看出密封副材料必要的特性主要有：

① 机械密封性能好、弹性模量高。

② 自润滑性好，耐干运转及耐高负荷。

③ 配对材料摩擦学相容性好，黏着倾向小以及配合性能和耐磨性好。

④ 要有良好的导热性、耐热性及抗热冲击和热疲劳的能力。

⑤ 线胀系数要小。

⑥ 要有保持流体膜的能力（非接触式机械密封）。

⑦ 材料的化学和电化学相容性好，耐腐蚀性好。

⑧ 要有良好的加工性能，价格尽可能地低廉。

(2) 密封副材料的种类

① 软材料　密封面软材料中用量最大、应用范围最广的是石墨，具有许多优良的性能，如良好的自润滑性和低摩擦系数，优良的耐腐蚀性能，导热性好、线胀系数低、组对性能好，且易于加工、成本低，几乎满足摩擦副材料所有的必要特性。

石墨根据所用原料及烧结时间、烧结温度的不同，可制成具有各种不同物理和力学性能的烧结石墨。常见的有两种：碳石墨和电化石墨。

电化石墨又称为软质石墨，是烧焦石墨经2400～2800℃的高温石墨化处理而得到的，其特点是质软、强度低、自润滑性好、加工容易，适用于介质清洁、润滑性能差或易产生干摩擦的工况，如轻烃介质。

碳石墨称为高强石墨或硬质石墨，其特点是强度高、硬度大、耐磨损，但脆性大、热导率低，是机械密封常用的软环材料。碳石墨有不同的等级，可分别用于抗磨粒磨损场合，根据碳石墨肖氏硬度的大小，可将其分为软、中硬和硬的各种等级的碳石墨，如表4-18所示。

**表4-18　碳石墨根据肖氏硬度的大小分类**

| 肖氏硬度HS的大小 | 分类等级 | 适用场合 |
|---|---|---|
| 50～70 | 软碳石墨 | 配合面材料较软时选用 |
| 70～90 | 中硬碳石墨 | 配合面材料较硬时选用 |
| >90 | 硬碳石墨 | 配合面材料较硬、介质含固体颗粒时选用 |

烧结石墨直接用作密封环时会出现渗透性泄漏，且强度降低。这是由于烧结石墨在焙烧过程中，因黏结剂中挥发物质挥发，黏结剂发生聚合、分散和炭化，出现10%～30%的气孔。改进措施是对其进行浸渍处理以获得不透性石墨制品，并提高其强度。碳石墨可以浸渍各种不同材料来控制其渗透性。在浸渍时，浸渍剂的性质决定了浸渍石墨的化学性质、热稳定性、机械强度和可使用的温度范围。目前常用的浸渍剂有合成树脂和金属两大类。常用的浸渍树脂有酚醛树脂、环氧树脂和呋喃树脂，其中酚醛树脂耐酸性好，环氧树脂耐碱性好，呋喃树脂耐酸性和耐碱性均好。在这三种树脂中浸呋喃树脂碳石墨环最好。当密封环所处温度小于或等于170℃时，可选用浸合成树脂的碳石墨；大于170℃时应选用浸金属的石墨环，同时还应考虑所浸金属的熔点、耐介质腐蚀特性等。当密封环处于高温介质时，浸锑石墨应优先考虑。

一些国产碳石墨的型号及性能如表4-19所示。

**表4-19　国产碳石墨的型号及性能**

| 型号 | 浸渍剂 | 体积密度 $\rho/(g/cm^3)$ | 抗弯强度 $\sigma_b/MPa$ | 抗压强度 $\sigma_c/MPa$ | 硬度 (HS) | 气孔率 $\psi/\%$ | 线胀系数 $\alpha/10^{-6}℃^{-1}$ | 使用温度 /℃ | 热导率λ /[W/(m·K)] |
|---|---|---|---|---|---|---|---|---|---|
| 纯碳石墨 | | | | | | | | | |
| M121 | | 1.56 | 30 | 85 | 65 | 15 | 4 | 350 | |
| M238 | | 1.70 | 35 | 75 | 40 | 15 | 3 | 450 | |
| M272 | | 1.75 | 40 | 95 | 60 | 8 | 3 | 450 | |
| M191T | | 1.8 | 100 | 250 | 92 | 1.2 | 5.5 | 600 | |
| M200T | | 1.8 | 60 | 150 | 58 | 1.2 | 4.5 | 600 | |
| 浸渍树脂碳石墨 | | | | | | | | | |
| M106H | 环氧树脂 | 1.65 | 60 | 210 | 85 | 1.0 | 4.8 | 200 | |
| M120H | | 1.70 | 55 | 200 | 85 | 1.0 | 4.8 | 200 | |
| M238H | | 1.88 | 50 | 105 | 85 | 1.5 | 4.5 | 200 | |
| M254H | | 1.82 | 45 | 90 | 55 | 1.0 | 4.5 | 200 | |
| M255H | | 1.85 | 50 | 95 | 50 | 1.0 | 4.5 | 200 | |

续表

| 型号 | 浸渍剂 | 体积密度 $\rho/(g/cm^3)$ | 抗弯强度 $\sigma_b/MPa$ | 抗压强度 $\sigma_c/MPa$ | 硬度 (HS) | 气孔率 $\psi/\%$ | 线胀系数 $\alpha/10^{-6}℃^{-1}$ | 使用温度 /℃ | 热导率 $\lambda$ /[W/(m·K)] |
|---|---|---|---|---|---|---|---|---|---|
| 浸渍树脂碳石墨 | | | | | | | | | |
| M106K | 呋喃树脂 | 1.65 | 65 | 230 | 90 | 1.5 | 5.5 | 210 | |
| M120K | | 1.70 | 60 | 220 | 95 | 1.5 | 6.5 | 200 | |
| M170K | | 1.80 | 70 | 220 | 85 | 1.5 | 5.5 | 210 | |
| M180K | | 1.80 | 80 | 240 | 90 | 1.2 | 5.5 | 210 | |
| M200K | | 1.82 | 55 | 115 | 55 | 1.2 | 4.5 | 210 | |
| M238K | | 1.85 | 55 | 105 | 55 | 2.0 | 4.5 | 200 | |
| M245K | | 1.82 | 4 | 100 | 55 | 2.0 | 6.0 | 200 | |
| M255K | | 1.85 | 55 | 105 | 55 | 2.0 | 4.8 | 200 | |
| M158K | | 1.70 | 60 | 200 | 90 | 2.0 | 5.1 | 200 | |
| 浸渍金属碳石墨 | | | | | | | | | |
| M120B | 巴氏合金 | 2.40 | 65 | 160 | 60 | 9.0 | 5.5 | 180 | |
| M181B | | 2.40 | 55 | 130 | 80 | 2.5 | 5.5 | 200 | |
| M200B | | 2.40 | 35 | 65 | 35 | 2.5 | 5.0 | 200 | |
| M250B | | 2.40 | 35 | 65 | 30 | 8.0 | 5.2 | 180 | |
| M113L | 铝合金 | 2.00 | 115 | 275 | 65 | 2.5 | 8.0 | 350 | |
| M262L | | 2.10 | 85 | 180 | 40 | 2.0 | 7.5 | 400 | |
| M106D | 锑 | 2.20 | 65 | 190 | 75 | 2.0 | 7.2 | 350 | |
| M120D | | 2.20 | 60 | 170 | 70 | 2.0 | 5.5 | 350 | |
| M181D | | 2.30 | 80 | 200 | 80 | 2.0 | 5.5 | 400 | |
| M200D | | 2.40 | 45 | 120 | 40 | 2.0 | 5.0 | 400 | |
| M254D | | 2.20 | 35 | 80 | 35 | 2.0 | 6.5 | 450 | |
| M106P | 铜合金 | 2.40 | 70 | 240 | 70 | 2.0 | 6.0 | 350 | |
| M120P | | 2.60 | 75 | 250 | 75 | 2.0 | 6.2 | 350 | |
| M181P | | 2.50 | 75 | 250 | 75 | 2.0 | 505 | 400 | |
| M200P | | 2.60 | 50 | 120 | 40 | 2.0 | 5.5 | 400 | |
| M262P | | 2.60 | 50 | 110 | 40 | 2.0 | 6.0 | 400 | |
| M254P | | 2.60 | 45 | 120 | 35 | 2.0 | 6.0 | 400 | |
| WK9Q | | 2.60 | 75 | 200 | 65 | 2.0 | 6.0 | 350 | |
| M106G | 浸银 | 3.00 | 71 | 260 | 73 | 1.0 | 5.0 | 500 | |
| M120G | | 3.00 | 71 | 220 | 75 | 1.0 | 5.0 | 500 | |
| M126G | | 2.80 | 60 | 240 | 80 | 1.0 | 5.0 | 500 | |
| M181G | | 2.60 | 90 | 200 | 90 | 1.5 | 5.5 | 600 | |
| M200G | | 2.60 | 50 | 130 | 40 | 1.5 | 4.5 | 600 | |
| 树脂黏结类 | | | | | | | | | |
| M353 | | 1.75 | 50 | 150 | 45 | 1.0 | 9.0 | 200 | |
| M356 | | 1.72 | 50 | 160 | 50 | 1.0 | 9.0 | 200 | |
| M357 | | 1.75 | 55 | 150 | 45 | 1.0 | 9.0 | 180 | |
| 硅化石墨 | | | | | | | | | |
| T1056 | | 1.79 | 65 | 150 | 100 | 2.0 | 4.0 | 500 | |
| 浸玻璃碳石墨 | | | | | | | | | |
| M120R | 玻璃 | 1.90 | 57 | 200 | 95 | 2.0 | | 400 | |
| M180R | | 2.00 | 60 | 190 | 95 | 2.5 | 6.0 | 600 | |
| M200R | | 2.00 | 48 | 138 | 75 | 2.5 | 5.0 | 600 | |
| M262R | | 1.90 | 48 | 138 | 48 | 2.0 | | 500 | |
| 高强度高密度细粒焦炭基碳材 | | | | | | | | | |
| 环氧树脂 M163H | | 1.79 | 60 | 165 | 99 | 0.4 | | | 0—0.0705<br>1—0.0597<br>2—0.0662 |

续表

| 型号 | 浸渍剂 | 体积密度 $\rho$/(g/cm³) | 抗弯强度 $\sigma_b$/MPa | 抗压强度 $\sigma_c$/MPa | 硬度 (HS) | 气孔率 $\psi$/% | 线胀系数 $\alpha/10^{-6}℃^{-1}$ | 使用温度 /℃ | 热导率 $\lambda$ /[W/(m·K)] |
|---|---|---|---|---|---|---|---|---|---|
| 高强度高密度细粒焦炭基碳材 | | | | | | | | | |
| M163K | 呋喃树脂 | 1.78 | 63 | 206 | 110 | 0.7 | | | 0—0.0715<br>1—0.0516<br>2—0.0628 |
| M263K | 呋喃树脂 | 1.94 | 52 | 118 | 73 | 1.8 | | | 0—0.5241<br>1—0.5784<br>2—0.5694 |
| M163D | 浸金属锑 | 2.93 | 86 | 301 | 100 | 0.2 | | | 0—0.0715<br>1—0.0715<br>2—0.0777<br>3—0.0831<br>4—0.0948<br>5—0.1248 |
| M263D | 浸金属锑 | 2.45 | 73 | 163 | 79 | 1.7 | | | |

注：硅化石墨 T1056 的硬度为 100HB。

碳石墨材料经硅化处理可得到硅石墨（碳化硅-碳复合材料）。硅化处理的方法有化学气相反应法（CVR）和液硅浸渗法。前者利用 Si 或 SiO 气体在 1800～2200℃的高温下做硅化反应将碳表面转化为 SiC；而后者利用液态硅代替 Si 蒸气或 SiO 蒸气与 CVR 法同样做硅化处理。表 4-20 所示为国内外硅化石墨性能。

**表 4-20 CVR 法硅化石墨性能**

| 生产厂家 | 牌号 | 体积密度/(g/cm³) | 硬度 | 抗拉强度/MPa | 抗弯强度/MPa | 弹性模量/MPa | 线胀系数 $/10^{-6}℃^{-1}$ | 抗压强度/MPa | 热导率/[W/(m·K)] | 最高工作温度/℃ | |
|---|---|---|---|---|---|---|---|---|---|---|---|
| | | | | | | | | | | 空气中 | 惰性气氛中 |
| 日本鹰公司 | ES-1① | 2.8 | 95～105(HS) | 22.6 | $68.6\times10^3$ | $114\times10^3$ | 4.5 | 129 | 50 | 200 | |
| | ES-3 | 1.8 | 85～100(HS) | 42.2 | $83.4\times10^3$ | $24\times10^3$ | 4.2 | 147 | 70.95 | 400 | |
| 日本皮位公司 | P1 | 1.84 | 3500 (HV) | 34.3 | $58.8\times10^3$ | $11.8\times10^3$ | 4 | 117.7 | 110.5 | 400 | 1600 |
| 日本日立化成公司 | HSC | 1.85 | 3000 (HV) | | $59\times10^3$ | $35\times10^3$ | 4.4 | | 116.32 | | |
| | HSC① | 2.00 | 3000 (HV) | | $68.6\times10^3$ | $41\times10^3$ | 4.4 | | 116.32 | | |
| 美国纯碳公司 | PE-6923① | 2.15 | 100 (HR) | 34 | $55\times10^3$ | $28\times10^3$ | 4.4 | 138 | 68.63 | 260 | |
| 英国加布半达夫公司 | SiC | 1.9 | 18.62 (HR) | 10.34 | | $15.85\times10^3$ | 4.1 | 82.73 | 51.92 | 371 | |
| 中国东新电碳厂 | M456 | 1.84 | 100 (HR) 2500 (HV) | | $58.8\times10^3$ | $35\times10^3$ | 3.7 (200℃) | 118 | | | |
| 日本东芝陶瓷公司 | PADLTTE | 2.54 | 2000 (HV) | 49 | $196\times10^3$ | $176\times10^3$ | 4.1 | | | | |

① 浸渍树脂。

在碳石墨受化学侵蚀的场合，采用加填充剂的聚四氟乙烯作为软密封面材料。聚四氟乙烯自润滑性、耐腐蚀性优异，常用于干摩擦、极低温、有强碱溶液和溶剂的环境中。但它的导热率低、耐热性差，在摩擦热作用下密封面会产生热变形，故通常用在轻载荷工况下，并与高纯度氧化铝配对使用。表 4-21 列出了聚四氟乙烯与填充聚四氟乙烯的性能。

② 硬材料

a. 金属材料。铸铁和模具钢、轴承钢等特殊钢不耐腐蚀，不能用于水类液体和药液，通常用于低负荷、油类液体，一般工艺过程中很少使用。斯太利特（钴铬钨合金）也属于此类。

b. 工程陶瓷。工程陶瓷是工程上应用的一大类陶瓷材料，其特点是具有极好的化学稳定性（耐腐蚀性好、耐温性好）、硬度高、耐磨损，但脆性大、抗冲击韧性低。表 4-22 列出了国外某些陶瓷材料的典型制造方法。目前常用的工程陶瓷有氧化铝陶瓷（$Al_2O_3$）、碳化硅陶瓷（SiC）和氮化硅陶瓷（$Si_3N_4$），其中碳化硅陶瓷和氮化硅陶瓷被称为新型陶瓷。

氧化铝陶瓷是在 $Al_2O_3$ 中添加少量金属元素，其成分中 $Al_2O_3$ 占 88%～92%，其余为 Fe、Cr、Ni 等。加入金属元素可以提高氧化铝金属陶瓷的热导率及降低脆性，但也导致其耐腐蚀性有所下降。氧化铝陶瓷不仅具有很高的硬度和耐磨性，而且耐腐蚀性能也很好，除特殊介质（氢氟酸、氟硅酸及浓碱）外，几乎耐各种介质的腐蚀，并且具有较小的线胀系数、良好的导热性，同时耐高温和一定的温度剧变。

氧化铝陶瓷密封环由于优良的耐腐蚀性能和耐磨性能，被广泛用于耐腐蚀机械密封中。但是，一套机械密封的动、静环不能都使用氧化铝陶瓷制造，否则就会有诱发产生静电的危险。表 4-23 列出了国产的氧化铝陶瓷的组成和性能。

表 4-21 聚四氟乙烯与填充聚四氟乙烯的性能

| 性能 | | | 配方 | | |
|---|---|---|---|---|---|
| | | | 聚四氟乙烯 | 填充 20%石墨 | 填充 40%石墨 |
| 密度/(g/cm³) | | | 2.1～2.2 | 2.16 | 2.15 |
| 抗拉强度/MPa | | | 13.73～24.53(未淬火)<br>15.69～30.89(未淬火) | 16.4 | 13.9 |
| 抗弯强度/MPa | | | 10.79～13.73 | 24.9 | 24.5 |
| 断裂伸长率/% | | | 250～350 | 151 | 86 |
| 热导率/[W/(m·K)] | | | 0.24 | 0.48 | 0.47 |
| 硬度(HS) | | | 50～60 | | |
| 抗压强度(1%变形)/MPa | | | 4.12 | | |
| MN-IM 磨损实验机 | 摩擦因数 | | 0.04 | 0.13 | 0.14 |
| | 磨损量/(mg/10min) | | | 12 | 3.4 |
| 合姆金磨损实验机 | 摩擦因数 | | | 0.2 | 0.2 |
| | 磨损量/(mg/40min) | | | $22.3\times10^{-3}$ | $8.24\times10^{-3}$ |
| 线胀系数/℃⁻¹ | 纵向 | 0～50 | (25～200)<br>$1.0\times10^{-4}$～<br>$1.2\times10^{-4}$ | $1.9\times10^{-4}$ | $1.67\times10^{-4}$ |
| | | 0～100 | | $1.46\times10^{-4}$ | $1.29\times10^{-4}$ |
| | | 0～150 | | $1.38\times10^{-4}$ | $1.25\times10^{-4}$ |
| | | 0～200 | | $1.38\times10^{-4}$ | $1.28\times10^{-4}$ |
| | | 0～250 | | $1.40\times10^{-4}$ | $1.23\times10^{-4}$ |
| | 横向 | 0～60 | | $1.01\times10^{-4}$ | $0.75\times10^{-4}$ |
| | | 0～100 | | $0.87\times10^{-4}$ | $0.60\times10^{-4}$ |
| | | 0～150 | | $0.74\times10^{-4}$ | $0.59\times10^{-4}$ |
| | | 0～200 | | $0.78\times10^{-4}$ | $0.62\times10^{-4}$ |
| | | 0～250 | | $0.79\times10^{-4}$ | $0.67\times10^{-4}$ |
| 吸水率/% | | | <0.005 | +0.03 | +0.04 |

续表

| 性能 | | | 配方 | | | |
|---|---|---|---|---|---|---|
| | | | 25%青铜+20%玻璃纤维，10%石墨，5%焦炭 | 40%青铜，20%玻璃纤维，10%石墨 | 填充40%玻璃纤维 | 4%玻璃纤维5%石墨 |
| 密度/($g/cm^3$) | | | 2.45 | 2.7 | 2.28 | 2.28 |
| 抗拉强度/MPa | | | 13.8 | 15.9 | 16 | 11.2 |
| 抗弯强度/MPa | | | 22.7 | 38.5 | 19.9 | 20.1 |
| 断裂伸长率/% | | | 77 | 171 | 231 | 149 |
| 热导率/[W/(m·K)] | | | 0.41 | 0.43 | 0.24 | 0.43 |
| 硬度(HS) | | | | | | |
| 抗压强度(1%变形)/MPa | | | | | | |
| MN-IM磨损实验机 | 摩擦因数 | | 0.17 | 0.17 | 0.18 | 0.15 |
| | 磨损量/(mg/10min) | | 2.3 | 3.6 | 3.5 | 2.5 |
| 合姆金磨损实验机 | 摩擦因数 | | 0.2 | 0.2 | 0.21 | |
| | 磨损量/(mg/40min) | | $0.66\times10^{-3}$ | $0.74\times10^{-3}$ | $1.22\times10^{-3}$ | |
| 线胀系数/$℃^{-1}$ | 纵向 | 0~50 | $1.60\times10^{-4}$ | $1.60\times10^{-4}$ | $1.63\times10^{-4}$ | $1.50\times10^{-4}$ |
| | | 0~100 | $1.35\times10^{-4}$ | $1.33\times10^{-4}$ | $1.19\times10^{-4}$ | $1.20\times10^{-4}$ |
| | | 0~150 | $1.32\times10^{-4}$ | $1.33\times10^{-4}$ | $1.16\times10^{-4}$ | $1.17\times10^{-4}$ |
| | | 0~200 | $1.41\times10^{-4}$ | $1.43\times10^{-4}$ | $1.20\times10^{-4}$ | $1.23\times10^{-4}$ |
| | | 0~250 | $1.54\times10^{-4}$ | $1.34\times10^{-4}$ | $1.26\times10^{-4}$ | $1.32\times10^{-4}$ |
| | 横向 | 0~60 | $0.79\times10^{-4}$ | $0.77\times10^{-4}$ | $0.83\times10^{-4}$ | $0.69\times10^{-4}$ |
| | | 0~100 | $0.69\times10^{-4}$ | $0.63\times10^{-4}$ | $0.67\times10^{-4}$ | $0.60\times10^{-4}$ |
| | | 0~150 | $0.69\times10^{-4}$ | $0.62\times10^{-4}$ | $0.63\times10^{-4}$ | $0.53\times10^{-4}$ |
| | | 0~200 | $0.74\times10^{-4}$ | $0.66\times10^{-4}$ | $0.67\times10^{-4}$ | $0.57\times10^{-4}$ |
| | | 0~250 | $0.79\times10^{-4}$ | $0.71\times10^{-4}$ | $0.73\times10^{-4}$ | $0.61\times10^{-4}$ |
| 吸水率/% | | | +0.58 | +1.00 | +0.04 | −0.77 |

**表 4-22 国外某些陶瓷材料的典型制造方法**

| 制造方法 | | | | 主要优点 | 主要缺点 | 示例 |
|---|---|---|---|---|---|---|
| 单体成形法 | 烧结法 | | | 各种形状都能制造，单价低廉 | 尺寸精度高(需要二次加工) | $Al_2O_3$<br>SiC |
| | 热压法 | | | 制品密度高 | 复杂形状不行，生产性差 | $Al_2O_3$<br>$Si_3N_4$<br>SiC |
| | 反应烧结法 | | | 任意形状都可制造，制造方法简单，可大批量生产 | 制品密度小 | $Si_3N_4$<br>SiC |
| 涂层法 | 化学方法 | 化学气相沉积法(CVD) | | 可得到高密度，形状可任意选定 | 难以制造，涂层温度上升，涂层薄 | SiC<br>TiC<br>BN |
| | | 转化法或反应法(CVR) | | 涂层薄 | 有孔隙率 | SiC |
| | 物理方法 | 物理气相沉积法(PVD) | 喷镀法 | 可得到耐低温、高熔点的涂层，可大批生产 | 花费时间长，涂层温度上升，涂层薄 | SiC<br>TiC<br>TiN |
| | | | 等离子喷涂法 | 可得到纯的涂层，容易做到全面喷涂 | 涂层薄 | SiC<br>TiC<br>TiN |
| | | 熔射法 | | 母材可任选 | 涂层密度小 | $Al_2O_3$<br>$Cr_2O_3$<br>WC |

表 4-23 国产的氧化铝陶瓷的组成和性能

| 材料 | 化学组成/% | 密度/($g/cm^3$) | 硬度(HRA) | 抗弯强度/MPa | 热导率/[W/(m·K)] | 线胀系数/$℃^{-1}$ |
| --- | --- | --- | --- | --- | --- | --- |
| 99 瓷 | $Al_2O_3$ 99<br>MgO 1 | 3.9 | 85～90 | 340～540 | 16.75 | $5.3\times10^{-6}$ |
| 95 瓷 | $Al_2O_3$ 94.5<br>$SiO_2$ 2<br>$CaCO_3$ 3.5 | 3.75 | 78～82 | 216～360 | 16.75 | $5.8\times10^{-6}$ |

碳化硅陶瓷是新型的性能优良的摩擦副材料。它重量轻、比强度高、抗辐射能力强；具有一定的自润滑性，摩擦因数小；硬度高、耐磨损、配对性能好；化学稳定性高、耐腐蚀；导热性能好、耐热冲击。根据制造工艺的不同，碳化硅主要有热压烧结 SiC、常压烧结 SiC 和反应烧结 SiC 等。表 4-24 分别列出了三种碳化硅的性能、特点和适用场合。

表 4-24 三种碳化硅的性能、特点和适用场合

| 类型 | 密度/($g/cm^3$) | 抗弯刚度 $\sigma_b$/MPa | 弹性模量/MPa | 线胀系数/$℃^{-1}$ | 硬度(HRA) | 热导率[W/(m·K)] | 特点及适用场合 |
| --- | --- | --- | --- | --- | --- | --- | --- |
| 热压烧结 SiC | 3.1～3.2 | 441.3～539.37 | $3.92\times10^5$ | $4.5\times10^{-6}$ | 93～94 | 83.74 | 化学稳定性好，但成本也最高，适用于高参数的密封工况 |
| 常压烧结 SiC | 3.0～3.1 | 372.65～451.11 | $4.07\times10^5$ | $4.3\times10^{-6}$ | 91～92 | 92.11 | 耐腐蚀性较反应烧结 SiC 好，其坯料可制成各种形状，并可进行机械加工，适用于制造形状复杂的场合 |
| 反应烧结 SiC | 3.05 | 343.23～362.85 | $3.33\times10^5$ | $4.3\times10^{-6}$ | 91～92 | 125.6 | 其制品的收缩性好，耐热冲击性好，用于砂浆泵、料浆泵效果较好 |

氮化硅陶瓷也是新型的、性能良好的密封副材料。其耐磨性好、摩擦因数较低，并具有优良的耐腐蚀性，且线胀系数小，为 $(2.5\sim2.8)\times10^{-6}℃^{-1}$，抗热冲击能力比氧化铝陶瓷好。根据制造工艺的不同，氮化硅陶瓷主要分为反应烧结氮化硅、无压烧结氮化硅和热压烧结氮化硅。表 4-25 列出了反应烧结氮化硅和热压烧结氮化硅的性能。

表 4-25 反应烧结氮化硅和热压烧结氮化硅的性能

| 性能 | 反应烧结氮化硅 | 热压烧结氮化硅 |
| --- | --- | --- |
| 密度/($g/cm^3$) | 2.5～2.6 | 3.13 |
| 孔隙率/% | 13～16 | <1 |
| 抗弯刚度/MPa | 196.3 | 688.47～784.52 |
| 抗压刚度/MPa | 1176.8 | 1569.1 |
| 抗拉刚度/MPa | 117.68～137.29 | |
| 抗冲击刚度/MPa | 0.15～0.2 | 0.39 |
| 弹性模量/MPa | $(1.670\sim2.16)\times10^5$ | |
| 摩擦因数 | 0.1 | |
| 硬度(HRA) | 80～85 | 91～92 |
| 线胀系数/$℃^{-1}$ | $2.5\times10^{-6}$ | $(2.7\sim2.8)\times10^{-6}$ |
| 热导率/[W/(m·K)] | 5.02 | |
| 电阻率(200℃)/Ω·cm | $10^{18}$ | |
| 电阻率(700℃)/Ω·cm | $10^8$ | |

c. 硬质合金。机械密封摩擦副常用的硬质合金是碳化钨和碳化钛，碳化钨有钴基碳化钨（WC-Co）硬质合金、镍基碳化钨（WC-Ni）硬质合金、镍铬基碳化钨（WC-Ni-Cr）硬

质合金；碳化钛有钢结碳化钛硬质合金。

钴基碳化钨硬质合金是机械密封摩擦副中应用最广的硬质合金，但由于其黏结相耐腐蚀性能不好，不适用于腐蚀性环境。为了克服钴基碳化钨硬质合金耐腐蚀性差的缺陷，出现了镍基碳化钨硬质合金，含镍6%～8%，其耐腐蚀性能有很大提高，但硬度有所降低，在某些场合中使用受到了一定限制。因此出现了镍铬基碳化钨硬质合金，它不仅有很好的耐腐蚀性，其强度和硬度与钴基碳化钨硬质合金相当，是一种性能十分良好的耐腐蚀硬质合金。钢结硬质合金是人们找到的一种新型摩擦副材料，是以钢为黏结相，以碳化钛为硬质相的硬质合金材料。经过适当热处理后，具有高硬度（62～72HRC）、高耐磨性和高刚性等特点，并具有良好的韧性和抗热冲击能力，适用于温度有剧烈变化的场合。

碳化钨具有硬度高，耐磨性好，机械强度高，抗弯性好，热导率高而膨胀系数较低，密封面摩擦热易导出，无钴硬质合金耐腐蚀性好等特点。表4-26列出了国产碳化钨的性能，表4-27列出了国外一些硬质合金的成分和性能，以便比较。

**表4-26　碳化钨的性能**

| 牌号 | 化学成分/% | | 物理-化学性能 | | | | 备注 |
|---|---|---|---|---|---|---|---|
| | WC | Co | 密度/(g/cm³) | 硬度(HRC) | 抗弯刚度/MPa | 线胀系数(0～300℃)/℃⁻¹ | |
| YG3 | 97 | 3 | 14.9～15.3 | 91 | 10.29 | | 耐腐蚀性好，可在高速下使用 |
| YG6 | 94 | 6 | 14.6～15 | 89.5 | 10.20 | $4.5\times10^{-6}$ | 耐磨性较高，有一定冲击韧性，常用动作、静环材料 |
| YG8 | 92 | 8 | 14.4～14.8 | 89 | 14.71 | $4.5\times10^{-6}$ | 耐磨性较YG6差，有时也用作动、静环材料 |
| YG15 | 85 | 15 | 13.9～14.1 | 87 | 18.63 | $5.3\times10^{-6}$ | 强度高、冲击韧性好，常用作动、静环材料 |

**表4-27　国外一些硬质合金的成分和性能**

| 项目 | | 硬质合金 | | | | |
|---|---|---|---|---|---|---|
| 成分/% | WC | 93～97 | 93～95 | 90～92 | 90～92 | 75 |
| | Co | | 5～7 | | 8～10 | 20 |
| | Ni | | | 8～10 | | |
| | TiC<br>TaC | 3～7 | | | | 5 |
| 物理性能 | 相对密度 | 14.5～15.5 | 14.6～15.0 | 14.4～14.9 | 14.6～14.8 | 12.0～12.2 |
| | 硬度(HRA) | 92.5～94 | 90.3～91.3 | 89～91 | 89.5～90.5 | 88～89.5 |
| | 线胀系数/$10^{-5}K^{-1}$ | 4.9～5.1 | 5 | 4.8 | 5.3 | 7 |
| | 热导率[W/(m·K)] | 93.0～104.7 | 79.1～83.7 | 75.6 | 69.8～75.6 | |
| 力学性能 | 压缩强度/MPa | 3923 | 5296 | 4217 | 5099 | 3432 |
| | 抗弯刚度/MPa | | 1357～1765 | | 1373～1765 | 2844 |
| | 抗拉刚度/MPa | >686 | 1569～2452 | 1765～2648 | 1765～2648 | >1961 |
| | 弹性模量/$10^4$MPa | 68.6 | 62.7 | 61.8 | 57.9 | 44.1 |

（3）密封副材料配对规律

机械密封的端面材料是配对使用的，必须考虑其配对性能。在应用过程中，可靠性比经济性更为重要，在可能的情况下，应优先考虑选择高等级的配对材料。端面摩擦副材料常用的组对规律如表4-28所示。

在选用机械密封材料时，出发点是尽可能地保证密封副材料满足其必要的特性。在大多数场合下，为满足密封副材料的三大性能，一般的介质常采用密封副材料软对硬的组合，其中软材料密封面主要靠承磨台的磨合性和自润滑性得以维持，而硬材料密封面依靠的是耐磨台的高精度。对于摩擦副材料硬对硬的组合，只有在特殊情况（含硬固体颗粒的介质）下才采用。

表 4-28　端面摩擦副材料几种常用的组对规律

| 工况 | 规　律 |
| --- | --- |
| 轻载工况<br>($v<10m/s$, $p\leqslant 1MPa$) | 优先选择一密封环材料为浸树脂石墨，而另一配对密封环材料则可根据不同的介质环境进行选择。例如，油类介质可选用球墨铸铁；水、海水可选用青铜；中等酸类介质可选用高硅铸铁、含钼高硅铸铁等。轻载工况也可选择等级更高的材料，如碳化钨、碳化硅等 |
| 高速高压高温等重载工况 | 石墨环一般选择浸锑石墨，与之配对材料通常选择导热性能很好的反应烧结或无压烧结碳化硅，当可能遭受腐蚀时，选择化学稳定性更好的热压烧结碳化硅 |
| 同时存在磨粒磨损和腐蚀性的工况 | 端面材料必须均选择硬材料以抵抗磨损。常用的材料组合为碳化硅-碳化钨，或碳化硅-碳化硅。碳化钨材料一般选择钴基碳化钨，但当有腐蚀危险时，则应选择更耐腐蚀的镍基碳化钨。对于强腐蚀而无固体颗粒的工况，可选择填充玻璃纤维聚四氟乙烯与超纯氧化铝陶瓷的材料组合 |

## 4.4.2　辅助密封材料及选择

辅助密封包括动环、静环的辅助密封圈，其作用是防止动环和转轴与静环和压盖之间的泄漏，补偿密封面的偏斜振动，保证使动、静环端面紧密贴合并具有浮动性，从而保证动、静环端面良好的贴合，保证密封可靠，延长使用寿命。密封圈从端面形状看，有O形圈、矩形圈（垫）、V形圈、楔形圈、梯形圈、包覆垫或包覆O形圈等。

（1）辅助密封圈材料的性能及要求

辅助密封圈材料的物理和力学性能的要求与密封面材料有关，如表4-29所示对辅助密封圈材料性能作了介绍。

表 4-29　一些辅助密封圈材料性能介绍

| 性能 | 介　绍 |
| --- | --- |
| 温度范围 | 辅助密封的使用温度范围不但要考虑热态使用温度，还要考虑冷态使用温度。在热态使用温度下，在某个点上材料会开始变软，产生化学变质。在冷态使用温度下，某些材料会开始变得很硬，而且很脆 |
| 硬度范围 | 弹性体辅助密封材料会形成不同的硬度。O形圈的肖氏硬度范围通常为60～90HS。较硬的O形圈能具有很好的抗挤出性能，较软的O形圈具有较低的爆发(打开)滑动摩擦性能 |
| 抗拉强度 | 所有的弹性体材料的抗拉强度要比其他材料低。当抗拉强度由于周围环境的影响或组对不正确而低于正常值时，弹性体会损坏 |
| 伸长率 | 伸长率的变化也是弹性体的质量标志。伸长率对安装很重要，特别是在密封圈尺寸较小时尤其重要 |
| 回弹率 | 回弹率是弹性体恢复弹性的标志，是指材料受载后，卸载到零的变形恢复能力，其值为卸载回弹后厚度与总载下厚度之差除以预载下厚度与总载下厚度之差，再乘100%。作为密封材料，其回弹率高说明它与金属材料具有良好的接触性，只要有较小的压紧力，就可达到良好的密封 |
| 压缩永久变形 | 弹性体供密封用时，其压缩永久变形是一项最重要的参数。压缩永久变形是密封圈压缩后的尺寸恢复的计量标准。在恒压力载荷下，压缩永久变形还不是如此重要。然而，在压力载荷施加、卸除、再施加的使用场合下，压缩永久变形这一参数就变得非常重要。压缩永久变形性能差的密封圈，不会使缝隙得到密封。此外，选用密封圈使用温度不合适(过高或过低)时也会发生压缩永久变形 |

根据辅助密封的作用，对辅助密封圈材料的要求如下：

① 材料弹性好，特别是要求良好的复原性，永久变形要小。

② 不受流体介质的侵蚀，而且在介质中膨胀和收缩都不大。

③ 摩擦系数小，耐磨性好。

④ 使用温度范围要广（在高、低温下不黏着、变硬脆和失弹）。

⑤ 要有适当的力学性能，如扯断强度及其伸长率、耐压性等，在压力作用下无显著变形，有优良的抗撕裂性、耐磨性和耐压性等。

⑥ 便于加工并可得到高的精度。

⑦ 抗介质腐蚀、溶解、溶胀、老化等性能好，对介质不应有污染等。

(2) 辅助密封圈材料

辅助密封圈材料主要有弹性体（如橡胶）、塑料（如聚四氟乙烯）、纤维（如石棉、碳纤维）、无机材料（如膨胀石墨）和金属材料（如铜、铝、不锈钢等）。橡胶辅助密封圈是使用最广的一种辅助密封圈。常用的橡胶密封材料有天然橡胶、丁腈橡胶、丁苯橡胶、乙丙橡胶、硅橡胶、氟橡胶、聚硫橡胶、氯丁橡胶等。

如表 4-30 所示对辅助密封圈材料及性能指标作了介绍。

**表 4-30 常用辅助密封圈材料介绍**

| 名称 | | 代号 | 使用温度/℃ | 特点 | 应用 |
|---|---|---|---|---|---|
| 天然橡胶 | | NR | −50～120 | 弹性和低温性能好，但高温性能差，耐油性差，在空气中容易老化 | 用于水、醇类介质中，不宜在燃料油中使用 |
| 丁苯橡胶 | | SBR | −30～120 | 耐动植物油，对一般矿物油则膨胀大，耐老化性强，耐磨性比天然橡胶好 | 用于水、动植物油、酒精类介质中，不可用于矿物油中 |
| 丁腈橡胶 | 中丙烯腈（丁腈-26） | NBR | −30～120 | 耐油、耐磨、耐老化性好，但不适用于磷酸酯系液压油及含极压添加剂的齿轮油 | 应用广泛，适用于耐油性要求高的场合 |
| | 高丙烯腈（丁腈-40） | | −20～120 | 耐燃料油、汽油及矿物油的性能最好，丙烯腈含量高，耐油性能好，但耐寒性较差 | |
| 乙丙橡胶 | | EPDM | −50～150 | 耐热性、耐寒性、耐老化性、耐臭氧性、耐酸碱性、耐磨性好，但不耐一般矿物油系润滑油及液压油 | 适用于要求耐热的场合，可用于过热蒸汽中，但不可用于矿物油、液氨和氨水中 |
| 硅橡胶 | | MPVQ、MVQ | −70～250 | 耐热、耐寒性能和耐压缩永久变形的性能极佳，但机械强度差，在汽油、苯等溶剂中胀大，在高压水蒸气中发生分解，在酸和碱的作用下发生离子型分解 | 用于高、低温下高速旋转的场合 |
| 氟橡胶 | | FPM | 20～250 | 耐油、耐热和耐酸碱性能极佳，几乎耐所有润滑油、燃料油，耐真空性好，但耐寒性和耐压缩永久变形性不好，价格高 | 用于要求耐高温、耐腐蚀的场合，但对酮、酯类溶剂不适用 |
| 聚硫橡胶 | | TR | 0～80 | 耐油、耐溶剂性能极佳，在汽油中几乎不膨胀。强度、抗撕裂性、耐磨性能差，使用湿度范围小 | 多用于在介质中不允许膨胀的静止密封 |
| 氯丁橡胶 | | CR | −40～130 | 耐老化性、耐臭氧性、耐热性比较好，耐燃性在通用橡胶中为最好，耐油性次于丁腈橡胶而优于其他橡胶，耐酸、碱、溶剂的性能也较好 | 用于易燃性介质及酸、碱、溶剂等场合，但不能用于芳香烃及氯化烃油介质中 |

续表

| 名称 | 代号 | 使用温度/℃ | 特点 | 应用 |
|---|---|---|---|---|
| 填充聚四氟乙烯 | PTFE | −260～260 | 耐磨性极佳，耐热性、耐寒性、耐溶剂性、耐腐蚀性较好，具有低的透气性，但弹性极差，线胀系数大 | 用于高温或低温条件下的酸、碱、盐、溶剂等强腐蚀性介质中 |
| 柔性石墨 | Grafoil | −196～427 | 既有普通石墨的优良热稳定性、化学稳定性和高导热性，同时又具有独特的可压缩性和回弹性。耐高温，但强度较低，应注意加强保护 | 柔性石墨常通过模压制成矩形圈、楔形圈、垫片，用于机械密封静环辅助密封圈、动环辅助密封圈、金属波纹管密封的波纹管组件与轴套连接的静密封垫 |
| 沉淀硬化不锈钢 | AM350 | −40～450 | 热处理后强度高，耐腐蚀性与1Cr18Ni9Ti相似 | |
| 高镍合金 | Inconel-750 | −250～750 | 高、低温强度好，耐腐蚀性好，但焊接困难或成本高 | |
| 镍钼合金 | HastelloyC | 约1000 | 耐腐蚀性最好，不需热处理，强度高，但成本高 | |

## 4.4.3 弹性元件材料

机械密封弹性元件包括弹簧和波纹管，两者均是弹力加载元件，作用是保证动、静环的良好结合、欲压紧和在断面磨损后或有波动时起到自动补偿作用。对弹性材料的要求是：在介质中耐腐蚀，并在长期工作条件下不减少或失去原有的弹性。在密封面磨损后仍能维持必需的压紧力，即其减少率不大于原有弹簧力的10%～25%。

(1) 弹簧

常用的弹簧材料有磷青铜、碳素弹簧钢、铬钢及不锈钢等。如表4-31所示，介绍各种弹簧材料的性能及使用情况。

**表4-31 各种弹簧材料的性能及使用情况**

| 材料种类 | 材料牌号 | 直径/mm | 扭转极限应力 $\tau$/MPa | 许用扭转工作应力 $[\tau]$/MPa | 剪切弹性模量 $G$/MPa | 使用温度范围/℃ | 使用情况 |
|---|---|---|---|---|---|---|---|
| 磷青铜 | QSi3-1 | 0.3～6 | $0.5\sigma_b$ | $0.4\sigma_b$ | 39.2 | −40～200 | 防磁性好，用于海水和油类介质中 |
| | QSn4-3 | 0.3～6 | $0.4\sigma_b$ | $0.3\sigma_b$ | | | |
| 碳素弹簧钢 | 65Mn | 5～10 | 4.9 | 3.9 | 78.5 | −40～120 | 用于常温无腐蚀性介质中 |
| | 60Si2Mn | 5～10 | 7.3 | 5.8 | | | |
| | 50CrVA | 5～10 | 4.4 | 3.53 | 78.5 | −40～400 | 用于高温无腐蚀性介质中 |
| 铬钢及不锈钢 | 3Cr13<br>4Cr13 | 1～10 | 4.4 | 3.53 | 39.2 | −40～400 | 用于弱腐蚀性介质中 |
| | 1Cr18Ni9Ti | 0.5～8 | 3.92 | 3.2 | 78.4 | −100～200 | 用于强腐蚀性介质中 |

注：表中使用温度范围是指密封腔内介质温度。

对于强腐蚀性介质，一般采用弹簧加保护套或弹簧涂聚四氟乙烯来保护弹簧不受腐蚀破坏。国外还采用高镍铬钢（Carpenter20）和36HXT钢。

(2) 波纹管

波纹管的材料有金属、塑料和橡胶等。金属波纹管的材料可用奥氏体不锈钢、马氏体不锈钢、析出硬化性不锈钢（17-7PH）、钛、AM350、蒙乃尔合金（Monel高镍铜合金）、因康乃尔合金（Inconel-Ni-Cr-Fe耐热高镍合金）、哈斯泰洛合金（Hastelloy-B及C-耐蚀耐高温镍铬合金）和磷青铜。国产波纹管采用1Cr18Ni9Ti及Ni28Cr18钢。前苏联化工设备机械密封使用的金属波纹管采用0Cr18Ni9Ti（0X18H18T）不锈钢。如表4-32所示，介绍了一些波纹管材料的性能、特点与应用。

表4-32 部分波纹管材料的性能、特点与应用

| 材料种类 | 密度/(g/cm$^3$) | 热导率/[W/(m·℃)] | 线胀系数/$10^{-6}$℃$^{-1}$ | 弹性模量/$10^4$MPa | 抗拉强度/MPa | 特点与应用 |
|---|---|---|---|---|---|---|
| 黄铜(H80) | 8.8 | 141 | 19.1 | 10.5 | 270 | 塑性、工艺性能好，弹性差。所制作的波纹管常与弹簧联合使用 |
| 不锈钢(1Cr18Ni9Ti) | 8.03 | — | 5.2(0～100℃) | 19 | 750(半冷作硬化) | 力学性能、耐腐蚀性能好。应用广泛，常用厚度为0.05～0.45mm |
| 铍青铜(QBe2) | 8.3 | — | 5.2(21℃) | 13.1(21℃) | 1220 | 工艺性能好，弹性、塑性较好，耐腐蚀性好，疲劳极限高，用于180℃以下要求较高的场合 |
| 海氏合金C | 8.94 | — | 3.9(21～316℃) | 20.5(21℃) | 885(21℃) | 耐腐蚀、抗氧化性能好，能耐多种酸(包括盐酸)及碱的腐蚀 |
| 聚四氟乙烯 | 2.2～2.35 | 0.0026 | 8～25 | — | 14～25 | 耐腐蚀性、耐热性、耐低温性、耐水性、韧性好、但导热性差，线胀系数大，冷流性大，需与弹簧组合使用 |

## 4.4.4 其他金属件材料

机械密封中其他金属件主要有动静环的环座、推环、波纹管座、弹簧座、传动销、折流套、集装套、紧定螺钉、定距（位）片、冲洗和背冷用的附件等，石油化工常用的这些元件所采用材料有不锈钢、铬钢等，如1Cr13、2Cr13、1Cr18Ni9Ti等，根据被密封介质的腐蚀性可以采用表4-33中所列的耐腐蚀材料。

表4-33 耐腐蚀材料

| 种类 | 材料名称 | 牌号 | 主要用途 |
|---|---|---|---|
| 铸铁 | 高硅铸铁 | STSi15 | 全浓度硝酸、硫酸及较强的腐蚀液 |
| | 高铬铸铁 | Cr28 | 浓硝酸、高温等 |
| | 高镍铸铁 | NiCr202 | 烧碱等 |
| | 高镍铸铁 | NiCr303 | 烧碱等 |
| 铅 | 硬铅 | PbSb10-12 | 全浓度硫酸 |
| 常用不锈钢 | 铬钢 | 1Cr13 | 石油及石油化工 |
| | | 2Cr13 | 石油及石油化工 |
| | 304型铬镍钢 | 0Cr18Ni9 | 稀硝酸、有机酸等 |
| | 304型 | 1Cr18Ni9Ti | 稀硝酸、有机酸等 |
| | 304L型 | 00Cr18Ni10 | 稀硝酸、有机酸等抗晶间腐蚀 |
| | 316型铬镍钼钢 | 1Cr18Ni12Mo2Ti | 稀硫酸、磷酸、有机酸等 |
| | 316L型 | 00Cr18Ni12Mo2 | 稀硝酸、有机酸等抗晶间腐蚀 |
| 常用合金 | 高镍铜合金 Monel | Ni65Cu28 | 氢氟酸、硅氟酸等 |
| | 耐蚀高温镍铬合金 Hastelloy C-276 | Ni53Mo17 | 全浓度盐酸等 |
| | 高镍铬钢 Carpenter42 | 4J42 | |
| | 17-7PH 析出硬化不锈钢 | 0Cr17Ni4Cu4Nb | |

续表

| 种类 | 材料名称 | 牌号 | 主要用途 |
| --- | --- | --- | --- |
| 其他耐腐蚀材料 | 320 型铬镍钼钢 | | |
| | 804 型 | 0Cr30Ni42Mo3Cu2 | 烧碱蒸发及 904 型不能抗蚀的场合 |
| | 825 型 | 0Cr20Ni42Mo3Cu2 | 904 型不能抗蚀的场合 |
| | 904 型 | 0Cr30Ni25Mo5Cu2 | 稀硫酸等 |
| | 941 型 | 0Cr13Ni25Mo3Cu3N | 稀硫酸等、316 型不能抗蚀的场合 |
| | K 合金 | 1Cr24Ni20Mo2Cu3 | 稀硫酸等 |
| | 20$^{\#}$ 高镍铬合金 | 0Cr20Ni30Mo2Cu3 | 稀硫酸等 |
| | 28$^{\#}$ 高镍铬合金 | 0Cr28Ni30Mo4Cu3 | 磷酸等 |
| | K Monel | NiCu30Al | |
| | Monel 400 | | |
| | Monel 500 | | |
| | Hastelloy B-2 | Ni65Mo28 | 全浓度盐酸等 |
| | 涂覆 PTFE 的 316 钢 | | |
| | 填充玻璃纤维 PTFE | TA2,TA3,TA4 | 纯碱、海水等 |
| | 钛合金 | | |

## 4.4.5 不同工况下机械密封材料的选择

在选择机械密封材料时，必须明确密封对各部分材料的要求，掌握各种常用材料的具体性能。机械密封材料的选择对密封的使用寿命和运转可靠性具有重大意义，表 4-34 列出了不同工况下的机械密封材料的选择。

**表 4-34 不同工况下的机械密封材料选择**

| 介质 | | | 静环 | 动环 | 辅助密封圈 | 弹簧 |
| --- | --- | --- | --- | --- | --- | --- |
| 名称 | 浓度/% | 温度/℃ | | | | |
| 硫酸 | 5～40 | 20 | 石墨浸渍呋喃树脂 | 氮化硅 | 聚四氟乙烯、氟橡胶 | Cr13Ni25Mo3Cu3Si3Ti、海氏合金 B |
| | 98 | 60 | 钢结硬质合金（R8）、氮化硅、氧化铝陶瓷 | 填充聚四氟乙烯 | | 1Cr18Ni12Mo2Ti、4Cr13 喷涂聚四氟乙烯 |
| | 40～80 | 60 | 石墨浸渍呋喃树脂 | 氮化硅 | | Cr13Ni25Mo3Cu3Si3Ti、海氏合金 B |
| | 98 | 70 | 钢结硬质合金（R8）、氮化硅、氧化铝陶瓷 | 填充聚四氟乙烯 | | 1Cr18Ni12Mo2Ti、4Cr13 喷涂聚四氟乙烯 |
| 硝酸 | 50～60 | 20～沸点 | 填充聚四氟乙烯 | 氮化硅 | 聚四氟乙烯、氟橡胶 | |
| | | | 氮化硅、氧化铝陶瓷 | 填充聚四氟乙烯 | 聚四氟乙烯 | 1Cr18Ni12Mo2Ti |
| | 60～99 | 20～沸点 | 氧化铝陶瓷 | | | |
| 盐酸 | 2～37 | 20～70 | 氮化硅、氧化铝陶瓷 | 填充聚四氟乙烯 | 氟橡胶 | 海氏合金 B、钛钼合金（Ti32Mo） |
| | | | 石墨浸渍呋喃树脂 | 氮化硅 | | |
| 醋酸 | 5～100 | 沸点以下 | 石墨浸渍呋喃树脂 | 氮化硅 | 硅橡胶 | 1Cr18Ni12Mo2Ti |
| | | | 氮化硅、氧化铝陶瓷 | 填充聚四氟乙烯 | | |

续表

| 介质 | | | 静环 | 动环 | 辅助密封圈 | 弹簧 |
|---|---|---|---|---|---|---|
| 名称 | 浓度/% | 温度/℃ | | | | |
| 磷酸 | 10～99 | 沸点以下 | 石墨浸渍呋喃树脂 | 氮化硅 | 聚四氟乙烯、氟橡胶 | 1Cr18Ni12Mo2Ti |
| | | | 氮化硅、氧化铝陶瓷 | 填充聚四氟乙烯 | | |
| 氨水 | 10～25 | 20～沸点 | 石墨浸渍环氧树脂 | 氮化硅、钢结硬质合金(R5) | 硅橡胶 | 1Cr18Ni12Mo2Ti |
| 氢氧化钾 | 10～40 | 90～120 | 石墨浸渍呋喃树脂 | 氮化硅、钢结硬质合金(R8)、碳化钨(WC) | 聚四氟乙烯、氟橡胶 | 1Cr18Ni12Mo2Ti |
| | 含有悬浮颗粒 | 20～120 | 氮化硅 | 氮化硅 | | |
| | | | 钢结硬质合金(R8) | 钢结硬质合金(R8) | | |
| | | | 碳化钨(WC) | 碳化钨(WC) | | |
| 氢氧化钠 | 10～42 | 90～120 | 石墨浸渍呋喃树脂 | 氮化硅、钢结硬质合金(R8)、碳化钨(WC) | 聚四氟乙烯、氟橡胶 | 1Cr18Ni12Mo2Ti |
| | 含有悬浮颗粒 | 20～120 | 氮化硅 | 氮化硅 | | |
| | | | 钢结硬质合金(R8) | 钢结硬质合金(R8) | | |
| | | | 碳化钨(WC) | 碳化钨(WC) | | |
| 氯化钠 | 5～20 | 20～沸点 | 石墨浸渍环氧树脂 | 氮化硅 | 聚四氟乙烯、氟橡胶 | 1Cr18Ni12Mo2Ti |
| 硝酸铵 | 10～75 | 20～90 | 石墨浸渍环氧树脂 | 氮化硅 | 聚四氟乙烯、氟橡胶 | 1Cr18Ni12Mo2Ti |
| 氯化铵 | 10 | 20～沸点 | 石墨浸渍环氧树脂 | 氮化硅 | 聚四氟乙烯、氟橡胶 | 1Cr18Ni12Mo2Ti |
| 海水 | | 常温 | 石墨浸渍环氧树脂、青铜 | 氮化硅、氧化铝陶瓷 | 聚四氟乙烯、氟橡胶 | 1Cr18Ni12Mo2Ti |
| | 含有泥沙 | | 氮化硅 | 氮化硅 | | |
| | | | 碳化钨 | 碳化钨 | | |
| 汽油、机油、液态烃等油类 | | 常温 | 石墨浸渍树脂 | 碳化钨、堆焊硬质合金 | 丁腈橡胶 | 3Cr13、4Cr13、65Mn、60Si2Mn、50CrV |
| | | 高温(>150) | 石墨浸渍环青铜、石墨浸渍巴氏合金 | 碳化钨、碳化硅、氮化硅 | 聚四氟乙烯、氟橡胶 | |
| | 含有悬浮颗粒 | | 碳化钨 | 碳化钨 | 丁腈橡胶 | |
| | | | 氮化硅 | 氮化硅 | | |
| | | | 氮化硅 | 氮化硅 | | |
| 有机物 尿素 | 98.7 | 140 | 石墨浸渍树脂 | 碳化钨、碳化硅、氮化硅 | 聚四氟乙烯 | |
| 有机物 苯 | 100以下 | 沸点以上 | 石墨浸渍酚醛树脂、石墨浸渍呋喃树脂 | 碳化钨、45钢、铸钢、碳化硅、氮化硅 | 聚硫橡胶、聚四氟乙烯 | 3Cr13、4Cr13 |
| 有机物 丙酮 | 95 | 沸点以下 | 石墨浸渍呋喃树脂 | | 乙丙橡胶、聚硫橡胶、聚四氟乙烯 | |
| 有机物 醇 | | | 石墨浸渍树脂、酚醛塑料、填充聚四氟乙烯 | | 丁腈橡胶、氯丁橡胶、聚硫橡胶、乙丙橡胶、丁苯橡胶、氟橡胶、聚四氟乙烯 | |

续表

<table>
<tr><th colspan="3">介质</th><th rowspan="2">静环</th><th rowspan="2">动环</th><th rowspan="2">辅助密封圈</th><th rowspan="2">弹簧</th></tr>
<tr><th colspan="1">名称</th><th>浓度/%</th><th>温度/℃</th></tr>
<tr><td>有机物 醛</td><td rowspan="2"></td><td rowspan="2"></td><td rowspan="2">石墨浸渍树脂、酚醛塑料、填充聚四氟乙烯</td><td rowspan="2">碳化钨、45钢、铸钢、碳化硅、氮化硅</td><td>乙丙橡胶、聚四氟乙烯</td><td rowspan="2">3Cr13、4Cr13</td></tr>
<tr><td>有机物 其他</td><td>聚四氟乙烯</td></tr>
</table>

# 4.5 机械密封新技术

机械密封的密封环境变化，使得使用条件更加苛刻、更加多样化，迫使机械密封向着零逸出、高性能和长寿化方向发展。由于人类对环境保护越来越重视，因此对机械密封的要求越来越严格，这就要求装置工艺流体达到零逸出，即要求无不可视易挥发物的逸出。同时，为了满足延长工艺装置运行周期的要求和确保"安、稳、长、满、优"地生产，对于机械密封来讲还要求高性能和长寿命化。

随着人类对环保、产品性能、产品寿命要求的提高，机械密封技术不断创新，新技术、新概念、新结构、新产品、新材料、新工艺和新标准都不断涌现，并向广度发展。高性能、高参数和高水平的产品被大量研制出来，并向深度发展。机械密封的应用范围不断扩大，从过去的单独密封发展到密封系统，并制定了新的密封系统标准。

近年来新发展的机械密封技术有流体阻塞密封技术、表面改形密封技术、控制平衡比技术、多端面密封技术、平行面密封技术、窄面密封技术、零逸出密封技术、安全密封技术、监控密封技术、组合密封技术等，利用这些新技术和新概念发展出了很多新结构和新产品。

## 4.5.1 流体阻塞密封技术

根据机械密封的应用和发展，按照密封端面摩擦副之间是否存在外加的液体，可将机械密封分为湿式密封和干式密封：湿式密封是指被密封流体为液体且密封端面间流体状态为纯液相或气液混相的密封，采用液体阻塞液体或气体，即液封液或液封气，湿式密封包括封油密封和工艺气体密封；干式密封既指那些被密封介质为气体的密封，又指那些被密封介质为液体，但密封端面间液体完全气化了的密封，同时也包含那些靠密封端面自身可分泌具有很强自润滑能力的熔融态固体物质，且密封面完全被这类物质所充满的密封，利用气体阻塞液体或气体，即气封液或气封气，干式密封包括氮气等惰性气体密封、被密封工艺气体密封、全气化密封、固体润滑密封。对于干式密封，当其端面摩擦副间包含各种气体时，其发展方向是其中某一端面开设有各种槽型（如螺旋槽等），且功耗低、泄漏少甚至零泄漏而又安全可靠的无接触式机械密封。

应用气体阻塞密封技术时密封系统布置应具有内密封、外密封和抑制密封，或主密封、副密封和辅助密封。内密封承受工艺流体和阻塞气体的压差较小，用来限制阻塞气体的内漏量；外密封承受阻塞气体和大气的压差较大，用来限制阻塞气体的外漏量；有时需要用辅助（抑制）密封来保证零泄漏或零逸出。在串联密封中，内密封因承受的压差小，故可采用普通机械密封；无阻塞气体时作为单密封运转的内密封才承受较高压差。外密封是气体阻塞密封的关键，典型外密封旋转面上均开设了不同形状的槽，以阻止较高压力的阻塞气体向外（大气）泄漏。这类开槽密封环，可以是浅槽或深槽的，但必须由密封槽、密封堰和密封坝组成，且能产生流体静、动压承载能力和升举力以支持密封环。气体通过流槽还起润滑和冷却作用。

气体阻塞串联密封均具有以下一些共性。

① 密封面由自润滑、非黏结性材料制成，典型材料组合是其中一个面为碳石墨，配对面具有高热导率的较硬材料，如 SiC 或 WC。

② 密封端面上产生的热量得到耗散，避免了密封环面过热。与普通机械密封不同，气体阻塞密封端面上的热量值仅为液体阻塞推压式密封的 1/100～1/10，所以端面温升达到最低，甚至在干运转时也是如此。

③ 密封端面的平面度是最小气体泄漏量的关键，所以压力和温度梯度引起的端面变形应得到精确控制，以减少泄漏，防止失效。

④ 气体阻塞密封具有抗负压的能力。

⑤ 通过合理选择密封槽的几何形状和尺寸，可以有效地减少端面磨屑和冷却密封面。

同湿式阻塞密封相比，干式阻塞密封取消了阻塞支持系统，不但简化了管路系统，而且可以有效控制泄漏直至零泄漏，同时避免了产品介质的污染，大大降低了功耗。

## 4.5.2 表面改形密封技术

表面改形技术就是通过在密封端面上开出各种形状的槽来改善端面间的润滑状况，从而实现机械密封的长寿命运行。近年来新发展的有零泄漏密封技术、干气密封技术、上游泵送密封技术和热流体楔密封技术等。

采用有限元（FEA）和计算机辅助设计（CAD）手段，研究人员通过对端面开槽（包括螺旋槽、圆弧槽、三角槽、半圆槽、矩形槽和斜角槽等槽型）机械密封的性能预测、结构优化和应用研究，发现这类流体动压型机械密封具有巨大的潜在优势，具有省功、泄漏量小、工作寿命长以及系统较简单等优点。依端面开槽深度的不同，将流体动压型机械密封分为浅槽型和深槽型两种。

（1） 密封面开浅槽密封技术

端面开浅槽机械密封是在密封端面上开出微米级槽，依靠密封端面间有相对运动及其槽的台阶效应和输送效应，产生流体动压力，来平衡闭合力，实现密封端面的非接触。端面开浅槽机械密封既可用于气体介质的密封（即干式气体机械密封），也可用于液体介质的密封（即上游泵送机械密封）。

① 干运转气体密封　干运转气体密封即干气密封如图 4-30 所示，是将开槽密封技术用于气体介质的密封。当端面外侧开设有流体动压槽（2.5～10μm）的动环旋转时，流体动压槽把外径侧（称为上游侧）的高压隔离气体泵入密封端面之间，由外径至槽径处气膜压力逐

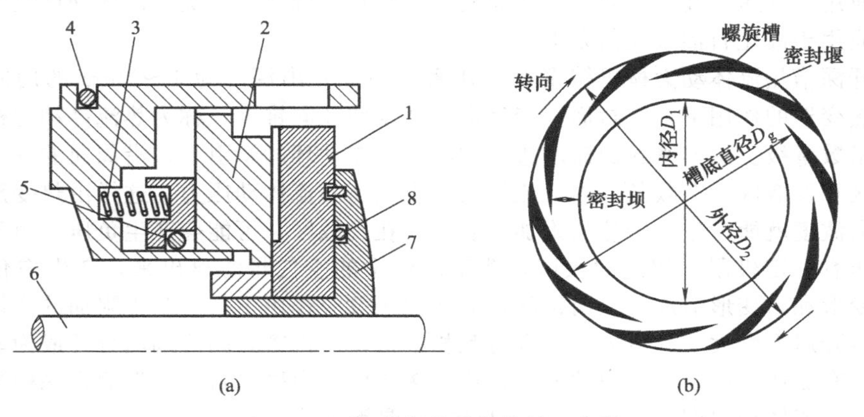


图 4-30　干运转螺旋槽气体端面密封

1—动环；2—静环；3—弹簧；4,5,8—O 形圈；6—轴；7—组装套

渐增加，而自槽径至内径处气膜压力逐渐下降，在摩擦副之间形成很薄的一层气膜（1～3μm），从而使密封工作在非接触状态下。所形成的气膜完全阻塞了相对低压的密封介质泄漏通道，实现了密封介质的零泄漏或零逸出。这种密封运行无磨损，功耗小；泄漏量小，结构相对简单，无需复杂的封油系统，安装维护费用低；系统可靠，可实现长周期稳定运行。

图 4-31 上游泵送机械密封端面结构

②上游泵送密封 如图 4-31 所示，上游泵送密封的工作原理和结构与干气密封类似。不同之处在于，上游泵送密封的端面流体动压槽是把由高压侧泄漏至低压侧的被密封液体重新反输至高压侧，以消除密封介质由高压侧向低压侧的泄漏。对内装式上游泵送机械密封，动环外径侧（规定为上游侧或高压侧）进高压密封流体，而内径侧（规定为下游侧或低压侧）进低压流体。当动环正确旋转时，在螺旋槽黏性流体动压效应的作用下，动、静环端面之间产生一层流体膜，使动、静环端面保持分离即非接触状态。端面螺旋槽流体动压效应所产生的黏性剪切流的方向由下游侧指向上游侧，用以平衡由上游侧指向下游侧的压差流。

上游泵送机械密封实质上是利用端面上的浅槽将下游（低压侧）少量泄漏物泵送回上游(高压侧)，是平面密封和流体动压槽的组合。高压侧与低压侧之间的压差造成径向泄漏的压差流 $Q$ 与浅槽产生的径向剪切流 $Q_0$（同压差流流向相反）相比，当 $Q=Q_0$ 时，密封达到零泄漏；当 $Q<Q_0$ 时，密封可以实现零逸出。此时应对密封进行优化设计，以确保密封向内泵送量对泵内流场的干扰降至最小。当在低压侧附加缓冲介质时，只要保持冷却密封面和完全抵抗压差流的最小向内泵送量，那么便可达到零泄漏，实现长寿命。

(2) 密封面开深槽密封技术

在普通机械密封端面上开设深度达毫米数量级（通常为 1～2mm）的各种形状的槽可形成端面深槽机械密封。根据密封原理不同，开深槽密封可分为流体动压垫密封和热流体动力楔密封。

端面开深槽流体动压垫密封是在密封端面上开出几组深度达几毫米的凹槽或孔和压力介质引入孔，将密封流体或外界润滑流体引入密封端面，实现对密封端面的充分润滑和冷却。由于压力介质的引入，使得两端面分开成为非接触型机械密封，利用各种形状较深的密封面流槽，产生流体静、动压效应。这种具有流体静、动压承载能力的密封，称为流体动压垫密封，广泛应用于高压、高速、高温等普通机械密封难于胜任的工况。流体动压机械密封技术已成功地应用于液化石油气注射泵上。

端面开深槽热流体动力楔机械密封是在密封环上开出深度为 1～2mm 的周向沟槽，在力变形和热变形的作用下，密封面上产生周向波度和径向锥度，称为热流体动力楔，波度的波幅为微米数量级。由于密封面流动边界的波动，在动环的牵引下，沿周向的黏性流动交替经历收敛区和发散区。在收敛区内，流体膜产生很高的流体动压力，这样由热变形和力变形形成的周向波度就能产生一个静的附加开启力；在发散区，可能会产生负压。由于流体所能承受的负压有一定极限，超过此极限，溶于液体中的空气将游离出来，产生空化现象。另外，由热变形和力变形形成的径向锥度在流体静压效应作用下，将产生附加的流体静压承载能力，使得开启力增大。开启力与闭合力互相平衡，使得密封副两端面分开成为非接触型机械密封。具有流体动压承载能力的密封，称为热流体动力楔密封。与端面开深槽流体动压垫密封相比，热流体动力楔机械密封最明显的特点是泄漏量小。

热流体动力楔主要利用密封环的变形特别是热变形产生的流体动力楔效应，以圆弧槽和矩形槽热流体动力楔机械密封为代表，主要用于高参数条件下液体介质的密封。流体动压垫主要利用端面开槽产生的流体静、动压效应，以角状槽端面密封为代表，主要用于易气化介质的密封，以及那些难以选择相容性辅助系统用液的介质密封。

这类密封的流槽形状较多，有矩形槽、三角槽、半圆槽、直弦槽、圆弧槽、台阶槽、凸台槽、多棱（四角、六角、八角）槽、倒角槽、斜角槽和内外圆弧槽等。圆弧槽（矩形槽）能吸液体而使密封环外缘得到良好冷却，还具有自动排除杂质能力，工作可靠。另一种已投入商业应用的深槽型密封是低摩擦接触式泵用气体阻塞密封。

## 4.5.3 平行面密封技术

平行面密封技术是控制密封面变形或倾斜的密封技术。它采用控制密封面变形或倾斜的平行面原则，可以减小泄漏量、减小磨损和使流体膜承载能力保持为常数（即膜压系数不变），以保持性能稳定，使密封达到长寿命化运转。

实现平行面原则时可采用下列各种不同措施：

(1) 两环密封面平行且垂直于轴线

可通过每个环本身的热变形与力变形相互协调来达到。通过改变环的几何形状，动、静环各自的力、热变形大小相等、方向相反，相互抵消使各自的转角等于零。这样，两环的密封面始终平行且垂直于轴线。

(2) 两环密封面平行但不一定垂直于轴线

可通过两环的热变形与力变形相互协调来达到。两环密封面平行，可以垂直于轴线，也可以不垂直于轴线。这两种措施多用于密封设计中，以避免力变形和热变形的影响。

(3) 两环密封面始终贴合保持两环密封面平行

可加大轴套与环的径向间隙和加宽密封面，并加大静环移动间隙来补偿轴系振摆或陀螺效应，使密封面贴合（即平行）。例如，赤土盾公司生产的运动密封，可改变密封环尺寸、形状和受力位置来保持两环密封面贴合；里贝克博士公司生产的径向顺从密封，利用箱体可动来补偿轴系的振摆或移动，保证两环密封面相互贴合或平行；加洛克公司生产的三维密封也能始终保证两环密封面平行。国内石化企业已经研制出窄边运动密封，在橡胶厂作为釜用密封，运转平稳，密封效果良好。

## 4.5.4 多端面密封技术

(1) 双密封

双密封中有对置密封和串级密封。对置双密封中有面对面对置双密封和背靠背对置双密封，其中阻塞流体的压力高于工艺流体压力和大气侧压力，可避免工艺流体外漏，但靠大气侧密封压差较大。串联双密封中缓冲流体的压力低于工艺流体压力而高于大气侧压力，中间流体只起缓冲作用，可减小大气侧密封压差。

(2) 中间环密封

中间环密封有以下三种作用：

① 减小 $pv$ 值用的中间环旋转的高速密封。

② 静环正转流槽或动环反转流槽的双向气体端面密封。

③ 中间环两侧压力和温度对称，可避免力变形或热变形的中间环不转的高压或高温密封。

此外，中间环密封两边开槽还可用于正反双向运转。

(3) 三密封和多密封

多密封大都制成组合密封，其中各密封起到各自的作用。

### 4.5.5 组合密封技术

随着现代工业的飞速发展，对密封的要求越来越高，单一的一种密封有时难以满足苛刻的工况条件。将几种密封组合起来，利用其各自优势，使其充分发挥作用，已成为密封行业目前广泛应用的技术。

组合式机械密封的形式很多，但不外乎是非接触式密封与接触式密封混合组合或接触式密封与接触式密封组合两大类。在高参数或条件苛刻的情况下，采用机械密封与浮环密封、螺旋密封或迷宫密封形成组合密封工作。在组合密封中，机械密封主要起防漏作用，而其他形式的密封起节流阻滞作用。

在中、低压工艺气体透平压缩机上，用机械密封与浮环密封的组合密封替代传统的浮环密封是当今重要的技术发展。据统计，20 世纪 70 年代以来，从国外引进的大型石化装置中，机械-浮环组合密封越来越多，涉及化肥、炼油、乙烯、化工等领域。机械-浮环组合密封中，前者起抑制内漏量的作用，而后者起到耐高压的作用。国内四川密封研究所生产此类密封，在离心压气机中得到广泛应用。此外，国内机泵还采用机械-迷宫螺旋组合密封、机械-填料组合密封及机械-螺旋组合密封等。

机械-干气组合密封主要用于中、高压条件下，第一级密封为机械密封，密封介质为液体，第二级密封为干气密封，密封介质为第一级密封泄漏的微量介质和外部引入的惰性气体。其特点是机械密封作为主密封对工艺介质进行密封，干气密封作为辅助密封。

### 4.5.6 可控机械密封

在机械密封实现高参数设计制造与运行之后，人们开始了对泄漏率和磨损同时控制的研究。泄漏率和磨损是表征机械密封性能的两个方面。泄漏率高，则密封端面间液膜厚，工作时端面磨损小，机械密封使用寿命长；泄漏率低，则密封端面间液膜较薄，工作时端面磨损大，机械密封使用寿命短。因而寻找机械密封最佳工况点成了机械密封实现性能控制的关键。

实际生产过程中，操作参数的变化必然会引起机械密封性能的变化。对接触式机械密封来讲，可能会造成端面间开启力大于闭合力，使端面瞬间打开，产生严重泄漏，或者是端面间液体完全气化、磨损加剧，缩短密封寿命。对非接触式机械密封而言，则可能由于端面间开启力与闭合力的不平衡，引起端面的接触或膜厚过大，造成严重磨损或泄漏。显然如果这类失效发生在核反应堆冷却泵、液氧透平泵、液态经泵或主压缩机的轴封上，都可能造成严重的后果。因此，可控机械密封是未来密封发展中最有前途的形式之一。

接触式机械密封设计的最基本目标是使泄漏量最小，这可通过保持密封端面温度恒定在某一数值上来实现。研究表明，石油化工生产用泵的普通机械密封大多数处于边界或混合摩擦状态，是典型的接触式密封，加上生产实际允许密封控制反馈有一定滞后，所以这类密封的控制系统一般采用端面温度作为反馈信号。

非接触式机械密封的最基本目标是设法在密封坝上维持一层完整、稳定的流体薄膜。研究表明，膜厚是这类密封设计和工作中非常重要的参数，不仅直接影响到泄漏量的大小，而且还直接影响到动环的动态参数以及密封的摩擦状态和动态响应。此时，密封设计的一个关键问题就是保持动、静环之间的预定膜厚不变，目前主要是通过控制端面间开启力或闭合力的方法来实现。基于控制端面开启力的方法对端面几何形状依赖性太强、对各种参数太敏感，这就限制了仅仅针对某一特殊端面几何形状设计的应用，从而缺乏通用性，特别是通过改变密封面锥度来改变开启力的控制系统中，制动器所需的高压电源给密封易挥发介质带来了另一个安全性问题。而基于闭合力调节机构的受控密封，可以避免上述问题，所以它适用于各种形式的机械密封。例如，将浮动环背面与密封介质隔开，而对其施加一个可控的压力，就可控制端面间膜厚。如图 4-32 所示就是这类密封的一例，该系统采用涡流振动传感器测量浮动环沿主轴轴向的动态响应（即端面间膜厚变化幅值）作为反馈信号，经过控制系统由电-气转换器提供与由 D/A 转换器获得的电压信号成比例的空气压力，改变浮动环的背压，进而控制端面间膜厚。

应该指出，密封控制系统的反馈信号除采用上述温度和端面间膜厚信号外，还可采用端面摩擦扭矩和泄漏量。研究表明，测量的扭矩中一般包括了轴承的摩擦扭矩和密封的搅拌扭矩，并不能真实反映端面扭矩值，显然作为控制反馈信号是失真的；泄漏流体可以呈气（汽）、液、固（结晶）三种相态中的一种或两种甚至三种，加上泄漏流体在密封低压侧的附着，所以哪怕采用最精密的仪器也无法实现对密封的同步控制。由于上述原因，后两种方案一般不常用。如何实现测量元器件、机械密封组件和控制系统的集成化，研制更高级的传感器，使其具有优良的静、动态特性，提高其耐温范围等是未来研究方向。还应指出的是，控制端面间膜厚仅仅是确保非接触工况稳定的一个方面，如何减小或消除密封动、静环间存在的较大的同轴度误差，对非接触式机械密封稳定工作的影响也是十分重要的，未来密封研究也应对此加以重视。

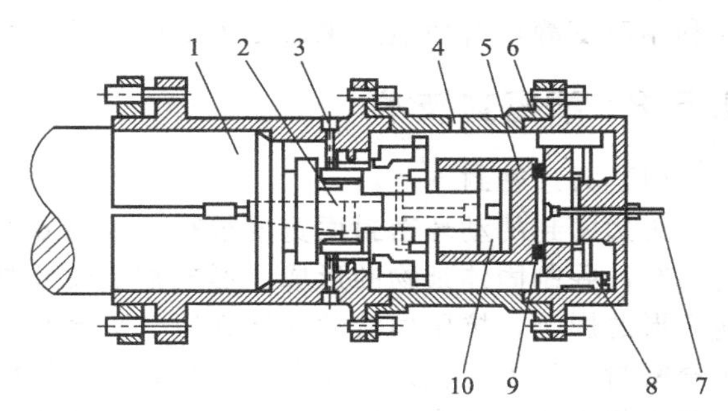


图 4-32 浮动环非接触式机械端面密封的控制系统

1—长轴；2—细轴；3—压缩空气；4—高压水；5—动环；6—静环；7—涡流传感器；8—密封坝；9—炭环；10—动环室

可控机械密封装置，利用压电晶体在不同电压下产生不同的变形控制端面密封比压的大小，从而控制泄漏率，保证机械密封的使用寿命。美国、日本等国家将声发射、超声波以及微电子和传感等技术用于核反应堆冷凝泵及航空航天领域液氧泵，开发出机械密封监控系统。国内自行研制的机械密封相态监控系统已用于工业装置。随着计算机、电子技术以及密封理论发展，可控机械密封技术将会在各工业领域中得到广泛应用。

## 4.5.7 控制平衡比密封技术

(1) 恒平衡比密封

恒平衡比密封包括两种情况：平衡比为常数；平衡比为零。

① 平衡比为常数的恒平衡比密封，是采用各种特殊的金属波纹管的机械密封，尽管密封介质压力变化，但是波纹管的有效直径不变，密封的平衡比保持常数，如图 4-33 (a) 所示。

② 平衡比为零的恒平衡比密封采用刃边密封，其密封面宽度很窄，密封面内、外直径等于玻纹管的有效直径，因此密封平衡比始终近似为零。

恒平衡比密封的优点在于密封面载荷不随密封介质压力改变而变化，因而可以避免

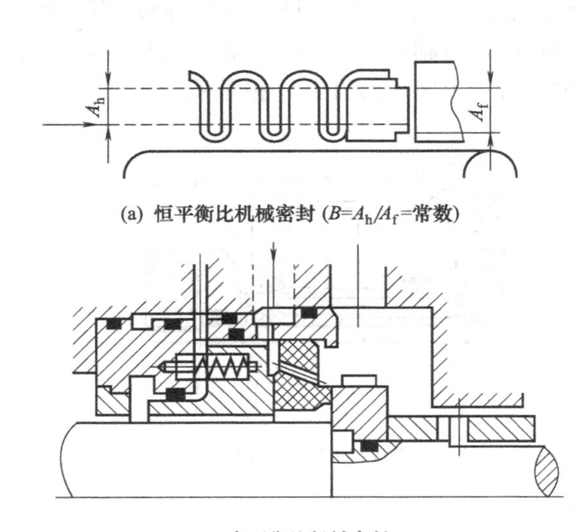


(a) 恒平衡比机械密封 ($B=A_h/A_f$=常数)

(b) 变平衡比机械密封

图 4-33 控制平衡比密封技术

压力变形的影响。

(2) 变平衡比密封

变平衡比密封主要有两种：半接触式密封和变载荷密封。

半接触式密封利用改变静环背面液压来改变密封面载荷，使密封面摩擦状态由接触式变成非接触式或由非接触式变成接触式，来适应工作的需要，如图 4-33 (b) 所示。变载荷密封利用改变静环背面液压来改变密封面载荷，使密封适应工作的需要。

## 4.5.8 窄密封技术

(1) 刃边密封

刃边密封的动环密封面宽度很窄，仅为 0.25～0.5mm，而且平衡比为 0～0.5。这样密封面窄，限制固体杂物的形成，形成物质或纤维也可以被尖边切断而排除掉；还可以消除径向变形的影响，抗压力波动和抗高压（$p_s=1\sim5\text{MPa}$)，同样加热强度下冷却特别好。此外，用窄密封近似做简化计算对窄密封具有较高的精确度。国内已经将引进的和国产的刃边密封用于石化企业中的橡胶厂中，并在这类工艺装置上推广应用。

(2) 窄面密封

除刃边密封外，还有锥面窄密封和一般机械密封的密封面宽度变窄，都是由于减少摩擦热、减少磨损和长寿命化的需要。此外，这种密封的性能与用窄密封近似理论的计算结果很接近。目前，国内外的普通机械密封的密封面宽度都趋向于变窄。

## 4.5.9 安全密封技术

为了保证安全可靠和环境保护，根据密封安全技术研制出一系列安全密封。

(1) 备用密封

在备用密封中主密封工作，副密封处于备用状态。当主密封损坏时，副密封作为备用密封开始动作。备用密封中有非接触式暂搁密封和接触式承磨密封。前者在主密封工作时，备用密封暂时搁置，为非接触式密封，一旦主密封损坏，在报警的同时备用密封起到备用安全作用。后者一直接触，主密封损坏时备用密封顶替工作，国内石油大学（华东）的顾永泉、柳志荣等研制的这种密封曾在国内炼油厂泵上成功地进行过试验。

如图 4-34 所示为一种暂搁式备用机械密封。主密封工作时，副密封动、静环不接触，处于暂时搁住状态，一旦主密封失效，中间压力升高，将副密封的静止环推向旋转环，副密封处于接触状态，担负起主要密封的任务。同时，由于中间压力升高，报警系统工作，可以知道主密封失效，及早采取措施。

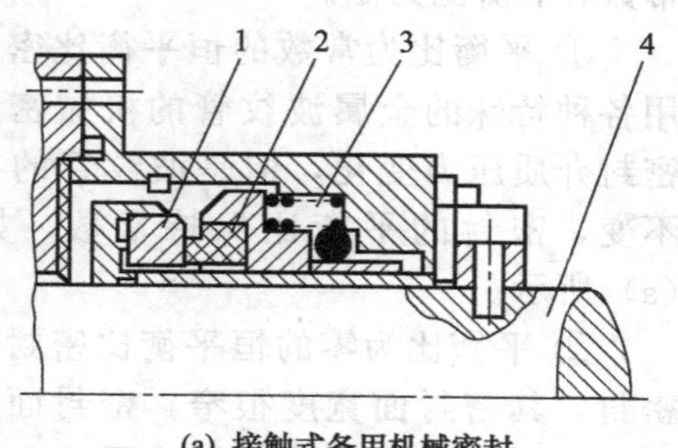

(a) 接触式备用机械密封

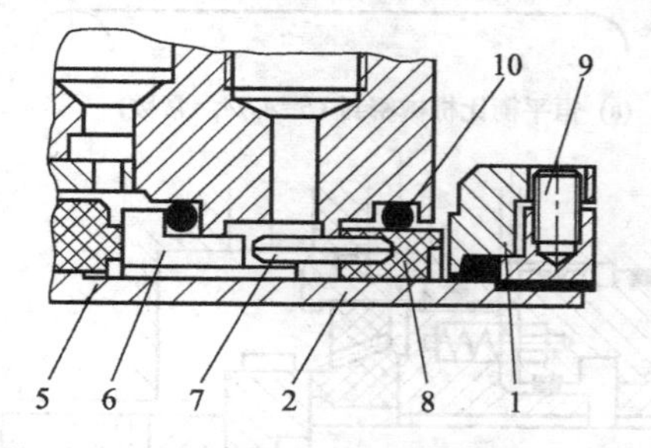

(b) 非接触式备用机械密封

图 4-34 备用机械密封

1—动环；2—静环；3—弹簧；4—轴；5—轴套；6—主密封静环；7—防转锁；8—节流环；9—传动螺钉；10—O 形圈

（2）串级密封

两套密封串联工作，内密封工作，外密封起安全作用。约翰克兰公司有干式串级密封和湿式串级密封。前者用气体端面密封做副密封，后者用普通液体端面密封做副密封。内密封失效时，外密封代替内密封工作，系统此时报警。

（3）抑制密封

靠近大气侧的起抑制（封闭）作用的密封叫做抑制密封。它起到安全环保作用：控制大气侧在主密封失效时往大气中的泄漏；控制主密封周围环境，保护轴承不受背冷液或密封泄漏液的影响；提高装置和人身的安全性。

# 4.6 特种机械密封

特种机械密封是指介质、压力、速度、温度、结构和用途方面与普通机械密封有所区别的机械密封，国内也称高参数机械密封。将机械密封分为普通和特种两类，是为了便于说明机械密封的结构、工作条件和使用要求。因此，有的密封厂商除列举正常密封产品外，也列出高载荷机械密封；有的厂商则将产品样本以外的机械密封称作特种机械密封；有的厂商将高温、高压、高速的机械密封分别列出或加上标志，以便与普通机械密封产品相区别；有的厂商则以使用温度来区分普通机械密封与特种机械密封。例如，英国克兰公司将温度在－20～230℃内的机械密封作为正常产品，超出以上温度范围的机械密封就作为特种机械密封产品来考虑。

本章所列的特种机械密封仅指釜用、高温、高压、高速、低温、真空和强腐蚀介质以及带磨料介质的机械密封，对于那些用于宇航、核电和军事部门的机械密封，不在本章内容之列。

## 4.6.1 釜用机械密封

釜用机械密封是指搅拌器（混合器）密封。从引进装置中使用搅拌器的情况来看，凡大型釜用搅拌器都采用机械密封，它占搅拌器总量的63.4%，而未采用机械密封的搅拌器多数为小功率的和罐、槽内的小型搅拌器。

近年来，机械密封在搅拌器上得到广泛应用，原因有三：

① 因为搅拌器轴的摆动量大，有的搅拌轴长达7～8m，虽然有底部支承装置，但摆动量仍然很大，填料密封已无法满足要求。

② 使用条件愈加苛刻，安全要求也越来越高，减少泄漏，防止污染环境的呼声促使设计、生产部门采用机械密封。

③ 釜用机械密封的结构不断改进以及与其配套的辅助装置普遍得到采用，使密封效果更良好，从而节省了维修费用。据统计，尽管机械密封的净购置费用比填料密封高，但安装使用之后，机械密封的维修费用只占填料密封维修费用的1/20；五年后总费用，机械密封比填料密封低一半。

（1）釜用机械密封与泵用机械密封的区别

① 釜用机械密封大多数为立式，少数为倾斜式，极个别为水平式。一般计算机械密封端面比压都不考虑旋转零件的自重。

② 泵用机械密封的轴径多数在100mm以下，而釜用机械密封的轴径在100mm以上的也很多。泵用机械密封的重量一般从几百克到几千克，而一套釜用机械密封的重量有时达几百千克甚至一千千克以上。所以，在设计时要考虑安装、检修所需的起吊装置。

③ 釜用机械密封的密封介质多数为气相。因此，釜用密封的端面比压要比泵用密封的

端面比压高。

④ 釜用密封多数为双端面、平衡型结构，此外，为了安装和检修方便，也用剖分式结构和易检拆结构。

(2) 釜用机械密封的类型、特点及应用

多数情况下釜用机械密封采用外加压式双级密封（即双端面机械密封），其类型的结构、特点及应用如表 4-35 所示。

**表 4-35 釜用机械密封类型的结构、特点及应用**

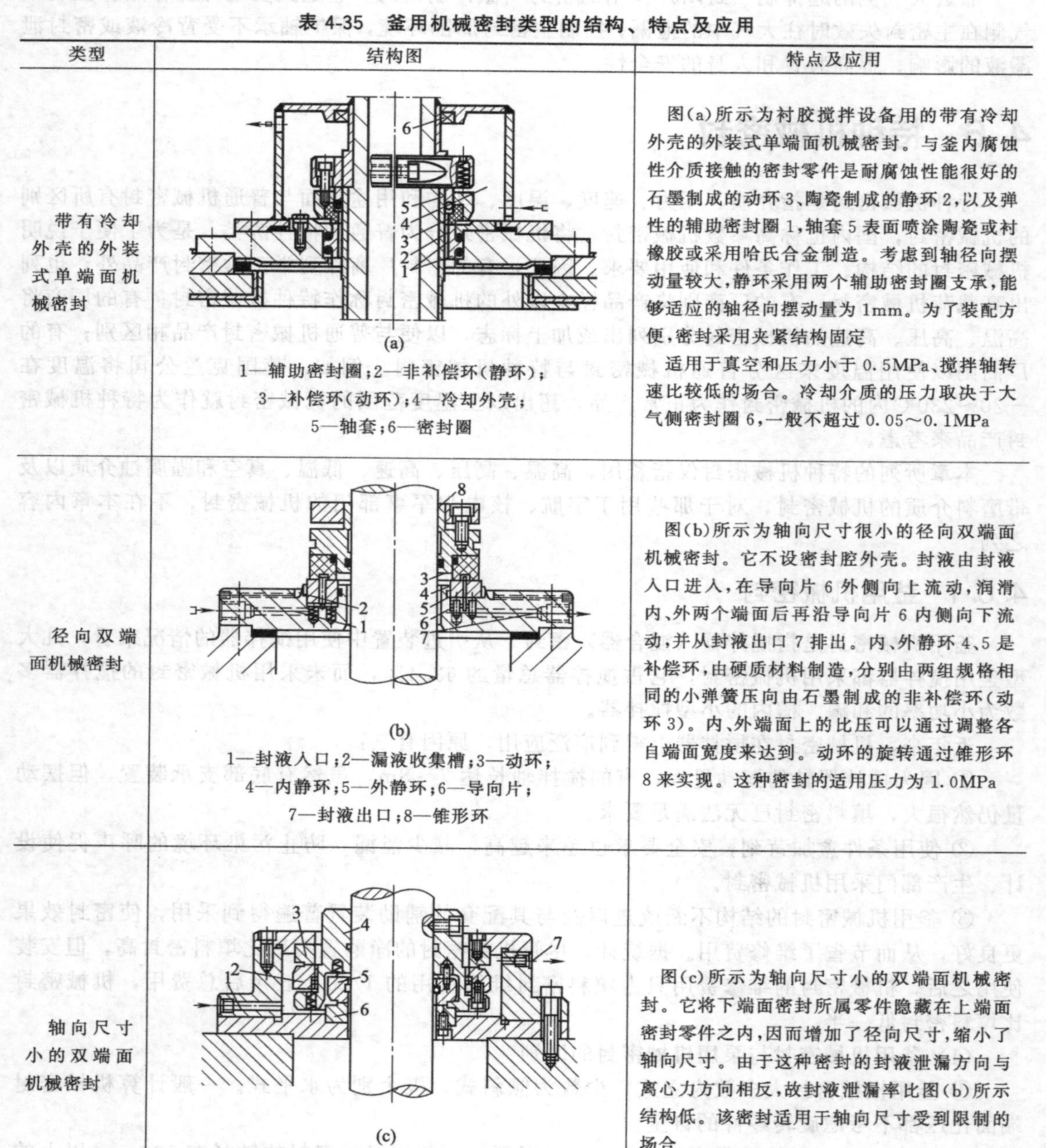

| 类型 | 结构图 | 特点及应用 |
| --- | --- | --- |
| 带有冷却外壳的外装式单端面机械密封 | (a)<br>1—辅助密封圈；2—非补偿环（静环）；3—补偿环（动环）；4—冷却外壳；5—轴套；6—密封圈 | 图(a)所示为衬胶搅拌设备用的带有冷却外壳的外装式单端面机械密封。与釜内腐蚀性介质接触的密封零件是耐腐蚀性能很好的石墨制成的动环3、陶瓷制成的静环2，以及弹性的辅助密封圈1，轴套5表面喷涂陶瓷或衬橡胶或采用哈氏合金制造。考虑到轴径向摆动量较大，静环采用两个辅助密封圈支承，能够适应的轴径向摆动量为1mm。为了装配方便，密封采用夹紧结构固定<br>适用于真空和压力小于0.5MPa、搅拌轴转速比较低的场合。冷却介质的压力取决于大气侧密封圈6，一般不超过0.05～0.1MPa |
| 径向双端面机械密封 | (b)<br>1—封液入口；2—漏液收集槽；3—动环；4—内静环；5—外静环；6—导向片；7—封液出口；8—锥形环 | 图(b)所示为轴向尺寸很小的径向双端面机械密封。它不设密封腔外壳。封液由封液入口进入，在导向片6外侧向上流动，润滑内、外两个端面后再沿导向片6内侧向下流动，并从封液出口7排出。内、外静环4、5是补偿环，由硬质材料制造，分别由两组规格相同的小弹簧压向由石墨制成的非补偿环（动环3）。内、外端面上的比压可以通过调整各自端面宽度来达到。动环的旋转通过锥形环8来实现。这种密封的适用压力为1.0MPa |
| 轴向尺寸小的双端面机械密封 | (c)<br>1—封液入口；2—动环；3—静环；4—传动轴套；5—动环；6—静环；7—封液出口 | 图(c)所示为轴向尺寸小的双端面机械密封。它将下端面密封所属零件隐藏在上端面密封零件之内，因而增加了径向尺寸，缩小了轴向尺寸。由于这种密封的封液泄漏方向与离心力方向相反，故封液泄漏率比图(b)所示结构低。该密封适用于轴向尺寸受到限制的场合 |

续表

| 类型 | 结构图 | 特点及应用 |
|---|---|---|
| 带轴承和冷却腔的流体动压式釜用双端面机械密封 | 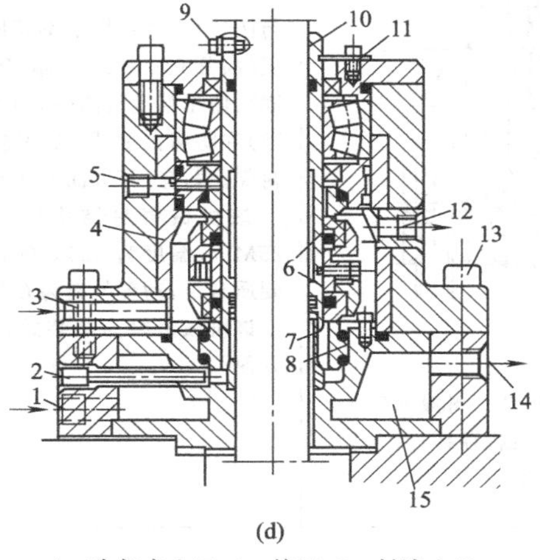(d)<br>1—冷却水入口；2—接口；3—封液入口；4—防腐保护衬套；5—排液口；6—补偿动环；7—衬套；8—静环；9，13—螺钉；10—轴套；11—定位板；12—封液出口；14—冷却水出口；15—冷却腔 | 图(d)中所示两个端面密封采用非平衡结构，适用的密封压力为5MPa<br>密封端面上开有流体动压循环槽，形成润滑油压力楔，提高润滑性能，减少摩擦，提高密封使用压力、速度极限和冷却效应<br>静环8为非补偿环，采用弹性很大的两个密封圈支承，能很好适应搅拌轴的摆动和振动。上密封圈用压板压住，保证封液压力下降时，不会被釜内压力挤出<br>密封上部设有单独轴承腔。轴承采用油脂润滑。封液由上端面密封泄漏后经排液口5排出，不会进到轴承腔内，影响轴承运转。因此，密封腔内可以采用包括水在内的介质作为封液，但一般采用油或甘油作为封液，封油压力应保持比釜内压力高0.2～0.5MPa<br>从接口2向密封的下部引入适当的溶解剂和软化剂作为封液时，可以防止聚合物沉积在密封的下部区域。此外，还能检查存在于环形衬套7内的磨损颗粒，并易于将磨损物和泄漏液排出<br>该密封为集装式(卡盘式)结构，整个密封装置在轴套10上。它可以在制造厂装配，并经检查合格后作为一个部件供货，非熟练工人也可安装。备用密封可以在检修车间检修并组装好，一旦需要更换密封时，在现场将其套在搅拌轴上后拧紧螺钉9和13即可，可以缩短搅拌釜停车时间 |
| 带轴承流体动压式釜用双端面机械密封 | 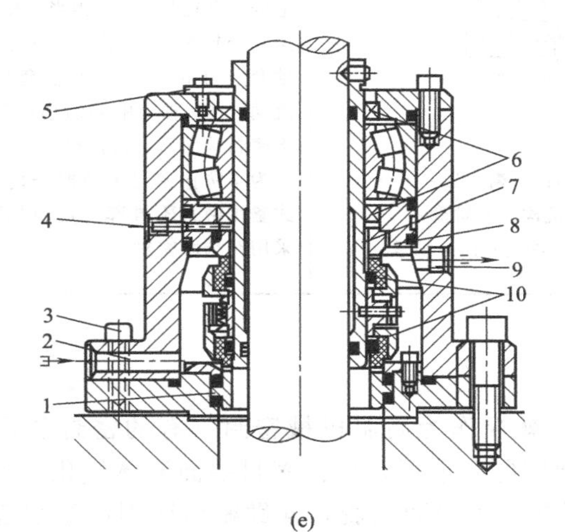(e)<br>1—下静环；2—封液入口；3—螺钉；4—排液口；5—定位板；6—油封；7—轴套；8—上静环；9—封液出口；10—动环 | 图(e)中所示密封腔内安装的机械密封结构与图(d)所示结构基本相同，仅在密封耐压程度(高压时，密封壳体、密封环的强度更坚固)、使用温度范围(高温时，密封下部设冷却腔)和防腐蚀要求(要求防腐蚀，密封壳体内衬保护衬套)等方面有所不同<br>该机械密封为集装式(卡盘式)结构，拆装方便 |

续表

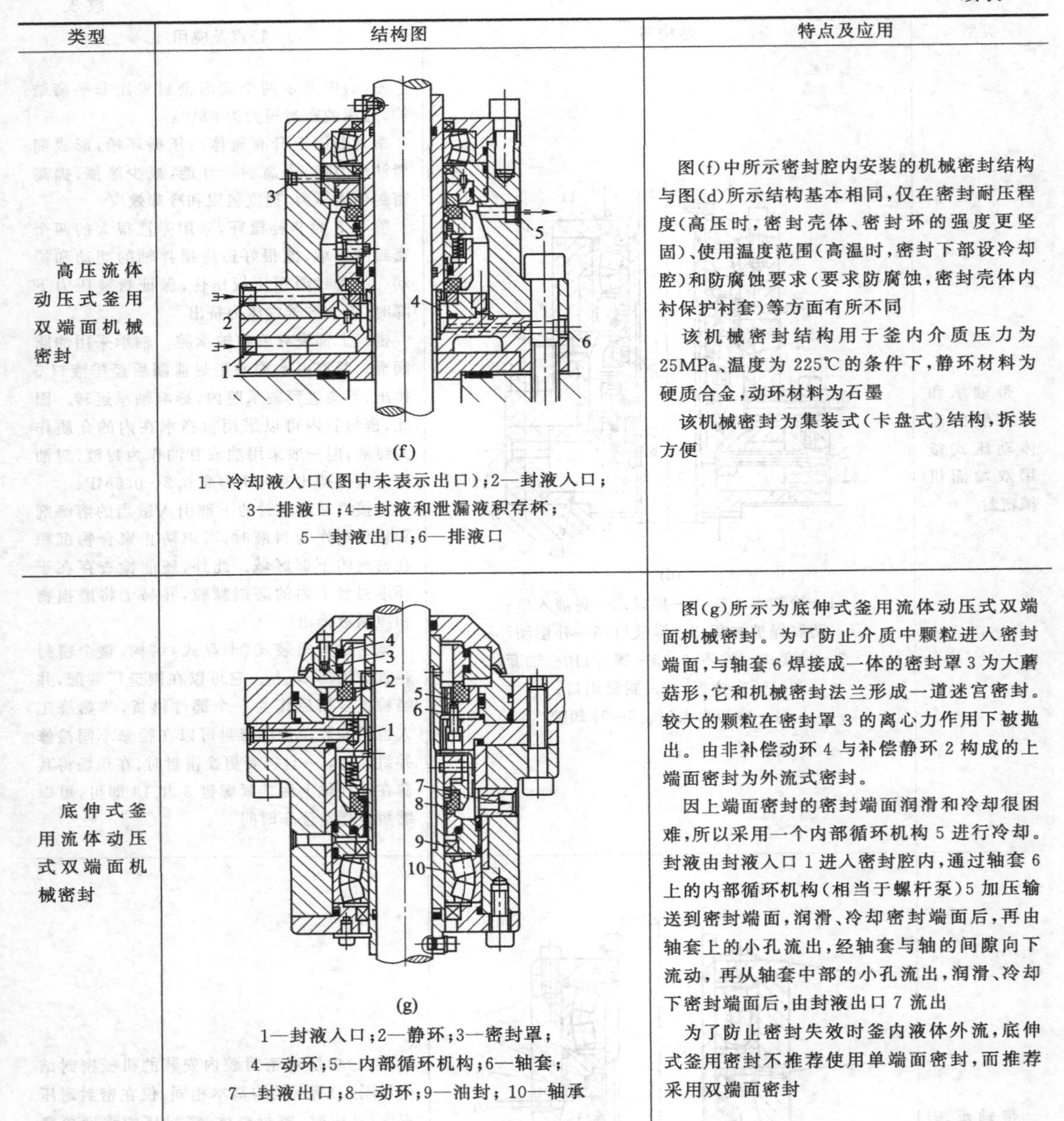

| 类型 | 结构图 | 特点及应用 |
| --- | --- | --- |
| 高压流体动压式釜用双端面机械密封 | (f)<br>1—冷却液入口(图中未表示出口);2—封液入口;3—排液口;4—封液和泄漏液积存杯;5—封液出口;6—排液口 | 图(f)中所示密封腔内安装的机械密封结构与图(d)所示结构基本相同,仅在密封耐压程度(高压时,密封壳体、密封环的强度更坚固)、使用温度范围(高温时,密封下部设冷却腔)和防腐蚀要求(要求防腐蚀,密封壳体内衬保护衬套)等方面有所不同<br>该机械密封结构用于釜内介质压力为25MPa、温度为225℃的条件下,静环材料为硬质合金,动环材料为石墨<br>该机械密封为集装式(卡盘式)结构,拆装方便 |
| 底伸式釜用流体动压式双端面机械密封 | (g)<br>1—封液入口;2—静环;3—密封罩;4—动环;5—内部循环机构;6—轴套;7—封液出口;8—动环;9—油封;10—轴承 | 图(g)所示为底伸式釜用流体动压式双端面机械密封。为了防止介质中颗粒进入密封端面,与轴套6焊接成一体的密封罩3为大蘑菇形,它和机械密封法兰形成一道迷宫密封。较大的颗粒在密封罩3的离心力作用下被抛出。由非补偿动环4与补偿静环2构成的上端面密封为外流式密封。<br>因上端面密封的密封端面润滑和冷却很困难,所以采用一个内部循环机构5进行冷却。封液由封液入口1进入密封腔内,通过轴套6上的内部循环机构(相当于螺杆泵)5加压输送到密封端面,润滑、冷却密封端面后,再由轴套上的小孔流出,经轴套与轴的间隙向下流动,再从轴套中部的小孔流出,润滑、冷却下密封端面后,由封液出口7流出<br>为了防止密封失效时釜内液体外流,底伸式釜用密封不推荐使用单端面密封,而推荐采用双端面密封 |

## 4.6.2 高温机械密封

机械密封的工作温度超过80℃时就视作为高温机械密封(有的密封公司以工作温度>90℃为界限)。在高温下,密封主要问题有下列几项:密封端面液体气化,摩擦副的热应力和热变形,组合件、镶嵌件可能因配合不当而松脱,辅助密封圈因高温引起的老化、龟裂、黏结和弹性消失,弹簧疲劳和强度降低,材料的腐蚀和磨损加快。

(1) 高温机械密封的材料要求

选用耐高温的密封材料。在高温下,材料的耐温性能显得特别重要,合理选用密封材料可使一般结构的机械密封仍能适用于高温工作条件,简化手续,节省开支。如表4-36所示,列出不同密封材料的使用极限温度。

表 4-36　常用材料的使用极限温度　℃

| 材料名称 | 使用极限温度 | 材料名称 | 使用极限温度 |
|---|---|---|---|
| 石墨浸渍酚醛树脂 | <80 | 青铜 | <300 |
| 石墨浸渍呋喃树脂 | <200 | 普通灰铸铁 | <150 |
| 石墨浸渍巴氏合金 | <200 | 焊接不锈钢波纹管 | <450 |
| 石墨浸渍青铜、银 | <500 | 陶瓷 | <250 |
| 无浸渍石墨 | <500 | 硬质合金 | <400 |

(2) 高温机械密封的结构要求

采用金属波纹管型机械密封或金属波纹管与普通机械密封相结合的密封结构。从耐热性能来看，辅助密封圈是机械密封上最薄弱的环节，当温度超过 80℃时普通橡胶已不适用，温度超过 250℃，聚四氟乙烯也不能使用。此外，由于高温、易燃介质的裂解物沉积会使弹簧阻塞。所以，当温度超过 220℃时就应采用金属波纹管型机械密封，或者采用金属波纹管与普通机械密封相结合的密封结构。

(3) 高温机械密封的其他要求

① 采取冷却措施。在高温下，为了使密封可靠运行，尽可能对机械密封进行冷却，要避免在干摩擦状态下工作，必须保持密封间隙中的温度在密封液的气化温度以下。

冷却措施就是对密封进行温度控制，常用的温度控制有冲洗、阻封、加强液体循环等。在高温下，还可采用以下措施：

a. 用 Diphy1（二苯及二苯氧化物的混合物）作为阻封液，它是冷态无压的换热剂（阻封液由泵效螺旋输送）。

b. 在超高温下或者没有适当的液体时，也可通入氯气、氩气，以防止空气引起的氧化。

② 镶嵌摩擦副问题。密封环镶嵌是充分利用端面材料和基体材料的特性，提高材料使用价值，一般对高温密封采用热镶法。但是，由于端面耐磨材料和基体材料的热膨胀系数有差异，在高温下使用时会导致摩擦环松动、脱落，因此，对镶嵌结构的摩擦环采用的温度应予以特别注意。热镶结构产生松动、脱落的原因，除了与使用温度有关外，还与轴径尺寸有关。当摩擦副环基体为不锈钢、高镍合金、钛合金时，热镶硬质合金的允许使用温度与不同轴径的关系如图 4-35 所示。

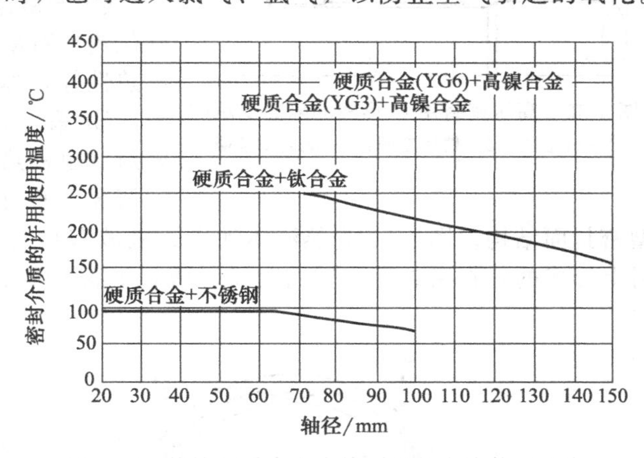


图 4-35　热镶硬质合金摩擦副环的允许使用温度

③ 摩擦副环与轴之间的许用间隙。高温条件下，由于摩擦副环与轴两者的热膨胀系数的差异，会出现摩擦副环与轴之间间隙近于零的现象，因而造成摩擦副环浮动性消失导致密封失效，所以在设计时必须合理和正确选择摩擦副环与轴之间的间隙。

## 4.6.3 高压机械密封

通常认为，当机械密封的工作压力超过 4～5MPa 时就视作高压，有的密封公司把工作压力达到 3MPa 时就视作高压；有的公司以 $pv$ 值大小来衡量；有的公司则将压力和温度一起考虑。

一般认为在高压条件下，机械变形和热变形会危害机械密封的功能和可靠性，压力越高，危害性越大。所以，用于极高压力的密封设计要在标准型密封设计的基础上改进，不仅在开启力和闭合力之间有严格比率，而且要求整个密封结构经得住高压而不变形，此外，还要维持稳定的液膜以保证密封性能。

高压机械密封的要求如下：

① 增大密封零件截面　对转动零件的截面要加大，静环也要相应有较大的截面，不要在静环外径上有台阶或开槽。还要注意，随着密封面宽度的增加，热变形和磨损也随之增加，同样要增加压盖的厚度以防变形和能承受压力。使用重载荷弹簧和较大直径的销子，以适应较大的启动扭矩。

② 提高密封零件的加工精度

a. 压盖底部装静环的镗孔面要保证高的平直度，因为在高压条件下，任何表面上的高出点都会传给静环而引起泄漏。

b. 提高密封面内外径和宽度的加工精度，因为在高压时，密封内、外径和宽度的精度对比压的变化有明显的影响。密封端面研磨、抛光后的粗糙度为 $Ra0.05 \sim 0.025\mu m$，平直度必须限制在 1 个光带以内。此外，摩擦端面的垂直度和轴的精度也要相应提高。

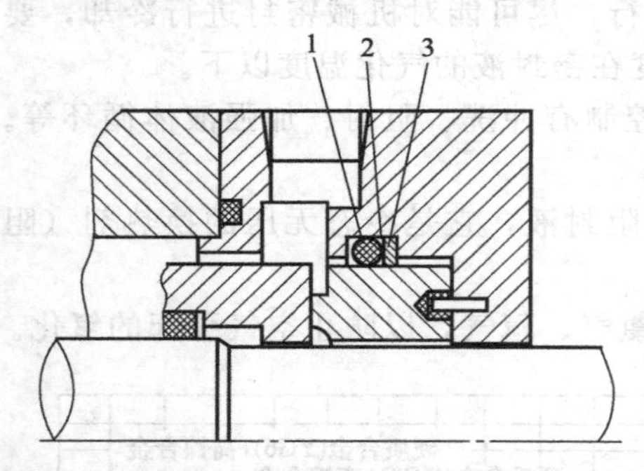


图 4-36　高压密封用 O 形圈的隔离支承圈
1—O 形圈；2—精加工槽；3—隔离支承圈

③ 密封圈安装隔离支承圈　为了防止密封圈受高压出现挤出、撕裂等现象，通常辅助密封圈限用直径为 3mm 左右的 O 形圈。装 O 形圈的压盖槽要经过精加工，O 形圈位于槽内低压端时应安装金属隔离支承圈（防挤出环），如图 4-36 所示。一般当压力超过 10MPa 时都要装这种隔离支承圈。

④ 严格选用摩擦副材料　选用金属浸渍的石墨-碳化钨或石墨-碳化硅，因金属浸渍的石墨强度较高，导热性好，弹性模数高，从而保证机械热变形极小。

⑤ 采用流体动压式机械密封　流体动压式机械密封（也称热流体动压式），是考虑在高压和摩擦热的情况下密封缝隙中的润滑膜稳定性，而研制成的新型密封面结构。图 4-37 为热流体动压式机械密封槽的布置图，它的热流体动力效应是在密封上形成的，在密封环旋转的时候，槽能使液体强烈地冷却距它较远的密封表面。

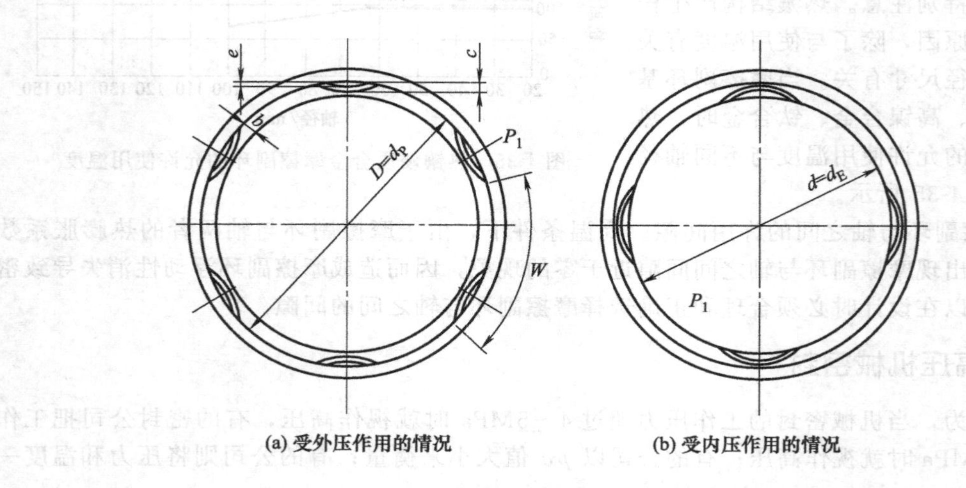


图 4-37　热流体动压式机械密封槽的布置

⑥ 采用多端面密封 当介质压力超过15MPa时最好采用双端面或多端面密封。

### 4.6.4 高速机械密封

当线速度超过25～30m/s时，可视为高速，有的密封公司把滑动面速度高达33m/s时才视作高速机械密封。JB/T 4127.2—2013机械密封分类方法中规定密封端面平均线速度为25～100m/s时为高速机械密封，密封端面平均线速度大于100m/s时为超高速机械密封。

在高速时，由于离心力的影响，造成振动和不平衡度，高速如同高压一样，会产生热变形、热应力裂纹及磨损物、沉淀物引起泄漏损失，而且这种损失将随滑动速度的增加而强烈地增加。

高速机械密封的要求如下：

① 减少转动件的重量（质量），提高动力平衡度。高速时，离心力的影响会使弹簧扭曲和偏离销孔中心，因此，弹簧必须是静止式。这样就减少了转动件的重量及由此造成的不平衡度。

② 及时排除摩擦热。加大冷却介质的流量，对于高速泵为10～20L/min，有的高速密封的冲洗量达50～100L/min。

用油作阻封液时，为了使气体的溶解度和结焦尽量小，应选用黏度低的油。如摩擦副处于高温条件下工作时，要尽一切可能使密封液在蒸发时不留残渣，所以使用聚乙二醇这类合成介质作阻封液。

③ 及时检查滑动端面磨损量。当端面磨损量达到0.005mm时，就要对端面进行研磨，并重新检查端面粗糙度和平直度。

### 4.6.5 低温机械密封

一般低温机械密封是指工作温度在－50～0℃的密封，API-610的低温含义指温度低于－29℃，国内通常以密封腔温度低于－20℃为低温。

实际上，低温范围较宽，可以划分为：

低温：－50～－20℃。

中低温：－100～－50℃。

极低温：－196～－100℃。

超低温：<－196℃。

泵送低温介质主要指液化气体和易挥发的液体，如液态氮、液态氧、甲烷、乙烷、乙烯等液化气。

（1）低温机械密封的材料要求

金属材料随着温度降低，其抗拉强度和硬度增加而韧性下降。

塑料和橡胶的低温性能比金属材料更为敏感。一般情况下，塑料和橡胶只能在－50℃以上的温度范围使用。对于低温泵，丁腈橡胶的使用温度限为－60℃，氯丁橡胶为－65℃，硅酮橡胶为－80℃，氟化橡胶为－45℃，聚四氟乙烯为－79℃，使用以上这些材料作填料的机械密封以－70℃为使用极限。如果介质温度在－70℃以下，则使用波纹管型机械密封或者双端面机械密封。

聚四氟乙烯在氦的沸点（－268.9℃）温度条件下还能保持一点柔软性，适宜做低温材料，但聚四氟乙烯的膨胀系数大，所以在－100～－50℃温度使用时，常采用聚四氟乙烯填充石墨或玻璃纤维，而不用纯聚四氟乙烯材料。此外，在低温条件下，V形圈装到轴套上后，动环往往不能浮动，因此，要注意V形圈的组装尺寸。

（2）低温机械密封的结构要求

在一般的−50～0℃低温下，常采用单端面机械密封，有非平衡或平衡型结构，但多数选用平衡型结构，这是因为密封端面的液体经摩擦后温度升高，液膜压力随之升高而将密封面推开，导致泄漏加剧。因此，低温时的端面比压要选高值。

在液温低于−70℃时，则采用波纹管密封或双端面密封。不过使用双端面密封时，要将轴封部分的温度设计为0℃，这时用作气体密封，密封圈可采用普通O形或V形密封圈。密封结构应与泵体结构相适应，常用的低温泵采用立式结构。

（3）低温机械密封的辅助装置

① 要尽可能加大冲洗量，加强冷却措施，或提高密封腔内压力，来控制液温升高所引起的气化现象。要绝对避免从泵出口端装冲洗管线来冲洗密封端面，因为在低温下，这种冲洗管线内液体会气化，所以，一般采用逆流冲洗方式。

② 防止单端面密封在泵停转过程中大气中水分与密封接触使边缘结冰，可用甲醇等化冰剂加以溶解，阻封部分也可通入氮气干气加以保护。

总之，既要充分冷却又要采取保冷措施。

③ 在高于密封面的部位装设排气管线，这样，如果产生气体也可从排气管线逸出。

## 4.6.6 耐腐蚀机械密封

在腐蚀性介质中，机械密封的零件受到介质的强烈侵蚀，摩擦面同时受到腐蚀和磨损，这种现象称为“磨蚀”，其腐蚀速度为无摩擦时的10～50倍。某些结构材料具有优良的耐腐蚀性能，耐磨性能却较差；而另一些结构材料虽具有良好的耐磨性，但耐蚀腐性却很差。因此，摩擦副应既要耐腐蚀又要耐磨，辅助密封圈、弹簧和结构件也要有良好的耐腐蚀性能。

在设计耐腐蚀机械密封时，一般采取以下一些措施：

① 结构上的隔离措施。采用外装式结构，经过适当的选择，外装式密封可以做到无金属件与工艺介质接触，小的零件如弹簧、销子可不受工艺介质腐蚀。外装式密封有普通型机械密封和波纹管型机械密封两种，以波纹管型密封结构为较好，如图4-38所示。如密封件材质耐腐蚀能力许可，则也可采用内装式结构。实际上，引进装置工艺泵的机械密封绝大部分为内装式密封。输送危险性大的介质，可选用双端面密封结构，并引入隔离液保护。此外，也可采用弹簧带有保护层的措施。例如，弹簧外加套塑料软管或喷涂一层防腐层，如图4-39所示为弹簧加保护套的密封结构。

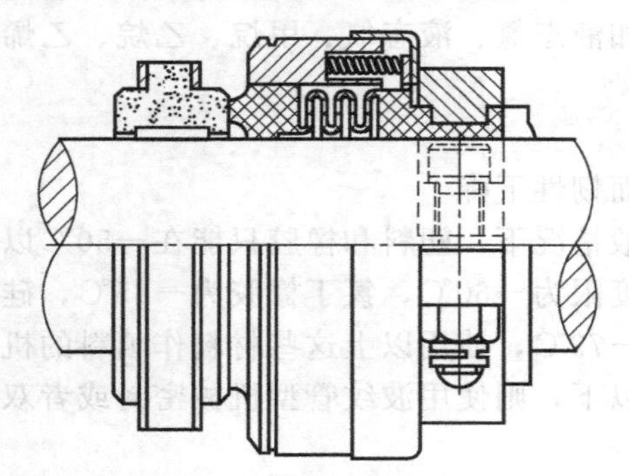

图4-38 外装式波纹管机械密封

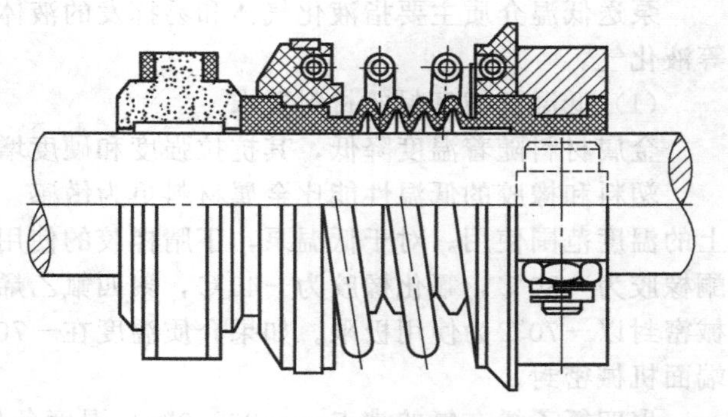

图4-39 弹簧有保护套的机械密封

② 材质上选用耐腐蚀材料。优选耐腐蚀材质，这是最根本出路。石油化工引进装置所用的机械密封大部分从材质上解决了耐腐蚀问题，所以在国外大的密封公司的样本或手册中都备有不同介质所对应的密封型号选定表。

③ 对泄漏的腐蚀性或有毒的介质进行收集、安全排放或处理后排放。例如，有的机械密封带有回收液盘，有的机械密封安装介质排放管线，并在收集装置上标明“排放至安全区域”。

### 4.6.7 含有磨料介质和高黏度介质的机械密封

密封介质一般总有杂质，所以要经过处理，就算是经过处理的介质也会在工艺过程中产生结晶、凝固和反应物析出，有时密封介质本身就是各种悬浮浆液，这些介质中的颗粒对密封起着磨料作用。

高黏度介质常指黏度大于0.7Pa·s(700cP) 的介质。

(1) 含有磨料介质的机械密封

实际生产中经常遇到液-固两相或气-固两相介质的密封问题，而机械密封的大敌是含有固体颗粒的溶液。

磨料介质包含以下几种情况：

① 处理物料是浆液。

② 在机体和管线内有杂质混入。

③ 由于温度变化导致有结晶析出或有凝固物产生。

④ 在密封端面内有溶解物析出。

⑤ 由于化学反应导致有固体物质产生。

⑥ 由于电化学作用导致在密封端面内析出和附着金属物质。

普通单端面机械密封遇到磨料介质时会产生下列故障：

① 密封端面早期磨损。

② 动环因间隙阻塞和密封圈摩擦力增大而不能动作。

③ 密封圈不能起缓冲作用。

④ 弹簧被杂质阻塞而不能动作。

⑤ 轴不能旋转。

⑥ 整个密封失效。

对含磨料介质的密封应采取以下措施：

① 加强冲洗冷却措施，防止杂质在密封腔内淤塞，如单端面密封应加注液润滑，双端面密封则应加阻封液或阻封液和辅助注液合用。

② 摩擦副材料选用硬对硬配合，常用硬质合金-硬质合金（或陶瓷）。

③ 尽量采用大弹簧，减少颗粒阻塞机会。

④ 如用波纹管密封代替普通机械密封，则建议用橡胶波纹管和焊接金属经过喷涂或合成橡胶包覆的波纹管，因为一般金属波纹管对处理砂浆液能力差，不太适用。

⑤ 采用杂质过滤辅助装置，如旋液分离器分离杂质效果较好，结构简单。

(2) 高黏度介质的机械密封

通常液体相对密度在0.65以上就具有润滑性质，能够满足各种形式机械密封的要求。液体的相对密度低于0.65，则要求平衡型密封。

黏度如同相对密度一样，是表示液体的润滑性质，液体具有较高黏度常常表示具有较好的润滑特性。液体黏度低于0.7Pa·s时用标准设计，不需要进行修改。对于黏度为0.7～1.6Pa·s的液体，要求密封有可靠的驱动设计-重载荷承压装置，这是为了补偿在黏稠环境下在密封面上增加的剪切力。另外，还要加强周围环境控制，对密封面进行适当润滑。当输送高黏度介质时，密封面之间无液膜存在，必须采用单端面密封带外冲洗、单端面密封带外润滑或双端面密封带外封液。

## 4.6.8 真空机械密封

真空机械密封广泛用于冶金、石油化工、医药、食品、电子和军事等领域。

真空密封是指在有一定真空度的某一装置中采用密封技术，使大气不致掺入而保持其一定的真空度。真空技术中所采用的压强单位为 Torr，相当于 1/760 标准大气压或 1mmHg (133.322Pa)。真空度范围如下：

低真空——大气压～$10^{-3}$ Torr（约 0.133Pa）；

高真空——$10^{-3}$～$10^{-8}$ Torr（0.133～$1.33\times10^{-6}$ Pa）；

超高真空——$10^{-8}$ Torr 以上（$1.33\times10^{-6}$ Pa 以上）。

石油化工用的机械密封以低真空较多，而高真空多用于真空喷涂、电子管抽气和冶炼特殊合金方面。

真空密封对泄漏量要求严格，同时，真空工作条件下摩擦副端面液膜较难形成，并易破坏，造成干摩擦磨损。解决的办法是引入真空润滑油做密封液，把气相密封转化为液相密封。此外，其他静密封面的垫片也应采用真空密封垫。

真空系统中，泄漏率以流西克（lusec）（每 1L 体积内每秒压力升高 1μm 汞柱）或者 Torr·L/s 来表示。

真空状态下，金属和非金属都存在自身放气作用。因此，一个系统本来可以做到真空密封的，但由于某些部件的自身放气，就无法获得所要求的真空度。一般材料的气体析出率为：金属 $10^{-4}$ lusec/cm$^2$；陶瓷 $10^{-3}$ lusec/cm$^2$；弹性体 $10^{-2}$ lusec/cm$^2$。

真空密封通常采用平衡型和双端面密封。

# 第5章

# 密封件

本章主要介绍密封件的类型、用途、技术参数、尺寸及选用。

## 5.1 油封皮圈、油封纸圈

图 5-1 所示为油封皮（纸）圈，其尺寸见表 5-1。

标记示例：

$D$＝30m，$d$＝20mm 的油封皮圈：皮圈 30×20。

$D$＝30m，$d$＝20mm 的油封纸圈：纸圈 30×20。

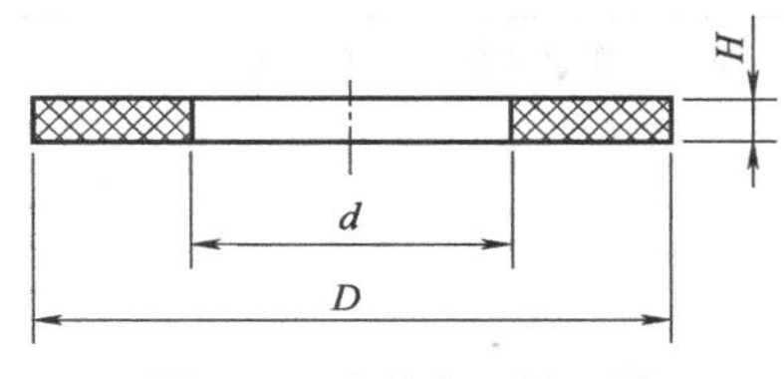


图 5-1 油封皮（纸）圈

表 5-1 油封皮圈、油封纸圈尺寸 mm

| 螺塞直径 | mm | 6 | 8 | 10 | 12 | 14 | 16 | 18 | 20 | 22 | 24 | 27 | 30 | 33 | 36 | 39 | 42 | 48 | — | — |
|---|---|---|---|---|---|---|---|---|---|---|---|---|---|---|---|---|---|---|---|---|
| | in | — | — | 1/8 | — | 1/4 | 3/8 | — | — | 1/2 | — | 3/4 | — | 1 | — | — | 1¼ | 1⅓ | 1¼ | 2 |
| $D$ | | 12 | 15 | 18 | 22 | 22 | 25 | 28 | 30 | 32 | 35 | 40 | 45 | 45 | 50 | 50 | 60 | 65 | 70 | 75 |
| $d$ | | 6 | 8 | 10 | 12 | 14 | 16 | 18 | 20 | 22 | 24 | 27 | 30 | 34 | 36 | 40 | 42 | 48 | 55 | 60 |
| $H$ | 纸圈 | 2 | | | | | | | | 3 | | | | | | | | | | |
| | 皮圈 | 2 | | | | | | | | | 2.5 | | | | 3 | | | | | |

## 5.2 圆橡胶、圆橡胶管密封（JB/ZQ 4609—2006）

图 5-2 所示为圆橡胶、圆橡胶管密封，其尺寸见表 5-2。

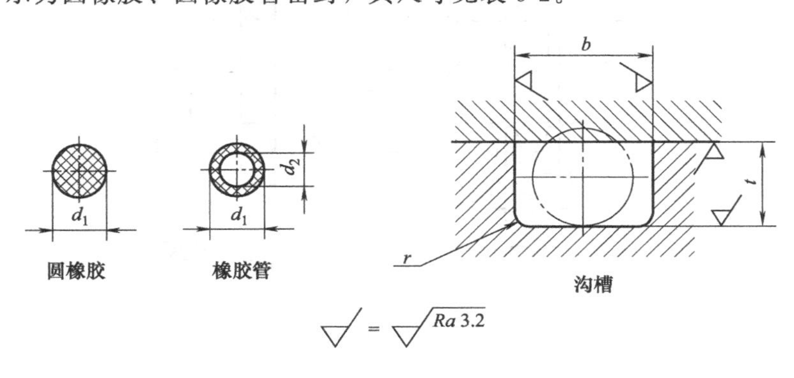


图 5-2 圆橡胶、圆橡胶管密封

材料：丁腈橡胶 XAI7453 HG/T 2811—2006。

标记示例：

直径 $d_1$＝10mm，长度为 500mm 的圆橡胶：圆橡胶 10×500 JB/ZQ 4609—2006。

直径 $d_1$＝10mm、$d_2$＝10mm，长度为 500mm 的圆橡胶管：圆橡胶管 10×5×500 JB/ZQ 4609—2006。

适用范围：用于密封没有工作压力或工作压力很小的场合。

表 5-2　圆橡胶、圆橡胶管密封尺寸　　mm

| | | | | | | | | | | | |
|---|---|---|---|---|---|---|---|---|---|---|---|
| 公称直径 | $d_1$ | 3 | 4 | 5 | 6 | 8 | 10 | 12 | 14 | 17 | 20 |
| | $d_2$ | — | — | — | 3 | 5 | 5 | 6 | 6 | 6 | 8 |
| 极限偏差 | | ±0.3 | ±0.4 | | | ±0.5 | | ±0.6 | | | ±0.8 |
| 沟槽 | $b$ | 4 | 6 | 7 | 8 | 10 | 12 | 14 | 16 | 20 | 24 |
| | $r$ | 0.6 | 0.6 | 0.6 | 0.6 | 1 | 1 | 1 | 1.6 | 1.6 | 1.6 |
| | $t^{+0.1}_{0}$ | 2 | 3 | 4 | 4.8 | 6.6 | 8.6 | 10.5 | 12.4 | 15.3 | 18 |

注：圆橡胶和橡胶管的粘接形式见下图。

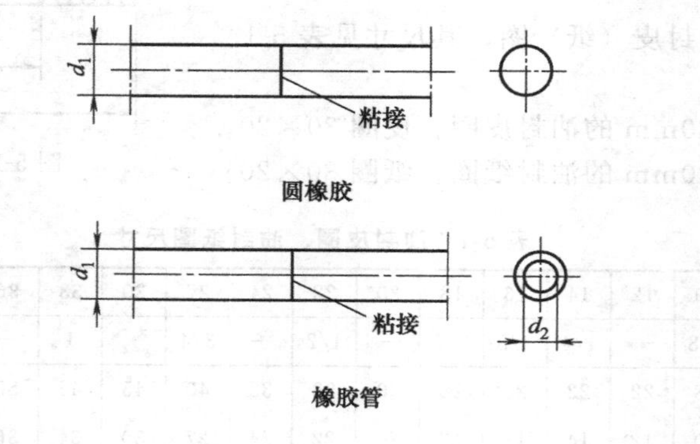


## 5.3 毡圈油封

图 5-3 所示为毡圈油封，其尺寸见表 5-3。

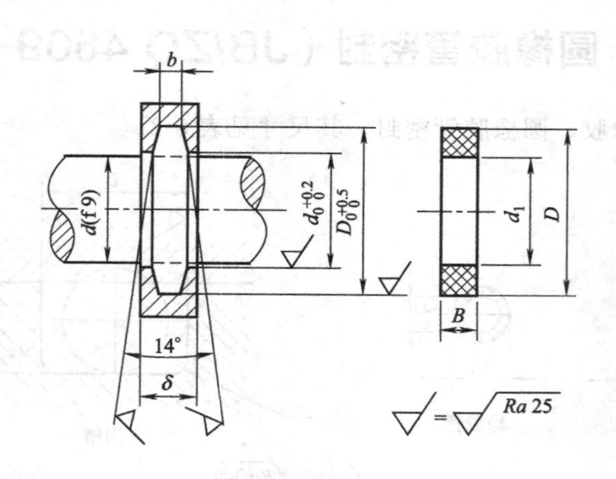


图 5-3　毡圈油封

毡圈油封用于线速度＜5m/s 的场合。

表 5-3　毡圈油封尺寸　　mm

| 轴径 $d$ | 毡圈 $D$ | 毡圈 $d_1$ | 毡圈 $B$ | 毡圈 质量/kg | 槽 $D_0$ | 槽 $d_0$ | 槽 $b$ | 槽 $\delta_{min}$ 用于钢 | 槽 $\delta_{min}$ 用于铸铁 |
|---|---|---|---|---|---|---|---|---|---|
| 15 | 29 | 14 | 6 | 0.0010 | 28 | 16 | 5 | 10 | 12 |
| 20 | 33 | 19 | | 0.0012 | 32 | 21 | | | |
| 25 | 39 | 24 | 7 | 0.0018 | 38 | 26 | 6 | 12 | 15 |
| 30 | 45 | 29 | | 0.0023 | 44 | 31 | | | |
| 35 | 49 | 34 | | 0.0023 | 48 | 36 | | | |
| 40 | 53 | 39 | | 0.0026 | 52 | 41 | | | |
| 45 | 61 | 44 | 8 | 0.0040 | 60 | 46 | 7 | | |
| 50 | 69 | 49 | | 0.0054 | 68 | 51 | | | |
| 55 | 74 | 53 | | 0.0060 | 72 | 56 | | | |
| 60 | 80 | 58 | | 0.0069 | 78 | 61 | | | |
| 65 | 84 | 63 | | 0.0070 | 82 | 66 | | | |
| 70 | 90 | 68 | | 0.0079 | 88 | 71 | | | |
| 75 | 94 | 73 | | 0.0080 | 92 | 77 | | | |
| 80 | 102 | 78 | 9 | 0.011 | 100 | 82 | 8 | 15 | 18 |
| 85 | 107 | 83 | | 0.012 | 105 | 87 | | | |
| 90 | 112 | 88 | | 0.012 | 110 | 92 | | | |
| 95 | 117 | 93 | 10 | 0.014 | 115 | 97 | | | |
| 100 | 122 | 98 | | 0.015 | 120 | 102 | | | |
| 105 | 127 | 103 | | 0.016 | 125 | 107 | | | |
| 110 | 132 | 108 | 10 | 0.017 | 130 | 112 | | | |
| 115 | 137 | 113 | | 0.018 | 135 | 117 | | | |
| 120 | 142 | 118 | | 0.018 | 140 | 122 | | | |
| 125 | 147 | 123 | | 0.018 | 145 | 127 | | | |

| 轴径 $d$ | 毡圈 $D$ | 毡圈 $d_1$ | 毡圈 $B$ | 毡圈 质量/kg | 槽 $D_0$ | 槽 $d_0$ | 槽 $b$ | 槽 $\delta_{min}$ 用于钢 | 槽 $\delta_{min}$ 用于铸铁 |
|---|---|---|---|---|---|---|---|---|---|
| 130 | 152 | 128 | 12 | 0.030 | 150 | 132 | 10 | 18 | 20 |
| 135 | 157 | 133 | | 0.030 | 155 | 137 | | | |
| 140 | 162 | 138 | | 0.032 | 160 | 143 | | | |
| 145 | 167 | 143 | | 0.033 | 165 | 148 | | | |
| 150 | 172 | 148 | | 0.034 | 170 | 153 | | | |
| 155 | 177 | 153 | | 0.035 | 175 | 158 | | | |
| 160 | 182 | 158 | | 0.035 | 180 | 163 | | | |
| 165 | 187 | 163 | | 0.037 | 185 | 168 | | | |
| 170 | 192 | 168 | | 0.038 | 190 | 173 | | | |
| 175 | 197 | 173 | | 0.038 | 195 | 178 | | | |
| 180 | 202 | 178 | | 0.038 | 200 | 183 | | | |
| 185 | 207 | 182 | | 0.039 | 205 | 188 | | | |
| 190 | 212 | 188 | | 0.039 | 210 | 193 | | | |
| 195 | 217 | 193 | 14 | 0.041 | 215 | 198 | 12 | 20 | 22 |
| 200 | 222 | 198 | | 0.042 | 220 | 203 | | | |
| 210 | 232 | 208 | | 0.044 | 230 | 213 | | | |
| 220 | 242 | 218 | | 0.046 | 240 | 223 | | | |
| 230 | 252 | 228 | | 0.048 | 250 | 233 | | | |
| 240 | 262 | 238 | | 0.051 | 260 | 243 | | | |

## 5.4　Z 形橡胶油封（JB/ZQ 4075—2006）

图 5-4 所示为 Z 形橡胶油封，其尺寸见表 5-4。

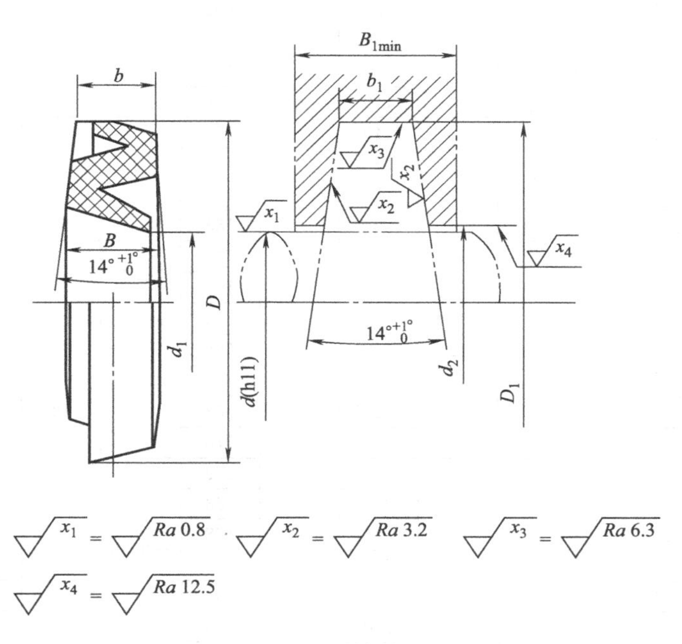


图 5-4　Z 形橡胶油封

材料：丁腈橡胶 XAI7453 HG/T 2811—2006。

标记示例：

$d$＝100mm 的 Z 形橡胶油封：油封 Z100 JB/ZQ 4075—2006。

适用范围：用于轴速≤6m/s 的滚动轴承及其他机械设备中；工作温度为－25～80℃，起防尘和封油作用。

**表 5-4　Z 形橡胶油封尺寸**　　mm

| 轴径 $d$ (b11) | 油封 | | | | | 沟槽 | | | | | | | |
|---|---|---|---|---|---|---|---|---|---|---|---|---|---|
| | $D$ | $d_1$ | | $b$ | $B$ | $D_1$ | | $d_2$ | | $b_1$ | | $B_{1min}$ | |
| | | 基本尺寸 | 极限偏差 | | | 基本尺寸 | 极限偏差 | 基本尺寸 | 极限偏差 | 基本尺寸 | 极限偏差 | 用于钢 | 用于铸铁 |
| 10 | 21.5 | 9 | +0.30<br>+0.15 | 3 | 3.8 | 21 | +0.21<br>0 | 11 | +0.18<br>0 | 3 | +0.14<br>0 | 8 | 10 |
| 12 | 23.5 | 11 | | | | 23 | | 13 | | | | | |
| 15 | 26.5 | 14 | | | | 26 | | 16 | | | | | |
| 17 | 28.5 | 16 | | | | 28 | | 18 | | | | | |
| 20 | 31.5 | 19 | | | | 31 | +0.25<br>0 | 21.5 | +0.21<br>0 | | | | |
| 25 | 38.5 | 24 | | 4 | 4.9 | 38 | | 26.5 | | 4 | +0.18<br>0 | 10 | 12 |
| 30 | 43.5 | 29 | | | | 43 | | 31.5 | +0.25<br>0 | | | | |
| (35) | 48.5 | 34 | | | | 48 | | 36.5 | | | | | |
| 40 | 53.5 | 39 | | | | 53 | +0.30<br>0 | 41.5 | | | | | |
| 45 | 58.5 | 44 | | | | 58 | | 46.5 | | | | | |
| 50 | 68 | 49 | | 5 | 6.2 | 67 | | 51.5 | +0.30<br>0 | 5 | | | |
| (55) | 73 | 53 | +0.30<br>+0.20 | | | 72 | | 56.5 | | | | | |
| 60 | 78 | 58 | | | | 77 | | 62 | | | | | |
| (65) | 83 | 63 | | | | 82 | +0.35<br>0 | 67 | | | | | |
| (70) | 90 | 68 | | 6 | 7.4 | 89 | | 72 | | 6 | | 12 | 15 |
| 75 | 95 | 73 | | | | 94 | | 77 | | | | | |
| 80 | 100 | 78 | | | | 99 | | 82 | +0.35<br>0 | | | | |
| 85 | 105 | 83 | | | | 104 | | 87 | | | | | |
| 90 | 111 | 88 | | 7 | 8.4 | 110 | | 92 | | 7 | +0.22<br>0 | | |
| 95 | 117 | 93 | | | | 116 | | 97 | | | | | |
| 100 | 126 | 98 | | 8 | 9.7 | 125 | +0.40<br>0 | 102 | | 8 | | 16 | 18 |
| 105 | 131 | 103 | | | | 130 | | 107 | | | | | |
| 110 | 136 | 108 | | | | 135 | | 113 | | | | | |
| (115) | 141 | 113 | | | | 140 | | 118 | | | | | |
| 120 | 150 | 118 | +0.45<br>+0.25 | 9 | 9.7 | 149 | | 123 | +0.40<br>0 | 9 | | | |
| 125 | 155 | 123 | | | 11 | 154 | | 128 | | | | 18 | 20 |
| 130 | 160 | 128 | | | | 159 | | 133 | | | | | |
| (135) | 165 | 133 | | | | 164 | | 138 | | | | | |
| 140 | 174 | 138 | | 10 | 12 | 173 | +0.46<br>0 | 143 | | 10 | | 20 | 22 |
| 145 | 179 | 143 | | | | 178 | | 148 | | | | | |
| 150 | 184 | 148 | | | | 183 | | 153 | | | | | |
| 155 | 189 | 153 | | | | 188 | | 158 | | | | | |
| 160 | 194 | 158 | | | | 193 | | 163 | | | | | |
| 165 | 199 | 163 | | | | 198 | | 168 | | | | | |
| 170 | 204 | 168 | | | | 203 | | 173 | | | | | |
| 175 | 209 | 173 | | 10 | 12 | 208 | | 178 | +0.46<br>0 | | | | |
| 180 | 214 | 178 | | | | 213 | | 183 | | | | | |
| 185 | 219 | 183 | | | | 218 | | 188 | | | | | |
| 190 | 224 | 188 | | | | 223 | | 193 | | | | | |
| 195 | 229 | 193 | | | | 228 | | 198 | | 11 | +0.27<br>0 | 22 | 24 |
| 200 | 241 | 198 | | | | 240 | | 203 | | | | | |
| 210 | 251 | 208 | | 11 | 14 | 250 | | 213 | | | | | |

续表

<table>
<tr><th rowspan="3">轴径 $d$<br>(b11)</th><th colspan="5">油封</th><th colspan="8">沟槽</th></tr>
<tr><th rowspan="2">$D$</th><th colspan="2">$d_1$</th><th rowspan="2">$b$</th><th rowspan="2">$B$</th><th colspan="2">$D_1$</th><th colspan="2">$d_2$</th><th colspan="2">$b_1$</th><th colspan="2">$B_{1min}$</th></tr>
<tr><th>基本尺寸</th><th>极限偏差</th><th>基本尺寸</th><th>极限偏差</th><th>基本尺寸</th><th>极限偏差</th><th>基本尺寸</th><th>极限偏差</th><th>用于钢</th><th>用于铸铁</th></tr>
<tr><td>220</td><td>261</td><td>218</td><td rowspan="11">+0.55<br>+0.30</td><td>11</td><td>14</td><td>260</td><td rowspan="5">+0.52<br>0</td><td>223</td><td rowspan="3">+0.46<br>0</td><td>11</td><td rowspan="11">+0.27<br>0</td><td>22</td><td>24</td></tr>
<tr><td>230</td><td>271</td><td>228</td><td rowspan="4">12</td><td rowspan="4">15</td><td>270</td><td>233</td><td rowspan="4">12</td><td rowspan="4">24</td><td rowspan="4">26</td></tr>
<tr><td>240</td><td>287</td><td>238</td><td>286</td><td>243</td></tr>
<tr><td>250</td><td>297</td><td>248</td><td>296</td><td>253</td><td rowspan="4">+0.52<br>0</td></tr>
<tr><td>260</td><td>307</td><td>258</td><td>306</td><td>263</td></tr>
<tr><td>280</td><td>333</td><td>278</td><td rowspan="6">13</td><td rowspan="6">16</td><td>332</td><td rowspan="4">+0.57<br>0</td><td>283</td><td rowspan="6">13</td><td rowspan="6">26</td><td rowspan="6">28</td></tr>
<tr><td>300</td><td>353</td><td>298</td><td>352</td><td>303</td></tr>
<tr><td>320</td><td>373</td><td>318</td><td>372</td><td>323</td><td rowspan="4">+0.57<br>0</td></tr>
<tr><td>340</td><td>393</td><td>338</td><td>392</td><td>343</td></tr>
<tr><td>360</td><td>413</td><td>358</td><td>412</td><td rowspan="2">+0.63<br>0</td><td>363</td></tr>
<tr><td>380</td><td>433</td><td>378</td><td>432</td><td>383</td></tr>
</table>

注：1. Z形油封在安装时，必须将与轴接触的唇边朝向所要进行防尘与油封的空腔内部。

2. 括号中的值尽量不采用。

# 5.5　O 形橡胶圈密封

## 5.5.1　液压、气动用 O 形橡胶密封圈尺寸及公差（GB/T 3452.1—2005）

图 5-5 所示 O 形橡胶圈，其尺寸及公差见表 5-5。

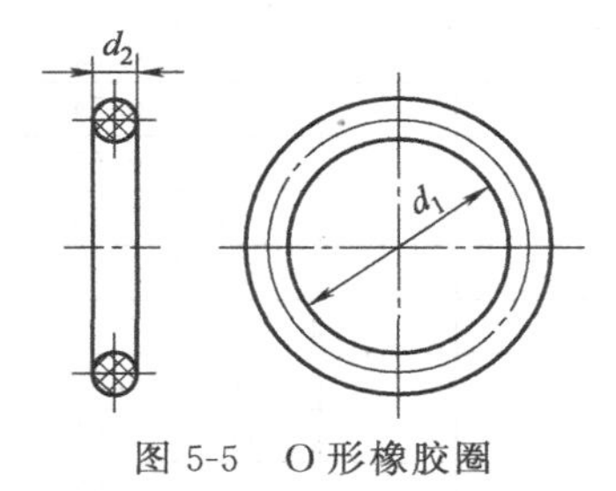


图 5-5　O 形橡胶圈

标记示例：

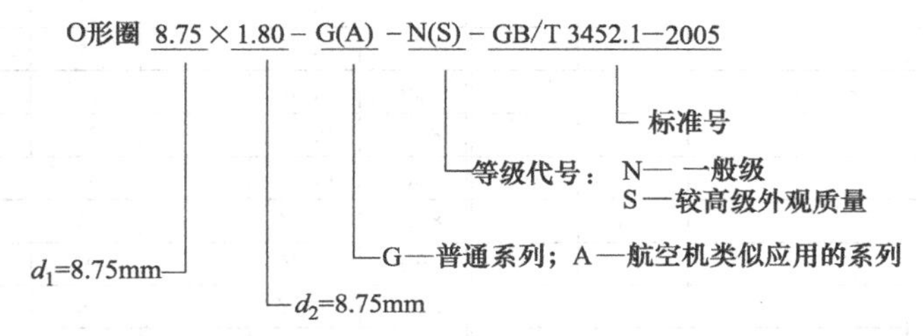


表 5-5　一般应用的 O 形圈内径、截面直径尺寸和公差（G 系列）　mm

| $d_1$ | | $d_2$ | | | | | $d_1$ | | $d_2$ | | | | |
|---|---|---|---|---|---|---|---|---|---|---|---|---|---|
| 尺寸 | 公差± | 1.8±0.08 | 2.65±0.09 | 3.55±0.10 | 5.3±0.13 | 7±0.15 | 尺寸 | 公差± | 1.8±0.08 | 2.65±0.09 | 3.55±0.10 | 5.3±0.13 | 7±0.15 |
| 1.8 | 0.13 | × | | | | | 2.8 | 0.13 | × | | | | |
| 2 | 0.13 | × | | | | | 3.15 | 0.14 | × | | | | |
| 2.24 | 0.13 | × | | | | | 3.55 | 0.14 | × | | | | |
| 2.5 | 0.13 | × | | | | | 3.75 | 0.14 | × | | | | |

续表

| $d_1$ | | $d_2$ | | | | | $d_1$ | | $d_2$ | | | | |
|---|---|---|---|---|---|---|---|---|---|---|---|---|---|
| 尺寸 | 公差± | 1.8±0.08 | 2.65±0.09 | 3.55±0.10 | 5.3±0.13 | 7±0.15 | 尺寸 | 公差± | 1.8±0.08 | 2.65±0.09 | 3.55±0.10 | 5.3±0.13 | 7±0.15 |
| 4 | 0.14 | × | | | | | 29 | 0.33 | × | × | × | | |
| 4.5 | 0.15 | × | | | | | 30 | 0.34 | × | × | × | | |
| 4.75 | 0.15 | × | | | | | 31.5 | 0.35 | × | × | × | | |
| 4.87 | 0.15 | × | | | | | 32.5 | 0.36 | × | × | × | | |
| 5 | 0.15 | × | | | | | 33.5 | 0.36 | × | × | × | | |
| 5.15 | 0.15 | × | | | | | 34.5 | 0.37 | × | × | × | | |
| 5.3 | 0.15 | × | | | | | 35.5 | 0.38 | × | × | × | | |
| 5.6 | 0.16 | × | | | | | 36.5 | 0.38 | × | × | × | | |
| 6 | 0.16 | × | | | | | 37.5 | 0.39 | × | × | × | | |
| 6.3 | 0.16 | × | | | | | 38.7 | 0.40 | × | × | × | | |
| 6.7 | 0.16 | × | | | | | 40 | 0.41 | × | × | × | | |
| 6.9 | 0.16 | × | | | | | 41.2 | 0.42 | × | × | × | × | |
| 7.1 | 0.16 | × | | | | | 42.5 | 0.43 | × | × | × | × | |
| 7.5 | 0.17 | × | | | | | 43.7 | 0.44 | × | × | × | × | |
| 8 | 0.17 | × | | | | | 45 | 0.44 | × | × | × | × | |
| 8.5 | 0.17 | × | | | | | 46.2 | 0.45 | × | × | × | × | |
| 8.75 | 0.18 | × | | | | | 47.5 | 0.46 | × | × | × | × | |
| 9 | 0.18 | × | | | | | 48.7 | 0.47 | × | × | × | × | |
| 9.5 | 0.18 | × | | | | | 50 | 0.48 | × | × | × | × | |
| 9.75 | 0.18 | × | | | | | 51.5 | 0.49 | | × | × | × | |
| 10 | 0.19 | × | | | | | 53 | 0.50 | | × | × | × | |
| 10.6 | 0.19 | × | × | | | | 54.5 | 0.51 | | × | × | × | |
| 11.2 | 0.20 | × | × | | | | 56 | 0.52 | | × | × | × | |
| 11.6 | 0.20 | × | × | | | | 58 | 0.54 | | × | × | × | |
| 11.8 | 0.20 | × | × | | | | 60 | 0.55 | | × | × | × | |
| 12.1 | 0.21 | × | × | | | | 61.5 | 0.56 | | × | × | × | |
| 12.5 | 0.21 | × | × | | | | 63 | 0.57 | | × | × | × | |
| 12.8 | 0.21 | × | × | | | | 65 | 0.58 | | × | × | × | |
| 13.2 | 0.21 | × | × | | | | 67 | 0.60 | | × | × | × | |
| 14 | 0.22 | × | × | | | | 69 | 0.61 | | × | × | × | |
| 14.5 | 0.22 | × | × | | | | 71 | 0.63 | | × | × | × | |
| 15 | 0.22 | × | × | | | | 73 | 0.64 | | × | × | × | |
| 15.5 | 0.23 | × | × | | | | 75 | 0.65 | | × | × | × | |
| 16 | 0.23 | × | × | | | | 77.5 | 0.67 | | × | × | × | |
| 17 | 0.24 | × | × | | | | 80 | 0.69 | | × | × | × | |
| 18 | 0.25 | × | × | × | | | 82.5 | 0.71 | | × | × | × | |
| 19 | 0.25 | × | × | × | | | 85 | 0.72 | | × | × | × | |
| 20 | 0.26 | × | × | × | | | 87.5 | 0.74 | | × | × | × | |
| 20.6 | 0.26 | × | × | × | | | 90 | 0.76 | | × | × | × | |
| 21.2 | 0.27 | × | × | × | | | 92.5 | 0.77 | | × | × | × | |
| 22.4 | 0.28 | × | × | × | | | 95 | 0.79 | | × | × | × | |
| 23 | 0.29 | × | × | × | | | 97.5 | 0.81 | | × | × | × | |
| 23.6 | 0.29 | × | × | × | | | 100 | 0.82 | | × | × | × | |
| 24.3 | 0.30 | × | × | × | | | 103 | 0.85 | | × | × | × | |
| 25 | 0.30 | × | × | × | | | 106 | 0.87 | | × | × | × | |
| 25.8 | 0.31 | × | × | × | | | 109 | 0.89 | | × | × | × | |
| 26.5 | 0.31 | × | × | × | | | 112 | 0.91 | | × | × | × | |
| 27.3 | 0.32 | × | × | × | | | 115 | 0.93 | | × | × | × | × |
| 28 | 0.32 | × | × | × | | | 118 | 0.95 | | × | × | × | × |

续表

| $d_1$ | | $d_2$ | | | | | $d_1$ | | $d_2$ | | | | |
|---|---|---|---|---|---|---|---|---|---|---|---|---|---|
| 尺寸 | 公差± | 1.8±0.08 | 2.65±0.09 | 3.55±0.10 | 5.3±0.13 | 7±0.15 | 尺寸 | 公差± | 1.8±0.08 | 2.65±0.09 | 3.55±0.10 | 5.3±0.13 | 7±0.15 |
| 122 | 0.97 | | × | × | × | × | 325 | 2.30 | | | | × | × |
| 125 | 0.99 | | × | × | × | × | 330 | 2.33 | | | | × | × |
| 128 | 1.01 | | × | × | × | × | 335 | 2.36 | | | | × | × |
| 132 | 1.04 | | × | × | × | × | 340 | 2.40 | | | | × | × |
| 136 | 1.07 | | × | × | × | × | 345 | 2.43 | | | | × | × |
| 140 | 1.09 | | × | × | × | × | 350 | 2.46 | | | | × | × |
| 142.5 | 1.11 | | × | × | × | × | 355 | 2.49 | | | | × | × |
| 145 | 1.13 | | × | × | × | × | 360 | 2.52 | | | | × | × |
| 147.5 | 1.14 | | × | × | × | × | 365 | 2.56 | | | | × | × |
| 150 | 1.16 | | × | × | × | × | 370 | 2.59 | | | | × | × |
| 152.5 | 1.18 | | | × | × | × | 375 | 2.62 | | | | × | × |
| 155 | 1.19 | | | × | × | × | 379 | 2.64 | | | | × | × |
| 157.5 | 1.21 | | | × | × | × | 383 | 2.67 | | | | × | × |
| 160 | 1.23 | | | × | × | | 387 | 2.70 | | | | × | × |
| 162.5 | 1.24 | | | × | × | × | 391 | 2.72 | | | | × | × |
| 165 | 1.26 | | | × | × | × | 395 | 2.75 | | | | × | × |
| 167.5 | 1.28 | | | × | × | × | 400 | 2.78 | | | | × | × |
| 170 | 1.29 | | | × | × | × | 406 | 2.82 | | | | | × |
| 172.5 | 1.31 | | | × | × | × | 412 | 2.85 | | | | | × |
| 175 | 1.33 | | | × | × | × | 418 | 2.89 | | | | | × |
| 177.5 | 1.34 | | | × | × | × | 425 | 2.93 | | | | | × |
| 180 | 1.36 | | | × | × | × | 429 | 2.96 | | | | | × |
| 182.5 | 1.38 | | | × | × | × | 433 | 2.99 | | | | | × |
| 185 | 1.39 | | | × | × | × | 437 | 3.01 | | | | | × |
| 187.5 | 1.41 | | | × | × | × | 443 | 3.05 | | | | | × |
| 190 | 1.43 | | | × | × | × | 450 | 3.09 | | | | | × |
| 195 | 1.46 | | | × | × | × | 456 | 3.13 | | | | | × |
| 200 | 1.49 | | | × | × | × | 462 | 3.17 | | | | | × |
| 203 | 1.51 | | | | × | × | 466 | 3.19 | | | | | × |
| 206 | 1.53 | | | | × | × | 470 | 3.22 | | | | | × |
| 212 | 1.57 | | | | × | × | 475 | 3.25 | | | | | × |
| 218 | 1.61 | | | | × | × | 479 | 3.28 | | | | | × |
| 224 | 1.65 | | | | × | × | 483 | 3.30 | | | | | × |
| 227 | 1.67 | | | | × | × | 487 | 3.33 | | | | | × |
| 230 | 1.69 | | | | × | × | 493 | 3.36 | | | | | × |
| 236 | 1.73 | | | | × | × | 500 | 3.41 | | | | | × |
| 239 | 1.75 | | | | × | × | 508 | 3.46 | | | | | × |
| 243 | 1.77 | | | | × | × | 515 | 3.50 | | | | | × |
| 250 | 1.82 | | | | × | × | 523 | 3.55 | | | | | × |
| 254 | 1.84 | | | | × | × | 530 | 3.60 | | | | | × |
| 258 | 1.87 | | | | × | × | 538 | 3.65 | | | | | × |
| 261 | 1.89 | | | | × | × | 545 | 3.69 | | | | | × |
| 265 | 1.91 | | | | × | × | 553 | 3.74 | | | | | × |
| 268 | 1.92 | | | | × | × | 560 | 3.78 | | | | | × |
| 272 | 1.96 | | | | × | × | 570 | 3.85 | | | | | × |
| 276 | 1.98 | | | | × | × | 580 | 3.91 | | | | | × |
| 280 | 2.01 | | | | × | × | 590 | 3.97 | | | | | × |
| 283 | 2.03 | | | | × | × | 600 | 4.03 | | | | | × |
| 286 | 2.05 | | | | × | × | 608 | 4.08 | | | | | × |
| 290 | 2.08 | | | | × | × | 615 | 4.12 | | | | | × |
| 295 | 2.11 | | | | × | × | 623 | 4.17 | | | | | × |
| 300 | 2.14 | | | | × | × | 630 | 4.22 | | | | | × |
| 303 | 2.16 | | | | × | × | 640 | 4.28 | | | | | × |
| 307 | 2.19 | | | | × | × | 650 | 4.34 | | | | | × |
| 311 | 2.21 | | | | × | × | 660 | 4.40 | | | | | × |
| 315 | 2.24 | | | | × | × | 670 | 4.47 | | | | | × |
| 320 | 2.27 | | | | × | × | | | | | | | |

注：“×”表示本标准规定的规格。

## 5.5.2 液压、气动用O形圈径向密封沟槽尺寸（摘自GB/T 3452.1—2005）

（1）液压活塞动密封沟槽尺寸

液压活塞动密封沟槽尺寸见图5-6和表5-6。

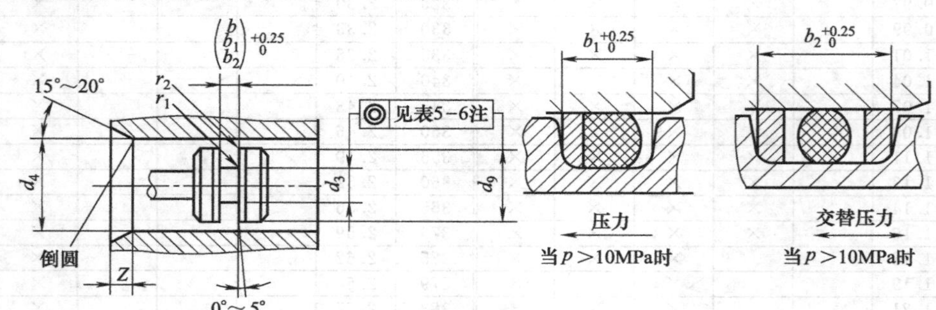


图5-6 液压活塞动密封沟槽尺寸

说明：

① $d_1$——O形圈内径，mm；$d_2$——O形圈截面直径，mm。

② $b$，$b_1$，$b_2$，$Z$，$r_1$，$r_2$ 尺寸见表5-14。

③ 沟槽及配合表面的表面粗糙度见表5-16。

表5-6 液压活塞动密封沟槽尺寸 mm

| $d_4$ H8 | $d_9$ f7 | $d_3$ h9 | $d_1$ | $d_4$ H8 | $d_9$ f7 | $d_3$ h9 | $d_1$ | $d_4$ H8 | $d_9$ f7 | $d_3$ h9 | $d_1$ |
|---|---|---|---|---|---|---|---|---|---|---|---|
| $d_2=1.8$ | | | | $d_2=2.65$ | | | | $d_2=3.55$ | | | |
| 7 | | 4.3 | 4 | 30 | | 26.9 | 25 | 34 | | 28.3 | 27.3 |
| 8 | | 5.3 | 5 | 31 | | 27.9 | 26.5 | 35 | | 29.3 | 28 |
| 9 | | 6.3 | 6 | 32 | | 28.9 | 27.3 | 36 | | 30.3 | 30 |
| 10 | | 7.3 | 6.9 | 33 | | 29.9 | 28 | 37 | | 31.3 | 30 |
| 11 | | 8.3 | 8 | 34 | | 29.9 | 29 | 38 | | 32.3 | 31.5 |
| 12 | | 9.3 | 8.75 | 35 | | 30.9 | 30 | 39 | | 33.3 | 32.5 |
| 13 | | 10.3 | 10 | 36 | | 31.9 | 31.5 | 40 | | 34.3 | 33.5 |
| 14 | | 11.3 | 10.6 | 37 | | 32.9 | 32.5 | 41 | | 35.3 | 34.5 |
| 15 | | 12.3 | 11.8 | 38 | | 33.9 | 33.5 | 42 | | 36.3 | 35.5 |
| 16 | | 13.3 | 12.5 | 39 | | 34.9 | 34.5 | 43 | | 37.3 | 36.5 |
| 17 | | 14.3 | 14 | 40 | | 35.9 | 35.5 | 44 | | 38.3 | 37.5 |
| 18 | | 15.3 | 15 | 41 | | 36.9 | 36.5 | 45 | | 39.3 | 38.7 |
| 19 | | 16.3 | 16 | 42 | | 37.9 | 37.5 | 46 | | 40.3 | 38.7 |
| 20 | | 17.3 | 17 | 43 | | 38.9 | 37.5 | 47 | | 41.3 | 40 |
| $d_2=2.65$ | | | | 44 | | 39.9 | 38.7 | 48 | | 42.3 | 41.2 |
| 19 | | 15.9 | 14.5 | $d_2=3.55$ | | | | 49 | | 43.3 | 42.5 |
| 20 | | 16.9 | 15.5 | 24 | | 18.3 | 18 | 50 | | 44.3 | 42.5 |
| 21 | | 17.9 | 16 | 25 | | 19.3 | 19 | 51 | | 45.3 | 43.7 |
| 22 | | 18.9 | 17 | 26 | | 20.3 | 20 | 52 | | 46.3 | 45 |
| 23 | | 19.9 | 18 | 27 | | 21.3 | 21.2 | 53 | | 47.3 | 46.2 |
| 24 | | 20.9 | 19 | 28 | | 22.3 | 21.2 | 54 | | 48.3 | 47.5 |
| 25 | | 21.9 | 20 | 29 | | 23.3 | 22.4 | 55 | | 49.3 | 48.7 |
| 26 | | 22.9 | 21.2 | 30 | | 24.3 | 23.6 | 56 | | 50.3 | 48.7 |
| 27 | | 23.9 | 22.4 | 31 | | 25.3 | 25 | 57 | | 51.3 | 50 |
| 28 | | 24.9 | 22.4 | 32 | | 26.3 | 25.8 | 58 | | 52.3 | 51.5 |
| 29 | | 25.9 | 24.3 | 33 | | 27.3 | 26.5 | 59 | | 53.3 | 51.5 |

续表

| $d_4$ H8 / $d_9$ f7 | $d_3$ h9 | $d_1$ | $d_4$ H8 / $d_9$ f7 | $d_3$ h9 | $d_1$ | $d_4$ H8 / $d_9$ f7 | $d_3$ h9 | $d_1$ |
|---|---|---|---|---|---|---|---|---|
| $d_2=3.55$ | | | $d_2=3.55$ | | | $d_2=3.55$ | | |
| 60 | 54.3 | 53 | 108 | 102.3 | 100 | 156 | 150.3 | 147.5 |
| 61 | 55.3 | 53 | 109 | 103.3 | 100 | 157 | 151.3 | 150 |
| 62 | 56.3 | 54.5 | 110 | 104.3 | 103 | 158 | 152.3 | 150 |
| 63 | 57.3 | 56 | 111 | 105.3 | 103 | 159 | 153.3 | 152.5 |
| 64 | 58.3 | 56 | 112 | 106.3 | 103 | 160 | 154.3 | 152.5 |
| 65 | 59.3 | 58 | 113 | 107.3 | 106 | 161 | 155.3 | 152.5 |
| 66 | 60.3 | 58 | 114 | 108.3 | 106 | 162 | 156.3 | 155 |
| 67 | 61.3 | 60 | 115 | 109.3 | 106 | 163 | 157.3 | 155 |
| 68 | 62.3 | 61.5 | 116 | 110.3 | 109 | 164 | 158.3 | 157.5 |
| 69 | 63.3 | 61.5 | 117 | 111.3 | 109 | 165 | 159.3 | 157.5 |
| 70 | 64.3 | 63 | 118 | 112.3 | 109 | 166 | 160.3 | 157.5 |
| 71 | 65.3 | 63 | 119 | 113.3 | 112 | 167 | 161.3 | 160 |
| 72 | 66.3 | 65 | 120 | 114.3 | 112 | 168 | 162.3 | 160 |
| 73 | 67.3 | 65 | 121 | 115.3 | 112 | 169 | 163.3 | 162.5 |
| 74 | 68.3 | 67 | 122 | 116.3 | 115 | 170 | 164.3 | 162.5 |
| 75 | 69.3 | 67 | 123 | 117.3 | 115 | 171 | 165.3 | 162.5 |
| 76 | 70.3 | 69 | 124 | 118.3 | 115 | 172 | 166.3 | 165 |
| 77 | 71.3 | 69 | 125 | 119.3 | 118 | 173 | 167.3 | 165 |
| 78 | 72.3 | 71 | 126 | 120.3 | 118 | 174 | 168.3 | 167.5 |
| 79 | 73.3 | 71 | 127 | 121.3 | 118 | 175 | 169.3 | 167.5 |
| 80 | 74.3 | 73 | 128 | 122.3 | 118 | 176 | 170.3 | 167.5 |
| 81 | 75.3 | 73 | 129 | 123.3 | 122 | 177 | 171.3 | 170 |
| 82 | 76.3 | 75 | 130 | 124.3 | 122 | 178 | 172.3 | 170 |
| 83 | 77.3 | 75 | 131 | 125.3 | 122 | 179 | 173.3 | 172.5 |
| 84 | 78.3 | 77.5 | 132 | 126.3 | 125 | 180 | 174.3 | 172.5 |
| 85 | 79.3 | 77.5 | 133 | 127.3 | 125 | 181 | 175.3 | 172.5 |
| 86 | 80.3 | 77.5 | 134 | 128.3 | 125 | 182 | 176.3 | 175 |
| 87 | 81.3 | 80 | 135 | 129.3 | 128 | 183 | 177.3 | 175 |
| 88 | 82.3 | 80 | 136 | 130.3 | 128 | 184 | 178.3 | 177.5 |
| 89 | 83.3 | 82.5 | 137 | 131.3 | 128 | 185 | 179.3 | 177.5 |
| 90 | 84.3 | 82.5 | 138 | 132.3 | 128 | 186 | 180.3 | 177.5 |
| 91 | 85.3 | 82.5 | 139 | 133.3 | 132 | 187 | 181.3 | 180 |
| 92 | 86.3 | 85 | 140 | 134.3 | 132 | 188 | 182.3 | 180 |
| 93 | 87.3 | 85 | 141 | 135.3 | 132 | 189 | 183.3 | 182.5 |
| 94 | 88.3 | 87.5 | 142 | 136.3 | 132 | 190 | 184.3 | 182.5 |
| 95 | 89.3 | 87.5 | 143 | 137.3 | 132 | 191 | 185.3 | 182.5 |
| 96 | 90.3 | 87.5 | 144 | 138.3 | 136 | 192 | 186.3 | 185 |
| 97 | 91.3 | 90 | 145 | 139.3 | 136 | 193 | 187.3 | 185 |
| 98 | 92.3 | 90 | 146 | 140.3 | 136 | 194 | 188.3 | 187.5 |
| 99 | 93.3 | 92.5 | 147 | 141.3 | 140 | 195 | 189.3 | 187.5 |
| 100 | 94.3 | 92.5 | 148 | 142.3 | 140 | 196 | 190.3 | 187.5 |
| 101 | 95.3 | 92.5 | 149 | 143.3 | 140 | 197 | 191.3 | 190 |
| 102 | 96.3 | 95 | 150 | 144.3 | 142.5 | 198 | 192.3 | 190 |
| 103 | 97.3 | 95 | 151 | 145.3 | 142.5 | 199 | 193.3 | 190 |
| 104 | 98.3 | 97.5 | 152 | 146.3 | 145 | 200 | 194.3 | 190 |
| 105 | 99.3 | 97.5 | 153 | 147.3 | 145 | 201 | 195.3 | 190 |
| 106 | 100.3 | 97.5 | 154 | 148.3 | 147.5 | 202 | 196.3 | 195 |
| 107 | 101.3 | 100 | 155 | 149.3 | 147.5 | 203 | 197.3 | 195 |

续表

| $d_4$ H8 | $d_9$ f7 | $d_3$ h9 | $d_1$ | $d_4$ H8 | $d_9$ f7 | $d_3$ h9 | $d_1$ | $d_4$ H8 | $d_9$ f7 | $d_3$ h9 | $d_1$ |
|---|---|---|---|---|---|---|---|---|---|---|---|
| $d_2=3.55$ | | | | $d_2=5.3$ | | | | $d_2=5.3$ | | | |
| 204 | | 198.3 | 195 | 80 | | 71.3 | 69 | 200 | | 191.3 | 187.5 |
| 205 | | 199.3 | 195 | 82 | | 73.3 | 71 | 205 | | 196.3 | 190 |
| 206 | | 200.3 | 195 | 84 | | 75.3 | 73 | 210 | | 201.3 | 195 |
| 207 | | 201.3 | 200 | 85 | | 76.3 | 75 | 215 | | 206.3 | 203 |
| 208 | | 202.3 | 200 | 86 | | 77.3 | 75 | 220 | | 211.3 | 206 |
| 209 | | 203.3 | 200 | 88 | | 79.3 | 77.5 | 225 | | 216.3 | 212 |
| 210 | | 204.3 | 200 | 90 | | 81.3 | 80 | 230 | | 221.3 | 218 |
| 211 | | 205.3 | 200 | 92 | | 83.3 | 82.5 | 240 | | 226.3 | 224 |
| 212 | | 206.3 | 200 | 94 | | 85.3 | 82.5 | 245 | | 236.3 | 230 |
| 213 | | 207.3 | 200 | 95 | | 86.3 | 85 | 250 | | 241.3 | 236 |
| $d_2=5.3$ | | | | 96 | | 87.3 | 85 | 255 | | 246.3 | 243 |
| 50 | | 41.3 | 40 | 98 | | 89.3 | 87.5 | 260 | | 251.3 | 243 |
| 51 | | 42.3 | 41.2 | 100 | | 91.3 | 90 | 265 | | 256.3 | 254 |
| 52 | | 43.3 | 42.5 | 102 | | 93.3 | 92.5 | $d_2=7$ | | | |
| 53 | | 44.3 | 43.7 | 104 | | 95.3 | 92.5 | 125 | | 113.3 | 112 |
| 54 | | 45.3 | 43.7 | 105 | | 96.3 | 95 | 130 | | 118.3 | 115 |
| 55 | | 46.3 | 45 | 106 | | 97.3 | 95 | 135 | | 123.3 | 122 |
| 56 | | 47.3 | 46.2 | 108 | | 99.3 | 97.5 | 140 | | 128.3 | 125 |
| 57 | | 48.3 | 47.5 | 110 | | 101.3 | 100 | 145 | | 133.3 | 132 |
| 58 | | 49.3 | 48.7 | 112 | | 103.3 | 100 | 150 | | 138.3 | 136 |
| 59 | | 50.3 | 48.7 | 114 | | 105.3 | 103 | 155 | | 143.3 | 140 |
| 60 | | 51.3 | 50 | 115 | | 106.3 | 103 | 160 | | 148.3 | 145 |
| 61 | | 52.3 | 51.5 | 116 | | 107.3 | 106 | 165 | | 153.3 | 150 |
| 62 | | 53.3 | 51.5 | 118 | | 109.3 | 106 | 170 | | 158.3 | 155 |
| 63 | | 54.3 | 53 | 120 | | 111.3 | 109 | 175 | | 163.3 | 160 |
| 64 | | 55.3 | 54.5 | 125 | | 116.3 | 115 | 180 | | 168.3 | 165 |
| 65 | | 56.3 | 54.5 | 130 | | 121.3 | 118 | 185 | | 173.3 | 170 |
| 66 | | 57.3 | 56 | 135 | | 126.3 | 125 | 190 | | 178.3 | 175 |
| 67 | | 58.3 | 56 | 140 | | 131.3 | 128 | 195 | | 183.3 | 180 |
| 68 | | 59.3 | 58 | 145 | | 136.3 | 132 | 200 | | 188.3 | 185 |
| 69 | | 60.3 | 58 | 150 | | 141.3 | 140 | 205 | | 193.3 | 190 |
| 70 | | 61.3 | 60 | 155 | | 146.3 | 145 | 210 | | 198.3 | 195 |
| 71 | | 62.3 | 61.5 | 160 | | 151.3 | 150 | 215 | | 203.3 | 200 |
| 72 | | 63.3 | 63 | 165 | | 156.3 | 155 | 220 | | 208.3 | 206 |
| 73 | | 64.3 | 63 | 170 | | 161.3 | 160 | 230 | | 218.3 | 212 |
| 75 | | 66.3 | 65 | 175 | | 166.3 | 165 | 240 | | 228.3 | 224 |
| 76 | | 67.3 | 65 | 180 | | 171.3 | 167.5 | 250 | | 238.3 | 236 |
| 77 | | 68.3 | 67 | 185 | | 176.3 | 172.5 | 260 | | 248.3 | 243 |
| 78 | | 69.3 | 67 | 190 | | 181.3 | 177.5 | | | | |
| 79 | | 70.3 | 69 | 195 | | 186.3 | 182.5 | | | | |

注：1. 表中规定的尺寸和公差适合于任何一种合成橡胶材料。沟槽尺寸是以硬度为 70IRHD（国际橡胶硬度标准）的丁腈橡胶（NBR）为基准的。

2. 在可以选用几种截面的 O 形圈的情况下，应优先选用较大截面的 O 形圈。

3. $d_9$ 和 $d_3$ 之间的同轴度公差：直径小于或等于 50mm 时，$\leqslant\phi0.025$mm；直径大于 50mm 时，$\leqslant\phi0.05$mm。

（2）气动活塞动密封沟槽尺寸

气动活塞动密封沟槽尺寸见图 5-7 和表 5-7。

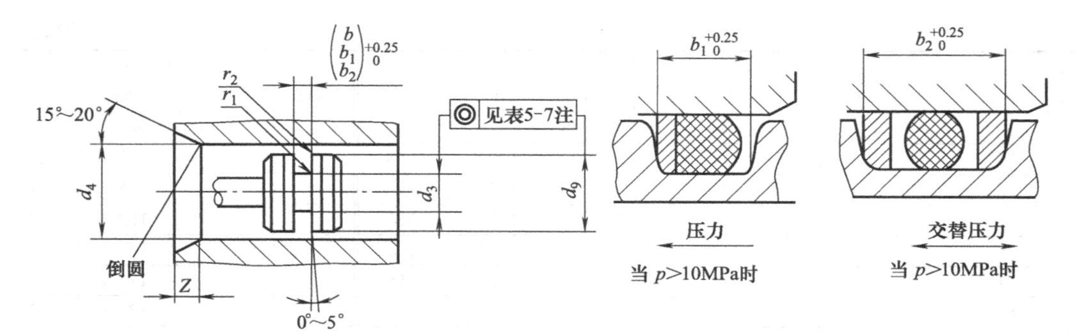


图 5-7 气动活塞动密封沟槽尺寸

说明：

① $d_1$——O 形圈内径，mm；$d_2$——O 形圈截面直径，mm。

② $b$，$b_1$，$b_2$，$Z$，$r_1$，$r_2$ 尺寸见表 5-14。

③ 沟槽及配合表面的表面粗糙度见表 5-16。

表 5-7 气动活塞动密封沟槽尺寸 mm

| $d_4$ H8 | $d_9$ f7 | $d_3$ h9 | $d_1$ | $d_4$ H8 | $d_9$ f7 | $d_3$ h9 | $d_1$ | $d_4$ H8 | $d_9$ f7 | $d_3$ h9 | $d_1$ |
|---|---|---|---|---|---|---|---|---|---|---|---|
| $d_2=1.8$ | | | | $d_2=2.65$ | | | | $d_2=3.55$ | | | |
| 7 | | 4.2 | 4 | 37 | | 32.7 | 31.5 | 46 | | 40.1 | 38.7 |
| 8 | | 5.2 | 5 | 38 | | 33.7 | 32.5 | 47 | | 41.1 | 40 |
| 9 | | 6.2 | 6 | 39 | | 34.7 | 33.5 | 48 | | 42.1 | 41.2 |
| 10 | | 7.2 | 6.9 | 40 | | 35.7 | 34.5 | 49 | | 43.1 | 42.5 |
| 11 | | 8.2 | 8 | 41 | | 36.7 | 35.5 | 50 | | 44.1 | 43.7 |
| 12 | | 9.2 | 8.75 | 42 | | 37.7 | 36.5 | 51 | | 45.1 | 43.7 |
| 13 | | 10.2 | 10 | 43 | | 38.7 | 37.5 | 52 | | 46.1 | 45 |
| 14 | | 11.2 | 10.6 | 44 | | 39.7 | 38.7 | 53 | | 47.1 | 46.2 |
| 15 | | 12.2 | 11.8 | $d_2=3.55$ | | | | 54 | | 48.1 | 47.5 |
| 16 | | 13.2 | 12.8 | 24 | | 18.1 | 17 | 55 | | 49.1 | 47.5 |
| 17 | | 14.2 | 14 | 25 | | 19.1 | 18 | 56 | | 50.1 | 48.7 |
| 18 | | 15.2 | 15 | 26 | | 20.1 | 19 | 57 | | 51.1 | 50 |
| $d_2=2.65$ | | | | 27 | | 21.1 | 20 | 58 | | 52.1 | 51.5 |
| 19 | | 14.7 | 14.5 | 28 | | 22.1 | 21.2 | 59 | | 53.1 | 51.5 |
| 20 | | 15.7 | 15.5 | 29 | | 23.1 | 22.4 | 60 | | 54.1 | 53 |
| 21 | | 16.7 | 16 | 30 | | 24.1 | 23.6 | 61 | | 55.1 | 54.5 |
| 22 | | 17.7 | 17 | 31 | | 25.1 | 24.3 | 62 | | 56.1 | 54.5 |
| 23 | | 18.7 | 18 | 32 | | 26.1 | 25.8 | 63 | | 57.1 | 56 |
| 24 | | 19.7 | 19 | 33 | | 27.1 | 26.5 | 64 | | 58.1 | 56 |
| 25 | | 20.7 | 20 | 34 | | 28.1 | 27.3 | 65 | | 59.1 | 58 |
| 26 | | 21.7 | 21.2 | 35 | | 29.1 | 28 | 66 | | 60.1 | 58 |
| 27 | | 22.7 | 22.4 | 36 | | 30.1 | 29 | 67 | | 61.1 | 60 |
| 28 | | 23.7 | 22.4 | 37 | | 31.1 | 30 | 68 | | 62.1 | 61.5 |
| 29 | | 24.7 | 23.6 | 38 | | 32.1 | 31.5 | 69 | | 63.1 | 61.5 |
| 30 | | 25.7 | 25 | 39 | | 33.1 | 32.5 | 70 | | 64.1 | 63 |
| 31 | | 26.7 | 25.8 | 40 | | 34.1 | 33.5 | 71 | | 65.1 | 63 |
| 32 | | 27.7 | 27.3 | 41 | | 35.1 | 34.5 | 72 | | 66.1 | 65 |
| 33 | | 28.7 | 28 | 42 | | 36.1 | 35.5 | 73 | | 67.1 | 65 |
| 34 | | 29.7 | 28 | 43 | | 37.1 | 36.5 | 74 | | 68.1 | 67 |
| 35 | | 30.7 | 30 | 44 | | 38.1 | 37.5 | 75 | | 69.1 | 67 |
| 36 | | 31.7 | 30 | 45 | | 39.1 | 38.7 | 76 | | 70.1 | 69 |

续表

| $d_4$ H8 | $d_9$ f7 | $d_3$ h9 | $d_1$ | $d_4$ H8 | $d_9$ f7 | $d_3$ h9 | $d_1$ | $d_4$ H8 | $d_9$ f7 | $d_3$ h9 | $d_1$ |
|---|---|---|---|---|---|---|---|---|---|---|---|
| $d_2=3.55$ | | | | $d_2=3.55$ | | | | $d_2=3.55$ | | | |
| 77 | | 71.1 | 69 | 125 | | 119.1 | 118 | 173 | | 167.1 | 165 |
| 78 | | 72.1 | 71 | 126 | | 120.1 | 118 | 174 | | 168.1 | 165 |
| 79 | | 73.1 | 71 | 127 | | 121.1 | 118 | 175 | | 169.1 | 167.5 |
| 80 | | 74.1 | 73 | 128 | | 122.1 | 118 | 176 | | 170.1 | 167.5 |
| 81 | | 75.1 | 73 | 129 | | 123.1 | 118 | 177 | | 171.1 | 167.5 |
| 82 | | 76.1 | 75 | 130 | | 124.1 | 122 | 178 | | 172.1 | 170 |
| 83 | | 77.1 | 75 | 131 | | 125.1 | 122 | 179 | | 173.1 | 170 |
| 84 | | 78.1 | 77.5 | 132 | | 126.1 | 125 | 180 | | 174.1 | 170 |
| 85 | | 79.1 | 77.5 | 133 | | 127.1 | 125 | 181 | | 175.1 | 172.5 |
| 86 | | 80.1 | 77.5 | 134 | | 128.1 | 125 | 182 | | 176.1 | 172.5 |
| 87 | | 81.1 | 80 | 135 | | 129.1 | 128 | 183 | | 177.1 | 175 |
| 88 | | 82.1 | 80 | 136 | | 130.1 | 128 | 184 | | 178.1 | 175 |
| 89 | | 83.1 | 80 | 137 | | 131.1 | 128 | 185 | | 179.1 | 177.5 |
| 90 | | 84.1 | 82.5 | 138 | | 132.1 | 128 | 186 | | 180.1 | 177.5 |
| 91 | | 85.1 | 82.5 | 139 | | 133.1 | 132 | 187 | | 181.1 | 177.5 |
| 92 | | 86.1 | 85 | 140 | | 134.1 | 132 | 188 | | 182.1 | 180 |
| 93 | | 87.1 | 85 | 141 | | 135.1 | 132 | 189 | | 183.1 | 180 |
| 94 | | 88.1 | 85 | 142 | | 136.1 | 132 | 190 | | 184.1 | 182.5 |
| 95 | | 89.1 | 87.5 | 143 | | 137.1 | 136 | 191 | | 185.1 | 182.5 |
| 96 | | 90.1 | 87.5 | 144 | | 138.1 | 136 | 192 | | 186.1 | 182.5 |
| 97 | | 91.1 | 90 | 145 | | 139.1 | 136 | 193 | | 187.1 | 185 |
| 98 | | 92.1 | 90 | 146 | | 140.1 | 136 | 194 | | 188.1 | 185 |
| 99 | | 93.1 | 90 | 147 | | 141.1 | 136 | 195 | | 189.1 | 187.5 |
| 100 | | 94.1 | 92.5 | 148 | | 142.1 | 140 | 196 | | 190.1 | 187.5 |
| 101 | | 95.1 | 92.5 | 149 | | 143.1 | 140 | 197 | | 191.1 | 187.5 |
| 102 | | 96.1 | 95 | 150 | | 144.1 | 142.5 | 198 | | 192.1 | 190 |
| 103 | | 97.1 | 95 | 151 | | 145.1 | 142.5 | 199 | | 193.1 | 190 |
| 104 | | 98.1 | 95 | 152 | | 146.1 | 142.5 | 200 | | 194.1 | 190 |
| 105 | | 99.1 | 97.5 | 153 | | 147.1 | 145 | $d_2=5.3$ | | | |
| 106 | | 100.1 | 97.5 | 154 | | 148.1 | 145 | 50 | | 41 | 40 |
| 107 | | 101.1 | 100 | 155 | | 149.1 | 147.5 | 51 | | 42 | 41.2 |
| 108 | | 102.1 | 100 | 156 | | 150.1 | 147.5 | 52 | | 43 | 41.2 |
| 109 | | 103.1 | 100 | 157 | | 151.1 | 147.5 | 53 | | 44 | 42.5 |
| 110 | | 104.1 | 103 | 158 | | 152.1 | 150 | 54 | | 45 | 43.7 |
| 111 | | 105.1 | 103 | 159 | | 153.1 | 150 | 55 | | 46 | 45 |
| 112 | | 106.1 | 103 | 160 | | 154.1 | 152.5 | 56 | | 47 | 46.2 |
| 113 | | 107.1 | 106 | 161 | | 155.1 | 152.5 | 57 | | 48 | 46.2 |
| 114 | | 108.1 | 106 | 162 | | 156.1 | 152.5 | 58 | | 49 | 47.5 |
| 115 | | 109.1 | 106 | 163 | | 157.1 | 155 | 59 | | 50 | 48.7 |
| 116 | | 110.1 | 109 | 164 | | 158.1 | 155 | 60 | | 51 | 48.7 |
| 117 | | 111.1 | 109 | 165 | | 159.1 | 157.5 | 61 | | 52 | 51.5 |
| 118 | | 112.1 | 109 | 166 | | 160.1 | 157.5 | 62 | | 53 | 51.5 |
| 119 | | 113.1 | 112 | 167 | | 161.1 | 157.5 | 63 | | 54 | 53 |
| 120 | | 114.1 | 112 | 168 | | 162.1 | 160 | 64 | | 55 | 54.5 |
| 121 | | 115.1 | 112 | 169 | | 163.1 | 160 | 65 | | 56 | 54.5 |
| 122 | | 116.1 | 115 | 170 | | 164.1 | 162.5 | 66 | | 57 | 56 |
| 123 | | 117.1 | 115 | 171 | | 165.1 | 162.5 | 67 | | 58 | 56 |
| 124 | | 118.1 | 115 | 172 | | 166.1 | 162.5 | 68 | | 59 | 58 |

续表

| $d_4$ H8 | $d_9$ f7 | $d_3$ h9 | $d_1$ | $d_4$ H8 | $d_9$ f7 | $d_3$ h9 | $d_1$ | $d_4$ H8 | $d_9$ f7 | $d_3$ h9 | $d_1$ |
|---|---|---|---|---|---|---|---|---|---|---|---|
| $d_2=5.3$ | | | | $d_2=5.3$ | | | | $d_2=7$ | | | |
| 69 | | 60 | 58 | 114 | | 105 | 103 | 125 | | 112.8 | 109 |
| 70 | | 61 | 60 | 115 | | 106 | 103 | 130 | | 117.8 | 115 |
| 71 | | 62 | 60 | 116 | | 107 | 106 | 135 | | 122.8 | 118 |
| 72 | | 63 | 61.5 | 118 | | 109 | 106 | 140 | | 127.8 | 125 |
| 73 | | 64 | 63 | 120 | | 111 | 109 | 145 | | 132.8 | 128 |
| 74 | | 65 | 63 | 125 | | 116 | 115 | 150 | | 137.8 | 136 |
| 75 | | 66 | 65 | 130 | | 121 | 118 | 155 | | 142.8 | 140 |
| 76 | | 67 | 65 | 135 | | 126 | 122 | 160 | | 147.8 | 145 |
| 77 | | 68 | 67 | 140 | | 131 | 128 | 165 | | 152.8 | 150 |
| 78 | | 69 | 67 | 145 | | 136 | 132 | 170 | | 157.8 | 155 |
| 79 | | 70 | 69 | 150 | | 141 | 136 | 175 | | 162.8 | 160 |
| 80 | | 71 | 69 | 155 | | 146 | 142.2 | 180 | | 167.8 | 165 |
| 82 | | 73 | 71 | 160 | | 151 | 147.5 | 185 | | 172.8 | 170 |
| 84 | | 75 | 73 | 165 | | 156 | 152.5 | 190 | | 177.8 | 175 |
| 85 | | 76 | 75 | 170 | | 161 | 157.5 | 195 | | 182.8 | 180 |
| 86 | | 77 | 75 | 175 | | 166 | 162.5 | 200 | | 187.8 | 185 |
| 88 | | 79 | 77.5 | 180 | | 171 | 167.5 | 205 | | 192.8 | 190 |
| 90 | | 81 | 80 | 185 | | 176 | 172.5 | 210 | | 197.8 | 195 |
| 92 | | 83 | 80 | 190 | | 181 | 177.5 | 215 | | 202.8 | 200 |
| 94 | | 85 | 82.5 | 195 | | 186 | 182.5 | 220 | | 207.8 | 206 |
| 95 | | 86 | 85 | 200 | | 191 | 187.5 | 225 | | 212.8 | 206 |
| 96 | | 87 | 85 | 205 | | 196 | 190 | 230 | | 217.8 | 212 |
| 98 | | 89 | 87.5 | 210 | | 201 | 195 | 235 | | 222.8 | 216 |
| 100 | | 91 | 90 | 215 | | 206 | 203 | 240 | | 227.8 | 224 |
| 102 | | 93 | 90 | 220 | | 211 | 206 | 245 | | 232.8 | 230 |
| 104 | | 95 | 92.5 | 225 | | 216 | 212 | 250 | | 237.8 | 236 |
| 105 | | 96 | 95 | 230 | | 221 | 218 | 255 | | 242.8 | 239 |
| 106 | | 97 | 95 | 235 | | 226 | 224 | 260 | | 247.8 | 243 |
| 108 | | 99 | 97.5 | 240 | | 231 | 227 | 265 | | 252.8 | 250 |
| 110 | | 101 | 100 | 245 | | 236 | 230 | 270 | | 257.8 | 254 |
| 112 | | 103 | 100 | 250 | | 241 | 239 | | | | |

注：1. 表中规定的尺寸和公差适合于任何一种合成橡胶材料。沟槽尺寸是以硬度为 70IRHD（国际橡胶硬度标准）的丁腈橡胶（NBR）为基准的。

2. 在可以选用几种截面的 O 形圈的情况下，应优先选用较大截面的 O 形圈。

3. $d_9$ 和 $d_3$ 之间的同轴度公差：直径小于或等于 50mm 时，$\leqslant\phi0.025$mm；直径大于 50mm 时，$\leqslant\phi0.05$mm。

### （3）液压、气动活塞静密封沟槽尺寸

液压、气动活塞静密封沟槽尺寸见图 5-8 和表 5-8。

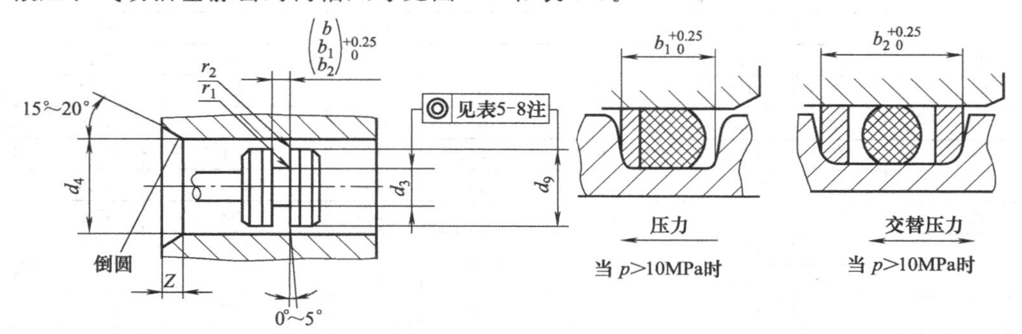


图 5-8　液压、气动活塞静密封沟槽尺寸

说明：

① $d_1$——O 形圈内径，mm；$d_2$——O 形圈截面直径，mm。

② $b$，$b_1$，$b_2$，$Z$，$r_1$，$r_2$ 尺寸见表 5-14。

③ 沟槽及配合表面的表面粗糙度见表 5-16。

**表 5-8 液压、气动活塞静密封沟槽尺寸** mm

| $d_4$ H8 | $d_9$ f7 | $d_3$ h11 | $d_1$ | $d_4$ H8 | $d_9$ f7 | $d_3$ h11 | $d_1$ | $d_4$ H8 | $d_9$ f7 | $d_3$ h11 | $d_1$ |
|---|---|---|---|---|---|---|---|---|---|---|---|
| $d_2=1.8$ | | | | $d_2=3.55$ | | | | $d_2=3.55$ | | | |
| 6 | | 3.4 | 3.15 | 24 | | 18.6 | 18 | 66 | | 60.6 | 58 |
| 7 | | 4.4 | 4 | 25 | | 19.6 | 19 | 67 | | 61.6 | 60 |
| 8 | | 5.4 | 5.15 | 26 | | 20.6 | 20 | 68 | | 62.6 | 60 |
| 9 | | 6.4 | 6 | 27 | | 21.6 | 21.2 | 69 | | 63.6 | 61.5 |
| 10 | | 7.4 | 7.1 | 28 | | 22.6 | 21.2 | 70 | | 64.6 | 63 |
| 11 | | 8.4 | 8 | 29 | | 23.6 | 22.4 | 71 | | 65.6 | 63 |
| 12 | | 9.4 | 9 | 30 | | 24.6 | 23.6 | 72 | | 66.6 | 65 |
| 13 | | 10.4 | 10 | 31 | | 25.6 | 25 | 73 | | 67.6 | 65 |
| 14 | | 11.4 | 11.2 | 32 | | 26.6 | 25.8 | 74 | | 68.6 | 67 |
| 15 | | 12.4 | 12.1 | 33 | | 27.6 | 27.3 | 75 | | 69.6 | 69 |
| 16 | | 13.4 | 13.2 | 34 | | 28.6 | 28 | 76 | | 70.6 | 69 |
| 17 | | 14.4 | 14 | 35 | | 29.6 | 28 | 77 | | 71.6 | 69 |
| 18 | | 15.4 | 15 | 36 | | 30.6 | 30 | 78 | | 72.6 | 71 |
| 19 | | 16.4 | 16 | 37 | | 31.6 | 30 | 79 | | 73.6 | 71 |
| 20 | | 17.4 | 17 | 38 | | 32.6 | 31.5 | 80 | | 74.6 | 73 |
| $d_2=2.65$ | | | | 39 | | 33.6 | 32.5 | 81 | | 75.6 | 73 |
| 19 | | 15 | 14.5 | 40 | | 34.6 | 33.5 | 82 | | 76.6 | 75 |
| 20 | | 16 | 15.5 | 41 | | 35.6 | 34.5 | 83 | | 77.6 | 75 |
| 21 | | 17 | 16 | 42 | | 36.6 | 35.5 | 84 | | 78.6 | 77.5 |
| 22 | | 18 | 17 | 43 | | 37.6 | 36.5 | 85 | | 79.6 | 77.5 |
| 23 | | 19 | 18 | 44 | | 38.6 | 36.5 | 86 | | 80.6 | 77.5 |
| 24 | | 20 | 19 | 45 | | 39.6 | 38.7 | 87 | | 81.6 | 80 |
| 25 | | 21 | 20 | 46 | | 40.6 | 40 | 88 | | 82.6 | 80 |
| 26 | | 22 | 21.2 | 47 | | 41.6 | 41.2 | 89 | | 83.6 | 82.5 |
| 27 | | 23 | 22.4 | 48 | | 42.6 | 41.2 | 90 | | 84.6 | 82.5 |
| 28 | | 24 | 23.6 | 49 | | 43.6 | 42.5 | 91 | | 85.6 | 82.5 |
| 29 | | 25 | 24.3 | 50 | | 44.6 | 43.7 | 92 | | 86.6 | 85 |
| 30 | | 26 | 25 | 51 | | 45.6 | 45 | 93 | | 87.6 | 85 |
| 31 | | 27 | 26.5 | 52 | | 46.6 | 45 | 94 | | 88.6 | 87.5 |
| 32 | | 28 | 27.3 | 53 | | 47.6 | 46.2 | 95 | | 89.6 | 87.5 |
| 33 | | 29 | 28 | 54 | | 48.6 | 47.5 | 96 | | 90.6 | 87.5 |
| 34 | | 30 | 28 | 55 | | 49.6 | 48.7 | 97 | | 91.6 | 90 |
| 35 | | 31 | 30 | 56 | | 50.6 | 50 | 98 | | 92.6 | 90 |
| 36 | | 32 | 31.5 | 57 | | 51.6 | 50 | 99 | | 93.6 | 92.5 |
| 37 | | 33 | 32.5 | 58 | | 52.6 | 51.5 | 100 | | 94.6 | 92.5 |
| 38 | | 34 | 33.5 | 59 | | 53.6 | 53 | 101 | | 95.6 | 92.5 |
| 39 | | 35 | 34.5 | 60 | | 54.6 | 53 | 102 | | 96.6 | 95 |
| 40 | | 36 | 35.5 | 61 | | 55.6 | 54.5 | 103 | | 97.6 | 95 |
| 41 | | 37 | 36.5 | 62 | | 56.6 | 56 | 104 | | 98.6 | 95 |
| 42 | | 38 | 37.5 | 63 | | 57.6 | 56 | 105 | | 99.6 | 97.5 |
| 43 | | 39 | 37.5 | 64 | | 58.6 | 58 | 106 | | 100.6 | 97.5 |
| 44 | | 40 | 38.7 | 65 | | 59.6 | 58 | 107 | | 101.6 | 100 |

续表

| $d_4$ H8 | $d_9$ f7 | $d_3$ h11 | $d_1$ | $d_4$ H8 | $d_9$ f7 | $d_3$ h11 | $d_1$ | $d_4$ H8 | $d_9$ f7 | $d_3$ h11 | $d_1$ |
|---|---|---|---|---|---|---|---|---|---|---|---|
| $d_2=3.55$ | | | | $d_2=3.55$ | | | | $d_2=3.55$ | | | |
| 108 | | 102.6 | 100 | 156 | | 150.6 | 147.5 | 204 | | 198.6 | 195 |
| 109 | | 103.6 | 100 | 157 | | 151.6 | 150 | 205 | | 199.6 | 195 |
| 110 | | 104.6 | 103 | 158 | | 152.6 | 150 | 206 | | 200.6 | 195 |
| 111 | | 105.6 | 103 | 159 | | 153.6 | 150 | 207 | | 201.6 | 195 |
| 112 | | 106.6 | 103 | 160 | | 154.6 | 152.5 | 208 | | 202.6 | 200 |
| 113 | | 107.6 | 106 | 161 | | 155.6 | 152.5 | 209 | | 203.6 | 200 |
| 114 | | 108.6 | 106 | 162 | | 156.6 | 155 | 210 | | 204.6 | 200 |
| 115 | | 109.6 | 106 | 163 | | 157.6 | 155 | 211 | | 205.6 | 200 |
| 116 | | 110.6 | 109 | 164 | | 158.6 | 155 | 212 | | 206.6 | 200 |
| 117 | | 111.6 | 109 | 165 | | 159.6 | 157.5 | 213 | | 207.6 | 200 |
| 118 | | 112.6 | 109 | 166 | | 160.6 | 157.5 | $d_2=5.3$ | | | |
| 119 | | 113.6 | 112 | 167 | | 161.6 | 160 | 50 | | 41.8 | 40 |
| 120 | | 114.6 | 112 | 168 | | 162.6 | 160 | 51 | | 42.8 | 41.2 |
| 121 | | 115.6 | 112 | 169 | | 163.6 | 160 | 52 | | 43.8 | 42.5 |
| 122 | | 116.6 | 115 | 170 | | 164.6 | 162.5 | 53 | | 44.8 | 43 |
| 123 | | 117.6 | 115 | 171 | | 165.6 | 162.5 | 54 | | 45.8 | 43.7 |
| 124 | | 118.6 | 115 | 172 | | 166.6 | 165 | 55 | | 46.8 | 45 |
| 125 | | 119.6 | 118 | 173 | | 167.6 | 165 | 56 | | 47.8 | 46.2 |
| 126 | | 120.6 | 118 | 174 | | 168.6 | 165 | 57 | | 48.8 | 47.5 |
| 127 | | 121.6 | 118 | 175 | | 169.6 | 167.5 | 58 | | 49.8 | 48.7 |
| 128 | | 122.6 | 118 | 176 | | 170.6 | 167.5 | 59 | | 50.8 | 48.7 |
| 129 | | 123.6 | 122 | 177 | | 171.6 | 167.5 | 60 | | 51.8 | 50 |
| 130 | | 124.6 | 122 | 178 | | 172.6 | 170 | 61 | | 52.8 | 51.5 |
| 131 | | 125.6 | 122 | 179 | | 173.6 | 170 | 62 | | 53.8 | 51.5 |
| 132 | | 126.6 | 125 | 180 | | 174.6 | 172.5 | 63 | | 54.8 | 53 |
| 133 | | 127.6 | 125 | 181 | | 175.6 | 172.5 | 64 | | 55.8 | 54.5 |
| 134 | | 128.6 | 125 | 182 | | 176.6 | 172.5 | 65 | | 56.8 | 54.5 |
| 135 | | 129.6 | 128 | 183 | | 177.6 | 175 | 66 | | 57.8 | 56 |
| 136 | | 130.6 | 128 | 184 | | 178.6 | 175 | 67 | | 58.8 | 56 |
| 137 | | 131.6 | 128 | 185 | | 179.6 | 177.5 | 68 | | 59.8 | 58 |
| 138 | | 132.6 | 128 | 186 | | 180.6 | 177.5 | 69 | | 60.8 | 58 |
| 139 | | 133.6 | 132 | 187 | | 181.6 | 177.5 | 70 | | 61.8 | 60 |
| 140 | | 134.6 | 132 | 188 | | 182.6 | 180 | 71 | | 62.8 | 61.5 |
| 141 | | 135.6 | 132 | 189 | | 183.6 | 180 | 72 | | 63.8 | 61.5 |
| 142 | | 136.6 | 132 | 190 | | 184.6 | 182.5 | 73 | | 64.8 | 63 |
| 143 | | 137.6 | 136 | 191 | | 185.6 | 182.5 | 74 | | 65.8 | 63 |
| 144 | | 138.6 | 136 | 192 | | 186.6 | 182.5 | 75 | | 66.8 | 65 |
| 145 | | 139.6 | 136 | 193 | | 187.6 | 185 | 76 | | 67.8 | 65 |
| 146 | | 140.6 | 136 | 194 | | 188.6 | 185 | 77 | | 68.8 | 67 |
| 147 | | 141.6 | 140 | 195 | | 189.6 | 187.5 | 78 | | 69.8 | 67 |
| 148 | | 142.6 | 140 | 196 | | 190.6 | 187.5 | 79 | | 70.8 | 69 |
| 149 | | 143.6 | 142.5 | 197 | | 191.6 | 187.5 | 80 | | 71.8 | 69 |
| 150 | | 144.6 | 142.5 | 198 | | 192.6 | 190 | 82 | | 73.8 | 71 |
| 151 | | 145.6 | 142.5 | 199 | | 193.6 | 190 | 84 | | 75.8 | 73 |
| 152 | | 146.6 | 145 | 200 | | 194.6 | 190 | 85 | | 76.8 | 73 |
| 153 | | 147.6 | 145 | 201 | | 195.6 | 190 | 86 | | 77.8 | 75 |
| 154 | | 148.6 | 145 | 202 | | 196.6 | 190 | 88 | | 79.8 | 77.5 |
| 155 | | 149.6 | 147.5 | 203 | | 197.6 | 195 | 90 | | 81.8 | 80 |

续表

| $d_4$ H8 | $d_9$ f7 | $d_3$ h11 | $d_1$ | $d_4$ H8 | $d_9$ f7 | $d_3$ h11 | $d_1$ | $d_4$ H8 | $d_9$ f7 | $d_3$ h11 | $d_1$ |
|---|---|---|---|---|---|---|---|---|---|---|---|
| $d_2=5.3$ | | | | $d_2=5.3$ | | | | $d_2=5.3$ | | | |
| 92 | | 83.8 | 80 | 172 | | 163.8 | 162.5 | 252 | | 243.8 | 239 |
| 94 | | 85.8 | 82.5 | 174 | | 165.8 | 162.5 | 254 | | 245.8 | 243 |
| 95 | | 86.8 | 85 | 175 | | 166.8 | 165 | 255 | | 246.8 | 243 |
| 96 | | 87.8 | 85 | 176 | | 167.8 | 165 | 256 | | 247.8 | 243 |
| 98 | | 89.8 | 87.5 | 178 | | 169.8 | 167.5 | 258 | | 249.8 | 243 |
| 100 | | 91.8 | 87.5 | 180 | | 171.8 | 170 | 260 | | 251.8 | 243 |
| 102 | | 93.8 | 90 | 182 | | 173.8 | 170 | 262 | | 253.8 | 250 |
| 104 | | 95.8 | 92.5 | 184 | | 175.8 | 172.5 | 264 | | 255.8 | 250 |
| 105 | | 96.8 | 95 | 185 | | 176.8 | 172.5 | 265 | | 256.8 | 254 |
| 106 | | 97.8 | 95 | 186 | | 177.8 | 175 | 266 | | 257.8 | 254 |
| 108 | | 99.8 | 97.8 | 188 | | 179.8 | 177.5 | 268 | | 259.8 | 254 |
| 110 | | 101.8 | 100 | 190 | | 181.8 | 177.5 | 270 | | 261.8 | 258 |
| 112 | | 103.8 | 100 | 192 | | 183.8 | 180 | 272 | | 263.8 | 258 |
| 114 | | 105.8 | 103 | 194 | | 185.8 | 182.5 | 274 | | 265.8 | 261 |
| 115 | | 106.8 | 103 | 195 | | 186.8 | 182.5 | 275 | | 266.8 | 261 |
| 116 | | 107.8 | 106 | 196 | | 187.8 | 185 | 276 | | 267.8 | 265 |
| 118 | | 109.7 | 106 | 198 | | 189.8 | 187.5 | 278 | | 269.8 | 265 |
| 120 | | 111.8 | 109 | 200 | | 191.8 | 187.5 | 280 | | 271.8 | 268 |
| 122 | | 113.8 | 112 | 202 | | 193.8 | 190 | 282 | | 273.8 | 268 |
| 124 | | 115.8 | 112 | 204 | | 195.8 | 190 | 284 | | 275.8 | 272 |
| 125 | | 116.8 | 115 | 205 | | 196.8 | 195 | 285 | | 276.8 | 272 |
| 126 | | 117.8 | 118 | 206 | | 197.8 | 195 | 286 | | 277.8 | 272 |
| 128 | | 119.8 | 118 | 208 | | 199.8 | 195 | 288 | | 279.8 | 276 |
| 130 | | 121.8 | 122 | 210 | | 201.8 | 200 | 290 | | 281.8 | 276 |
| 132 | | 123.8 | 122 | 212 | | 203.8 | 200 | 292 | | 283.8 | 280 |
| 134 | | 125.8 | 125 | 214 | | 205.8 | 203 | 294 | | 285.8 | 283 |
| 135 | | 126.8 | 125 | 215 | | 206.8 | 203 | 295 | | 286.8 | 283 |
| 136 | | 127.8 | 125 | 216 | | 207.8 | 203 | 296 | | 287.8 | 283 |
| 138 | | 129.8 | 128 | 218 | | 209.8 | 206 | 298 | | 289.8 | 286 |
| 140 | | 131.8 | 128 | 220 | | 211.8 | 206 | 300 | | 291.8 | 286 |
| 142 | | 133.8 | 132 | 222 | | 213.8 | 212 | 302 | | 293.8 | 290 |
| 144 | | 135.8 | 132 | 224 | | 215.8 | 212 | 304 | | 295.8 | 290 |
| 145 | | 136.8 | 132 | 225 | | 216.8 | 212 | 305 | | 296.8 | 290 |
| 146 | | 137.8 | 136 | 226 | | 217.8 | 212 | 306 | | 297.8 | 295 |
| 148 | | 139.8 | 136 | 228 | | 219.8 | 218 | 308 | | 299.8 | 295 |
| 150 | | 141.8 | 140 | 230 | | 221.8 | 218 | 310 | | 301.8 | 295 |
| 152 | | 143.8 | 142.5 | 232 | | 223.8 | 218 | 312 | | 303.8 | 300 |
| 154 | | 145.8 | 142.5 | 234 | | 225.8 | 224 | 314 | | 305.8 | 303 |
| 155 | | 146.8 | 145 | 235 | | 226.8 | 224 | 315 | | 306.8 | 303 |
| 156 | | 147.8 | 145 | 236 | | 227.8 | 224 | 316 | | 307.8 | 303 |
| 158 | | 149.8 | 147.5 | 238 | | 229.8 | 227 | 318 | | 309.8 | 307 |
| 160 | | 151.8 | 150 | 240 | | 231.8 | 227 | 320 | | 311.8 | 307 |
| 162 | | 153.8 | 152.5 | 242 | | 233.8 | 230 | 322 | | 313.8 | 311 |
| 164 | | 155.8 | 152.5 | 244 | | 235.8 | 230 | 324 | | 315.8 | 311 |
| 165 | | 156.8 | 155 | 245 | | 236.8 | 230 | 325 | | 316.8 | 311 |
| 166 | | 157.8 | 155 | 246 | | 237.8 | 230 | 326 | | 317.8 | 315 |
| 168 | | 159.8 | 157.5 | 248 | | 239.8 | 236 | 328 | | 319.8 | 315 |
| 170 | | 161.8 | 160 | 250 | | 241.8 | 239 | 330 | | 321.8 | 315 |

续表

| $d_4$ H8 / $d_9$ f7 | $d_3$ h11 | $d_1$ | $d_4$ H8 / $d_9$ f7 | $d_3$ h11 | $d_1$ | $d_4$ H8 / $d_9$ f7 | $d_3$ h11 | $d_1$ |
|---|---|---|---|---|---|---|---|---|
| $d_2=5.3$ | | | $d_2=7$ | | | $d_2=7$ | | |
| 332 | 323.8 | 320 | 122 | 111 | 109 | 202 | 191 | 187.5 |
| 334 | 325.8 | 320 | 124 | 113 | 109 | 204 | 193 | 190 |
| 335 | 326.8 | 320 | 125 | 114 | 112 | 205 | 194 | 190 |
| 336 | 327.8 | 325 | 126 | 115 | 112 | 206 | 195 | 190 |
| 338 | 329.8 | 325 | 128 | 117 | 115 | 208 | 197 | 190 |
| 340 | 331.8 | 325 | 130 | 119 | 115 | 210 | 199 | 195 |
| 342 | 333.8 | 330 | 132 | 121 | 118 | 212 | 201 | 195 |
| 344 | 335.8 | 330 | 134 | 123 | 118 | 214 | 203 | 200 |
| 345 | 336.8 | 330 | 135 | 124 | 122 | 215 | 204 | 200 |
| 346 | 337.8 | 335 | 136 | 125 | 122 | 216 | 205 | 203 |
| 348 | 339.8 | 335 | 138 | 127 | 122 | 218 | 207 | 203 |
| 350 | 341.8 | 335 | 140 | 129 | 125 | 220 | 209 | 203 |
| 352 | 343.8 | 340 | 142 | 131 | 128 | 222 | 211 | 206 |
| 354 | 345.8 | 340 | 144 | 133 | 128 | 224 | 213 | 206 |
| 355 | 346.8 | 340 | 145 | 134 | 132 | 225 | 214 | 212 |
| 356 | 347.8 | 345 | 146 | 135 | 132 | 226 | 215 | 212 |
| 358 | 349.8 | 345 | 148 | 137 | 132 | 228 | 217 | 212 |
| 360 | 351.8 | 345 | 150 | 139 | 136 | 230 | 219 | 212 |
| 362 | 353.8 | 350 | 152 | 141 | 136 | 232 | 221 | 218 |
| 364 | 355.8 | 350 | 154 | 143 | 140 | 234 | 223 | 218 |
| 365 | 356.8 | 350 | 155 | 144 | 142.5 | 235 | 224 | 218 |
| 366 | 357.8 | 355 | 156 | 145 | 142.5 | 236 | 225 | 218 |
| 368 | 359.8 | 355 | 158 | 147 | 145 | 238 | 227 | 224 |
| 370 | 361.8 | 355 | 160 | 149 | 147.5 | 240 | 229 | 227 |
| 372 | 363.8 | 360 | 162 | 151 | 147.5 | 242 | 231 | 227 |
| 374 | 365.8 | 360 | 164 | 153 | 150 | 244 | 233 | 230 |
| 375 | 365.8 | 360 | 165 | 154 | 152.5 | 245 | 234 | 230 |
| 376 | 367.8 | 365 | 166 | 155 | 152.5 | 246 | 235 | 230 |
| 378 | 369.8 | 365 | 168 | 157 | 155 | 248 | 237 | 230 |
| 380 | 371.8 | 365 | 170 | 159 | 155 | 250 | 239 | 236 |
| 382 | 373.8 | 370 | 172 | 161 | 157.5 | 252 | 241 | 236 |
| 384 | 375.8 | 370 | 174 | 163 | 160 | 254 | 243 | 239 |
| 385 | 376.8 | 370 | 175 | 164 | 160 | 255 | 244 | 239 |
| 386 | 377.8 | 375 | 176 | 165 | 162.5 | 256 | 245 | 239 |
| 388 | 379.8 | 375 | 178 | 167 | 165 | 258 | 247 | 243 |
| 390 | 381.8 | 375 | 180 | 169 | 165 | 260 | 249 | 243 |
| 392 | 383.8 | 375 | 182 | 171 | 167.5 | 262 | 251 | 243 |
| 394 | 385.8 | 383 | 184 | 173 | 170 | 264 | 253 | 250 |
| 395 | 386.8 | 383 | 185 | 174 | 170 | 265 | 254 | 250 |
| 396 | 387.8 | 383 | 186 | 175 | 172.5 | 266 | 255 | 250 |
| 398 | 389.8 | 387 | 188 | 177 | 175 | 268 | 257 | 250 |
| 400 | 391.8 | 387 | 190 | 179 | 175 | 270 | 259 | 250 |
| 402 | 393.8 | 387 | 192 | 181 | 177.5 | 272 | 261 | 258 |
| 404 | 395.8 | 391 | 194 | 183 | 180 | 274 | 263 | 258 |
| 405 | 396.8 | 391 | 195 | 184 | 180 | 275 | 264 | 261 |
| 410 | 401.8 | 395 | 196 | 185 | 182.5 | 276 | 265 | 261 |
| 415 | 406.8 | 400 | 198 | 187 | 185 | 278 | 267 | 261 |
| 420 | 411.8 | 400 | 200 | 189 | 185 | 280 | 269 | 265 |

续表

| $d_4$ H8 | $d_9$ f7 | $d_3$ h11 | $d_1$ | $d_4$ H8 | $d_9$ f7 | $d_3$ h11 | $d_1$ | $d_4$ H8 | $d_9$ f7 | $d_3$ h11 | $d_1$ |
|---|---|---|---|---|---|---|---|---|---|---|---|
| $d_2=7$ | | | | $d_2=7$ | | | | $d_2=7$ | | | |
| 282 | | 271 | 268 | 365 | | 354 | 350 | 448 | | 437 | 433 |
| 284 | | 273 | 268 | 366 | | 355 | 350 | 450 | | 439 | 433 |
| 285 | | 274 | 268 | 368 | | 357 | 350 | 452 | | 441 | 437 |
| 286 | | 275 | 272 | 370 | | 359 | 355 | 454 | | 443 | 437 |
| 288 | | 277 | 272 | 372 | | 361 | 355 | 455 | | 444 | 437 |
| 290 | | 279 | 276 | 374 | | 363 | 360 | 456 | | 445 | 437 |
| 292 | | 281 | 276 | 375 | | 364 | 360 | 458 | | 447 | 443 |
| 294 | | 283 | 280 | 376 | | 365 | 360 | 460 | | 449 | 443 |
| 295 | | 284 | 280 | 378 | | 367 | 360 | 462 | | 451 | 443 |
| 296 | | 285 | 280 | 380 | | 369 | 365 | 464 | | 453 | 450 |
| 298 | | 287 | 283 | 382 | | 371 | 365 | 465 | | 454 | 450 |
| 300 | | 289 | 286 | 384 | | 373 | 370 | 466 | | 455 | 450 |
| 302 | | 291 | 286 | 385 | | 374 | 370 | 468 | | 457 | 450 |
| 304 | | 293 | 290 | 386 | | 375 | 370 | 470 | | 459 | 450 |
| 305 | | 294 | 290 | 388 | | 377 | 370 | 472 | | 461 | 456 |
| 306 | | 295 | 290 | 390 | | 379 | 375 | 474 | | 463 | 456 |
| 308 | | 297 | 290 | 392 | | 381 | 375 | 475 | | 464 | 456 |
| 310 | | 299 | 295 | 394 | | 383 | 379 | 476 | | 465 | 456 |
| 312 | | 301 | 295 | 395 | | 384 | 379 | 478 | | 467 | 462 |
| 314 | | 303 | 300 | 396 | | 385 | 379 | 480 | | 469 | 462 |
| 315 | | 304 | 300 | 398 | | 387 | 383 | 482 | | 471 | 466 |
| 316 | | 305 | 300 | 400 | | 389 | 383 | 484 | | 473 | 466 |
| 318 | | 307 | 303 | 402 | | 391 | 387 | 485 | | 474 | 466 |
| 320 | | 309 | 303 | 404 | | 393 | 387 | 486 | | 475 | 466 |
| 322 | | 311 | 307 | 405 | | 394 | 391 | 488 | | 477 | 466 |
| 324 | | 313 | 307 | 406 | | 395 | 391 | 490 | | 479 | 475 |
| 325 | | 314 | 311 | 408 | | 397 | 391 | 492 | | 481 | 475 |
| 326 | | 315 | 311 | 410 | | 399 | 395 | 494 | | 483 | 475 |
| 328 | | 317 | 311 | 412 | | 401 | 395 | 495 | | 484 | 479 |
| 330 | | 319 | 315 | 414 | | 403 | 400 | 496 | | 485 | 479 |
| 332 | | 321 | 315 | 415 | | 404 | 400 | 498 | | 487 | 483 |
| 334 | | 323 | 320 | 416 | | 405 | 400 | 500 | | 489 | 483 |
| 335 | | 324 | 320 | 418 | | 407 | 400 | 502 | | 491 | 487 |
| 336 | | 325 | 320 | 420 | | 409 | 406 | 504 | | 493 | 487 |
| 338 | | 327 | 320 | 422 | | 411 | 406 | 505 | | 494 | 487 |
| 340 | | 329 | 325 | 424 | | 413 | 406 | 506 | | 495 | 487 |
| 342 | | 331 | 325 | 425 | | 414 | 406 | 508 | | 497 | 493 |
| 344 | | 333 | 330 | 426 | | 415 | 412 | 510 | | 499 | 493 |
| 345 | | 334 | 330 | 428 | | 417 | 412 | 512 | | 501 | 493 |
| 346 | | 335 | 330 | 430 | | 419 | 412 | 514 | | 503 | 493 |
| 348 | | 337 | 330 | 432 | | 421 | 418 | 515 | | 504 | 500 |
| 350 | | 339 | 335 | 434 | | 423 | 418 | 516 | | 505 | 500 |
| 352 | | 341 | 335 | 435 | | 424 | 418 | 518 | | 507 | 500 |
| 354 | | 343 | 340 | 436 | | 425 | 418 | 520 | | 509 | 500 |
| 355 | | 344 | 340 | 438 | | 427 | 418 | 522 | | 511 | 500 |
| 356 | | 345 | 340 | 440 | | 429 | 425 | 524 | | 513 | 508 |
| 358 | | 347 | 340 | 442 | | 431 | 425 | 525 | | 514 | 508 |
| 360 | | 349 | 345 | 444 | | 433 | 429 | 526 | | 515 | 508 |
| 362 | | 351 | 345 | 445 | | 434 | 429 | 528 | | 517 | 508 |
| 364 | | 353 | 350 | 446 | | 435 | 429 | 530 | | 519 | 515 |

续表

| $d_4$ H8 | $d_9$ f7 | $d_3$ h11 | $d_1$ | $d_4$ H8 | $d_9$ f7 | $d_3$ h11 | $d_1$ | $d_4$ H8 | $d_9$ f7 | $d_3$ h11 | $d_1$ |
|---|---|---|---|---|---|---|---|---|---|---|---|
| $d_2=7$ | | | | $d_2=7$ | | | | $d_2=7$ | | | |
| 532 | | 521 | 515 | 585 | | 574 | 570 | 638 | | 627 | 615 |
| 534 | | 523 | 515 | 586 | | 575 | 570 | 640 | | 629 | 623 |
| 535 | | 524 | 515 | 588 | | 577 | 570 | 642 | | 631 | 623 |
| 536 | | 525 | 515 | 590 | | 579 | 570 | 644 | | 633 | 623 |
| 538 | | 527 | 523 | 592 | | 581 | 570 | 645 | | 634 | 623 |
| 540 | | 529 | 523 | 594 | | 583 | 570 | 646 | | 635 | 630 |
| 542 | | 531 | 523 | 595 | | 584 | 580 | 648 | | 637 | 630 |
| 544 | | 533 | 523 | 596 | | 585 | 580 | 650 | | 639 | 630 |
| 545 | | 534 | 530 | 598 | | 587 | 580 | 652 | | 641 | 630 |
| 546 | | 535 | 530 | 600 | | 589 | 580 | 654 | | 643 | 630 |
| 548 | | 537 | 530 | 602 | | 591 | 580 | 655 | | 644 | 630 |
| 550 | | 539 | 530 | 604 | | 593 | 580 | 656 | | 645 | 640 |
| 552 | | 541 | 530 | 605 | | 594 | 590 | 658 | | 647 | 640 |
| 554 | | 543 | 538 | 606 | | 595 | 590 | 660 | | 649 | 640 |
| 555 | | 544 | 538 | 608 | | 597 | 590 | 662 | | 651 | 640 |
| 556 | | 545 | 538 | 610 | | 599 | 590 | 664 | | 653 | 640 |
| 558 | | 547 | 538 | 612 | | 601 | 590 | 665 | | 654 | 640 |
| 560 | | 549 | 545 | 614 | | 603 | 590 | 666 | | 655 | 650 |
| 562 | | 551 | 545 | 615 | | 604 | 600 | 668 | | 657 | 650 |
| 564 | | 553 | 545 | 616 | | 605 | 600 | 670 | | 659 | 650 |
| 565 | | 554 | 545 | 618 | | 607 | 600 | 672 | | 661 | 650 |
| 566 | | 555 | 545 | 620 | | 609 | 600 | 674 | | 663 | 650 |
| 568 | | 557 | 553 | 622 | | 611 | 600 | 675 | | 664 | 650 |
| 570 | | 559 | 553 | 624 | | 613 | 608 | 676 | | 665 | 660 |
| 572 | | 561 | 553 | 625 | | 614 | 608 | 678 | | 667 | 660 |
| 574 | | 563 | 553 | 626 | | 615 | 608 | 680 | | 669 | 660 |
| 575 | | 564 | 560 | 628 | | 617 | 608 | 682 | | 671 | 660 |
| 576 | | 565 | 560 | 630 | | 619 | 608 | 684 | | 673 | 660 |
| 578 | | 567 | 560 | 632 | | 621 | 615 | 685 | | 674 | 670 |
| 580 | | 569 | 560 | 634 | | 623 | 615 | 686 | | 675 | 670 |
| 582 | | 571 | 560 | 635 | | 624 | 615 | 688 | | 677 | 670 |
| 584 | | 573 | 560 | 636 | | 625 | 615 | 690 | | 679 | 670 |

注：1. 表中规定的尺寸和公差适合于任何一种合成橡胶材料。沟槽尺寸是以硬度为70IRHD（国际橡胶硬度标准）的丁腈橡胶（NBR）为基准的。

2. 在可以选用几种截面的O形圈的情况下，应优先选用较大截面的O形圈。

3. $d_9$ 和 $d_3$ 之间的同轴度公差：直径小于或等于50mm时，$\leqslant\phi0.025$mm；直径大于50mm时，$\leqslant\phi0.05$mm。

(4) 液压活塞杆动密封沟槽尺寸

液压活塞杆动密封沟槽尺寸见图5-9和表5-9。

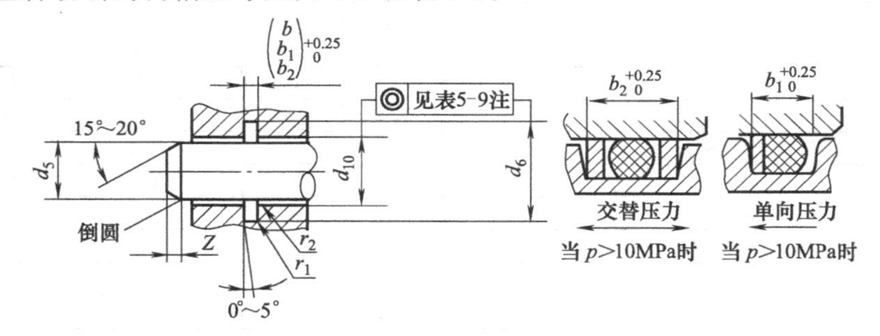


图5-9 液压活塞动密封沟槽尺寸

说明：

① $d_1$——O形圈内径，mm；$d_2$——O形圈截面直径，mm。

② $b$，$b_1$，$b_2$，$Z$，$r_1$，$r_2$ 尺寸见表 5-14。

③ 沟槽及配合表面的表面粗糙度见表 5-16。

**表 5-9　液压活塞杆动密封沟槽尺寸**　　mm

| $d_5$ f7 | $d_{10}$ H8 | $d_6$ H9 | $d_1$ | $d_5$ f7 | $d_{10}$ H8 | $d_6$ H9 | $d_1$ | $d_5$ f7 | $d_{10}$ H8 | $d_6$ H9 | $d_1$ |
|---|---|---|---|---|---|---|---|---|---|---|---|
| $d_2=1.8$ | | | | $d_2=3.55$ | | | | $d_2=3.55$ | | | |
| 3 | | 5.7 | 3.15 | 20 | | 25.7 | 20.6 | 64 | | 69.7 | 65 |
| 4 | | 6.7 | 4 | 21 | | 26.7 | 21.2 | 65 | | 70.7 | 67 |
| 5 | | 7.7 | 5.15 | 22 | | 27.7 | 22.4 | 66 | | 71.7 | 67 |
| 6 | | 8.7 | 6 | 23 | | 28.7 | 23.6 | 67 | | 72.7 | 69 |
| 7 | | 9.7 | 7.1 | 24 | | 29.7 | 24.3 | 68 | | 73.7 | 69 |
| 8 | | 10.7 | 8 | 25 | | 30.7 | 25 | 69 | | 74.7 | 71 |
| 9 | | 11.7 | 9 | 26 | | 31.7 | 26.5 | 70 | | 75.7 | 71 |
| 10 | | 12.7 | 10 | 27 | | 32.7 | 27.3 | 71 | | 76.7 | 73 |
| 11 | | 13.7 | 11.2 | 28 | | 33.7 | 28 | 72 | | 77.7 | 73 |
| 12 | | 14.7 | 12.1 | 29 | | 34.7 | 30 | 73 | | 78.7 | 75 |
| 13 | | 15.7 | 13.2 | 30 | | 35.7 | 31.5 | 74 | | 79.7 | 75 |
| 14 | | 16.7 | 14 | 31 | | 36.7 | 31.5 | 75 | | 80.7 | 77.5 |
| 15 | | 17.7 | 15 | 32 | | 37.7 | 32.5 | 76 | | 81.7 | 77.5 |
| 16 | | 18.7 | 16 | 33 | | 38.7 | 33.5 | 77 | | 82.7 | 77.5 |
| 17 | | 19.7 | 17 | 34 | | 39.7 | 34.5 | 78 | | 83.7 | 80 |
| $d_2=2.65$ | | | | 35 | | 40.7 | 35.5 | 79 | | 84.7 | 80 |
| 14 | | 18.1 | 14 | 36 | | 41.7 | 36.5 | 80 | | 85.7 | 82.5 |
| 15 | | 19.1 | 15 | 37 | | 42.7 | 37.5 | 81 | | 86.7 | 82.5 |
| 16 | | 20.1 | 16 | 38 | | 43.7 | 38.7 | 82 | | 87.7 | 82.5 |
| 17 | | 21.1 | 17 | 39 | | 44.7 | 40 | 83 | | 88.7 | 85 |
| 18 | | 22.1 | 18 | 40 | | 45.7 | 41.2 | 84 | | 89.7 | 85 |
| 19 | | 23.1 | 19 | 41 | | 46.7 | 42.5 | 85 | | 90.7 | 85 |
| 20 | | 24.1 | 20 | 42 | | 47.7 | 42.5 | 86 | | 91.7 | 87.5 |
| 21 | | 25.1 | 21.2 | 43 | | 48.7 | 43.7 | 87 | | 92.7 | 87.5 |
| 22 | | 26.1 | 22.4 | 44 | | 49.7 | 45 | 88 | | 93.7 | 90 |
| 23 | | 27.1 | 23.6 | 45 | | 50.7 | 46.2 | 89 | | 94.7 | 90 |
| 24 | | 28.1 | 24.3 | 46 | | 51.7 | 47.5 | 90 | | 95.7 | 92 |
| 25 | | 29.1 | 25 | 47 | | 52.7 | 48.7 | 91 | | 96.7 | 92 |
| 26 | | 30.1 | 26.5 | 48 | | 53.7 | 48.7 | 92 | | 97.7 | 92.5 |
| 27 | | 31.1 | 27.3 | 49 | | 54.7 | 50 | 93 | | 98.7 | 95 |
| 28 | | 32.1 | 28 | 50 | | 55.7 | 51.5 | 94 | | 99.7 | 95 |
| 29 | | 33.1 | 30 | 51 | | 56.7 | 53 | 95 | | 100.7 | 97.5 |
| 30 | | 34.1 | 30 | 52 | | 57.7 | 53 | 96 | | 101.7 | 97.5 |
| 31 | | 35.1 | 31.5 | 53 | | 58.7 | 54.5 | 97 | | 102.7 | 97.5 |
| 32 | | 36.1 | 32.5 | 54 | | 59.7 | 56 | 98 | | 103.7 | 100 |
| 33 | | 37.1 | 33.5 | 55 | | 60.7 | 56 | 99 | | 104.7 | 100 |
| 34 | | 38.1 | 34.5 | 56 | | 61.7 | 58 | 100 | | 105.7 | 103 |
| 35 | | 39.1 | 35.5 | 57 | | 62.7 | 58 | 101 | | 106.7 | 103 |
| 36 | | 40.1 | 36.5 | 58 | | 63.7 | 60 | 102 | | 107.7 | 103 |
| 37 | | 41.1 | 37.5 | 59 | | 64.7 | 60 | 103 | | 108.7 | 106 |
| 38 | | 42.1 | 38.7 | 60 | | 65.7 | 61.5 | 104 | | 109.7 | 106 |
| $d_2=3.55$ | | | | 61 | | 66.7 | 61.5 | 105 | | 110.7 | 106 |
| 18 | | 23.7 | 18 | 62 | | 67.7 | 63 | 106 | | 111.7 | 109 |
| 19 | | 24.7 | 19 | 63 | | 68.7 | 65 | 107 | | 112.7 | 109 |

续表

| $d_5$ f7 | $d_{10}$ H8 | $d_6$ H9 | $d_1$ | $d_5$ f7 | $d_{10}$ H8 | $d_6$ H9 | $d_1$ | $d_5$ f7 | $d_{10}$ H8 | $d_6$ H9 | $d_1$ |
|---|---|---|---|---|---|---|---|---|---|---|---|
| $d_2=3.55$ | | | | $d_2=5.3$ | | | | $d_2=5.3$ | | | |
| 108 | | 113.7 | 109 | 61 | | 69.7 | 61.5 | 116 | | 124.7 | 118 |
| 109 | | 114.7 | 112 | 62 | | 70.7 | 63 | 118 | | 126.7 | 122 |
| 110 | | 115.7 | 112 | 63 | | 71.7 | 65 | 120 | | 128.7 | 122 |
| 111 | | 116.7 | 115 | 64 | | 72.7 | 65 | 125 | | 133.7 | 128 |
| 112 | | 117.7 | 115 | 65 | | 73.7 | 67 | 130 | | 138.7 | 132 |
| 113 | | 118.7 | 115 | 66 | | 74.7 | 67 | 135 | | 143.7 | 136 |
| 114 | | 119.7 | 115 | 67 | | 75.7 | 69 | 140 | | 148.7 | 142.5 |
| 115 | | 120.7 | 118 | 68 | | 76.7 | 69 | 145 | | 153.7 | 147.5 |
| 116 | | 121.7 | 118 | 69 | | 77.7 | 71 | 150 | | 158.7 | 152.5 |
| 117 | | 122.7 | 118 | 70 | | 78.7 | 71 | 155 | | 163.7 | 157.5 |
| 118 | | 123.7 | 122 | 71 | | 79.7 | 73 | $d_2=7$ | | | |
| 119 | | 124.7 | 122 | 72 | | 80.7 | 73 | 105 | | 116.7 | 106 |
| 120 | | 125.7 | 122 | 73 | | 81.7 | 75 | 110 | | 121.7 | 112 |
| 121 | | 126.7 | 122 | 74 | | 82.7 | 75 | 115 | | 126.7 | 118 |
| 122 | | 127.7 | 125 | 75 | | 83.7 | 75.5 | 120 | | 131.7 | 122 |
| 123 | | 128.7 | 125 | 76 | | 84.7 | 77.5 | 125 | | 136.7 | 128 |
| 124 | | 129.7 | 125 | 77 | | 85.7 | 77.5 | 130 | | 141.7 | 132 |
| 125 | | 130.7 | 128 | 78 | | 86.7 | 80 | 135 | | 146.7 | 136 |
| $d_2=5.3$ | | | | 79 | | 87.7 | 80 | 140 | | 151.7 | 142.5 |
| 39 | | 47.7 | 40 | 80 | | 88.7 | 82.5 | 145 | | 156.7 | 147.5 |
| 40 | | 48.7 | 41.2 | 82 | | 90.7 | 82.5 | 150 | | 161.7 | 152.5 |
| 41 | | 49.7 | 41.2 | 84 | | 92.7 | 85 | 155 | | 166.7 | 157.5 |
| 42 | | 50.7 | 42.5 | 85 | | 93.7 | 87.5 | 160 | | 171.7 | 162.5 |
| 43 | | 51.7 | 43.7 | 86 | | 94.7 | 87.5 | 165 | | 176.7 | 167.5 |
| 44 | | 52.7 | 45 | 88 | | 96.7 | 90 | 170 | | 181.7 | 172.5 |
| 45 | | 53.7 | 45 | 90 | | 98.7 | 92.5 | 175 | | 186.7 | 177.5 |
| 46 | | 54.7 | 46.2 | 92 | | 100.7 | 95 | 180 | | 191.7 | 182.5 |
| 47 | | 55.7 | 47.5 | 94 | | 102.7 | 95 | 185 | | 196.7 | 187.5 |
| 48 | | 56.7 | 48.7 | 95 | | 103.7 | 97.5 | 190 | | 201.7 | 195 |
| 49 | | 57.7 | 50 | 96 | | 104.7 | 97.5 | 195 | | 206.7 | 200 |
| 50 | | 58.7 | 51.5 | 98 | | 106.7 | 100 | 200 | | 211.7 | 203 |
| 51 | | 59.7 | 51.5 | 100 | | 108.7 | 103 | 205 | | 216.7 | 206 |
| 52 | | 60.7 | 53 | 102 | | 110.7 | 103 | 210 | | 221.7 | 212 |
| 53 | | 61.7 | 53 | 104 | | 112.7 | 106 | 215 | | 226.7 | 218 |
| 54 | | 62.7 | 54.5 | 105 | | 113.7 | 106 | 220 | | 231.7 | 224 |
| 55 | | 63.7 | 56 | 106 | | 114.7 | 109 | 225 | | 236.7 | 227 |
| 56 | | 64.7 | 58 | 108 | | 116.7 | 109 | 230 | | 241.7 | 236 |
| 57 | | 65.7 | 58 | 110 | | 118.7 | 112 | 235 | | 246.7 | 236 |
| 58 | | 66.7 | 60 | 112 | | 120.7 | 115 | 240 | | 251.7 | 243 |
| 59 | | 67.7 | 60 | 114 | | 122.7 | 115 | 245 | | 256.7 | 250 |
| 60 | | 68.7 | 61.5 | 115 | | 123.7 | 118 | | | | |

注：1. $d_{10}$和$d_6$之间的同轴度公差：直径小于或等于50mm时，$\leqslant\phi0.025$mm；直径大于50mm时，$\leqslant\phi0.05$mm。
2. 其他见表5-6注。

(5) 气动活塞杆动密封沟槽尺寸

气动活塞杆动密封沟槽尺寸见图5-10和表5-10。

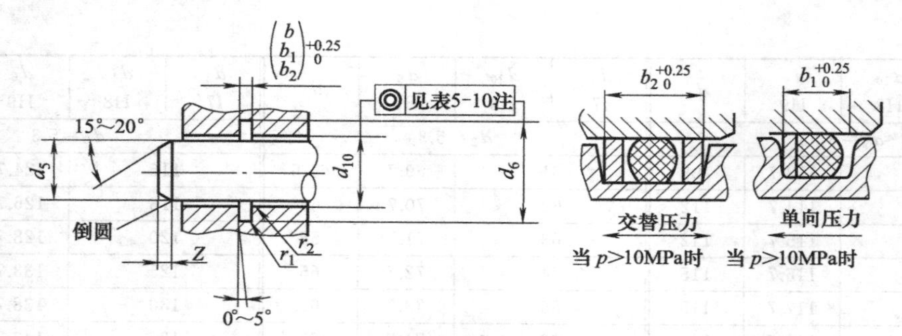


图 5-10 气动活塞杆动密封沟槽尺寸

说明：

① $d_1$——O 形圈内径，mm；$d_2$——O 形圈截面直径，mm。

② $b$，$b_1$，$b_2$，$Z$，$r_1$，$r_2$ 尺寸见表 5-14。

③ 沟槽及配合表面的表面粗糙度见表 5-16。

表 5-10 气动活塞杆动密封沟槽尺寸

mm

| $d_5$ f7 | $d_{10}$ H8 | $d_6$ H9 | $d_1$ | $d_5$ f7 | $d_{10}$ H8 | $d_6$ H9 | $d_1$ | $d_5$ f7 | $d_{10}$ H8 | $d_6$ H9 | $d_1$ |
|---|---|---|---|---|---|---|---|---|---|---|---|
| $d_2=1.8$ | | | | $d_2=2.65$ | | | | $d_2=3.55$ | | | |
| 2 | | 4.8 | 2 | 28 | | 32.3 | 28 | 37 | | 42.9 | 37.5 |
| 3 | | 5.8 | 3.15 | 29 | | 33.3 | 30 | 38 | | 43.9 | 38.7 |
| 4 | | 6.8 | 4 | 30 | | 34.3 | 30 | 39 | | 44.9 | 40 |
| 5 | | 7.8 | 5 | 31 | | 35.3 | 31.5 | 40 | | 45.9 | 40 |
| 6 | | 8.8 | 6 | 32 | | 36.3 | 32.5 | 41 | | 46.9 | 41.2 |
| 7 | | 9.8 | 7.1 | 33 | | 37.3 | 33.5 | 42 | | 47.9 | 42.5 |
| 8 | | 10.8 | 8 | 34 | | 38.3 | 34.5 | 43 | | 48.9 | 43.7 |
| 9 | | 11.8 | 9 | 35 | | 39.3 | 35.5 | 44 | | 49.9 | 45 |
| 10 | | 12.8 | 10 | 36 | | 40.3 | 36.5 | 45 | | 50.9 | 45 |
| 11 | | 13.8 | 11.2 | 37 | | 41.3 | 37.5 | 46 | | 51.9 | 46.2 |
| 12 | | 14.8 | 12.1 | 38 | | 42.3 | 38.7 | 47 | | 52.9 | 47.5 |
| 13 | | 15.8 | 13.2 | $d_2=3.55$ | | | | 48 | | 53.9 | 50 |
| 14 | | 16.8 | 14 | 18 | | 23.9 | 18 | 49 | | 54.9 | 50 |
| 15 | | 17.8 | 15 | 19 | | 24.9 | 20 | 50 | | 55.9 | 51.5 |
| 16 | | 18.8 | 16 | 20 | | 25.9 | 20 | 51 | | 56.9 | 53 |
| 17 | | 19.8 | 17 | 21 | | 26.9 | 21.2 | 52 | | 57.9 | 53 |
| $d_2=2.65$ | | | | 22 | | 27.9 | 22.4 | 53 | | 58.9 | 54.5 |
| 14 | | 18.3 | 14 | 23 | | 28.9 | 23.6 | 54 | | 59.9 | 56 |
| 15 | | 19.3 | 15 | 24 | | 29.9 | 25 | 55 | | 60.9 | 56 |
| 16 | | 20.3 | 16 | 25 | | 30.9 | 25 | 56 | | 61.9 | 58 |
| 17 | | 21.3 | 17 | 26 | | 31.9 | 26.5 | 57 | | 62.9 | 58 |
| 18 | | 22.3 | 18 | 27 | | 32.9 | 28 | 58 | | 63.9 | 60 |
| 19 | | 23.3 | 19 | 28 | | 33.9 | 28 | 59 | | 64.9 | 60 |
| 20 | | 24.3 | 20 | 29 | | 34.9 | 30 | 60 | | 65.9 | 61.5 |
| 21 | | 25.3 | 21.2 | 30 | | 35.9 | 30 | 61 | | 66.9 | 63 |
| 22 | | 26.3 | 22.4 | 31 | | 36.9 | 31.5 | 62 | | 67.9 | 63 |
| 23 | | 27.3 | 23.6 | 32 | | 37.9 | 32.5 | 63 | | 68.9 | 65 |
| 24 | | 28.3 | 25 | 33 | | 38.9 | 33.5 | 64 | | 69.9 | 65 |
| 25 | | 29.3 | 25.8 | 34 | | 39.9 | 34.5 | 65 | | 70.9 | 67 |
| 26 | | 30.3 | 26.5 | 35 | | 40.9 | 35.5 | 66 | | 71.9 | 67 |
| 27 | | 31.3 | 28 | 36 | | 41.9 | 36.5 | 67 | | 72.9 | 69 |

续表

| $d_5$ f7 | $d_{10}$ H8 | $d_6$ H9 | $d_1$ | $d_5$ f7 | $d_{10}$ H8 | $d_6$ H9 | $d_1$ | $d_5$ f7 | $d_{10}$ H8 | $d_6$ H9 | $d_1$ |
|---|---|---|---|---|---|---|---|---|---|---|---|
| $d_2=3.55$ | | | | $d_2=3.55$ | | | | $d_2=5.3$ | | | |
| 68 | | 73.9 | 69 | 116 | | 121.9 | 118 | 76 | | 85 | 77.5 |
| 69 | | 74.9 | 71 | 117 | | 122.9 | 118 | 77 | | 86 | 77.5 |
| 70 | | 75.9 | 71 | 118 | | 123.9 | 122 | 78 | | 87 | 80 |
| 71 | | 76.9 | 73 | 119 | | 124.9 | 122 | 79 | | 88 | 80 |
| 72 | | 77.9 | 73 | 120 | | 125.9 | 122 | 80 | | 89 | 82.5 |
| 73 | | 78.9 | 75 | 121 | | 126.9 | 125 | 82 | | 91 | 85 |
| 74 | | 79.9 | 75 | 122 | | 127.9 | 125 | 84 | | 93 | 85 |
| 75 | | 80.9 | 77.5 | 123 | | 128.9 | 125 | 85 | | 94 | 87.5 |
| 76 | | 81.9 | 77.5 | 124 | | 128.9 | 125 | 86 | | 95 | 87.5 |
| 77 | | 82.9 | 77.5 | 125 | | 130.9 | 128 | 88 | | 97 | 90 |
| 78 | | 83.9 | 80 | $d_2=5.3$ | | | | 90 | | 99 | 92.5 |
| 79 | | 84.9 | 80 | 39 | | 48 | 40 | 92 | | 101 | 95 |
| 80 | | 85.9 | 82.5 | 40 | | 49 | 41.2 | 94 | | 103 | 97.5 |
| 81 | | 86.9 | 82.5 | 41 | | 50 | 42.5 | 95 | | 104 | 97.5 |
| 82 | | 87.9 | 85 | 42 | | 51 | 42.5 | 96 | | 105 | 97.5 |
| 83 | | 88.9 | 85 | 43 | | 52 | 43.7 | 98 | | 107 | 100 |
| 84 | | 89.9 | 85 | 44 | | 53 | 45 | 100 | | 109 | 103 |
| 85 | | 90.9 | 87.5 | 45 | | 54 | 45 | 102 | | 111 | 103 |
| 86 | | 91.9 | 87.5 | 46 | | 55 | 46.2 | 104 | | 113 | 106 |
| 87 | | 92.9 | 90 | 47 | | 56 | 48 | 105 | | 114 | 106 |
| 88 | | 93.9 | 90 | 48 | | 57 | 50 | 106 | | 115 | 109 |
| 89 | | 94.9 | 90 | 49 | | 58 | 50 | 108 | | 117 | 109 |
| 90 | | 95.9 | 92.5 | 50 | | 59 | 51.5 | 110 | | 119 | 112 |
| 91 | | 96.9 | 92.5 | 51 | | 60 | 53 | 112 | | 121 | 114 |
| 92 | | 97.9 | 95 | 52 | | 61 | 53 | 114 | | 123 | 115 |
| 93 | | 98.9 | 95 | 53 | | 62 | 54.5 | 115 | | 124 | 118 |
| 94 | | 99.9 | 95 | 54 | | 63 | 56 | 116 | | 125 | 118 |
| 95 | | 100.9 | 97.5 | 55 | | 64 | 56 | 118 | | 127 | 122 |
| 96 | | 101.9 | 97.5 | 56 | | 65 | 58 | 120 | | 129 | 125 |
| 97 | | 102.9 | 100 | 57 | | 66 | 58 | 125 | | 134 | 128 |
| 98 | | 103.9 | 100 | 58 | | 67 | 60 | 130 | | 139 | 132 |
| 99 | | 104.9 | 100 | 59 | | 68 | 60 | 135 | | 144 | 136 |
| 100 | | 105.9 | 103 | 60 | | 69 | 61.5 | $d_2=7$ | | | |
| 101 | | 106.9 | 103 | 61 | | 70 | 63 | 105 | | 117.2 | 106 |
| 102 | | 107.9 | 103 | 62 | | 71 | 63 | 110 | | 122.2 | 112 |
| 103 | | 108.9 | 106 | 63 | | 72 | 65 | 115 | | 127.2 | 118 |
| 104 | | 109.9 | 106 | 64 | | 73 | 65 | 120 | | 132.2 | 122 |
| 105 | | 110.9 | 109 | 65 | | 74 | 67 | 125 | | 137.2 | 128 |
| 106 | | 111.9 | 109 | 66 | | 75 | 67 | 130 | | 142.2 | 132 |
| 107 | | 112.9 | 109 | 67 | | 76 | 69 | 135 | | 147.2 | 136 |
| 108 | | 113.9 | 112 | 68 | | 77 | 69 | 140 | | 152.2 | 142 |
| 109 | | 114.9 | 112 | 69 | | 78 | 71 | 145 | | 157.2 | 147.5 |
| 110 | | 115.9 | 112 | 70 | | 79 | 71 | 150 | | 162.2 | 152.5 |
| 111 | | 116.9 | 115 | 71 | | 80 | 73 | 155 | | 167.2 | 157.5 |
| 112 | | 117.9 | 115 | 72 | | 81 | 73 | 160 | | 172.2 | 162.5 |
| 113 | | 118.9 | 115 | 73 | | 82 | 75 | 165 | | 177.2 | 167.5 |
| 114 | | 119.9 | 118 | 74 | | 83 | 75 | 170 | | 182.2 | 172.5 |
| 115 | | 120.9 | 118 | 75 | | 84 | 77.5 | 175 | | 187.2 | 177.5 |

续表

| $d_5$ f7 | $d_{10}$ H8 | $d_6$ H9 | $d_1$ | $d_5$ f7 | $d_{10}$ H8 | $d_6$ H9 | $d_1$ | $d_5$ f7 | $d_{10}$ H8 | $d_6$ H9 | $d_1$ |
|---|---|---|---|---|---|---|---|---|---|---|---|
| $d_2=7$ | | | | $d_2=7$ | | | | $d_2=7$ | | | |
| 180 | | 192.2 | 182.5 | 205 | | 217.2 | 206 | 230 | | 242.2 | 236 |
| 185 | | 197.2 | 187.5 | 210 | | 222.2 | 212 | 235 | | 247.2 | 236 |
| 190 | | 202.2 | 195 | 215 | | 227.2 | 218 | 240 | | 252.2 | 243 |
| 195 | | 207.2 | 200 | 220 | | 232.2 | 224 | 245 | | 257.2 | 250 |
| 200 | | 212.2 | 203 | 225 | | 237.2 | 227 | 250 | | 262.2 | 254 |

注：1. $d_{10}$和$d_6$之间的同轴度公差：直径小于或等于50mm时，≤$\phi$0.025mm；直径大于50mm时，≤$\phi$0.05mm。
2. 其他见表5-6中注。

(6) 液压、气动活塞杆静密封沟槽尺寸

液压、气动活塞杆静密封沟槽尺寸见图5-11和表5-11。

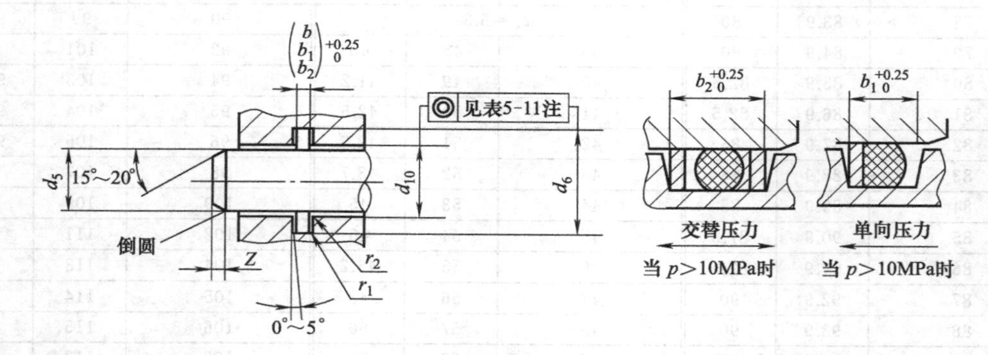


图5-11 液压、气动活塞杆静密封沟槽尺寸

说明：

① $d_1$——O形圈内径，mm；$d_2$——O形圈截面直径，mm。

② $b$，$b_1$，$b_2$，$Z$，$r_1$，$r_2$尺寸见表5-14。

③ 沟槽及配合表面的表面粗糙度见表5-16。

表5-11 液压、气动活塞杆静密封沟槽尺寸 mm

| $d_5$ f7 | $d_{10}$ H8 | $d_6$ H11 | $d_1$ | $d_5$ f7 | $d_{10}$ H8 | $d_6$ H11 | $d_1$ | $d_5$ f7 | $d_{10}$ H8 | $d_6$ H11 | $d_1$ |
|---|---|---|---|---|---|---|---|---|---|---|---|
| $d_2=1.8$ | | | | $d_2=2.65$ | | | | $d_2=2.65$ | | | |
| 3 | | 5.6 | 3.15 | 14 | | 18 | 14 | 29 | | 33 | 30 |
| 4 | | 6.6 | 4 | 15 | | 19 | 15 | 30 | | 34 | 30 |
| 5 | | 7.6 | 5 | 16 | | 20 | 16 | 31 | | 35 | 31.5 |
| 6 | | 8.6 | 6 | 17 | | 21 | 17 | 32 | | 36 | 32.5 |
| 7 | | 9.6 | 7.1 | 18 | | 22 | 18 | 33 | | 37 | 33.5 |
| 8 | | 10.6 | 8 | 19 | | 23 | 19 | 34 | | 38 | 34.5 |
| 9 | | 11.6 | 9 | 20 | | 24 | 20 | 35 | | 39 | 35.5 |
| 10 | | 12.6 | 10 | 21 | | 25 | 21.2 | 36 | | 40 | 36.5 |
| 11 | | 13.6 | 11.2 | 22 | | 26 | 22.4 | 37 | | 41 | 37.5 |
| 12 | | 14.6 | 12.1 | 23 | | 27 | 23.6 | 38 | | 42 | 38.7 |
| 13 | | 15.6 | 13.1 | 24 | | 28 | 24.3 | 39 | | 43 | 40 |
| 14 | | 16.6 | 14 | 25 | | 29 | 25 | $d_2=3.55$ | | | |
| 15 | | 17.6 | 15 | 26 | | 30 | 26.5 | 18 | | 23.4 | 18 |
| 16 | | 18.6 | 18 | 27 | | 31 | 27.3 | 19 | | 24.4 | 19 |
| 17 | | 19.6 | 17 | 28 | | 32 | 28 | 20 | | 25.4 | 20 |

续表

| $d_5$ f7 | $d_{10}$ H8 | $d_6$ H11 | $d_1$ | $d_5$ f7 | $d_{10}$ H8 | $d_6$ H11 | $d_1$ | $d_5$ f7 | $d_{10}$ H8 | $d_6$ H11 | $d_1$ |
|---|---|---|---|---|---|---|---|---|---|---|---|
| $d_2=3.55$ | | | | $d_2=3.55$ | | | | $d_2=3.55$ | | | |
| 21 | | 26.4 | 21.2 | 69 | | 74.4 | 69 | 117 | | 122.2 | 118 |
| 22 | | 27.4 | 22.4 | 70 | | 75.4 | 71 | 118 | | 123.4 | 122 |
| 23 | | 28.4 | 23.6 | 71 | | 76.4 | 71 | 119 | | 124.4 | 122 |
| 24 | | 29.4 | 24.3 | 72 | | 77.4 | 73 | 120 | | 125.4 | 122 |
| 25 | | 30.4 | 25 | 73 | | 78.4 | 73 | 121 | | 126.4 | 125 |
| 26 | | 31.4 | 26.5 | 74 | | 79.4 | 75 | 122 | | 127.4 | 125 |
| 27 | | 32.4 | 27.3 | 75 | | 80.4 | 75 | 123 | | 128.4 | 125 |
| 28 | | 33.4 | 28 | 76 | | 81.4 | 77.5 | 124 | | 129.4 | 125 |
| 29 | | 34.4 | 3.0 | 77 | | 82.4 | 77.5 | 125 | | 130.4 | 125 |
| 30 | | 35.4 | 30 | 78 | | 83.4 | 80 | 126 | | 131.4 | 128 |
| 31 | | 36.4 | 31.5 | 79 | | 84.4 | 80 | 127 | | 132.4 | 128 |
| 32 | | 37.4 | 32.5 | 80 | | 85.4 | 80 | 128 | | 133.4 | 128 |
| 33 | | 38.4 | 33.5 | 81 | | 86.4 | 82.5 | 129 | | 134.4 | 132 |
| 34 | | 39.4 | 34.5 | 82 | | 87.4 | 82.5 | 130 | | 135.4 | 132 |
| 35 | | 40.4 | 35.5 | 83 | | 88.4 | 85 | 131 | | 136.4 | 132 |
| 36 | | 41.4 | 36.5 | 84 | | 89.4 | 85 | 132 | | 137.4 | 132 |
| 37 | | 42.4 | 37.5 | 85 | | 90.4 | 87.5 | 133 | | 138.4 | 136 |
| 38 | | 43.4 | 38.7 | 86 | | 91.4 | 87.5 | 134 | | 139.4 | 136 |
| 39 | | 44.4 | 40 | 87 | | 92.4 | 87.5 | 135 | | 140.4 | 136 |
| 40 | | 45.4 | 41.2 | 88 | | 93.4 | 90 | 136 | | 141.4 | 136 |
| 41 | | 46.4 | 41.2 | 89 | | 94.4 | 90 | 137 | | 142.4 | 140 |
| 42 | | 47.4 | 42.5 | 90 | | 95.4 | 92.5 | 138 | | 143.4 | 140 |
| 43 | | 48.4 | 43.7 | 91 | | 96.4 | 92.5 | 139 | | 144.4 | 140 |
| 44 | | 49.4 | 45 | 92 | | 97.4 | 92.5 | 140 | | 145.4 | 140 |
| 45 | | 50.4 | 45 | 93 | | 98.4 | 95 | 141 | | 146.4 | 142.5 |
| 46 | | 51.4 | 46.2 | 94 | | 99.4 | 95 | 142 | | 147.4 | 145 |
| 47 | | 52.4 | 47.5 | 95 | | 100.4 | 97.5 | 143 | | 148.4 | 145 |
| 48 | | 53.4 | 48.7 | 96 | | 101.4 | 97.5 | 144 | | 149.4 | 145 |
| 49 | | 54.4 | 50 | 97 | | 102.4 | 100 | 145 | | 150.4 | 147.5 |
| 50 | | 55.4 | 50 | 98 | | 103.4 | 100 | 146 | | 151.4 | 147.5 |
| 51 | | 56.4 | 51.5 | 99 | | 104.4 | 100 | 147 | | 152.4 | 150 |
| 52 | | 57.4 | 53 | 100 | | 105.4 | 103 | 148 | | 153.4 | 150 |
| 53 | | 58.4 | 53 | 101 | | 106.4 | 103 | 149 | | 154.4 | 150 |
| 54 | | 59.4 | 54.5 | 102 | | 107.4 | 103 | 150 | | 155.4 | 152.5 |
| 55 | | 60.4 | 56 | 103 | | 108.4 | 106 | 151 | | 156.4 | 152.5 |
| 56 | | 61.4 | 56 | 104 | | 109.4 | 106 | 152 | | 157.4 | 155 |
| 57 | | 62.4 | 58 | 105 | | 110.4 | 106 | 153 | | 158.4 | 155 |
| 58 | | 63.4 | 58 | 106 | | 111.4 | 109 | 154 | | 159.4 | 155 |
| 59 | | 64.4 | 60 | 107 | | 112.4 | 109 | 155 | | 160.4 | 157.5 |
| 60 | | 65.4 | 60 | 108 | | 113.4 | 109 | 156 | | 161.4 | 157.5 |
| 61 | | 66.4 | 61.5 | 109 | | 114.4 | 112 | 157 | | 162.4 | 160 |
| 62 | | 67.4 | 63 | 110 | | 115.4 | 112 | 158 | | 163.4 | 160 |
| 63 | | 68.4 | 63 | 111 | | 116.4 | 112 | 159 | | 164.4 | 160 |
| 64 | | 69.4 | 65 | 112 | | 117.4 | 115 | 160 | | 165.4 | 162.5 |
| 65 | | 70.4 | 65 | 113 | | 118.4 | 115 | 161 | | 166.4 | 162.6 |
| 66 | | 71.4 | 67 | 114 | | 119.4 | 115 | 162 | | 167.4 | 165 |
| 67 | | 72.4 | 67 | 115 | | 120.4 | 115 | 163 | | 168.4 | 165 |
| 68 | | 73.4 | 69 | 116 | | 121.4 | 118 | 164 | | 169.4 | 165 |

续表

| $d_5$ f7 | $d_{10}$ H8 | $d_6$ H11 | $d_1$ | $d_5$ f7 | $d_{10}$ H8 | $d_6$ H11 | $d_1$ | $d_5$ f7 | $d_{10}$ H8 | $d_6$ H11 | $d_1$ |
|---|---|---|---|---|---|---|---|---|---|---|---|
| $d_2=3.55$ | | | | $d_2=5.3$ | | | | $d_2=5.3$ | | | |
| 165 | | 170.4 | 167.5 | 53 | | 61.2 | 54.5 | 115 | | 123.2 | 118 |
| 166 | | 171.4 | 167.5 | 54 | | 62.2 | 54.5 | 116 | | 124.2 | 118 |
| 167 | | 172.4 | 170 | 55 | | 63.2 | 56 | 118 | | 126.2 | 118 |
| 168 | | 173.4 | 170 | 56 | | 64.2 | 56 | 120 | | 128.2 | 122 |
| 169 | | 174.4 | 170 | 57 | | 65.2 | 58 | 122 | | 130.2 | 125 |
| 170 | | 175.4 | 172.5 | 58 | | 66.2 | 58 | 124 | | 132.2 | 125 |
| 171 | | 176.4 | 172.5 | 59 | | 67.2 | 60 | 125 | | 133.2 | 125 |
| 172 | | 177.4 | 175 | 60 | | 68.2 | 60 | 126 | | 134.2 | 128 |
| 173 | | 178.4 | 175 | 61 | | 69.2 | 61.5 | 128 | | 136.2 | 128 |
| 174 | | 179.4 | 175 | 62 | | 70.2 | 63 | 130 | | 138.2 | 132 |
| 175 | | 180.4 | 177.5 | 63 | | 71.2 | 63 | 132 | | 140.2 | 132 |
| 176 | | 181.4 | 177.5 | 64 | | 72.2 | 65 | 134 | | 142.2 | 136 |
| 177 | | 182.4 | 180 | 65 | | 73.2 | 65 | 135 | | 143.2 | 136 |
| 178 | | 183.4 | 180 | 66 | | 74.2 | 67 | 136 | | 144.2 | 136 |
| 179 | | 184.4 | 180 | 67 | | 75.2 | 67 | 138 | | 146.2 | 140 |
| 180 | | 185.4 | 182.5 | 68 | | 76.2 | 69 | 140 | | 148.2 | 140 |
| 181 | | 186.4 | 185 | 69 | | 77.2 | 69 | 142 | | 150.2 | 145 |
| 182 | | 187.4 | 185 | 70 | | 78.2 | 71 | 144 | | 152.2 | 145 |
| 183 | | 188.4 | 185 | 71 | | 79.2 | 71 | 145 | | 153.2 | 145 |
| 184 | | 189.4 | 185 | 72 | | 80.2 | 73 | 146 | | 154.2 | 147.5 |
| 185 | | 190.4 | 187.5 | 73 | | 81.2 | 73 | 148 | | 156.2 | 150 |
| 186 | | 191.4 | 190 | 74 | | 82.2 | 75 | 150 | | 158.2 | 150 |
| 187 | | 192.4 | 190 | 75 | | 83.2 | 75 | 152 | | 160.2 | 155 |
| 188 | | 193.4 | 190 | 76 | | 84.2 | 77.5 | 154 | | 162.2 | 155 |
| 189 | | 194.5 | 190 | 77 | | 85.2 | 77.5 | 155 | | 163.2 | 155 |
| 190 | | 195.4 | 195 | 78 | | 86.2 | 80 | 156 | | 164.2 | 157.5 |
| 191 | | 196.4 | 195 | 79 | | 87.2 | 80 | 158 | | 166.2 | 160 |
| 192 | | 197.4 | 195 | 80 | | 88.2 | 80 | 160 | | 168.2 | 162.5 |
| 193 | | 198.4 | 195 | 82 | | 90.2 | 82.5 | 162 | | 170.2 | 165 |
| 194 | | 199.4 | 195 | 84 | | 92.2 | 85 | 164 | | 172.2 | 165 |
| 195 | | 200.4 | 200 | 85 | | 93.2 | 85 | 165 | | 173.2 | 167.5 |
| 196 | | 201.4 | 200 | 86 | | 94.2 | 87.5 | 166 | | 174.2 | 167.5 |
| 197 | | 202.4 | 200 | 88 | | 96.2 | 90 | 168 | | 176.2 | 170 |
| 198 | | 203.4 | 200 | 90 | | 98.2 | 92.5 | 170 | | 178.2 | 170 |
| $d_2=5.3$ | | | | 92 | | 100.2 | 92.5 | 172 | | 180.2 | 175 |
| 40 | | 48.2 | 40 | 94 | | 102.2 | 95 | 174 | | 182.2 | 175 |
| 41 | | 49.2 | 41.2 | 95 | | 103.2 | 97.5 | 175 | | 183.2 | 175 |
| 42 | | 50.2 | 42.5 | 96 | | 104.2 | 97.5 | 176 | | 184.2 | 180 |
| 43 | | 51.2 | 43.7 | 98 | | 106.2 | 100 | 178 | | 186.2 | 180 |
| 44 | | 52.2 | 45 | 100 | | 108.2 | 103 | 180 | | 188.2 | 182.5 |
| 45 | | 53.2 | 46.2 | 102 | | 110.2 | 103 | 182 | | 190.2 | 185 |
| 46 | | 54.2 | 47.2 | 104 | | 112.2 | 106 | 184 | | 192.2 | 185 |
| 47 | | 55.2 | 47.5 | 105 | | 113.2 | 106 | 185 | | 193.2 | 187.5 |
| 48 | | 56.2 | 48.7 | 106 | | 114.2 | 109 | 186 | | 194.2 | 190 |
| 49 | | 57.2 | 50 | 108 | | 116.2 | 109 | 188 | | 196.2 | 190 |
| 50 | | 58.2 | 51.5 | 110 | | 118.2 | 112 | 190 | | 198.2 | 195 |
| 51 | | 59.2 | 51.5 | 112 | | 120.2 | 115 | 192 | | 200.2 | 195 |
| 52 | | 60.2 | 53 | 114 | | 122.2 | 115 | 194 | | 202.2 | 195 |

续表

| $d_5$ f7 | $d_{10}$ H8 | $d_6$ H11 | $d_1$ | $d_5$ f7 | $d_{10}$ H8 | $d_6$ H11 | $d_1$ | $d_5$ f7 | $d_{10}$ H8 | $d_6$ H11 | $d_1$ |
|---|---|---|---|---|---|---|---|---|---|---|---|
| $d_2=5.3$ | | | | $d_2=5.3$ | | | | $d_2=5.3$ | | | |
| 195 | | 203.2 | 200 | 276 | | 284.2 | 280 | 358 | | 366.2 | 365 |
| 196 | | 204.2 | 200 | 278 | | 286.2 | 280 | 360 | | 368.2 | 365 |
| 198 | | 206.2 | 200 | 280 | | 288.2 | 286 | 362 | | 370.2 | 370 |
| 200 | | 208.2 | 203 | 282 | | 290.2 | 286 | 364 | | 372.2 | 370 |
| 202 | | 210.2 | 206 | 284 | | 292.2 | 286 | 365 | | 373.2 | 370 |
| 204 | | 212.2 | 206 | 285 | | 293.2 | 286 | 366 | | 374.2 | 370 |
| 205 | | 213.2 | 206 | 286 | | 294.2 | 290 | 368 | | 376.2 | 375 |
| 206 | | 214.2 | 212 | 288 | | 296.2 | 290 | 370 | | 378.2 | 375 |
| 208 | | 216.2 | 212 | 290 | | 298.2 | 295 | 372 | | 380.2 | 379 |
| 210 | | 218.2 | 212 | 292 | | 300.2 | 295 | 374 | | 382.2 | 379 |
| 212 | | 220.2 | 218 | 294 | | 302.2 | 300 | 375 | | 383.2 | 383 |
| 214 | | 222.2 | 218 | 295 | | 303.2 | 300 | 376 | | 384.2 | 383 |
| 215 | | 223.2 | 218 | 296 | | 304.2 | 300 | 378 | | 386.2 | 387 |
| 216 | | 224.2 | 218 | 298 | | 306.2 | 300 | 380 | | 388.2 | 387 |
| 218 | | 226.2 | 224 | 300 | | 308.2 | 303 | 382 | | 390.2 | 387 |
| 220 | | 228.2 | 224 | 302 | | 310.2 | 307 | 384 | | 392.2 | 387 |
| 222 | | 230.2 | 224 | 304 | | 312.2 | 307 | 385 | | 393.2 | 391 |
| 224 | | 232.2 | 227 | 305 | | 313.2 | 307 | 386 | | 394.2 | 391 |
| 225 | | 233.2 | 230 | 306 | | 314.2 | 311 | 388 | | 396.2 | 395 |
| 226 | | 234.2 | 230 | 308 | | 316.2 | 311 | 390 | | 398.2 | 395 |
| 228 | | 236.2 | 230 | 310 | | 318.2 | 315 | 392 | | 400.2 | 400 |
| 230 | | 238.2 | 236 | 312 | | 320.2 | 315 | 394 | | 402.2 | 400 |
| 232 | | 240.2 | 236 | 314 | | 322.2 | 320 | 395 | | 403.2 | 400 |
| 234 | | 242.2 | 236 | 315 | | 323.2 | 320 | 396 | | 404.2 | 400 |
| 235 | | 243.2 | 239 | 316 | | 324.2 | 320 | 398 | | 406.2 | 400 |
| 236 | | 244.2 | 239 | 318 | | 326.2 | 320 | 400 | | 408.2 | 400 |
| 238 | | 246.2 | 243 | 320 | | 328.2 | 325 | $d_2=7$ | | | |
| 240 | | 248.2 | 243 | 322 | | 330.2 | 325 | 106 | | 117 | 109 |
| 242 | | 250.2 | 250 | 324 | | 332.2 | 330 | 108 | | 119 | 109 |
| 244 | | 252.2 | 250 | 325 | | 333.2 | 330 | 110 | | 121 | 112 |
| 245 | | 253.2 | 250 | 326 | | 334.2 | 330 | 112 | | 123 | 115 |
| 246 | | 254.2 | 250 | 328 | | 336.2 | 330 | 114 | | 125 | 115 |
| 248 | | 256.2 | 250 | 330 | | 338.2 | 335 | 115 | | 126 | 118 |
| 250 | | 258.2 | 254 | 332 | | 340.2 | 335 | 116 | | 127 | 118 |
| 252 | | 260.2 | 254 | 334 | | 342.2 | 340 | 118 | | 129 | 122 |
| 254 | | 262.2 | 258 | 335 | | 343.2 | 340 | 120 | | 131 | 122 |
| 255 | | 263.2 | 258 | 336 | | 344.2 | 340 | 122 | | 133 | 125 |
| 256 | | 264.2 | 258 | 338 | | 346.2 | 345 | 124 | | 135 | 125 |
| 258 | | 266.2 | 261 | 340 | | 348.2 | 345 | 125 | | 136 | 128 |
| 260 | | 268.2 | 265 | 342 | | 350.2 | 345 | 126 | | 137 | 128 |
| 262 | | 270.2 | 265 | 344 | | 352.2 | 350 | 128 | | 139 | 132 |
| 264 | | 272.2 | 268 | 345 | | 353.2 | 350 | 130 | | 141 | 132 |
| 265 | | 273.2 | 268 | 346 | | 354.2 | 350 | 132 | | 143 | 136 |
| 266 | | 274.2 | 268 | 348 | | 356.2 | 350 | 134 | | 145 | 136 |
| 268 | | 276.2 | 272 | 350 | | 358.2 | 355 | 135 | | 146 | 136 |
| 270 | | 278.2 | 272 | 352 | | 360.2 | 355 | 136 | | 147 | 140 |
| 272 | | 280.2 | 276 | 354 | | 362.2 | 360 | 138 | | 149 | 140 |
| 274 | | 282.2 | 276 | 355 | | 363.2 | 360 | 140 | | 151 | 142.5 |
| 275 | | 283.2 | 280 | 356 | | 364.2 | 360 | 142 | | 153 | 145 |

续表

| $d_5$ f7 | $d_{10}$ H8 | $d_6$ H11 | $d_1$ | $d_5$ f7 | $d_{10}$ H8 | $d_6$ H11 | $d_1$ | $d_5$ f7 | $d_{10}$ H8 | $d_6$ H11 | $d_1$ |
|---|---|---|---|---|---|---|---|---|---|---|---|
| $d_2=7$ | | | | $d_2=7$ | | | | $d_2=7$ | | | |
| 144 | | 155 | 145 | 224 | | 235 | 227 | 304 | | 315 | 307 |
| 145 | | 156 | 147.5 | 225 | | 236 | 230 | 305 | | 316 | 307 |
| 146 | | 157 | 147.5 | 226 | | 237 | 230 | 306 | | 317 | 311 |
| 148 | | 159 | 150 | 228 | | 239 | 230 | 308 | | 319 | 311 |
| 150 | | 161 | 152.5 | 230 | | 241 | 236 | 310 | | 321 | 315 |
| 152 | | 163 | 155 | 232 | | 243 | 236 | 312 | | 323 | 315 |
| 154 | | 165 | 155 | 234 | | 245 | 236 | 314 | | 325 | 320 |
| 155 | | 166 | 157.5 | 235 | | 246 | 239 | 315 | | 326 | 320 |
| 156 | | 167 | 157.5 | 236 | | 247 | 239 | 316 | | 327 | 320 |
| 158 | | 169 | 160 | 238 | | 249 | 243 | 318 | | 329 | 320 |
| 160 | | 171 | 162.5 | 240 | | 251 | 243 | 320 | | 331 | 325 |
| 162 | | 173 | 165 | 242 | | 253 | 250 | 322 | | 333 | 325 |
| 164 | | 175 | 167.5 | 244 | | 255 | 250 | 324 | | 335 | 330 |
| 165 | | 176 | 167.5 | 245 | | 256 | 250 | 325 | | 336 | 330 |
| 166 | | 177 | 167.5 | 246 | | 257 | 250 | 326 | | 337 | 330 |
| 168 | | 179 | 170 | 248 | | 259 | 250 | 328 | | 339 | 330 |
| 170 | | 181 | 172.5 | 250 | | 261 | 254 | 330 | | 341 | 335 |
| 172 | | 183 | 175 | 252 | | 263 | 254 | 332 | | 343 | 335 |
| 174 | | 185 | 177.5 | 254 | | 265 | 258 | 334 | | 345 | 340 |
| 175 | | 186 | 177.5 | 255 | | 266 | 258 | 335 | | 346 | 340 |
| 176 | | 187 | 180 | 256 | | 267 | 258 | 336 | | 347 | 340 |
| 178 | | 189 | 180 | 258 | | 269 | 261 | 338 | | 349 | 340 |
| 180 | | 191 | 182.5 | 260 | | 271 | 265 | 340 | | 351 | 345 |
| 182 | | 193 | 185 | 262 | | 273 | 265 | 342 | | 353 | 345 |
| 184 | | 195 | 187.5 | 264 | | 275 | 268 | 344 | | 355 | 350 |
| 185 | | 196 | 187.5 | 265 | | 276 | 268 | 345 | | 356 | 350 |
| 186 | | 197 | 190 | 266 | | 277 | 268 | 346 | | 357 | 350 |
| 188 | | 199 | 190 | 268 | | 279 | 272 | 348 | | 359 | 350 |
| 190 | | 201 | 195 | 270 | | 281 | 272 | 350 | | 361 | 355 |
| 192 | | 203 | 195 | 272 | | 283 | 276 | 352 | | 363 | 355 |
| 194 | | 205 | 195 | 274 | | 285 | 276 | 354 | | 365 | 360 |
| 195 | | 206 | 200 | 275 | | 286 | 280 | 355 | | 366 | 360 |
| 196 | | 207 | 200 | 276 | | 287 | 280 | 356 | | 367 | 360 |
| 198 | | 209 | 200 | 278 | | 289 | 280 | 358 | | 369 | 360 |
| 200 | | 211 | 203 | 280 | | 291 | 283 | 360 | | 371 | 365 |
| 202 | | 213 | 206 | 282 | | 293 | 286 | 362 | | 373 | 365 |
| 204 | | 215 | 206 | 284 | | 295 | 286 | 364 | | 375 | 370 |
| 205 | | 216 | 212 | 285 | | 296 | 290 | 365 | | 376 | 370 |
| 206 | | 217 | 212 | 286 | | 297 | 290 | 366 | | 377 | 370 |
| 208 | | 219 | 212 | 288 | | 299 | 295 | 368 | | 379 | 370 |
| 210 | | 221 | 212 | 290 | | 301 | 295 | 370 | | 381 | 375 |
| 212 | | 223 | 218 | 292 | | 303 | 295 | 372 | | 383 | 375 |
| 214 | | 225 | 218 | 294 | | 305 | 300 | 374 | | 385 | 379 |
| 215 | | 226 | 218 | 295 | | 306 | 300 | 375 | | 386 | 379 |
| 216 | | 227 | 218 | 296 | | 307 | 300 | 376 | | 387 | 379 |
| 218 | | 229 | 224 | 298 | | 309 | 300 | 378 | | 389 | 383 |
| 220 | | 231 | 224 | 300 | | 311 | 303 | 380 | | 391 | 383 |
| 222 | | 233 | 224 | 302 | | 313 | 307 | 382 | | 393 | 387 |

续表

| $d_5$ f7 | $d_{10}$ H8 | $d_6$ H11 | $d_1$ | $d_5$ f7 | $d_{10}$ H8 | $d_6$ H11 | $d_1$ | $d_5$ f7 | $d_{10}$ H8 | $d_6$ H11 | $d_1$ |
|---|---|---|---|---|---|---|---|---|---|---|---|
| $d_2=7$ | | | | $d_2=7$ | | | | $d_2=7$ | | | |
| 384 | | 395 | 387 | 465 | | 476 | 470 | 546 | | 557 | 553 |
| 385 | | 396 | 391 | 466 | | 477 | 470 | 548 | | 559 | 553 |
| 386 | | 397 | 391 | 468 | | 479 | 475 | 550 | | 561 | 560 |
| 388 | | 399 | 391 | 470 | | 481 | 475 | 552 | | 563 | 560 |
| 390 | | 401 | 395 | 472 | | 483 | 475 | 554 | | 565 | 560 |
| 392 | | 403 | 395 | 474 | | 485 | 479 | 555 | | 566 | 560 |
| 394 | | 405 | 400 | 475 | | 486 | 479 | 556 | | 567 | 560 |
| 395 | | 406 | 400 | 476 | | 487 | 483 | 558 | | 569 | 560 |
| 396 | | 407 | 400 | 478 | | 489 | 487 | 560 | | 571 | 570 |
| 398 | | 409 | 400 | 480 | | 491 | 487 | 562 | | 573 | 570 |
| 400 | | 411 | 406 | 482 | | 493 | 487 | 564 | | 575 | 570 |
| 402 | | 413 | 406 | 484 | | 495 | 487 | 565 | | 576 | 570 |
| 404 | | 415 | 406 | 485 | | 496 | 487 | 566 | | 577 | 570 |
| 405 | | 416 | 412 | 486 | | 497 | 493 | 568 | | 579 | 570 |
| 406 | | 417 | 412 | 488 | | 499 | 493 | 570 | | 581 | 585 |
| 408 | | 419 | 412 | 490 | | 501 | 493 | 572 | | 583 | 580 |
| 410 | | 421 | 412 | 492 | | 503 | 500 | 574 | | 585 | 580 |
| 412 | | 423 | 418 | 494 | | 505 | 500 | 575 | | 586 | 580 |
| 414 | | 425 | 418 | 495 | | 506 | 500 | 576 | | 587 | 580 |
| 415 | | 426 | 418 | 496 | | 507 | 500 | 578 | | 589 | 580 |
| 416 | | 427 | 418 | 498 | | 509 | 500 | 580 | | 591 | 590 |
| 418 | | 429 | 425 | 500 | | 511 | 508 | 582 | | 593 | 590 |
| 420 | | 431 | 425 | 502 | | 513 | 508 | 584 | | 595 | 590 |
| 422 | | 433 | 425 | 504 | | 515 | 508 | 585 | | 596 | 590 |
| 424 | | 435 | 429 | 505 | | 516 | 508 | 586 | | 597 | 590 |
| 425 | | 436 | 429 | 506 | | 517 | 515 | 588 | | 599 | 600 |
| 426 | | 437 | 433 | 508 | | 519 | 515 | 590 | | 601 | 600 |
| 428 | | 439 | 433 | 510 | | 521 | 515 | 592 | | 603 | 600 |
| 430 | | 441 | 437 | 512 | | 523 | 515 | 594 | | 605 | 600 |
| 432 | | 443 | 437 | 514 | | 525 | 523 | 595 | | 606 | 600 |
| 434 | | 445 | 437 | 515 | | 526 | 523 | 596 | | 607 | 600 |
| 435 | | 446 | 437 | 516 | | 527 | 523 | 598 | | 609 | 608 |
| 436 | | 447 | 443 | 518 | | 529 | 523 | 600 | | 611 | 608 |
| 438 | | 449 | 443 | 520 | | 531 | 523 | 602 | | 613 | 608 |
| 440 | | 451 | 443 | 522 | | 533 | 530 | 604 | | 615 | 615 |
| 442 | | 453 | 450 | 524 | | 535 | 530 | 605 | | 616 | 615 |
| 444 | | 455 | 450 | 525 | | 536 | 530 | 606 | | 617 | 615 |
| 445 | | 456 | 450 | 526 | | 537 | 530 | 608 | | 619 | 615 |
| 446 | | 457 | 450 | 528 | | 539 | 530 | 610 | | 621 | 615 |
| 448 | | 459 | 450 | 530 | | 541 | 538 | 612 | | 623 | 615 |
| 450 | | 461 | 456 | 532 | | 543 | 538 | 614 | | 625 | 623 |
| 452 | | 463 | 456 | 534 | | 545 | 538 | 615 | | 626 | 623 |
| 454 | | 465 | 462 | 535 | | 546 | 545 | 616 | | 627 | 623 |
| 455 | | 466 | 462 | 536 | | 547 | 545 | 618 | | 629 | 630 |
| 456 | | 467 | 462 | 538 | | 549 | 545 | 620 | | 631 | 630 |
| 458 | | 469 | 462 | 540 | | 551 | 545 | 622 | | 633 | 630 |
| 460 | | 471 | 462 | 542 | | 553 | 545 | 624 | | 635 | 630 |
| 462 | | 473 | 466 | 544 | | 555 | 553 | 625 | | 636 | 630 |
| 464 | | 475 | 466 | 545 | | 556 | 553 | 626 | | 637 | 630 |

续表

| $d_5$ f7 | $d_{10}$ H8 | $d_6$ H11 | $d_1$ | $d_5$ f7 | $d_{10}$ H8 | $d_6$ H11 | $d_1$ | $d_5$ f7 | $d_{10}$ H8 | $d_6$ H11 | $d_1$ |
|---|---|---|---|---|---|---|---|---|---|---|---|
| $d_2=7$ | | | | $d_2=7$ | | | | $d_2=7$ | | | |
| 628 | | 639 | 640 | 640 | | 651 | 650 | 652 | | 663 | 660 |
| 630 | | 641 | 640 | 642 | | 653 | 650 | 654 | | 665 | 660 |
| 632 | | 643 | 640 | 644 | | 655 | 650 | 655 | | 666 | 660 |
| 634 | | 645 | 640 | 645 | | 656 | 650 | 656 | | 667 | 660 |
| 635 | | 646 | 640 | 646 | | 657 | 650 | 658 | | 669 | 670 |
| 636 | | 647 | 640 | 648 | | 659 | 660 | 660 | | 671 | 670 |
| 638 | | 649 | 650 | 650 | | 661 | 660 | | | | |

注：1. $d_{10}$和$d_6$之间的同轴度公差：直径小于或等于 50mm 时，≤$\phi$0.025mm；直径大于 50mm 时，≤$\phi$0.05mm。
2. 其他见表 5-6 注。

## 5.5.3 O形圈轴向密封沟槽尺寸（GB/T 3452.3—2005）

（1）受内部压力轴向密封沟槽尺寸

受内部压力轴向密封沟槽尺寸见图 5-12 和表 5-12。

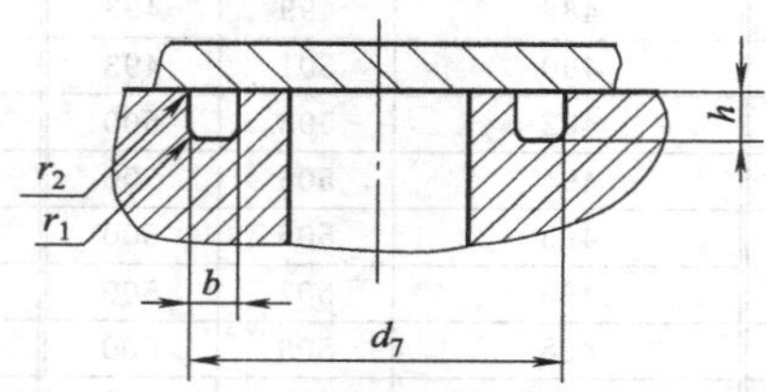


图 5-12 受内部压力轴向密封沟槽尺寸

说明：

① $d_1$——O形圈内径，mm；$d_2$——O形圈截面直径，mm。

② $b$、$r_1$、$r_2$ 尺寸见表 5-14。

③ 沟槽及配合表面的表面粗糙度见表 5-16。

表 5-12 受内部压力的轴向密封沟槽尺寸 mm

| $d_7$ H11 | $d_1$ | $d_7$ H11 | $d_1$ | $d_7$ H11 | $d_1$ | $d_7$ H11 | $d_1$ | $d_7$ H11 | $d_1$ | $d_7$ H11 | $d_1$ |
|---|---|---|---|---|---|---|---|---|---|---|---|
| $d_2=1.8$ | | $d_2=1.8$ | | $d_2=2.65$ | | $d_2=2.65$ | | $d_2=3.55$ | | $d_2=3.55$ | |
| 7.9 | 4.5 | 13.4 | 10 | 24 | 19 | 42.5 | 37.5 | 39.5 | 33.5 | 59 | 53 |
| 8.2 | 5 | 14 | 10.6 | 25 | 20 | 43.8 | 38.7 | 40.5 | 34.5 | 60.5 | 54.5 |
| 8.6 | 5.15 | 14.6 | 11.2 | 26.5 | 21.2 | $d_2=3.55$ | | 41.5 | 35.5 | 62 | 56 |
| 8.7 | 5.3 | 15.2 | 11.8 | 27.5 | 22.4 | 24 | 18 | 42.5 | 36.5 | 64 | 58 |
| 9 | 5.6 | 15.9 | 12.5 | 28.6 | 23.6 | 25 | 19 | 43.5 | 37.5 | 66 | 60 |
| 9.4 | 6 | 16.6 | 13.2 | 30 | 25 | 26 | 20 | 44.5 | 38.7 | 67 | 61.5 |
| 9.7 | 6.3 | 17.3 | 14 | 31 | 25.8 | 27 | 21.2 | 46.5 | 40 | 69 | 63 |
| 10.1 | 6.7 | 18.4 | 15 | 31.5 | 26.5 | 28 | 22.4 | 47.5 | 41.2 | 71 | 65 |
| 10.3 | 6.9 | 19.4 | 16 | 33 | 28 | 29.5 | 23.6 | 48.5 | 42.5 | 73 | 67 |
| 10.5 | 7.1 | 20.4 | 17 | 35 | 30 | 31 | 25 | 49.5 | 43.7 | 75 | 69 |
| 10.9 | 7.5 | $d_2=2.65$ | | 36.5 | 31.5 | 31.5 | 25.8 | 51 | 45 | 77 | 71 |
| 11.4 | 8 | 19 | 14 | 37.5 | 32.5 | 32.5 | 26.5 | 52 | 46.2 | 79 | 73 |
| 11.9 | 8.5 | 20 | 15 | 38.5 | 33.5 | 34 | 28 | 53.5 | 47.5 | 81 | 75 |
| 12.2 | 8.75 | 21 | 16 | 39.5 | 34.5 | 36 | 30 | 54.5 | 48.7 | 83 | 77.5 |
| 12.4 | 9 | 22 | 17 | 40.5 | 35.5 | 37.5 | 31.5 | 56 | 50 | 86 | 80 |
| 12.9 | 9.5 | 23 | 18 | 41.5 | 36.5 | 38.5 | 32.5 | 57.5 | 51.5 | 88 | 82.5 |

续表

| $d_7$ H11 | $d_1$ | $d_7$ H11 | $d_1$ | $d_7$ H11 | $d_1$ | $d_7$ H11 | $d_1$ | $d_7$ H11 | $d_1$ | $d_7$ H11 | $d_1$ |
|---|---|---|---|---|---|---|---|---|---|---|---|
| $d_2=3.55$ | | $d_2=5.3$ | | $d_2=5.3$ | | $d_2=5.3$ | | $d_2=7$ | | $d_2=7$ | |
| 91 | 85 | 50 | 40 | 105 | 95 | 232 | 224 | 146 | 136 | 335 | 325 |
| 93 | 87.5 | 51 | 41.2 | 108 | 97.5 | 240 | 230 | 150 | 140 | 345 | 335 |
| 96 | 90 | 53 | 42.5 | 110 | 100 | 245 | 236 | 155 | 145 | 355 | 345 |
| 98 | 92.5 | 54 | 43.7 | 113 | 103 | 253 | 243 | 160 | 150 | 365 | 355 |
| 102 | 95 | 55 | 45 | 116 | 106 | 260 | 250 | 165 | 155 | 375 | 365 |
| 105 | 97.5 | 56 | 46.2 | 119 | 109 | 267 | 258 | 170 | 160 | 385 | 375 |
| 107 | 100 | 58 | 47.5 | 122 | 112 | 275 | 265 | 175 | 165 | 400 | 387 |
| 110 | 103 | 59 | 48.7 | 125 | 115 | 280 | 272 | 180 | 170 | 410 | 400 |
| 116 | 109 | 60 | 50 | 128 | 118 | 290 | 280 | 185 | 175 | 430 | 412 |
| 119 | 112 | 62 | 51.5 | 132 | 122 | 300 | 290 | 190 | 180 | 435 | 425 |
| 122 | 115 | 63 | 53 | 135 | 125 | 310 | 300 | 195 | 185 | 450 | 437 |
| 125 | 118 | 64 | 54.5 | 138 | 128 | 315 | 307 | 200 | 190 | 460 | 450 |
| 129 | 122 | 65 | 56 | 142 | 132 | 325 | 315 | 205 | 195 | 475 | 462 |
| 132 | 125 | 68 | 58 | 145 | 136 | 335 | 325 | 210 | 200 | 485 | 475 |
| 135 | 128 | 70 | 60 | 150 | 140 | 345 | 335 | 215 | 206 | 500 | 485 |
| 139 | 132 | 72 | 61.5 | 155 | 145 | 355 | 345 | 222 | 212 | 510 | 500 |
| 143 | 136 | 73 | 63 | 160 | 150 | 365 | 355 | 228 | 218 | 525 | 515 |
| 147 | 140 | 75 | 65 | 165 | 155 | 375 | 365 | 234 | 224 | 540 | 530 |
| 152 | 145 | 77 | 67 | 170 | 160 | 385 | 375 | 240 | 230 | 555 | 545 |
| 157 | 150 | 79 | 69 | 175 | 165 | 395 | 387 | 246 | 236 | 570 | 560 |
| 162 | 155 | 81 | 71 | 180 | 170 | 410 | 400 | 253 | 243 | 590 | 582 |
| 167 | 160 | 83 | 73 | 185 | 175 | $d_2=7$ | | 260 | 250 | 610 | 600 |
| 172 | 165 | 85 | 75 | 190 | 180 | 119 | 109 | 270 | 258 | 625 | 615 |
| 177 | 170 | 88 | 77.5 | 195 | 185 | 122 | 112 | 275 | 265 | 640 | 630 |
| 182 | 175 | 90 | 80 | 200 | 190 | 125 | 115 | 285 | 272 | | |
| 187 | 180 | 93 | 82.5 | 205 | 195 | 128 | 118 | 290 | 280 | | |
| 192 | 185 | 95 | 85 | 210 | 200 | 132 | 122 | 300 | 290 | | |
| 197 | 190 | 98 | 87.5 | 215 | 206 | 135 | 125 | 310 | 300 | | |
| 202 | 195 | 100 | 90 | 220 | 212 | 138 | 128 | 320 | 307 | | |
| 207 | 200 | 103 | 92.5 | 227 | 218 | 142 | 132 | 325 | 315 | | |

注：见表 5-6 注 1、2。

(2) 受外部压力的轴向密封沟槽尺寸

受外部压力的轴向密封沟槽尺寸见图 5-13 和表 5-13。

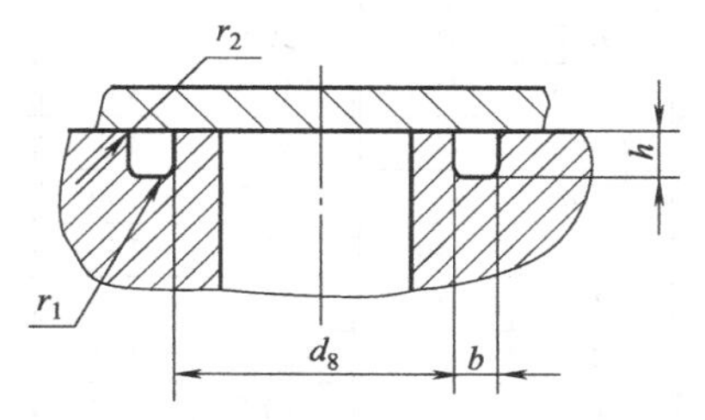


图 5-13　受外部压力的轴向密封沟槽尺寸

说明：

① $d_1$——O 形圈内径，mm；$d_2$——O 形圈截面直径，mm。

② $b$、$r_1$、$r_2$ 尺寸见表 5-14。

③ 沟槽及配合表面的表面粗糙度见表 5-16。

**表 5-13 受外部压力的轴向密封沟槽尺寸** mm

| $d_8$ H11 | $d_1$ | $d_8$ H11 | $d_1$ | $d_8$ H11 | $d_1$ | $d_8$ H11 | $d_1$ | $d_8$ H11 | $d_1$ | $d_8$ H11 | $d_1$ |
|---|---|---|---|---|---|---|---|---|---|---|---|
| $d_2=1.8$ | | $d_2=2.65$ | | $d_2=3.55$ | | $d_2=5.3$ | | $d_2=5.3$ | | $d_2=7$ | |
| 2 | 1.8 | 28.2 | 28 | 65.3 | 65 | 51.8 | 51.5 | 201 | 200 | 201 | 200 |
| 2.2 | 2 | 30.2 | 30 | 67.3 | 67 | 53.3 | 53 | 207 | 206 | 207 | 206 |
| 2.4 | 2.24 | 31.7 | 31.5 | 69.3 | 69 | 54.8 | 54.5 | 213 | 212 | 213 | 212 |
| 3 | 2.8 | 32.7 | 32.5 | 71.3 | 71 | 56.3 | 56 | 219 | 218 | 219 | 218 |
| 3.3 | 3.15 | 33.7 | 33.5 | 73.3 | 73 | 58.3 | 58 | 225 | 224 | 225 | 224 |
| 3.7 | 3.55 | 34.7 | 34.5 | 75.3 | 75 | 60.3 | 60 | 231 | 230 | 231 | 230 |
| 3.9 | 3.75 | 35.7 | 35.5 | 77.8 | 77.5 | 61.8 | 61.5 | 237 | 236 | 237 | 236 |
| 4.7 | 4.5 | 36.7 | 36.5 | 80.3 | 80 | 63.3 | 63 | 244 | 243 | 243 | 242 |
| 5.2 | 5 | 37.7 | 37.5 | 82.8 | 82.5 | 65.3 | 65 | 251 | 250 | 251 | 250 |
| 5.3 | 5.15 | 38.9 | 38.7 | 85.3 | 85 | 67.3 | 67 | 259 | 258 | 259 | 258 |
| 5.5 | 5.3 | $d_2=3.55$ | | 87.8 | 87.5 | 69.3 | 69 | 266 | 265 | 266 | 265 |
| 5.8 | 5.6 | 18.2 | 18 | 90.3 | 90 | 71.3 | 71 | 273 | 272 | 273 | 272 |
| 6.2 | 6 | 19.2 | 19 | 92.8 | 92.5 | 73.3 | 73 | 281 | 280 | 281 | 280 |
| 6.5 | 6.3 | 21.4 | 20 | 95.3 | 95 | 75.3 | 75 | 291 | 290 | 291 | 290 |
| 6.9 | 6.7 | 22.6 | 21.2 | 97.8 | 97.5 | 77.8 | 77 | 301 | 300 | 301 | 300 |
| 7.1 | 6.9 | 23.8 | 22.4 | 100.3 | 100 | 80.3 | 80 | 308 | 307 | 308 | 307 |
| 7.3 | 7.1 | 25.2 | 23.6 | 103.5 | 103 | 82.8 | 82.5 | 316 | 315 | 316 | 315 |
| 7.7 | 7.5 | 26.2 | 25 | 115.5 | 115 | 85.3 | 85 | 326 | 325 | 326 | 325 |
| 8.2 | 8 | 27.2 | 25.8 | 118.5 | 118 | 87.8 | 87.5 | 336 | 335 | 336 | 335 |
| 8.7 | 8.5 | 28.2 | 26.5 | 122.5 | 122 | 90.3 | 90 | 346 | 345 | 346 | 345 |
| 8.9 | 8.75 | 29.2 | 28 | 125.5 | 125 | 92.8 | 92.5 | 356 | 355 | 356 | 355 |
| 9.2 | 9 | 30.2 | 30 | 128.5 | 128 | 95.3 | 95 | 366 | 365 | 366 | 365 |
| 9.7 | 9.5 | 31.7 | 31.5 | 132.5 | 132 | 97.8 | 97.5 | 376 | 375 | 376 | 375 |
| 10.2 | 10 | 32.7 | 32.5 | 136.5 | 136 | 100.5 | 100 | 388 | 387 | 388 | 387 |
| 10.8 | 10.6 | 33.7 | 33.5 | 140.5 | 140 | 103.5 | 103 | 401 | 400 | 401 | 400 |
| 11.4 | 11.2 | 34.7 | 34.5 | 145.5 | 145 | 106.5 | 106 | $d_2=7$ | | 413 | 412 |
| 12 | 11.8 | 35.7 | 35.5 | 150.5 | 150 | 109.5 | 109 | 110 | 109 | 426 | 425 |
| 12.7 | 12.5 | 36.7 | 36.5 | 155.5 | 155 | 112.5 | 112 | 113 | 112 | 438 | 437 |
| 13.4 | 13.2 | 37.7 | 37.5 | 160.5 | 160 | 115.5 | 115 | 116 | 115 | 451 | 450 |
| 14.2 | 14 | 38.9 | 38.7 | 165.5 | 165 | 118.5 | 118 | 119 | 118 | 463 | 462 |
| 15.2 | 15 | 40.2 | 40 | 170.5 | 170 | 122.5 | 122 | 123 | 122 | 476 | 475 |
| 16.2 | 16 | 41.5 | 41.2 | 175.5 | 175 | 125.5 | 125 | 126 | 125 | 488 | 487 |
| 17.2 | 17 | 42.8 | 42.5 | 180.5 | 180 | 128.5 | 128 | 129 | 128 | 502 | 500 |
| $d_2=2.65$ | | 42.8 | 43.7 | 185.5 | 185 | 132.5 | 132 | 133 | 132 | 517 | 515 |
| 14.2 | 14 | 44.0 | 45 | 190.5 | 190 | 136.5 | 136 | 137 | 136 | 531 | 530 |
| 15.2 | 15 | 45.3 | 46.2 | 195.5 | 195 | 140.5 | 140 | 141 | 140 | 547 | 545 |
| 16.2 | 16 | 47.8 | 47.5 | 200.5 | 200 | 145.5 | 145 | 146 | 145 | 562 | 560 |
| 17.2 | 17 | 49 | 48.7 | $d_2=5.3$ | | 150.5 | 150 | 151 | 150 | 581 | 580 |
| 18.2 | 18 | 50.8 | 50 | 40.3 | 40 | 155.5 | 155 | 156 | 155 | 602 | 600 |
| 19.2 | 19 | 51.8 | 51.5 | 41.5 | 41.2 | 160.5 | 160 | 161 | 160 | 617 | 615 |
| 20.2 | 20 | 53.3 | 53 | 42.8 | 42.5 | 165.5 | 165 | 166 | 165 | 632 | 630 |
| 21.4 | 21.2 | 54.8 | 54.5 | 44 | 43.7 | 170.5 | 170 | 171 | 170 | 652 | 650 |
| 22.6 | 22.4 | 56.3 | 56 | 45.3 | 45 | 175.5 | 175 | 176 | 175 | 672 | 670 |
| 23.8 | 23.6 | 58.3 | 58 | 46.5 | 46.2 | 180.5 | 180 | 181 | 180 | | |
| 25.2 | 25 | 60.3 | 60 | 47.8 | 47.5 | 185.5 | 185 | 186 | 185 | | |
| 26 | 25.8 | 61.8 | 61.5 | 50 | 48.7 | 190.5 | 190 | 191 | 190 | | |
| 26.7 | 26.5 | 63.3 | 63 | 50.3 | 50 | 195.5 | 195 | 196 | 195 | | |

注：见表 5-6 注 1、2。

表 5-14 所示为径向密封沟槽尺寸，表 5-15 所示为轴向密封沟尺寸。

**表 5-14 径向密封沟槽尺寸** mm

<table>
<tr><td colspan="3">O 形圈截面直径 $d_2$</td><td>1.80</td><td>2.65</td><td>3.55</td><td>5.30</td><td>7.00</td></tr>
<tr><td rowspan="4">沟槽宽度</td><td colspan="2">气动密封</td><td>2.2</td><td>3.4</td><td>4.6</td><td>6.9</td><td>9.3</td></tr>
<tr><td rowspan="3">液压动密封或静密封</td><td>$b$</td><td>2.4</td><td>3.6</td><td>4.8</td><td>7.1</td><td>9.5</td></tr>
<tr><td>$b_1$</td><td>3.8</td><td>5.0</td><td>6.2</td><td>9.0</td><td>12.3</td></tr>
<tr><td>$b_2$</td><td>5.2</td><td>6.4</td><td>7.6</td><td>10.9</td><td>15.1</td></tr>
<tr><td rowspan="6">沟槽深度 $t$</td><td rowspan="3">活塞密封（计算 $d_3$ 用）</td><td>液压动密封</td><td>1.35</td><td>2.1</td><td>2.85</td><td>4.35</td><td>5.85</td></tr>
<tr><td>气动动密封</td><td>1.4</td><td>2.15</td><td>2.95</td><td>4.5</td><td>6.1</td></tr>
<tr><td>静密封</td><td>1.32</td><td>2.0</td><td>2.9</td><td>4.31</td><td>5.85</td></tr>
<tr><td rowspan="3">活塞杆密封（计算 $d_6$ 用）</td><td>液压动密封</td><td>1.35</td><td>2.1</td><td>2.85</td><td>4.35</td><td>5.85</td></tr>
<tr><td>气动动密封</td><td>1.4</td><td>2.15</td><td>2.95</td><td>4.5</td><td>6.1</td></tr>
<tr><td>静密封</td><td>1.32</td><td>2.0</td><td>2.9</td><td>4.31</td><td>5.85</td></tr>
<tr><td colspan="3">最小导角长度 $Z_{min}$</td><td>1.1</td><td>1.5</td><td>1.8</td><td>2.7</td><td>3.6</td></tr>
<tr><td colspan="3">沟槽底圆角半径 $r_1$</td><td colspan="2">0.2～0.4</td><td colspan="2">0.4～0.8</td><td>0.8～1.2</td></tr>
<tr><td colspan="3">沟槽棱圆角半径 $r_2$</td><td colspan="5">0.1～0.3</td></tr>
<tr><td colspan="3">活塞密封沟槽底直径 $d_3$</td><td colspan="5">$d_{3min}=d_{4min}-2t$<br>$d_4$——缸直径</td></tr>
<tr><td colspan="3">活塞杆密封沟槽底直径 $d_6$</td><td colspan="5">$d_{4min}=d_{5min}+2t$<br>$d_5$——活塞杆直径</td></tr>
</table>

**表 5-15 轴向密封沟槽尺寸** mm

<table>
<tr><td>O 形圈截面直径 $d_2$</td><td>1.8</td><td>2.65</td><td>3.55</td><td>5.30</td><td>7.00</td></tr>
<tr><td>沟槽宽度 $b$</td><td>2.6</td><td>3.8</td><td>5.0</td><td>7.3</td><td>9.7</td></tr>
<tr><td>沟槽深度 $h$</td><td>1.28</td><td>1.97</td><td>2.75</td><td>4.24</td><td>5.72</td></tr>
<tr><td>沟槽底圆角半径 $r_1$</td><td colspan="2">0.2～0.4</td><td colspan="2">0.4～0.8</td><td>0.8～1.2</td></tr>
<tr><td>沟槽棱圆角半径 $r_2$</td><td colspan="5">0.1～0.3</td></tr>
<tr><td>轴向密封时沟槽外径 $d_7$</td><td colspan="5">$d_7$(基本尺寸)$\leqslant d_1$(基本尺寸)$+2d_2$(基本尺寸)</td></tr>
<tr><td>轴向密封时沟槽内径 $d_8$</td><td colspan="5">$d_8$(基本尺寸)$\geqslant d_1$(基本尺寸)</td></tr>
</table>

## 5.5.4 沟槽和配合偶件表面的粗糙度（GB/T 3452.3—2005）

沟槽和配合偶件表面的粗糙度见表 5-16。

**表 5-16 沟槽和配合偶件表面的表面粗糙度**

<table>
<tr><td rowspan="2">表面</td><td rowspan="2">应用情况</td><td rowspan="2">压力状况</td><td colspan="2">表面粗糙度</td></tr>
<tr><td>$Ra$</td><td>$Rz$</td></tr>
<tr><td rowspan="3">沟槽的底面和侧面</td><td rowspan="2">静密封</td><td>无交变、无脉冲</td><td>3.2(1.6)</td><td>12.5(6.3)</td></tr>
<tr><td>交变或脉冲</td><td>1.6</td><td>6.3</td></tr>
<tr><td>动密封</td><td></td><td>1.6(0.8)</td><td>6.3(3.2)</td></tr>
<tr><td rowspan="3">配合表面</td><td rowspan="2">静密封</td><td>无交变、无脉冲</td><td>1.6(0.8)</td><td>6.3(3.2)</td></tr>
<tr><td>交变或脉冲</td><td>0.8</td><td>3.2</td></tr>
<tr><td>动密封</td><td></td><td>0.4</td><td>1.6</td></tr>
<tr><td colspan="3">倒角表面</td><td>3.2</td><td>12.5</td></tr>
</table>

## 5.5.5 O形橡胶密封圈用挡圈

图 5-14 所示为 O 形橡胶密封圈挡圈，其尺寸见表 5-17。

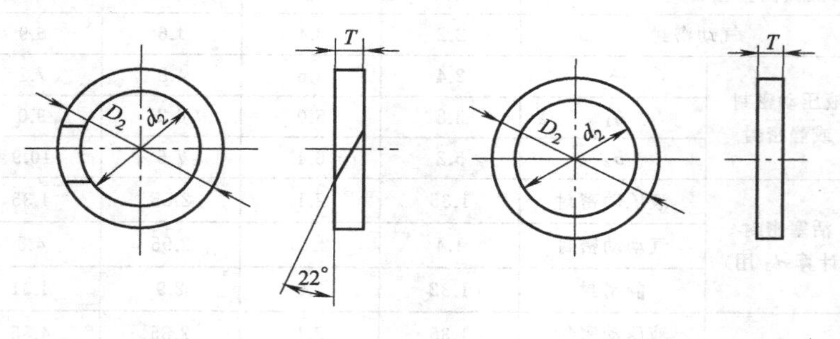


图 5-14 O 形橡胶密封圈用挡圈

表 5-17 O 形橡胶密封圈用挡圈尺寸 mm

| 外径 $D_2$ | 厚度 $T$ | 极限偏差 | | | 使用范围 | | 材料 |
|---|---|---|---|---|---|---|---|
| | | $T$ | $D_2$ | $d_2$ | 动密封 | 静密封 | |
| ≤30 | 1.25 | ±0.1 | −0.14 | +0.14 | $p$≤10MPa 时，不设挡圈；$p$>10MPa 时，可在 O 形圈承压面设置 1 个挡圈，若双向受压，则设置 2 个 | $p$≤10MPa 时，不设挡圈；$p$>10MPa 时，可在承压面设置挡圈 | 聚四氟乙烯、尼龙 6、尼龙 1010，硬度大于 90HS |
| ≤118 | 1.5 | ±0.12 | −0.20 | +0.20 | | | |
| ≤315 | 2.0 | ±0.12 | −0.25 | +0.25 | | | |
| >315 | 2.5 | ±0.15 | −0.25 | +0.25 | | | |

# 5.6 旋转轴唇形密封圈（GB 13871—2007）

图 5-15 所示为旋转轴唇形密封圈，其尺寸见表 5-18。

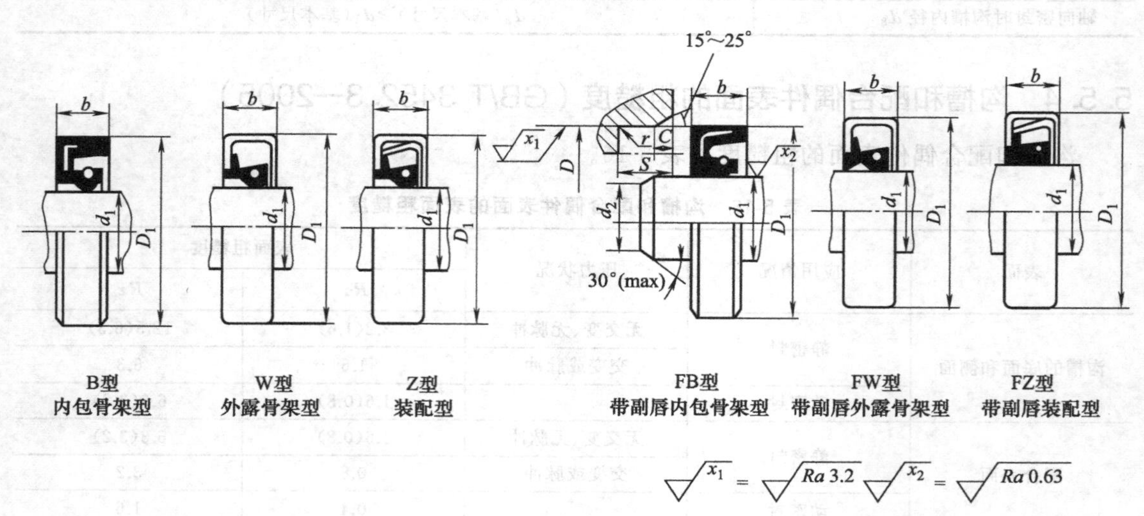


图 5-15 旋转轴唇形密封圈

适用范围：用于工作应力≤0.05MPa。

材料：HG 2811—2007。

标记示例：

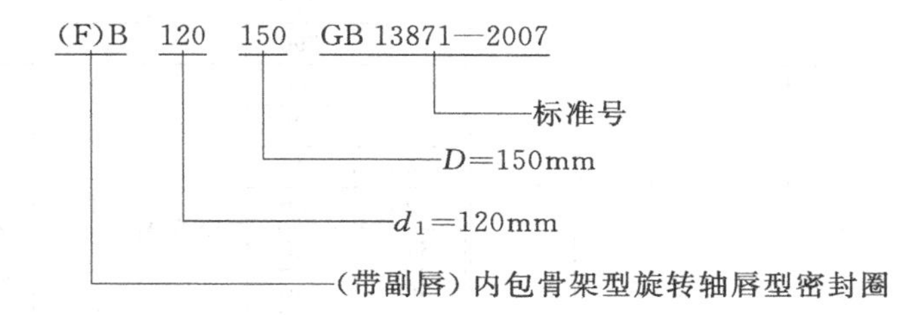


**表 5-18　旋转轴唇型密封圈尺寸**　mm

| $d_1$ (h11) | $D$ (H8) | $b$ | $d_1-d_2$ ≥ | $S$ (min) | $C$ | $r$ (max) | $d_1$ (h11) | $D$ (H8) | $b$ | $d_1-d_2$ ≥ | $S$ (min) | $C$ | $r$ (max) |
|---|---|---|---|---|---|---|---|---|---|---|---|---|---|
| 6 | 16 | 7±0.3 | 1.5 | 7.9 | 0.7～1 | 0.5 | 35 | 50 | 8±0.3 | 3 | 8.9 | 0.7～1 | 0.5 |
| 6 | 22 | | | | | | 35 | 52 | | | | | |
| 7 | 22 | | | | | | 35 | 55 | | | | | |
| 8 | 22 | | | | | | 38 | 52 | | | | | |
| 8 | 24 | | | | | | 38 | 58 | | | | | |
| 9 | 22 | | | | | | 38 | 62 | | | | | |
| 10 | 22 | | | | | | 40 | 55 | | | | | |
| 10 | 25 | | | | | | (40) | 60 | | | | | |
| 12 | 24 | | 2 | | | | 40 | 62 | | | | | |
| 12 | 25 | | | | | | 42 | 55 | | 4 | | | |
| 12 | 30 | | | | | | 42 | 62 | | | | | |
| 15 | 26 | | | | | | 45 | 62 | | | | | |
| 15 | 30 | | | | | | 45 | 65 | | | | | |
| 15 | 35 | | | | | | 50 | 68 | | | | | |
| 16 | 30 | | | | | | (50) | 70 | | | | | |
| (16) | 35 | | | | | | 50 | 72 | | | | | |
| 18 | 30 | | | | | | 55 | 72 | | | | | |
| 18 | 35 | | | | | | (55) | 75 | | | | | |
| 20 | 35 | | | | | | 55 | 80 | | | | | |
| 20 | 40 | | | | | | 60 | 80 | | | | | |
| (20) | 45 | | | | | | 60 | 85 | | | | | |
| 22 | 35 | | 2.5 | | | | 65 | 85 | 10±0.3 | | 10.9 | | |
| 22 | 40 | | | | | | 70 | 90 | | | | | |
| 22 | 47 | | | | | | 70 | 90 | | | | | |
| 25 | 40 | | | | | | 70 | 95 | | | | | |
| 25 | 47 | | | | | | 75 | 95 | | 4.5 | 13.2 | | |
| 25 | 52 | | | | | | 75 | 100 | | | | | |
| 28 | 40 | | | | | | 80 | 100 | | | | | |
| 28 | 47 | | | | | | 80 | 110 | | | | | |
| 28 | 52 | | | | | | 85 | 110 | 12±0.4 | | | 1.2～1.5 | 0.75 |
| 30 | 42 | | | | | | 85 | 120 | | | | | |
| 30 | 47 | | | | | | (90) | 115 | | | | | |
| (30) | 50 | | | | | | 90 | 120 | | | | | |
| 30 | 52 | 8±0.3 | | 8.9 | | | 95 | 120 | | | | | |
| 32 | 45 | | 3 | | | | 100 | 125 | | 5.5 | | | |
| 32 | 47 | | | | | | (105) | 130 | | | | | |
| 32 | 52 | | | | | | 110 | 140 | | | | | |

续表

| $d_1$ (h11) | $D$ (H8) | $b$ | $d_1-d_2$ ≥ | $S$ (min) | $C$ | $r$ (max) | $d_1$ (h11) | $D$ (H8) | $b$ | $d_1-d_2$ ≥ | $S$ (min) | $C$ | $r$ (max) |
|---|---|---|---|---|---|---|---|---|---|---|---|---|---|
| 120 | 150 | 12±0.4 | 5.5 | 13.2 | 1.2～1.5 | 0.75 | 240 | 270 | 15±0.4 | 7 | 16.2 | 1.2～1.5 | 0.75 |
| 130 | 160 | | | | | | (250) | 290 | | | | | |
| 140 | 170 | 15±0.4 | 7 | 16.2 | | | 260 | 300 | 20±0.4 | 11 | 21.2 | | |
| 150 | 180 | | | | | | 280 | 320 | | | | | |
| 160 | 190 | | | | | | 300 | 340 | | | | | |
| 170 | 200 | | | | | | 320 | 360 | | | | | |
| 180 | 210 | | | | | | 340 | 380 | | | | | |
| 190 | 220 | | | | | | 360 | 400 | | | | | |
| 200 | 230 | | | | | | 380 | 420 | | | | | |
| 220 | 250 | | | | | | 400 | 440 | | | | | |

注：1. 考虑到国内实际情况，除全部采用国际标准的基本尺寸外，还补充了若干种国内常用的规格，并加括号以示区别。

2. $d_1$ 表面粗糙度范围为 $Ra=0.2\sim0.63\mu m$，$Ra_{max}=0.8\sim2.5\mu m$。$D$ 最大表面粗糙度 $Ra_{max}\leqslant12.5\mu m$。当采用外露骨架型密封圈时，$D$ 的表面粗糙度可选用更低的数值。

3. 唇形密封圈密封相关轴和腔体设计注意事项见 GB 13871—2007。

4. $D_1$ 名义尺寸与 $D$ 相同，但偏差不同。

# 5.7 $V_D$ 形橡胶密封圈（JB/T 6994—2007）

图 5-16 所示为 $V_D$ 形橡胶密封圈，其尺寸见表 5-19。

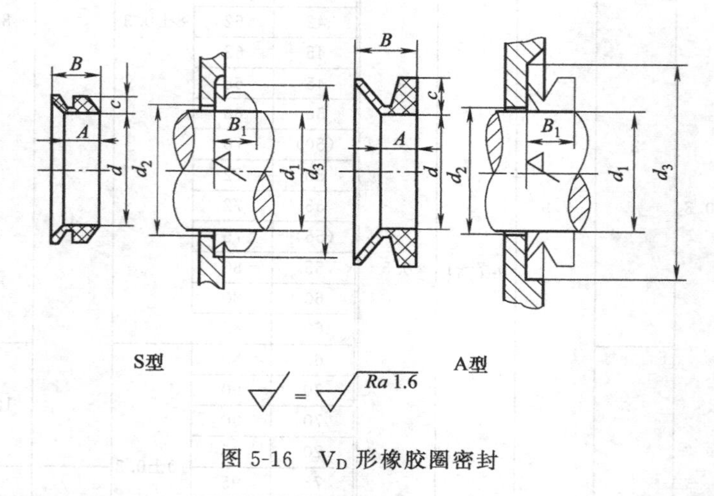


图 5-16 $V_D$ 形橡胶圈密封

适用范围：用于工作介质为油、水、空气，转速≤19m/s 的设备，起端面密封和防尘作用。

工作温度为－40～100℃时，密封材料选用丁腈橡胶（SN），XAI7453；工作温度为 100～200℃时，选用氟橡胶（SF），XDI7433。橡胶材料性能见 HG/T 2811—1996。

标记示例：

公称轴径为 110mm，密封圈内径 $d=99$mm 的 S 型密封圈：密封圈 VD110S JB/T 6994—2007。

公称轴径为 120mm，密封圈内径 $d=108$mm 的 A 型密封圈：密封圈 VD120A JB/T 6994—2007。

**表 5-19 $V_D$ 形橡胶密封圈尺寸** mm

| 型式 | 密封圈代号 | 公称轴径 | 轴径 $d_1$ | $d$ | $c$ | $A$ | $B$ | $d_{2max}$ | $d_{3max}$ | 安装宽度 $B_1$ |
|---|---|---|---|---|---|---|---|---|---|---|
| S型 | $V_D$5S | 5 | 4.5～5.5 | 4 | 2 | 3.9 | 5.2 | $d_1+1$ | $d_1+6$ | 4.5±0.4 |
| | $V_D$6S | 6 | 5.5～6.5 | 5 | | | | | | |
| | $V_D$7S | 7 | 6.5～8.0 | 6 | | | | | | |
| | $V_D$8S | 8 | 8.0～9.5 | 7 | | | | | | |
| | $V_D$10S | 10 | 9.5～11.5 | 9 | 3 | 5.6 | 7.7 | $d_1+2$ | $d_1+9$ | 6.7±0.6 |
| | $V_D$12S | 12 | 11.5～13.5 | 10.5 | | | | | | |
| | $V_D$14S | 14 | 13.5～15.5 | 12.5 | | | | | | |
| | $V_D$16S | 16 | 15.5～17.5 | 14 | | | | | | |
| | $V_D$18S | 18 | 17.5～19.0 | 16 | | | | | | |
| | $V_D$20S | 20 | 19.0～21 | 18 | 4 | 7.9 | 10.5 | | $d_1+12$ | 9.0±0.8 |
| | $V_D$22S | 22 | 21～24 | 20 | | | | | | |
| | $V_D$25S | 25 | 24～27 | 22 | | | | | | |
| | $V_D$28S | 28 | 27～29 | 25 | | | | $d_1+3$ | | |
| | $V_D$30S | 30 | 29～31 | 27 | | | | | | |
| | $V_D$32S | 32 | 31～33 | 29 | | | | | | |
| | $V_D$36S | 36 | 33～36 | 31 | | | | | | |
| | $V_D$38S | 38 | 36～38 | 34 | | | | | | |
| | $V_D$40S | 40 | 38～43 | 36 | 5 | 9.5 | 13.0 | | $d_1+15$ | 11.0±1.0 |
| | $V_D$45S | 45 | 43～48 | 40 | | | | | | |
| | $V_D$50S | 50 | 48～53 | 45 | | | | | | |
| | $V_D$56S | 56 | 53～58 | 49 | | | | | | |
| | $V_D$60S | 60 | 58～63 | 54 | | | | | | |
| | $V_D$63S | 63 | 63～68 | 58 | | | | | | |
| | $V_D$71S | 71 | 68～73 | 63 | 6 | 11.3 | 15.5 | $d_1+4$ | $d_1+18$ | 13.5±1.2 |
| | $V_D$75S | 75 | 73～78 | 67 | | | | | | |
| | $V_D$80S | 80 | 78～83 | 72 | | | | | | |
| | $V_D$85S | 85 | 83～88 | 76 | | | | | | |
| | $V_D$90S | 90 | 88～93 | 81 | | | | | | |
| | $V_D$95S | 95 | 93～98 | 85 | | | | | | |
| | $V_D$100S | 100 | 98～105 | 90 | | | | | | |
| | $V_D$110S | 110 | 105～115 | 99 | 7 | 13.1 | 18.0 | | $d_1+21$ | 15.5±1.5 |
| | $V_D$120S | 120 | 115～125 | 108 | | | | | | |
| | $V_D$130S | 130 | 125～135 | 117 | | | | | | |
| | $V_D$140S | 140 | 135～145 | 126 | | | | | | |
| | $V_D$150S | 150 | 145～155 | 135 | | | | | | |
| | $V_D$160S | 160 | 155～165 | 144 | 8 | 15.0 | 20.5 | $d_1+5$ | $d_1+24$ | 18.0±1.8 |
| | $V_D$170S | 170 | 165～175 | 153 | | | | | | |
| | $V_D$180S | 180 | 175～185 | 162 | | | | | | |
| | $V_D$190S | 190 | 185～195 | 171 | | | | | | |
| | $V_D$200S | 200 | 195～210 | 180 | | | | | | |
| A型 | $V_D$3A | 3 | 2.7～3.5 | 2.5 | 1.5 | 2.1 | 3.0 | $d_1+1$ | $d_1+4$ | 2.5±0.3 |
| | $V_D$4A | 4 | 3.5～4.5 | 3.2 | 2 | 2.4 | 3.7 | | $d_1+6$ | 3.0±0.4 |
| | $V_D$5A | 5 | 4.5～5.5 | 4 | | | | | | |
| | $V_D$6A | 6 | 5.5～6.5 | 5 | | | | | | |
| | $V_D$7A | 7 | 6.5～8.0 | 6 | | | | | | |
| | $V_D$8A | 8 | 8.0～9.5 | 7 | | | | | | |
| | $V_D$10A | 10 | 9.5～11.5 | 9 | 3 | 3.4 | 5.5 | $d_1+2$ | $d_1+9$ | 4.5±0.6 |
| | $V_D$12A | 12 | 11.5～12.5 | 10.5 | | | | | | |
| | $V_D$13A | 13 | 12.5～13.5 | 11.7 | | | | | | |
| | $V_D$14A | 14 | 13.5～15.5 | 12.5 | | | | | | |

续表

| 型式 | 密封圈代号 | 公称轴径 | 轴径 $d_1$ | $d$ | $c$ | $A$ | $B$ | $d_{2max}$ | $d_{3max}$ | 安装宽度 $B_1$ |
|---|---|---|---|---|---|---|---|---|---|---|
| A型 | $V_D16A$ | 16 | 15.5～17.5 | 14 | 3 | 3.4 | 5.5 | $d_1+2$ | $d_1+9$ | 4.5±0.6 |
| | $V_D18A$ | 18 | 17.5～19 | 16 | | | | | | |
| | $V_D20A$ | 20 | 19～21 | 18 | 4 | 4.7 | 7.5 | | $d_1+12$ | 6.0±0.8 |
| | $V_D22A$ | 22 | 21～24 | 20 | | | | | | |
| | $V_D25A$ | 25 | 24～27 | 22 | | | | | | |
| | $V_D28A$ | 28 | 27～29 | 25 | | | | $d_1+3$ | | |
| | $V_D30A$ | 30 | 29～31 | 27 | | | | | | |
| | $V_D32A$ | 32 | 31～33 | 29 | | | | | | |
| | $V_D36A$ | 36 | 33～36 | 31 | | | | | | |
| | $V_D38A$ | 38 | 36～38 | 34 | | | | | | |
| | $V_D40A$ | 40 | 38～43 | 36 | 5 | 5.5 | 9.0 | | $d_1+15$ | 7.0±1.2 |
| | $V_D45A$ | 45 | 43～48 | 40 | | | | | | |
| | $V_D50A$ | 50 | 48～53 | 45 | | | | | | |
| | $V_D56A$ | 56 | 53～58 | 49 | | | | | | |
| | $V_D60A$ | 60 | 58～63 | 54 | | | | | | |
| | $V_D63A$ | 63 | 63～68 | 58 | | | | | | |
| | $V_D71A$ | 71 | 68～73 | 63 | 6 | 6.8 | 11.0 | $d_1+4$ | $d_1+18$ | 9.0±1.2 |
| | $V_D75A$ | 75 | 73～78 | 67 | | | | | | |
| | $V_D80A$ | 80 | 78～83 | 72 | | | | | | |
| | $V_D85A$ | 85 | 83～88 | 76 | | | | | | |
| | $V_D90A$ | 90 | 88～93 | 81 | | | | | | |
| | $V_D95A$ | 95 | 93～98 | 85 | | | | | | |
| | $V_D100A$ | 100 | 98～105 | 90 | | | | | $d_1+21$ | 10.5±1.5 |
| | $V_D110A$ | 110 | 105～115 | 99 | 7 | 7.9 | 12.8 | | | |
| | $V_D120A$ | 120 | 115～125 | 108 | | | | | | |
| | $V_D130A$ | 130 | 125～135 | 117 | | | | | | |
| | $V_D140A$ | 140 | 135～145 | 126 | | | | | | |
| | $V_D150A$ | 150 | 145～155 | 135 | | | | | | |
| | $V_D160A$ | 160 | 155～165 | 144 | 8 | 9.0 | 14.5 | $d_1+5$ | $d_1+24$ | 12.0±1.8 |
| | $V_D170A$ | 170 | 165～175 | 153 | | | | | | |
| | $V_D180A$ | 180 | 175～185 | 162 | | | | | | |
| | $V_D190A$ | 190 | 185～195 | 171 | | | | | | |
| | $V_D200A$ | 200 | 195～210 | 180 | 15 | 14.3 | 25 | $d_1+10$ | $d_1+45$ | 20.0±4.0 |
| | $V_D224A$ | 224 | 210～235 | 198 | | | | | | |
| | $V_D250A$ | 250 | 235～265 | 225 | | | | | | |
| | $V_D280A$ | 280 | 265～290 | 247 | | | | | | |
| | $V_D300A$ | 300 | 290～310 | 270 | | | | | | |
| | $V_D320A$ | 320 | 310～335 | 292 | | | | | | |
| | $V_D335A$ | 355 | 335～365 | 315 | | | | | | |
| | $V_D375A$ | 375 | 365～390 | 337 | | | | | | |
| | $V_D400A$ | 400 | 390～430 | 360 | | | | | | |
| | $V_D450A$ | 450 | 430～480 | 405 | | | | | | |
| | $V_D500A$ | 500 | 480～530 | 450 | | | | | | |
| | $V_D560A$ | 560 | 530～580 | 495 | | | | | | |
| | $V_D600A$ | 600 | 580～630 | 540 | | | | | | |
| | $V_D630A$ | 630 | 630～665 | 600 | | | | | | |
| | $V_D670A$ | 670 | 665～705 | 630 | | | | | | |
| | $V_D710A$ | 710 | 705～745 | 670 | | | | | | |
| | $V_D750A$ | 750 | 745～785 | 705 | | | | | | |
| | $V_D800A$ | 800 | 785～830 | 745 | | | | | | |

续表

| 型式 | 密封圈代号 | 公称轴径 | 轴径 $d_1$ | $d$ | $c$ | $A$ | $B$ | $d_{2max}$ | $d_{3max}$ | 安装宽度 $B_1$ |
|---|---|---|---|---|---|---|---|---|---|---|
| A型 | $V_D$850A | 850 | 830～875 | 785 | 15 | 14.3 | 25 | $d_1+10$ | $d_1+45$ | 20.0±4.0 |
| | $V_D$900A | 900 | 875～920 | 825 | | | | | | |
| | $V_D$950A | 950 | 920～965 | 865 | | | | | | |
| | $V_D$1000A | 1000 | 965～1015 | 910 | | | | | | |
| | $V_D$1060A | 1060 | 1015～1065 | 955 | | | | | | |
| | $V_D$1100A | (1100) | 1065～1115 | 1000 | | | | | | |
| | $V_D$1120A | 1120 | 1115～1165 | 1045 | | | | | | |
| | $V_D$1200A | (1200) | 1165～1215 | 1090 | | | | | | |
| | $V_D$1250A | 1250 | 1215～1270 | 1135 | | | | | | |
| | $V_D$1320A | 1320 | 1270～1320 | 1180 | | | | | | |
| | $V_D$1350A | (1350) | 1320～1370 | 1225 | | | | | | |
| | $V_D$1400A | 1400 | 1370～1420 | 1270 | | | | | | |
| | $V_D$1450A | (1450) | 1420～1470 | 1315 | | | | | | |
| | $V_D$1500A | 1500 | 1470～1520 | 1360 | | | | | | |
| | $V_D$1550A | (1550) | 1520～1570 | 1405 | | | | | | |
| | $V_D$1600A | 1600 | 1570～1620 | 1450 | | | | | | |
| | $V_D$1650A | (1650) | 1620～1670 | 1495 | | | | | | |
| | $V_D$1700A | 1700 | 1670～1720 | 1540 | | | | | | |
| | $V_D$1750A | (1750) | 1720～1770 | 1585 | | | | | | |
| | $V_D$1800A | 1800 | 1770～1820 | 1630 | | | | | | |
| | $V_D$1850A | (1850) | 1820～1870 | 1675 | | | | | | |
| | $V_D$1900A | 1900 | 1870～1920 | 1720 | | | | | | |
| | $V_D$1950A | (1950) | 1920～1970 | 1765 | | | | | | |
| | $V_D$2000A | 2000 | 1970～2020 | 1810 | | | | | | |

注：公称轴径带括号的是非标准尺寸，尽量不采用。

# 5.8 单向密封橡胶密封圈（GB/T 10708.1—2000）

## 5.8.1 单向密封橡胶密封圈结构形式及使用条件

表5-20所示为单向密封橡胶密封圈结构形式及使用条件。

**表5-20 单向密封橡胶密封圈结构形式及使用条件**

| 密封圈结构形式 | 往复运动速度/(m/s) | 间隙 $f$/mm | 工作压力范围/MPa | 说明 |
|---|---|---|---|---|
| Y形橡胶密封圈 | 0.5 | 0.2 | 0～15 | GB/T 10708.1—2000 标准适用于安装在液压缸活塞杆上起单向密封作用的橡胶密封圈<br>材料:见 HG/T 2810—1996 |
| | | 0.1 | 0～20 | |
| | 0.15 | 0.2 | | |
| | | 0.1 | 0～25 | |
| 蕾形橡胶密封圈 | 0.5 | 0.3 | | |
| | | 0.1 | 0～45 | |
| | 0.15 | 0.3 | 0～30 | |
| | | 0.1 | 0～50 | |
| V形组合密封圈 | 0.5 | 0.3 | 0～20 | |
| | | 0.1 | 0～40 | |
| | 0.15 | 0.3 | 0～25 | |
| | | 0.1 | 0～60 | |

注：1. 活塞用密封圈的标记方法以“密封圈代号、$D\times d\times L_1(L_2、L_3)$、制造厂代号”表示。

密封沟槽外径 $D$=80mm、密封沟槽内径 $d$=65mm、密封沟槽轴向长度 $L_1$=9.5mm 的活塞用Y形圈，标记为 Y80×65×9.5　××GB/T 10708.1—2000

2. 活塞杆用密封圈的标记方法以“密封圈代号、$d\times D\times L_1(L_2、L_3)$、制造厂代号”表示。

密封沟槽外径 $d$=70mm、密封沟槽内径 $D$=85mm、密封沟槽轴向长度 $L_1$=9.5mm 的活塞杆用Y形圈，标记为 Y70×85×9.5　××GB/T 10708.1—2000

## 5.8.2 活塞杆用短型（$L_1$）密封沟槽及 Y 形圈

图 5-17 所示为活塞杆用短型（$L_1$）密封沟槽及 Y 形圈，其尺寸见表 5-21。

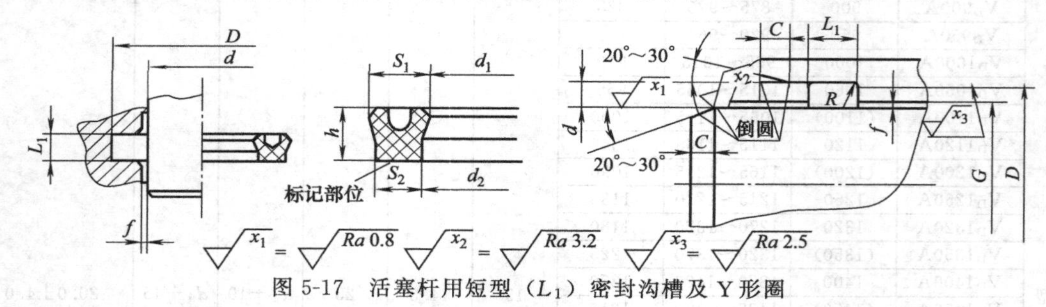


图 5-17 活塞杆用短型（$L_1$）密封沟槽及 Y 形圈

尺寸 $f$ 及标记方法见表 5-21，尺寸 $G=d+2f$。

**表 5-21 活塞杆用短型（$L_1$）密封沟槽及 Y 形圈尺寸** mm

| $d$ | $D$ | $L_1{}^{+0.25}_{0}$ | 内径 | | | 宽度 | | | 高度 | | $C\geqslant$ | $R\leqslant$ |
|---|---|---|---|---|---|---|---|---|---|---|---|---|
| | | | $d_1$ | $d_2$ | 极限偏差 | $S_1$ | $S_2$ | 极限偏差 | $h$ | 极限偏差 | | |
| 6 | 14 | 5 | 5 | 6.5 | ±0.20 | 5 | 3.5 | ±0.15 | 4.6 | ±0.20 | 2 | 0.3 |
| 8 | 16 | | 7 | 8.5 | | | | | | | | |
| 10 | 18 | | 9 | 10.5 | | | | | | | | |
| 12 | 20 | | 11 | 12.5 | | | | | | | | |
| 14 | 22 | | 13 | 14.5 | | | | | | | | |
| 16 | 24 | | 15 | 16.5 | ±0.25 | | | | | | | |
| 18 | 26 | | 17 | 18.5 | | | | | | | | |
| 20 | 28 | | 19 | 20.5 | | | | | | | | |
| 22 | 30 | | 21 | 22.5 | | | | | | | | |
| 25 | 33 | | 24 | 25.5 | | | | | | | | |
| 28 | 38 | 6.3 | 26.8 | 28.6 | | 6.2 | 4.4 | | 5.6 | | 2.5 | 0.3 |
| 32 | 42 | | 30.8 | 32.6 | | | | | | | | |
| 36 | 46 | | 34.8 | 36.6 | | | | | | | | |
| 40 | 50 | | 38.8 | 40.6 | | | | | | | | |
| 45 | 55 | | 43.8 | 45.6 | | | | | | | | |
| 50 | 60 | | 48.8 | 50.6 | | | | | | | | |
| 56 | 71 | 9.5 | 54.8 | 56.8 | | 9 | 6.7 | | 8.5 | | 4 | 0.4 |
| 63 | 78 | | 61.5 | 63.8 | | | | | | | | |
| 70 | 85 | | 68.5 | 70.8 | ±0.35 | | | | | | | |
| 80 | 95 | | 78.5 | 80.8 | | | | | | | | |
| 90 | 105 | | 88.5 | 90.8 | | | | | | | | |
| 100 | 120 | 12.5 | 98.2 | 101 | | 11.8 | 9 | | 11.3 | | 5 | 0.6 |
| 110 | 130 | | 108.2 | 111 | ±0.45 | | | | | | | |
| 125 | 145 | | 123.2 | 126 | | | | | | | | |
| 140 | 160 | | 138.2 | 141 | | | | | | | | |
| 160 | 185 | 16 | 157.8 | 161.2 | | 14.7 | 11.3 | | 14.8 | | 6.5 | 0.8 |
| 180 | 205 | | 177.8 | 181.2 | ±0.60 | | | | | | | |
| 200 | 225 | | 197.8 | 201.2 | | | | | | | | |
| 220 | 250 | 20 | 217.2 | 221.5 | | 17.8 | 13.5 | | 18.5 | | 7.5 | 0.8 |
| 250 | 280 | | 247.2 | 251.5 | | | | | | | | |
| 280 | 310 | | 277.2 | 281.5 | ±0.90 | | | | | | | |
| 320 | 360 | 25 | 316.7 | 322 | | 23.3 | 18 | ±0.20 | 23 | ±0.25 | 10 | 1.0 |
| 360 | 400 | | 356.7 | 362 | | | | | | | | |

注：滑动面公差配合推荐 H9/f8，但在液压缸使用条件不苛刻的情况下，滑动面公差配合也可采用 H10/f9。

## 5.8.3 活塞用短型（$L_1$）密封沟槽及Y形圈

图5-18所示为活塞用短型（$L_1$）密封沟槽及Y形圈，其尺寸见表5-22。

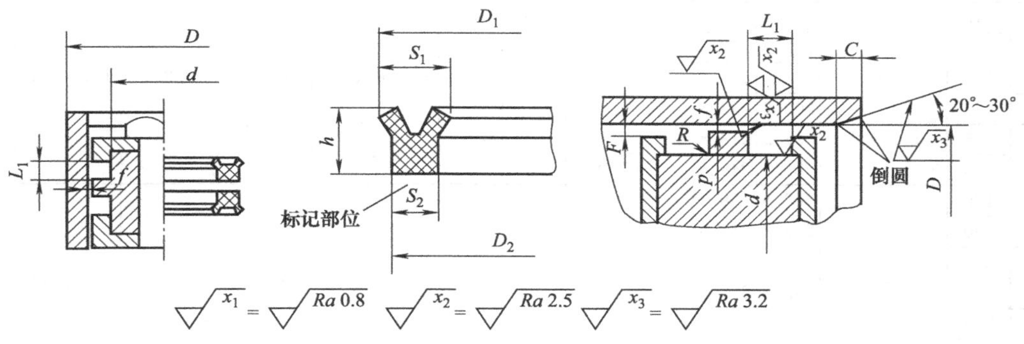


图5-18 活塞用短型（$L_1$）密封沟槽及Y形圈

尺寸 $f$ 及标记方法见表5-20，尺寸 $p=D-2f$。

表5-22 活塞用短型（$L_1$）密封沟槽及Y形圈尺寸

<table>
<tr><th rowspan="2">D</th><th rowspan="2">d</th><th rowspan="2">$L_1{}^{+0.25}_{0}$</th><th colspan="3">外径</th><th colspan="3">宽度</th><th colspan="2">高度</th><th rowspan="2">C≥</th><th rowspan="2">R≤</th><th rowspan="2">F</th></tr>
<tr><th>$D_1$</th><th>$D_2$</th><th>极限偏差</th><th>$S_1$</th><th>$S_2$</th><th>极限偏差</th><th>h</th><th>极限偏差</th></tr>
<tr><td>12</td><td>4</td><td rowspan="6">5</td><td>13</td><td>11.5</td><td rowspan="2">±0.20</td><td rowspan="6">5</td><td rowspan="6">3.5</td><td rowspan="30">±0.15</td><td rowspan="6">4.4</td><td rowspan="30">±0.20</td><td rowspan="6">2</td><td rowspan="6">0.3</td><td rowspan="6">0.5</td></tr>
<tr><td>16</td><td>8</td><td>17</td><td>15.5</td></tr>
<tr><td>20</td><td>12</td><td>21.1</td><td>19.4</td><td rowspan="8">±0.25</td></tr>
<tr><td>25</td><td>17</td><td>26.1</td><td>24.4</td></tr>
<tr><td>32</td><td>24</td><td>33.1</td><td>31.4</td></tr>
<tr><td>40</td><td>32</td><td>41.1</td><td>39.4</td></tr>
<tr><td>20</td><td>10</td><td rowspan="7">6.3</td><td>21.2</td><td>19.4</td><td rowspan="7">6.2</td><td rowspan="7">4.4</td><td rowspan="7">5.6</td><td rowspan="7">2.5</td><td rowspan="7">0.3</td><td rowspan="7">0.5</td></tr>
<tr><td>25</td><td>15</td><td>26.2</td><td>24.4</td></tr>
<tr><td>32</td><td>22</td><td>33.2</td><td>31.4</td></tr>
<tr><td>40</td><td>30</td><td>41.2</td><td>39.4</td></tr>
<tr><td>50</td><td>40</td><td>51.2</td><td>49.4</td><td rowspan="16">±0.35</td></tr>
<tr><td>56</td><td>46</td><td>57.5</td><td>55.4</td></tr>
<tr><td>63</td><td>53</td><td>64.2</td><td>62.4</td></tr>
<tr><td>50</td><td>35</td><td rowspan="8">9.5</td><td>51.5</td><td>49.2</td><td rowspan="8">9</td><td rowspan="8">6.7</td><td rowspan="8">8.5</td><td rowspan="8">4</td><td rowspan="8">0.4</td><td rowspan="8">1</td></tr>
<tr><td>56</td><td>41</td><td>57.5</td><td>55.2</td></tr>
<tr><td>63</td><td>48</td><td>64.5</td><td>62.2</td></tr>
<tr><td>70</td><td>55</td><td>71.5</td><td>69.2</td></tr>
<tr><td>80</td><td>65</td><td>81.5</td><td>79.2</td></tr>
<tr><td>90</td><td>75</td><td>91.5</td><td>89.2</td></tr>
<tr><td>100</td><td>85</td><td>101.5</td><td>99.2</td></tr>
<tr><td>110</td><td>95</td><td>111.5</td><td>109.2</td></tr>
<tr><td>70</td><td>50</td><td rowspan="9">12.5</td><td>71.8</td><td>69</td><td rowspan="9">11.8</td><td rowspan="9">9</td><td rowspan="9">11.3</td><td rowspan="9">5</td><td rowspan="9">0.6</td><td rowspan="9">1</td></tr>
<tr><td>80</td><td>60</td><td>81.8</td><td>79</td></tr>
<tr><td>90</td><td>70</td><td>91.8</td><td>89</td></tr>
<tr><td>100</td><td>80</td><td>101.8</td><td>99</td></tr>
<tr><td>110</td><td>90</td><td>111.8</td><td>109</td></tr>
<tr><td>125</td><td>105</td><td>126.8</td><td>124</td><td rowspan="3">±0.45</td></tr>
<tr><td>140</td><td>120</td><td>141.8</td><td>139</td></tr>
<tr><td>160</td><td>140</td><td>161.8</td><td>159</td></tr>
<tr><td>180</td><td>160</td><td>181.8</td><td>179</td><td>±0.60</td></tr>
</table>

续表

| D | d | $L_1{}^{+0.25}_{0}$ | 外径 | | | 宽度 | | | 高度 | | C≥ | R≤ | F |
|---|---|---|---|---|---|---|---|---|---|---|---|---|---|
| | | | $D_1$ | $D_2$ | 极限偏差 | $S_1$ | $S_2$ | 极限偏差 | h | 极限偏差 | | | |
| 125 | 100 | | 127.2 | 123.8 | | | | | | | | | |
| 140 | 115 | | 142.2 | 138.8 | ±0.45 | | | | | | | | |
| 160 | 135 | | 162.2 | 158.8 | | | | | | | | | |
| 180 | 155 | 16 | 182.2 | 178.8 | | 14.7 | 11.3 | ±0.15 | 14.8 | ±0.20 | 6.5 | 0.8 | 1.5 |
| 200 | 175 | | 202.2 | 198.8 | | | | | | | | | |
| 220 | 195 | | 222.2 | 218.8 | | | | | | | | | |
| 250 | 225 | | 252.2 | 248.8 | ±0.60 | | | | | | | | |
| 200 | 170 | | 202.8 | 198.5 | | | | | | | | | |
| 220 | 190 | | 222.8 | 218.5 | | | | | | | | | |
| 250 | 220 | 20 | 252.8 | 248.5 | | | | | | | | | |
| 280 | 250 | | 282.8 | 278.5 | | 17.8 | 13.5 | | 18.5 | | 7.5 | 0.8 | 1.5 |
| 320 | 290 | | 322.8 | 318.5 | ±0.90 | | | ±0.20 | | ±0.25 | | | |
| 360 | 330 | | 362.8 | 358.5 | | | | | | | | | |
| 400 | 360 | | 403.5 | 398 | | | | | | | | | |
| 450 | 410 | 25 | 453.5 | 448 | ±1.40 | 23.3 | 18 | | 23 | | 10 | 1.0 | 2 |
| 500 | 460 | | 503.5 | 498 | | | | | | | | | |

注：滑动面公差配合推荐 H9/f8，但在液压缸使用条件不苛刻的情况下，滑动面公差配合也可采用 H10/f9。

## 5.8.4 活塞杆用中型（$L_2$）密封沟槽及Y形圈、蕾形圈

图 5-19 所示为活塞杆用中型（$L_2$）密封沟槽及Y形圈、蕾形圈，其尺寸见表 5-23。

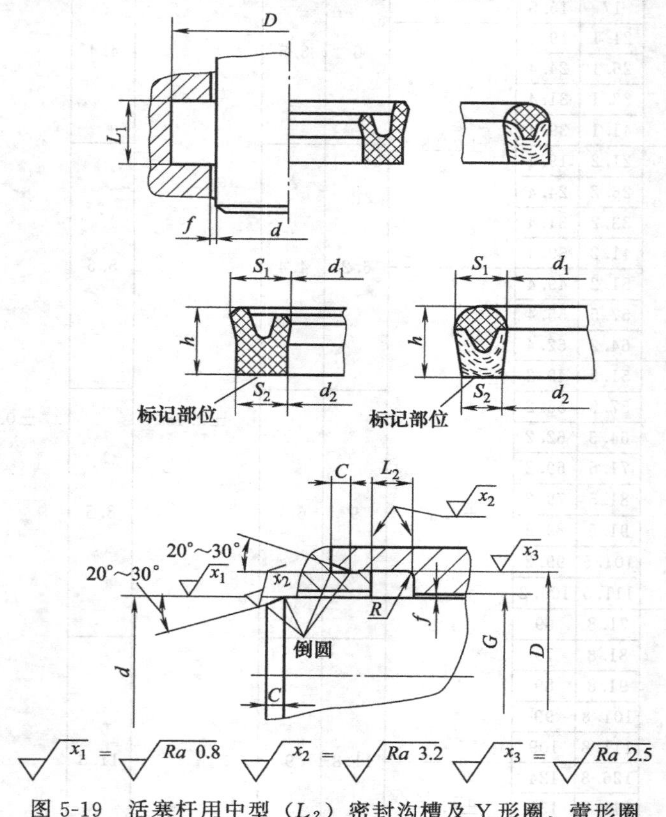


图 5-19 活塞杆用中型（$L_2$）密封沟槽及Y形圈、蕾形圈

尺寸 $f$ 及标记方法见表 5-20，尺寸 $G=D+2f$。

表 5-23　活塞杆用中型（$L_2$）密封沟槽及 Y 形圈、蕾形圈尺寸

mm

| $d$ | $D$ | $L_2{}^{+0.25}_{0}$ | Y形圈 | | | | | | | | 蕾形圈 | | | | | | | | $C\geqslant$ | $R\leqslant$ |
|---|---|---|---|---|---|---|---|---|---|---|---|---|---|---|---|---|---|---|---|---|
| | | | 内径 | | | 宽度 | | | 高度 | | 内径 | | | 宽度 | | | 高度 | | | |
| | | | $d_1$ | $d_2$ | 极限偏差 | $S_1$ | $S_2$ | 极限偏差 | $h$ | 极限偏差 | $d_1$ | $d_2$ | 极限偏差 | $S_1$ | $S_2$ | 极限偏差 | $h$ | 极限偏差 | | |
| 6 | 14 | 6.3 | 5 | 6.5 | ±0.20 | 5 | 3.5 | ±0.15 | 5.8 | ±0.20 | 5.3 | 6.5 | ±0.18 | 4.7 | 3.5 | ±0.15 | 5.5 | ±0.20 | 2 | 0.3 |
| 8 | 16 | | 7 | 8.5 | | | | | | | 7.3 | 8.5 | | | | | | | | |
| 10 | 18 | | 9 | 10.5 | | | | | | | 9.3 | 10.5 | | | | | | | | |
| 12 | 20 | | 11 | 12.5 | | | | | | | 11.3 | 12.5 | | | | | | | | |
| 14 | 22 | | 13 | 14.5 | | | | | | | 13.3 | 14.5 | | | | | | | | |
| 16 | 24 | | 15 | 16.5 | | | | | | | 15.3 | 16.5 | | | | | | | | |
| 18 | 26 | | 17 | 18.5 | | | | | | | 17.3 | 18.5 | | | | | | | | |
| 20 | 28 | | 19 | 20.5 | | | | | | | 19.3 | 20.5 | | | | | | | | |
| 22 | 30 | | 21 | 22.5 | ±0.25 | | | | | | 21.3 | 22.5 | ±0.22 | | | | | | | |
| 25 | 33 | | 24 | 25.5 | | | | | | | 24.3 | 25.5 | | | | | | | | |
| 10 | 20 | 8 | 8.8 | 10.6 | ±0.20 | 6.2 | 4.4 | | 7.3 | | 9.2 | 10.6 | ±0.18 | 5.8 | 4.4 | | 7 | | 2.5 | |
| 12 | 22 | | 10.8 | 12.6 | | | | | | | 11.2 | 12.6 | | | | | | | | |
| 14 | 24 | | 12.8 | 14.6 | | | | | | | 13.2 | 14.6 | | | | | | | | |
| 16 | 26 | | 14.8 | 16.6 | | | | | | | 15.2 | 16.6 | | | | | | | | |
| 18 | 28 | | 16.8 | 18.6 | | | | | | | 17.2 | 18.6 | | | | | | | | |
| 20 | 30 | | 18.8 | 20.6 | | | | | | | 19.2 | 20.6 | | | | | | | | |
| 22 | 32 | | 20.8 | 22.6 | ±0.25 | | | | | | 21.2 | 22.6 | ±0.22 | | | | | | | |
| 25 | 35 | | 23.8 | 25.6 | | | | | | | 24.2 | 25.6 | | | | | | | | |
| 28 | 38 | | 26.8 | 28.6 | | | | | | | 27.2 | 28.6 | | | | | | | | |
| 32 | 42 | | 30.8 | 32.6 | | | | | | | 31.2 | 32.6 | | | | | | | | |
| 36 | 46 | | 34.8 | 36.6 | | | | | | | 35.2 | 36.6 | | | | | | | | |
| 40 | 50 | | 38.8 | 40.6 | | | | | | | 39.2 | 40.6 | | | | | | | | |
| 45 | 55 | | 43.8 | 45.6 | | | | | | | 44.2 | 45.6 | | | | | | | | |
| 50 | 60 | | 48.8 | 50.6 | | | | | | | 49.5 | 50.6 | | | | | | | | |
| 28 | 43 | 12.5 | 26.5 | 28.8 | | 9 | 6.7 | | 11.5 | | 27 | 28.9 | | 8.5 | 6.6 | | 11.3 | | 4 | 0.4 |
| 32 | 47 | | 30.5 | 32.8 | | | | | | | 31 | 32.9 | | | | | | | | |
| 36 | 51 | | 34.5 | 36.8 | | | | | | | 35 | 36.9 | | | | | | | | |
| 40 | 55 | | 38.5 | 40.8 | | | | | | | 39 | 40.9 | | | | | | | | |
| 45 | 60 | | 43.5 | 45.8 | | | | | | | 44 | 45.9 | | | | | | | | |
| 50 | 65 | | 48.5 | 50.8 | | | | | | | 49 | 50.9 | | | | | | | | |

续表

| $d$ | $D$ | $L_2{}^{+0.25}_{0}$ | Y形圈 | | | | | | | | 蕾形圈 | | | | | | | | $C\geqslant$ | $R\leqslant$ |
|---|---|---|---|---|---|---|---|---|---|---|---|---|---|---|---|---|---|---|---|---|
| | | | 内径 | | | 宽度 | | | 高度 | | 内径 | | | 宽度 | | | 高度 | | | |
| | | | $d_1$ | $d_2$ | 极限偏差 | $S_1$ | $S_2$ | 极限偏差 | $h$ | 极限偏差 | $d_1$ | $d_2$ | 极限偏差 | $S_1$ | $S_2$ | 极限偏差 | $h$ | 极限偏差 | | |
| 56 | 71 | 12.5 | 54.5 | 56.8 | ±0.25 | 9 | 6.7 | ±0.15 | 11.5 | ±0.20 | 55 | 56.9 | ±0.22 | 8.5 | 6.6 | ±0.15 | 11.3 | ±0.20 | 4 | 0.4 |
| 63 | 78 | | 61.5 | 63.8 | ±0.35 | | | | | | 62 | 63.9 | ±0.28 | | | | | | | |
| 70 | 85 | | 68.5 | 70.8 | | | | | | | 69 | 70.9 | | | | | | | | |
| 80 | 95 | | 78.5 | 80.8 | | | | | | | 79 | 80.9 | | | | | | | | |
| 90 | 105 | | 88.5 | 90.8 | | | | | | | 89 | 90.9 | | | | | | | | |
| 56 | 76 | 16 | 54.2 | 57 | ±0.25 | 11.8 | 9 | | 15 | | 54.8 | 57.4 | ±0.22 | 11.2 | 8.6 | | 14.5 | | 5 | 0.6 |
| 63 | 83 | | 61.2 | 64 | | | | | | | 61.8 | 64.4 | | | | | | | | |
| 70 | 90 | | 68.2 | 71 | ±0.35 | | | | | | 68.8 | 71.4 | ±0.28 | | | | | | | |
| 80 | 100 | | 78.2 | 81 | | | | | | | 78.8 | 81.4 | | | | | | | | |
| 90 | 110 | | 88.2 | 91 | | | | | | | 88.8 | 91.4 | | | | | | | | |
| 100 | 120 | | 98.2 | 101 | | | | | | | 98.8 | 101.4 | | | | | | | | |
| 110 | 130 | | 108.2 | 111 | ±0.45 | | | | | | 108.8 | 111.4 | ±0.35 | | | | | | | |
| 125 | 145 | | 123.2 | 126 | | | | | | | 123.8 | 126.4 | | | | | | | | |
| 140 | 160 | | 138.2 | 141 | | | | | | | 138.8 | 141.4 | | | | | | | | |
| 100 | 125 | 20 | 97.8 | 101.2 | | 14.7 | 11.3 | | 18.5 | | 98.7 | 101.8 | | 13.8 | 10.7 | | 18 | | 6.5 | 0.8 |
| 110 | 135 | | 107.8 | 111.2 | | | | | | | 108.7 | 111.8 | | | | | | | | |
| 125 | 150 | | 122.8 | 126.2 | | | | | | | 123.7 | 126.8 | | | | | | | | |
| 140 | 165 | | 137.8 | 141.2 | | | | | | | 138.7 | 141.8 | | | | | | | | |
| 160 | 185 | | 157.8 | 161.2 | | | | | | | 158.7 | 161.8 | | | | | | | | |
| 180 | 205 | | 177.9 | 181.2 | ±0.60 | | | | | | 178.7 | 181.8 | ±0.45 | | | | | | | |
| 200 | 225 | | 197.8 | 201.2 | | | | | | | 198.7 | 201.8 | | | | | | | | |
| 160 | 190 | 25 | 157.2 | 161.5 | | 18.5 | 13.5 | ±0.20 | 23 | ±0.25 | 158.6 | 162 | | 16.4 | 13 | ±0.20 | 22.5 | ±0.25 | 7.5 | 0.8 |
| 180 | 210 | | 177.2 | 181.5 | | | | | | | 178.6 | 182 | | | | | | | | |
| 200 | 230 | | 197.2 | 201.5 | | | | | | | 198.6 | 202 | | | | | | | | |
| 220 | 250 | | 217.2 | 221.5 | | | | | | | 218.6 | 222 | | | | | | | | |
| 250 | 280 | | 247.2 | 251.5 | | | | | | | 248.6 | 252 | | | | | | | | |
| 280 | 310 | | 277.2 | 281.5 | ±0.90 | | | | | | 278.6 | 282 | ±0.60 | | | | | | | |
| 320 | 360 | 32 | 317.7 | 322 | | 23.3 | 18 | | 29 | | 318.2 | 323 | | 21.8 | 17 | | 28.5 | | 10 | 1.0 |
| 360 | 400 | | 357.7 | 362 | | | | | | | 358.2 | 363 | | | | | | | | |

注：滑动面公差配合推荐 H9/f8，但在液压缸使用条件不苛刻的情况下，滑动面公差配合也可采用 H10/f9。

### 5.8.5 活塞用中型（$L_2$）密封沟槽及Y形圈、蕾形圈

图5-20所示为活塞用中型（$L_2$）密封沟槽及Y形圈、蕾形圈，其尺寸见表5-24。

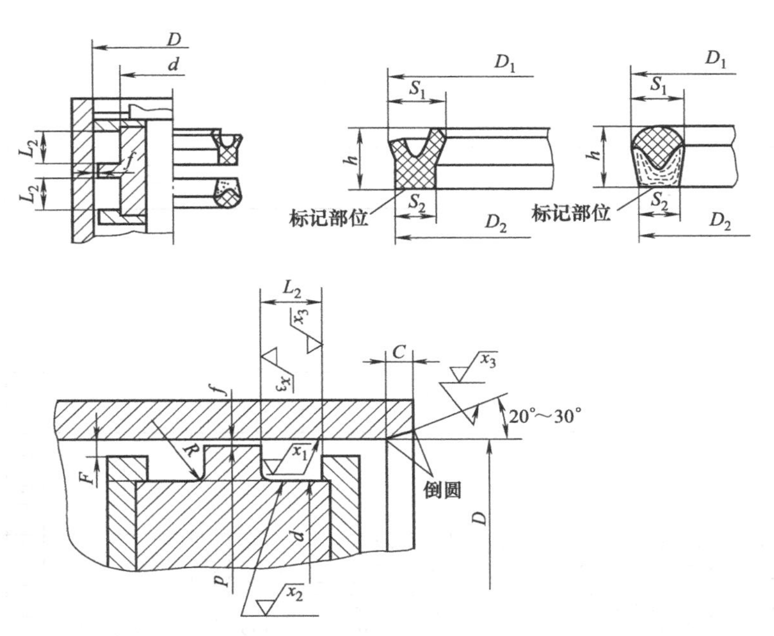


图5-20 活塞用中型（$L_2$）密封沟槽及Y形圈、蕾形圈

尺寸 $f$ 及标记方法见表5-20，尺寸 $p=D-2f$。

### 5.8.6 活塞杆用长型（$L_3$）密封沟槽及V形圈、压环和塑料支撑环

图5-21所示为活塞杆用长型（$L_3$）密封沟槽及V形圈、压环和塑料支撑环，其尺寸见表5-25。

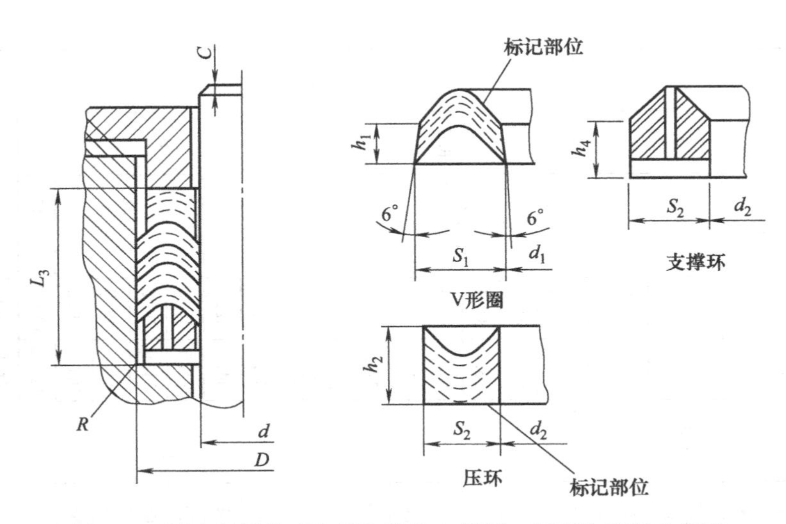


图5-21 活塞杆用长型密封沟槽及V形圈、压环和塑料支撑环

标记方法见表5-20。

表 5-24 活塞用中型（$L_2$）密封沟槽及 Y 形圈、蕾形圈尺寸

mm

| $D$ | $d$ | $L_2{}^{+0.25}_{0}$ | Y形圈 | | | | | | | | 蕾形圈 | | | | | | | | $C\geqslant$ | $R\leqslant$ | $F$ |
|---|---|---|---|---|---|---|---|---|---|---|---|---|---|---|---|---|---|---|---|---|---|
| | | | 外径 | | | 宽度 | | | 高度 | | 外径 | | | 宽度 | | | 高度 | | | | |
| | | | $D_1$ | $D_2$ | 极限偏差 | $S_1$ | $S_2$ | 极限偏差 | $h$ | 极限偏差 | $D_1$ | $D_2$ | 极限偏差 | $S_1$ | $S_2$ | 极限偏差 | $h$ | 极限偏差 | | | |
| 12 | 4 | 6.3 | 13 | 11.5 | ±0.20 | 5 | 3.5 | ±0.15 | 5.8 | ±0.20 | 12.7 | 11.5 | ±0.18 | 4.7 | 3.5 | ±0.15 | 5.6 | ±0.20 | 2 | 0.3 | 0.5 |
| 16 | 8 | | 17 | 15.5 | | | | | | | 16.7 | 15.5 | | | | | | | | | |
| 20 | 12 | | 21 | 19.5 | ±0.25 | | | | | | 20.7 | 19.5 | ±0.22 | | | | | | | | |
| 25 | 17 | | 26 | 24.5 | | | | | | | 25.7 | 24.5 | | | | | | | | | |
| 32 | 24 | | 33 | 31.5 | | | | | | | 32.7 | 31.5 | | | | | | | | | |
| 40 | 32 | | 41 | 39.5 | | | | | | | 40.7 | 39.5 | | | | | | | | | |
| 20 | 10 | 8 | 21.2 | 19.4 | | 6.2 | 4.4 | | 7.3 | | 20.8 | 19.4 | | 5.8 | 4.4 | | 7 | | 2.5 | 0.3 | 0.5 |
| 25 | 15 | | 26.2 | 24.4 | | | | | | | 25.8 | 24.4 | | | | | | | | | |
| 32 | 22 | | 33.2 | 31.4 | | | | | | | 32.8 | 31.4 | | | | | | | | | |
| 40 | 30 | | 41.2 | 39.4 | | | | | | | 40.8 | 39.4 | | | | | | | | | |
| 50 | 40 | | 51.2 | 49.4 | | | | | | | 50.5 | 49.4 | | | | | | | | | |
| 56 | 46 | | 57.2 | 55.4 | | | | | | | 56.8 | 55.4 | | | | | | | | | |
| 63 | 53 | | 64.2 | 62.4 | | | | | | | 63.8 | 62.4 | | | | | | | | | |
| 50 | 35 | 12.5 | 51.5 | 49.2 | | 9 | 6.7 | | 11.5 | | 51 | 49.1 | | 8.5 | 6.6 | | 11.3 | | 4 | 0.4 | 1 |
| 56 | 41 | | 57.5 | 55.2 | | | | | | | 57 | 55.1 | | | | | | | | | |
| 63 | 48 | | 64.5 | 62.2 | | | | | | | 64 | 62.1 | | | | | | | | | |
| 70 | 55 | | 71.5 | 69.2 | ±0.35 | | | | | | 71 | 69.1 | ±0.28 | | | | | | | | |
| 80 | 65 | | 81.5 | 79.2 | | | | | | | 81 | 79.1 | | | | | | | | | |
| 90 | 75 | | 81.5 | 89.2 | | | | | | | 91 | 89.1 | | | | | | | | | |
| 100 | 85 | | 101.5 | 99.2 | | | | | | | 101 | 99.1 | | | | | | | | | |
| 110 | 95 | | 111.5 | 109.2 | ±0.45 | | | | | | 111 | 109.1 | ±0.35 | | | | | | | | |
| 70 | 50 | 16 | 71.8 | 69 | ±0.35 | 11.8 | 9 | | 15 | | 71.2 | 68.6 | ±0.28 | 11.2 | 8.6 | | 14.5 | | 5 | 0.6 | |
| 80 | 60 | | 81.8 | 79 | | | | | | | 81.2 | 78.6 | | | | | | | | | |
| 90 | 70 | | 91.8 | 89 | | | | | | | 91.2 | 88.6 | | | | | | | | | |
| 100 | 80 | | 101.8 | 99 | | | | | | | 101.2 | 98.6 | | | | | | | | | |

续表

| $d$ | $D$ | $L_2{}^{+0.25}_{0}$ | Y形圈 | | | | | | | | 蕾形圈 | | | | | | | | $C \geqslant$ | $R \leqslant$ | $F$ |
|---|---|---|---|---|---|---|---|---|---|---|---|---|---|---|---|---|---|---|---|---|---|
| | | | 内径 | | | 宽度 | | | 高度 | | 内径 | | | 宽度 | | | 高度 | | | | |
| | | | $D_1$ | $D_2$ | 极限偏差 | $S_1$ | $S_2$ | 极限偏差 | $h$ | 极限偏差 | $D_1$ | $D_2$ | 极限偏差 | $S_1$ | $S_2$ | 极限偏差 | $h$ | 极限偏差 | | | |
| 110 | 90 | 16 | 111.8 | 109 | ±0.45 | 11.8 | 9 | ±0.15 | 15 | ±0.20 | 111.2 | 108.6 | ±0.35 | 11.2 | 8.6 | ±0.15 | 14.5 | ±0.20 | 5 | 0.6 | 1 |
| 125 | 105 | | 126.8 | 124 | | | | | | | 126.2 | 123.6 | | | | | | | | | |
| 140 | 120 | | 141.8 | 139 | | | | | | | 141.2 | 138.6 | | | | | | | | | |
| 160 | 140 | | 161.8 | 159 | | | | | | | 161.2 | 158.6 | | | | | | | | | |
| 180 | 160 | | 181.8 | 179 | ±0.60 | | | | | | 181.2 | 178.6 | ±0.45 | | | | | | | | |
| 125 | 100 | 20 | 127.2 | 123.8 | ±0.45 | 14.7 | 11.3 | | 18.5 | | 126.3 | 123.2 | ±0.35 | 13.8 | 10.7 | | 18 | | 6.5 | 0.8 | 1.5 |
| 140 | 115 | | 142.2 | 138.8 | | | | | | | 141.3 | 138.2 | | | | | | | | | |
| 160 | 135 | | 162.2 | 158.8 | | | | | | | 161.3 | 158.2 | | | | | | | | | |
| 180 | 155 | | 182.2 | 178.8 | ±0.60 | | | | | | 181.3 | 178.2 | ±0.45 | | | | | | | | |
| 200 | 175 | | 202.2 | 198.8 | | | | | | | 201.3 | 198.2 | | | | | | | | | |
| 220 | 195 | | 222.2 | 218.8 | | | | | | | 221.3 | 218.2 | | | | | | | | | |
| 250 | 225 | | 252.2 | 248.8 | | | | | | | 251.3 | 248.2 | | | | | | | | | |
| 200 | 170 | 25 | 202.8 | 198.5 | | 17.8 | 13.5 | ±0.20 | 23 | ±0.25 | 201.4 | 198 | | 16.4 | 12.7 | ±0.20 | 22.5 | ±0.25 | 7.5 | 0.8 | 1.5 |
| 220 | 190 | | 222.8 | 218.5 | | | | | | | 221.4 | 218 | | | | | | | | | |
| 250 | 220 | | 252.8 | 248.5 | | | | | | | 251.4 | 248 | | | | | | | | | |
| 280 | 250 | | 282.8 | 278.5 | ±0.90 | | | | | | 281.4 | 278 | ±0.60 | | | | | | | | |
| 320 | 290 | | 322.8 | 318.5 | | | | | | | 321.4 | 318 | | | | | | | | | |
| 360 | 330 | | 362.8 | 358.5 | | | | | | | 361.4 | 358 | | | | | | | | | |
| 400 | 360 | 32 | 403.3 | 398 | ±1.40 | 23.3 | 18 | | 29 | | 401.8 | 397 | ±0.90 | 21.8 | 17 | | 28.5 | | 10 | 1.0 | 2 |
| 450 | 410 | | 453.3 | 448 | | | | | | | 451.8 | 447 | | | | | | | | | |
| 500 | 460 | | 503.3 | 498 | | | | | | | 501.8 | 497 | | | | | | | | | |

注：滑动面公差配合推荐 H9/f8，但在液压缸使用条件不苛刻的情况下，滑动面公差配合也可采用 H10/f9。

**表 5-25 活塞杆用长型（$L_3$）密封沟槽及 V 形圈、压环和塑料支撑环尺寸** mm

| $d$ | $D$ | $L_3{}^{+0.25}_{0}$ | 内径 | | | 宽度 | | | 高度 | | | | V 形圈数量 | $R \leqslant$ | $C \geqslant$ |
|---|---|---|---|---|---|---|---|---|---|---|---|---|---|---|---|
| | | | $d_1$ | $d_2$ | 极限偏差 | $S_1$ | $S_2$ | 极限偏差 | $h_1$ | $h_2$ | $h_4$ | 极限偏差 | | | |
| 6 | 14 | 14.5 | 5.5 | 6.3 | ±0.18 | 4.5 | 3.7 | ±0.15 | 2.5 | 6 | 3 | ±0.20 | 2 | 0.3 | 2 |
| 8 | 16 | | 7.5 | 8.3 | | | | | | | | | | | |
| 10 | 18 | | 9.5 | 10.3 | | | | | | | | | | | |
| 12 | 20 | | 11.5 | 12.3 | | | | | | | | | | | |
| 14 | 22 | | 13.5 | 14.3 | | | | | | | | | | | |
| 16 | 24 | | 15.5 | 16.3 | | | | | | | | | | | |
| 18 | 26 | | 17.5 | 18.3 | ±0.22 | | | | | | | | | | |
| 20 | 28 | | 19.5 | 20.3 | | | | | | | | | | | |
| 22 | 30 | | 21.5 | 22.3 | | | | | | | | | | | |
| 25 | 33 | | 24.5 | 25.3 | | | | | | | | | | | |
| 10 | 20 | 16 | 9.4 | 10.3 | | 5.6 | 4.7 | | 3 | 6.5 | | | | 0.3 | 2.5 |
| 12 | 22 | | 11.4 | 12.3 | | | | | | | | | | | |
| 14 | 24 | | 13.4 | 14.3 | | | | | | | | | | | |
| 16 | 26 | | 15.4 | 16.3 | | | | | | | | | | | |
| 18 | 28 | | 17.4 | 18.3 | | | | | | | | | | | |
| 20 | 30 | | 19.4 | 20.3 | | | | | | | | | | | |
| 22 | 32 | | 21.4 | 22.3 | | | | | | | | | | | |
| 25 | 35 | | 24.4 | 25.3 | | | | | | | | | | | |
| 28 | 38 | | 27.4 | 28.3 | | | | | | | | | | | |
| 32 | 42 | | 31.4 | 32.3 | | | | | | | | | | | |
| 36 | 46 | | 35.4 | 36.3 | | | | | | | | | | | |
| 40 | 50 | | 39.4 | 40.3 | | | | | | | | | | | |
| 45 | 55 | | 44.4 | 45.3 | | | | | | | | | | | |
| 50 | 60 | | 49.4 | 50.3 | | | | | | | | | | | |
| 28 | 43 | 25 | 27.3 | 28.5 | | 8.2 | 7 | | 4.5 | 8 | | | 3 | 0.4 | 4 |
| 32 | 47 | | 31.3 | 32.5 | | | | | | | | | | | |
| 36 | 51 | | 35.3 | 36.5 | | | | | | | | | | | |
| 40 | 55 | | 39.3 | 40.5 | | | | | | | | | | | |
| 45 | 60 | | 44.3 | 45.5 | | | | | | | | | | | |
| 50 | 65 | | 49.3 | 50.5 | | | | | | | | | | | |
| 56 | 71 | | 55.3 | 56.6 | | | | | | | | | | | |
| 63 | 78 | | 62.3 | 63.6 | | | | | | | | | | | |
| 70 | 85 | | 69.3 | 70.5 | ±0.28 | | | | | | | | | | |
| 80 | 95 | | 79.3 | 80.5 | | | | | | | | | | | |
| 90 | 105 | | 89.3 | 90.5 | | | | | | | | | | | |
| 56 | 76 | 32 | 55.2 | 56.6 | ±0.22 | 10.8 | 9.4 | | 6 | 10 | | | | 0.6 | 5 |
| 63 | 83 | | 62.2 | 63.6 | | | | | | | | | | | |
| 70 | 90 | | 69.2 | 70.6 | ±0.28 | | | | | | | | | | |
| 80 | 100 | | 79.2 | 80.6 | | | | | | | | | | | |
| 90 | 110 | | 89.2 | 90.6 | | | | | | | | | | | |
| 100 | 120 | | 99.2 | 100.6 | | | | | | | | | | | |
| 110 | 130 | | 109.2 | 110.6 | | | | | | | | | | | |
| 125 | 145 | | 124.2 | 125.6 | ±0.35 | | | | | | | | | | |
| 140 | 160 | | 139.2 | 140.6 | | | | | | | | | | | |
| 100 | 125 | 40 | 99 | 100.6 | | 13.5 | 11.9 | | | 12 | | | 4 | 0.8 | 6.5 |
| 110 | 135 | | 109 | 110.6 | | | | | | | | | | | |
| 125 | 150 | | 124 | 125.6 | | | | | | | | | | | |
| 140 | 165 | | 139 | 140.6 | | | | | | | | | | | |
| 160 | 185 | | 159 | 160.6 | | | | | | | | | | | |

续表

| $d$ | $D$ | $L_3{}^{+0.25}_{0}$ | 内径 | | | 宽度 | | | 高度 | | | | V形圈数量 | $R\leqslant$ | $C\geqslant$ |
|---|---|---|---|---|---|---|---|---|---|---|---|---|---|---|---|
| | | | $d_1$ | $d_2$ | 极限偏差 | $S_1$ | $S_2$ | 极限偏差 | $h_1$ | $h_2$ | $h_4$ | 极限偏差 | | | |
| 180 | 205 | 40 | 179 | 180.6 | ±0.45 | 13.5 | 11.9 | ±0.15 | 6 | 12 | 3 | ±0.20 | 4 | 0.8 | 6.5 |
| 200 | 225 | | 199 | 200.6 | | | | | | | | | | | |
| 160 | 190 | 50 | 158.8 | 160.8 | ±0.35 | 16.2 | 14.2 | ±0.20 | 6.5 | 14 | | ±0.25 | 5 | 0.8 | 7.5 |
| 180 | 210 | | 178.8 | 180.8 | ±0.45 | | | | | | | | | | |
| 200 | 320 | | 198.8 | 200.8 | | | | | | | | | | | |
| 220 | 250 | | 218.8 | 220.8 | | | | | | | | | | | |
| 250 | 280 | | 248.8 | 250.8 | | | | | | | | | | | |
| 280 | 310 | | 278.8 | 280.8 | ±0.60 | | | | | | | | | | |
| 320 | 360 | 63 | 318.4 | 321 | | 21.6 | 19 | ±0.25 | 7 | 15.5 | 4 | | 6 | 1.0 | 10 |
| 360 | 400 | | 358.4 | 361 | | | | | | | | | | | |

注：滑动面公差配合推荐 H9/f8，但在液压缸使用条件不苛刻的情况下，滑动面公差配合也可采用 H10/f9。

## 5.8.7 活塞用长型（$L_3$）密封沟槽及V形圈、压环和弹性密封圈

图 5-22 所示为活塞用长型（$L_3$）密封沟槽及 V 形圈、压环和弹性密封圈，其尺寸见表 5-26。

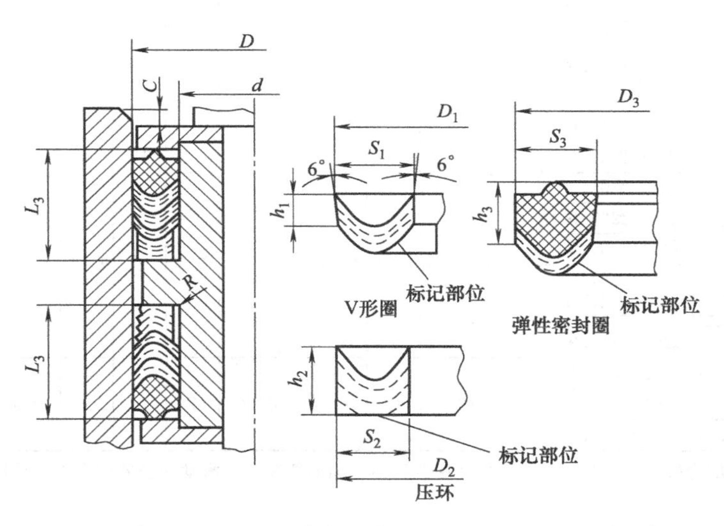


图 5-22 活塞用长型（$L_3$）密封沟槽及 V 形圈、压环和弹性密封圈

标记方法见表 5-20。

**表 5-26 活塞用长型（$L_3$）密封沟槽及 V 形圈、压环和弹性密封圈尺寸** mm

| $D$ | $d$ | $L_3{}^{+0.25}_{0}$ | 外径 | | | | 宽度 | | | | 高度 | | | | V形圈数量 | $R\leqslant$ | $C\geqslant$ |
|---|---|---|---|---|---|---|---|---|---|---|---|---|---|---|---|---|---|
| | | | $D_1$ | $D_2$ | $D_3$ | 极限偏差 | $S_1$ | $S_2$ | $S_3$ | 极限偏差 | $h_1$ | $h_2$ | $h_3$ | 极限偏差 | | | |
| 20 | 10 | 16 | 20.6 | 19.7 | 20.8 | ±0.22 | 5.6 | 4.7 | 5.8 | ±0.15 | 3 | 6 | 6.5 | ±0.20 | 1 | 0.3 | 2.5 |
| 25 | 15 | | 25.6 | 24.7 | 25.8 | | | | | | | | | | | | |
| 32 | 22 | | 32.6 | 31.7 | 32.8 | | | | | | | | | | | | |
| 40 | 30 | | 40.6 | 39.7 | 40.8 | | | | | | | | | | | | |
| 50 | 40 | | 50.6 | 49.7 | 50.8 | | | | | | | | | | | | |
| 56 | 46 | | 56.6 | 55.7 | 56.8 | | | | | | | | | | | | |
| 63 | 53 | | 63.6 | 62.7 | 63.8 | | | | | | | | | | | | |
| 50 | 35 | 25 | 50.7 | 49.5 | 51.1 | | 8.2 | 7 | 8.6 | | 4.5 | 7.5 | 8 | | 2 | 0.4 | 4 |
| 56 | 41 | | 56.7 | 55.5 | 57.1 | | | | | | | | | | | | |
| 63 | 48 | | 63.7 | 62.5 | 64.1 | | | | | | | | | | | | |

续表

| $d$ | $D$ | $L_3{}^{+0.25}_{0}$ | 外径 | | | | 宽度 | | | | 高度 | | | | V形圈数量 | $R\leqslant$ | $C\geqslant$ |
|---|---|---|---|---|---|---|---|---|---|---|---|---|---|---|---|---|---|
| | | | $D_1$ | $D_2$ | $D_3$ | 极限偏差 | $S_1$ | $S_2$ | $S_3$ | 极限偏差 | $h_1$ | $h_2$ | $h_3$ | 极限偏差 | | | |
| 70 | 55 | | 70.7 | 69.5 | 71.1 | | | | | | | | | | | | |
| 80 | 65 | | 80.7 | 79.5 | 81.1 | | | | | | | | | | | | |
| 90 | 75 | 25 | 90.7 | 89.5 | 91.1 | | 8.2 | 7 | 8.6 | | 4.5 | 7.5 | 8 | | | 0.4 | 4 |
| 100 | 85 | | 100.7 | 99.5 | 101.1 | | | | | | | | | | | | |
| 110 | 95 | | 110.7 | 109.5 | 111.1 | ±0.28 | | | | | | | | | | | |
| 70 | 50 | | 70.8 | 69.4 | 71.3 | | | | | | | | | | | | |
| 80 | 60 | | 80.8 | 79.4 | 81.3 | | | | | | | | | | | | |
| 90 | 70 | | 90.8 | 89.4 | 91.3 | | | | | | | | | | | | |
| 100 | 80 | | 100.8 | 99.4 | 101.3 | | | | | | | | | | | | |
| 110 | 90 | 32 | 110.8 | 109.4 | 111.3 | | 10.8 | 9.4 | 11.3 | | 5 | 10 | 11 | | | 0.6 | 5 |
| 125 | 105 | | 125.8 | 124.4 | 126.3 | | | | | | | | | | 2 | | |
| 140 | 120 | | 140.8 | 139.4 | 141.3 | | | | | | | | | | | | |
| 160 | 140 | | 160.8 | 159.4 | 161.3 | | | | | | | | | | | | |
| 180 | 160 | | 180.8 | 179.4 | 181.3 | ±0.35 | | | | ±0.15 | | | | ±0.20 | | | |
| 125 | 100 | | 126 | 124.4 | 126.6 | | | | | | | | | | | | |
| 140 | 115 | | 141 | 139.4 | 141.6 | | | | | | | | | | | | |
| 160 | 135 | | 161 | 169.4 | 161.6 | | | | | | | | | | | | |
| 180 | 155 | 40 | 181 | 179.4 | 181.6 | | 13.5 | 11.9 | 14.1 | | 6 | | 15 | | | 0.8 | 6.5 |
| 200 | 175 | | 201 | 199.4 | 201.6 | | | | | | | | | | | | |
| 220 | 195 | | 221 | 219.4 | 221.6 | | | | | | | | | | | | |
| 250 | 225 | | 251 | 249.4 | 251.6 | | | | | | | 12 | | | | | |
| 200 | 170 | | 201.3 | 199.2 | 201.9 | ±0.45 | | | | | | | | | | | |
| 220 | 190 | | 221.3 | 219.2 | 221.9 | | | | | | | | | | | | |
| 250 | 220 | 50 | 251.3 | 249.2 | 251.9 | | 16.3 | 14.2 | 16.8 | | 6.5 | | 17.5 | | | 0.8 | 7.5 |
| 280 | 250 | | 281.3 | 279.2 | 281.9 | | | | | | | | | | | | |
| 320 | 290 | | 321.3 | 319.2 | 321.9 | ±0.60 | | | | | | | | | 3 | | |
| 360 | 330 | | 361.3 | 359.2 | 361.9 | | | | | | | | | | | | |
| 400 | 360 | | 401.6 | 399 | 402.1 | | | | | | | | | | | | |
| 450 | 410 | 63 | 451.6 | 449 | 452.1 | ±0.90 | 21.6 | 19 | 22.1 | ±0.20 | 7 | 14 | 26.5 | ±0.25 | | 1.0 | 10 |
| 500 | 460 | | 501.6 | 499 | 502.1 | | | | | | | | | | | | |

注：滑动面公差配合推荐 H9/f8，在液压缸使用条件不苛刻的情况下，滑动面公差配合也可采用 H10/f9。

# 5.9　$Y_X$ 形密封圈

## 5.9.1　孔用 $Y_X$ 形密封圈（JB/ZQ 4264—2006）

图 5-23 所示为孔用 $Y_X$ 形密封圈，其尺寸见表 5-27。

适用范围：用于以空气、矿物油为介质的各种机械设备中，温度为－40～80℃，工作压力 $p\leqslant31.5$MPa。

材料：按 HG/T 2810—2008 选用。

标记示例：

公称外径 $D=50$mm 的孔用 $Y_X$ 形密封圈：密封圈 $Y_XD50$　JB/ZQ 4264—2006。

$p>16$MPa 时有挡圈沟槽；$p\leqslant16$MPa 时无挡圈沟槽。

图 5-24 所示为孔用 $Y_X$ 形密封圈用挡圈，其尺寸见表 5-28。

挡圈材料：聚四氟乙烯、尼龙 6 或尼龙 1010。

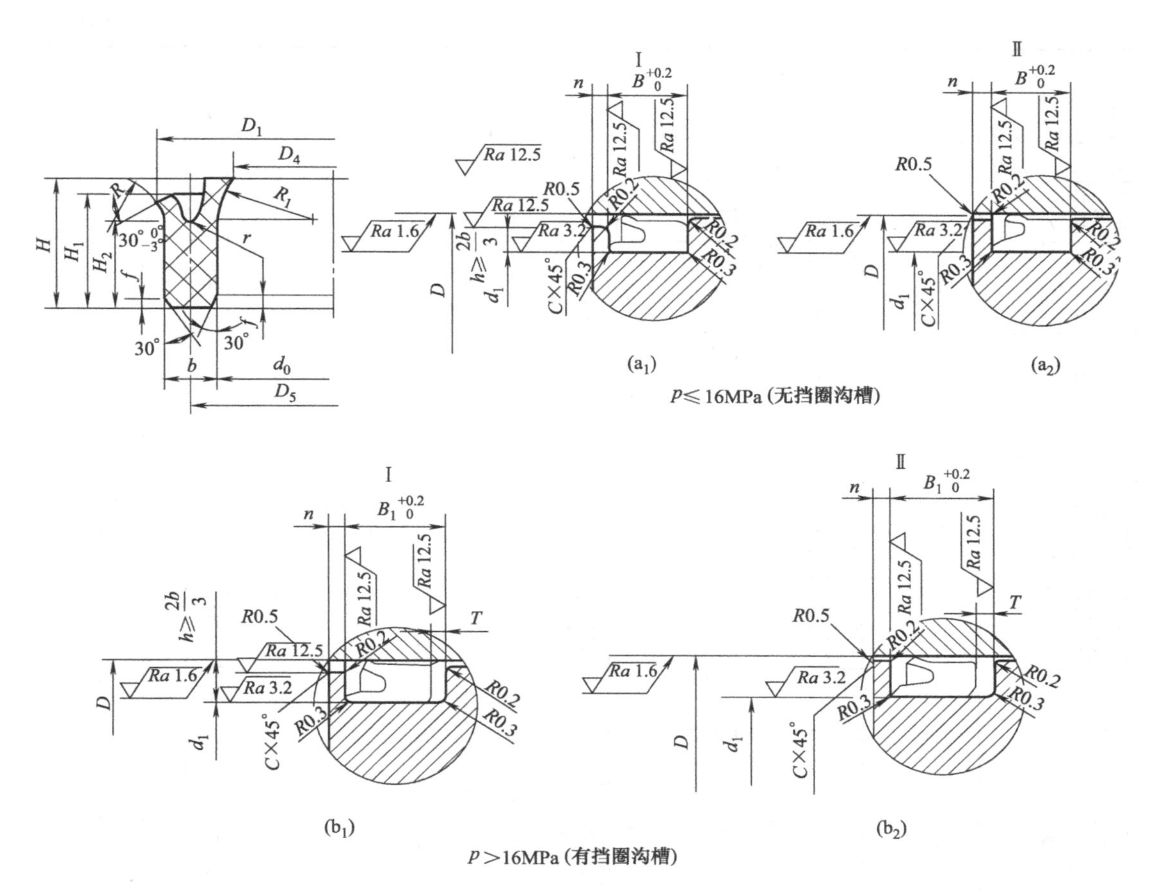


图 5-23 孔用 $Y_X$ 形密封圈

**表 5-27 孔用 $Y_X$ 形密封圈尺寸**

| 公称外径 $D$ | 密封圈 $d_0$ 基本尺寸 | $d_0$ 极限偏差 | $b$ 基本尺寸 | $b$ 极限偏差 | $D_1$ 基本尺寸 | $D_1$ 极限偏差 | $D_4$ 基本尺寸 | $D_4$ 极限偏差 | $D_5$ | $H$ | $H_1$ | $H_2$ | $R$ | $R_1$ | $r$ | $f$ | $d_1$ (h9) | $B$ | $B_1$ | $n$ | $C$ |
|---|---|---|---|---|---|---|---|---|---|---|---|---|---|---|---|---|---|---|---|---|---|
| 16 | 9.8 | 0<br>−0.4 | 3 | −0.06<br>−0.18 | 17.3 | +0.36<br>−0.12 | 8.6 | +0.1<br>−0.3 | 13 | 8 | 7 | 4.6 | 5 | 14 | 0.3 | 0.7 | 10 | 9 | 10.5 | 4 | 0.5 |
| 18 | 11.8 | | | | 19.3 | +0.42<br>−0.14 | 10.6 | +0.12<br>−0.36 | 15 | | | | | | | | 12 | | | | |
| 20 | 13.8 | | | | 21.3 | | 12.6 | | 17 | | | | | | | | 14 | | | | |
| 22 | 15.8 | | | | 23.3 | | 14.6 | | 19 | | | | | | | | 16 | | | | |
| 25 | 18.8 | | | | 26.3 | | 17.6 | | 22 | | | | | | | | 19 | | | | |
| 28 | 21.8 | | | | 29.3 | | 20.6 | +0.14<br>−0.42 | 25 | | | | | | | | 22 | | | | |
| 30 | 21.8 | | 4 | −0.08<br>−0.24 | 31.9 | +0.50<br>−0.17 | 20 | | 26.1 | 10 | 9 | 6 | 6 | 15 | 0.5 | 1 | 22 | 12 | 13.5 | 4 | 0.5 |
| 32 | 23.8 | | | | 33.9 | | 22 | | 28.1 | | | | | | | | 24 | | | | |
| 35 | 26.8 | | | | 36.9 | | 25 | | 31.1 | | | | | | | | 27 | | | | |
| 36 | 27.8 | | | | 37.9 | | 26 | | 32.1 | | | | | | | | 28 | | | | |
| 40 | 31.8 | 0<br>−0.6 | | | 41.9 | | 30 | | 36.1 | | | | | | | | 32 | | | | |
| 45 | 36.8 | | | | 46.9 | | 35 | +0.17<br>−0.50 | 41.1 | | | | | | | | 37 | | | | |
| 50 | 41.8 | | | | 51.9 | +0.60<br>−0.20 | 40 | | 46.1 | | | | | | | | 42 | | | | |
| 55 | 46.8 | | | | 56.9 | | 45 | | 51.1 | | | | | | | | 47 | | | | |
| 56 | 47.8 | | | | 57.9 | | 46 | | 52.1 | 14 | 12.5 | 8.5 | 8 | 22 | 0.7 | 1.5 | 48 | | | | |

续表

| 公称外径 $D$ | 密封圈 | | | | | | | | | | | | | | | | | | | | |
|---|---|---|---|---|---|---|---|---|---|---|---|---|---|---|---|---|---|---|---|---|---|
| | $d_0$ | | $b$ | | $D_1$ | | $D_4$ | | $D_5$ | $H$ | $H_1$ | $H_2$ | $R$ | $R_1$ | $r$ | $f$ | $d_1$ (h9) | $B$ | $B_1$ | $n$ | $C$ |
| | 基本尺寸 | 极限偏差 | 基本尺寸 | 极限偏差 | 基本尺寸 | 极限偏差 | 基本尺寸 | 极限偏差 | | | | | | | | | | | | | |
| 60 | 47.7 | | | | 62.6 | | 45.3 | +0.17 −0.50 | 54.2 | | | | | | | | 48 | | | | |
| 63 | 50.7 | | | | 65.6 | | 48.3 | | 57.2 | | | | | | | | 51 | | | | |
| 65 | 52.7 | | | | 67.6 | +0.60 −0.20 | 50.3 | | 59.2 | | | | | | | | 53 | | | | |
| 70 | 57.7 | | | | 72.6 | | 55.3 | | 64.2 | | | | | | | | 58 | | | | |
| 75 | 62.7 | 0 −0.6 | | | 77.6 | | 60.3 | +0.20 −0.60 | 69.2 | | | | | | | | 63 | | | | |
| 80 | 67.7 | | | | 82.6 | | 65.3 | | 74.2 | | | | | | | | 68 | | | | |
| 85 | 72.7 | | | | 87.6 | | 70.3 | | 79.2 | | | | | | | | 73 | | | | |
| 90 | 77.7 | | | | 92.6 | | 75.3 | | 84.2 | | | | | | | | 78 | | | | |
| 95 | 82.7 | | | | 97.6 | +0.70 −0.23 | 80.3 | | 89.2 | | | | | | | | 83 | | | | |
| 100 | 87.7 | | 6 | −0.08 −0.24 | 102.6 | | 85.3 | | 94.2 | 14 | 12.5 | 8.5 | 8 | 22 | 0.7 | 1.5 | 88 | 16 | 18 | 5 | 1 |
| 105 | 92.7 | | | | 107.6 | | 90.3 | +0.23 −0.70 | 99.2 | | | | | | | | 93 | | | | |
| 110 | 97.7 | | | | 112.6 | | 95.3 | | 104.2 | | | | | | | | 98 | | | | |
| 115 | 102.7 | | | | 117.6 | | 100.3 | | 109.2 | | | | | | | | 103 | | | | |
| 120 | 107.7 | | | | 122.6 | | 105.3 | | 114.2 | | | | | | | | 108 | | | | |
| 125 | 112.7 | | | | 127.6 | | 110.3 | | 119.2 | | | | | | | | 113 | | | | |
| 130 | 117.7 | 0 −1.0 | | | 132.6 | | 115.3 | | 124.2 | | | | | | | | 118 | | | | |
| 140 | 127.7 | | | | 142.6 | | 125.3 | | 134.2 | | | | | | | | 128 | | | | |
| 150 | 137.7 | | | | 152.6 | +0.80 −0.26 | 135.3 | | 144.2 | | | | | | | | 138 | | | | |
| 160 | 147.7 | | | | 162.6 | | 145.3 | +0.26 −0.80 | 154.2 | | | | | | | | 148 | | | | |
| 170 | 153.6 | | | | 173.6 | | 150.3 | | 162.3 | | | | | | | | 154 | | | | |
| 180 | 163.6 | | | | 183.6 | | 160.3 | | 172.3 | | | | | | | | 164 | | | | |
| 190 | 173.6 | | | | 193.6 | | 170.3 | | 182.3 | | | | | | | | 174 | | | | |
| 200 | 183.6 | | | | 203.6 | | 180.3 | | 192.3 | | | | | | | | 184 | | | | |
| 220 | 203.6 | | | | 223.6 | | 200.3 | | 212.3 | | | | | | | | 204 | | | | |
| 230 | 213.6 | | 8 | −0.10 −0.30 | 233.6 | +0.90 −0.30 | 210.3 | +0.30 −0.90 | 222.3 | 18 | 16 | 10.5 | 10 | 26 | 1 | 2 | 214 | 20 | 22.5 | 6 | 1.5 |
| 240 | 223.6 | | | | 243.6 | | 220.3 | | 232.3 | | | | | | | | 224 | | | | |
| 250 | 233.6 | | | | 253.6 | | 230.3 | | 242.3 | | | | | | | | 234 | | | | |
| 265 | 248.6 | | | | 268.6 | | 245.3 | | 257.3 | | | | | | | | 249 | | | | |
| 280 | 263.6 | 0 | | | 283.6 | | 260.3 | | 272.3 | | | | | | | | 264 | | | | |
| 300 | 283.6 | −1.5 | | | 303.6 | +1.00 −0.34 | 280.3 | | 292.3 | | | | | | | | 284 | | | | |
| 320 | 295.5 | | | | 325.2 | | 290.7 | +0.34 −1.00 | 308.4 | | | | | | | | 296 | | | | |
| 340 | 315.5 | | | | 345.2 | | 310.7 | | 328.4 | | | | | | | | 316 | | | | |
| 360 | 335.5 | | | | 365.2 | | 330.7 | | 348.4 | | | | | | | | 336 | | | | |
| 380 | 355.5 | | | | 385.2 | | 350.7 | | 368.4 | | | | | | | | 356 | | | | |
| 400 | 375.5 | | | | 405.2 | +1.10 −0.38 | 370.7 | | 388.4 | | | | | | | | 376 | | | | |
| 420 | 395.5 | | | | 425.2 | | 390.7 | +0.38 +1.10 | 408.4 | | | | | | | | 396 | | | | |
| 450 | 425.5 | | 12 | −0.12 −0.36 | 455.2 | | 420.7 | | 438.4 | | | | | | | | 426 | | | | |
| 480 | 455.5 | | | | 485.2 | | 450.7 | | 468.4 | 24 | 22 | 14 | 14 | 32 | 1.5 | 2.5 | 456 | 26.5 | 30 | 7 | 2 |
| 500 | 475.5 | | | | 505.2 | | 470.7 | | 488.4 | | | | | | | | 476 | | | | |
| 530 | 505.5 | 0 | | | 535.2 | +1.35 | 500.7 | | 518.4 | | | | | | | | 506 | | | | |
| 560 | 535.5 | −2.0 | | | 565.2 | −0.45 | 530.7 | | 548.4 | | | | | | | | 536 | | | | |
| 600 | 575.5 | | | | 605.2 | | 570.7 | +0.45 −1.35 | 588.4 | | | | | | | | 576 | | | | |
| 630 | 605.5 | | | | 635.2 | +1.50 | 600.7 | | 618.4 | | | | | | | | 606 | | | | |
| 650 | 625.5 | | | | 655.2 | −0.50 | 620.7 | | 638.4 | | | | | | | | 626 | | | | |

注：孔用 $Y_X$ 形密封圈用挡圈尺寸见表 5-28。

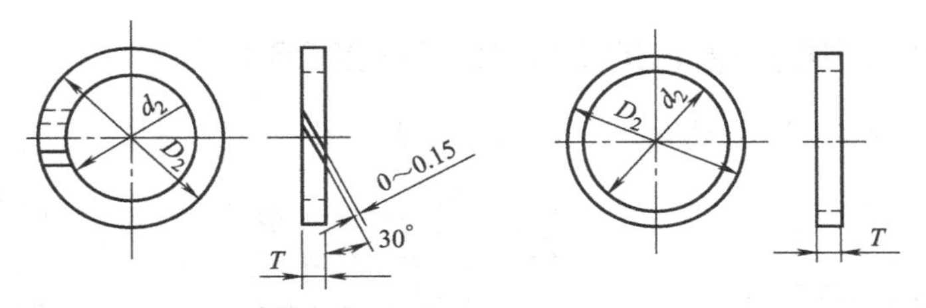


图 5-24　挡圈

**表 5-28　孔用 $Y_X$ 形密封圈用挡圈尺寸**　mm

| 孔用 $Y_X$ 形密封圈公称外径 | 挡圈 $D_2$ 基本尺寸 | 挡圈 $D_2$ 极限偏差 | 挡圈 $d_2$ 基本尺寸 | 挡圈 $d_2$ 极限偏差 | 挡圈 $T$ 基本尺寸 | 挡圈 $T$ 极限偏差 |
|---|---|---|---|---|---|---|
| 16 | 16 | −0.020<br>−0.070 | 10 | +0.030<br>0 | 1.5 | ±0.10 |
| 18 | 18 | | 12 | +0.035<br>0 | | |
| 20 | 20 | −0.025<br>−0.085 | 14 | | | |
| 22 | 22 | | 16 | | | |
| 25 | 25 | | 19 | +0.045<br>0 | | |
| 28 | 28 | | 22 | | | |
| 30 | 30 | | 22 | | | |
| 32 | 32 | −0.032<br>−0.100 | 24 | | | |
| 35 | 35 | | 27 | | | |
| 36 | 36 | | 28 | | | |
| 40 | 40 | | 32 | +0.050<br>0 | | |
| 45 | 45 | | 37 | | | |
| 50 | 50 | | 42 | | | |
| 55 | 55 | −0.040<br>−0.120 | 47 | | | |
| 56 | 56 | | 48 | | | |
| 60 | 60 | | 48 | +0.060<br>0 | 2 | ±0.15 |
| 63 | 63 | | 51 | | | |
| 65 | 65 | | 53 | | | |
| 70 | 70 | | 58 | | | |
| 75 | 75 | | 63 | | | |
| 80 | 80 | | 68 | | | |
| 85 | 85 | −0.050<br>−0.140 | 73 | | | |
| 90 | 90 | | 78 | | | |
| 95 | 95 | | 83 | +0.070<br>0 | | |
| 100 | 100 | | 88 | | | |
| 105 | 105 | | 93 | | | |
| 110 | 110 | | 98 | | | |
| 115 | 115 | | 103 | | | |
| 120 | 120 | | 108 | | | |
| 125 | 125 | −0.060<br>−0.165 | 113 | | | |

| 孔用 $Y_X$ 形密封圈公称外径 | 挡圈 $D_2$ 基本尺寸 | 挡圈 $D_2$ 极限偏差 | 挡圈 $d_2$ 基本尺寸 | 挡圈 $d_2$ 极限偏差 | 挡圈 $T$ 基本尺寸 | 挡圈 $T$ 极限偏差 |
|---|---|---|---|---|---|---|
| 130 | 130 | −0.060<br>−0.165 | 118 | +0.08 | 2.5 | ±0.15 |
| 140 | 140 | | 128 | | | |
| 150 | 150 | | 138 | | | |
| 160 | 160 | | 148 | | | |
| 170 | 170 | | 154 | | | |
| 180 | 180 | | 164 | | | |
| 190 | 190 | −0.075<br>−0.195 | 174 | | | |
| 200 | 200 | | 184 | +0.09<br>0 | | |
| 220 | 220 | | 204 | | | |
| 230 | 230 | | 214 | | | |
| 240 | 240 | | 224 | | | |
| 250 | 250 | | 234 | | | |
| 265 | 265 | −0.090<br>−0.225 | 249 | | | |
| 280 | 280 | | 264 | +0.10<br>0 | | |
| 300 | 300 | | 284 | | | |
| 320 | 320 | | 296 | | 3 | ±0.20 |
| 340 | 340 | | 316 | | | |
| 360 | 360 | | 336 | | | |
| 380 | 380 | −0.105<br>−0.255 | 356 | | | |
| 400 | 400 | | 376 | +0.12<br>0 | | |
| 420 | 420 | | 396 | | | |
| 450 | 450 | | 426 | | | |
| 480 | 480 | | 456 | | | |
| 500 | 500 | | 476 | | | |
| 530 | 530 | −0.120<br>−0.260 | 506 | +0.14<br>0 | | |
| 560 | 560 | | 536 | | | |
| 600 | 600 | | 576 | | | |
| 630 | 630 | | 606 | | | |
| 650 | 650 | −0.130<br>−0.280 | 626 | | | |

## 5.9.2 轴用 $Y_X$ 形密封圈（JB/ZQ 4265—2006）

图 5-25 所示为轴用 $Y_X$ 形密封圈、其尺寸见表 5-29。

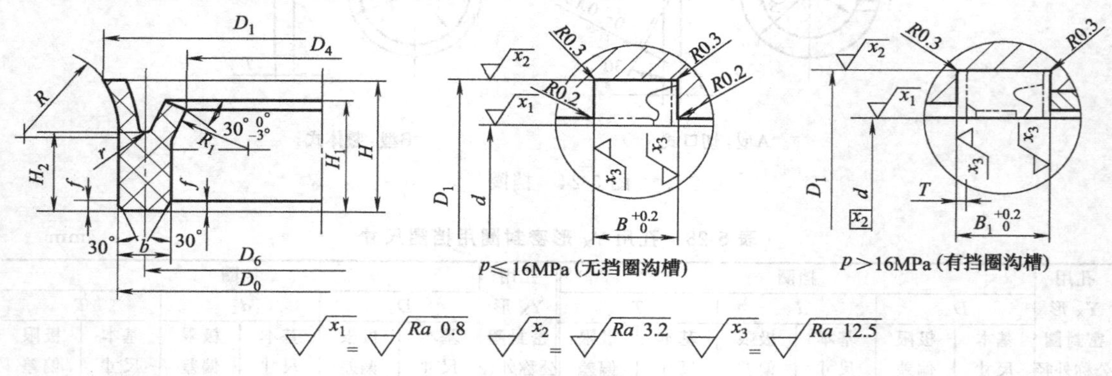


图 5-25 轴用 $Y_X$ 形密封圈

适用范围：用于以空气、矿物油为介质的各种机械设备中，温度为−40～80℃，工作压力 $p\leqslant 31.5$MPa。

材料：按 HG/T 2810—2008 选用。

标记示例：

公称外径 $d=50$mm 的孔用 $Y_X$ 形密封圈：密封圈 $Y_Xd50$　JB/ZQ 4265—2006。

图 5-26 所示为轴用 $Y_X$ 形密封圈用挡圈，其尺寸见表 5-30。

表 5-29 轴用 $Y_X$ 形密封圈尺寸　　mm

| 公称外径 $d$ | 密封圈 $D_0$ 基本尺寸 | $D_0$ 极限偏差 | $b$ 基本尺寸 | $b$ 极限偏差 | $D_1$ 基本尺寸 | $D_1$ 极限偏差 | $D_4$ 基本尺寸 | $D_4$ 极限偏差 | $D_5$ | $H$ | $H_1$ | $H_2$ | $R$ | $R_1$ | $r$ | $f$ | 沟槽 $D_1$ H9 | $B$ | $B_1$ |
|---|---|---|---|---|---|---|---|---|---|---|---|---|---|---|---|---|---|---|---|
| 8 | 14.2 | | | | 15.4 | +0.36<br>−0.12 | 6.7 | +0.10<br>−0.30 | 11 | | | | | | | | 14 | | |
| 10 | 16.2 | | | | 17.4 | | 8.7 | | 13 | | | | | | | | 16 | | |
| 12 | 18.2 | | | | 19.4 | | 10.7 | | 15 | | | | | | | | 18 | | |
| 14 | 20.2 | +0.4<br>0 | | | 21.4 | | 12.7 | +0.12<br>−0.36 | 17 | | | | | | | | 20 | | |
| 16 | 22.2 | | 3 | −0.06<br>−0.18 | 23.4 | +0.42<br>−0.14 | 14.7 | | 19 | 8 | 7 | 4.6 | 5 | 14 | 0.3 | 0.7 | 22 | 6 | 10.5 |
| 18 | 24.2 | | | | 25.4 | | 16.7 | | 21 | | | | | | | | 24 | | |
| 20 | 26.2 | | | | 27.4 | | 18.7 | | 23 | | | | | | | | 26 | | |
| 22 | 28.2 | | | | 29.4 | | 20.7 | +0.14<br>−0.42 | 25 | | | | | | | | 28 | | |
| 25 | 31.2 | | | | 32.4 | | 23.7 | | 28 | | | | | | | | 31 | | |
| 28 | 34.2 | | | | 35.4 | | 26.7 | | 31 | | | | | | | | 34 | | |
| 30 | 38.2 | | | | 40 | +0.50<br>−0.17 | 28.1 | | 33.9 | | | | | | | | 38 | | |
| 32 | 40.2 | | | | 42 | | 30.1 | | 35.9 | | | | | | | | 40 | | |
| 35 | 43.2 | | | | 45 | | 33.1 | +0.17<br>−0.50 | 38.9 | | | | | | | | 43 | | |
| 36 | 44.2 | | | | 46 | | 34.1 | | 39.9 | | | | | | | | 44 | | |
| 40 | 48.2 | +0.6<br>0 | 4 | | 50 | | 38.1 | | 43.9 | 10 | 9 | 6 | 6 | 15 | 0.5 | 1 | 48 | 12 | 13.5 |
| 45 | 53.2 | | | −0.08<br>−0.24 | 55 | | 43.1 | | 48.9 | | | | | | | | 53 | | |
| 50 | 58.2 | | | | 60 | | 48.1 | | 53.9 | | | | | | | | 58 | | |
| 55 | 63.2 | | | | 65 | +0.60<br>−0.20 | 53.1 | | 58.9 | | | | | | | | 63 | | |
| 56 | 64.2 | | | | 66 | | 57.4 | +0.20<br>−0.60 | 59.9 | | | | | | | | 64 | | |
| 60 | 72.3 | | | | 74.7 | | 60.4 | | 65.8 | | | | | | | | 72 | | |
| 63 | 75.3 | | 6 | | 77.7 | | 62.4 | | 68.8 | 14 | 12.5 | 8.5 | 8 | 22 | 0.7 | 1.5 | 75 | 16 | 18 |
| 65 | 77.3 | | | | 79.7 | | | | 70.8 | | | | | | | | 77 | | |

续表

| 公称外径 $d$ | 密封圈 | | | | | | | | | | | | | | | | | 沟槽 | |
|---|---|---|---|---|---|---|---|---|---|---|---|---|---|---|---|---|---|---|---|
| | $D_0$ | | $b$ | | $D_1$ | | $D_4$ | | $D_5$ | $H$ | $H_1$ | $H_2$ | $R$ | $R_1$ | $r$ | $f$ | $D_1$ H9 | $B$ | $B_1$ |
| | 基本尺寸 | 极限偏差 | 基本尺寸 | 极限偏差 | 基本尺寸 | 极限偏差 | 基本尺寸 | 极限偏差 | | | | | | | | | | | |
| 70 | 82.3 | +1.0<br>0 | 6 | −0.08<br>−0.24 | 84.7 | +0.70<br>−0.23 | 67.4 | +0.20<br>−0.60 | 75.8 | 14 | 12.5 | 8.5 | 8 | 22 | 0.7 | 1.5 | 82 | 16 | 18 |
| 75 | 87.3 | | | | 89.7 | | 72.4 | | 80.8 | | | | | | | | 87 | | |
| 80 | 92.3 | | | | 94.7 | | 77.4 | | 85.8 | | | | | | | | 92 | | |
| 85 | 97.3 | | | | 99.7 | | 82.4 | +0.23<br>−0.70 | 90.8 | | | | | | | | 97 | | |
| 90 | 102.3 | | | | 104.7 | | 87.4 | | 95.8 | | | | | | | | 102 | | |
| 95 | 107.3 | | | | 109.7 | | 92.4 | | 100.8 | | | | | | | | 107 | | |
| 100 | 112.3 | | | | 114.7 | | 97.4 | | 105.8 | | | | | | | | 112 | | |
| 105 | 117.3 | | | | 119.7 | | 102.4 | | 110.8 | | | | | | | | 117 | | |
| 110 | 122.3 | | | | 124.7 | +0.80<br>−0.26 | 107.4 | | 115.8 | | | | | | | | 122 | | |
| 120 | 132.3 | | | | 134.7 | | 117.4 | | 125.8 | | | | | | | | 132 | | |
| 125 | 137.3 | | | | 139.7 | | 122.4 | +0.26<br>−0.80 | 130.8 | | | | | | | | 137 | | |
| 130 | 142.3 | | | | 144.7 | | 127.4 | | 135.8 | | | | | | | | 142 | | |
| 140 | 152.3 | | | | 154.7 | | 137.4 | | 145.8 | | | | | | | | 152 | | |
| 150 | 162.3 | | | | 164.7 | | 147.4 | | 155.8 | | | | | | | | 162 | | |
| 160 | 172.3 | | | | 174.7 | | 157.4 | | 165.8 | | | | | | | | 172 | | |
| 170 | 186.4 | | 8 | −0.10<br>−0.30 | 189.7 | +0.90<br>−0.30 | 166.4 | | 177.7 | 18 | 16 | 10.5 | 10 | 26 | 1 | 2 | 186 | 20 | 22.5 |
| 180 | 196.4 | | | | 199.7 | | 176.4 | | 187.7 | | | | | | | | 196 | | |
| 190 | 206.4 | +1.5<br>0 | | | 209.7 | | 186.4 | +0.34<br>−1.00 | 197.7 | | | | | | | | 206 | | |
| 200 | 216.4 | | | | 219.7 | | 196.4 | | 207.7 | | | | | | | | 216 | | |
| 220 | 236.4 | | | | 239.7 | | 216.4 | | 227.7 | | | | | | | | 236 | | |
| 250 | 266.4 | | | | 269.7 | +1.10<br>−0.34 | 246.4 | | 257.7 | | | | | | | | 266 | | |
| 280 | 296.4 | | | | 299.7 | | 276.4 | | 287.7 | | | | | | | | 296 | | |
| 300 | 316.4 | | | | 319.7 | | 296.4 | | 307.7 | | | | | | | | 316 | | |
| 320 | 344.5 | | 12 | −0.12<br>−0.35 | 349.3 | +1.10<br>−0.38 | 314.8 | | 331.6 | 21 | 22 | 14 | 14 | 32 | 1.5 | 2.5 | 344 | 26.5 | 30 |
| 340 | 364.5 | | | | 369.3 | | 334.8 | | 351.6 | | | | | | | | 364 | | |
| 360 | 384.5 | | | | 389.3 | | 354.8 | | 371.6 | | | | | | | | 384 | | |
| 380 | 404.5 | +2.0<br>0 | | | 409.3 | | 374.8 | +0.38<br>−1.10 | 391.6 | | | | | | | | 404 | | |
| 400 | 424.5 | | | | 429.3 | | 394.8 | | 411.6 | | | | | | | | 424 | | |
| 420 | 444.5 | | | | 449.3 | | 414.8 | | 431.6 | | | | | | | | 444 | | |
| 450 | 474.5 | | | | 479.3 | | 444.8 | | 461.6 | | | | | | | | 474 | | |
| 480 | 504.5 | | | | 509.3 | +1.35<br>−0.45 | 474.8 | | 491.6 | | | | | | | | 504 | | |
| 500 | 524.5 | | | | 529.3 | | 494.8 | | 511.6 | | | | | | | | 524 | | |
| 530 | 554.5 | | | | 559.3 | | 524.8 | | 541.6 | | | | | | | | 554 | | |
| 560 | 584.5 | | | | 589.3 | | 554.8 | | 571.6 | | | | | | | | 584 | | |
| 600 | 624.5 | | | | 629.3 | | 594.8 | | 611.6 | | | | | | | | 624 | | |
| 630 | 654.4 | | | | 659.3 | +1.50<br>−0.50 | 624.8 | +0.50<br>−1.50 | 641.6 | | | | | | | | 654 | | |
| 650 | 674.5 | | | | 679.3 | | 644.8 | | 661.6 | | | | | | | | 674 | | |

注：轴用 $Y_X$ 形密封圈用挡圈尺寸见表 5-30。

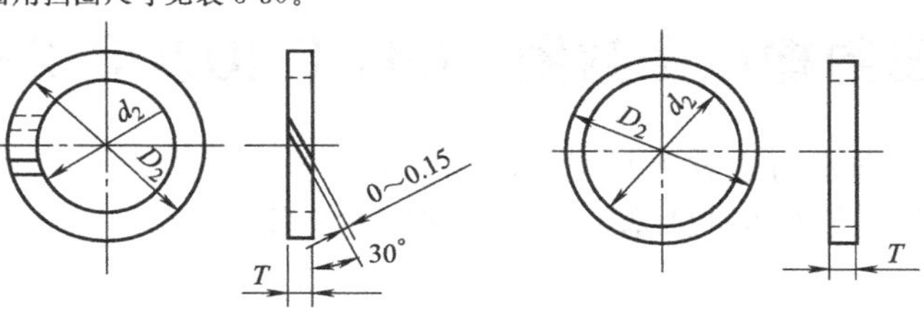


图 5-26 挡圈

挡圈材料：聚四氟乙烯、尼龙 6 或尼龙 1010。

表 5-30　轴用 $Y_X$ 形密封圈挡圈尺寸

mm

| 轴用 $Y_X$ 形密封圈公称外径 | 挡圈 | | | | | | 轴用 $Y_X$ 形密封圈公称外径 | 挡圈 | | | | | |
|---|---|---|---|---|---|---|---|---|---|---|---|---|---|
| | $D_2$ | | $d_2$ | | $T$ | | | $D_2$ | | $d_2$ | | $T$ | |
| | 基本尺寸 | 极限偏差 | 基本尺寸 | 极限偏差 | 基本尺寸 | 极限偏差 | | 基本尺寸 | 极限偏差 | 基本尺寸 | 极限偏差 | 基本尺寸 | 极限偏差 |
| 8 | 8 | +0.030<br>0 | 14 | −0.020<br>−0.070 | 1.5 | ±0.1 | 110 | 110 | +0.070<br>0 | 122 | −0.060<br>−0.165 | 2 | ±0.15 |
| 10 | 10 | | 16 | | | | 120 | 120 | | 132 | | | |
| 12 | 12 | | 18 | | | | 125 | 125 | | 137 | | | |
| 14 | 14 | +0.035<br>0 | 20 | −0.025<br>−0.085 | | | 130 | 130 | | 142 | | | |
| 16 | 16 | | 22 | | | | 140 | 140 | +0.08<br>0 | 152 | | | |
| 18 | 18 | | 24 | | | | 150 | 150 | | 162 | | | |
| 20 | 20 | +0.050<br>0 | 26 | | | | 160 | 160 | | 172 | | | |
| 22 | 22 | | 28 | | | | 170 | 170 | | 186 | −0.075<br>−0.195 | 2.5 | |
| 25 | 25 | | 31 | −0.032<br>−0.100 | | | 180 | 180 | | 196 | | | |
| 28 | 28 | | 34 | | | | 190 | 190 | +0.09<br>0 | 206 | | | |
| 30 | 30 | | 38 | | | | 200 | 200 | | 216 | | | |
| 32 | 32 | | 40 | | | | 220 | 220 | | 236 | | | |
| 35 | 35 | | 43 | | | | 250 | 250 | | 266 | −0.090<br>−0.225 | | |
| 36 | 36 | | 44 | | | | 280 | 280 | +0.10<br>0 | 296 | | | |
| 40 | 40 | | 48 | | | | 300 | 300 | | 316 | | | |
| 45 | 45 | | 53 | −0.040<br>−0.120 | | | 320 | 320 | | 344 | −0.105<br>−0.225 | 3 | ±0.2 |
| 50 | 50 | | 58 | | | | 340 | 340 | | 364 | | | |
| 55 | 55 | +0.060<br>0 | 63 | | | | 360 | 360 | +0.12<br>0 | 384 | | | |
| 56 | 56 | | 64 | | | | 380 | 380 | | 404 | | | |
| 60 | 60 | | 72 | −0.050<br>−0.140 | 2 | ±0.15 | 400 | 400 | | 424 | | | |
| 63 | 63 | | 75 | | | | 420 | 420 | | 444 | | | |
| 65 | 65 | | 77 | | | | 450 | 450 | | 474 | | | |
| 70 | 70 | | 82 | | | | 480 | 480 | | 504 | −0.120<br>−0.260 | | |
| 75 | 75 | | 87 | | | | 500 | 500 | +0.14<br>0 | 524 | | | |
| 80 | 80 | | 92 | | | | 530 | 530 | | 554 | | | |
| 85 | 85 | +0.070<br>0 | 97 | | | | 560 | 560 | | 584 | | | |
| 90 | 90 | | 102 | | | | 600 | 600 | | 624 | | | |
| 95 | 95 | | 107 | | | | 630 | 630 | +0.15<br>0 | 654 | −0.130<br>−0.280 | | |
| 100 | 100 | | 112 | | | | 650 | 650 | | 674 | | | |
| 105 | 105 | | 117 | | | | | | | | | | |

## 5.10　双向密封橡胶密封圈（GB/T 10708.2—2000）

图 5-27 所示为双向密封橡胶密封圈，其尺寸见表 5-31。

该密封圈适于安装在液压缸活塞上，起双向密封作用。

标记示例：

$D$=100mm，$d$=85mm，$L$=20mm 的鼓形橡胶密封圈：密封圈 G100×85×20 GB/T 10708.2—2000。

$D$=180mm，$d$=155mm，$L$=32mm的山形橡胶密封圈：密封圈 G180×155×32 GB/T 10708.2—2000。

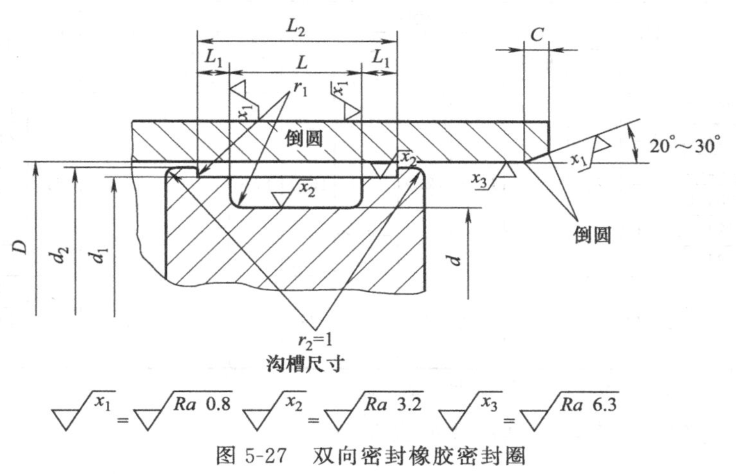


图 5-27 双向密封橡胶密封圈

表 5-31 双向密封橡胶密封圈尺寸 mm

| $D$ H9 | $d$ h9 | $L^{+0.35}_{+0.20}$ | 外径 | | 高度 | | 宽度 | | | | | | $L_1{}^{+0.1}_{0}$ | $L_2$ | $d_1$ h9 | $d_2$ h11 | $r_1$ | $C$ ≥ |
|---|---|---|---|---|---|---|---|---|---|---|---|---|---|---|---|---|---|---|
| | | | $D_1$ | 极限偏差 | $h$ | 极限偏差 | 鼓形 $S_1$ | 鼓形 $S_2$ | 鼓形 极限偏差 | 山形 $S_1$ | 山形 $S_2$ | 山形 极限偏差 | | | | | | |
| 25 | 17 | 10 | 25.6 | ±0.22 | 6.5 | ±0.20 | 4.6 | 3.4 | ±0.15 | 4.7 | 2.5 | ±0.15 | 4 | 18 | 22 | 24 | 0.4 | 2 |
| 32 | 24 | | 32.6 | | | | | | | | | | | | 29 | 31 | | |
| 40 | 32 | | 40.6 | | | | | | | | | | | | 37 | 39 | | |
| 25 | 15 | 12.5 | 25.7 | | 8.5 | | 5.7 | 4.2 | | 5.8 | 3.2 | | 4 | 20.5 | 22 | 24 | 0.4 | 2.5 |
| 32 | 22 | | 32.7 | | | | | | | | | | | | 29 | 31 | | |
| 40 | 30 | | 40.7 | | | | | | | | | | | | 37 | 39 | | |
| 50 | 40 | | 50.7 | | | | | | | | | | | | 47 | 49 | | |
| 56 | 46 | | 56.7 | | | | | | | | | | | | 53 | 55 | | |
| 63 | 53 | | 63.7 | | | | | | | | | | | | 60 | 62 | | |
| 50 | 35 | 20 | 50.9 | ±0.28 | 14.5 | | 8.4 | 6.5 | | 8.5 | 4.5 | | 5 | 30 | 46 | 48.5 | 0.4 | 4 |
| 56 | 41 | | 56.9 | | | | | | | | | | | | 52 | 54.5 | | |
| 63 | 48 | | 63.9 | | | | | | | | | | | | 59 | 61.5 | | |
| 70 | 55 | | 70.9 | | | | | | | | | | | | 66 | 68.5 | | |
| 80 | 65 | | 80.9 | | | | | | | | | | | | 76 | 78.5 | | |
| 90 | 75 | | 90.9 | | | | | | | | | | | | 86 | 88.5 | | |
| 100 | 85 | | 100.9 | | | | | | | | | | | | 96 | 98.5 | | |
| 110 | 95 | | 110.9 | | | | | | | | | | | | 106 | 108.5 | | |
| 80 | 60 | 25 | 81 | | 18 | | 11 | 8.7 | | 11.2 | 5.5 | | 6.3 | 37.6 | 75 | 78 | 0.8 | 5 |
| 90 | 70 | | 91 | | | | | | | | | | | | 85 | 88 | | |
| 100 | 80 | | 101 | | | | | | | | | | | | 95 | 98 | | |
| 110 | 90 | | 111 | ±0.35 | | | | | | | | | | | 105 | 108 | | |
| 125 | 105 | | 126 | | | | | | | | | | | | 120 | 123 | | |
| 140 | 120 | | 141 | | | | | | | | | | | | 135 | 138 | | |
| 160 | 140 | | 161 | | | | | | | | | | | | 155 | 158 | | |
| 180 | 160 | | 181 | ±0.45 | | | | | | | | | | | 175 | 178 | | |
| 125 | 100 | 32 | 126.3 | | 24 | | 13.7 | 10.8 | | 13.9 | 7 | | 10 | 52 | 119 | 123 | 0.8 | 6.5 |
| 140 | 115 | | 141.3 | | | | | | | | | | | | 134 | 138 | | |
| 160 | 135 | | 161.3 | | | | | | | | | | | | 154 | 158 | | |
| 180 | 155 | | 181.3 | | | | | | | | | | | | 174 | 178 | | |

续表

| D<br>H9 | d<br>h9 | $L_{+0.20}^{+0.35}$ | 外径<br>$D_1$ | 外径<br>极限偏差 | 高度<br>h | 高度<br>极限偏差 | 宽度 鼓形<br>$S_1$ | 宽度 鼓形<br>$S_2$ | 宽度 鼓形<br>极限偏差 | 宽度 山形<br>$S_1$ | 宽度 山形<br>$S_2$ | 宽度 山形<br>极限偏差 | $L_{1\ 0}^{+0.1}$ | $L_2$ | $d_1$<br>h9 | $d_2$<br>h11 | $r_1$ | C<br>≥ |
|---|---|---|---|---|---|---|---|---|---|---|---|---|---|---|---|---|---|---|
| 200 | 170 | 36 | 201.5 | ±0.45 | 28 | ±0.25 | 16.5 | 12.9 | ±0.20 | 16.7 | 8.6 | ±0.20 | 12.5 | 61 | 192 | 197 | 0.8 | 7.5 |
| 220 | 190 | | 221.5 | | | | | | | | | | | | 212 | 217 | | |
| 250 | 220 | | 251.5 | | | | | | | | | | | | 242 | 247 | | |
| 280 | 250 | | 281.5 | ±0.60 | | | | | | | | | | | 272 | 277 | | |
| 320 | 280 | | 321.5 | | | | | | | | | | | | 312 | 317 | | |
| 360 | 320 | | 361.5 | | | | | | | | | | | | 352 | 357 | | |
| 400 | 360 | 50 | 401.8 | ±0.90 | 40 | | 21.8 | 17.5 | | 22 | 12 | | 16 | 82 | 392 | 397 | 1.2 | 10 |
| 450 | 410 | | 451.8 | | | | | | | | | | | | 442 | 447 | | |
| 500 | 460 | | 501.8 | | | | | | | | | | | | 492 | 497 | | |

注：塑料支撑环（J形环、矩形环和L形环）尺寸见表5-32。

图5-28所示为塑料支撑环，其尺寸见表5-32。

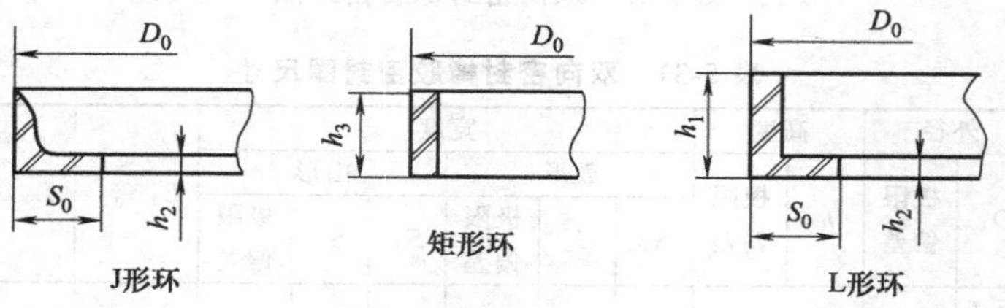


图5-28 塑料支撑环

表5-32 塑料支撑环尺寸 mm

| 沟槽尺寸<br>D | 沟槽尺寸<br>d | 沟槽尺寸<br>L | 外径<br>$D_0$ | 外径<br>极限偏差 | 宽度<br>$S_0$ | 宽度<br>极限偏差 | 高度<br>$h_1$ | 高度<br>$h_2$ | 高度<br>$h_3$ | 高度<br>极限偏差 |
|---|---|---|---|---|---|---|---|---|---|---|
| 25 | 17 | 10 | 25 | 0<br>−0.15 | 4 | 0<br>−0.10 | 5.5 | 1.5 | 4 | +0.10<br>0 |
| 32 | 24 | | 32 | | | | | | | |
| 40 | 32 | | 40 | | | | | | | |
| 25 | 15 | 12.5 | 25 | 0<br>−0.18 | 5 | | | | | |
| 32 | 22 | | 32 | | | | | | | |
| 40 | 30 | | 40 | | | | | | | |
| 50 | 40 | | 50 | | | | | | | |
| 56 | 46 | | 56 | | | | | | | |
| 63 | 53 | | 63 | | | | | | | |
| 50 | 35 | 20 | 50 | 0<br>−0.22 | 7.5 | | 6.5 | | 5 | |
| 56 | 41 | | 56 | | | | | | | |
| 63 | 48 | | 63 | | | | | | | |
| 70 | 55 | | 70 | | | | | | | |
| 80 | 65 | | 80 | | | | | | | |
| 90 | 75 | | 90 | | | | | | | |
| 100 | 85 | | 100 | | | | | | | |
| 110 | 95 | | 110 | | | | | | | |
| 80 | 60 | 25 | 80 | 0<br>−0.26 | 10 | | 8.3 | 2 | 6.3 | |
| 90 | 70 | | 90 | | | | | | | |
| 100 | 80 | | 100 | | | | | | | |
| 110 | 90 | | 110 | | | | | | | |
| 125 | 105 | | 125 | | | | | | | |

续表

| 沟槽尺寸 | | | 塑料支撑环尺寸 | | | | | | | |
|---|---|---|---|---|---|---|---|---|---|---|
| | | | 外径 | | 宽度 | | 高度 | | | |
| $D$ | $d$ | $L$ | $D_0$ | 极限偏差 | $S_0$ | 极限偏差 | $h_1$ | $h_2$ | $h_3$ | 极限偏差 |
| 140 | 120 | 25 | 140 | $^{0}_{-0.26}$ | 10 | $^{0}_{-0.10}$ | 8.3 | 2 | 6.3 | $^{+0.10}_{0}$ |
| 160 | 140 | | 160 | | | | | | | |
| 180 | 160 | | 180 | | | | | | | |
| 125 | 110 | 32 | 125 | | 12.5 | | 13 | 3 | 10 | |
| 140 | 115 | | 140 | | | | | | | |
| 160 | 135 | | 160 | | | | | | | |
| 180 | 155 | | 180 | | | | | | | |
| 200 | 170 | 36 | 200 | $^{0}_{-0.35}$ | 15 | $^{0}_{-0.12}$ | 15.5 | | 12.5 | $^{+0.12}_{0}$ |
| 220 | 190 | | 220 | | | | | | | |
| 250 | 220 | | 250 | | | | | | | |
| 280 | 250 | | 280 | | | | | | | |
| 320 | 290 | | 320 | | | | | | | |
| 360 | 330 | | 360 | | | | | | | |
| 400 | 360 | 50 | 400 | $^{0}_{-0.50}$ | 20 | $^{0}_{-0.15}$ | 20 | 4 | 16 | $^{+0.15}_{0}$ |
| 450 | 410 | | 450 | | | | | | | |
| 500 | 460 | | 500 | | | | | | | |

注：尺寸 $D$、$d$、$L$ 的含义见图 5-27。

# 5.11　往复运动用橡胶防尘密封圈（GB/T 10708.3—2000）

## 5.11.1　A 型防尘圈

A 型防尘圈（图 5-29）是一种单唇无骨架橡胶密封圈，起防尘作用，其尺寸见表 5-33。

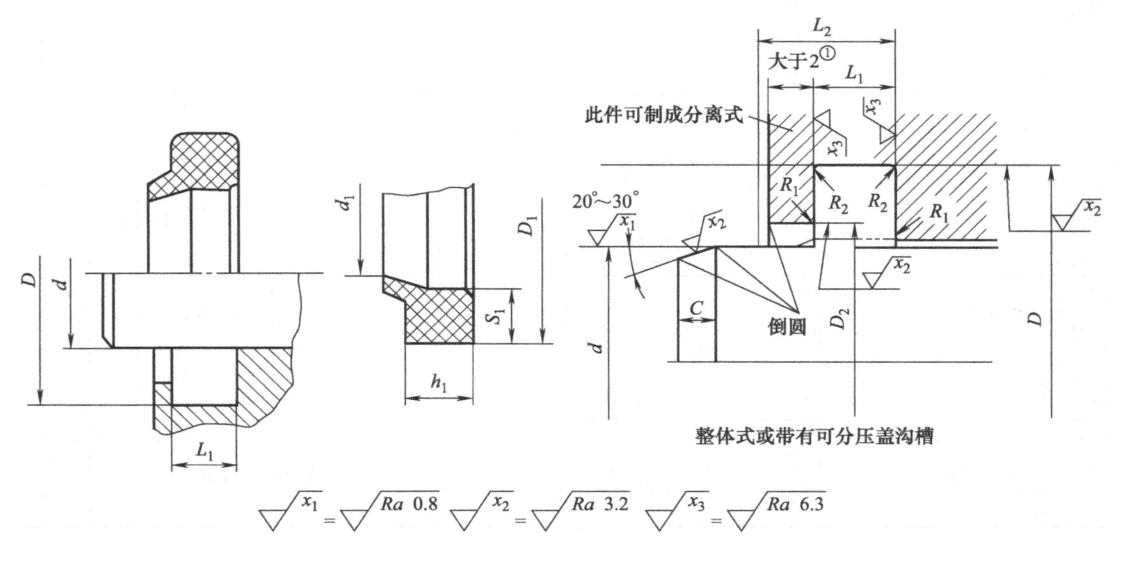


图 5-29　A 型防尘圈

标记示例：

A 型防尘密封圈、密封腔体，内径 100mm，外径 115mm，密封腔体轴向长度 9.5mm：

防尘密封圈 FA100×115×9.5 GB/T 10708.3—2000。

B 型防尘密封圈用 FB 表示；C 型防尘密封圈用 FC 表示。

表 5-33　A 型防尘圈尺寸

mm

| $d$ | $D$ | | $L_1$ | | $d_1$ | | $D_1$ | | $S_1$ | | $h_1$ | | $D_2$ | | $L_2$ ≤ | $R_1$ ≤ | $R_2$ ≤ | $C$ ≥ |
|---|---|---|---|---|---|---|---|---|---|---|---|---|---|---|---|---|---|---|
| | 基本尺寸 | 极限偏差 | 基本尺寸 | 极限偏差 | 基本尺寸 | 极限偏差 | 基本尺寸 | 极限偏差 | 基本尺寸 | 极限偏差 | 基本尺寸 | 极限偏差 | 基本尺寸 | 极限偏差 | | | | |
| 6 | 14 | | | | 4.6 | | 14 | | | | | | 11.5 | | | | | |
| 8 | 16 | +0.110<br>0 | | | 6.6 | ±0.15 | 16 | | | | | | 13.5 | +0.110<br>0 | | | | |
| 10 | 18 | | | | 8.6 | | 18 | | | | | | 15.5 | | | | | |
| 12 | 20 | | | | 10.6 | | 20 | | | | | | 17.5 | | | | | |
| 14 | 22 | | | | 12.5 | | 22 | | | | | | 19.5 | | | | | |
| 16 | 24 | +0.130<br>0 | | | 14.5 | | 24 | | | | | | 21.5 | | | | | |
| 18 | 26 | | | | 16.5 | | 26 | | | | | | 23.5 | +0.130<br>0 | | | | |
| 20 | 28 | | | | 18.5 | | 28 | | | | | | 25.5 | | | | | |
| 22 | 30 | | 5 | | 20.5 | | 30 | ±0.15 | 3.5 | | 5 | | 27.5 | | 8 | 0.3 | | 2 |
| 25 | 33 | | | | 23.5 | | 33 | | | | | | 30.5 | | | | | |
| 28 | 36 | +0.160<br>0 | | +0.2<br>0 | 26.5 | | 36 | | | | | | 33.5 | | | | | |
| 32 | 40 | | | | 30.5 | ±0.25 | 40 | | | | | | 37.5 | +0.160<br>0 | | | | |
| 36 | 44 | | | | 34.5 | | 44 | | | | | | 41.5 | | | | | |
| 40 | 48 | | | | 38.5 | | 48 | | | | | | 45.5 | | | | | |
| 45 | 53 | | | | 43.5 | | 53 | | | | | | 50.5 | | | | 0.5 | |
| 50 | 58 | | | | 48.5 | | 58 | | | | | | 55.5 | | | | | |
| 56 | 66 | +0.190<br>0 | | | 54 | | 66 | | | ±0.15 | | 0<br>−0.030 | 63 | +0.190<br>0 | | | | |
| 60 | 70 | | | | 58 | | 70 | | | | | | 67 | | | | | |
| 63 | 73 | | 6.3 | | 61 | | 73 | | | | | | 70 | | | | | |
| 70 | 80 | | | | 68 | | 80 | ±0.35 | 4.3 | | 6.3 | | 77 | | 10 | 0.4 | | 2.5 |
| 80 | 90 | | | | 78 | ±0.35 | 90 | | | | | | 87 | | | | | |
| 90 | 100 | +0.220<br>0 | | | 88 | | 100 | | | | | | 97 | +0.220<br>0 | | | | |
| 100 | 115 | | | | 97.5 | | 115 | | | | | | 110 | | | | | |
| 110 | 125 | | | | 107.5 | | 125 | | | | | | 120 | | | | | |
| 125 | 140 | +0.250<br>0 | | | 122.5 | ±0.45 | 140 | ±0.45 | | | | | 135 | | | | | |
| 140 | 155 | | 9.5 | | 137.5 | | 155 | | 6.5 | | 9.5 | | 150 | +0.250<br>0 | 14 | 0.6 | | 4 |
| 160 | 175 | | | | 157.5 | | 175 | | | | | | 170 | | | | | |
| 180 | 195 | +0.290<br>0 | | +0.3<br>0 | 167.5 | | 195 | | | | | | 190 | | | | | |
| 200 | 215 | | | | 197.5 | | 215 | | | | | | 210 | +0.290<br>0 | | | | |
| 220 | 240 | | | | 217 | ±0.60 | 240 | ±0.60 | | | | | 233.5 | | | | | |
| 250 | 270 | +0.320<br>0 | | | 247 | | 270 | | | | | | 263.5 | +0.320<br>0 | | | | |
| 280 | 300 | | 12.5 | | 277 | | 300 | | 8.7 | | 12.5 | | 293.5 | | 18 | 0.8 | 0.9 | 5 |
| 320 | 340 | +0.360<br>0 | | | 317 | ±0.90 | 340 | ±0.90 | | | | | 333.5 | +0.360<br>0 | | | | |
| 360 | 380 | | | | 357 | | 380 | | | | | | 373.5 | | | | | |

## 5.11.2　B 型防尘圈

B 型防尘圈（图 5-30）是一种单唇带骨架橡胶密封圈，起防尘作用，其尺寸见表 5-34。

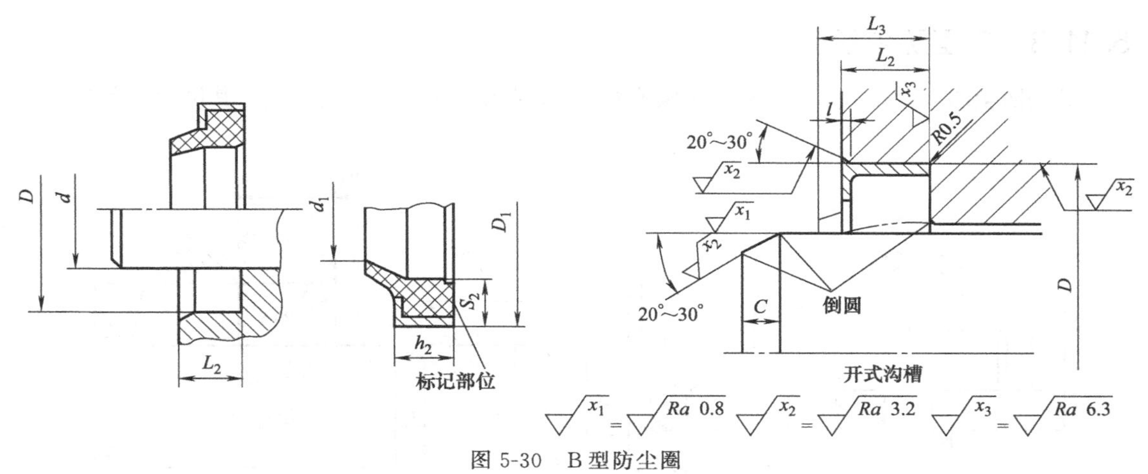


图 5-30　B 型防尘圈

**表 5-34　B 型防尘圈尺寸**

mm

| $d$ | $D$ |  | $L_2{}^{+0.5}_{0}$ | $d_1$ |  | $D_1$ |  | $S_2$ |  | $h_2$ |  | $L_3$ | $C$ |
|---|---|---|---|---|---|---|---|---|---|---|---|---|---|
|  | 基本尺寸 | 极限偏差 |  | 基本尺寸 | 极限偏差 | 基本尺寸 | 极限偏差 | 基本尺寸 | 极限偏差 | 基本尺寸 | 极限偏差 | ≤ | ≥ |
| 6 | 14 | $^{+0.027}_{0}$ | 5 | 4.6 | ±0.15 | 14 | S7 | 3.5 | ±0.15 | 5 | $^{0}_{-0.30}$ | 8 | 2 |
| 8 | 16 |  |  | 6.6 |  | 16 |  |  |  |  |  |  |  |
| 10 | 18 |  |  | 8.6 |  | 18 |  |  |  |  |  |  |  |
| 12 | 22 | $^{+0.033}_{0}$ | 7 | 10.5 | ±0.25 | 22 |  | 4.3 |  | 7 |  | 11 | 2.5 |
| 14 | 24 |  |  | 12.5 |  | 24 |  |  |  |  |  |  |  |
| 16 | 26 |  |  | 14.5 |  | 26 |  |  |  |  |  |  |  |
| 18 | 28 |  |  | 16.5 |  | 28 |  |  |  |  |  |  |  |
| 20 | 30 |  |  | 18.5 |  | 30 |  |  |  |  |  |  |  |
| 22 | 32 | $^{+0.039}_{0}$ |  | 20.5 |  | 32 |  |  |  |  |  |  |  |
| 25 | 35 |  |  | 23.5 |  | 35 |  |  |  |  |  |  |  |
| 28 | 38 |  |  | 26.5 |  | 38 |  |  |  |  |  |  |  |
| 32 | 42 |  |  | 30 |  | 42 |  |  |  |  |  |  |  |
| 36 | 46 |  |  | 34 |  | 46 |  |  |  |  |  |  |  |
| 40 | 50 |  |  | 38 |  | 50 |  |  |  |  |  |  |  |
| 45 | 55 | $^{+0.046}_{0}$ |  | 43 |  | 55 |  |  |  |  |  |  |  |
| 50 | 60 |  |  | 48 |  | 60 |  |  |  |  |  |  |  |
| 56 | 66 |  |  | 54 |  | 66 |  |  |  |  |  |  |  |
| 60 | 70 |  |  | 58 |  | 70 |  |  |  |  |  |  |  |
| 63 | 73 |  |  | 61 |  | 73 |  |  |  |  |  |  |  |
| 70 | 80 |  |  | 68 | ±0.35 | 80 |  |  |  |  |  |  |  |
| 80 | 90 | $^{+0.054}_{0}$ |  | 78 |  | 90 |  |  |  |  |  |  |  |
| 90 | 100 |  |  | 88 |  | 100 |  |  |  |  |  |  |  |
| 100 | 115 |  | 9 | 97.5 | ±0.45 | 115 |  | 6.5 |  | 9 | $^{0}_{-0.35}$ | 13 | 4 |
| 110 | 125 | $^{+0.063}_{0}$ |  | 107.5 |  | 125 |  |  |  |  |  |  |  |
| 125 | 140 |  |  | 122.5 |  | 140 |  |  |  |  |  |  |  |
| 140 | 155 |  |  | 137.5 |  | 155 |  |  |  |  |  |  |  |
| 160 | 175 |  |  | 157.5 |  | 175 |  |  |  |  |  |  |  |
| 180 | 195 | $^{+0.072}_{0}$ |  | 177.5 | ±0.60 | 195 |  |  |  |  |  |  |  |
| 200 | 215 |  |  | 197.5 |  | 215 |  |  |  |  |  |  |  |
| 220 | 240 |  | 12 | 217 |  | 240 |  | 8.7 |  | 12 | $^{0}_{-0.40}$ | 16 | 5 |
| 250 | 270 | $^{+0.081}_{0}$ |  | 247 |  | 270 |  |  |  |  |  |  |  |
| 280 | 300 |  |  | 277 | ±0.90 | 300 |  |  |  |  |  |  |  |
| 320 | 340 | $^{+0.089}_{0}$ |  | 317 |  | 340 |  |  |  |  |  |  |  |
| 360 | 380 |  |  | 357 |  | 380 |  |  |  |  |  |  |  |

## 5.11.3 C型防尘圈

C型防尘圈（图5-31）是一种双唇橡胶密封圈，起防尘和辅助密封作用，其尺寸见表5-35。

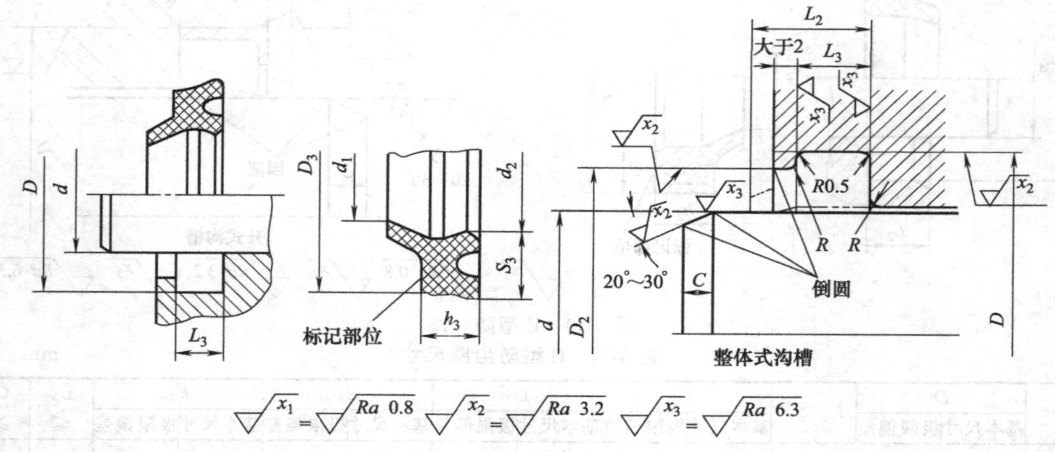


图5-31 C型防尘圈

表5-35 C型防尘圈尺寸

mm

| d | D 基本尺寸 | D 极限偏差 | $L_3$ 基本尺寸 | $L_3$ 极限偏差 | $d_1$ | $d_2$ | $d_1$和$d_2$ 极限偏差 | $D_3$ 基本尺寸 | $D_3$ 极限偏差 | $S_3$ 基本尺寸 | $S_3$ 极限偏差 | $h_3$ 基本尺寸 | $h_3$ 极限偏差 | $D_2$ 基本尺寸 | $D_2$ 极限偏差 | $L_2$ ≤ | R ≤ | C ≥ |
|---|---|---|---|---|---|---|---|---|---|---|---|---|---|---|---|---|---|---|
| 6 | 12 | +0.110 0 | 4 | +0.20 0 | 4.8 | 5.2 | ±0.20 | 12 | +0.10 −0.25 | 4.2 | ±0.15 | 4 | 0 −0.30 | 8.5 | +0.090 0 | 7 | 0.3 | 2 |
| 8 | 14 | | | | 6.8 | 7.2 | | 14 | | | | | | 10.5 | +0.110 0 | | | |
| 10 | 16 | | | | 8.8 | 9.2 | | 16 | | | | | | 12.5 | | | | |
| 12 | 18 | | | | 10.8 | 11.2 | | 18 | | | | | | 14.5 | | | | |
| 14 | 20 | +0.130 0 | | | 12.8 | 13.2 | | 20 | | | | | | 16.5 | | | | |
| 16 | 22 | | | | 14.8 | 15.2 | | 22 | | | | | | 18.5 | +0.130 0 | | | |
| 18 | 24 | | | | 16.8 | 17.2 | | 24 | | | | | | 20.5 | | | | |
| 20 | 26 | | | | 18.8 | 19.2 | | 26 | | | | | | 22.5 | | | | |
| 22 | 28 | | | | 20.8 | 21.2 | | 28 | | | | | | 24.5 | | | | |
| 25 | 33 | +0.160 0 | 5 | | 23.5 | 24 | ±0.25 | 33 | +0.10 −0.35 | 5.5 | | 5 | | 28 | | 8 | | 2.5 |
| 28 | 36 | | | | 26.5 | 27 | | 36 | | | | | | 31 | +0.160 0 | | | |
| 32 | 40 | | | | 30.5 | 31 | | 40 | | | | | | 35 | | | | |
| 36 | 44 | | | | 34.5 | 35 | | 44 | | | | | | 39 | | | | |
| 40 | 48 | | | | 38.5 | 39 | | 48 | | | | | | 43 | | | | |
| 45 | 53 | +0.190 0 | | | 43.5 | 44 | | 53 | | | | | | 48 | +0.190 0 | | | |
| 50 | 58 | | | | 48.5 | 49 | | 58 | | | | | | 53 | | | | |
| 56 | 66 | | 6 | | 54.2 | 54.8 | | 66 | | 6.8 | | 6 | | 59 | | 9.7 | | |
| 60 | 70 | | | | 58.2 | 58.8 | | 70 | | | | | | 63 | +0.220 0 | | | |
| 63 | 73 | | | | 61.2 | 61.8 | | 73 | | | | | | 66 | | | | |
| 70 | 80 | | | | 68.2 | 68.8 | ±0.35 | 80 | +0.10 −0.40 | | | | | 73 | | | | |
| 80 | 90 | +0.220 0 | | | 78.2 | 78.8 | | 90 | | | | | | 83 | | | | |
| 90 | 100 | | | | 88.2 | 88.8 | | 100 | | | | | | 93 | | | | |

续表

| $d$ | $D$ | | $L_3$ | | $d_1$ 和 $d_2$ | | | $D_3$ | | $S_3$ | | $h_3$ | | $D_2$ | | $L_2$ ≤ | $R$ ≤ | $C$ ≥ |
|---|---|---|---|---|---|---|---|---|---|---|---|---|---|---|---|---|---|---|
| | 基本尺寸 | 极限偏差 | 基本尺寸 | 极限偏差 | $d_1$ | $d_2$ | 极限偏差 | 基本尺寸 | 极限偏差 | 基本尺寸 | 极限偏差 | 基本尺寸 | 极限偏差 | 基本尺寸 | 极限偏差 | | | |
| 100 | 115 | +0.220<br>0 | 8.5 | +0.30<br>0 | 97.8 | 98.4 | ±0.45 | 115 | +0.10<br>−0.50 | 9.8 | ±0.15 | 8.5 | 0<br>−0.30 | 104 | +0.220<br>0 | 13 | 0.4 | 4 |
| 110 | 125 | | | | 107.8 | 108.4 | | 125 | | | | | | 114 | | | | |
| 125 | 140 | +0.250<br>0 | | | 122.8 | 123.4 | | 140 | | | | | | 129 | +0.250<br>0 | | | |
| 140 | 155 | | | | 137.8 | 138.4 | | 155 | | | | | | 144 | | | | |
| 160 | 175 | | | | 157.8 | 158.4 | | 175 | | | | | | 164 | | | | |
| 180 | 195 | +0.290<br>0 | | | 177.8 | 178.4 | ±0.60 | 195 | +0.10<br>−0.65 | | | | | 184 | +0.290<br>0 | | | |
| 200 | 215 | | | | 197.8 | 198.4 | | 215 | | | | | | 204 | | | | |
| 220 | 240 | | 11 | | 217.4 | 218.2 | | 240 | | 13.2 | | 11 | | 225 | | 16.5 | 0.5 | 5 |
| 250 | 270 | +0.320<br>0 | | | 247.4 | 248.2 | | 270 | | | | | | 255 | +0.320<br>0 | | | |
| 280 | 300 | | | | 277.4 | 278.2 | ±0.90 | 300 | +0.20<br>−0.90 | | | | | 285 | | | | |
| 320 | 340 | +0.360<br>0 | | | 317.4 | 318.2 | | 340 | | | | | | 325 | +0.360<br>0 | | | |
| 360 | 380 | | | | 357.4 | 358.2 | | 380 | | | | | | 365 | | | | |

# 5.12 同轴密封圈（GB/T 15242.1—2001）

## 5.12.1 活塞杆密封用阶梯形同轴密封件

图 5-32 所示为活塞杆密封用阶梯形同轴密封件，其尺寸见表 5-36。

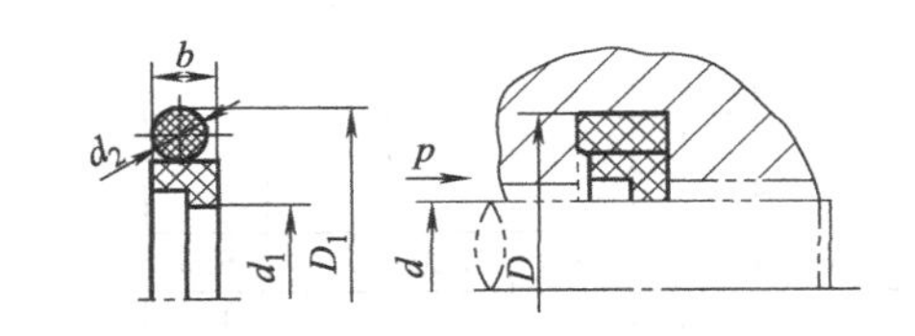


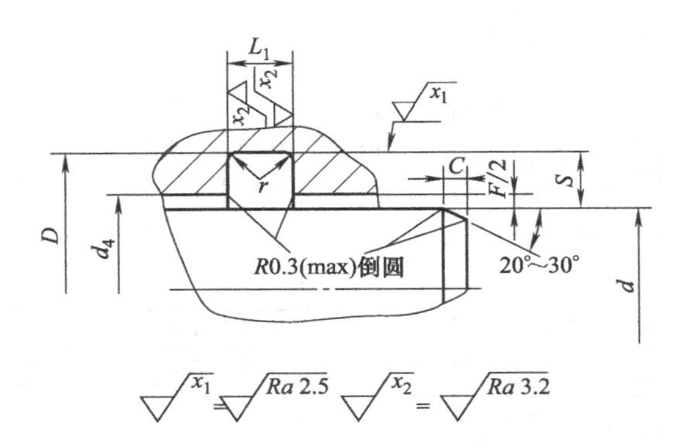


图 5-32 活塞杆密封用阶梯形同轴密封件

适用范围：以 O 形橡胶密封圈为弹性体，以液体为工作介质，压力≤40MPa，速度≤5m/s，温度为−40～200℃，往复运动。

标记示例：

活塞杆直径为 50mm 阶梯形同轴密封件，塑料材料选用第Ⅰ组 * PTFE，弹性体材料选用第Ⅰ组＊：阶梯形密封件 TJ 0500-Ⅱ GB/T 15242.1—2001。

说明：＊材料组号由用户与生产厂协商而定。

**表 5-36　活塞杆密封用阶梯形同轴密封件尺寸**

mm

| 规格代号 | $d$ f8 | $D$ 公称尺寸 | $D$ 公差 | 密封件 $d_1$ 公称尺寸 | 密封件 $d_1$ 公差 | $D_1$ | $b_{-0.2}^{\ 0}$ | $d_2$ | $S$ | $L_1{}^{+0.25}_{\ 0}$ | $r$ | 沟槽 $C$ ≥ | 沟槽 $F$ (0～20MPa) | 沟槽 $F$ (20～40MPa) |
|---|---|---|---|---|---|---|---|---|---|---|---|---|---|---|
| 0060 | 6 | 11 | | 6 | −0.15<br>−0.25 | 11 | | | | | | | | |
| 0080 | 8 | 13 | | 8 | | 13 | 2 | 1.80 | 2.5 | 2.2 | | 1.5 | | |
| 0100 | 10 | 15 | | 10 | | 15 | | | | | | | | |
| 0120 | 12 | 17 | | 12 | | 17 | | | | | | | | |
| 0120B | | 19.5 | | | | 19.5 | 3 | 2.65 | 3.75 | 3.2 | | 2 | | 0.3～0.1 |
| 0140 | 14 | 19 | | 14 | −0.20<br>−0.30 | 19 | 2 | 1.80 | 2.5 | 2.2 | | 1.5 | | |
| 0140B | | 21.5 | | | | 21.5 | | | | | | | | |
| 0160 | 16 | 23.5 | | 16 | | 23.5 | | | | | | | | |
| 0180 | 18 | 25.5 | | 18 | | 25.5 | 3 | 2.65 | 3.75 | 3.2 | | 2 | 0.6～0.3 | |
| 0200 | 20 | 27.5 | | 20 | | 27.5 | | | | | | | | |
| 0200B | 20 | 31 | | 20 | | 31 | 4 | 3.55 | 5.5 | 4.2 | | 2.5 | | |
| 0220 | 22 | 29.5 | | 22 | | 29.5 | 3 | 2.65 | 3.75 | 3.2 | ≤0.5 | 2 | | |
| 0220B | | 33 | | | | 33 | 4 | 3.55 | 5.5 | 4.2 | | 2.5 | | |
| 0250 | 25 | 32.5 | H9 | 25 | −0.25<br>−0.35 | 32.5 | 3 | 2.65 | 3.75 | 3.2 | | 2 | | 0.3～0.2 |
| 0250B | | 36 | | | | 36 | | | | | | | | |
| 0280 | 28 | 39 | | 28 | | 39 | | | | | | | | |
| 0320 | 32 | 43 | | 32 | | 43 | | | | | | | | |
| 0360 | 36 | 47 | | 36 | | 47 | | | | | | | | |
| 0400 | 40 | 51 | | 40 | | 51 | 4 | 3.55 | 5.5 | 4.2 | | 2.5 | | |
| 0450 | 45 | 56 | | 45 | | 56 | | | | | | | | |
| 0500 | 50 | 61 | | 50 | | 61 | | | | | | | | |
| 0560 | 56 | 67 | | 56 | −0.30<br>−0.40 | 67 | | | | | | | | |
| 0560B | 56 | 71.5 | | 56 | | 71.5 | 6 | 5.30 | 7.75 | 6.3 | | 4 | | |
| 0630 | 63 | 74 | | 63 | | 74 | 4 | 3.55 | 5.5 | 4.2 | | 2.5 | | |
| 0630B | 63 | 78.5 | | 63 | | 78.5 | | | | | | | | |
| 0700 | 70 | 85.5 | | 70 | | 85.5 | | | | | | | | |
| 0800 | 80 | 95.5 | | 80 | | 95.5 | | | | | | | | |
| 0900 | 90 | 105.5 | | 90 | | 105.5 | | | | | | | 0.8～0.4 | 0.4～0.2 |
| 1000 | 100 | 115.5 | | 100 | −0.40<br>−0.50 | 115.5 | 6 | 5.30 | 7.75 | 6.3 | | 4 | | |
| 1100 | 110 | 125.5 | | 110 | | 125.5 | | | | | | | | |
| 1250 | 125 | 140.5 | | 125 | | 140.5 | | | | | | | | |
| 1400 | 140 | 155.5 | | 140 | | 155.5 | | | | | | | | |
| 1600 | 160 | 175.5 | | 160 | −0.50<br>−0.60 | 175.5 | | | | | | | | |
| 1600 | 160 | 181 | | 160 | | 181 | 7.8 | 7.00 | 10.5 | 8.1 | ≤0.9 | 5 | | |
| 1800 | 180 | 195.5 | | 180 | | 195.5 | 6 | 5.30 | 7.75 | 6.3 | | 4 | | |
| 1800B | 180 | 201 | H8 | 180 | | 201 | | | | | | | | |
| 2000 | 200 | 221 | | 200 | −0.55<br>−0.70 | 221 | | | | | | | | |
| 2200 | 220 | 241 | | 220 | | 241 | | | 10.5 | | | 5 | | |
| 2500 | 250 | 271 | | 250 | | 271 | 7.8 | 7.00 | | 8.1 | | | | |
| 2800 | 280 | 304.5 | | 280 | | 304.5 | | | | | | | 1～0.6 | 0.6～0.4 |
| 3200 | 320 | 344.5 | | 320 | −0.65<br>−0.80 | 344.5 | | | 12.25 | | | 6.5 | | |
| 3600 | 360 | 384.5 | | 360 | | 384.5 | | | | | | | | |

注：在同一尺寸 $d$ 有几种 $D$ 的选择时，应优先选择径向深度（$D-d$）较大截面的密封件。

## 5.12.2　活塞杆密封用方形同轴密封件

图 5-33 所示活塞杆密封用方形同轴密封件，其尺寸见表 5-37。

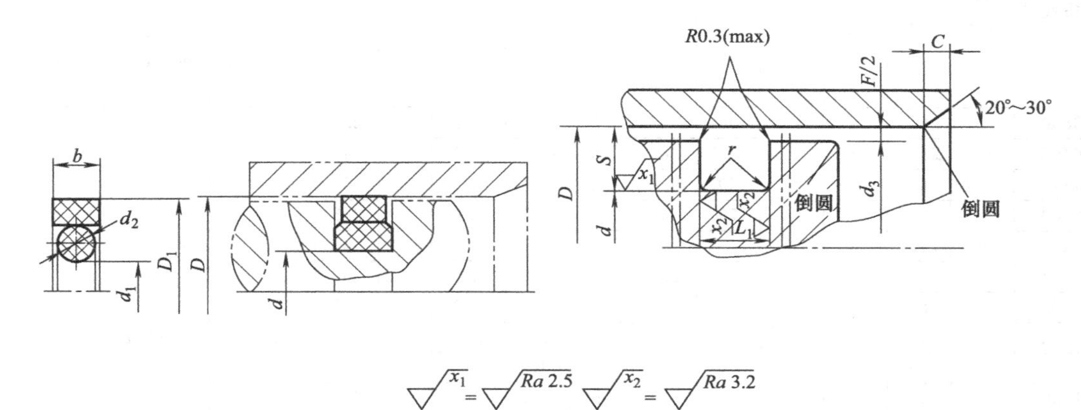


图 5-33　活塞杆密封用方形同轴密封件

标记示例：

缸内径为 100mm 的方形同轴密封件，宽度 $b$ 为 6mm，塑料材料选用第Ⅰ组 * PTFE，弹性体材料选用第Ⅰ组 *：方形密封件 TF1000B-Ⅰ　Ⅰ GB/T 15242.1—2001。

说明：* 材料组号由用户与生产厂协商而定。

**表 5-37　活塞杆密封用方形同轴密封件尺寸**　　mm

| 规格代号 | $D$ H9 | $d$ f9 | 密封件 $D_1$ 公称尺寸 | 密封件 $D_1$ 公差 | 密封件 $d_1$ | 密封件 $b_{-0.2}^{0}$ | 密封件 $d_2$ | 沟槽 $S$ | 沟槽 $L_1{}_{0}^{+0.25}$ | 沟槽 $r$ | 沟槽 $C$ ≥ | 沟槽 $F$ (0～10MPa) | 沟槽 $F$ (10～20MPa) | 沟槽 $F$ (20～40MPa) |
|---|---|---|---|---|---|---|---|---|---|---|---|---|---|---|
| 0160 | 16 | 11 | 16 | +0.30<br>+0.20 | 11 | 2 | 1.80 | 2.5 | 2.2 | ≤0.5 | 1.5 | 1.6～0.8 | 0.8～0.3 | 0.4～0.1 |
| 0160B | | 8.5 | | | 8.5 | 3 | 2.65 | 3.75 | 3.2 | | 2 | | | |
| 0200 | 20 | 15 | 20 | | 15 | 2 | 1.80 | 2.5 | 2.2 | | 1.2 | | | |
| 0200B | | 12.5 | | | 12.5 | 3 | 2.65 | 3.75 | 3.2 | | 2 | | | |
| 0250 | 25 | 17.5 | 25 | | 17.5 | 3 | 2.65 | 3.75 | 3.2 | | | | | |
| 0250B | | 14 | | | 14 | 4 | 3.55 | 5.5 | 4.2 | | 2.5 | | | |
| 0250C | | 15 | | | 15 | 4.8 | 3.55 | 5 | 5 | | | | | |
| 0320 | 32 | 24.5 | 32 | | 24.5 | 3 | 2.65 | 3.75 | 3.2 | | 2 | 1.7～0.9 | 0.9～0.4 | |
| 0320B | | 21 | | | 21 | 4 | 3.55 | 5.5 | 4.2 | | 2.5 | | | |
| 0320C | | 22 | | | 22 | 4.8 | 3.55 | 5 | 5 | | | | | |
| 0400 | 40 | 32.5 | 40 | +0.40<br>+0.30 | 32.5 | 3 | 2.65 | 3.75 | 3.2 | | 2 | | | |
| 0400B | | 29 | | | 29 | 4 | 3.55 | 5.5 | 4.2 | | 2.5 | | | |
| 0400C | | 30 | | | 30 | 4.8 | 3.55 | 5 | 5 | | | | | |
| 0500 | 50 | 39 | 50 | | 39 | 4 | 3.55 | 5.5 | 4.2 | | | | | |
| 0500B | | 34.5 | | | 34.5 | 6 | 5.30 | 7.75 | 6.3 | | 4 | | | |
| 0500C | | 35 | | | 35 | 7.2 | 7.00 | 7.5 | 7.5 | | | | | |
| 0630 | 63 | 52 | 63 | | 52 | 4 | 3.55 | 5.5 | 4.2 | | 2.5 | | | |
| 0630B | | 47.5 | | | 47.5 | 6 | 5.30 | 7.75 | 6.3 | | 4 | | | |
| 0630C | | 48 | | | 48 | 7.2 | 7.00 | 7.5 | 7.5 | | | | | |

续表

| 规格代号 | $D$ H9 | $d$ f9 | 密封件 $D_1$ 公称尺寸 | 密封件 $D_1$ 公差 | 密封件 $d_1$ | 密封件 $b_{-0.2}^{0}$ | 密封件 $d_2$ | 沟槽 $S$ | 沟槽 $L_1{}_{0}^{+0.25}$ | 沟槽 $r$ | 沟槽 $C$ ⩾ | 沟槽 $F$ (0~10MPa) | 沟槽 $F$ (10~20MPa) | 沟槽 $F$ (20~40MPa) |
|---|---|---|---|---|---|---|---|---|---|---|---|---|---|---|
| 0800 | | 96 | | | 96 | 4 | 3.55 | 5.5 | 4.2 | | 2.5 | | | |
| 0800B | 80 | 94.5 | 80 | | 94.5 | 6 | 5.30 | 7.75 | 6.3 | | 4 | | | |
| 0800C | | 60 | | | 60 | 9.8 | △ | 10 | 10 | | 5 | | | |
| 0900 | | 79 | | | 79 | 4 | 3.55 | 5.5 | 4.2 | | 2.5 | | | |
| 0900B | (90) | 74.5 | 90 | | 74.5 | 6 | 5.30 | 7.75 | 6.3 | | 4 | | | |
| 0900C | | 70 | | | 70 | 9.8 | △ | 10 | 10 | | 5 | | | |
| 1000 | | 89 | | | 89 | 4 | 3.55 | 5.5 | 4.2 | | 2.5 | | | |
| 1000B | 100 | 84.5 | 100 | +0.50<br>+0.40 | 84.5 | 6 | 5.30 | 7.75 | 6.3 | | 4 | 2~1 | 1~0.4 | 0.4~0.2 |
| 1000C | | 80 | | | 80 | 9.8 | △ | 10 | 10 | | 5 | | | |
| 1100 | | 99 | | | 99 | 4 | 3.55 | 5.5 | 4.2 | | 2.5 | | | |
| 1100B | (110) | 94.5 | 110 | | 94.5 | 6 | 5.30 | 7.75 | 6.3 | | 4 | | | |
| 1100C | | 90 | | | 90 | 9.8 | △ | 10 | 10 | | 5 | | | |
| 1250 | | 109.5 | | | 109.5 | 6 | 5.30 | 7.75 | 6.3 | | 4 | | | |
| 1250B | 125 | 104 | 125 | | 104 | 7.8 | 7.00 | 10.5 | 8.1 | | 5 | | | |
| 1250C | | 105 | | | 105 | 9.8 | △ | 10 | 10 | | | | | |
| 1400 | | 124.5 | | | 124.5 | 6 | 5.30 | 7.75 | 6.3 | | 4 | | | |
| 1400B | (140) | 119 | 140 | | 119 | 7.8 | 7.00 | 10.5 | 8.1 | | 5 | | | |
| 1400C | | 120 | | | 120 | 9.8 | △ | 10 | 10 | | | | | |
| 1600 | | 144.5 | | | 144.5 | 6 | 5.30 | 7.75 | 6.3 | | 4 | | | |
| 1600B | 160 | 139 | 160 | | 139 | 7.8 | 7.00 | 10.5 | 8.1 | | 5 | | | |
| 1600C | | 135 | | | 135 | 12.3 | △ | 12.5 | 12.5 | | 6.5 | | | |
| 1800 | | 164.5 | | | 164.5 | 6 | 5.30 | 7.75 | 6.3 | | 4 | | | |
| 1800B | (180) | 159 | 180 | | 159 | 7.8 | 7.00 | 10.5 | 8.1 | ⩽0.9 | 5 | | | |
| 1800C | | 155 | | | 155 | 12.3 | △ | 12.5 | 12.5 | | 6.5 | | | |
| 2000 | | 184.5 | | | 184.5 | 6 | 5.30 | 7.75 | 6.3 | | 4 | | | |
| 2000B | 200 | 179 | 200 | | 179 | 7.8 | 7.00 | 10.5 | 8.1 | | 5 | | | |
| 2000C | | 175 | | +0.60<br>+0.50 | 175 | 12.3 | △ | 12.5 | 12.5 | | 6.5 | | | |
| 2200 | | 204.5 | | | 204.5 | 6 | 5.30 | 7.75 | 6.3 | | 4 | | | 0.5~0.2 |
| 2200B | (220) | 199 | 220 | | 199 | 7.8 | 7.00 | 10.5 | 8.1 | | 5 | | | |
| 2200C | | 195 | | | 195 | 12.3 | △ | 12.5 | 12.5 | | 6.5 | | | |
| 2500 | | 229 | | | 229 | 7.8 | 7.00 | 10.5 | 8.1 | | 5 | 2.2~1.1 | 1.1~0.5 | |
| 2500B | 250 | 225.5 | 250 | | 225.5 | 7.8 | 7.00 | 12.25 | 8.1 | | 6.5 | | | |
| 2500C | | 220 | | | 220 | 14.8 | △ | 15 | 15 | | 7.5 | | | |
| 2800 | | 259 | | | 259 | 7.8 | 7.00 | 10.5 | 8.1 | | 5 | | | |
| 2800B | (280) | 255.5 | 280 | | 255.5 | 7.8 | 7.00 | 12.25 | 8.1 | | 6.5 | | | |
| 2800C | | 250 | | | 250 | 14.8 | △ | 15 | 15 | | 7.5 | | | |
| 3200 | | 299 | | | 299 | 7.8 | 7.00 | 10.5 | 8.1 | | 5 | | | |
| 3200B | 320 | 295.5 | 320 | | 295.5 | 7.8 | 7.00 | 12.25 | 8.1 | | 6.5 | | | |
| 3200C | | 290 | | | 290 | 14.8 | △ | 15 | 15 | | 7.5 | | | |
| 3600 | (360) | 339 | | | 339 | 7.8 | 7.00 | 10.5 | 8.1 | | 5 | | | |
| 3600B | | 335.5 | (360) | | 335.5 | 7.8 | 7.00 | 12.25 | 8.1 | | 6.5 | | | |
| 3600C | | 330 | | +0.80<br>+0.70 | 330 | 14.8 | △ | 15 | 15 | | 7.5 | | | |
| 4000 | | 375.5 | | | 375.5 | 7.8 | 7.00 | 12.25 | 8.1 | | 6.5 | | | 0.5~0.3 |
| 4000B | 400 | 370 | 400 | | 370 | 12.3 | 7.00 | 15 | 12.5 | | 7.5 | | | |
| 4000C | | 360 | | | 360 | 19.8 | △ | 20 | 20 | | 10 | | | |

续表

| 规格代号 | D H9 | d f9 | 密封件 D1 公称尺寸 | 密封件 D1 公差 | 密封件 $d_1$ | 密封件 $b_{-0.2}^{0}$ | 密封件 $d_2$ | 沟槽 S | 沟槽 $L_{1}{}_{0}^{+0.25}$ | 沟槽 r | 沟槽 C ≥ | 沟槽 F (0～10MPa) | 沟槽 F (10～20MPa) | 沟槽 F (20～40MPa) |
|---|---|---|---|---|---|---|---|---|---|---|---|---|---|---|
| 4500 | | 425.5 | | | 425.5 | 7.8 | 7.00 | 12.25 | 8.1 | | 6.5 | | | |
| 4500B | (450) | 420 | (450) | | 420 | 12.3 | 7.00 | 15 | 12.5 | | 7.5 | | | |
| 4500C | | 410 | | +0.80 | 410 | 19.8 | △ | 20 | 20 | ≤0.9 | 10 | 2.2～1.1 | 1.1～0.5 | 0.5～0.3 |
| 5000 | | 475.5 | | +0.70 | 475.5 | 7.8 | 7.00 | 12.25 | 8.1 | | 6.5 | | | |
| 5000B | 500 | 470 | 500 | | 470 | 12.3 | 7.00 | 15 | 12.5 | | 7.5 | | | |
| 5000C | | 460 | | | 460 | 19.8 | △ | 20 | 20 | | 10 | | | |

注：1. 带“（ ）”的缸内径为非优先选用。

2. “△”表示所用弹性体结构尺寸由用户与生产厂协商而定。

3. 在同一尺寸 $D$ 有几种 $d$ 的选择时，应优先选择径向深度（$D-d$）较大截面的密封件。

# 5.13 车氏组合密封

表5-38中所示组合防尘圈由特殊双唇口滑环与O形橡胶圈组合而成，具有耐磨、耐温、耐压、线速度高、摩擦力低和使用寿命长的特点。其他型式的密封由不同结构的薄唇滑环与O形橡胶圈组合而成。

## 5.13.1 使用范围

表5-38 车氏组合密封使用范围

| 名称 | 使用场合 | 型号 | 轴径/mm | 工作条件 压力/MPa | 工作条件 温度/℃ | 工作条件 速度/(m/s) | 工作条件 介质 |
|---|---|---|---|---|---|---|---|
| 直角滑环式组合密封（液压、气动和静密封用） | 活塞杆（轴）用 | TB1-Ⅰ | 8～670 | 0～60 | −55～250 | 6 | 空气、水、水-乙二醇、矿物油、酸、碱 |
| | 活塞（孔）用 | TB1-Ⅱ | 24～690 | | | | |
| | 轴向（端）部用 | TB1-Ⅲ | 15～504 | | | — | |
| 脚形滑环式组合密封（液压和静密封用） | 活塞杆（轴）用 | TB2-Ⅰ | 51～420 | 0～200 | −55～250 | 6 | 空气、氢、氧、氮、水、水-乙二醇、矿物油、酸、碱、泥浆 |
| | 活塞杆（轴）用（标准型） | TB2-ⅠA | 8～600 | 0～100 | | | |
| | 活塞（孔）用 | TB2-Ⅱ | 65～500 | 0～200 | | | |
| | 活塞（孔）用（标准型） | TB2-ⅡA | 25～500 | 0～100 | | | |
| 齿形滑环式组合密封（液压和气动用） | 旋转轴用 | TB3-Ⅰ | 6～670 | 0～70 | −55～250 | 6 | 空气、水、水-乙二醇、矿物油、酸、碱 |
| | 旋转孔用 | TB3-Ⅱ | 26～500 | 0～36 | | | |
| C型滑环式组合密封（液压、气动和静密封用） | 活塞杆（轴）用 | TB4-ⅠA | 7～670 | 0～70 | −55～250 | 6 | 空气、水、水-乙二醇、矿物油、酸、碱、氟利昂等 |
| | 活塞（孔）用 | TB4-ⅡA | 24～690 | 0～70 | | | |
| | 轴向（端部）用 | TB4-ⅢA | 15～504 | 0～100 | | — | |
| 组合防尘圈 | 活塞杆用 | TZF | 20～650 | — | −55～250 | 6 | — |

注：若使用条件超过表中数值或咨询有关技术，请与徐州车氏密封有限公司联系。

## 5.13.2 密封材料

密封材料见表5-39。

**表 5-39 密封材料**

| 工况条件 | | | 滑环 | O形橡胶圈 | 备注 |
|---|---|---|---|---|---|
| 工作压力/MPa | 工作温度/℃ | 工作介质 | | | |
| 0～300 | −40～120 | 矿物油、气、水、乙二醇、稀盐酸、浓碱、氨、泥浆等 | 增强 PTFE | 丁腈橡胶 NBR（强度高、弹性好） | 工作压力≤40MPa时，O形橡胶圈选用中硬度（邵尔A型）75±5胶料；工作压力>40MPa时，O形橡胶圈选用中硬度（邵尔A型）(75±5)～(85±5)胶料 |
| | −55～135 | 矿物油、气、水、乙二醇、稀盐酸、浓碱、臭氧、氨、泥浆等 | 增强 PTFE | 高级丁腈橡胶 NBR（价格高） | |
| | −50～150 | 磷酸酯液压油、氟利昂、刹车油、水、酸、碱等 | 增强 PTFE | 乙丙橡胶 EPDM | |
| | −20～200 | 油、气、水、酸、碱、药品、臭氧等 | 增强 PTFE | 氟橡胶 FKM（价格高） | |
| | −25～250 | 油、气、水、酸、药品、臭氧等 | 增强 PTFE | 高级氟橡胶 FKM（价格昂贵） | |
| | −60～230 | 水、酒精、臭氧、油、氨等 | 增强 PTFE | 硅橡胶 VMQ（强度高、弹性好、价格高） | |

注：1. 车氏密封中的薄唇滑环均采用增强聚四氟乙烯（PTFE）制作，其增强填料成分，视工况而定。
2. 与滑环组合的O形橡胶圈，视工况不同可选用不同材质制作。

## 5.13.3 直角滑环式组合密封

图 5-34 所示为直角滑环式组合密封，其尺寸见表 5-40。

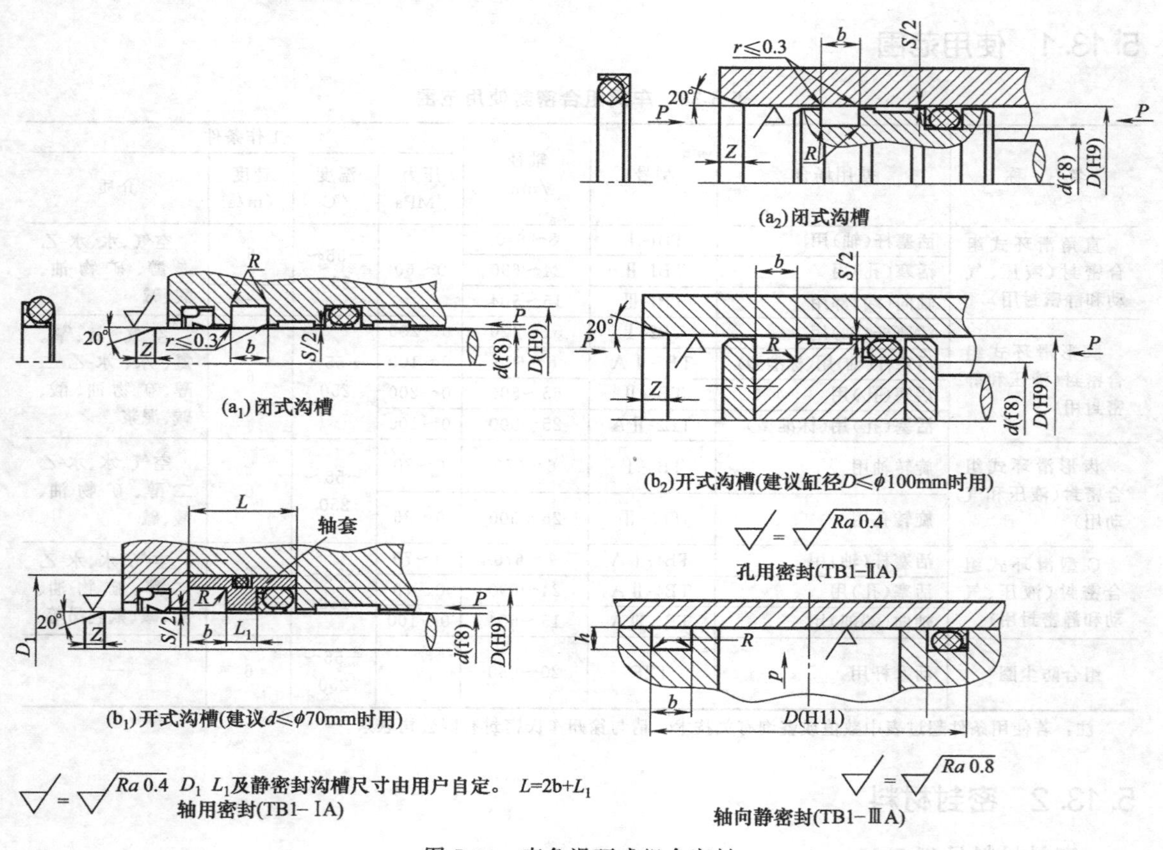


图 5-34 直角滑环式组合密封

标记示例：

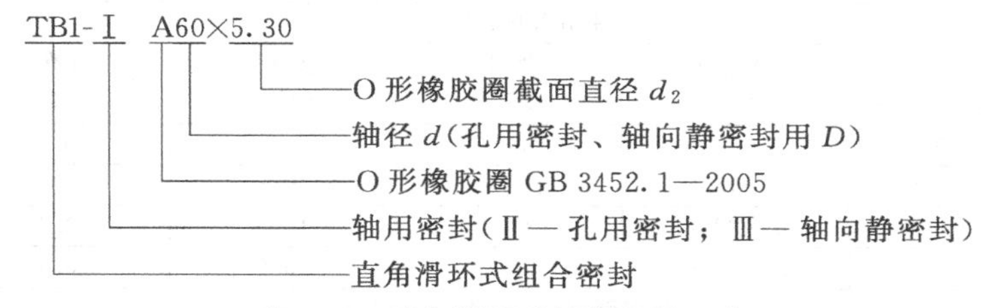


**表 5-40 直角滑环式组合密封尺寸** mm

| 轴用密封(TB1-Ⅰ A) | | | | | | |
|---|---|---|---|---|---|---|
| 杆径<br>$d$(f8) | 沟槽底径<br>$D$(H9) | 沟槽宽度<br>$b^{+0.2}_{0}$ | O形圈截面<br>直径$d_2$ | 圆角<br>$R$ | 间隙<br>$S\leqslant$ | 倒角<br>$Z\geqslant$ |
| 8～17 | $d$+5.0 | 4.2 | 2.65 | 0.2～0.4 | 0.3 | 2 |
| 18～39 | $d$+6.6 | 5.2 | 3.55 | 0.4～0.6 | 0.3 | 3 |
| 40～108 | $d$+9.6 | 7.8 | 5.30 | 0.6～0.8 | 0.4 | 5 |
| 109～670 | $d$+12.5 | 9.8 | 7.00 | 0.8～1.2 | 0.4 | 7 |
| 孔用密封(TB1-Ⅱ A) | | | | | | |
| 缸径<br>$D$(H9) | 沟槽底径<br>$d$(f8) | 沟槽宽度<br>$b^{+0.2}_{0}$ | O形圈截面<br>直径$d_2$ | 圆角<br>$R$ | 间隙<br>$S\leqslant$ | 倒角<br>$Z\geqslant$ |
| 13～23 | $D$−5.0 | 4.2 | 2.65 | 0.2～0.4 | 0.3 | 2 |
| 24～49 | $D$−6.8 | 5.2 | 3.55 | 0.4～0.6 | 0.3 | 3 |
| 50～121 | $D$−10.0 | 7.8 | 5.30 | 0.6～0.8 | 0.4 | 5 |
| 122～685 | $D$−13.0 | 9.8 | 7.00 | 0.8～1.2 | 0.4 | 7 |

| 轴向静密封(TB1-Ⅲ A) | | | | |
|---|---|---|---|---|
| 沟槽外径<br>$D$(H11) | 沟槽宽度<br>$b^{+0.2}_{0}$ | 沟槽深度<br>$h^{+0.1}_{0}$ | O形圈截面<br>直径$d_2$ | 圆角<br>$R$ |
| 15～30 | 4.5 | 2.35 | 2.65 | 0.2～0.4 |
| 27～50 | 5.6 | 3.10 | 3.55 | 0.4～0.6 |
| 52～128 | 7.6 | 4.65 | 5.30 | 0.6～0.8 |
| 128～504 | 10.2 | 6.25 | 7.00 | 0.8～1.2 |

注：安装时必须将组合密封件受压一侧面对压力腔。

## 5.13.4 脚形滑环式组合密封

图 5-35 所示为脚形滑环式组合密封，其尺寸见表 5-41。

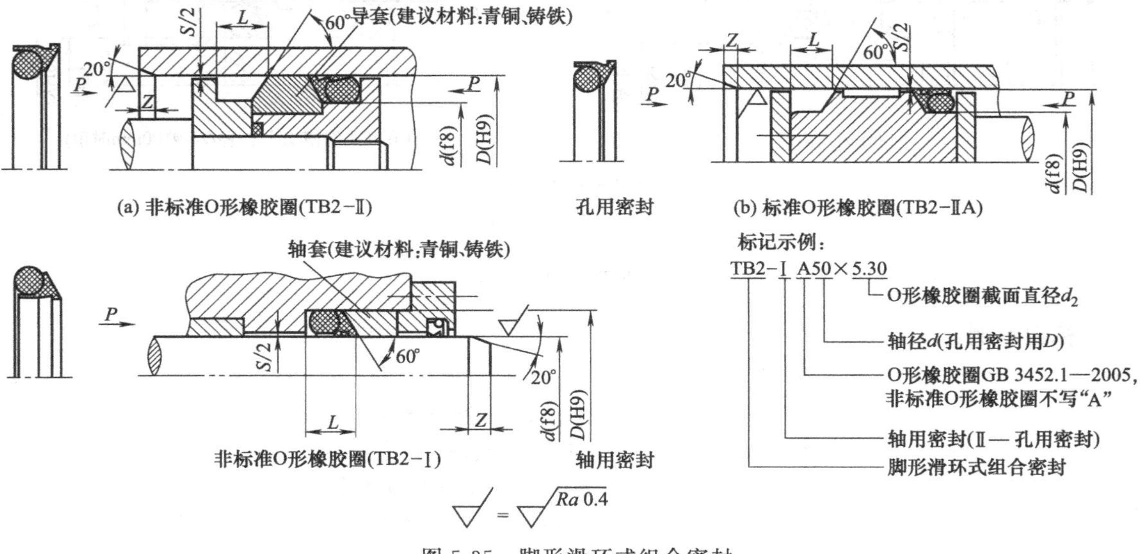


图 5-35 脚形滑环式组合密封

**表 5-41 脚形滑环式组合密封尺寸** mm

| 轴用密封(TB2-Ⅰ) | | | | | | |
|---|---|---|---|---|---|---|
| | 杆径 $d$(f8) | 沟槽底径 $D$(H9) | 沟槽宽度 $L^{+0.2}_{0}$ | O 形圈截面直径 $d_2$ | 间隙 $S$ ≤ | 倒角 $Z$ ≥ |
| TB2-Ⅰ | 51～95 | $d$＋13.8 | 13.3 | 8.0 | 0.3 | 4 |
| | 96～140 | $d$＋18.0 | 17.4 | 10.6 | 0.3 | 5 |
| | 141～209 | $d$＋22.2 | 21.3 | 13.0 | 0.4 | 7 |
| | 210～420 | $d$＋28.0 | 26.4 | 16.0 | 0.4 | 10 |
| 孔用密封(TB2-Ⅱ、TB2-ⅡA) | | | | | | |
| | 缸径 $D$(H9) | 沟槽底径 $d$(f8) | 沟槽宽度 $L^{+0.2}_{0}$ | O 形圈截面直径 $d_2$ | 间隙 $S$ ≤ | 倒角 $Z$ ≥ |
| TB2-Ⅱ | 65～110 | $D$－15.4 | 13.8 | 8.0 | 0.5 | 4 |
| | 115～180 | $D$－20.5 | 17.8 | 10.6 | 0.5 | 4 |
| | 185～250 | $D$－25.0 | 21.7 | 13.0 | 0.7 | 5 |
| | 260～500 | $D$－30.8 | 26.8 | 16.0 | 0.7 | 7 |
| TB2-ⅡA | 24～49 | $D$－7.2 | 6.2 | 3.55 | 0.3 | 3 |
| | 50～121 | $D$－10.4 | 9.0 | 5.30 | 0.4 | 5 |
| | 122～685 | $D$－13.6 | 12.0 | 7.00 | 0.4 | 7 |

注：安装时必须将组合密封件受压一侧面对压力腔。

## 5.13.5 齿形滑环式组合密封

图 5-36 所示为齿形滑环式组合密封，其尺寸见表 5-42。

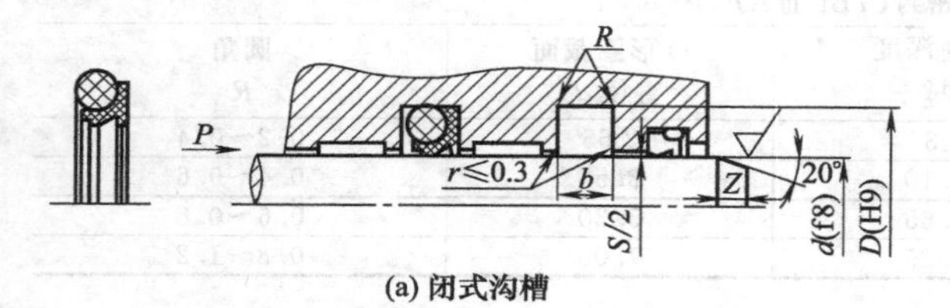


(a) 闭式沟槽

(b) 开式沟槽(建议杆径$d$≤$\phi$70mm时用)

$D_1$、$L_1$及静密封沟槽尺寸由用户自定。$L=2b+L_1$

轴用密封(TB3-Ⅰ)

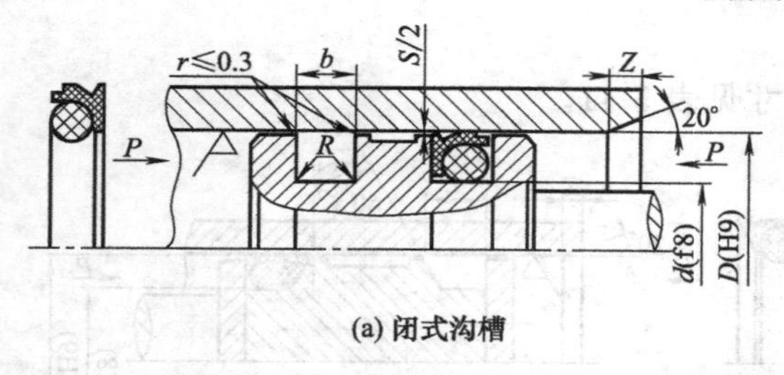


(a) 闭式沟槽

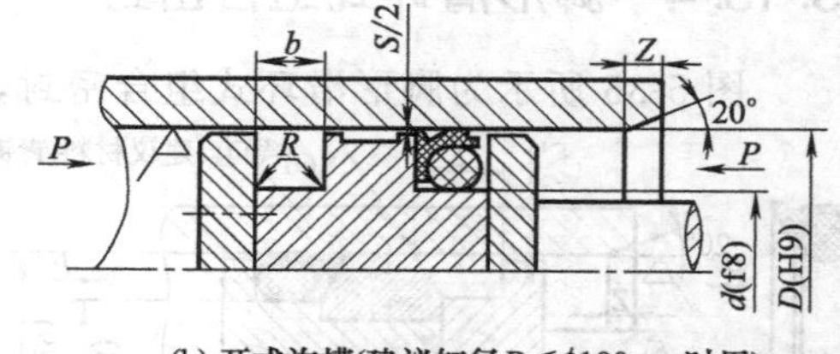


(b) 开式沟槽(建议缸径$D$≤$\phi$100mm时用)

孔用密封(TB3-Ⅱ)

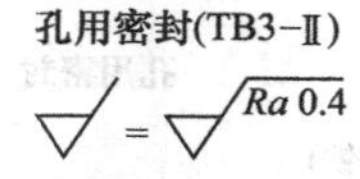


图 5-36 齿形滑环式组合密封

标记示例：

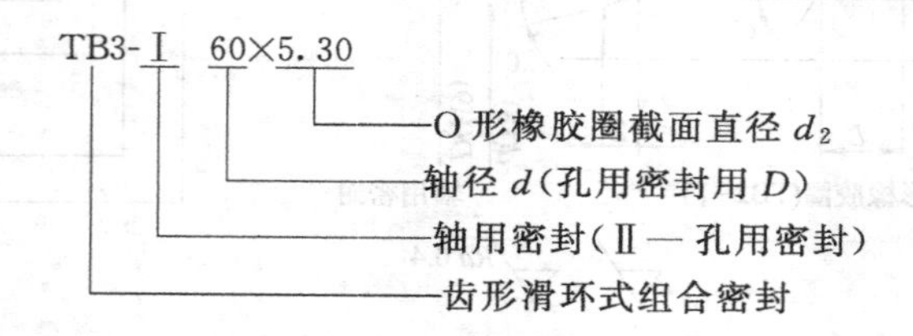

表 5-42 齿形滑环式组合密封尺寸 mm

| 轴用密封(TB3-Ⅰ) | | | | | | |
|---|---|---|---|---|---|---|
| 杆径 $d$(f8) | 沟槽底径 $D$(H9) | 沟槽宽度 $b^{+0.2}_{0}$ | O 形圈截面直径 $d_2$ | 圆角 $R$ | 间隙 $S$ ≤ | 倒角 $Z$ ≥ |
| 6～15 | $d$+6.3 | 4.0 | 2.65 | 0.2～0.4 | 0.3 | 2 |
| 16～38 | $d$+8.2 | 5.2 | 3.55 | 0.4～0.6 | 0.3 | 3 |
| 39～110 | $d$+11.7 | 7.6 | 5.30 | 0.6～0.8 | 0.4 | 5 |
| 111～670 | $d$+16.8 | 9.6 | 7.00 | 0.8～1.2 | 0.4 | 7 |
| 671～1000 | $d$+19.5 | 12.2 | 8.60 | 1.2～1.5 | 0.6 | 9 |
| 孔用密封(TB3-Ⅱ) | | | | | | |
| 缸径 $D$(H9) | 沟槽底径 $d$(f8) | 沟槽宽度 $b^{+0.2}_{0}$ | O 形圈截面直径 $d_2$ | 圆角 $R$ | 间隙 $S$ ≤ | 倒角 $Z$ ≥ |
| 26～51 | $D$−8.2 | 5.2 | 3.55 | 0.4～0.6 | 0.3 | 3 |
| 52～127 | $D$−11.7 | 7.6 | 5.30 | 0.6～0.8 | 0.4 | 5 |
| 128～680 | $D$−16.8 | 9.6 | 7.00 | 0.8～1.2 | 0.4 | 7 |
| 681～1000 | $D$−19.5 | 12.2 | 8.60 | 1.2～1.5 | 0.6 | 9 |

注：安装时必须将组合密封件受压一侧面对压力腔。

## 5.13.6 C 形滑环式组合密封

图 5-37 所示为 C 形滑环式组合密封，其尺寸见表 5-43。

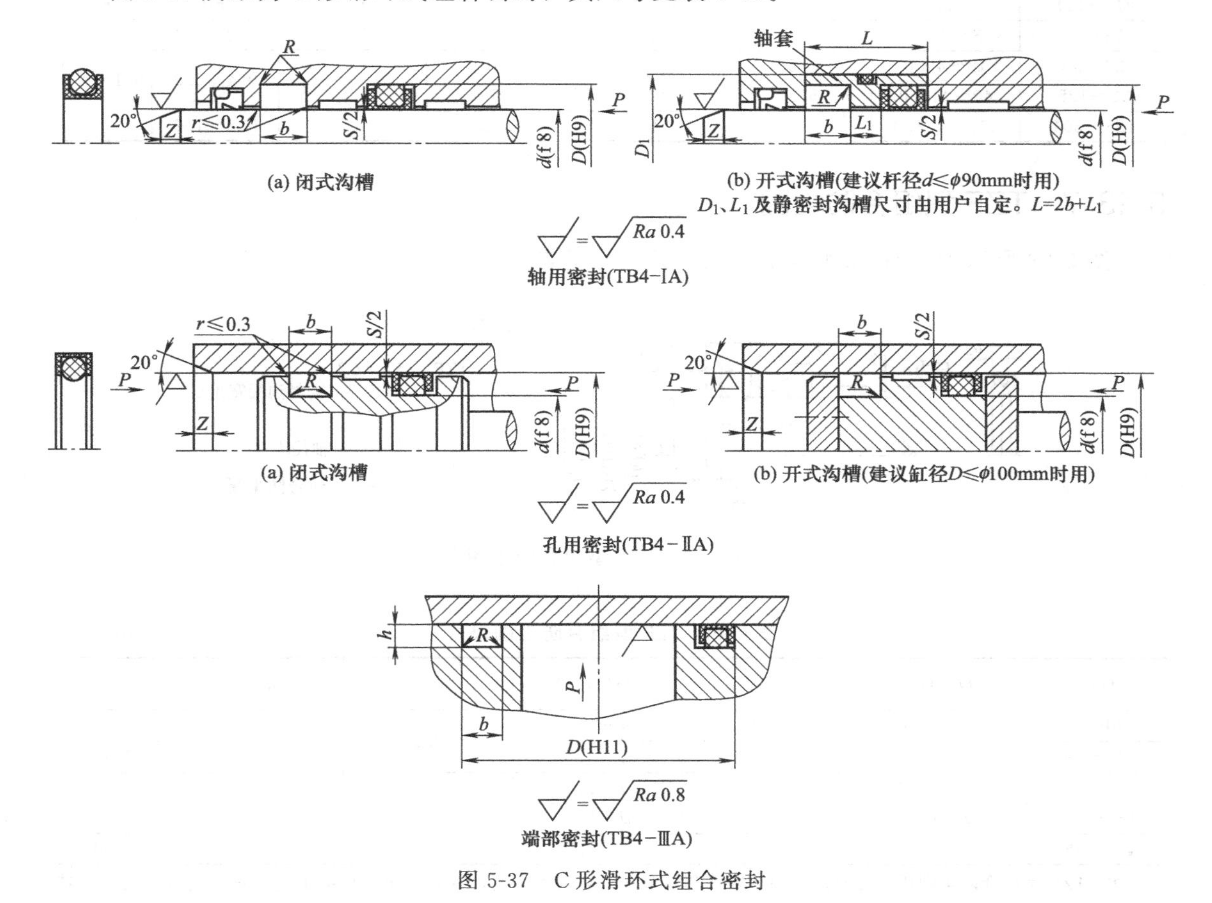


图 5-37 C 形滑环式组合密封

标记示例：

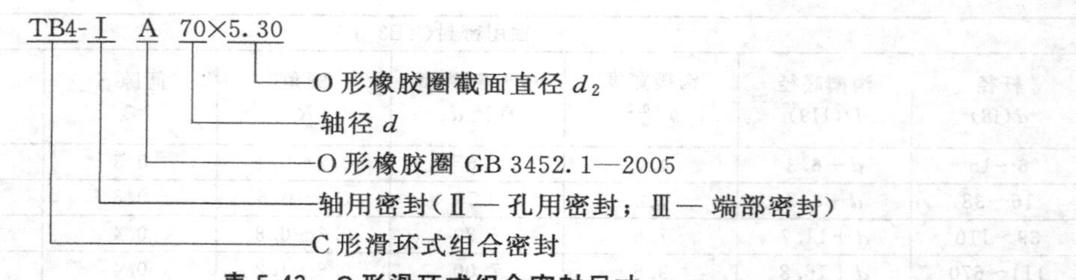


**表 5-43　C 形滑环式组合密封尺寸**　　mm

轴用密封（TB3-Ⅰ）

| $d$(f8) | $D$(H9) | $b^{+0.2}_{0}$ | $b_1$ | $\delta_1 \geqslant$ | $d_2$ | $r_1$ | $r_2$ | $S$ | $Z$ | $Z_1$ |
|---|---|---|---|---|---|---|---|---|---|---|
| 6～15 | $d$+5.0 | 5.0 | 3.65 | 2 | 2.65 | 0.2～0.4 | 0.1～0.3 | 0.3 | 2 | 1.5 |
| 16～38 | $d$+6.6 | 6.2 | 5.55 | 3 | 3.55 | 0.4～0.8 | | 0.3 | 3 | 2.0 |
| 39～110 | $d$+9.9 | 9.2 | 8.30 | 4 | 5.30 | | | 0.4 | 5 | 2.0 |
| 120～670 | $d$+13.0 | 12.3 | 10.00 | 5 | 7.00 | 0.8～1.2 | | 0.4 | 7 | 3.0 |

孔用密封（TB4-ⅡA）

| $D$(H9) | $d$(f8) | $b^{+0.2}_{0}$ | $b_1$ | $d_2$ | $r_1$ | $r_2$ | $S$ | $Z$ |
|---|---|---|---|---|---|---|---|---|
| 24～48 | $D$−6.8 | 6.2 | 5.55 | 3.55 | 0.4～0.8 | 0.1～0.3 | 0.3～0.5 | 3 |
| 50～121 | $D$−10.0 | 9.2 | 8.30 | 5.30 | | | | 5 |
| 122～690 | $D$−13.0 | 12.3 | 10.0 | 7.00 | 0.8～1.2 | | 0.4～0.6 | 7 |

轴向静密封（TB4-ⅢA）

| $D$(H11) | $d_1$ | $d_2$ | $b^{+0.25}_{0}$ | $h^{+0.1}_{0}$ | $\delta \geqslant$ | $r_1$ | $r_2$ |
|---|---|---|---|---|---|---|---|
| 15～30 | 8～22.4 | 2.65 | 5.5 | 2.35 | 1.0 | 0.2～0.4 | 0.1～0.3 |
| 27～50 | 18～40.0 | 3.55 | 6.6 | 3.10 | 1.0 | 0.4～0.8 | |
| 32～128 | 40～115.0 | 5.30 | 9.6 | 4.65 | 1.0 | | |
| 128～504 | 112～478.0 | 7.00 | 11.7 | 6.25 | 1.5 | 0.8～1.2 | |

## 5.13.7　TZF 型组合防尘圈

图 5-38 所示为 TZF 型组合防尘圈，其尺寸见表 5-44。

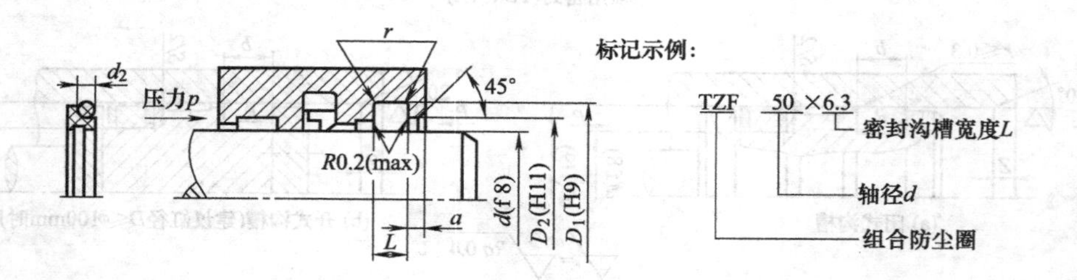


图 5-38　TZF 型组合防尘圈

**表 5-44　TZF 型组合防尘圈尺寸**　　mm

| $d$(f8) | $D_1$(H9) | $L^{+0.2}_{0}$ | $D_2$(H11) | $r$ | $a \geqslant$ | $d_2$ |
|---|---|---|---|---|---|---|
| 20～39 | $d$+7.6 | 4.2 | $d$+1.5 | 0.8 | 3 | 2.65 |
| 40～69 | $d$+8.8 | 6.3 | $d$+1.5 | | | 2.65 |
| 70～139 | $d$+12.2 | 8.1 | $d$+2.0 | 1.5 | 4 | 3.55 |
| 140～399 | $d$+16.0 | 9.5 | $d$+2.5 | | 5 | 5.30 |
| 400～650 | $d$+24.0 | 14.0 | $d$+2.5 | | 8 | 7.00 |

注：TZF 型组合防尘圈用于往复运动的活塞杆和柱塞上，起刮尘作用，特别适用于恶劣工况及重载场合，由一个特殊的双唇口滑环和 O 形橡胶圈组合而成。

# 5.14　气缸用密封圈（JB/T 6657—1993）

## 5.14.1　气缸活塞密封用 QY 型密封圈

图 5-39 所示为气缸活塞密封用 QY 型密封圈，其尺寸见表 5-45。

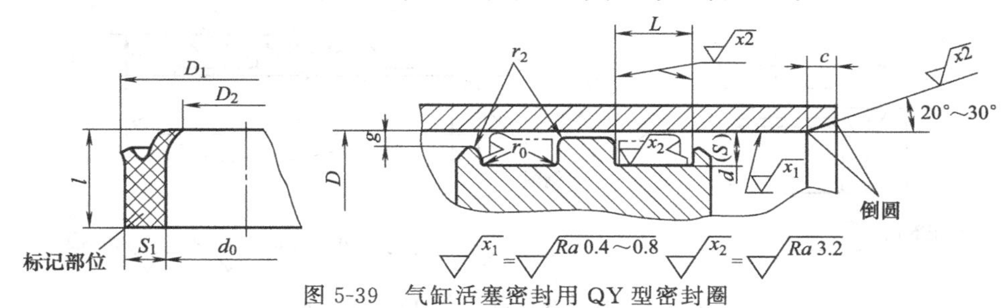


图 5-39　气缸活塞密封用 QY 型密封圈

适用范围：用于以压缩空气为介质、温度为－20～80℃、压力≤1.6MPa 的气缸。

材料：聚氨酯橡胶（HG/T 2810 Ⅱ类材料）。

标记示例：

$D$＝100mm、$d$＝90mm、$S$＝5mm 的气缸用 QY 型密封圈：密封圈QY100×90×5 JB/T 6657—1993。

表 5-45　气缸活塞密封用 QY 型密封圈尺寸　mm

| D (H10) | 密封圈 $d_0$ 基本尺寸 | $d_0$ 极限偏差 | $S_1$ 基本尺寸 | $S_1$ 极限偏差 | $D_1$ 基本尺寸 | $D_1$ 极限偏差 | $D_2$ 基本尺寸 | $D_2$ 极限偏差 | $l$ 基本尺寸 | $l$ 极限偏差 | 沟槽 $S$ | $d$ 基本尺寸 | $d$ 极限偏差 | $L^{+0.25}_{0}$ | $c$ ≥ | $r_1$ ≤ | $r_2$ ≤ | $\delta$ |
|---|---|---|---|---|---|---|---|---|---|---|---|---|---|---|---|---|---|---|
| 40 | 31 | +0.10<br>−0.30 | 4 | −0.05<br>−0.30 | 41.2 | +0.40<br>0 | 30 | 0<br>−0.40 | 8 | +0.20<br>−0.10 | 4 | 32 | +0.06<br>−0.11 | 9 | 2 | 0.3 | 0.3 | 0.5 |
| 50 | 41 | | | | 51.2 | | 40 | | | | | 42 | | | | | | |
| 63 | 52 | +0.20<br>−0.50 | 5 | −0.08<br>−0.30 | 64.4 | +0.50<br>0 | 51 | 0<br>−0.50 | 12 | +0.30<br>−0.15 | 5 | 53 | +0.11<br>−0.14 | 13 | 2.5 | 0.4 | 0.4 | 1 |
| 80 | 69 | | | | 81.4 | | 68 | | | | | 70 | | | | | | |
| 90 | 79 | | | | 91.4 | | 78 | | | | | 80 | | | | | | |
| 100 | 89 | | | | 101.4 | | 88 | | | | | 90 | | | | | | |
| 110 | 99 | | | | 111.4 | | 98 | | | | | 100 | | | | | | |
| 125 | 114 | | | | 126.4 | +0.60<br>0 | 113 | | | | | 115 | | | | | | |
| 140 | 129 | | | | 141.4 | | 128 | | | | | 130 | | | | | | |
| 160 | 149 | | | | 161.4 | | 148 | | | | | 150 | | | | | | |
| 180 | 164 | | 7.5 | −0.10<br>−0.30 | 181.6 | +0.70<br>0 | 162 | 0<br>−0.70 | 16 | +0.40<br>−0.20 | 7.5 | 165 | +0.14<br>−0.17 | 17 | 4 | 0.6 | 0.6 | 1.5 |
| 200 | 184 | | | | 201.6 | | 182 | | | | | 185 | | | | | | |
| 220 | 204 | | | | 221.6 | | 202 | | | | | 205 | | | | | | |
| 250 | 234 | | | | 251.6 | | 232 | | | | | 235 | | | | | | |
| 320 | 304 | | | | 321.6 | | 302 | | | | | 305 | | | | | | |
| 400 | 379 | +0.20<br>−1.20 | 10 | −0.12<br>−0.36 | 402 | +0.80<br>0 | 377 | 0<br>−0.80 | 20 | +0.60<br>−0.20 | 10 | 380 | +0.17<br>−0.20 | 21 | 5 | 0.8 | 0.8 | 2 |
| 500 | 479 | | | | 502 | | 477 | | | | | 480 | | | | | | |
| 630 | 609 | | | | 632 | | 607 | | | | | 610 | | | | | | |

## 5.14.2　气缸活塞杆密封用 QY 型密封圈

图 5-40 所示为气缸活塞杆密封用 QY 型密封圈，其尺寸见表 5-46。

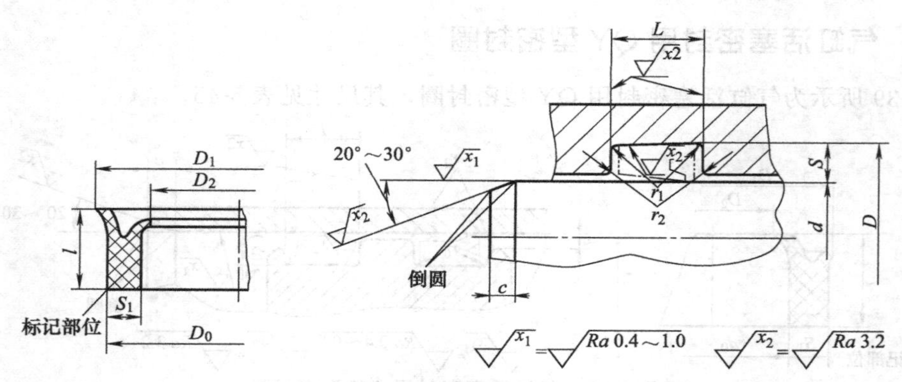


图 5-40　气缸活塞杆密封用 QY 型密封圈

标记示例：

$d$＝50mm、$D$＝60mm、$S$＝5mm 的活塞杆用 QY 型密封圈：密封圈 QY50×60×5 JB/T 6657—1993。

**表 5-46　气缸活塞杆密封用 QY 型密封圈尺寸**　mm

| $d$ (f9) | 密封圈 | | | | | | | | | | 沟槽 | | | | | | |
|---|---|---|---|---|---|---|---|---|---|---|---|---|---|---|---|---|---|
| | $D_0$ | | $S_1$ | | $D_1$ | | $D_2$ | | $l$ | | $S$ | $D$ | | $L^{+0.25}_{0}$ | $c$ ≥ | $r_1$ ≤ | $r_2$ ≤ |
| | 基本尺寸 | 极限偏差 | 基本尺寸 | 极限偏差 | 基本尺寸 | 极限偏差 | 基本尺寸 | 极限偏差 | 基本尺寸 | 极限偏差 | | 基本尺寸 | 极限偏差 | | | | |
| 6 | 12.1 | | | | 13.3 | | 5.2 | | | | | 12 | | | | | |
| 8 | 14.1 | | | | 15.3 | | 7.2 | | | | | 14 | | | | | |
| 10 | 16.1 | | | | 17.3 | | 9.2 | | | | | 16 | | | | | |
| 12 | 18.1 | | | | 19.3 | | 11.2 | | | | | 18 | | | | | |
| 14 | 20.1 | +0.20<br>0 | 3 | | 21.3 | +0.30<br>0 | 13.2 | 0<br>−0.30 | 6 | | 3 | 20 | +0.11<br>−0.03 | 7 | | | |
| 16 | 22.1 | | | | 23.3 | | 15.2 | | | | | 22 | | | | | |
| 18 | 24.1 | | | | 25.3 | | 17.2 | | | | | 24 | | | 2 | 0.3 | 0.3 |
| 20 | 26.1 | | | −0.06<br>−0.21 | 27.3 | | 19.2 | | | +0.20<br>−0.10 | | 26 | | | | | |
| 22 | 28.1 | | | | 29.3 | | 21.2 | | | | | 28 | | | | | |
| 25 | 31.1 | | | | 32.3 | | 24.2 | | | | | 31 | | | | | |
| 28 | 36.1 | | | | 37.3 | | 26.8 | | | | | 36 | | | | | |
| 32 | 40.1 | | | | 41.3 | | 30.8 | | | | | 40 | | | | | |
| 36 | 44.1 | +0.30<br>0 | 4 | | 45.3 | +0.40<br>0 | 34.8 | 0<br>−0.40 | 8 | | 4 | 44 | +0.11<br>−0.06 | 9 | | | |
| 40 | 48.1 | | | | 49.3 | | 38.8 | | | | | 48 | | | | | |
| 45 | 53.1 | | | | 54.3 | | 43.8 | | | | | 53 | | | | | |
| 50 | 60.2 | | | | 61.6 | | 48.6 | | | | | 60 | | | | | |
| 56 | 66.2 | | | | 67.6 | | 54.6 | | | | | 66 | | | | | |
| 63 | 73.2 | | | | 74.6 | | 61.6 | | | | | 73 | | | | | |
| 70 | 80.2 | | | | 81.6 | | 68.6 | | | | | 80 | | | | | |
| 80 | 90.2 | +0.50<br>0 | 5 | −0.08<br>−0.30 | 91.6 | +0.50<br>0 | 78.6 | 0<br>−0.50 | 12 | +0.30<br>−0.15 | 5 | 90 | +0.14<br>−0.11 | 13 | 2.2 | 0.4 | 0.4 |
| 90 | 100.2 | | | | 101.6 | | 88.6 | | | | | 100 | | | | | |
| 100 | 110.2 | | | | 111.6 | | 98.6 | | | | | 110 | | | | | |
| 110 | 120.2 | | | | 121.6 | | 108.6 | | | | | 120 | | | | | |
| 125 | 135.2 | | | | 136.6 | | 123.6 | | | | | 135 | | | | | |
| 140 | 150.2 | | | | 151.6 | | 138.6 | | | | | 150 | | | | | |

续表

| D f9 | 密封圈 $D_0$ 基本尺寸 | $D_0$ 极限偏差 | $S_1$ 基本尺寸 | $S_1$ 极限偏差 | $D_1$ 基本尺寸 | $D_1$ 极限偏差 | $D_2$ 基本尺寸 | $D_2$ 极限偏差 | $l$ 基本尺寸 | $l$ 极限偏差 | 沟槽 $S$ | $D$ 基本尺寸 | $D$ 极限偏差 | $L^{+0.25}_{0}$ | $c \geqslant$ | $r_1 \leqslant$ | $r_2 \leqslant$ |
|---|---|---|---|---|---|---|---|---|---|---|---|---|---|---|---|---|---|
| 160 | 175.2 | +0.80<br>0 | 7.5 | −0.10<br>−0.30 | 176.8 | +0.70<br>0 | 158.4 | 0<br>−0.70 | 16 | +0.40<br>−0.20 | 7.5 | 175 | +0.17<br>−0.14 | 17 | 4 | 0.6 | 0.6 |
| 180 | 195.2 | | | | 196.8 | | 178.4 | | | | | 195 | | | | | |
| 200 | 215.2 | | | | 216.8 | | 198.4 | | | | | 215 | | | | | |
| 220 | 235.2 | | | | 236.8 | | 218.4 | | | | | 235 | | | | | |
| 250 | 265.2 | | | | 266.8 | | 248.4 | | | | | 265 | | | | | |
| 280 | 295.2 | | | | 296.8 | | 278.4 | | | | | 295 | | | | | |
| 320 | 335.2 | | | | 336.8 | | 318.4 | | | | | 335 | | | | | |
| 360 | 380.3 | +1.20<br>0 | 10 | −0.12<br>−0.36 | 382.3 | +0.80<br>0 | 358 | 0<br>−0.80 | 20 | +0.60<br>−0.20 | 10 | 380 | +0.20<br>−0.17 | 21 | 5 | | |
| 400 | 420.3 | | | | 422.3 | | 398 | | | | | 420 | | | | | |

## 5.14.3 气缸活塞杆用 J 型防尘圈

图 5-41 所示为气缸活塞杆用 J 型防尘圈，其尺寸见表 5-47。

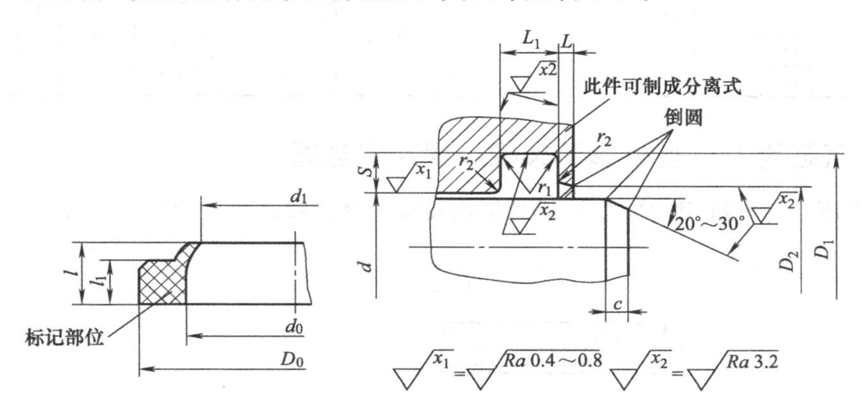


图 5-41 气缸活塞杆用 J 型防尘圈

标记示例：

$d$=50mm、$D_1$=60.5mm、$L$=6mm 的 J 型防尘圈：J50×60.5×6 JB/T 6657—1993。

**表 5-47 气缸活塞杆用 J 型防尘圈尺寸** mm

| $d$ (f9) | 防尘圈 $D_0$ 基本尺寸 | $D_0$ 极限偏差 | $d_0$ 基本尺寸 | $d_0$ 极限偏差 | $d_1$ 基本尺寸 | $d_1$ 极限偏差 | $l$ 基本尺寸 | $l$ 极限偏差 | $l_1$ 基本尺寸 | $l_1$ 极限偏差 | 沟槽 $D_1$ 基本尺寸 | $D_1$ 极限偏差 | $D_2{}^{+0.20}_{0}$ | $L_1{}^{+0.20}_{0}$ | $L \geqslant$ | $S$ | $c \geqslant$ | $r_1,r_2 \leqslant$ |
|---|---|---|---|---|---|---|---|---|---|---|---|---|---|---|---|---|---|---|
| 6 | 14.5 | +0.30<br>0 | 7 | ±0.30 | 5.4 | 0<br>−0.50 | 7 | ±0.40 | 4 | 0<br>−0.20 | 14.5 | +0.11<br>0 | 11 | 4 | 3 | 4 | 2 | 0.3 |
| 8 | 16.5 | | 9 | | 7.4 | | | | | | 16.5 | | 13 | | | | | |
| 10 | 18.5 | | 11 | | 9.4 | | | | | | 18.5 | | 15 | | | | | |
| 12 | 20.5 | | 13 | | 11.4 | | | | | | 20.5 | +0.13<br>0 | 17 | | | | | |
| 14 | 22.5 | | 15 | | 13.4 | | | | | | 22.5 | | 19 | | | | | |
| 16 | 26.5 | | 17 | | 15.4 | | 9 | | 5 | | 26.5 | | 21 | 5 | | 5 | | |
| 18 | 28.5 | | 19 | | 17.4 | | | | | | 28.5 | | 23 | | | | | |
| 20 | 30.5 | | 21 | | 19.4 | | | | | | 30.5 | | 25 | | | | | |
| 22 | 32.5 | | 23 | | 21.4 | | | | | | 32.5 | +0.16<br>0 | 27 | | | | | |
| 25 | 35.5 | | 26 | | 24.4 | | | | | | 35.5 | | 30 | | | | | |
| 28 | 38.5 | | 29 | | 27.4 | | | | | | 38.5 | | 33 | | | | | |

续表

| d | 防尘圈 | | | | | | | | | | 沟槽 | | | | | | | |
|---|---|---|---|---|---|---|---|---|---|---|---|---|---|---|---|---|---|---|
| | $D_0$ | | $d_0$ | | $d_1$ | | $l$ | | $l_1$ | | $D_1$ | | | | | | | |
| (f9) | 基本尺寸 | 极限偏差 | 基本尺寸 | 极限偏差 | 基本尺寸 | 极限偏差 | 基本尺寸 | 极限偏差 | 基本尺寸 | 极限偏差 | 基本尺寸 | 极限偏差 | $D_2{}^{+0.20}_{0}$ | $L_1{}^{+0.20}_{0}$ | $L$ ≥ | $S$ | $c$ ≥ | $r_1,r_2$ ≤ |
| 32 | 42.5 | | 33 | | 31 | | | | | | 42.5 | | 38 | | | 5 | | |
| 36 | 46.5 | | 37 | | 35 | | | | | | 46.5 | +0.16<br>0 | 42 | | | | | |
| 40 | 50.5 | +0.30<br>0 | 41 | | 39 | | 10 | | 6 | | 50.5 | | 46 | 6 | 3 | | 2 | 0.3 |
| 45 | 55.5 | | 46 | | 44 | | | | | | 55.5 | | 51 | | | 4.9 | | |
| 50 | 60.5 | | 51 | | 49 | | | | | | 60.5 | +0.19<br>0 | 56 | | | | | |
| 56 | 68.5 | | 57 | | 54.5 | | | | | | 68.5 | | 62 | | | | | |
| 63 | 75.5 | | 64 | | 61.4 | | | | | | 75.5 | | 69 | | | | | |
| 70 | 82.5 | +0.40<br>0 | 71 | | 68.5 | | | | | | 82.5 | | 76 | | | | | |
| 80 | 92.5 | | 81 | ±0.30 | 78.5 | 0<br>−0.50 | 11 | ±0.40 | 7 | 0<br>−0.20 | 92.5 | +0.22<br>0 | 86 | 7 | 3.5 | 5.9 | 2.5 | 0.4 |
| 90 | 102.5 | | 91 | | 88.3 | | | | | | 102.5 | | 96 | | | | | |
| 100 | 112.5 | | 101 | | 98.3 | | | | | | 112.5 | | 106 | | | | | |
| 110 | 124.5 | | 111 | | 108.3 | | 12 | | 8 | | 124.5 | | 117 | | | 6.8 | | |
| 125 | 139.5 | | 126 | | 123.3 | | | | | | 139.5 | +0.25<br>0 | 132 | 8 | | | | |
| 140 | 158.5 | +0.50<br>0 | 141 | | 128.3 | | | | | | 158.5 | | 147 | | 4 | | 4 | 0.6 |
| 160 | 178.5 | | 161 | | 158.3 | | 14 | | 9 | | 178.5 | | 167 | 9 | | 8.8 | | |
| 180 | 198.5 | | 181 | | 178.3 | | | | | | 198.5 | +0.29<br>0 | 187 | | | | | |
| 200 | 218.5 | | 201 | | 198.3 | | | | | | 218.5 | | 207 | | | | | |

## 5.14.4 气缸用 QH 型外露骨架橡胶缓冲密封圈

图 5-42 所示为气缸用 QH 型外露骨架橡胶缓冲密封圈，其尺寸见表 5-48。

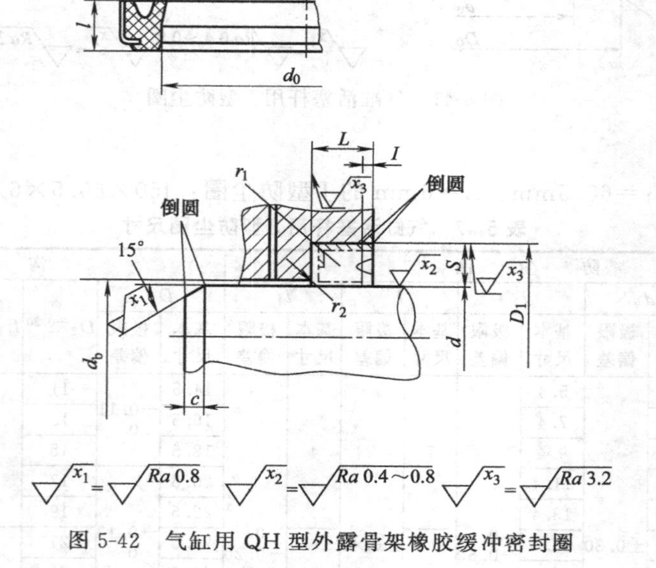


图 5-42 气缸用 QH 型外露骨架橡胶缓冲密封圈

标记示例：

$d$=50mm、$D$=62mm、$L$=7mm 的 QH 型外露骨架橡胶缓冲密封圈：密封圈 QH50×62×7 JB/T 6657—1993。

表 5-48 气缸用 QH 型外露骨架橡胶缓冲密封圈尺寸 mm

| $d$ (f9) | 密封圈 | | | | | | | | 沟槽 | | | | | | |
|---|---|---|---|---|---|---|---|---|---|---|---|---|---|---|---|
| | $D$ | | $D_2$ | | $d_0$ | | $l$ | | $D_1$ | | $L_1{}^{+0.20}_{0}$ | $d_b{}^{+0.20}_{0}$ | $S$ | $c$ ≥ | $r_1, r_2$ ≤ |
| | 基本尺寸 | 极限偏差 | 基本尺寸 | 极限偏差 | 基本尺寸 | 极限偏差 | 基本尺寸 | 极限偏差 | 基本尺寸 | 极限偏差 | | | | | |
| 16 | 24 | | 15.5 | | 16.6 | | | | 24 | | | 17 | | | |
| 18 | 26 | | 17.5 | | 18.6 | | | | 26 | +0.021<br>0 | | 19 | | | |
| 20 | 28 | | 19.5 | | 20.6 | | | | 28 | | | 21 | | | |
| 22 | 30 | | 21.5 | | 22.6 | | 5 | | 30 | | 5 | 23 | 4 | | |
| 24 | 32 | | 23.5 | | 24.6 | | | | 32 | | | 25 | | 3 | |
| 28 | 36 | | 27.5 | | 28.6 | | | | 36 | | | 29 | | | |
| 30 | 40 | +0.10<br>+0.05 | 29.5 | 0<br>−0.50 | 30.8 | +0.10<br>0 | | ±0.50 | 40 | +0.025<br>0 | | 31 | | | |
| 35 | 45 | | 34.5 | | 35.8 | | | | 45 | | | 36 | | | 0.3 |
| 38 | 48 | | 37.5 | | 38.8 | | | | 48 | | 6 | 39 | 5 | | |
| 40 | 50 | | 39.1 | | 40.8 | | 6 | | 50 | | | 41 | | | |
| 45 | 55 | | 44.1 | | 45.8 | | | | 55 | | | 46 | | | |
| 50 | 62 | | 49.1 | | 51 | | | | 62 | +0.030<br>0 | | 51.5 | | 4 | |
| 55 | 67 | | 54.1 | | 56 | | 7 | | 67 | | 7 | 56.5 | 6 | | |
| 65 | 77 | | 64.1 | | 66 | | | | 77 | | | 66.5 | | | |

# 5.15 管法兰用非金属平垫片

## 5.15.1 平面管法兰（FF）用非金属平垫片（GB/T 9126—2008）

图 5-43 所示为平面管法兰（FF）用非金属平垫片，其尺寸见表 5-49。

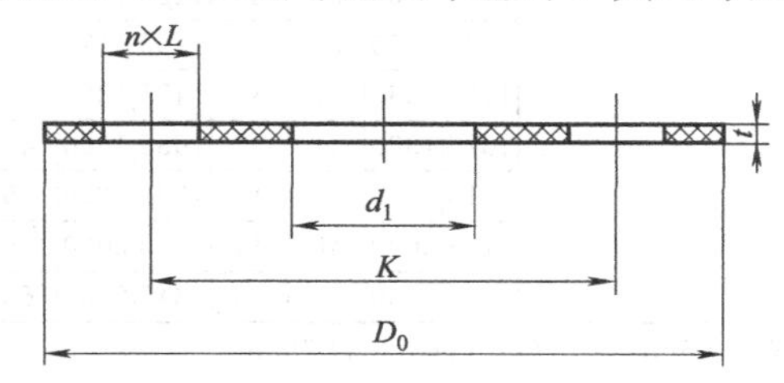


图 5-43 平面管法兰（FF）用非金属平垫片

标记方式：

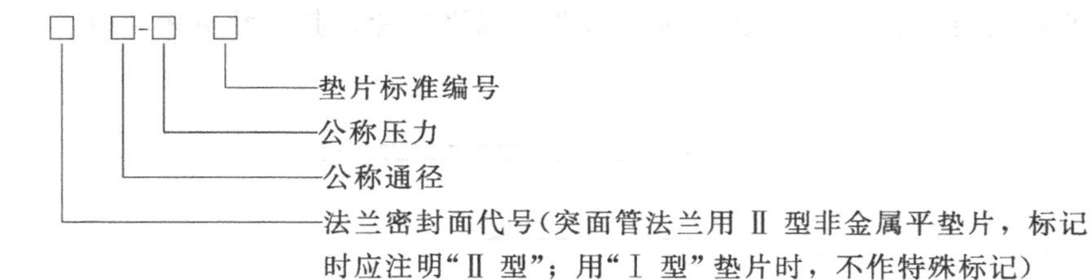


标记示例：

公称通径为 50mm、公称压力为 1.0MPa 的平面管法兰用非金属平垫片：非金属垫片 FF *DN*50-*PN*10 GB/T 9126—2008。

公称通径为 65mm、公称压力为 1.0MPa 的突面（Ⅱ型）管法兰用非金属平垫片：非金属垫片 RF（Ⅱ型）*DN*65-*PN*10 GB/T 9126—2008。

垫片材料及技术条件见 GB/T 9129—2008。

**表 5-49　平面管法兰（FF）用非金属平垫片尺寸**　　mm

| 公称通径 *DN* | 垫片内径 $d_i$ | 公称压力 *PN*/MPa |  |  |  |  |  |  |  |  |  |  |  |  |  |  |  |  |  |  |  | 垫片厚度 *t* |
|---|---|---|---|---|---|---|---|---|---|---|---|---|---|---|---|---|---|---|---|---|---|---|
|  |  | 0.25 |  |  |  | 0.6 |  |  |  | 1.0 |  |  |  | 1.6 |  |  |  | 2.0 |  |  |  |  |
|  |  | $D_o$ | *K* | *L* | *n* | $D_o$ | *K* | *L* | *n* | $D_o$ | *K* | *L* | *n* | $D_o$ | *K* | *L* | *n* | $D_o$ | *K* | *L* | *n* |  |
| 10 | 18 | 使用 *PN*＝0.6MPa 的尺寸 |  |  |  | 75 | 50 | 11 | 4 | 使用 *PN*＝1.6MPa 的尺寸 |  |  |  | 90 | 60 | 14 | 4 | — |  |  |  | 1.5～3 |
| 15 | 22 |  |  |  |  | 80 | 55 | 11 | 4 |  |  |  |  | 95 | 65 | 14 | 4 | 90 | 60.5 | 16 | 4 |  |
| 20 | 27 |  |  |  |  | 90 | 65 | 11 | 4 |  |  |  |  | 105 | 75 | 14 | 4 | 100 | 70.0 | 16 | 4 |  |
| 25 | 34 |  |  |  |  | 100 | 75 | 11 | 4 |  |  |  |  | 115 | 85 | 14 | 4 | 110 | 79.5 | 16 | 4 |  |
| 32 | 43 |  |  |  |  | 120 | 90 | 14 | 4 |  |  |  |  | 140 | 100 | 18 | 4 | 120 | 89.0 | 16 | 4 |  |
| 40 | 49 |  |  |  |  | 130 | 100 | 14 | 4 |  |  |  |  | 150 | 110 | 18 | 4 | 130 | 98.0 | 16 | 4 |  |
| 50 | 61 |  |  |  |  | 140 | 110 | 14 | 4 |  |  |  |  | 165 | 125 | 18 | 4 | 150 | 120.5 | 18 | 4 |  |
| 65 | 77① |  |  |  |  | 160 | 130 | 14 | 4 |  |  |  |  | 185 | 145 | 18 | 8 | 180 | 139.5 | 18 | 4 |  |
| 80 | 89 |  |  |  |  | 190 | 150 | 18 | 4 |  |  |  |  | 200 | 160 | 18 | 8 | 190 | 152.5 | 18 | 4 |  |
| 100 | 115 |  |  |  |  | 210 | 170 | 18 | 4 |  |  |  |  | 220 | 180 | 18 | 8 | 230 | 190.5 | 18 | 8 |  |
| 125 | 141 |  |  |  |  | 240 | 200 | 18 | 8 |  |  |  |  | 250 | 210 | 18 | 8 | 255 | 216.0 | 22 | 8 |  |
| 150 | 169 |  |  |  |  | 265 | 225 | 18 | 8 |  |  |  |  | 285 | 240 | 22 | 8 | 280 | 241.5 | 22 | 8 |  |
| 200 | 220 |  |  |  |  | 320 | 280 | 18 | 8 | 340 | 295 | 22 | 8 | 340 | 295 | 22 | 12 | 345 | 298.5 | 22 | 8 |  |
| 250 | 273 |  |  |  |  | 375 | 335 | 18 | 12 | 395 | 350 | 22 | 12 | 405 | 355 | 26 | 12 | 405 | 362.0 | 26 | 12 |  |
| 300 | 324 |  |  |  |  | 440 | 395 | 22 | 12 | 445 | 400 | 22 | 12 | 460 | 410 | 26 | 12 | 485 | 432.0 | 26 | 12 |  |
| 350 | 356 |  |  |  |  | 490 | 445 | 22 | 12 | 505 | 460 | 22 | 16 | 520 | 470 | 26 | 16 | 535 | 476.0 | 29.5 | 12 |  |
| 400 | 407 |  |  |  |  | 540 | 495 | 22 | 16 | 565 | 515 | 26 | 16 | 580 | 525 | 30 | 16 | 600 | 540.0 | 29.5 | 16 |  |
| 450 | 458 |  |  |  |  | 595 | 550 | 22 | 16 | 615 | 565 | 26 | 20 | 640 | 585 | 30 | 20 | 635 | 578.0 | 32.5 | 16 |  |
| 500 | 508 |  |  |  |  | 645 | 600 | 22 | 20 | 670 | 620 | 26 | 20 | 715 | 650 | 33 | 20 | 700 | 635.0 | 32.5 | 20 |  |
| 600 | 610 | — |  |  |  | — |  |  |  | 780 | 725 | 30 | 22 | 840 | 770 | 36 | 20 | 815 | 749.5 | 35.5 | 20 |  |
| 700 | 712 |  |  |  |  |  |  |  |  | 895 | 840 | 30 | 24 | 910 | 840 | 36 | 24 | — |  |  |  |  |
| 800 | 813 |  |  |  |  |  |  |  |  | 1015 | 950 | 33 | 24 | 1025 | 950 | 39 | 24 |  |  |  |  |  |
| 900 | 915 |  |  |  |  |  |  |  |  | 1115 | 1050 | 33 | 28 | 1125 | 1050 | 39 | 28 |  |  |  |  |  |
| 1000 | 1016 |  |  |  |  |  |  |  |  | 1230 | 1160 | 36 | 28 | 1255 | 1170 | 42 | 28 |  |  |  |  |  |
| 1200 | 1220 |  |  |  |  |  |  |  |  | 1455 | 1380 | 39 | 32 | 1485 | 1390 | 48 | 32 |  |  |  |  |  |
| 1400 | 1420 |  |  |  |  |  |  |  |  | 1675 | 1590 | 42 | 36 | 1685 | 1590 | 48 | 36 |  |  |  |  |  |
| 1600 | 1620 |  |  |  |  |  |  |  |  | 1915 | 1820 | 48 | 40 | 1930 | 1820 | 55 | 40 |  |  |  |  |  |
| 1800 | 1820 |  |  |  |  |  |  |  |  | 2115 | 2020 | 48 | 44 | 2130 | 2020 | 55 | 44 |  |  |  |  |  |
| 2000 | 2020 |  |  |  |  |  |  |  |  | 2325 | 2230 | 48 | 48 | 2345 | 2230 | 60 | 48 |  |  |  |  |  |

① 只有当 *PN* 为 2.0MPa、*DN* 为 65mm 时，垫片内径 $d_i$ 为 73mm。

## 5.15.2　突面管法兰（RF）用Ⅰ型非金属平垫片（GB/T 9126—2008）

图 5-44 所示为突面管法兰（RF）用Ⅰ型非金属平垫片，其尺寸见表 5-50。

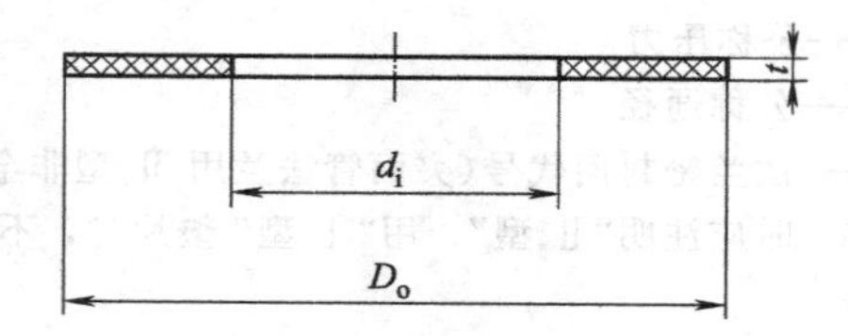


图 5-44　突面管法兰（RF）用Ⅰ型非金属平垫片

Ⅰ型垫片适用于通用型法兰密封面。

垫片材料及技术条件见 GB/T 9129—2008。

**表 5-50 突面管法兰（RF）用Ⅰ型非金属平垫片尺寸** mm

| 公称尺寸 $DN$ | 垫片内径 $d_i$ | 公称压力 | | | | | | | | | | | | | | | | | | | | | | | | 垫片厚度 $t$ |
|---|---|---|---|---|---|---|---|---|---|---|---|---|---|---|---|---|---|---|---|---|---|---|---|---|---|---|
| | | $PN2.5$ | | | | $PN6$ | | | | $PN10$ | | | | $PN16$ | | | | $PN25$ | | | | $PN40$ | | | | |
| | | 垫片外径 $D_o$ | 螺栓孔中心圆直径 $K$ | 螺栓孔径 $L$ | 螺栓孔数 $n$ | 垫片外径 $D_o$ | 螺栓孔中心圆直径 $K$ | 螺栓孔径 $L$ | 螺栓孔数 $n$ | 垫片外径 $D_o$ | 螺栓孔中心圆直径 $K$ | 螺栓孔径 $L$ | 螺栓孔数 $n$ | 垫片外径 $D_o$ | 螺栓孔中心圆直径 $K$ | 螺栓孔径 $L$ | 螺栓孔数 $n$ | 垫片外径 $D_o$ | 螺栓孔中心圆直径 $K$ | 螺栓孔径 $L$ | 螺栓孔数 $n$ | 垫片外径 $D_o$ | 螺栓孔中心圆直径 $K$ | 螺栓孔径 $L$ | 螺栓孔数 $n$ | |
| 10 | 18 | 使用 $PN6$ 的尺寸 | | | | 75 | 50 | 11 | 4 | 使用 $PN40$ 的尺寸 | | | | 使用 $PN40$ 的尺寸 | | | | 使用 $PN40$ 的尺寸 | | | | 90 | 60 | 14 | 4 | 0.8～3.0 |
| 15 | 22 | | | | | 80 | 55 | 11 | 4 | | | | | | | | | | | | | 95 | 65 | 14 | 4 | |
| 20 | 27 | | | | | 90 | 65 | 11 | 4 | | | | | | | | | | | | | 105 | 75 | 14 | 4 | |
| 25 | 34 | | | | | 100 | 75 | 11 | 4 | | | | | | | | | | | | | 115 | 85 | 14 | 4 | |
| 32 | 43 | | | | | 120 | 90 | 14 | 4 | | | | | | | | | | | | | 140 | 100 | 18 | 4 | |
| 40 | 49 | | | | | 130 | 100 | 14 | 4 | | | | | | | | | | | | | 150 | 110 | 18 | 4 | |
| 50 | 61 | | | | | 140 | 110 | 14 | 4 | | | | | | | | | | | | | 165 | 125 | 18 | 4 | |
| 65 | 77 | | | | | 160 | 130 | 14 | 4 | | | | | | | | | | | | | 185 | 145 | 18 | 8 | |
| 80 | 89 | | | | | 190 | 150 | 18 | 4 | | | | | | | | | | | | | 200 | 160 | 18 | 8 | |
| 100 | 115 | | | | | 210 | 170 | 18 | 4 | 使用 $PN16$ 的尺寸 | | | | 220 | 180 | 18 | 8 | | | | | 235 | 190 | 22 | 8 | |
| 125 | 141 | | | | | 240 | 200 | 18 | 8 | | | | | 250 | 210 | 18 | 8 | | | | | 270 | 220 | 26 | 8 | |
| 150 | 169 | | | | | 265 | 225 | 18 | 8 | | | | | 285 | 240 | 22 | 8 | | | | | 300 | 250 | 26 | 8 | |
| 200 | 220 | | | | | 320 | 280 | 18 | 8 | 340 | 295 | 22 | 8 | 340 | 295 | 22 | 12 | 360 | 310 | 26 | 12 | 375 | 320 | 30 | 12 | |
| 250 | 273 | | | | | 375 | 335 | 18 | 12 | 395 | 350 | 22 | 12 | 405 | 355 | 26 | 12 | 425 | 370 | 30 | 12 | 450 | 385 | 33 | 12 | |
| 300 | 324 | | | | | 440 | 395 | 22 | 12 | 445 | 400 | 22 | 12 | 460 | 410 | 26 | 12 | 485 | 430 | 30 | 16 | 515 | 450 | 33 | 16 | |
| 350 | 356 | | | | | 490 | 445 | 22 | 12 | 505 | 460 | 22 | 16 | 520 | 470 | 26 | 16 | 555 | 490 | 33 | 16 | 580 | 510 | 36 | 16 | |
| 400 | 407 | | | | | 540 | 495 | 22 | 16 | 565 | 515 | 26 | 16 | 580 | 525 | 30 | 16 | 620 | 550 | 36 | 16 | 660 | 585 | 39 | 16 | |
| 450 | 458 | | | | | 595 | 550 | 22 | 16 | 615 | 565 | 26 | 20 | 640 | 585 | 30 | 20 | 670 | 600 | 36 | 20 | 685 | 610 | 39 | 20 | |
| 500 | 508 | | | | | 645 | 600 | 22 | 20 | 670 | 620 | 26 | 20 | 715 | 650 | 33 | 20 | 730 | 660 | 36 | 20 | 755 | 670 | 42 | 20 | |
| 600 | 610 | | | | | 755 | 705 | 26 | 20 | 780 | 725 | 30 | 20 | 840 | 770 | 36 | 20 | 845 | 770 | 39 | 20 | 890 | 795 | 48 | 20 | |
| 700 | 712 | — | | | | — | | | | 895 | 840 | 30 | 24 | 910 | 840 | 36 | 24 | 960 | 875 | 42 | 24 | — | | | | |
| 800 | 813 | | | | | | | | | 1015 | 950 | 33 | 24 | 1025 | 950 | 39 | 24 | 1085 | 990 | 48 | 24 | | | | | |
| 900 | 915 | | | | | | | | | 1115 | 1050 | 33 | 28 | 1125 | 1060 | 39 | 28 | 1185 | 1090 | 48 | 28 | | | | | |
| 1000 | 1016 | | | | | | | | | 1230 | 1160 | 35 | 28 | 1255 | 1170 | 42 | 28 | 1320 | 1210 | 56 | 28 | | | | | |
| 1200 | 1220 | | | | | | | | | 1455 | 1380 | 33 | 32 | 1485 | 1390 | 48 | 32 | 1530 | 1420 | 56 | 32 | | | | | |
| 1400 | 1420 | | | | | | | | | 1675 | 1590 | 42 | 36 | 1685 | 1590 | 48 | 36 | 1755 | 1640 | 62 | 36 | | | | | |
| 1600 | 1620 | | | | | | | | | 1915 | 1820 | 43 | 40 | 1930 | 1820 | 56 | 40 | 1975 | 1860 | 62 | 40 | | | | | |
| 1800 | 1820 | | | | | | | | | 2115 | 2020 | 43 | 44 | 2130 | 2020 | 56 | 44 | 2195 | 2070 | 70 | 44 | | | | | |
| 2000 | 2020 | | | | | | | | | 2325 | 2230 | 43 | 48 | 2345 | 2230 | 62 | 48 | 2425 | 2300 | 70 | 48 | | | | | |

## 5.15.3 突面管法兰（RF）用Ⅱ型及凹凸面管法兰（MF）和榫槽面管法兰（JG）用非金属平垫片（GB/T 9126—2008）

图 5-45 所示为突面管法兰（RF）用Ⅱ型及凹凸管法兰（MF）和榫槽面管法兰（JG）用非金属平垫片，其尺寸见表 5-51～表 5-53。

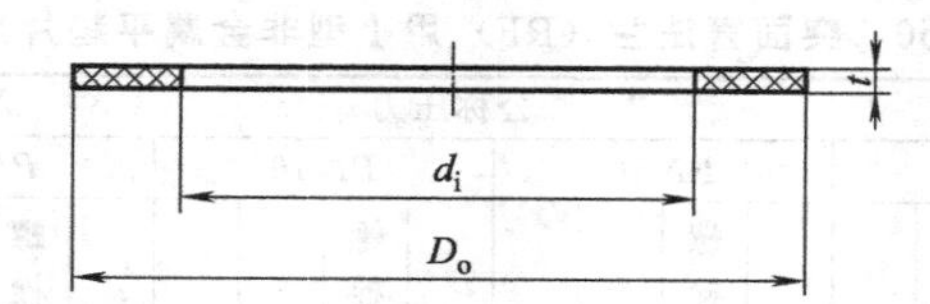


图 5-45 突面管法兰（RF）用Ⅱ型及凹凸面管法兰（MF）和榫槽面管法兰（JG）用非金属平垫片

Ⅱ型垫片适用于窄型法兰密封面。

垫片材料及技术条件见 GB/T 9129—2008。

**表 5-51 突面管法兰（RF）用Ⅱ型非金属平垫片** mm

| 公称尺寸 DN | 垫片内径 $d_i$ | 公称压力 | | | | | | 垫片厚度 $t$ |
|---|---|---|---|---|---|---|---|---|
| | | PN2.5 | PN6 | PN10 | PN16 | PN25 | PN40 | |
| | | 垫片外径 $D_o$ | | | | | | |
| 10 | 18 | 使用 PN6 的尺寸 | 39 | 使用 PN40 的尺寸 | 使用 PN40 的尺寸 | 使用 PN40 的尺寸 | 46 | 0.8～3.0 |
| 15 | 22 | | 44 | | | | 51 | |
| 20 | 27 | | 54 | | | | 61 | |
| 25 | 34 | | 64 | | | | 71 | |
| 32 | 43 | | 76 | | | | 82 | |
| 40 | 49 | | 86 | | | | 92 | |
| 50 | 61 | | 96 | | | | 107 | |
| 65 | 77 | | 116 | | | | 127 | |
| 80 | 89 | | 132 | | | | 142 | |
| 100 | 115 | | 152 | 162 | 162 | | 168 | |
| 125 | 141 | | 182 | 192 | 192 | | 194 | |
| 150 | 169 | | 207 | 218 | 218 | | 224 | |
| (175)① | 141 | | 182 | 192 | 192 | 194 | — | |
| 200 | 220 | | 262 | 273 | 273 | 284 | 290 | |
| (225)① | 194 | | 237 | 248 | 248 | 254 | — | |
| 250 | 273 | | 317 | 328 | 329 | 340 | 352 | |
| 300 | 324 | | 373 | 378 | 384 | 400 | 417 | |
| 350 | 356 | | 423 | 438 | 444 | 457 | 474 | |
| 400 | 407 | | 473 | 489 | 495 | 514 | 546 | |
| 450 | 458 | | 528 | 539 | 555 | 564 | 571 | |
| 500 | 508 | | 578 | 594 | 617 | 624 | 628 | |
| 600 | 610 | | 679 | 695 | 734 | 731 | 747 | |
| 700 | 712 | | 784 | 810 | 804 | 833 | — | |
| 800 | 813 | | 890 | 917 | 911 | 942 | | |
| 900 | 915 | | 990 | 1017 | 1011 | 1042 | | |
| 1000 | 1016 | | 1090 | 1124 | 1128 | 1154 | | |
| 1200 | 1220 | 1290 | 1307 | 1341 | 1342 | 1364 | | |
| 1400 | 1420 | 1490 | 1524 | 1548 | 1542 | 1578 | | |
| 1600 | 1620 | 1700 | 1724 | 1772 | 1764 | 1798 | | |
| 1800 | 1820 | 1900 | 1931 | 1972 | 1964 | 2000 | | |
| 2000 | 2020 | 2100 | 2138 | 2182 | 2168 | 2230 | | |
| 2200 | 2220 | 2307 | 2348 | 2384 | — | | | |
| 2400 | 2420 | 2507 | 2558 | 2594 | | | | |
| 2600 | 2620 | 2707 | 2762 | 2794 | | | | |
| 2800 | 2820 | 2924 | 2972 | 3014 | | | | |
| 3000 | 3020 | 3124 | 3172 | 3228 | | | | |
| 3200 | 3220 | 3324 | 3382 | — | | | | |
| 3400 | 3420 | 3524 | 3592 | — | | | | |
| 3600 | 3620 | 3734 | 3804 | — | | | | |
| 3800 | 3820 | 3931 | — | — | | | | |
| 4000 | 4020 | 4131 | — | — | | | | |

① 为船舶法兰专用垫片尺寸。

**表 5-52 凹凸面管法兰（MF）用非金属平垫片尺寸** mm

| 公称尺寸 $DN$ | 垫片内径 $d_i$ | 公称压力 | | | | | 垫片厚度 $t$ |
|---|---|---|---|---|---|---|---|
| | | $PN10$ | $PN16$ | $PN25$ | $PN40$ | $PN63$ | |
| | | 垫片外径 $D_o$ | | | | | |
| 10 | 18 | 34 | 34 | 34 | 34 | 34 | 0.8～3.0 |
| 15 | 22 | 39 | 39 | 39 | 39 | 39 | |
| 20 | 27 | 50 | 50 | 50 | 50 | 50 | |
| 25 | 34 | 57 | 57 | 57 | 57 | 57 | |
| 32 | 43 | 65 | 65 | 65 | 65 | 65 | |
| 40 | 49 | 75 | 75 | 75 | 75 | 75 | |
| 50 | 61 | 87 | 87 | 87 | 87 | 87 | |
| 65 | 77 | 109 | 109 | 109 | 109 | 109 | |
| 80 | 89 | 120 | 120 | 120 | 120 | 120 | |
| 100 | 115 | 149 | 149 | 149 | 149 | 149 | |
| 125 | 141 | 175 | 175 | 175 | 175 | 175 | |
| 150 | 169 | 203 | 203 | 203 | 203 | 203 | |
| (175)① | 194 | — | — | — | — | 233 | |
| 200 | 220 | 259 | 259 | 259 | 259 | 259 | |
| (225)① | 245 | — | — | — | — | 286 | |
| 250 | 273 | 312 | 312 | 312 | 312 | 312 | |
| 300 | 324 | 363 | 363 | 363 | 363 | 363 | |
| 350 | 356 | 421 | 421 | 421 | 421 | 421 | |
| 400 | 407 | 473 | 473 | 473 | 473 | 473 | |
| 450 | 458 | 523 | 523 | 523 | 523 | 523 | |
| 500 | 508 | 575 | 575 | 575 | 575 | 575 | |
| 600 | 610 | 675 | 675 | 675 | 675 | | |
| 700 | 712 | 777 | 777 | 777 | — | — | 1.5～3.0 |
| 800 | 813 | 882 | 882 | 882 | | | |
| 900 | 915 | 987 | 987 | 987 | | | |
| 1000 | 1016 | 1092 | 1092 | 1092 | | | |

① 为船舶法兰专用垫片尺寸。

**表 5-53 榫槽面管法兰（JG）用非金属平垫片尺寸** mm

| 公称尺寸 $DN$ | 垫片内径 $d_i$ | 公称压力 | | | | | 垫片厚度 $t$ |
|---|---|---|---|---|---|---|---|
| | | $PN10$ | $PN16$ | $PN25$ | $PN40$ | $PN63$ | |
| | | 垫片外径 $D_o$ | | | | | |
| 10 | 24 | 34 | 34 | 34 | 34 | 34 | 0.8～3.0 |
| 15 | 29 | 39 | 39 | 39 | 39 | 39 | |
| 20 | 36 | 50 | 50 | 50 | 50 | 50 | |
| 25 | 43 | 57 | 57 | 57 | 57 | 57 | |
| 32 | 51 | 65 | 65 | 65 | 65 | 65 | |
| 40 | 61 | 75 | 75 | 75 | 75 | 75 | |
| 50 | 73 | 87 | 87 | 87 | 87 | 87 | |
| 65 | 95 | 109 | 109 | 109 | 109 | 109 | |
| 80 | 106 | 120 | 120 | 120 | 120 | 120 | |
| 100 | 129 | 149 | 149 | 149 | 149 | 149 | |
| 125 | 155 | 175 | 175 | 175 | 175 | 175 | |
| 150 | 183 | 203 | 203 | 203 | 203 | 203 | |
| 200 | 239 | 259 | 259 | 259 | 259 | 259 | |
| 250 | 292 | 312 | 312 | 312 | 312 | 312 | |
| 300 | 343 | 363 | 363 | 363 | 363 | 363 | |
| 350 | 395 | 421 | 421 | 421 | 421 | 421 | |
| 400 | 447 | 473 | 473 | 473 | 473 | 473 | |
| 450 | 497 | 523 | 523 | 523 | 523 | — | |
| 500 | 549 | 575 | 575 | 575 | 575 | | |
| 600 | 649 | 675 | 675 | 675 | 675 | | |
| 700 | 751 | 777 | 777 | 777 | — | | 1.5～3.0 |
| 800 | 856 | 882 | 882 | 882 | | | |
| 900 | 961 | 987 | 987 | 987 | | | |
| 1000 | 1061 | 1092 | 1092 | 1092 | | | |

## 5.15.4 管法兰用非金属平垫片技术条件（GB/T 9129—2008）

表 5-54 所示为管法兰用非金属平垫片技术条件。

**表 5-54 管法兰用非金属平垫片技术条件**

<table>
<tr><th colspan="2" rowspan="2">项 目</th><th colspan="4">垫 片 类 型</th><th rowspan="2">试 验 条 件</th></tr>
<tr><th>非石棉纤维橡胶垫片</th><th>石棉橡胶垫片</th><th>聚四氟乙烯垫片</th><th>橡胶垫片</th></tr>
<tr><td colspan="2">横向抗拉强度/MPa</td><td>≥7</td><td colspan="3" rowspan="5">化学成分和物理、力学性能应符合有关材料标准的规定</td><td rowspan="5"></td></tr>
<tr><td colspan="2">柔软性</td><td>不允许有横向裂纹</td></tr>
<tr><td colspan="2">密度/(g/cm³)</td><td>1.7±0.2</td></tr>
<tr><td rowspan="2">耐油性</td><td>厚度增加率/%</td><td>≤15</td></tr>
<tr><td>质量增加率/%</td><td>≤15</td></tr>
<tr><td>压缩率/%</td><td rowspan="2">试样规格：φ109mm×φ61mm×1.6mm</td><td>12±5</td><td>12±5</td><td>20±5</td><td>25±10</td><td rowspan="2">橡胶垫片预紧比压为 7.0MPa<br>其他垫片预紧比压为 35MPa</td></tr>
<tr><td>回弹率/%</td><td>≥45</td><td>≥47</td><td>≥15</td><td>≥18</td></tr>
<tr><td>应力松弛率/%</td><td>试样规格：φ75mm×φ55mm×1.6mm</td><td>≤40</td><td>≤35</td><td></td><td></td><td>试验温度:300℃±5℃<br>预紧比压:40.8MPa</td></tr>
<tr><td>泄漏率/(cm³/s)</td><td>试样规格：φ109mm×φ61mm×1.6mm</td><td>≤1.0×$10^{-3}$</td><td>≤8.0×$10^{-3}$</td><td>≤1.0×$10^{-3}$</td><td>≤5.0×$10^{-4}$</td><td>试验介质:99.9%氮气<br>试验压力:橡胶垫片,1.0MPa<br>其他垫片,4.0MPa<br>预紧比压:石棉橡胶垫片,48.5MPa<br>橡胶垫片,7.0MPa<br>其他垫片,35MPa</td></tr>
</table>

注：国家标准没有规定垫片的使用温度范围。对于石棉橡胶垫片，设计人员选用时可参考下图。

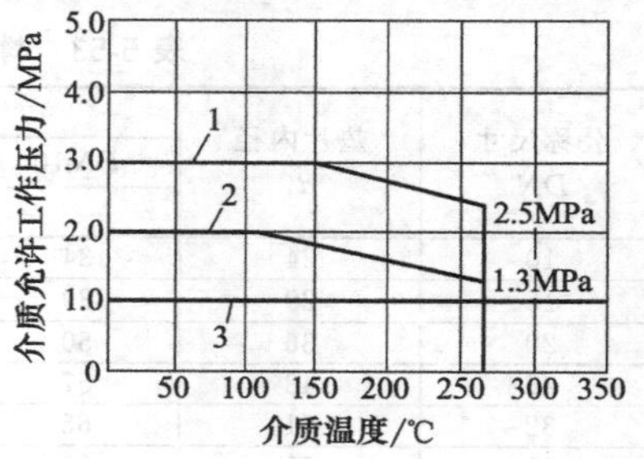


曲线 1—用于水、空气、氮气、水蒸气及不属于 A、B、C 级的工艺介质。

曲线 2—用于 B、C 级的液体介质，选用 1.5mm 厚的Ⅰ型或Ⅱ型垫片。

曲线 3—用于 B、C 级的气体介质及其他会危及操作人员人身安全的有毒气体介质，选用Ⅱ型垫片与 $PN=5.0$MPa 的法兰配套。

A 级介质：①剧毒介质；②设计压力大于或等于 9.81MPa 的易燃，可燃介质。

B 级介质：①质闪点低于 28℃的易燃介质；②爆炸下限低于 5.5%的介质；③操作温度高于或等于自燃点的 C 级介质。

C 级介质：①介质闪点为 28～60℃的易燃、可燃介质；②爆炸下限大于或等于 5.5%的介质。

# 5.16 钢制管法兰用金属环垫（GB/T 9128—2008）

图 5-46 所示为钢制管法兰用金属环垫，其尺寸见表 5-55。

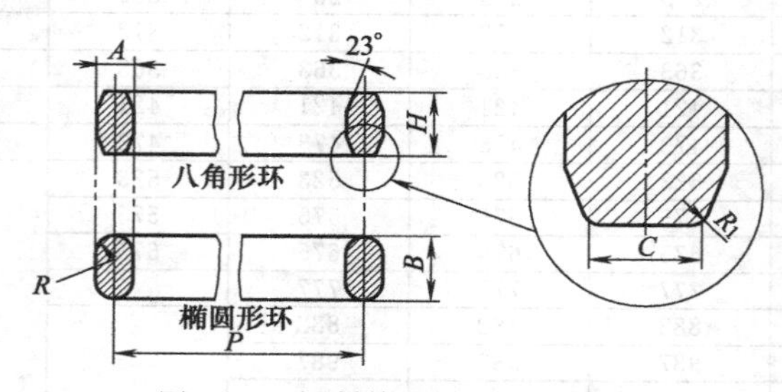


图 5-46 钢制管法兰用金属环垫

$R=A/2$。

$R_1=1.6\text{mm}(A\leqslant 22.3\text{mm})$；$R_1=2.4\text{mm}(A>22.3\text{mm})$。

标记示例：

环号为 20，材料为 0Cr19Ni9 的八角形金属环垫片：八角垫 R.20-0Cr19Ni9 GB/T 9128—2008。

**表 5-55 钢制管法兰用金属环垫尺寸** mm

| 公称通径 *DN* | | | | 环号 | 平均节径 *P* | 环宽 *A* | 环高 | | 八角形的平面宽度 *C* | |
|---|---|---|---|---|---|---|---|---|---|---|
| 公称压力 *PN*/MPa | | | | | | | 椭圆形 *B* | 八角形 *H* | | |
| 20 | 110 | 150 | 260 | 420 | | | | | | |
| — | 15 | — | — | — | R.11 | 34.13 | 6.35 | 11.11 | 9.53 | 4.32 |
| — | — | 15 | 15 | — | R.12 | 39.69 | 7.94 | 14.29 | 12.70 | 5.23 |
| — | 20 | — | — | 15 | R.13 | 42.86 | 7.94 | 14.29 | 12.70 | 5.23 |
| — | — | 20 | 20 | — | R.14 | 44.45 | 7.94 | 14.29 | 12.70 | 5.23 |
| 25 | — | — | — | — | R.15 | 47.63 | 7.94 | 14.29 | 12.70 | 5.23 |
| — | 25 | 25 | 25 | 20 | R.16 | 50.80 | 7.94 | 14.29 | 12.70 | 5.23 |
| 32 | — | — | — | — | R.17 | 57.15 | 7.94 | 14.29 | 12.70 | 5.23 |
| — | 32 | 32 | 32 | 25 | R.18 | 60.33 | 7.94 | 14.29 | 12.70 | 5.23 |
| 40 | — | — | — | — | R.19 | 65.09 | 7.94 | 14.29 | 12.70 | 5.23 |
| — | 40 | 40 | 40 | — | R.20 | 68.26 | 7.94 | 14.29 | 12.70 | 5.23 |
| — | — | — | — | 32 | R.21 | 72.24 | 11.11 | 17.46 | 15.88 | 7.75 |
| 50 | — | — | — | — | R.22 | 82.55 | 7.94 | 14.29 | 12.70 | 5.23 |
| — | 50 | — | — | 40 | R.23 | 82.55 | 11.11 | 17.46 | 15.88 | 7.75 |
| — | — | 50 | 50 | — | R.24 | 95.25 | 11.11 | 17.46 | 15.88 | 7.75 |
| 65 | — | — | — | — | R.25 | 101.60 | 7.94 | 14.29 | 12.70 | 5.23 |
| — | 65 | — | — | 50 | R.26 | 101.60 | 11.11 | 17.46 | 15.88 | 7.75 |
| — | — | 65 | 65 | — | R.27 | 107.95 | 11.11 | 17.46 | 15.88 | 7.75 |
| — | — | — | — | 65 | R.28 | 111.13 | 12.70 | 19.05 | 17.47 | 8.66 |
| 80 | — | — | — | — | R.29 | 114.30 | 7.94 | 14.29 | 12.70 | 5.23 |
| — | 80① | — | — | — | R.30 | 117.48 | 11.11 | 17.46 | 15.88 | 7.75 |
| — | 80② | 80 | — | — | R.31 | 123.83 | 11.11 | 17.46 | 15.88 | 7.75 |
| — | — | — | — | 80 | R.32 | 127.00 | 12.70 | 19.05 | 17.46 | 8.66 |
| — | — | — | 80 | — | R.35 | 136.53 | 11.11 | 17.46 | 15.88 | 7.75 |
| 100 | — | — | — | — | R.36 | 149.23 | 7.94 | 14.29 | 12.70 | 5.23 |
| — | 100 | 100 | — | — | R.37 | 149.23 | 11.11 | 17.46 | 15.88 | 7.75 |
| — | — | — | — | 100 | R.38 | 157.16 | 15.88 | 22.23 | 20.64 | 10.49 |
| — | — | — | 100 | — | R.39 | 161.93 | 11.11 | 17.46 | 15.88 | 7.75 |
| 125 | — | — | — | — | R.40 | 171.45 | 7.94 | 14.29 | 12.70 | 5.23 |
| — | 125 | 125 | — | — | R.41 | 180.98 | 11.11 | 17.46 | 15.88 | 7.75 |
| — | — | — | — | 125 | R.42 | 190.50 | 19.05 | 25.40 | 23.81 | 12.32 |
| 150 | — | — | — | — | R.43 | 193.68 | 7.94 | 14.29 | 12.70 | 5.23 |
| — | — | — | 125 | — | R.44 | 193.68 | 11.11 | 17.46 | 15.88 | 7.75 |
| — | 150 | 150 | — | — | R.45 | 211.14 | 11.11 | 17.46 | 15.88 | 7.75 |
| — | — | — | 150 | — | R.46 | 211.14 | 12.70 | 19.05 | 17.46 | 8.66 |
| — | — | — | — | 150 | R.47 | 228.60 | 19.05 | 25.40 | 23.81 | 12.32 |
| 200 | — | — | — | — | R.48 | 247.65 | 7.94 | 14.29 | 12.70 | 5.23 |
| — | 200 | 200 | — | — | R.49 | 269.88 | 11.11 | 17.46 | 15.88 | 7.75 |
| — | — | — | 200 | — | R.50 | 269.88 | 15.88 | 22.23 | 20.64 | 10.49 |
| — | — | — | — | 200 | R.51 | 279.40 | 22.23 | 28.58 | 26.99 | 14.81 |
| 250 | — | — | — | — | R.52 | 304.80 | 7.94 | 14.29 | 12.70 | 5.23 |
| — | 250 | 250 | — | — | R.53 | 323.85 | 11.11 | 17.46 | 15.88 | 7.75 |
| — | — | — | 250 | — | R.54 | 323.85 | 15.88 | 22.23 | 20.64 | 10.49 |

续表

| 公称通径 DN<br>公称压力 PN/MPa | | | | | 环号 | 平均节径 P | 环宽 A | 环高 | | 八角形的平面宽度 C |
|---|---|---|---|---|---|---|---|---|---|---|
| | | | | | | | | 椭圆形 B | 八角形 H | |
| 20 | 110 | 150 | 260 | 420 | | | | | | |
| | | | | 250 | R. 55 | 342.90 | 28.58 | 36.51 | 34.93 | 19.81 |
| 300 | — | — | — | — | R. 56 | 381.00 | 7.94 | 14.29 | 12.70 | 5.23 |
| — | 300 | 300 | — | — | R. 57 | 381.00 | 11.11 | 17.46 | 15.88 | 7.75 |
| — | — | — | 300 | — | R. 58 | 381.00 | 22.23 | 28.58 | 26.99 | 14.81 |
| 350 | — | — | — | — | R. 59 | 396.88 | 7.94 | 14.29 | 12.70 | 5.23 |
| — | — | — | — | 300 | R. 60 | 406.40 | 31.75 | 39.69 | 38.10 | 22.33 |
| — | 350 | — | — | — | R. 61 | 419.10 | 11.11 | 17.46 | 15.88 | 7.75 |
| — | — | 350 | — | — | R. 62 | 419.10 | 15.88 | 22.23 | 20.64 | 10.49 |
| — | — | — | 350 | — | R. 63 | 419.10 | 25.40 | 33.34 | 31.75 | 17.30 |
| 400 | — | — | — | — | R. 64 | 454.03 | 7.94 | 14.29 | 12.70 | 5.23 |
| — | 400 | — | — | — | R. 65 | 469.90 | 11.11 | 17.46 | 15.88 | 7.75 |
| — | — | 400 | — | — | R. 66 | 469.90 | 15.88 | 22.23 | 20.64 | 10.49 |
| — | — | — | 400 | — | R. 67 | 469.90 | 28.58 | 36.51 | 34.93 | 19.81 |
| 450 | — | — | — | — | R. 68 | 517.53 | 7.94 | 14.29 | 12.70 | 5.23 |
| — | 450 | — | — | — | R. 69 | 533.40 | 11.11 | 17.46 | 15.88 | 7.75 |
| — | — | 450 | — | — | R. 70 | 533.40 | 19.05 | 25.40 | 23.81 | 12.32 |
| — | — | — | 450 | — | R. 71 | 533.40 | 28.58 | 36.51 | 34.93 | 19.81 |
| 500 | — | — | — | — | R. 72 | 558.80 | 7.94 | 14.29 | 12.70 | 5.23 |
| — | 500 | — | — | — | R. 73 | 584.20 | 12.70 | 19.05 | 17.46 | 8.66 |
| — | — | 500 | — | — | R. 74 | 584.20 | 19.05 | 25.40 | 23.81 | 12.32 |
| — | — | — | 500 | — | R. 75 | 584.20 | 31.75 | 36.69 | 38.10 | 22.23 |
| — | 550 | — | — | — | R. 81 | 635.00 | 14.29 | — | 19.10 | 9.60 |
| — | 650 | — | — | — | R. 93 | 749.30 | 19.10 | — | 23.80 | 12.30 |
| — | 700 | — | — | — | R. 94 | 800.10 | 19.10 | — | 23.80 | 12.30 |
| — | 750 | — | — | — | R. 95 | 857.25 | 19.10 | — | 23.80 | 12.30 |
| — | 800 | — | — | — | R. 96 | 914.40 | 22.20 | — | 27.00 | 14.80 |
| — | 850 | — | — | — | R. 97 | 965.20 | 22.20 | — | 27.00 | 14.80 |
| — | 900 | — | — | — | R. 98 | 1022.35 | 22.20 | — | 27.00 | 14.80 |
| — | — | — | — | — | R. 100 | 749.30 | 28.60 | — | 34.90 | 19.80 |
| — | — | 650 | — | — | R. 101 | 800.10 | 31.70 | — | 38.10 | 22.30 |
| — | — | 700 | — | — | R. 102 | 857.25 | 31.70 | — | 38.10 | 22.30 |
| — | — | 750 | — | — | R. 103 | 914.40 | 31.70 | — | 38.10 | 22.30 |
| — | — | 800 | — | — | R. 104 | 965.20 | 34.90 | — | 41.30 | 24.80 |
| — | — | 850 | — | — | R. 105 | 1022.35 | 34.90 | — | 41.30 | 24.80 |
| 600 | — | 900 | — | — | R. 76 | 673.10 | 7.94 | 14.29 | 12.70 | 5.23 |
| — | 600 | — | — | — | R. 77 | 692.15 | 15.88 | 22.23 | 20.64 | 10.49 |
| — | — | 600 | — | — | R. 78 | 692.15 | 25.40 | 33.34 | 31.75 | 17.30 |
| — | — | — | 600 | — | R. 79 | 692.15 | 34.93 | 44.45 | 41.28 | 24.82 |

① 仅适用于环连接密封面对焊环带颈松套钢法兰。

② 用于除对焊环带颈松套钢法兰以外的其他法兰。

注：1. 环垫材料及适用范围如下。 ℃

| 材料牌号 | 软铁 | 08 或 10 | 0Cr13 | 00Cr17Ni14Mo2 | 0Cr19Ni9 |
|---|---|---|---|---|---|
| 最高使用温度 | 450 | 450 | 540 | 450 | 600 |

2. 软铁的化学成分（质量分数）如下。 %

| C | Si | Mo | P | S |
|---|---|---|---|---|
| <0.05 | <0.04 | <0.6 | <0.35 | <0.04 |

3. 环垫材料硬度值应比法兰材料硬度值低 30～40HBS，其最高硬度值如下。 HBS

| 环垫材料 | 软铁 | 08 或 10 | 0Cr13 | 00Cr17Ni14Mo2 | 0Cr19Ni9 |
|---|---|---|---|---|---|
| 最高硬度值 | 90 | 120 | 160 | 150 | 160 |

4. 环垫尺寸的极限偏差如下。 mm

| 代号 | *P* | *A* | *H* | *C* | 角度 23° | *R* |
|---|---|---|---|---|---|---|
| 极限偏差 | ±0.18 | ±0.2 | ±0.4 | ±0.2 | ±0.5° | ±0.4 |

只要环垫的任意两点的高度差不超过 0.4mm，环垫高度 *H* 的极限偏差就可为＋1.2mm。

5. 环垫密封面（八角形垫的斜面、椭圆垫圆弧面）的表面粗糙度值不大于 *Ra*1.6μm。

# 5.17 管法兰用缠绕式垫片

## 5.17.1 缠绕式垫片型式、代号及标记（GB/T 4622.1—2008）

标记方法：

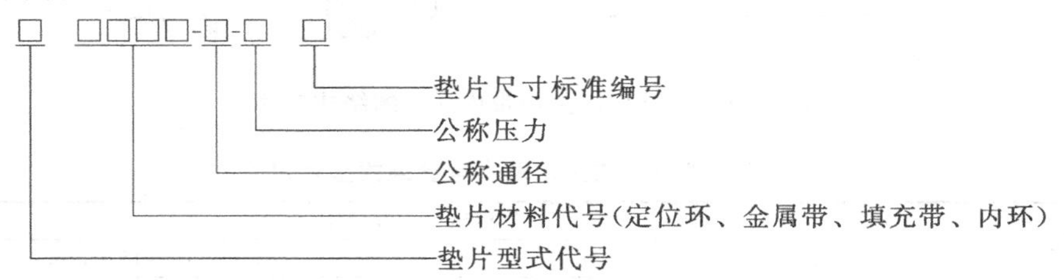


标记示例：

垫片型式为带内环和定位环型；定位环材料为低碳钢，金属带材料为 0Cr18Ni9，填充带材料为柔性石墨，内环材料为 0Cr18Ni9；公称通径为 150mm；公称压力为 4.0MPa；垫片尺寸标准 GB/T 4662.2—2008：缠绕垫 D 1222-*DN*150-*PN*40 GB/T 4622.2—2008。

垫片型式为基本型；金属带材料为 0Cr18Ni9，填充带材料为柔性石墨；公称通径为 150mm；公称压力为 4.0MPa；垫片尺寸标准 GB/T 4622.2—2008：缠绕垫 A 0220-*DN*150-*PN*40 GB/T 4622.2—2008。

缠绕式垫片型式、代号及标记见表 5-56。

**表 5-56 缠绕式垫片型式、代号及标记**

| 垫片型式代号 | | | 定位环材料 | | 金属带材料 | | 填充带材料 | | 内环 | |
|---|---|---|---|---|---|---|---|---|---|---|
| 型式 | 代号 | 适用法兰密封面型式 | 名称 | 代号 | 名称 | 代号 | 名称 | 代号 | 名称 | 代号 |
| 基本型 | A | 榫槽面 | 无定位环 | 0 | 0Cr13 | 1 | 石棉 | 1 | 无内环 | 0 |
| 带内环型 | B | 凹凸面 | 低碳钢 | 1 | 0Cr18Ni9 | 2 | 柔性石墨 | 2 | 低碳钢 | 1 |
| 带定位环型 | C | 平面(FF型)<br>突面(RF型) | 0Cr18Ni9 | 2 | 0Cr17Ni12Mo2 | 3 | 聚四氟乙烯 | 3 | 0Cr18Ni9 | 2 |
| 带内环和定位环型 | D | | | | 00Cr17Ni14Mo2 | 4 | 非石棉纤维 | 4 | 0Cr17Ni12Mo2Ti | 3 |
| | | | | | 0Cr25Ni20 | 5 | 热陶瓷纤维 | 5 | 00Cr17Ni14Mo2 | 4 |
| | | | | | 0Cr18Ni10Ti | 6 | | | 0Cr25Ni20 | 5 |
| | | | | | 0Cr18Ni12Mo2Ti | 7 | | | 0Cr18Ni10Ti | 6 |
| | | | | | 00Cr19Ni10 | 8 | | | 0Cr18Ni12Mo2Ti | 7 |
| | | | | | | | | | 00Cr19Ni10 | 8 |
| | | | 其他 | 9 | 其他 | 9 | 其他 | 9 | 其他 | 9 |

注：1. 垫片材料由制造商根据工作条件选择，因此用户有责任在询价单中详细说明工作条件。
2. 其余材料可由用户指定代号。

## 5.17.2 管法兰用缠绕式垫片尺寸（GB/T 4622.2—2008）

(1) 榫槽面法兰用基本型缠绕式垫片尺寸

图 5-47 所示为榫槽面法兰用基本型缠绕式垫片，其尺寸见表 5-57。

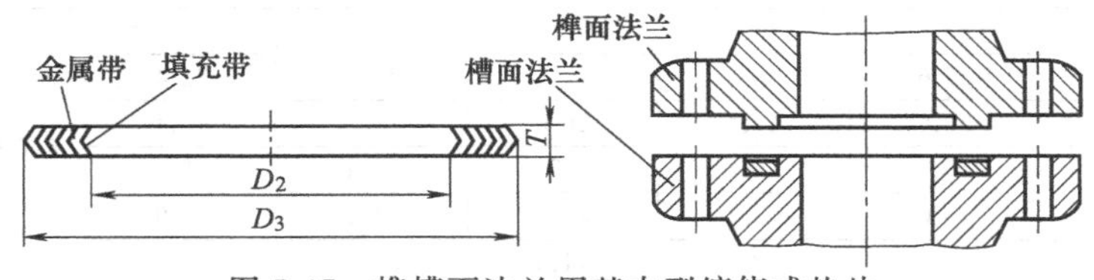


图 5-47 榫槽面法兰用基本型缠绕式垫片

(2) 凹凸面法兰用带内环型缠绕式垫片尺寸

图 5-48 所示为凹凸面法兰用带内环型缠绕式垫片，其尺寸见表 5-58。

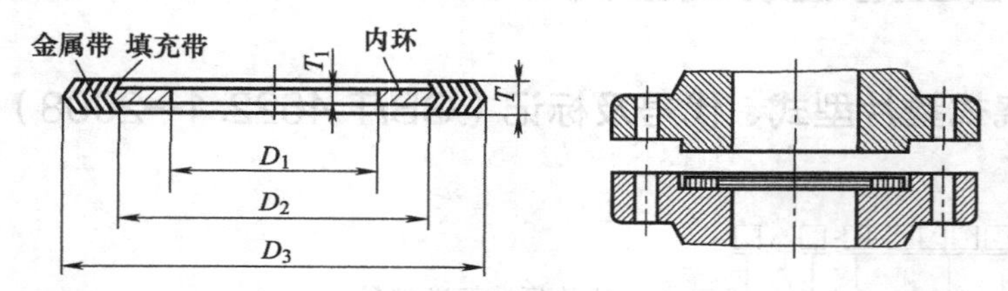


图 5-48 凹凸面法兰用带内环型缠绕式垫片

表 5-57 榫槽面法兰用基本型缠绕式垫片尺寸 mm

| 公称通径 DN | 公称压力 PN/MPa | | | | | |
|---|---|---|---|---|---|---|
| | 1.6,2.5,4.0,6.3,10.0,16.0 | | | 5.0,11.0,15.0,26.0 | | |
| | $D_{2min}$ | $D_{3max}$ | $T$ | $D_{2min}$ | $D_{3max}$ | $T$ |
| 10 | 23.5 | 34.5 | 2.5 或 3.2 | — | — | |
| 15 | 28.5 | 39.5 | | 24.5 | 36 | |
| 20 | 35.5 | 50.5 | | 32.5 | 44 | |
| 25 | 42.5 | 57.5 | | 37 | 52 | |
| 32 | 50.5 | 65.5 | | 46.5 | 64.5 | |
| 40 | 60.5 | 75.5 | 2.5 或 3.2 | 53 | 74 | |
| 50 | 72.5 | 87.5 | | 72 | 93 | |
| 65 | 94.5 | 109.5 | | 84.5 | 106 | |
| 80 | 105.5 | 120.5 | | 107 | 128 | |
| 100 | 128.5 | 149.5 | | 131 | 158.5 | |
| 125 | 154.5 | 175.5 | | 159.5 | 187 | |
| 150 | 182.5 | 203.5 | | 189.5 | 217 | |
| 200 | 238.5 | 259.5 | | 237 | 271 | 3.2 或 4.5 |
| 250 | 291.5 | 312.5 | | 285 | 325 | |
| 300 | 342.5 | 363.5 | 3.2 或 4.5 | 342 | 382 | |
| 350 | 394.5 | 421.5 | | 373.5 | 414 | |
| 400 | 446.5 | 473.5 | | 424.5 | 471 | |
| 450 | 496.5 | 523.5 | | 488 | 534.5 | |
| 500 | 548.5 | 575.5 | | 532.5 | 585.5 | |
| 600 | 648.5 | 675.5 | | 640.5 | 693.5 | |
| 700 | 750.5 | 777.5 | | | | |
| 800 | 855.5 | 882.5 | 4.5 或 6.5 | | | |
| 900 | 960.5 | 987.5 | | | | |
| 1000 | 1060.5 | 1093.5 | | | | |

注：推荐垫片适用温度范围为：不锈钢带和特制石棉带缠绕垫片，≤500℃；不锈钢带和柔性石墨带缠绕垫片，≤600℃（非氧化介质，≤800℃）；不锈钢带和聚四氟乙烯带缠绕垫片，−200～260℃。

表 5-58 凹凸面法兰用带内环型缠绕式垫片尺寸 mm

| 公称通径 DN | 公称压力 PN/MPa | | | | | | $T_1$ | $T$ |
|---|---|---|---|---|---|---|---|---|
| | 1.6,2.5,4.0,6.3,10.0,16.0 | | | 5.0,11.0,15.0,26.0 | | | | |
| | $D_{1min}$ | $D_{2min}$ | $D_{3max}$ | $D_{1min}$ | $D_{2min}$ | $D_{3max}$ | | |
| 10 | 15 | 23.6 | 33.4 | — | — | — | | |
| 15 | 19 | 27.6 | 38.4 | 14.3 | 18.7 | 32.4 | | |
| 20 | 24 | 33.6 | 47.4 | 20.6 | 25 | 40.1 | | |
| 25 | 30 | 40.6 | 55.4 | 27 | 31.4 | 48 | 2.0 或 3.0 | 3.2 或 4.5 |
| 32 | 39 | 49.6 | 63.4 | 34.9 | 44.1 | 60.9 | | |
| 40 | 45 | 55.6 | 72.4 | 41.3 | 50.4 | 70.4 | | |

续表

| 公称通径 DN | 公称压力 PN/MPa | | | | | | $T_1$ | $T$ |
|---|---|---|---|---|---|---|---|---|
| | 1.6,2.5,4.0,6.3,10.0,16.0 | | | 5.0,11.0,15.0,26.0 | | | | |
| | $D_{1min}$ | $D_{2min}$ | $D_{3max}$ | $D_{1min}$ | $D_{2min}$ | $D_{3max}$ | | |
| 50 | 56 | 67.6 | 86.4 | 52.4 | 66.3 | 86.1 | 2.0 或 3.0 | 3.2 或 4.5 |
| 65 | 72 | 83.6 | 103.4 | 63.5 | 79 | 98.9 | | |
| 80 | 84 | 96.6 | 117.4 | 77.8 | 94.9 | 121.1 | | |
| 100 | 108 | 122.6 | 144.4 | 103 | 120.3 | 149.6 | | |
| 125 | 133 | 147.6 | 170.4 | 128.5 | 147.2 | 178.4 | | |
| 150 | 160 | 176.6 | 200.4 | 154 | 174.2 | 210 | | |
| 200 | 209 | 228.6 | 255.4 | 203.2 | 225 | 263.9 | 3.0 或 4.0 | 4.5 或 6.5 |
| 250 | 262 | 282.6 | 310.4 | 254 | 280.6 | 317.9 | | |
| 300 | 311 | 331.6 | 360.4 | 303.2 | 333 | 375.1 | | |
| 350 | 355 | 374.6 | 405.4 | 342.9 | 364.7 | 406.8 | | |
| 400 | 406 | 425.6 | 458.4 | 393.7 | 415.5 | 464 | | |
| 450 | 452 | 476.6 | 512.4 | 444.5 | 469.5 | 527.5 | | |
| 500 | 508 | 527.6 | 566.4 | 495.3 | 520.3 | 578.3 | | |
| 600 | 610 | 634.6 | 673.4 | 596.9 | 625.1 | 686.2 | | |
| 700 | 710 | 734 | 773.5 | | | | | |
| 800 | 811 | 835 | 879.5 | | | | | |
| 900 | 909 | 933 | 980.5 | | | | | |

注：见表 5-57 注。

(3) 平面和突面法兰用带定位环型缠绕式垫片尺寸（一）

对于 $PN\geqslant6.3$MPa 的垫片以及聚四氟乙烯填充带的垫片，应采用带内环和定位环型垫片（$PN=2.5$MPa 和 $PN=4.0$MPa 的垫片建议采用，$PN=1.0$MPa 和 $PN=1.6$MPa 的垫片也可以采用），见表 5-62。垫片型式、代号及标记方法见表 5-56。

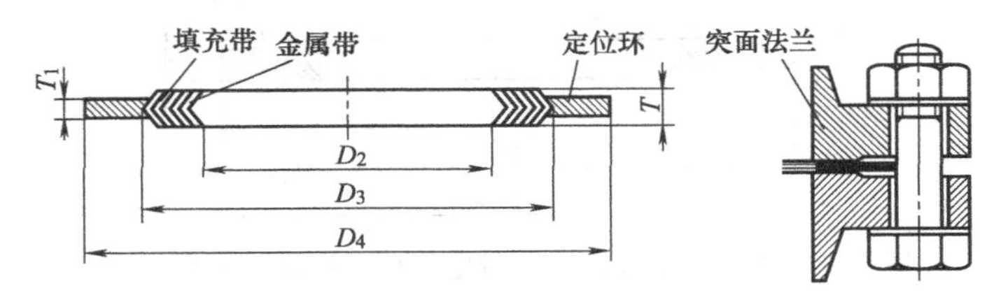


图 5-49 平面和突面法兰用带定位环型缠绕式垫片（一）

**表 5-59 平面和突面法兰用带定位环型缠绕式垫片尺寸（一）** mm

| 公称通径 DN | 公称压力 PN/MPa | | | | | | | | | $T_1$ | $T$ |
|---|---|---|---|---|---|---|---|---|---|---|---|
| | 1.0,1.6,2.5,4.0,6.3,10.0,16.0 | | 1.0 | 1.6 | 2.5 | 4.0 | 6.3 | 10.0 | 16.0 | | |
| | $D_{2min}$ | $D_{3max}$ | $D_4$ | | | | | | | | |
| 10 | 23.6 | 33.4 | 48 | 48 | 48 | 48 | 58 | 58 | 58 | 2.0 或 3.0 | 3.2 或 4.5 |
| 15 | 27.6 | 38.4 | 53 | 53 | 53 | 53 | 63 | 63 | 63 | | |
| 20 | 33.6 | 47.4 | 63 | 63 | 63 | 63 | 74 | 74 | 74 | | |
| 25 | 40.6 | 55.4 | 73 | 73 | 73 | 73 | 84 | 84 | 84 | | |
| 32 | 49.6 | 63.4 | 84 | 84 | 84 | 84 | 90 | 90 | 90 | | |
| 40 | 55.6 | 72.4 | 94 | 94 | 94 | 94 | 105 | 105 | 105 | | |
| 50 | 67.6 | 86.4 | 109 | 109 | 109 | 109 | 115 | 121 | 121 | | |
| 65 | 83.6 | 103.4 | 129 | 129 | 129 | 129 | 140 | 146 | 146 | | |
| 80 | 96.6 | 117.4 | 144 | 144 | 144 | 144 | 150 | 156 | 156 | | |
| 100 | 122.6 | 144.4 | 164 | 164 | 170 | 170 | 176 | 183 | 183 | | |

续表

| 公称通径 DN | 公称压力 PN/MPa | | | | | | | | | $T_1$ | $T$ |
|---|---|---|---|---|---|---|---|---|---|---|---|
| | 1.0,1.6,2.5,4.0,6.3,10.0,16.0 | | 1.0 | 1.6 | 2.5 | 4.0 | 6.3 | 10.0 | 16.0 | | |
| | $D_{2\min}$ | $D_{3\max}$ | $D_4$ | | | | | | | | |
| 125 | 147.6 | 170.4 | 194 | 194 | 196 | 196 | 213 | 220 | 220 | | |
| 150 | 176.6 | 200.4 | 220 | 220 | 226 | 226 | 250 | 260 | 260 | | |
| 200 | 228.6 | 255.4 | 275 | 275 | 286 | 293 | 312 | 327 | 327 | 2.0 或 3.0 | 3.2 或 4.5 |
| 250 | 282.6 | 310.4 | 330 | 331 | 343 | 355 | 367 | 394 | 391 | | |
| 300 | 331.6 | 360.4 | 380 | 386 | 403 | 420 | 427 | 461 | 461 | | |
| 350 | 374.6 | 405.4 | 440 | 446 | 460 | 477 | 489 | 515 | | | |
| 400 | 425.6 | 458.4 | 491 | 498 | 517 | 549 | 546 | 575 | | | |
| 450 | 476.6 | 512.4 | 541 | 558 | 567 | 574 | | | | | |
| 500 | 527.6 | 566.4 | 596 | 620 | 627 | 631 | | | | | |
| 600 | 634.6 | 673.4 | 698 | 737 | 734 | 750 | | | | 3.0 或 4.0 | 4.5 或 6.5 |
| 700 | 734 | 773.5 | 813 | 807 | 836 | | | | | | |
| 800 | 835 | 879.5 | 920 | 914 | 945 | | | | | | |
| 900 | 933 | 980.5 | 1020 | 1014 | 1045 | | | | | | |

注：1. 定位环 $D_4$ 的外径公差，公称通径 DN＝600mm 以下（包括 DN＝600mm）为 $_{-0.8}^{0}$；公称通径 DN＝600mm 以上为 $_{-1.5}^{0}$。

2. 见表 5-57 注。

(4) 平面和突面法兰用带定位环型缠绕式垫片尺寸（二）

对于 PN≥6.3MPa 的垫片以及聚四氟乙烯填充带的垫片，应采用带内环和定位环型垫片。PN＝2.0MPa 和 PN＝5.0MPa 的垫片，建议采用带内环和定位环型垫片，见表 5-62。垫片型式、代号及标记方法见表 5-56。

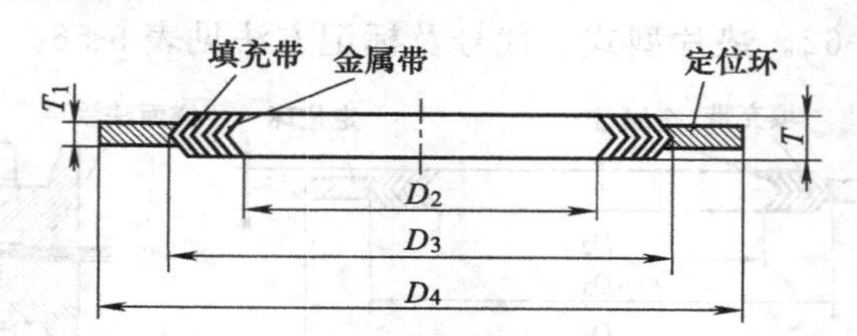


图 5-50　平面和突面法兰用带定位环型缠绕式垫片（二）

表 5-60　平面和突面法兰用带定位环型缠绕式垫片尺寸（二）　mm

| 公称通径 DN | 公称压力 PN/MPa | | | | | | | | | | | | $T_1$ | $T$ |
|---|---|---|---|---|---|---|---|---|---|---|---|---|---|---|
| | 2.0 | | | 5.0,11.0,15.0,26.0 | 5.0 | | 11.0 | | 15.0 | | 26.0 | | | |
| | $D_{2\min}$ | $D_{3\max}$ | $D_4$ | $D_{2\min}$ | $D_{3\max}$ | $D_4$ | $D_{3\max}$ | $D_4$ | $D_{3\max}$ | $D_4$ | $D_{3\max}$ | $D_4$ | | |
| 10 | — | — | — | — | — | — | — | — | — | — | — | — | | |
| 15 | 18.7 | 32.4 | 46.5 | 18.7 | 32.4 | 52.5 | 32.4 | 52.5 | 32.4 | 62.5 | 32.4 | 62.5 | | |
| 20 | 26.6 | 40.1 | 56 | 25 | 40.1 | 66.5 | 40.1 | 66.5 | 40.1 | 69 | 40.1 | 69 | | |
| 25 | 32.9 | 48 | 65.5 | 31.4 | 48 | 73 | 48 | 73 | 48 | 77.5 | 48 | 77.5 | | |
| 32 | 45.6 | 60.9 | 75 | 44.1 | 60.9 | 82.5 | 60.9 | 82.5 | 60.9 | 87 | 60.9 | 87 | 2.0 或 3.0 | 3.2 或 4.5 |
| 40 | 53.6 | 70.4 | 84.5 | 50.4 | 70.4 | 94.5 | 70.4 | 94.5 | 70.4 | 97 | 70.4 | 97 | | |
| 50 | 69.5 | 86.1 | 104.5 | 66.3 | 86.1 | 111 | 86.1 | 111 | 86.1 | 141 | 86.1 | 141 | | |
| 65 | 82.2 | 98.9 | 123.5 | 79 | 98.9 | 129 | 98.9 | 129 | 98.9 | 163.5 | 98.9 | 163.5 | | |
| 80 | 101.2 | 121.1 | 136.5 | 94.9 | 121.1 | 148.5 | 121.1 | 148.5 | 121.1 | 166.5 | 121.1 | 173 | | |

续表

| 公称通径 DN | 公称压力 PN/MPa | | | | | | | | | | | | $T_1$ | $T$ |
|---|---|---|---|---|---|---|---|---|---|---|---|---|---|---|
| | 2.0 | | | 5.0，11.0，15.0，26.0 | 5.0 | | 11.0 | | 15.0 | | 26.0 | | | |
| | $D_{2min}$ | $D_{3max}$ | $D_4$ | $D_{2min}$ | $D_{3max}$ | $D_4$ | $D_{3max}$ | $D_4$ | $D_{3max}$ | $D_4$ | $D_{3max}$ | $D_4$ | | |
| 100 | 126.6 | 149.6 | 174.5 | 120.3 | 149.6 | 180 | 149.6 | 192 | 149.6 | 205 | 149.6 | 208.5 | 2.0 或 3.0 | 3.2 或 4.5 |
| 125 | 153.6 | 178.4 | 196 | 147.2 | 178.4 | 215 | 178.4 | 240 | 178.4 | 246.5 | 178.4 | 253 | | |
| 150 | 180.6 | 210 | 221.5 | 174.2 | 210 | 250 | 210 | 265 | 210 | 287.5 | 210 | 281.5 | | |
| 200 | 231.4 | 263.9 | 278.5 | 225 | 263.9 | 306 | 263.9 | 319 | 263.9 | 357.5 | 263.9 | 351.5 | | |
| 250 | 286.9 | 317.9 | 338 | 280.6 | 317.9 | 360.5 | 317.9 | 399 | 317.9 | 434 | 317.9 | 434.5 | | |
| 300 | 339.3 | 375.1 | 408 | 333 | 375.1 | 421 | 375.1 | 456 | 375.1 | 497.5 | 375.1 | 519.5 | | |
| 350 | 371.1 | 406.8 | 449 | 364.7 | 406.8 | 484.5 | 406.8 | 491 | 406.8 | 520 | 406.8 | 579 | | |
| 400 | 421.9 | 464 | 513 | 415.5 | 464 | 538.5 | 464 | 564 | 464 | 574 | 464 | 641 | 3.0 或 4.0 | 4.5 或 6.5 |
| 450 | 475.9 | 527.5 | 548 | 469.5 | 527.5 | 595.5 | 527.5 | 612 | 527.5 | 638 | 527.5 | 702.5 | | |
| 500 | 526.7 | 578.3 | 605 | 520.3 | 578.3 | 653 | 578.3 | 682 | 578.3 | 697.5 | 578.3 | 756 | | |
| 600 | 631.4 | 686.2 | 716.5 | 625.1 | 686.2 | 774 | 686.2 | 790 | 686.2 | 837.5 | 686.2 | 900.5 | | |
| 650 | 660 | 737.3 | 773 | 660 | 737.3 | 834 | 737.3 | 866 | 737.3 | 880 | | | | |
| 700 | 711 | 788.3 | 830 | 711 | 788.3 | 898 | 788.3 | 913 | 788.3 | 946 | | | | |
| 750 | 762 | 845.3 | 881 | 762 | 845.3 | 952 | 845.3 | 970 | 845.3 | 1040 | | | | |
| 800 | 813 | 896.3 | 939 | 813 | 896.3 | 1006 | 896.3 | 1024 | 902.5 | 1076 | | | | |
| 850 | 864 | 946.8 | 990 | 864 | 946.3 | 1057 | 946.3 | 1074 | 953.3 | 1136 | | | | |
| 900 | 914 | 997.8 | 1047 | 914 | 997.8 | 1136 | 1004.3 | 1130 | 1010.5 | 1199 | | | | |
| 950 | 965 | 1018 | 1111 | 965 | 1018 | 1053 | 1042.6 | 1106 | 1087.1 | 1199 | | | | |
| 1000 | 1016 | 1071.1 | 1161 | 1016 | 1071.1 | 1114 | 1098.5 | 1157 | 1150.6 | 1250 | | | | |
| 1050 | 1067 | 1131.5 | 1218 | 1067 | 1131.5 | 1164 | 1156.9 | 1219 | 1201.4 | 1301 | | | | |
| 1100 | 1118 | 1182.3 | 1275 | 1118 | 1182.3 | 1219 | 1214.1 | 1270 | 1258.5 | 1369 | | | | |
| 1150 | 1168 | 1229 | 1326 | 1168 | 1229 | 1273 | 1264.9 | 1327 | 1322 | 1437 | | | | |
| 1200 | 1219 | 1287.1 | 1383 | 1219 | 1287.1 | 1324 | 1322 | 1388 | 1372.8 | 1488 | | | | |
| 1250 | 1270 | 1349.4 | 1435 | 1270 | 1349.4 | 1377 | 1372.8 | 1448 | | | | | | |
| 1300 | 1321 | 1398.2 | 1492 | 1321 | 1398.2 | 1428 | 1423.6 | 1499 | | | | | | |
| 1350 | 1371 | 1455.4 | 1549 | 1371 | 1455.4 | 1493 | 1480.8 | 1556 | | | | | | |
| 1400 | 1422 | 1506.2 | 1606 | 1422 | 1506.2 | 1544 | 1531.6 | 1615 | | | | | | |
| 1450 | 1475 | 1563.3 | 1663 | 1475 | 1563.3 | 1595 | 1588.7 | 1666 | | | | | | |
| 1500 | 1524 | 1614.1 | 1714 | 1524 | 1614.1 | 1706 | 1645.9 | 1732 | | | | | | |

注：定位环 $D_4$ 的外径公差，公称通径 $DN$=600mm 以下（包括 $DN$=600mm）为 $_{-0.8}^{\ 0}$；公称通径 $DN$=600mm 以上为 $_{-1.5}^{\ 0}$。

(5) 平面和突面法兰用带内环和定位环型缠绕式垫片尺寸（一）

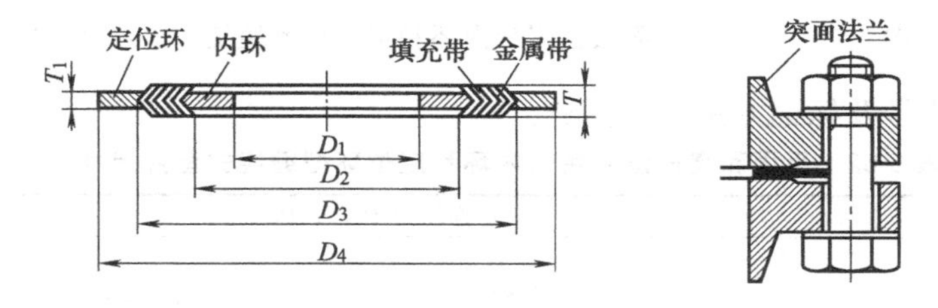


图 5-51 平面和突面法兰用带内环和定位环型缠绕式垫片（一）

垫片型式、代号及标记方法见表 5-56。

表 5-61　平面和突面法兰用带内环和定位环型缠绕式垫片尺寸（一）　mm

| 公称通径 DN | 公称压力 PN/MPa | | | | | | | | | | $T_1$ | $T$ |
|---|---|---|---|---|---|---|---|---|---|---|---|---|
| | 1.0,1.6,2.5,4.0,6.3,10.0,16.0 | | | 1.0 | 1.6 | 2.5 | 4.0 | 6.3 | 10.0 | 16.0 | | |
| | $D_{1min}$ | $D_{2min}$ | $D_{3max}$ | $D_4$ | | | | | | | | |
| 10 | 15 | 23.6 | 33.4 | 48 | 48 | 48 | 48 | 58 | 58 | 58 | 2.0 或 3.0 | 3.2 或 4.5 |
| 15 | 19 | 27.6 | 38.4 | 53 | 53 | 53 | 53 | 63 | 63 | 63 | | |
| 20 | 24 | 33.6 | 47.4 | 63 | 63 | 63 | 63 | 74 | 74 | 74 | | |
| 25 | 30 | 40.6 | 55.4 | 73 | 73 | 73 | 73 | 84 | 84 | 84 | | |
| 32 | 39 | 49.6 | 63.4 | 84 | 84 | 84 | 84 | 90 | 90 | 90 | | |
| 40 | 45 | 55.6 | 72.4 | 94 | 94 | 94 | 94 | 105 | 105 | 105 | | |
| 50 | 56 | 67.6 | 86.4 | 109 | 109 | 109 | 109 | 115 | 121 | 121 | | |
| 65 | 72 | 83.6 | 103.4 | 129 | 129 | 129 | 129 | 140 | 146 | 146 | | |
| 80 | 84 | 96.6 | 117.4 | 144 | 144 | 144 | 144 | 150 | 156 | 156 | | |
| 100 | 108 | 122.6 | 144.4 | 164 | 164 | 170 | 170 | 176 | 183 | 183 | | |
| 125 | 133 | 147.6 | 170.4 | 194 | 194 | 196 | 196 | 213 | 220 | 220 | | |
| 150 | 160 | 176.6 | 200.4 | 220 | 220 | 226 | 226 | 250 | 260 | 260 | | |
| 200 | 209 | 228.6 | 255.4 | 275 | 275 | 286 | 293 | 312 | 327 | 327 | | |
| 250 | 262 | 282.6 | 310.4 | 330 | 331 | 343 | 355 | 367 | 394 | 391 | | |
| 300 | 311 | 331.6 | 360.4 | 380 | 386 | 403 | 420 | 427 | 461 | 461 | | |
| 350 | 355 | 374.6 | 405.4 | 440 | 446 | 460 | 477 | 489 | 515 | | | |
| 400 | 406 | 425.6 | 458.4 | 491 | 498 | 517 | 549 | 546 | 575 | | | |
| 450 | 452 | 476.6 | 512.4 | 541 | 558 | 567 | 574 | | | | 3.0 或 4.0 | 4.5 或 6.5 |
| 500 | 508 | 527.6 | 566.4 | 596 | 620 | 627 | 631 | | | | | |
| 600 | 610 | 634.6 | 673.4 | 698 | 737 | 734 | 750 | | | | | |
| 700 | 710 | 734 | 773.5 | 813 | 807 | 836 | | | | | | |
| 800 | 811 | 835 | 879.5 | 920 | 914 | 945 | | | | | | |
| 900 | 909 | 933 | 980.5 | 1020 | 1014 | 1045 | | | | | | |

注：1. 定位环 $D_4$ 的外径公差，公称通径 $DN=600$mm 以下（包括 $DN=600$mm）为 $_{-0.8}^{\ 0}$；公称通径 $DN=600$mm 以上为 $_{-1.5}^{\ 0}$。

2. 见表 5-57 注。

### (6) 平面和突面法兰用带内环和定位环型缠绕式垫片尺寸（二）

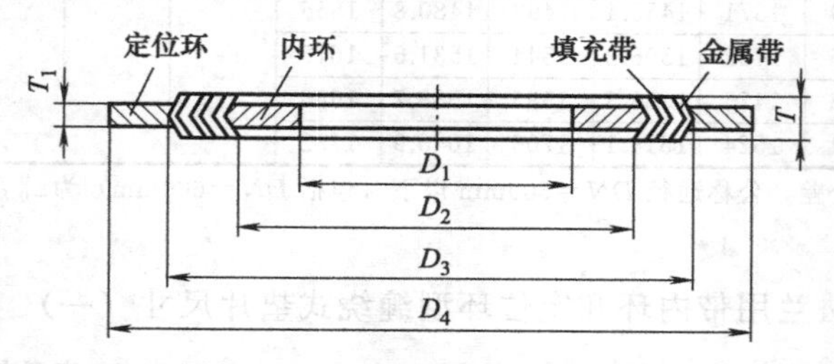


图 5-52　平面和突面法兰用带内环和定位环型缠绕式垫片（二）

垫片型式、代号及标记方法见表 5-56。

表 5-62　平面和突面法兰用带内环和定位环型缠绕式垫片尺寸（二）　mm

| 公称通径 DN | 公称压力 PN/MPa | | | | | | | | | | $T_1$ | $T$ |
|---|---|---|---|---|---|---|---|---|---|---|---|---|
| | 2.0,5.0,11.0,15.0,26.0 | 2.0 | | | 5.0,11.0,15.0,26.0 | | 5.0 | 11.0 | 15.0 | 26.0 | | |
| | $D_{1min}$ | $D_{2min}$ | $D_{3max}$ | $D_4$ | $D_{2min}$ | $D_{3max}$ | $D_4$ | | | | | |
| 10 | — | — | — | — | — | — | — | — | — | — | 2.0 或 3.0 | 3.2 或 4.5 |
| 15 | 14.3 | 18.7 | 32.4 | 46.5 | 18.7 | 32.4 | 52.5 | 52.5 | 62.5 | 62.5 | | |

续表

| 公称通径 DN | 公称压力 PN/MPa | | | | | | | | | | | |
|---|---|---|---|---|---|---|---|---|---|---|---|---|
| | 2.0,5.0,11.0,15.0,26.0 | 2.0 | | | 5.0,11.0,15.0,26.0 | | 5.0 | 11.0 | 15.0 | 26.0 | $T_1$ | $T$ |
| | $D_{1min}$ | $D_{2min}$ | $D_{3max}$ | $D_4$ | $D_{2min}$ | $D_{3max}$ | $D_4$ | | | | | |
| 20 | 20.6 | 26.6 | 40.1 | 56 | 25 | 40.1 | 66.5 | 66.5 | 69 | 69 | 2.0 或 3.0 | 3.2 或 4.5 |
| 25 | 27 | 32.9 | 48 | 65.5 | 31.4 | 48 | 73 | 73 | 77.5 | 77.5 | | |
| 32 | 34.9 | 45.6 | 60.9 | 75 | 44.1 | 60.9 | 82.5 | 82.5 | 87 | 87 | | |
| 40 | 41.3 | 53.6 | 70.4 | 84.5 | 50.4 | 70.4 | 94.5 | 94.5 | 97 | 97 | | |
| 50 | 52.4 | 69.5 | 86.1 | 104.5 | 66.3 | 86.1 | 111 | 111 | 141 | 141 | | |
| 65 | 63.5 | 82.2 | 98.9 | 123.5 | 79 | 98.9 | 129 | 129 | 163.5 | 163.5 | | |
| 80 | 77.8 | 101.2 | 121.1 | 136.5 | 94.9 | 121.1 | 148.5 | 148.5 | 166.5 | 173 | | |
| 100 | 103 | 126.6 | 149.6 | 174.5 | 120.3 | 149.6 | 180 | 192 | 205 | 208.5 | | |
| 125 | 128.5 | 153.6 | 178.4 | 196 | 147.2 | 178.4 | 215 | 240 | 246.5 | 253 | | |
| 150 | 154 | 180.6 | 210 | 221.5 | 174.2 | 210 | 250 | 265 | 287.5 | 281.5 | | |
| 200 | 203.2 | 231.4 | 263.9 | 278.5 | 225 | 263.9 | 306 | 319 | 357.5 | 351.5 | | |
| 250 | 254 | 286.9 | 317.9 | 338 | 280.6 | 317.9 | 360.5 | 399 | 434 | 434.5 | | |
| 300 | 303.2 | 339.3 | 375.1 | 408 | 333 | 375.1 | 421 | 456 | 497.5 | 519.5 | | |
| 350 | 342.9 | 371.1 | 406.8 | 449 | 364.7 | 406.8 | 484.5 | 491 | 520 | 579 | | |
| 400 | 393.7 | 421.9 | 464 | 513 | 415.5 | 464 | 538.5 | 564 | 574 | 641 | 3.0 或 5.0 | 4.5 或 6.5 |
| 450 | 444.5 | 475.9 | 527.5 | 548 | 469.5 | 527.5 | 595.5 | 612 | 638 | 702.5 | | |
| 500 | 495.3 | 526.7 | 578.3 | 605 | 520.3 | 578.3 | 653 | 682 | 697.5 | 756 | | |
| 600 | 596.9 | 631.4 | 686.2 | 716.5 | 625.1 | 686.2 | 774 | 790 | 837.5 | 900.5 | | |

注：1. 公称通径 $DN$=600mm 以下（包括 $DN$=600mm）时，定位环 $D_4$ 的外径公差为 $_{-0.8}^{\ 0}$。

2. 见表 5-57 注。

## 5.18 管法兰用金属包覆垫片（GB/T 15601—2013）

管法兰用金属包覆垫片见图 5-53 和图 5-54，其尺寸见表 5-63。

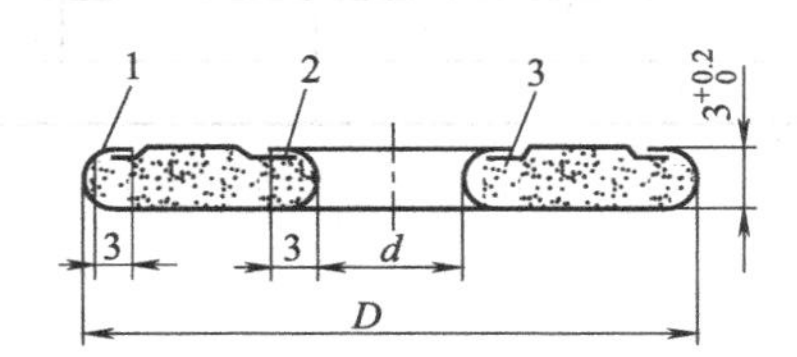


图 5-53 平面型金属包覆垫片（F 型）

1—垫片外壳；2—垫片盖；3—填料

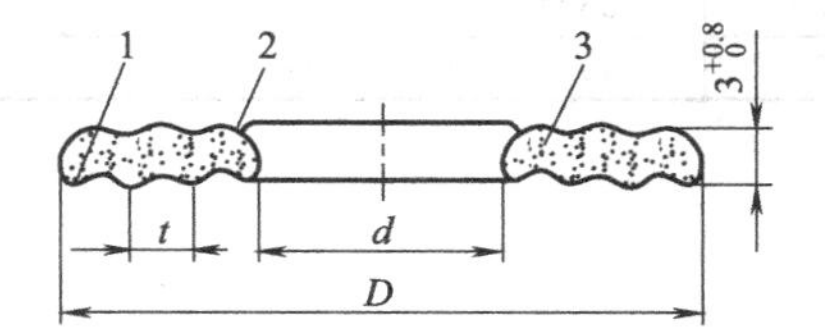


图 5-54 波纹型金属包覆垫片（C 型）

1—垫片外壳；2—垫片盖；3—填料

**表 5-63 *PN* 标记的管法兰用垫片的尺寸** mm

| 公称尺寸 DN | 垫片内径 d | 垫片外径 D | | | | | | |
|---|---|---|---|---|---|---|---|---|
| | | PN2.5 | PN6 | PN10 | PN16 | PN25 | PN40 | PN63 |
| 10 | 18 | 39 | 39 | 46 | 46 | 46 | 46 | 56 |
| 15 | 22 | 44 | 44 | 51 | 51 | 51 | 51 | 61 |
| 20 | 27 | 54 | 54 | 61 | 61 | 61 | 61 | 72 |
| 25 | 34 | 64 | 64 | 71 | 71 | 71 | 71 | 82 |
| 32 | 43 | 76 | 76 | 82 | 82 | 82 | 82 | 88 |
| 40 | 49 | 86 | 86 | 92 | 92 | 92 | 92 | 103 |
| 50 | 61 | 96 | 96 | 107 | 107 | 107 | 107 | 113 |
| 65 | 77 | 116 | 116 | 127 | 127 | 127 | 127 | 138 |

续表

| 公称尺寸 DN | 垫片内径 d | 垫片外径 D | | | | | | |
|---|---|---|---|---|---|---|---|---|
| | | PN2.5 | PN6 | PN10 | PN16 | PN25 | PN40 | PN63 |
| 80 | 89 | 132 | 132 | 142 | 142 | 142 | 142 | 148 |
| 100 | 115 | 152 | 152 | 162 | 162 | 168 | 168 | 174 |
| 125 | 141 | 182 | 182 | 192 | 192 | 194 | 194 | 210 |
| 150 | 169 | 207 | 207 | 218 | 218 | 224 | 224 | 247 |
| 200 | 220 | 262 | 262 | 273 | 273 | 284 | 290 | 309 |
| 250 | 273 | 317 | 317 | 328 | 329 | 340 | 352 | 364 |
| 300 | 324 | 373 | 373 | 378 | 384 | 400 | 417 | 424 |
| 350 | 377 | 423 | 423 | 438 | 444 | 457 | 474 | 486 |
| 400 | 426 | 473 | 473 | 489 | 495 | 514 | 546 | 543 |
| 450 | 480 | 528 | 528 | 539 | 555 | 564 | 571 | — |
| 500 | 530 | 578 | 578 | 594 | 617 | 624 | 628 | — |
| 600 | 630 | 679 | 679 | 695 | 734 | 731 | 747 | — |
| 700 | 727 | 784 | 784 | 810 | 804 | 833 | — | — |
| 800 | 826 | 890 | 890 | 917 | 911 | 942 | — | — |
| 900 | 924 | 990 | 990 | 1017 | 1011 | 1042 | — | — |
| 1000 | 1020 | 1090 | 1090 | 1124 | 1128 | 1154 | — | — |
| 1200 | 1222 | 1290 | 1307 | 1341 | 1342 | 1364 | — | — |
| 1400 | 1422 | 1490 | 1524 | 1548 | 1542 | 1578 | — | — |
| 1600 | 1626 | 1700 | 1724 | 1772 | 1764 | 1798 | — | — |
| 1800 | 1827 | 1900 | 1931 | 1972 | 1964 | 2000 | — | — |
| 2000 | 2028 | 2100 | 2138 | 2182 | 2168 | 2230 | — | — |
| 2200 | 2231 | 2307 | 2348 | 2384 | — | — | — | — |
| 2400 | 2434 | 2507 | 2558 | 2594 | — | — | — | — |
| 2600 | 2626 | 2707 | 2762 | 2794 | — | — | — | — |
| 2800 | 2828 | 2924 | 2972 | 3014 | — | — | — | — |
| 3000 | 3028 | 3124 | 3172 | 3228 | — | — | — | — |
| 3200 | 3228 | 3324 | 3382 | — | — | — | — | — |
| 3400 | 3428 | 3524 | 3592 | — | — | — | — | — |
| 3600 | 3634 | 3734 | 3804 | — | — | — | — | — |
| 3800 | 3834 | 3931 | — | — | — | — | — | — |
| 4000 | 4034 | 4131 | — | — | — | — | — | — |

# 第6章 机械密封性能检测和故障分析

## 6.1 机械密封性能检测

机械密封由于适应性强、能耗低、寿命长，所以在各个领域中得到了广泛应用。但是，有关机械密封设计及基本参数对密封性能、功率消耗、摩擦、磨损的影响尚处于使用经验数据的状态。设计产品虽可满足使用要求，但对于是否处于最佳状态尚无把握。最近密封设计开始采用计算机设计，这也仅是一种设计手段。密封界普遍认为影响机械密封端面摩擦的因素很多，至今还缺乏较全面的理论公式，有待于进一步研究解决。甚至有人认为“密封设计”只被看作一种试验技术。事实上，由于非常缺乏有关密封特性方面的系统资料，并不能像计算梁的强度或滑动轴承等那样有可靠的设计理论。

### 6.1.1 摩擦副端面摩擦扭矩测量

(1) 摩擦副端面扭矩测量的目的

根据公式（6-1）～式（6-3）计算端面扭矩 $M_f$ 为：

$$M_f=\frac{2}{3}\pi f p_c(r_2^3-r_1^3) \tag{6-1}$$

或

$$M_f=\frac{1}{2}fF(r_2+r_1) \tag{6-2}$$

端面摩擦功率 $N$ 为：

$$N=M_f\omega=\frac{\pi D_m bf}{10.2}p_cV\ (\mathrm{kW}) \tag{6-3}$$

式中，$p_c$ 为端面比压；$D_m$ 为密封端面平均直径，m；$b$ 为密封端面宽度；$V$ 为密封面平均线速度，m/s。

因此，通过测量端面扭矩 $M_f$ 可以得到密封端面的摩擦因数 $f$ 和摩擦功率 $N$。当然 $f$ 和 $N$ 是在一定的试验条件下求得的。

(2) 扭矩测量试验装置

扭矩测量试验装置的型式很多，常用的试验装置有 E. Mayer 用的扭矩试验装置和国内天津大学采用的扭矩试验装置，如图 6-1 所示。

E. Mayer 用的扭矩试验装置采用 3.3～3.4kW 电动机经过三角皮带轮变速，转速范围为 1500～5000r/min。

图 6-1 所示为国内天津大学采用的扭矩试验装置。压力容器内部的密封装置如图 6-2 所示。

改变密封面宽度 $b$，可以求出 $b$ 对密封的影响。

改变弹簧压缩量或调节压力容器内的流体压力，均可改变端面比压，从而求出端面比压对密封的影响。压力容器 1 内的压力由高压钢瓶 13 的压力维持及调节，缓冲罐 16 装有被密封介质，供压力容器使用。

介质可采用水、机油或其他液体，压力容器上设有电加热器，可使介质加热。温度测量和调节利用热电偶及温度控制器，改变介质温度可以改变其黏度，以求黏度对密封功耗的影响。

由直流电机及增速皮带轮进行速度调节，速度范围为 500～5000r/min。通过光电传感器 7 及数学转速表 6 对转速进行测量。通过扭矩传感器 9 及扭矩显示仪表对扭矩进行测量。

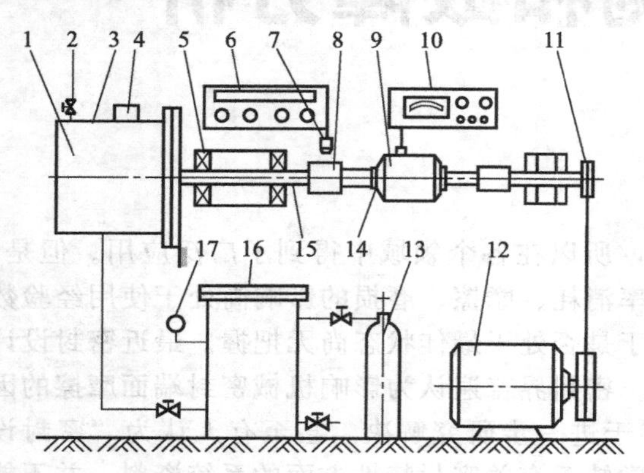


图 6-1 扭矩试验装置

1—压力容器；2—排气阀；3—温度计；4—电热器；5—轴承；6—转速表；7—传感器；8—联轴器；9—扭矩传感器；10—扭矩仪；11—皮带；12—电机；13—钢瓶；14—左端轴承；15—传动轴；16—缓冲罐；17—压力表

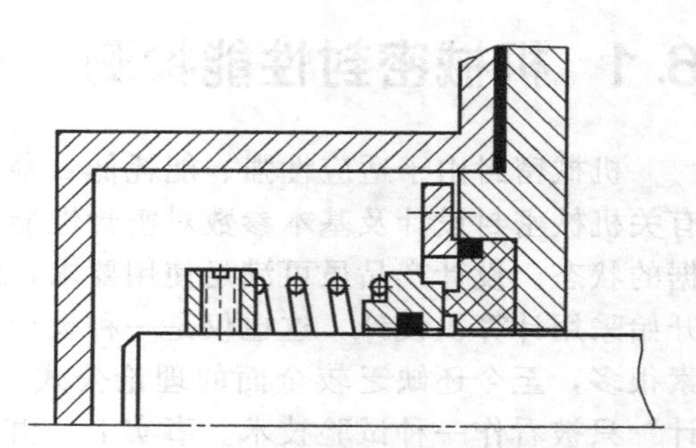

图 6-2 压力容器内部的密封装置示意图

## 6.1.2 端面磨损量测量

机械密封端面的磨损是衡量机械密封使用寿命的重要标志之一。根据 JB 4127.1—2013 规定，以清水为介质进行试验，运转 100h 软质材料的密封环磨损量不大于 0.02mm，引进的高速泵要求只要动环的磨损深度大于 0.005mm 就要重新研磨。所以，通过对端面磨损量的测量可以了解密封的实际使用情况。

端面磨损量的测量方法：

(1) 称量法

称量法是通过称量摩擦副环试验（运转）前后的质量变化来确定磨损量的，一般在天平上进行，是一种简单易行的常用方法。

(2) 测长法

该法是通过测量摩擦副端面试验前后的法向尺寸变化来确定磨损量的，一般要有一个测量的基准部位，常用的测量仪器有测长仪、万能工具显微镜、读数显微镜等。

(3) 表面轮廓法或表面粗糙度法

该方法是通过轮廓仪或粗糙度仪来测量摩擦表面磨损前后的轮廓或粗糙度变化来确定磨损量的。这是因为密封面的承载面积比会随着表面粗糙度的变化而改变，如图 6-3 所示。

(4) 全相分析法

该法是通过观察摩擦端面磨损前后金相组织变化来确定磨损量的，特别是研究腐蚀磨损和疲劳磨损时采用此法更好。金相分析法也可采用电子显微镜和电子探针来观察。

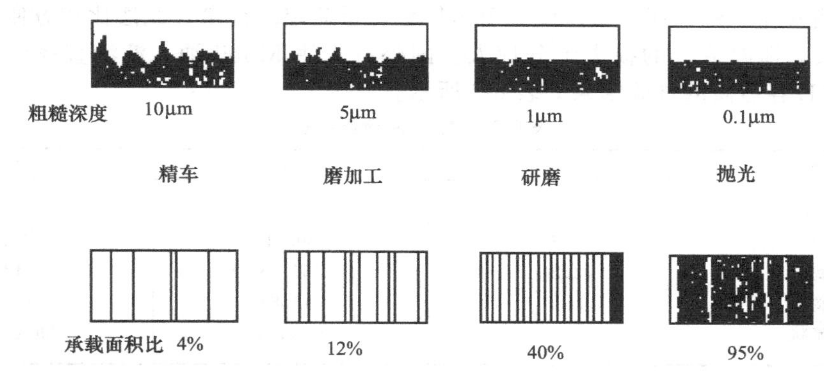


图 6-3 加工精度不同的滑动表面的承载面积比

(5) 化学分析法

该方法采用化学定性定量法分析磨损微粒的组成和总量，也可借助于光滑和色谱的分析方法来进行。

除了以上几种方法以外，还可采用放射性同位素法和放射性指示器等检测手段来测量端面磨损量。

## 6.1.3 温度测量

机械密封温度测量内容包括：密封环的温度分布、冲洗冷却系统温度、密封介质温度等。

测量温度的方法有接触式和非接触式两种，用于机械密封温度测量采用接触式测量方法较适宜。

密封环端面温度测量通常测量静环端面处温度，一般通过将直径为 1mm 的热电偶埋入石墨环距端面 2mm 处进行温度测量，这种方法常在试验研究时采用。

除热电偶温度计外，水银温度计是最常用的一种测量计。

表 6-1 接触式测温方法、类型及特点

| 温度计类型 | | 测温范围/℃ | 精度/% | 特点 |
|---|---|---|---|---|
| 热膨胀式 | 水银 | −50～650 | 0.1～1 | 简单方便，易损坏，感温区域大 |
| | 双金属 | | | 结构紧凑，牢固可靠 |
| | 压力液气 | −30～600<br>−20～350 | 1 | 耐振、牢固、价廉、感温区域大 |
| 热电偶 | 铂铑-铂<br>其他 | 0～1600<br>−200～1100 | 0.2～0.5<br>0.4～1.0 | 种类多，适应性强，结构简单，经济方便，应用广泛，必须注意寄生热电势及动圈式电阻对测量结果的影响 |
| 热电阻 | 热敏电阻 | −50～350 | 0.3～1.5 | 体积小，响应快，灵敏度高，线性差，必须注意环境温度的影响 |
| | 铂<br>镍<br>铜 | −260～600<br>−50～300<br>0～180 | 0.1～0.3<br>0.2～0.5<br>0.1～0.3 | 精度及灵敏度均好，感温区域大，必须注意环境温度的影响 |

## 6.1.4 泄漏量测量

泄漏量测量最简单的办法是用目测检查，根据技术条件，泵用机械密封的泄漏量在 3～5mL/h 之间，如每毫升以 16～20 滴计算，则泄漏量标准为 1～2 滴/min。泄漏的液滴还与密封液体的黏度（温度）有关，大体上重质油的泄漏速度比轻质油的泄漏速度慢一半左右。

除了目测检漏之外，还可从泄漏处引出导管用量筒定时计量，此法比较方便精确。

点滴成渠，泄漏造成的损失十分惊人。国外有人用 Mobil 油，液滴直径约为 0.4mm，以容积为 375L 容器做的试验结果如表 6-2 所示。

**表 6-2 Mobil 油泄漏损失** L

| 泄漏率 | 一天损失 | 一月损失 | 一年损失 |
|---|---|---|---|
| 10s 1 滴 | 0.4 | 15.28 | 183.36 |
| 5s 1 滴 | 0.8 | 30.71 | 308.55 |
| 1s 1 滴 | 4.3 | 153.56 | 1842.75 |
| 1s 3 滴 | 14.2 | 511.88 | 6142.50 |
| 液滴成流状 | 91 | 3273.12 | 39,277.44 |

## 6.1.5 弹簧性能检测

弹簧性能检测主要有以下几项：

(1) 永久性变形测量

将弹簧成品压缩五次到工作极限负荷下的弹簧有效高度 $H_j$，测量第四次和第五次的高度，其值不变则认为没有永久变形。

弹簧成品在永久性变形检测合格后，才进行对负荷公差、尺寸、表面形状和位置公差的检查。

(2) 负荷和刚度测量

负荷测量：使用相应的弹簧测力仪器进行测量。

刚度测量：在全变形量的 20%～80%内进行测量。

弹簧工作高度下的负荷和弹簧刚度按图样要求进行测定。

(3) 轴心线对两端面垂直度测量

测量方法如图 6-4 所示，最大间隙 Δ 值查阅相关国家标准（GB/T 1239.1—2009，GB/T 1239.2—2009，GB/T 1239.3—2009）。

(4) 轴心线直度测量

轴心线直度测量如图 6-5 所示，最大间隙 Δ 值查阅相关国家标准（GB/T 1239.1—2009，GB/T 1239.2—2009，GB/T 1239.3—2009）。

其他项目检查，如尺寸、表面质量、热处理质量等，按有关规定进行检测。

具体关于拉伸弹簧的技术条件查阅 GB/T 1239.1—2009，压缩弹簧的技术条件查阅 GB/T 1239.2—2009，扭转弹簧的技术条件查阅 GB/T 1239.3—2009。

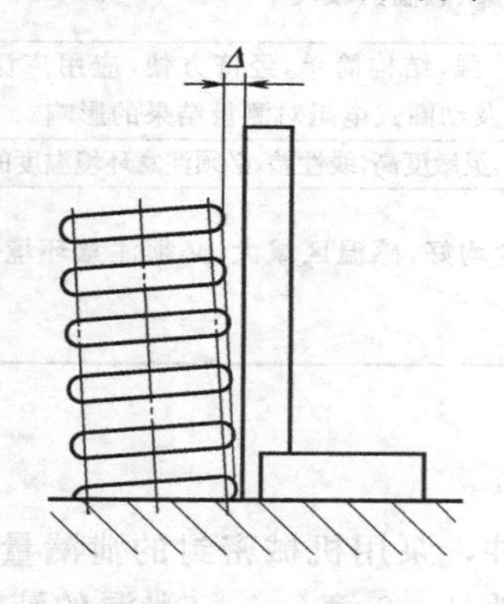


图 6-4 弹簧轴心线对两端面垂直度测量

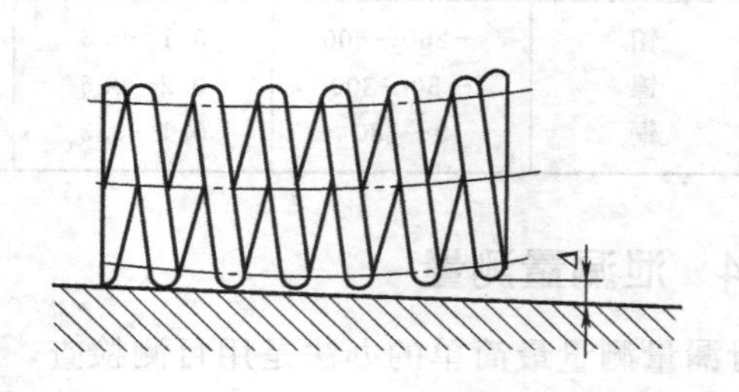


图 6-5 弹簧轴心线直度测量

### 6.1.6　金属波纹管性能检测

金属波纹管的性能检测主要有以下几项：

（1）气密性检测

① 单个波纹管的气密性检查。将波纹管装在专用夹具上使其密封。专用夹具是由拉杆、连接座、密封塞、密封圈、活动套、压紧件等元件组成的，视波纹管规格和数量可自行设计。

密封后的波纹管放在盛水的容器中，在波纹管内通入 0.1MPa 的压缩空气（当波纹管的最大耐压小于 0.2MPa 时，则通入最大耐压力的 30%的压缩空气），保持 1min，在水中的波纹管表面无气泡冒出，就认为合格。

② 波纹管组合件的气密性检查。最常见的是用氦质谱检漏。如用氦气喷射法还可检测焊接波纹管的焊接。

（2）刚度测量

在专用的测量仪器（一般为拉压力试验机）上对预压缩的波纹管施加集中负荷 $Q$（N），使波纹管压缩，测量其压缩量 $S$（mm），计算得到其比值 $Q/S$（N/mm），即视为波纹管刚度。

测量时波纹管的压缩量应符合表 6-3 所示规定，预压缩量应小于此规定。

**表 6-3　波纹管的压缩量**

| 波纹管内径/mm | 压缩量（占 $L_1$ 的百分数）/% |
|---|---|
| ≤12 | 8 |
| >12～55 | 10 |
| >55 | 15 |

注：$L_1$ 见图 6-6。

（3）最大允许位移测量

在专用装置上，以专用仪器指示波纹管自由长度下的零位，然后在集中负荷作用下压缩，使压缩量等于规定值，保持 1min 后除去负荷。这样重复三次，立即读取零位偏移量，该值不得大于表 6-4 所示规定。

**表 6-4　波纹管零位偏移量**

| 波纹管材料 | 零位偏移量（占最大允许位移的百分数）/% |
|---|---|
| H80 | 4 |
| QSn6.5-0.1 | 2 |
| QBe2 或 QBe1.9 | 1 |
| 1Cr18Ni9Ti | 3 |

（4）最大耐压力测量

如图 6-6 所示，将波纹管固定在专用装置上，使波纹管两端密封，并限制其自由端，以专用仪器指示任一波纹一侧作为零位，然后向波纹管内通入规定压力的 80%，保持 1min，释放压力，立即读取零位偏移值，其值不得超过波纹管有效长度 $L_1$ 的 0.2%。

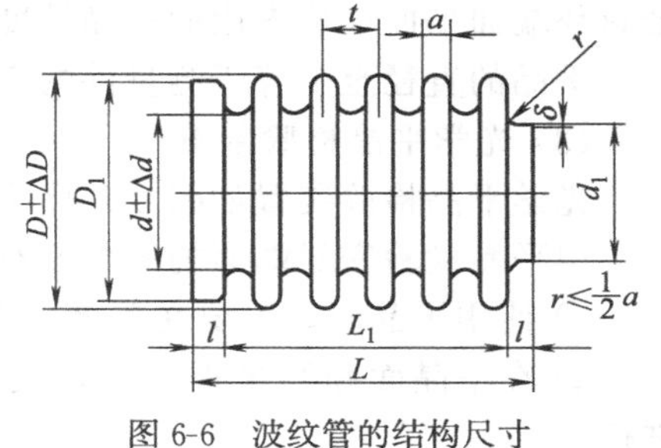

图 6-6　波纹管的结构尺寸

（5）工作寿命（机械疲劳）测量

在专用疲劳试验机上，以 10～15 次/min 的频率将波纹管压缩 100 次，其压缩量应等于最大允许位移，然后再进行气密性、刚度、最大允许位移、最大耐压力等项目测量。

## 6.1.7 密封圈密封性能检测

密封圈的密封性能检测如图 6-7 所示，密封面的粗糙度在 $Ra0.8\mu m$ 以上，表面淬硬，上、下盖之间可用不同的垫块来调整尺寸。

试验介质可采用水或油，气密性试验的介质为氮气。加压方式可采用电动试压泵和增压器，或用瓶装氮气加压。

气密性检查是把检测工具浸在水或油箱中，用量杯接取气泡来确定漏气量的。

试验过程中，改变压力等级时，均需将压力降为零，然后升压。每次升压均按不同的时间-压力曲线升压，以增加波动程度。

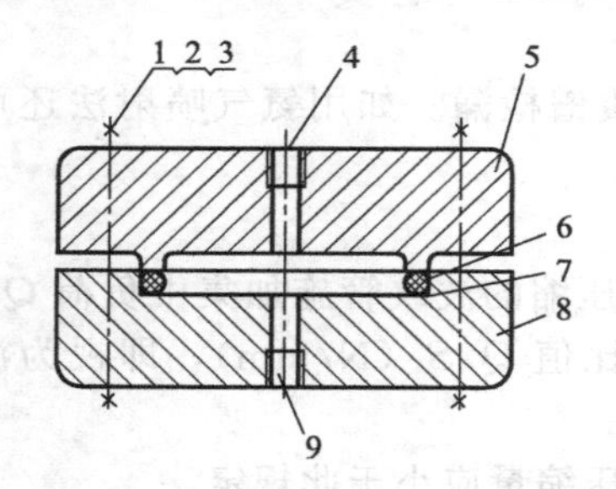


图 6-7 密封圈的密封性能检测工具

1—螺栓；2—螺母；3—垫圈；4—卸压孔；5—上盖；6—密封圈；7—垫块；8—下盖；9—加压孔

## 6.1.8 摩擦副端面平面度检查

摩擦副端面平面度测量方法有：研点法、刀口尺法、轮廓仪测量法和光干涉法（利用光学平晶测量）。以上四种测量方法中光干涉法比较实用。

（1）光干涉法的光源

光干涉法所用的光源是单色光源，它可用滤色镜、棱镜获得，但多数实用光源采用电激励某种元素的原子后产生所需光源，常用光源元素有汞、汞 198、镉、氪、氪 86、铊、钠、氦和氖，其中钠光源和氦光源用得较多。表 6-5 为特定光源的波长。

表 6-5 特定光源的波长

| 光源 | 波长/μm | 干涉条纹间距$\left(\frac{1}{2}波长\right)$/μm |
|---|---|---|
| 汞同位素 Hg198 | 0.546 | 0.273 |
| 氦 | 0.589 | 0.294 |
| 钠 | 0.598 | 0.299 |
| 氪 86 | 0.606 | 0.303 |
| 赤热的镉 | 0.644 | 0.322 |

（2）光学平晶的要求

平晶是用透明的石英或 Pyrex 玻璃（硼硅酸玻璃）制成，其一面的平面度至少在 0.025～0.125μm 之内。

平晶有方形的或圆形的，对边或直径在 25～400mm（更大的要订做），厚度为 12.5～63mm。

平晶精度：商用 0.2μm，生产用 0.1μm，作基准用 0.05μm，标准用 0.025μm。因此，密封环端面平面度检查用的平晶精度为 0.1μm 级。

平晶的直径至少等于测量件的直径，通常在 200mm 以下。

（3）光学平晶检验装置

光学平晶检验装置如图 6-8 所示。

用平晶检验密封端面的平面度时注意事项如下：

① 使用平晶时，不要在粗糙平面上移动，以免损坏平晶表面。

② 在平晶面和测量件端面之间，不应有灰尘、绒头和水汽，检验必须在干燥条件下进行。

③ 平晶精度应符合规定要求，并定期检查。

(4) 干涉条纹的形状

在实际生产中，动环和静环的密封端面经研磨、抛光后还不能达到十分理想的平面度，所以在用平晶检查时，见到的干涉条纹形状不可能是完全平行、间距相等的。

由于各密封厂生产条件不同，各厂有自己的检测手段和经验，至今尚无统一的干涉条纹形状图样，就是资料上介绍的图样差别也是很大。实际干涉条纹形状很多，干涉条纹数则和质量标准、制造厂水平、密封的使用条件有关。干涉条纹数量（平面度数值大小）按规定为1～3条，但这是以特定光源的半波波长在0.3μm以下（或接近0.3μm）为前提的。

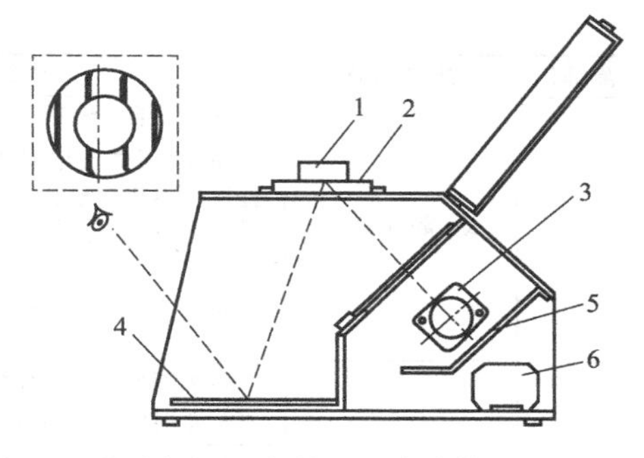


图 6-8　光学平晶检验装置
1—检验的密封环；2—光学平晶；3—反光镜；4—反射镜；5—光源；6—稳压器

# 6.2　机械密封的故障

## 6.2.1　密封故障产生原因

机械密封故障的产生原因主要有以下几个方面：

① 机械密封本身不良造成的故障。

② 主机问题造成的故障。

③ 机械密封的选择和应用不当所造成的故障。

④ 安装和操作不当以及管理不善所造成的故障。

⑤ 辅助装置不良或对辅助装置认识不够造成的故障。

机械密封的故障现象有：端面磨损、密封环热裂、变形、腐蚀、弹簧失去弹性或折断、辅助密封圈损坏等，如表6-6所示。

**表 6-6　机械密封常见的故障、原因及处理措施**

| 故障部位 | 故障现象 | 故障原因 | 处理措施 |
|---|---|---|---|
| 密封端面处泄漏 | 初期泄漏 | 动、静环变形;使用、保管、安装不当;零件结构和刚性不好 | 改善使用、保管和搬运方法检查安装受力情况 |
| | | 动、静环表面伤痕 | 注意使用、保管,检查制造质量 |
| | | 动、静环密封面的平直度和粗糙度不合要求 | 更换动、静环或重新加工研磨 |
| | | 杂质混入密封面 | 清洗密封表面,必要时还须研磨 |
| | | 跑合不够 | 按规定要求跑合 |
| | 密封表面粗糙 | 润滑不好,表面烧伤 | 供给足够量润滑油,注意润滑油质量 |
| | | 同材质组对 | 更换组对材料 |
| | | 杂质混入 | 拆下清洗 |
| | 适应性差 | 弹簧力不足,弹簧腐蚀,变细或折断,设计问题 | 更换弹簧,注意弹簧材质和设计问题 |
| | | 平衡值过大,密封端面不接触 | 变更平衡值,使密封面不张开 |
| | | 轴密封圈阻力大,密封圈上残留物挤出至密封面处 | 变更轴密封结构、材质、过盈量,降低摩擦阻力,即使有垢物附着也要使密封圈容易滑动 |
| | | 垢物附着导致轴密封圈不能移动,密封圈残余变形 | 防止介质结垢,更换密封圈 |

续表

| 故障部位 | 故障现象 | 故障原因 | 处理措施 |
| --- | --- | --- | --- |
| 密封端面处泄漏 | 动、静环振动 | 润滑不良，噪声 | 供给足够量润滑油，变更动、静环材料，在低沸点介质中时，改善介质的循环方法将动、静环一方的材料改为自润滑性好的材料 |
| | | 动、静环材质组对不合适，密封面呈凸状且发生不正常磨损 | |
| | | 动、静环密封端面粗糙度不合要求 | 提高表面质量 |
| | | 轴转速变动，防转销端部顶住防转槽或轴 | 查清原因，使轴转速正常，增大防转销与槽底(或轴)的间隙 |
| | 动、静环密封面不正常磨损(包括偏磨) | 润滑不良，滑动面短期内磨损严重，在滑动面周围可见到杂质 | 供给足够量润滑油，变更摩擦副材质，如输送低沸点介质则要加强介质循环 |
| | | 杂质和垢物侵入密封面，结晶析出，设计不周 | 管路中安装过滤器，改变密封结构，增加冲洗措施 |
| | | 动、静环材质组对不合适 | 更改材料 |
| | | 密封液引起动、静环材料变质、损坏 | 更改材料 |
| | | 端面比压过大 | 变更平衡值 |
| | | 密封面粗糙度差 | 提高表面质量 |
| | | 密封面倾斜造成一端接触的偏磨 | 拆卸检查，重新安装 |
| | | 介质压力波动大 | 操作要稳定，查找泵有无汽蚀 |
| | | 冷却不够，表面烧结 | 改善冷却系统 |
| | 密封面产生间隙 | 结垢物卡住，使墙面变形 | 改进结垢，改善介质条件，防止结垢物在端面附近集结 |
| | | 高温、高压时动、静环变形(翘曲)，轴向串量过大 | 改变材料和结构，减少轴向串量至规定量 |
| | | 对轴变位的追随不够，轴密封圈摩擦力过大 | 更换密封圈，改善追随性 |
| | | 冷却水结垢 | 改善冷却水质，另一方面使阻封液流向适合密封结构 |
| | 密封面上有裂纹或微小裂纹 | 润滑不好 | 供给足够量的润滑油，使密封面处于流体润滑状态 |
| | | 冷却不够 | 改善冷却条件 |
| | | 动、静材料选错或不当 | 改用具有耐热冲击性的材料 |
| | | 使用条件不当 | 根据使用条件，计算摩擦发热量，选用有足够耐热性的材料 |
| 轴密封圈和固定密封圈处泄漏 | 密封圈与轴和壳体面之间有间隙而造成连续泄漏 | 密封圈安装不良，橡胶波纹管断裂 | 仔细安装密封圈，更换损坏的波纹管 |
| | | 密封圈损伤，老化、龟裂 | 更换密封圈 |
| | | 轴和壳体面粗糙度不合要求或壳面有孔、沟槽 | 检查轴和壳体面的粗糙度，加工改进 |
| | | 轴、壳体面的尺寸不对或表面有深的条痕和刮伤 | 检查轴和壳体孔尺寸，加工后去除毛刺 |
| | | 密封圈结构选错 | 更改密封圈结构 |
| | 密封圈对轴和壳体表面的追随不良 | 密封圈的过盈量有变化，残余变形 | 改变紧固时的紧固量，考虑残余变形 |
| | | 轴偏心过大，部分橡胶波纹管被压破 | 调整轴的偏心量 |
| | | 压力波动引起法兰(压盖)部分变形 | 变更设计，考虑介质压力引起外壳膨胀或轴延伸的因素 |
| 结构破坏引起泄漏 | 动、静环破损 | 动、静环尺寸不合适(与轴和外壳的尺寸不一致) | 更换、重新按要求尺寸制作动、静环 |
| | | 硬性安装，又难从主机上拆卸 | 仔细拆卸后，按要求尺寸重做再装上 |
| | | 动、静环内部缺陷或尺寸、材料与设计规格不符 | 检查动、静环内部质量、尺寸和材料，用合格产品重装 |
| | 零、部件损坏 | 弹簧折断(因腐蚀或疲劳折断) | 检查、鉴定后更换弹簧(包括材质的更动) |
| | | 防转销折断或脱落 | 测量启动和摩擦扭矩，设计、安装方面如有问题应予改进 |

### 6.2.2 常见故障模式

机械密封损坏类型的故障有：化学损坏、热损坏和机械损坏。

(1) 化学损坏

① 表面腐蚀 如果金属表面接触腐蚀介质，而金属本身不腐蚀，就会产生表面腐蚀。为了防止表面腐蚀，可采用耐蚀材料。不锈钢的耐蚀性较好，因此此时表面形成氧化物或氢氧化物的保护膜，使金属钝化而不受腐蚀。

② 点蚀 金属材料表面各处产生的剧烈腐蚀点叫做点蚀。通常有整个面出现点蚀和局部出现深坑点蚀两种。采用不锈钢时，钝化了的氧化铬保护膜局部破坏时就会产生点蚀。防止的办法是在金属成分中限制铬的含量而增添镍和铜。点蚀要比均匀腐蚀更危险。

③ 晶间腐蚀 晶间腐蚀是仅在金属的晶界面上产生的剧烈腐蚀现象。尽管其重量腐蚀率很小，但却能深深地腐蚀到金属的内部，而且还会由于缺口效应而引起切断损坏。对于奥氏体不锈钢，晶间腐蚀在450～850℃之间发生，在晶界处有碳化铬析出，使材料丧失其惰性而产生晶间腐蚀。为了防止这种腐蚀，要将材料在1050℃下进行热处理。使铬固熔化而均匀地分布在奥氏体基体中。

④ 应力腐蚀 应力腐蚀是金属材料在承受应力状态下处于腐蚀环境中产生的腐蚀现象。容易产生应力腐蚀的材料是铝合金、铜合金、钢及奥氏体不锈钢。一般应力腐蚀都是在高拉应力下产生，先表现为沟痕、裂纹，最后完全断裂。

⑤ 缝隙腐蚀 缝隙腐蚀是一种浓差电池腐蚀，它产生在两个零件靠近的狭窄缝隙部位。机械密封O形圈附近经常能观察到这种腐蚀现象。这是由于介质流动受到窄缝的阻碍，生成惰性氧化物层，窄缝内溶液因供氧不足，与间隙外的溶液之间形成浓差电池而在缝隙部分产生腐蚀。

⑥ 电池腐蚀 由于两种金属在电介质溶液中有电位差而产生电池作用，发生电池腐蚀。为了防止电池腐蚀，应尽量避免使用有电位差的两种金属组合的结构。

⑦ 汽蚀与冲蚀 与上述化学腐蚀和电化学腐蚀比较，汽蚀与冲蚀多半是机械因素造成的。在高速运动中的金属材料往往会由于汽蚀而伴随着腐蚀。

(2) 热损坏

主要是过热。要计算出机械密封的热影响是较困难的，只能从考虑热影响因素的角度来正确设计，但必须知道摩擦因数、$pv$值和热导率、干运转性能和实际经验。

① 热裂 通常，在过大的热应力作用下密封环表面会出现径向裂纹，简称热裂。

在短时间的机械负荷或热负荷作用下会出现热裂，例如由于干摩擦、冷却系统中断、密封面间隙、压力和速度波动很大等。热裂时密封环磨损剧增，泄漏量迅速地增大。对于平衡型密封，甚至会出现密封圈分开的现象。为了避免热裂，必须对材料的力学、物理性能足够清楚，并在设计时考虑到可能热裂的运转条件。

② 疱疤 疱疤也是一种过热的现象。它主要是由于碳石墨、陶瓷等材料过热造成的。因为非均质材料本身各组分的膨胀系数不同，而导致黏结剂被挤出是这种损坏的原因。因此必须采用不同材料或利用外部结构措施来改善其散热条件。在密封面间温度可能升得很高，甚至使浸渍剂熔化并对摩擦起不良作用。

(3) 机械损坏

主要是磨损。机械损坏还包括其他由于机械强度不够而导致的各种形式的损坏。

① 磨损 固体颗粒侵入密封面间，首先使软密封面磨损，有时固体颗粒嵌入软密封面中使硬密封面受到固体颗粒磨损。除了上述固体颗粒的磨削性磨损外，还有由于多次开、停车而造成传递转矩的传动销（螺钉）将组装盒磨出凹坑和O形圈与轴套的相对移动而造成

轴套的磨损。

② 冲蚀　密封流体对密封元件会造成冲蚀磨损。密封面上的冲蚀磨损只会在高压差（约 30 个大气压以上）的重负荷密封中出现，因为高压差会使密封面翘曲造成流体对密封面的冲蚀。同样在特别高的流速下出现泄漏也会将密封面的结合材料（软组分）冲刷掉。

密封中注入循环液（冲洗液等）时，会由于静环处的液体流速过大造成严重的密封环冲蚀磨损。为了防止这类磨损，应使循环液量合适和合理布置引入处。

由于汽蚀腐蚀导致的破坏情况，在密封面以外的区域就可以观察到。为了研究密封面材料对冲蚀和汽蚀的敏感性，曾经做过许多次试验，试验表明碳化硅最稳定。

# 6.3　机械密封故障分析方法

当机械密封发生故障时，需要对其进行故障分析。简要地说，故障分析就是故障模式、故障机理和原因的判别。它是质量保证和可靠性保证中不可缺少的技术，可以减少机泵和设备的密封造成的人身伤亡和直接的经济损失。机泵和设备的密封所产生的各种形式的故障，有不少是灾难性的恶性事故的起端，进行故障分析可以从个别的、偶尔发生的故障中找出事故因由，以防范类似事故的重演。机械密封故障分析是机械密封维护工作中诊断、纠正和预防故障的有力工具。

故障分析是分析故障发生的原因，提出排除故障和防止故障再次发生的各种技术和组织措施等活动，有时也被称为“失效分析”。“故障”和“失效”之间是有些差别的，失效发生后一定能产生故障，但是没有故障，也可能因为别的原因产生失效。

机械密封的故障分析方法常见的有一般故障诊断的方法、威布尔指数可靠性分析结合的故障分析方法、相态分析结合的故障分析方法、故障树分析方法、磨损图像分析方法、平晶平直度检查和判断等方法，现对其分别进行介绍。

## 6.3.1　一般故障诊断的方法

故障分析主要是通过诊断（经验的和检测的）确定故障的部位，再经过调整或更换进行排除。通常寻找密封失效原因从目测检查开始，在目测检查过程中需要注意，若故障征兆或迹象在拆卸时被忽视，则就无法追回了。为了避免关键信息的丢失，应注意在下列环节发生的失效模式，如外部征兆、拆卸前检查结果、拆卸后检查结果及各密封元件的目测检查结果等。

在故障分析过程中，正确的诊断是预防和排除故障的基础。诊断是维修人员将通过现场观察、询问、检查及必要测试所收集的资料进行综合、分析、推理和判断，对设备的故障得出合乎实际的结论的过程，也是透过故障的现象去探索故障的本质，从感性认识提高到理性认识，又从理性认识再回到维修实践中去的反复认识的过程。

一般故障诊断过程大致可分为四个步骤，如表 6-7 所示。

表 6-7　一般故障诊断的步骤

| 步骤 | 说　明 |
|---|---|
| 收集资料 | 收集现场资料(情况)的过程就是对现场状况的询问、观察、检查及必要的测试进行周密的调查研究,同时包括对历史的维修记录及设备档案资料的了解和研究。在调查过程中,要注意资料的真实性和完整性,必须有认真、实事求是的态度,深入细致地进行现场观察、询问及各项检测工作,防止主观臆断和片面性 |
| 综合分析 | 要完全反映故障的原因及其发生、发展规律,就必须将调查所得的资料进行归纳整理,去粗取精,去伪存真,抓住主要问题加以综合、分析和推论,排除那些数据不足的表面现象,抓住一个或两个最符合实际的症状,作出初步诊断(同时也要注意那些看似与现时故障无密切关系的潜伏故障) |

续表

| 步骤 | 说　明 |
| --- | --- |
| 初步诊断 | 故障的初步诊断就是从全面研究所得的资料出发，抓住各种故障现象的共性和特殊性进行归纳、分析，找出其相互间的内在联系和发生、发展的规律，得出故障原因的分析结论。初步诊断时要列举已确定的故障部位和进行故障机理分析，包括对故障零件的材料、故障系统的诊断。排除故障时，如同时发生多种故障，则应分清主次、顺序排列。对设备精度、性能或安全影响最大的故障是主要故障，列在最前；在故障机理上与主要故障有密切关系的其他故障，称为并发故障，列于主要故障之后，视生产形势随机排除；与主要故障无关而同时存在的其他故障，称为伴发故障，排列在最后，视生产情况随机排除或列入计划排除 |
| 在维修实践中验证诊断 | 对故障的认识，需要经过“实践、认识、再实践、再认识”的过程。在建立初步诊断之后，判断其是否正确，须在维修实践中和其他有关检查中验证，最后确定诊断。由于维修人员的主观性和片面性，或由于客观条件所限，或由于故障本身的内在问题还没有充分表现出来等，初步诊断可能不够完善甚至还会有错误，所以，作出初步诊断以后，在维修过程中还需注意故障的变化和其波及面的演变，如发现新的情况与初步诊断不符，则应及时作出补充或更正，使诊断更符合客观实际。现场维修人员只有通过反复的维修实践，在技术上精益求精，不断地提高对故障的认识，才能尽快地排除故障，提高维修效率，使设备更好地为生产服务 |

在分析和判断机械密封的故障时，做好记录、保存好损坏的密封元件，同时，应注意正确和全面地反映出故障的现象。在故障检查时，可以按照有次序的方法来进行检查：收集整套密封元件（将所有元件收集在一起做检查和分析）、检验磨损痕迹（磨损图像）、检验密封面、检查密封的驱动（传动）件、检查弹性元件和检查摩擦撞碰的情况。

一般机械密封故障分析时，可通过其常见的外部特征进行分析，以此作为进一步故障诊断的参考资料。

### 6.3.2　威布尔指数可靠性分析结合的故障分析方法

利用威布尔分布统计（可靠性）分析与故障分析相结合的办法，对某炼油厂泵用机械密封作了可靠性分析，得出了不同工况及结构材料条件下机械密封的威布尔指数，并与故障分析结合，找到了防止某些故障的措施和今后改进的方向。

过去习惯用传统的故障分析接近法来进行。这种方法可以在弄清事实的基础上，采用排除故障的必要措施。目前采用的可靠性统计分析逼近法，不仅可从对故障的诊断和分析中找出改进的方法，而且对故障的预防和排除亦可由此找到改进措施。国外对炼油、化工用离心泵机械密封已进行了调查研究和可靠性分析，因此采用威布尔分布统计分析与故障分析相结合的方法来分析和改进石油化工泵用机械密封的可靠性是必要的。要对故障进行分析，首先应找出故障的规律。这不仅要解决现场存在的问题，而且也要找到改进的方向和纠正措施。

在对石油化工设备动密封进行现场试验、记录维修数据以及充分调查的基础上，再利用上述方法即得出了多数工艺泵机械密封的威布尔指数＝0.9～2.1。对各种不同泵用机械密封来说，其可靠性统计分析不仅能说明故障的模式和原因，而且对管理人员总结本厂密封维护的经验以改进技术管理、延长密封寿命、减少故障率、提高密封可靠性等均是有益的。

### 6.3.3　相态分析结合的故障分析方法

在石油化工用机泵中，其机械密封可能处于各种不同相态中操作。如热水泵、液化气泵、轻烃泵、液氨泵等采用的机械密封，由于介质的常压沸点低于机械密封出口温度，故密封处于气液混相状态，甚至处于气相状态。

过去，都把这些泵的机械密封看作是在液相状态下工作，故引起了一系列问题，如轻烃泄漏而引起结冰；密封面开启和气震；出现干摩擦，使密封过早出现磨损。近年来，不论是设计还是使用，都不再千篇一律地按液相状态考虑了，而是按实际相态（液相、气相或气液混相）处理。这样，便可保证机箱密封相态的稳定工作。

要按实际相态处理，首先就应判断出该密封所处的相态。知道了相态就能确定其稳定性，然后作出正确的故障分析以及应采取的相应措施。

## 6.3.4 故障树分析方法

故障树分析方法又称为FTA法，目前，在实践中有不少单位采用该方法。通过故障树分析可以定量地计算复杂系统的故障概率及其他可靠性参数，为评估和改善系统可靠性提供定量依据。法国CFR Total公司的Michalis，P. M. M对炼油厂的轻烃泵用机械密封进行了FTA分析的报导。他以轻烃泵用机械密封为实例阐述了FTA的建树、建立数学模型、定性分析、定量分析等具体步骤。

（1）FTA方法特点

故障树分析法是在系统设计过程中通过对可能造成系统故障的各种因素（包括硬件、软件、环境、人为因素）进行分析，画出逻辑框图（即故障树），借此确定系统故障原因的各种可能组合方式或其发生概率，从而计算出系统故障概率并据此采取相应的解决措施，以提高系统可靠性的一种方法。

FTA法的特点有：

① 分析方法灵活，特别是可以对环境条件和人为因素加以分析。

② 它是一种逻辑推理方法，层层深入、一环扣一环。

③ 它是对系统更深入认识的过程，许多问题在剖析过程中就可以被发现和解决。

④ 通过故障树可以定量地计算复杂系统的故障概率及其他可靠性参数，为改善和评核系统可靠性提供定量数据。

（2）危险性分析

在炼油厂的某些离心泵中，由于输送流体的性质或其输送状态，若其过度泄漏到大气就会发生事故，会构成对人身或设备的潜在危险。因此，检查流体的流动状况是必要的。

危险性流体分类见表6-8。

表6-8 危险性流体分类

| 分　类 | 举　例 |
|---|---|
| 常压下能气化的液体或液态烃 | 液化石油气、热烃 |
| 高温下为液体，而与大气接触即自燃的烃 | 常压重油、减压渣油 |
| 纯毒品或稀释于烃的毒品 | 苯、糠醛、氢氟酸、硫化氢 |

炼油厂机械密封所发生故障级别分类及所导致的后果如表6-9所示。

表6-9 炼油厂机械密封所发生故障级别分类及所导致的后果

| 故障级别分类 | 导致的后果 |
|---|---|
| 轻微故障 | 系统性能没有明显恶化，没有人身伤害和系统破坏，泵可以继续工作 |
| 严重故障 | 系统性能明显恶化，必须停泵 |
| 致命故障 | 发生人身伤害或泵无法使用 |
| 灾难性故障 | 系统或各相邻系统被破坏或数人严重伤亡 |

对以上流体，根据机械密封最初发生过度泄漏的事故作一因/果示意图，判定九组可能发生的不同情况的后果C1～C9，如图6-9所示。这些后果取决于以下参数，如所采用的机械密封类型、要堵住流体的类型、有无报警仪器系统、外部事件的作用等。可能引起严重后果和灾难性后果的情况如表6-10所示。

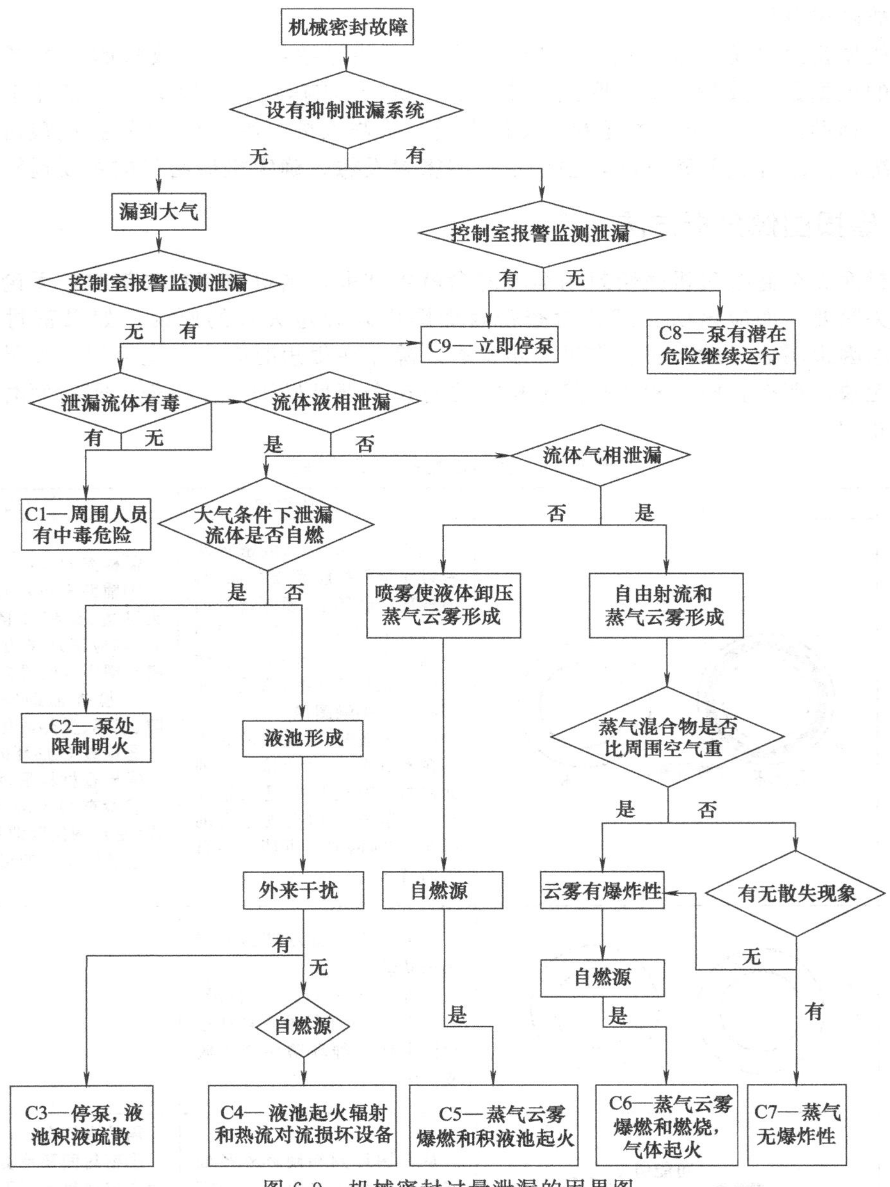


图 6-9 机械密封过量泄漏的因果图

**表 6-10 可能引起严重后果和灾难性后果的情况**

| 项目 | 不同情况 | 表 现 | 举 例 |
| --- | --- | --- | --- |
| 引起严重后果 | C1 | 周围地区有毒 | 重整分馏装置的苯抽出泵的机械密封破裂可造成 |
| | C2 | 液体不断经密封泄漏后燃烧 | 输送 2.1MPa 和 390℃ 重油的常压蒸馏系统的机械密封破裂可造成 |
| 引起灾难性后果 | C4 | 形成薄薄一层烃，烃的表面蒸气起火，液层燃烧并不断泄漏 | 输送 0.8MPa 和 65℃ 油品的加氢裂化装置的轻汽油泵机械密封破裂可造成 |
| | C5 | 气相起火和爆燃，形成一团带悬浮粒的气体，积存的和不断泄漏出来的液池燃烧 | 输送 0.9MPa 和 240℃ 重质油的催化重整装置的重沸器泵机械密封破裂可造成 |
| | C6 | 形成一股自由湍动气流，继而形成气体云雾以及不断泄漏出来的气体起火、爆炸和燃烧 | 输送 2.6MPa 和 41℃ 丙烷的烷基化装置脱丙烷塔回流泵机械密封破裂可造成 |

(3) 故障树分析

通过机械密封系统“故障树”的分析，将有可能导致不希望的故障的原始事件加以分类。分类的依据是：故障类型（腐蚀、热影响、机械影响等），故障原因（设计不良、工艺过程、泵、辅助流体），应负责任者（设计人员、维修人员、用户）。还可推测最可能出现的一连串情况，采取什么预防方法，去记录一些密封设想，确定机械密封的主要运转参数。

## 6.3.5 磨损图像分析方法

当密封面完全磨损时机械密封的运转寿命就告结束。当机械密封失效时，无论使用寿命多长都无关紧要，而应该认真细致检查密封面图像来确定失效的原因。如果密封面完全磨损，失效原因很明显，就无必要作进一步检查，除非在很短时间内完全磨损。如果两个密封面都完整无缺，那么就应该利用故障分析方法对整个部件做进一步检查。密封面磨损图像的种类见表 6-11。

表 6-11 密封面磨损图像的种类

| 种类 | 磨损图像 | 说明及发生原因 | 检查及措施 |
|---|---|---|---|
| 正确磨损图像 | 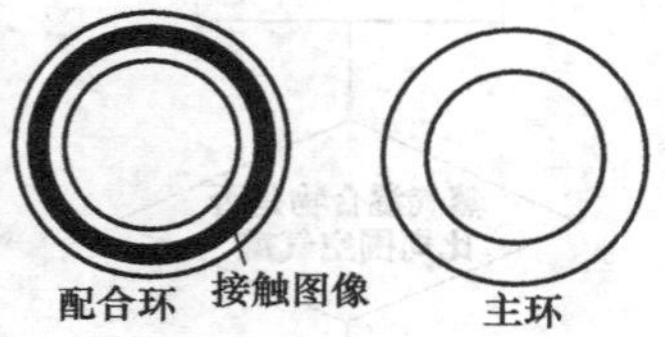 配合环 接触图像 主环 | 左图中所示为机械密封两密封面全面接触磨损图像，其中软环比硬环窄，硬环密封面上的磨损图像宽度与软（窄）环宽度相等，一个环上有轻微磨损或无明显磨损，这是无泄漏密封的接触图像<br>若发生泄漏，且泄漏的原因不在密封面上，就应该检查辅助密封。有的情况是无论在旋转或静止时均出现稳定的泄漏，则泄漏原因可能均出自辅助密封 | 需检查的有：<br>①辅助密封检查安装时有无飞边、刻痕或擦伤。如果有，则应清理飞边并倒角，供密封圈引入时导向用<br>②检查辅助密封有无空隙、损坏、受热或化学侵蚀<br>③检查O形环的压弹量<br>④检查材料是否合适<br>⑤检查O形环膨胀是否造成“密封搁住”（即弹簧不弹）<br>⑥管线是否变形 |
| 无接触磨损图像 | 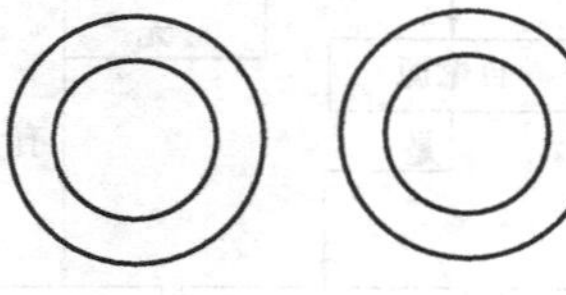 | 从左图可判知动环的密封面未转动<br>原因可能是传动机构打滑、安装有误、动环与轴封箱孔接触面卡住或静环防转销松脱或未装上 | |
| 硬环密封面外径处接触较重的图像 | 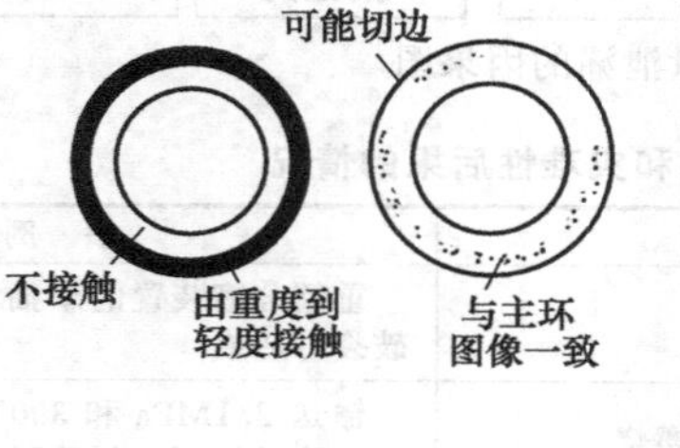 可能切边 不接触 由重度到轻度接触 与主环图像一致 | 从左图可判知硬环外径处密封面接触较重而内径处接触图像逐渐消失，软环外缘可能有切边。在低压下稳定泄漏，而在高压下少漏或不漏<br>原因通常是密封压力超高而形成密封面不平直的锥面（负锥面或负转角） | 需检查的有：<br>①密封面研磨是否不正常而造成密封面不平直<br>②辅助密封有无过度膨胀造成锥面<br>③密封环支承面是否正确<br>④密封面间是否侵入外来杂质<br>⑤是否因机械效应形成力变形 |
| 硬环密封面内径处接触较重的图像 | 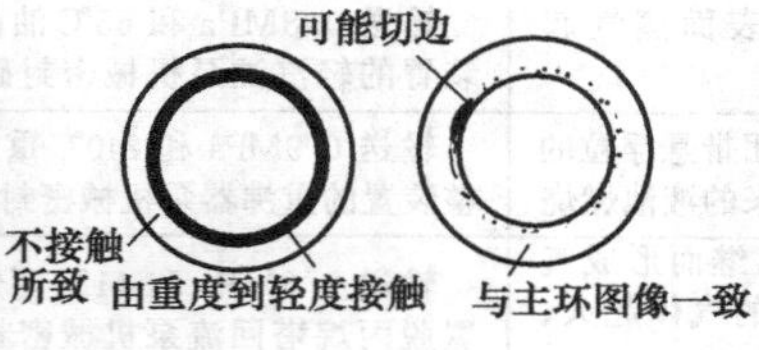 可能切边 不接触所致 由重度到轻度接触 与主环图像一致 | 从左图可判知硬、软环密封面内径处接触较重，接触图像到外径处逐渐消失，软环内缘可能有切边<br>原因是密封面热变形形成不平直的密封面 | 需检查的内容与上述外径处接触较重图像的相同，只需将⑤中的机械效应改成热变形 |

续表

| 种类 | 磨损图像 | 说明及发生原因 | 检查及措施 |
| --- | --- | --- | --- |
| 接触图像宽度大于软环宽度 | 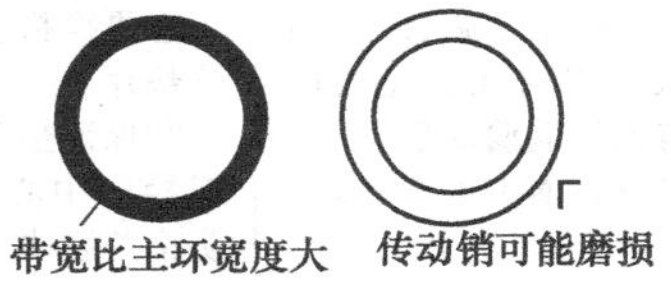 带宽比主环宽度大　传动销可能磨损 | 左图所示是一种硬环宽带磨损图像。硬环图像宽度要比软环宽度大很多。硬环上若有传动槽，则可能磨损。轴静止时密封不漏，但旋转时连续滴漏<br>原因可能是泵未对中、管线变形、轴承损坏或间隙过大、轴弯曲、轴以大振幅发生振动、泵汽蚀、泵振动、静环未对中或泵运转参数超出规定值 | |
| 一处高点接触图像 | 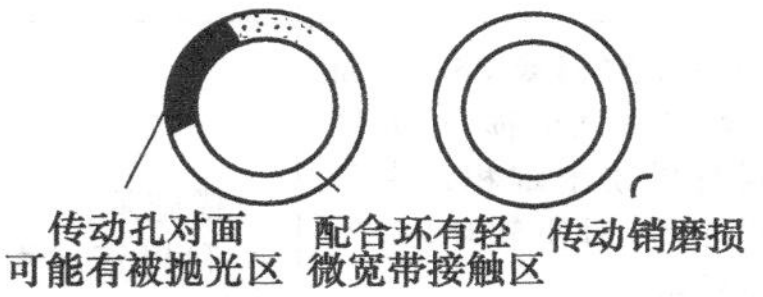 传动孔对面可能有被抛光区　配合环有轻微宽带接触区　传动销磨损 | 原因是相互配合的密封面互相不平行 | 需检查的有：<br>①格兰与静环接触处有无槽纹或毛刺，若静环发蓝，可见整圈图像<br>②防转销是否正确位于静环中<br>③防转销是否在静环槽内碰到底<br>④所有格兰上传动销是否正确外伸<br>⑤轴是否对中（避免轴成角度倾斜通过轴封箱）<br>⑥泵体上所接管线是否变形 |
| 有两处和两处以上的高点接触图像 | 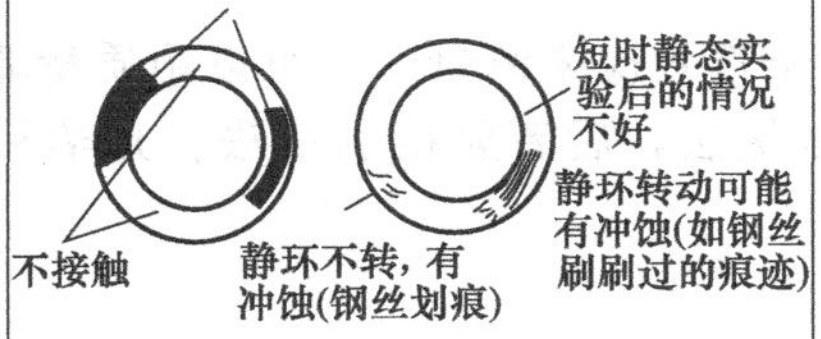 不接触　静环不转，有冲蚀(钢丝划痕)　短时静态实验后的情况不好　静环转动可能有冲蚀(如钢丝刷刷过的痕迹) | 静（硬）环典型的机械变形造成两处高点接触，接触点处图像逐渐消失。动（软）环在短时静、动态试验后情况特别好。轴静止不转时，动环可能有冲蚀丝痕；旋转时，动环可能有钢丝刷的丝痕。因为配合面不平直有尘粒进入密封区。轴旋转或不转时，密封均有连续滴漏<br>原因是密封面不平直 | 需检查的有：<br>①格兰是否变形，若是则可能螺栓转矩过大<br>②用平晶检查密封面平直度<br>③静环夹持体的垂直度<br>④泵体中开面密封箱端面平直度<br>⑤格兰与静环接触表面有无槽纹和（或）毛刺，并在格兰发蓝时检查有无全部图像 |
| 偏心接触图像 | 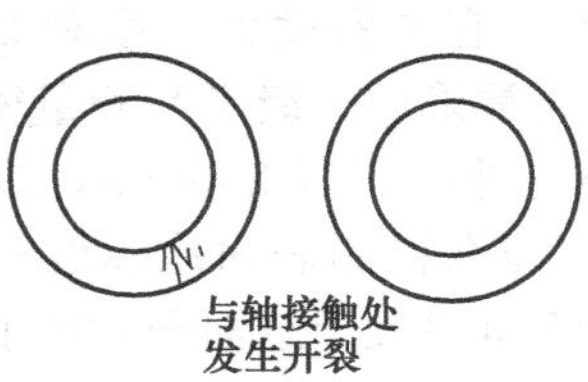 与轴接触处发生开裂 | 静环上偏心接触图像，其接触宽度等于密封环360°的宽度。静环内孔有接触迹象或局部开裂（由于轴摩擦造成）的迹象，如果静环不损坏，则动环上无异常磨损；如果轴未与静环内孔接触，则无泄漏现象；如果动环损坏，则轴在静止或旋转时都会发生泄漏<br>原因通常是动环未对中 | 需检查的有：<br>①动环的结构设计和其间隙是否正确<br>②格兰与轴封箱的间隙是否正确<br>③轴套外径与轴封箱内径是否同心 |
| 270°接触图像 | 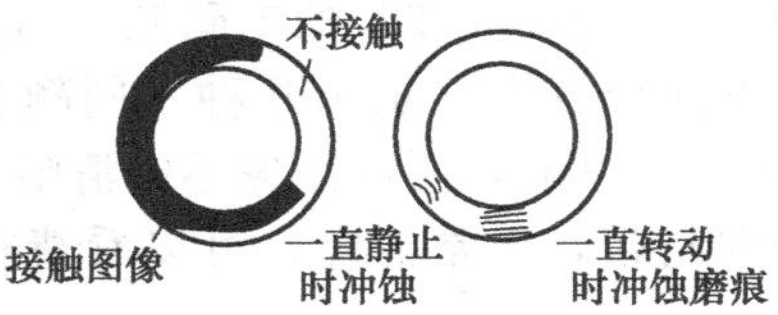 不接触　接触图像　一直静止时冲蚀　一直转动时冲蚀磨痕 | 硬环密封面机械变形产生270°接触图像，在低点处逐渐消失。动环也有相同的上述机械变形征兆。轴旋转或静止时密封均有连续泄漏<br>原因是密封面不平直 | 需检查的有：<br>①如上述“有两处或两处以上高点接触”内容<br>②密封箱是否压力超高 |

续表

| 种类 | 磨损图像 | 说明及发生原因 | 检查及措施 |
| --- | --- | --- | --- |
| 格兰螺栓处密封面的接触图像 | 不接触<br>只有高点接触 | 在每个螺栓位置静环密封上有机械变形高点，动环情况良好，因此密封寿命长，原始泄漏量大。密封在静止或旋转时均有连续泄漏现象<br>原因是密封面不平直 | 需检查的是由螺栓转矩过大引起的格兰变形<br>措施是：<br>①更换格兰与轴封箱间的软垫片<br>②保证垫片全面接触或在螺栓圆中心线以上接触，以防格兰翘曲 |
| 磨出深槽的图像 | 槽深<br>全面接触图像<br>配合环高度磨损，主环使配合环切成360°的均匀槽<br>传动销可能磨损<br>软石墨主环可能切边，硬面边缘可能磨圆 | 硬环高度磨损，软环使硬环磨出360°的均匀深槽<br>原因是密封干运转，密封面间无液体润滑 | 需检查密封箱是否放空，灌泵时是否未灌满和过滤循环冲洗管线是否堵塞 |
| 表面热裂或高度磨损图像 | 外径和内径处切边<br>传动销可能磨损 | 硬环高度磨损或360°表面热裂。软环高度磨损，靠大气侧有碳石墨粉末堆积。由于密封面开闭，而使软环内、外缘可能有切边<br>原因是密封环未能导走热量，产品温度高、摩擦或产品间歇地气化与液体产品大量地冷却密封相偶合 | 措施是：<br>利用密封面冲洗和冷却，降低温度，改变材质或改变密封结构 |

## 6.3.6 平晶平直度检查和判断

密封端面平面度的检测，通常是利用光波的干涉效应来测量的。可以用质量非常好的激光干涉仪或光学平晶来进行测量。前者属非接触量法，后者属接触量法。光学平晶货源充足，价格便宜，因而被广泛采用。

下面介绍光学平晶检测平面度的基本原理。

(1) 平面平晶

平晶是利用派利克斯玻璃、熔凝水晶或折射率为1.516的光学玻璃制造，使之成为具有平直工作端面的透明圆柱体。按直径大小有60mm、80mm、100mm、150mm、200mm、250mm六种。平晶由于制造较困难，其尺寸都不太大。它的精度为1级和2级两种；工作面的平面性很高，其偏差不超过0.03μm和0.1μm。通常采用1级平晶测量密封环端面的平面度，平晶的直径应大于被测工件的外径。若密封环的外径超过250mm，或者是非金属材料制作的密封环（反光度差），则可采用涂色法检查，即在被测表面涂以红丹，在零级平板上对研，环的接触痕迹必须连续，不能间断，接触连续面积大于总面积80%的为合格。

(2) 光源

由于单色光源所产生的干涉图形较为清晰，常被光波干涉测量法采用作为光源。来自太阳的白光实际上是由七种颜色组成，每一种颜色代表一种不同波长的电磁波。当白光通过平晶射向被检表面发生光波干涉后，在被检表面的不同位置上显示出几种不同颜色的干涉条纹，由于各色光线混杂，干涉条纹的亮度和清晰度大为减弱，所以图像不够清晰。使用单色光源，具有单一的波长，图像是明暗相间的亮带和暗带，非常清晰，可以看清较多的干涉带，读数较准确。单色光需要通过滤色镜得到。

（3）光波干涉测法的原理

干涉条纹的形成，是由发自同一光源的两组或几组光束经过不同的路程以后，又重新汇聚在空间某一点而发生亮度增加和减弱的结果，这种光束亮度的加强和减弱就是光波干涉。当采用单色光源时，波幅相同的两个波相位相同，同时投射在一点上，则振幅增大，也就是光的亮度加强并出现亮带；当这两个波的相位相差半个波长（差180°）时，两光波相遇后，振幅大小相等方向相反，所以实际振幅为零，从而导致光的完全消失并出现暗带。

被测工件平面出现弯曲的干涉条纹，理论上平面度的偏差大小可用式（6-4）计算：

$$\delta=\lambda(a/b)/2 \tag{6-4}$$

式中　$a$——干涉弯曲高度，mm；

$b$——干涉带宽度，mm；

$\lambda$——光波波长，$\mu$m。

（4）判别方法

在测量密封端面平面度前，必须先获得能具有折射光线的表面，通常是将被测表面进行研磨后，再进行抛光，才能进行检验。检测时，将被测平面紧贴于平晶。两个表面都必须仔细擦净，使两表面之间可以形成一层极薄的空气膜，单色光源透过空气膜，就会产生明暗相间的干涉条纹。如果使用白光（自然光）作为光源，则显示几种不同颜色的干涉条纹。检测时，应当用彩色条纹中最清楚的半个波长，可用干涉条纹发现试件的平面偏差。

（5）测量注意事项

① 测量时，平晶和工件需要在相同的温度下才能得到正确的结果。

② 当使用钠光灯时，通电后3～5min预热，钠光灯才能正常工作。

③ 平晶是精密的量具，它的硬度低，使用中容易磨损和划伤，因此应在无尘条件下使用。若附着有脏物，则可用无色航空汽油或无水酒精清洗，再用鹿皮或绸布擦拭。使用中不可用平晶检查粗糙的平面，以免擦伤。使用完毕须妥善保管。

④ 用平晶检测平面度，有时看不见干涉条纹，这可能因为被测平面不光洁或平面度很差，被测平面不清洁或有毛刺，被测工件为非金属材料时表面折射情况不好或有毛刺未能很好地贴合等原因造成。

# 6.4　机械密封故障处理措施

## 6.4.1　典型密封故障机理及分析

下面以泵用机械密封为例，进行故障分析。

在炼油厂和化工厂中，机泵的机械密封在安全运行方面占有重要的地位。由于其工艺装置大多数要求连续生产，机械密封一旦发生事故，不仅影响生产而且会带来重大的损失。可见，对密封故障进行及时的分析、判断和排除显得尤为重要。

在分析和判断故障时，应注意正确、全面地反映出故障的现象；同时，做好记录并保存好损坏的密封元件，以备后用；在拆卸装置时，不要操之过急，以免造成不必要的元件损坏和人力浪费。为此，可用按照收集整套密封元件、检查磨损痕迹、检验密封面、检查密封传动件的磨损情况、检查弹性元件和检查摩擦碰撞的情况的次序进行检查。

（1）收集整套密封元件

当机械密封发生故障时，不要急于进行故障分析，不论转动件或固定件都需要进一步研究。正确的做法是：应将所有的密封元件收集在一起，直到做好分析准备时为止。即使密封没有表现出问题，也必须对拆下的密封作检查和分析，并应在拆卸时做些记录，再与垫圈、

O形圈（或其他辅助密封件）、轴套和填料箱内部的情况一起检查。

（2）检查端面磨损痕迹

在进行故障分析时，端面磨损痕迹是一个很好的线索。每种磨痕都有助于分析故障产生的原因。假如磨痕的尺寸正确，与原尺寸相符，且动、静环正好配合，这表明机泵轴对中情况良好，而且这时端面泄漏可能不是密封本身的问题。例如，如果金属波纹管密封卡住，而磨痕尺寸仍然是正确的，则可以肯定密封的静环辅助密封处沿泵轴方向存在泄漏。

机械密封端面磨损痕迹的变化情况如表6-12所示。

表6-12　机械密封端面磨损痕迹的变化情况

| 磨痕变化 | 说　明 | 改进措施 |
| --- | --- | --- |
| 磨痕变宽 | 磨痕变宽表明机泵发生严重的未对中。随着磨痕变宽，通常出现泄漏和密封搁住的现象。如果密封在每转一周中做径向和轴向运动，那么密封面就趋于分开，而且每运动一次就有轻微的泄漏。<br>磨痕变宽的原因有：轴承损坏、轴抖动或轴变形、轴弯曲、泵汽蚀产生振动、联轴器未对中、管子严重变形、密封静环倾斜等 | ①将泵和密封件对中，使用改进的联轴器，减小管子变形，减小辅助密封件对轴的滑动摩擦<br>②减小辅助密封胶的摩擦，虽不可能减小密封面的磨痕宽度，但能使密封面不至于随振动和运动面分开，因为密封面分开会导致泄漏，并使弹性体粘住，特别是采用聚四氟乙烯密封圈时更容易粘住 |
| 磨痕变窄 | 磨痕比两个密封面的最小宽度还要窄，这说明密封超压，压力或温度使密封面翘曲<br>磨痕变窄的原因是密封设计失误 | 重新选型，选择适合高压的机械密封结构 |
| 无磨痕 | 密封运转一段时间后，密封面上无磨痕，说明有某种阻碍。如果密封为橡胶波纹管理结构，就应该检验弹性元件和密封箱。两密封面可能会贴合在一起，轴在受阻碍情况下旋转。遇到这样的情况，弹性元件会被固定部分磨坏或磨亮，并且还会与泵的旋转部分摩擦。有时密封中压盖代替静环与静环背部对磨运转，这也会出现密封面无磨痕的情况 | |
| 无磨痕但有亮点 | 密封面翘曲会出现有亮点而无磨痕。压力超过、压盖螺栓未拧好或未夹好或泵上表面粗糙，均能形成亮点。当采用两支螺栓的压盖时，其厚度不够，也是形成亮点的一种原因。此症状可表明密封在开车时可能就已出现泄漏 | 拆开泵，将密封面清洗干净，采用四支螺栓的压盖或强度足够的压盖，使载荷均匀分布并均匀地拧紧螺钉 |

（3）检验密封端面

机械密封端面可能出现的故障主要有切边、出现凹痕、疱疤或腐蚀、断裂、硬面剥落或分层、硬面深痕及静环局部磨损等。详细情况见表6-13。

表6-13　机械密封端面存在的故障

| 密封面故障 | 说　明 | 改进措施 |
| --- | --- | --- |
| 切边 | 一个或两个密封面有切边，这是由于密封面分得太开而在合拢时断裂造成的。常见的导致密封面分开的原因是闪蒸（气化）现象，特别是在热水系统或流体中有凝液时。水从液体膨胀成蒸汽，会使密封面分开。泵发生汽蚀加之密封环搁住也可能是导致切边的原因 | 避免闪蒸现象可避免切边，具体措施如下：<br>①减少密封面热量<br>②选择适合的密封面材料组对及冷却器<br>③密封型式采用平衡型结构<br>④密封流体的冷却，采用双端面密封或采用外部急冷<br>⑤采用带冷却的冲洗液的特殊压盖 |
| 凹痕、疱疤或腐蚀 | 在采用碳石墨密封面的密封中，会出现密封面的凹痕、疱疤或腐蚀。当碳石墨密封面装错或碳石墨局部机加工时，会形成这样的结果 | ①密封用碳石墨通常是浸渍的，而且在热油场合下，应使用抗疱疤和抗剥落的特殊品种密封面<br>②为了防止碳石墨腐蚀，可选用非结合的密封环<br>③普通酸对碳和石墨均有侵蚀作用，例如硝酸、发烟硫酸，需要采用聚四氟乙烯或填充聚四氟乙烯的密封面 |

续表

| 密封面故障 | 说　明 | 改进措施 |
|---|---|---|
| 断裂 | 温度(热)冲击能使陶瓷密封面发生断裂。在泵用软管冲洗时,水流冲击热运转的陶瓷密封面,会使密封面出现断裂。因此,陶瓷密封环的形状和性能,应考虑耐温度(热)冲击稳定性<br>机械冲击和拉伸也会是陶瓷断裂的一个原因。如果将陶瓷环与不平坦表面接触或压合时受拉伸,就会碎裂<br>传动销对淬硬动环的冲击也是机械损坏的一个原因 | ①在陶瓷环受热冲击发生断裂时,可换用其他材料;在高于150℃时应拒用陶瓷,因此此时存在着突然冷却的可能。建议采用组合结构<br>②如果密封面是粘接的,传动销会打击陶瓷,此时应另选其他材料 |
| 硬面剥落或分层 | 不论是用陶瓷涂层还是用斯太利特合金作为密封环的硬面,均会发生从环基体上剥落成分层脱落的情况。这说明覆盖层有缺陷或者结合材料被化学腐蚀 | 采用整体密封面材料 |
| 硬面深痕 | 在外置式密封、泵有对中误差和严重磨削液体的场合下,硬面上容易产生深的磨痕。密封面分开使大颗粒进入密封面间是产生深磨痕的原因,这是因为固体颗粒埋入软碳石墨密封面内磨削硬密封面。密封面高度发热会形成某些生成物而成为磨削性结晶体。在采用磨料研磨碳石墨密封面中,此问题也会发生 | ①可使流体(磨削性和易结晶产品)处在密封面的外缘,靠离心作用将固体保持在密封面外缘以外<br>②采用传动力低的机械密封,例如采用金属波纹管密封或橡胶波纹管密封<br>③采用洁净的外冲洗流体也是防止磨损的一种途径<br>④采用硬对硬的密封面,对解决磨削性液体是一种有效办法 |
| 静环局部磨损 | 静环的局部磨损容易觉察到。在某些密封中,静环为碳石墨,由泵出口引入的循环液冲击碳石墨环会形成冲蚀磨损。如果冲洗液冲击密封面,就会出现磨削性损坏和密封面分开的其他标志 | 冲洗管线应该切向进入,而不是直接冲向密封面 |

(4) 检查密封传动部件的磨损

密封传动部件如传动销、止动螺钉、传动凸台（耳）或并圈大弹簧等的作用是传递来自泵轴的转矩。要查找磨损，可先查驱动连接处，在传动销、传动凸台（槽）或弹簧上可发现磨损痕迹。波纹管密封及整体传动件不会表现出这种磨损。其中传动凸台或凹槽磨坏是黏合-打滑作用的结果。如果两密封面瞬时黏合，传动销钉将承受很大的应力。随着重新黏合，密封环就加速磨损。

密封面黏合-打滑作用的原因是密封面缺乏润滑。润滑不足的原因主要有：

① 安装密封时，弹簧压缩量太大。

② 密封面压力太大，若在高压下则可采用非平衡型密封。

③ 所输送流体或被密封流体的润滑性差。

④ 密封面材料组合不好或者只考虑耐化学腐蚀而未考虑其运转能力。

⑤ 泵发生汽蚀。

⑥ 立式泵密封箱中进入空气，在这些泵中循环液引自泵出口代替入口会使气体进入密封面附近。

在检查密封的传动部件磨损时，黏合-打滑的迹象是一种重要线索，因为其说明了被密封介质的性质。如果不是良好润滑剂，就需采用双端面密封。

(5) 检查弹性元件

机械密封的弹性元件主要有弹簧和波纹管，其故障主要有弹簧和波纹管的断裂和弹簧卡住。

弹簧和波纹管的断裂发生的原因主要是材料在受力下伴随有化学侵蚀，其中应力腐蚀开裂是典型的现象。解释此现象的理论说法不一。含氯、溴或氟的流体在任何状况下均对不锈钢弹簧和波纹管产生影响。需注意的是：弹簧和波纹管的断裂是由于受拉时挠曲而形成的，受重复轴向压缩是不会形成疲劳损坏的；受拉时过分伸长或扭曲时挠曲是产生断裂的原因。

弹簧卡住在某些场合下可能会见到。如当被密封介质很脏而且在密封箱轴向不能移动时会发生弹簧卡住的情况，多点分布的小弹簧容易卡住而且不应该在脏的介质中使用。波纹管和单个大弹簧结构通常不会卡住，泵不转动除外。如果停泵期间两个密封面粘住或密封与密封箱粘住，极易导致弹簧元件卡住。但在其他许多场合下这种危险性不大。金属波纹管密封卡住的情况只有在液体凝固或固体颗粒聚集在波纹管内部时才会出现。上述两种故障一般在通过密封面泄漏量很大或采用O形圈静密封时出现，而当泄漏量正常、安装正确且运转正常时，不会发生此故障。研究这个问题可以从寻找卡住密封的正确工作长度开始。安装密封时无压缩量或压缩量太小，密封会开始就泄漏而且很快卡住。测量一下长度能很快说明此问题。

（6）检查摩擦碰撞的情况

在对机械密封进行故障分析时，最好将轴、轴封、压盖和密封箱都检查一下。这种检验尤其应在泵和轴封处打开时进行，以此查找只是在泵热态下出现摩擦的标志。摩擦碰撞的原因有：

① 压盖无导向时，下沉碰撞轴封。

② 垫片滑动或本来就伸入密封箱内。

③ 装上了高温条件下应该拆除的节流套。

④ 密封箱内结垢。

⑤ 密封箱与泵轴不同心。

⑥ 止动螺钉退出时与密封箱接触。

## 6.4.2 典型故障处理措施

根据使用单位工程人员的报告和多年的经验汇集常见故障、症状总结和处理措施，如表6-14所示。

表 6-14 常见故障、症状总结及处理措施

| 故障 | 原因 | 症状及措施 |
| --- | --- | --- |
| 气化或闪蒸 | 当密封面摩擦产生的热量未能有效地散除面密封面间液膜发生局部沸腾时，就会出现气化（闪蒸）现象。这一现象可以通过密封环发声或冒气（间歇振动）表现出来。有时（在密封水时）轴封被吹开并保持开启状态 | 症状：<br>静环被轻微地咬蚀，产生彗星状纹理。液体转变成蒸气后使密封面倾斜并形成了碳石墨环外缘切边。动环硬密封面上产生径向裂纹（热裂），是由于密封面间稳定液膜转变为蒸气状态的温差所形成的。这就使两密封面分开，然后冷却器的液体进入密封面间使之合拢。在填料压盖背面或其周围有炭灰集积（由于碳石墨密封面的咬蚀和爆裂所形成）。这些炭灰随蒸气被吹出<br>措施：<br>①根据原始条件校核被密封产品条件<br>②采用窄密封面的碳石墨环<br>③检查循环线是否畅通，并查明有无堵塞<br>④检查循环液量是否足够，如有需要可增大循环液量 |
| 干运转 | 当密封面间液体不足或无液体时就会发生干运转 | 症状：<br>静环有严重的磨损和凹槽。金属密封环表面有擦亮的伤痕，有的有径向裂纹（热裂）和变色。其他过热症状有O形圈硬化和开裂等。碳石墨环密封面上有唱片条纹般的同心圆纹理<br>措施：<br>①检查冲洗液入口和滤清器<br>②检查循环线，勿使堵塞。如果无循环线，就检查抽送情况并设置循环线（根据需要而定）<br>③增大循环液量 |

续表

| 故障 | 原　因 | 症状及措施 |
|---|---|---|
| 疱疤 | 在高黏度液体的轴封中会出现疱疤。密封面间的剪切应力超过碳石墨的破坏强度而且有颗粒从静环的密封面上剥落下来。实际上在温度超出周围环境温度时，疱疤问题会影响液态烃泵的轴封。停车时，由于温度下降，液体黏度增大使液膜厚度增大，给重新启动泵带来困难。此外，由于过热产生密封面液膜部分炭化也可能是形成疱疤的另一种原因 | 症状：碳石墨颗粒从密封面脱出；在金属密封面上有抛光的磨痕；传动弹簧变形；出现在密封面上、孔中和动环的O形圈槽中<br>措施：<br>①检查产品的黏度是否在密封力所能及的范围之内<br>②检查泵是否能产生足够的压头使循环液进入密封箱内<br>③为了克服启动时的阻力，需要用蒸汽伴热来预热循环线、密封箱和密封面。另一方面，也可用通过急冷接头、密封箱夹套和密封面的低压蒸汽来预热。在开车前所需的预热时间为15～30min |
| 粘接 | 粘接是与疱疤相类似的一种现象。产生粘接现象的一个主要原因是泵或设备采用了不同的产品作试验性运转，而在运转时试验液体与工作产品在膜层中起反应；另一个原因是周围环境，例如氟利昂气体压缩机，在其轴封中的液膜是被氟利昂气体污染过的。在备用时，油变质，油膜被破坏，将导致密封面粘住 | 症状：粘接在密封面表现的现象与疱疤相似<br>措施：针对第一种原因可采取的措施是，有这种故障的设备应注意用合适的试验液体或在试验后用中性介质运转一下 |
| 产品磨蚀 | 在输送介质中如果含有磨削性介质，那么这种介质会渗透到密封面间，导致密封面迅速磨损造成密封故障 | 症状：碳石墨环磨损，表现出不均匀磨损的形状；金属环被磨损至现抛光状；固定颗粒集积在密封面上、孔中和动环的O形圈槽中<br>措施：配置耐磨的密封面，如碳化钨；利用旋液分离器过滤密封液或单独注入洁净液流；在某些使用场合下，可用双密封 |
| 密封面变形 | 如果在启动时，密封就发生漏损，而拆开检查密封件时，又看不到有损坏之处，此时应该在平台上轻轻擦拭或者检查其变形情况；如果发生变形，就会显示出亮点或不均匀磨合的痕迹。这种变形是由于传动弹簧、压盖和密封箱中静环装配不当所造成的，有时也可能是储存不当或配件不好所造成的。另外，由于轴未对中或轴承损坏等引起轴位移或压力超高也会带来相似的症状 | 措施：带上弹簧就地重新研磨动环，在现场利用平直的动环或类似元件，重新研磨碳石墨环，检查碳石墨环的安装误差 |
| 结焦 | 高温烃常出现结焦故障。当液膜泄漏量小时，在密封靠近大气一侧就有炭化的倾向，这种倾向将对滑动件（动环的密封环）产生阻扰并阻止密封面磨损时的随动。这种故障表明应拆除压盖，检查动环能否滑动 | 症状：固体颗粒积聚在滑动件靠大气侧内部并延伸到难以去除之处<br>措施：利用永久性的蒸汽抑制（急冷），保持密封附近或靠大气侧有足够高的温度，以减少结焦的危险性。如果未配置蒸汽，可在压盖背面装唇状密封，这有助于提高急冷效果，并减少压盖与轴之间蒸汽的泄漏量 |
| 结晶 | 结晶的许多病状与结焦相类似，只是结晶发生的产品和条件不同 | 措施：根据产品的情况，可用热水、溶剂或蒸汽等不同的永久性急冷措施，并在压盖背面装唇状密封，以改进其效率 |
| 轴套损坏 | 阻止滑动件随动，首先应调查有无结焦，若无结焦，则滑动件不能随动可能是轴套本身损坏所致。轴套损坏的主要原因是振动和摩擦腐蚀<br>轴或泵一旦发生严重的振动，就会使轴套凸肩处间隙变窄，在动环与O形圈槽的两侧都与轴套的前缘接触，形成麻点和微振磨损，其中杂物积聚，就阻止滑动件移动 | 振动症状：轴或轴套表面有严重的麻点；滑动件上O形圈槽两侧凸肩磨损，O形圈可能被挤出<br>措施：检查泵和驱动机的对中性，消除振动和轴承故障；检查轴的弯曲程度，将轴或轴套前缘表面淬硬<br>摩擦腐蚀症状：在O形圈工作区的轴套被腐蚀<br>措施：把轴套与密封环的接触区段的表面淬硬，最好覆盖以陶瓷层；还可以把靠大气一侧的密封室充满油或其他合适的液体，并在压盖背面使用唇形密封一类的辅助密封装置 |

续表

| 故障 | 原因 | 症状及措施 |
| --- | --- | --- |
| 轴套损坏 | 摩擦腐蚀尽管可在任何电解液中产生，但通常是在有海水的场合才会出现的。一般，在泄漏量很小时，在滑动件下方积聚许多碳石墨尘粒，于是形成电池，构成了电解腐蚀。所形成的腐蚀产物本来可起保护轴套的作用，使其不至于进一步受腐蚀，但是，滑动件的微小移动却会把腐蚀产物挤掉，使洁净表面继续外露受腐蚀 | 振动症状：轴或轴套表面有严重的麻点；滑动件上O形圈槽两侧凸肩磨损，O形圈可能被挤出<br>措施：检查泵和驱动机的对中性，消除振动和轴承故障。检查轴的弯曲程度，将轴或轴套前缘表面淬硬<br>摩擦腐蚀症状：在O形圈工作区的轴套被腐蚀<br>措施：把轴套与密封环的接触区段的表面淬硬，最好覆盖以陶瓷层；还可以把靠大气一侧的密封室充满油或其他合适的液体，并在压盖背面使用唇形密封一类的辅助密封装置 |
| 弹簧变形和断裂 | 在许多场合下，弹簧传动除高速用多点布置小弹簧密封外，大都是单向旋转的大弹簧（正、反转双向旋转密封除外）。单向弹簧总是夹紧轴套或动环的，如果弹簧旋向及轴的转向有误以及某些其他理由而把泵变成透平反转时，弹簧就会松开、打滑、变形、开裂直至断裂。在高黏度液体中工作的弹簧如果配置不当，就会发生这类故障，这是由密封面的摩擦力矩过大、疱疤或粘接等造成的 | 症状：弹簧断面处有径向裂纹；弹簧圈的末端和轴套上有磨痕并且由于弹簧打滑而磨成一圈缩颈<br>措施：检查弹簧旋向和泵的转向是否正确，轴封是否失灵；如果泵可能逆转成透平，就在管线上装止逆阀 |
| O形圈过热 | 填料的过热通常是由于密封面产生过度热量的不利条件所形成的 | 症状：O形橡胶圈硬化和开裂；聚四氟乙烯O形圈变蓝或变黑；靠近密封面部位的情况总是最严重的<br>措施：检查密封箱的循环情况（若装有冷却器则也应同时检查），看看是否有堵塞现象等；检查泵是否有吸入能力降低、干运转、成渣等故障；根据原始规定检查产品情况 |
| 碳石墨环断裂 | 在重新组装聚四氟乙烯O形圈轴封时，如果忘了装销钉套，就会发生碳石墨环断裂事故，原因是聚四氟乙烯O形圈的摩擦因数低，会随之旋转，当靠销钉槽一侧的碳石墨一旦与销钉突然接触时，碳石墨环就会断裂。橡胶O形圈用于高黏度轴封时也会发生这种情况 | 症状：在销钉槽处的碳石墨环有开裂或打断一块的现象；销钉槽和销钉均可使碳石墨环开裂而不能恢复<br>措施：配以聚四氟乙烯制作的销钉套，它可在密封箱压盖上起缓冲作用，装配时应使套筒高出销钉；此外，因产品精度高，对碳石墨环旋转时的这部分密封区，还需在密封箱周围设夹套给予预热或采用带预热室的压盖 |
| O形圈挤出 | O形圈的一部分被强制通过很小的缝隙时，将会发生挤出的现象。在装配或组装元件时，若用力过大或运转压力和温度过高，则均会发生这种现象。当就地调整轴封元件时，若尺寸超出极限，致使元件之间形成了很大的间隙，则也会发生O形圈挤出的情况 | 症状：O形圈被切割或撕破外皮，O形圈有卷边现象<br>措施：检查装配方法、操作条件；确保密封各部分调整到原设计要求或让制造厂重新调整 |
| O形圈不合格 | O形圈不合格的主要原因是所选材料不合适 | 症状：O形圈选用不合格时，将会发生胀大、咬边等永久性变形，其后果不仅使O形圈本身丧失其原有的性能而断裂，而且还会阻止滑动件移动<br>措施：检查轴封的原始产品工作条件，看其材料是否合适，若不合适，则应对O形圈的材料及尺寸等重新选配 |
| 碳石墨环冲蚀 | 当密封进口循环液差别太大或循环液流中含有磨削性材料时，就会发生碳石墨环的冲蚀现象 | 症状：由于压盖上循环液入口正对着碳石墨环冲蚀而形成了槽<br>措施：在循环线上装置流量调节器；如果含有磨削性物料，则可配置旋液分离器 |

### 6.4.3 故障诊断记录

在对机械密封进行故障诊断、检查及分析时，有必要建立一个记录表，按时准确地记录密封失效现象、失效部位、失效时间及寿命、磨损情况、原因分析和改进措施等。

机械密封失效记录表用以记录密封失效的细节，这样有助于减少遗漏任何密封失效的重要信息，如表 6-15 所示。

**表 6-15 机械密封失效记录表**

<table>
<tr><td colspan="2">公司名称<br>装置名称<br>机器名称</td><td colspan="2">地址<br>维修性质<br>密封制造厂</td><td colspan="2">时间<br>装置编号<br>密封型式</td></tr>
<tr><td colspan="6">拆卸密封原因　　　　　　　　　　有毒/危险产品一是/否*<br>失效密封的寿命(h、d、启动次数)<br>操作工况:①密封流体<br>②轴封处压力<br>③轴封处流体温度<br>④密封腔内流体的流量<br>⑤特殊操作条件(工况变化等)<br>⑥密封腔内流体的沸点<br>⑦轴转速<br>⑧机器振动<br>⑨机器图号<br>⑩密封图号</td></tr>
<tr><td colspan="6">密封泄漏状态<br>静压试验结果<br>可能的泄漏途径(拆卸时继续填此项)</td></tr>
<tr><td colspan="6">尺寸检查:①密封工件长度<br>②密封端面与轴线的垂直度<br>③密封端面与轴线的同轴度<br>④轴端窜量<br>⑤轴的径向跳动及挠度<br>⑥其他装配尺寸</td></tr>
<tr><td colspan="6">有无沉积物和碎片<br>密封是否被卡住<br>密封端面是否有可见损伤<br>是否将密封件返回生产厂家</td></tr>
<tr><td colspan="6">直观检查的详细情况:<br>①静环端面材质<br>②动环端面材质<br>③静环端面浮动<br>④动环端面浮动<br>⑤接触图像<br>⑥破裂、擦伤、破碎情况<br>⑦磨损、沟槽、冲蚀情况<br>⑧磨损量:<0.1mm，0.1～0.5mm，0.5～2.0mm，>2.0mm<br>动环<br>静环<br>⑨热疲劳<br>⑩化学腐蚀<br>其他</td></tr>
<tr><td rowspan="2">辅助密封</td><td>漏装或误装</td><td>物理损伤</td><td>热疲劳</td><td>化学腐蚀</td><td>其他</td></tr>
<tr><td colspan="5">静环辅助密封<br>动环辅助密封<br>轴套辅助密封</td></tr>
<tr><td>密封件</td><td colspan="5">压盖辅助密封<br>轴套<br>弹簧<br>旋转体</td></tr>
</table>

注：1. 请逐项填写此表，其中，“√”表示是；“×”表示否；“—”表示情况不详。

2. 表中“*”表示如不适用可以删去。

3. 专项特殊检查要求还可进行压力试验检查、石蜡油处理试验检查、光学试验检查。

# 第7章

# 机械密封应用实例

## 7.1 泵用机械密封

《泵用机械密封》(JB/T 1472—2011) 将泵用机械密封分为七种基本型式：

① 103 型：内装单端面单弹簧非平衡型并圈弹簧传动机械密封，如图 7-1 所示。

② B103 型：内装单端面单弹簧平衡型并圈弹簧传动机械密封，如图 7-2 所示。

③ 104 型：内装单端面单弹簧非平衡型套传动机械密封，如图 7-3 (a) 所示。其派生型 104a 型如图 7-3 (b) 所示。

④ B104 型：内装单端面单弹簧平衡型套传动机械密封，如图 7-4 (a) 所示。其派生型 B104a 型如图 7-4 (b) 所示。

⑤ 105 型：内装单端面多弹簧非平衡型螺钉传动机械密封，如图 7-5 所示。

⑥ B105 型：内装单端面多弹簧平衡型螺钉传动机械密封，如图 7-6 所示。

⑦ 114 型：外装单端面单弹簧过平衡型拨叉传动机械密封，如图 7-7 (a) 所示。其派生型 114a 型如图 7-7 (b) 所示。

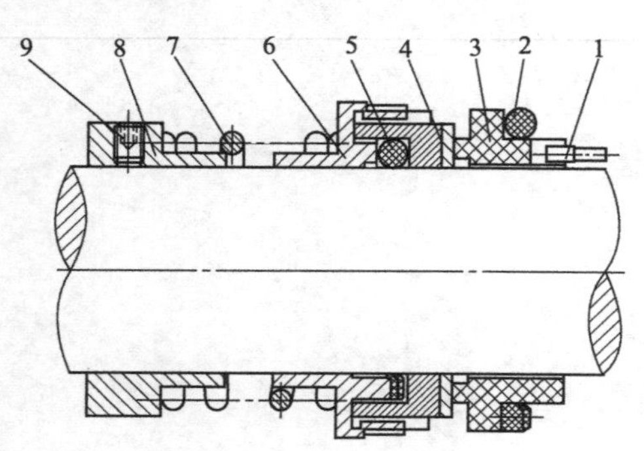


图 7-1 103 型机械密封

1—防转销；2—辅助密封圈；3—静止环；4—旋转环；5—辅助密封圈；6—推环；7—弹簧；8—弹簧座；9—紧定螺钉

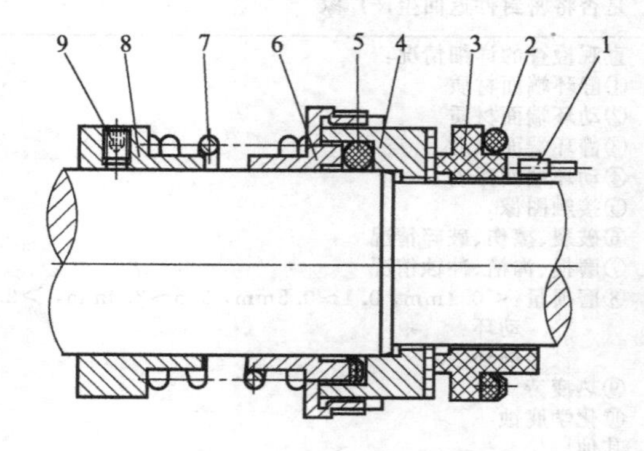


图 7-2 B103 型机械密封

1—防转销；2—辅助密封圈；3—静止环；4—旋转环；5—辅助密封圈；6—推环；7—弹簧；8—弹簧座；9—紧定螺钉

### 7.1.1 高温油泵机械密封

目前，机械密封向着高参数方向发展，高温方向是其中之一。国内外高温热油泵普遍采用接触式波纹管单端面机械密封，国产波纹管机械密封的使用寿命平均为一年左右，进口波纹管机械密封的使用寿命可达两年以上，但基本上都采用各种冲洗和冷却措施，以降低摩擦温升，防止因结焦、热裂、波纹管失弹、波纹管断裂、泵抽空、密封件老化等问题而导致的密封失效。如图 7-8 所示为热油泵用波纹管机械密封。

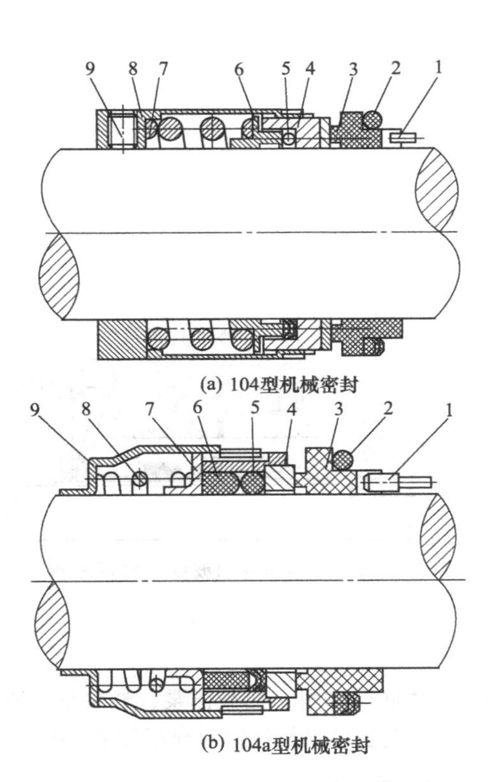

(a) 104型机械密封

(b) 104a型机械密封

图 7-3 104 型和 104a 型机械密封

1—防转销；2—辅助密封圈；3—静止环；4—旋转环；5—辅助密封圈；6—推环；7—弹簧；8—弹簧座；9—紧定螺钉

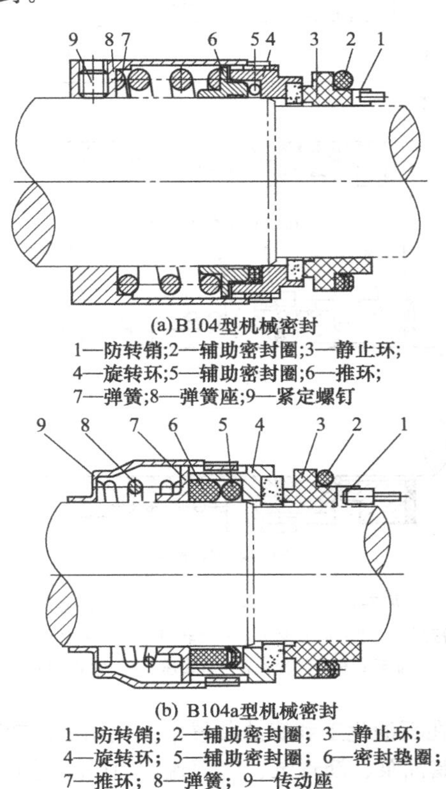

(a) B104型机械密封

1—防转销；2—辅助密封圈；3—静止环；4—旋转环；5—辅助密封圈；6—推环；7—弹簧；8—弹簧座；9—紧定螺钉

(b) B104a型机械密封

1—防转销；2—辅助密封圈；3—静止环；4—旋转环；5—辅助密封圈；6—密封垫圈；7—推环；8—弹簧；9—传动座

图 7-4 B104 型和 B104a 型机械密封

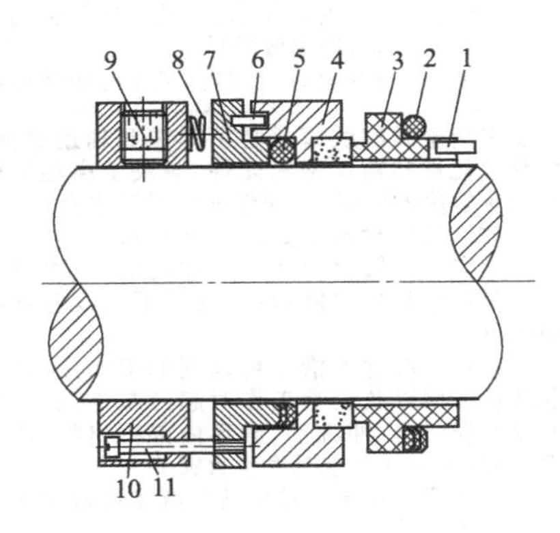

图 7-5 105 型机械密封

1—防转销；2—辅助密封圈；3—静止环；4—旋转环；5—辅助密封圈；6—传动销；7—推环；8—弹簧；9—紧定螺钉；10—弹簧座；11—传动螺钉

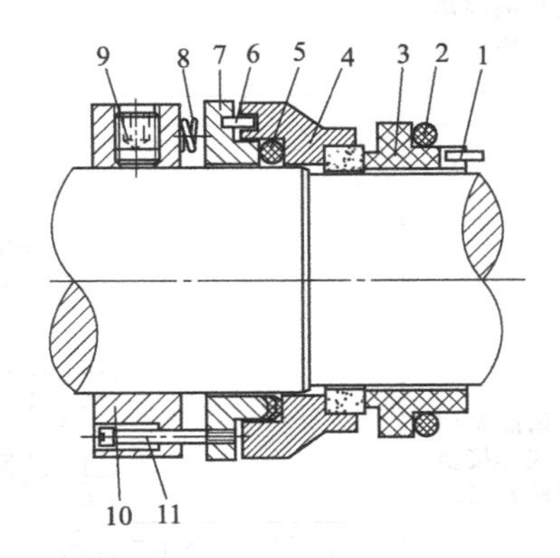

图 7-6 B105 型机械密封

1—防转销；2—辅助密封圈；3—静止环；4—旋转环；5—辅助密封圈；6—传动销；7—推环；8—弹簧；9—紧定螺钉；10—弹簧座；11—传动螺钉

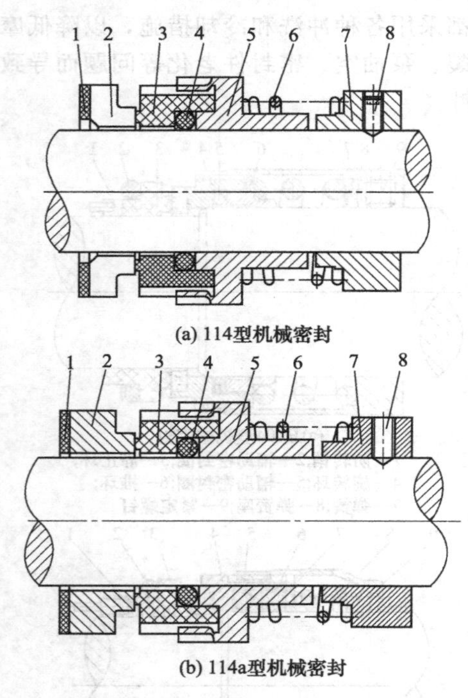


图 7-7 114 型和 114a 型机械密封

1—密封垫；2—静止环；3—旋转环；4—辅助密封圈；5—推环；6—弹簧；7—弹簧座；8—紧定螺钉

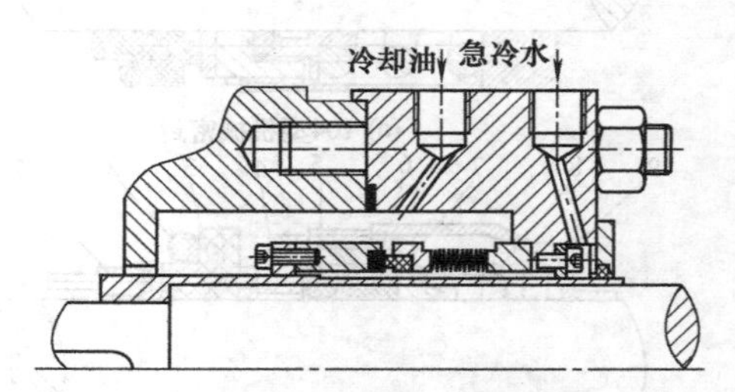


图 7-8 热油泵用波纹管机械密封

在石油化工和炼油装置中，应用温度较高的热油泵有塔底热油泵、热载体泵、油浆泵、渣油泵、蜡油泵、沥青泵、熔融硫黄和增塑剂泵等。几种常见的高温油泵机械密封介绍如表 7-1 所示。

表 7-1 几种常见的高温油泵结构及特点

| 机械密封 | 结构图 | 特点 |
| --- | --- | --- |
| 104 型 WC-WC 密封副减底热油泵机械密封 | | ①温度为 370～380℃、渣油黏度和重度大(压力低)、塔底有机械杂质和反应生成物<br>②利用系列产品 104 型单弹簧旋转式机械密封，将碳石墨静环改用碳化钨，采用碳化钨与碳化钨配对的密封副，使用效果良好<br>③只要 $pv$ 值在允许范围内，工作时间就可延长 |
| 减压塔底泵用静止式焊接金属波纹管密封 | 冲洗<br>蒸汽入口<br>蒸汽出口<br>蒸汽折流套 | ①采用金属波纹管代替了弹簧和辅助密圈，兼作弹性元件和辅助密封元件，解决了高温下辅助密封难解决的问题，从而保证密封工作稳定<br>②波纹管密封本身是部分平衡型密封，因此适用范围广。在低(负)压下有冲洗液，波纹管密封具有耐负压和抽空能力；在高压下波纹管在耐压限内可以工作<br>③采用蒸汽背冷措施可起到如下作用：启动前起暖机作用以及正常工作时起冷却作用，减少急剧温变和温差；冲洗动、静环内部析出物，洗净凝聚物；防止泄漏严重时发生火灾等<br>④采用静止式结构对高黏度液体可避免因高速旋转产生热量<br>⑤采用双金属波纹管，可保持低弹性常数且能耐高压，在低压下外层磨损，内层仍然起作用(单层波纹管耐压为 5MPa，双层波纹管耐压为 3～7MPa)。采用双金属波纹管弹性好。使用时必须注意由于操作条件变化，波纹管外围沉积或结焦会使波纹管密封失效 |

续表

| 机械密封 | 结构图 | 特点 |
| --- | --- | --- |
| 不对称液压成形波纹管机械密封 | 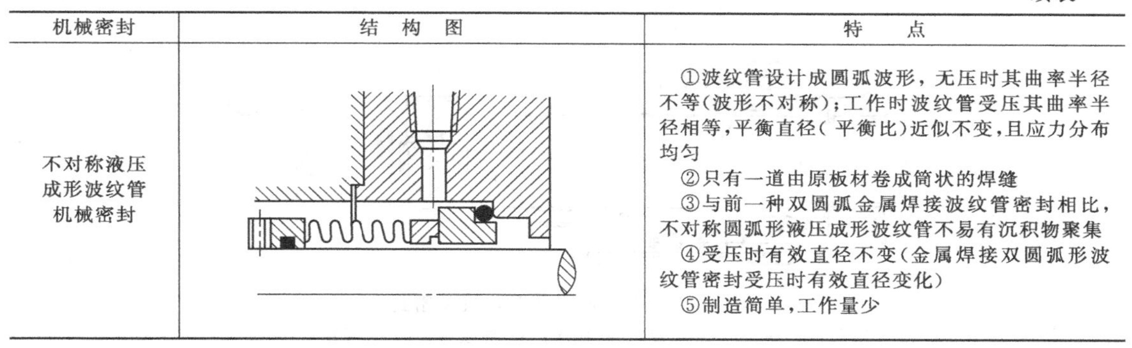 | ①波纹管设计成圆弧波形，无压时其曲率半径不等(波形不对称)；工作时波纹管受压其曲率半径相等，平衡直径(平衡比)近似不变，且应力分布均匀<br>②只有一道由原板材卷成筒状的焊缝<br>③与前一种双圆弧金属焊接波纹管密封相比，不对称圆弧形液压成形波纹管不易有沉积物聚集<br>④受压时有效直径不变(金属焊接双圆弧形波纹管密封受压时有效直径变化)<br>⑤制造简单，工作量少 |

## 7.1.2　搪瓷泵机械密封

如图7-9所示为搪瓷泵外装式单端面耐强腐蚀结构机械密封，用车制成形的聚四氟乙烯波纹管4代替常用的O形密封圈结构，波纹管根部受到螺母7的紧压与轴的台肩形成一静密封，没有如动环密封圈那样有位移和磨损现象，密封坚实可靠。

根据耐磨性和耐腐蚀性的不同要求，动环和波纹管分别采用填充聚四氟乙烯和纯聚四氟乙烯材料制成，然后用紧配合的方法固定在一起。目前国内已制造出将摩擦环和波纹管两种不同成分材料压成一体的结构，这样可杜绝环与波纹管之间的泄漏。对强腐蚀介质的密封，泄漏点应该越少越好。采用不锈钢大弹簧外装式结构，尽量不使介质与弹簧接触。万一有腐蚀介质泄漏出来，因弹簧的丝径粗和不锈钢材料的抗蚀能力，加上冷却水的稀释作用，使腐蚀速度降低，弹簧机能不会很快丧失掉。密封零件除了采用耐腐蚀材料外，对于法兰和密封垫片也作了特殊考虑：法兰9用A3钢做骨架，外面是氯化聚醚，既保证强度又具有耐腐蚀性；垫片1以石棉板外包聚四氟乙烯薄片，既耐腐蚀又富有弹性。

## 7.1.3　液氧泵机械密封

如图7-10所示为内装、内流、静置式非平衡结构机械密封，用金属波纹管5加垫片3代替一般形式的轴封圈，防止轴向泄漏与静环2和托环4之间的泄漏。由于波纹管两端焊死，因此轴向不存在泄漏问题，且对轴没有摩擦力。在超低温条件下常采用铜合金或不锈钢制作波纹管，它能保持良好的弹性补偿和适应机械振动。将波纹管处于静止状态可减轻波纹管的疲劳破坏，延长使用寿命。波纹管用0.15mm厚的两层薄壁黄铜管压制成形，它与托环4和接头7的连接如图中节点Ⅰ、Ⅱ所示。

静环2材料配方（质量比）为：聚四氟乙烯100，玻璃纤维18，青铜粉10，石墨5。动环1材料为9Cr18MoV，整体淬火，硬度为57HRC。该动、静环在操作条件下运行寿命达一年以上，是一对低温条件下较理想的摩擦副材料。

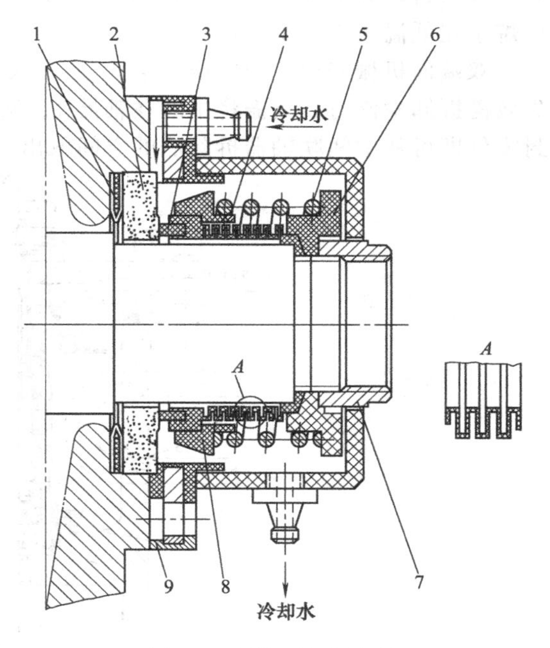


图7-9　搪瓷泵机械密封

1—垫片；2—静环；3—动环；4—波纹管；5—弹簧；6—传动套；7—螺母；8—推环；9—法兰

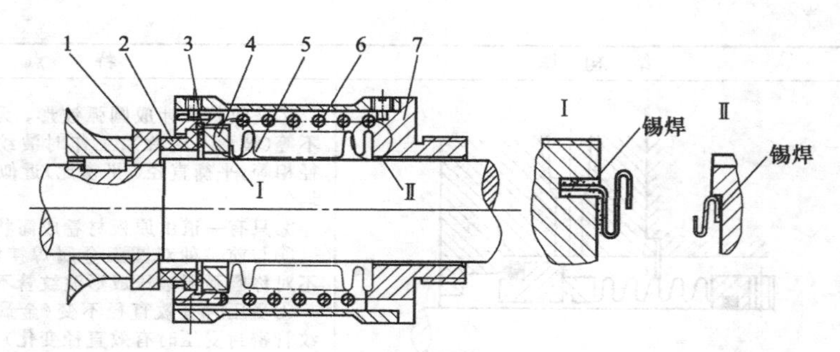


图 7-10 液氧泵（低温）机械密封

1—动环；2—静环；3—垫片；4—托环；5—波纹管；6—大弹簧；7—接头

## 7.1.4 低温甲烷泵机械密封

用于低温条件下（−99℃）甲烷液化气立式泵的密封结构为双端面平衡机械密封，如图7-11所示。

甲烷液化气是一种饱和液体，黏度小（近于水），饱和蒸气压力大，液体极易气化。同时，它又是一种易燃易爆介质，密封条件极为苛刻。当液化气遇到稍高的外界温度时即气化，因此，设备必须保冷，端面摩擦热也必须与液化气隔离，以防止泵内液体气化产生气隔和抽空现象，不利介质输送。

轴的密封是关键问题，采取的措施是：使密封腔远离泵体，在两者之间增加一个温度缓冲室，液化气通过减压轴承 7（图 7-12）的间隙由套管 6 进入缓冲室 8 时，液化气因减压过程和受外界温度影响而气化，使缓冲室内充满了饱和蒸气，当蒸气压与液体压力取得平衡后，介质即停止了蒸发。密封腔内用带压冷冻机油作为密封液，密封腔工作温度由加热器 9 和恒温器自动调节在 0～5℃。缓冲室气体层的温度应使密封腔内冷冻机油不结冻，并保证甲烷泵在低温条件下正常运行。

双端面机械密封，密封压力达 30 余个大气压，上、下端面均采取平衡型结构。当密封失效需拆卸检修时，只需将中间联轴器 1、调节板 2 和泵轴联轴器 3 按先后顺序拆除，则密封零件即可从中间联轴器拆除后的空间取出，不必将传动装置拆除即可进行上述工作。

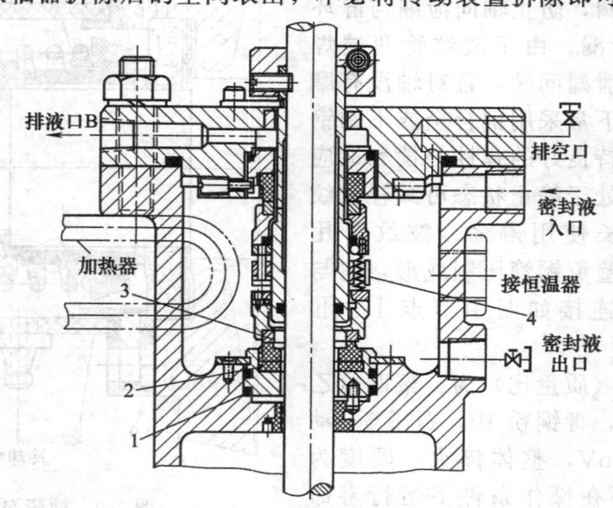


图 7-11 低温甲烷泵机械密封

1—O 形圈；2—静环；3—动环；4—弹簧

机械密封的上端面处设有漏液检查孔，如图 7-11 中所示的排液口 B；下端面的漏液检查孔设在缓冲室上，如图 7-12 中所示的排液口 D。

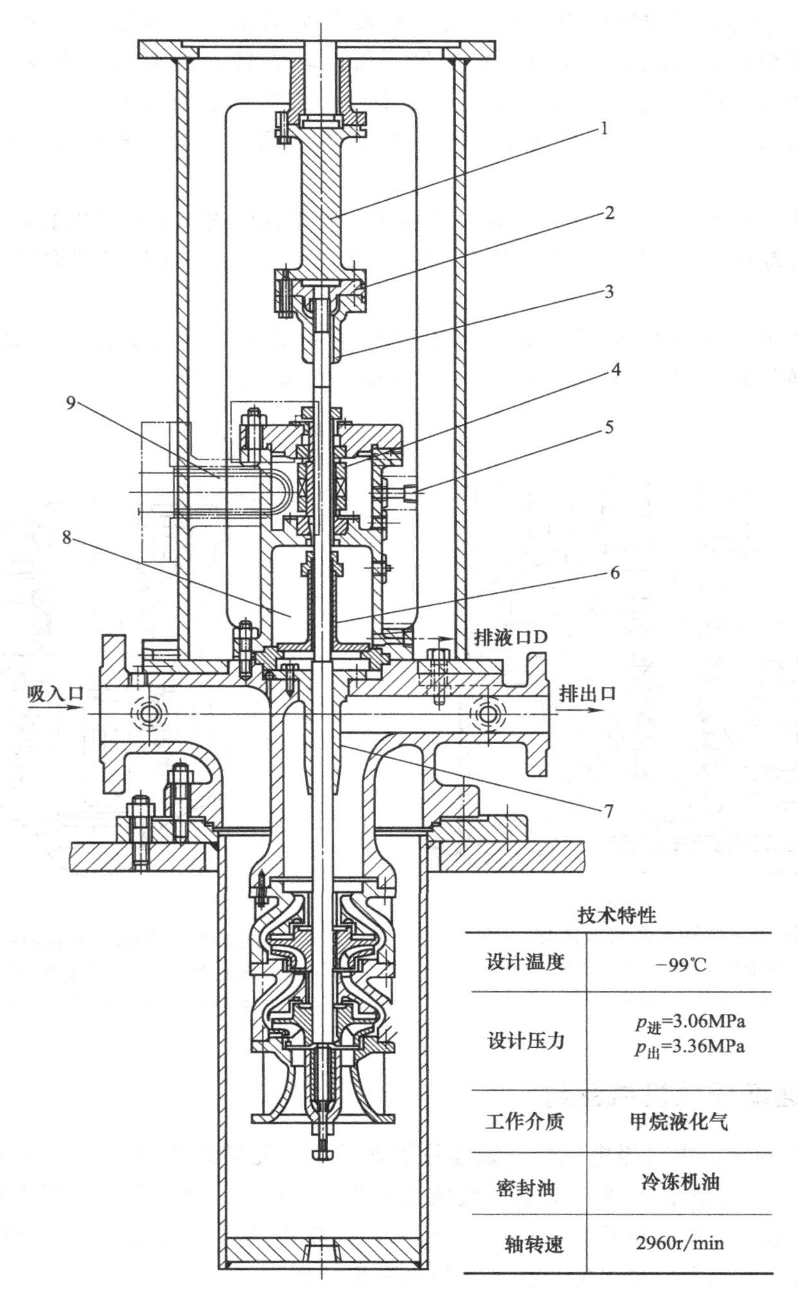


技术特性

|  |  |
|---|---|
| 设计温度 | −99℃ |
| 设计压力 | $p_{进}$=3.06MPa<br>$p_{出}$=3.36MPa |
| 工作介质 | 甲烷液化气 |
| 密封油 | 冷冻机油 |
| 轴转速 | 2960r/min |

图 7-12 低温甲烷泵总图

1—中间联轴器；2—调节板；3—泵轴联轴器；4—机械密封；5—恒温器接口；6—套管；7—减压轴承；8—温度缓冲室；9—加热器

## 7.1.5 潜水泵机械密封

如图 7-13 所示为一潜水泵的密封结构，电机随同泵体潜入含有泥沙的水池或河流中工作时受到两组机械密封的保护。

机械密封1是主密封，它直接与输送介质相接触，为此，使用碳化钨-碳化钨这样的材料配合。在输送有沉淀物的介质时，嵌有硬质合金的密封可能处于干摩擦工作状况而使环产生热裂危险，因此需在泵中设置油槽，借助轴旋转时的离心力作用使油进入滑动面达到润滑和冷却的目的。机械密封2是次密封，它对油进行密封以保护电机。油槽的设计已考虑到从主密封1可能泄入的微小颗粒在锥形底中沉淀，故仍有一较长的安全运转周期。

机械密封1和2分别对输送介质和油进行密封而布置成内流式串联安装，结构合理。密封1充分利用离心力的作用，不但使密封油挤入端面（外流），而且将端面外周的固体颗粒甩掉（内流）。

密封1的大弹簧如果受到大量的泥沙沉积，弹簧性能将受到阻碍，此时可采用图7-14所示的弹簧罩壳和O形密封圈保护的结构。O形圈3使动环1在运转中还能起定心作用。

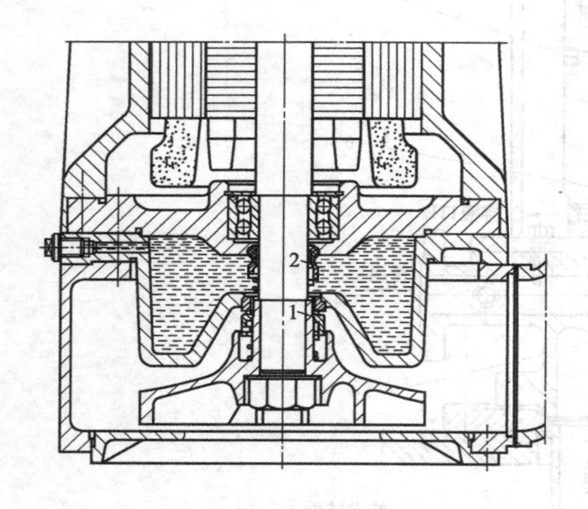


图 7-13 潜水泵机械密封
1—动静环嵌硬质合金的主密封；
2—应急完全的次密封

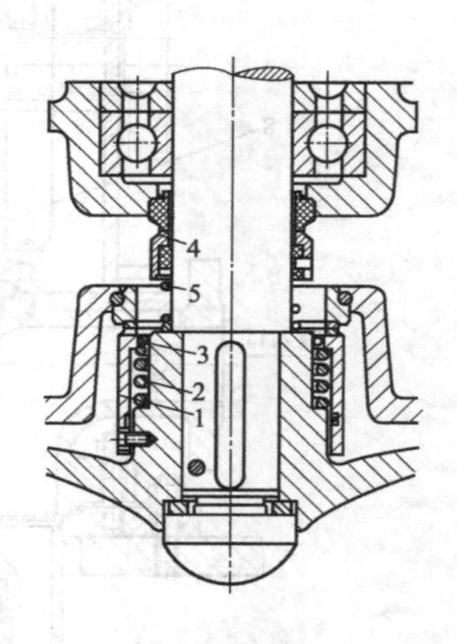


图 7-14 带弹簧罩壳的机械密封
1—弹簧罩壳嵌硬环（动环）；2—弹簧；3—O形圈；
4—电机端机械密封；5—圆锥弹簧

## 7.1.6 高速增压泵机械密封

如图7-15所示，由二极电机经一级齿轮加速后，叶轮转速高达21600r/min，使输送介质的出口压力大大增加。高速泵双端面机械密封的介质端一组密封因介质压力得到润滑油压力的平衡，故采用非平衡结构，如图7-16所示；齿轮箱端（大气侧）一组密封由润滑油压力作用在端面上的压力应尽可能小些，故采用平衡结构。

高速机械密封宜采用弹簧静置型，旋转的密封零件越少越好。两组密封采用的弹簧，外侧为波形弹簧，内侧为锥形小弹簧，两者的轴向尺寸都很短，其中锥形弹簧补偿量大，弹力变化小；波形弹簧补偿量小，弹力变化大，端面凸台高度有效利用率小。介质端的机械密封远离轴承，故密封圈采用缓冲性能好的楔形圈，楔形圈随静环端面磨损后向前推进；靠轴承一端的机械密封运转较外侧稳定，密封圈采用O形圈，静环端面磨损后O形圈将不随静环向前推进。

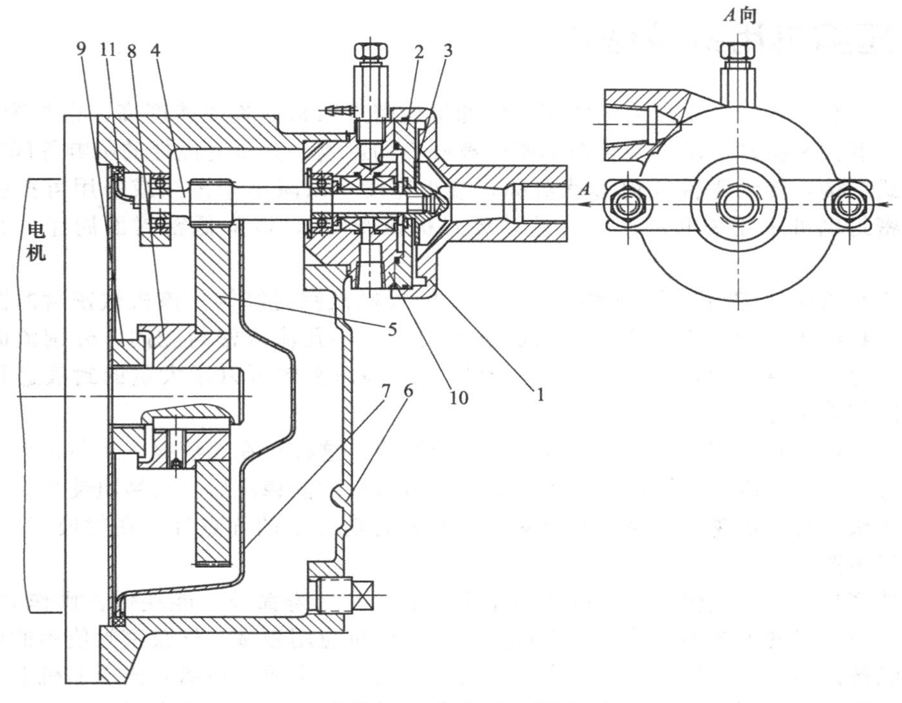


图 7-15　高速泵总装图

1—泵体；2—泵盖；3—叶轮；4—小齿轮轴；5—大齿轮；6—齿轮箱体；7—齿轮箱油罩；8—齿轮轮毂；9—护环；10—机械密封；11—密封垫

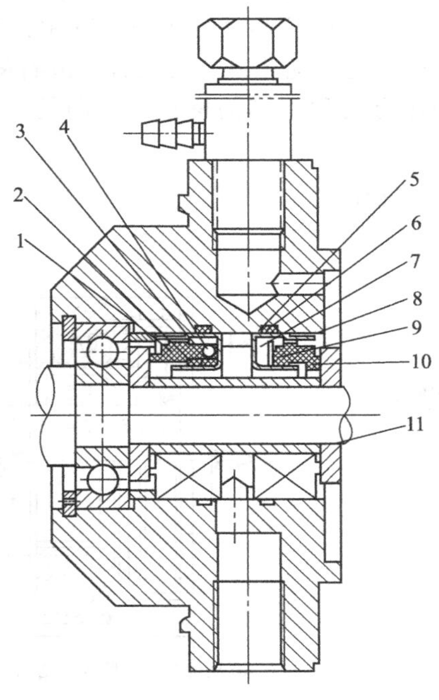


图 7-16　高速泵机械密封

1—静环；2,6,11—O形圈；3—衬环；4—波形弹簧；5—静环座；7—锥形弹簧；8—推环；9—楔形环；10—静环（平衡型）

## 7.2 压缩机用机械密封

在石油、化工等行业中所采用的压缩机的机械密封通常面临线速度高，密封副的 $pv$ 值高，发热、磨损和振动，动环旋转时弹簧受离心力的影响，介质受搅拌的影响等问题，通常采用静止式结构，转动零件几何形状对称，减小宽度，以减小摩擦热或采用可控膜机械密封。高速密封也可采用中间环密封（差动环式机械密封），以降低密封面周速（大约降低一半）。

如图 7-17 所示为船用透平压缩机双端面接触式机械密封结构。该机械密封的圆周速度为 20m/s，封油压力为 2.96MPa。封油从设置的多个小孔流入密封腔内，分别流向气体侧和大气侧。冷却润滑密封件后，从排油孔流出。双端面密封可以用大量的封液进行强制循环，润滑冷却效果好。

该密封采用面对面布置的双端面静止式集装结构，这样可在船舰投入运行前模拟其苛刻的工况条件下运行，以便早期排除各种故障。机械密封性能稳定后，再装机使用，这样就能充分发挥机械密封的优越性。该套密封除了具有密封功耗小的优点外，在封液压力降低时，还能阻止气体泄漏。

与其他密封相比，气膜密封具有泄漏量少、磨损小、寿命长、能耗低、操作简单可靠、维修量低、被密封的流体不受油污染等特点，在压缩机应用领域，气膜密封使用的可靠性和经济性已经被许多工程应用实例所证实。目前，气膜密封主要用在离心式压缩机上，也用在轴流式压缩机、螺杆压缩机、齿轮传动压缩机和透平膨胀机上。气膜密封已经成为保证压缩机正常运转和操作可靠的重要元件，随着压缩机技术的发展，气膜密封正逐步取代浮环密封、迷宫密封和油润滑密封。

如图 7-18（a）所示，为德国博格曼公司的压缩机用气膜密封结构，该密封设计为集装式，与湿运转机械密封类似，也是由静环和动环组成，其中：静环由弹簧加载，并靠 O 形圈辅助密封。端面材料可采用碳化硅、氮化硅、硬质合金或石墨。

压缩机气膜密封设计和使用有两种不同的槽型：双向的（U 形）和单向的（V 形）槽型，如图 7-18（b）所示。

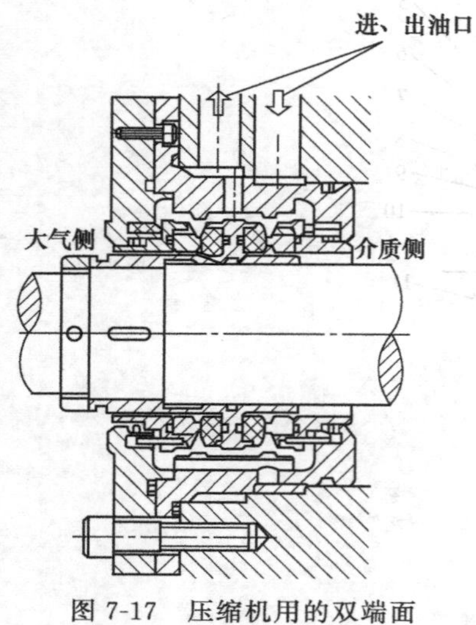


图 7-17 压缩机用的双端面接触式机械密封

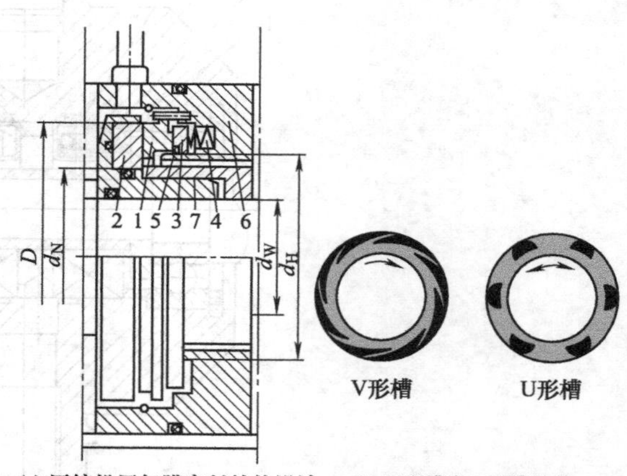


图 7-18 压缩机用气膜密封结构设计

1—静环；2—动环；3—止推环；4—压缩弹簧；5—O 形圈；6—密封腔；7—轴套

### 7.2.1 原料气压缩机低压缸密封

如图 7-19 所示为原料气压缩机低压缸机械密封，其主轴转速 10720r/min，端面平均线速度高达 72m/s，密封可靠性取决于摩擦面配对材料的 $\mu pv$ 极限、冷却和润滑效应以及合理的密封结构形式。

本结构介质端采用平衡型机械密封（接触式密封），大气端采用浮环密封（非接触式密封）。在两密封之间用密封油进行强制循环，起冷却和润滑端面的作用。密封油的压力要比介质压力略高，目的是防止介质外漏而允许微量密封油向介质一端的泄漏。浮环密封实际上与双端面机械密封中的外端面起相同的作用。因为它是一种非接触式密封，基本上没有磨损和因摩擦产生出的大量热量，因此使用寿命长，特别适用于高速情况下，但是泄漏量比接触式的端面密封大。

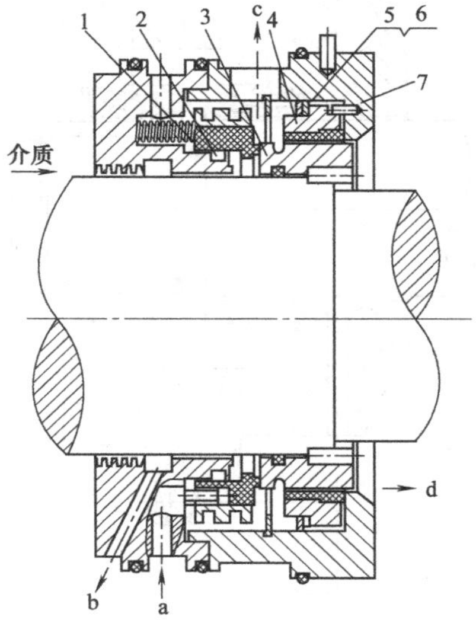

机械密封的弹簧采取静置安装，这是高速机械密封的一种常见结构形式。静环座和动环（金属材料）的侧面开槽，增加接触面积，提高冷却效果。取较小的端面宽度（3mm）、较大的平衡系数(48%)，以减小端面接触压力，降低摩擦副的摩擦发热程度。

图 7-19 原料气压缩机低压缸机械密封

1—静环；2—O 形密封圈；3—动环；4—浮环；5—挡圈；6—波环形弹簧；7—衬套盒；a—密封液进口；b—泄漏的介质或密封液出口；c—密封液出口；d—密封液自浮环间隙中的泄漏

浮环密封是由浮动环（不作回转运动）和动环两个相对旋转零件之间的径向间隙起节流作用而达到密封的一种密封结构。轴（即动环）旋转时，由于流体动力的支承力，浮环 4 对动环 3 具有自动对中的能力。轴的转速越高，浮环自动调整偏心度的能力也越强，因此可以把浮动环与动环的径向间隙做得更小，从而将泄漏量控制到最小限度。

在浮环 4 和挡圈 5 之间有一个波形弹簧 6，弹簧力使浮环的一个端面紧贴在衬套盒 7 上称为一静密封，防止密封油从此处泄漏。浮环自动对中时，需要克服浮环与波形弹簧和衬套盒接触面上的摩擦阻力，这个阻力应该越小越好。由于波形弹簧和浮环座是点接触，浮环内套与衬套盒的接触面光洁度高，且采用自润滑性好的石墨材料，摩擦力小，因此具有非常好的浮动性。

### 7.2.2 离心制冷机机械密封

高速条件下工作的机械密封，因滑动线速度大，受转动零件的离心力影响，端面的润滑不足及摩擦生热等问题较突出，必须予以充分考虑。

如图 7-20 所示为离心制冷机机械密封，该离心制冷机轴的密封条件为：高速（转速为 7500r/min，端面平均线速度为 34.6m/s)；低压（88kPa)；低温（－30℃)；介质易挥发（氟利昂-12)。

轴的密封结构采用弹簧静置型面对面双端面机械密封。密封腔用冷却油进行强制循环，流量为 2.8L/min，使端面得到充分冷却。因为有带压冷却油润滑端面，双端面机械密封中低温介质不易进入端面，否则，摩擦热使低温介质气化有打开端面造成密封失效的危险。双端面结构有助于改善端面间的润滑条件，缩小低温介质与大气侧之间的温度差，减少冷损现

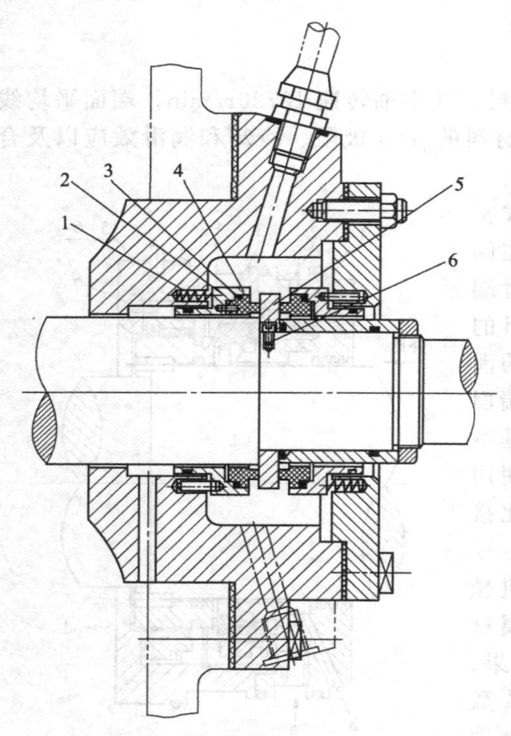


图 7-20 离心制冷机机械密封
1—小弹簧；2—静环座；3—O 形圈；
4—静环；5—动环；6—传动螺钉

象，这些对低温密封都非常重要。

双端面摩擦环面对面安装，转动零件只有一个动环 5 和传动螺钉 6，受离心力的影响减小。静环 4 与静环座 2 之间用 O 形圈 3 支承，静环座又得到小弹簧 1 的缓冲作用，两者的浮动性和吸振性都很好，因此端面受力均匀，环的使用寿命延长。

### 7.2.3 冰机进口端密封

冰机主轴转速为 10295r/min，接触端面平均线速度高达 56.8m/s，密封介质为氨气。

根据高速特点，介质端的密封采用差动环机械密封（接触式密封），大气端采用浮环密封（非接触式密封），在两密封之间的密封油压力根据被密封的工艺介质压力通过一个“压差控制阀”操纵密封油的供应压力，这一压力至少要比被密封的气体压力高出 117.5kPa，并且不小于 274kPa。如图 7-21 所示，为冰机进口端密封装置。

介质端的单端面机械密封在其动、静环之间增加一个差动环 6，差动环（或称中间环）两边的端面与动、静环接触面上的比压、表面光洁度以及对磨材料的设计要求都是相同的，其转速的理想状态应是轴转速的一半，端面平均滑动线速度则可降低一半，使 $\mu pv$ 值限制在配对材料所允许的 $[\mu pv]$ 值范围内。然而，实际情况并不一定如此。根据有关资料介绍，差动环的转速是随着两边接触面间的液膜黏附摩擦力和滑动摩擦力的变化而变化的。当相对滑动的接触面因摩擦发热使得该面的摩擦力超过静止接触面上的黏附摩擦力时，差动环就跟着动环一起旋转，此时，原来静止的一个接触面变为高速滑动面，滑动面温度迅速上升，摩擦力又大于静止的接触面上的黏附摩擦力，如此反复交替，虽说并不能预期达到减少一半端面线速度的要求，但是这种交替有利于降低端面摩擦热，同样达到降温的目的。差动环密封结构的泄漏面有两个，而其密封点仅为一个。因此，仍属单端面性质，不过，泄漏的机会是增加了。

密封腔内设一停车活塞 5，在正常操作中，从密封口 B 进来的密封油油压压迫停车活塞的弹簧 7，使活塞右移，这样就使密封油流过环绕接触密封的环形区，一路通过停车活塞与密封套 8 之间的间隙 N 及密封套上的通孔 E；另一路通过密封套和静环 9 之间的间隙 M 及密封套上的通孔 F 进入环形区“C”排出，经过旁通阀流回油槽。因为间隙很小（0.05～0.20mm），密封油通过间隙受到了节流作用，且 E 孔的流通面积较之间隙 N 大得多，保证了作用于停车活塞右边的压力始终小于油压力，使停车活塞在正常操作中不能压向密封螺母 3。

当密封油失压（由于泵出故障等原因）时，弹簧 7 将停车活塞压向密封螺母，同时，出口 C 的旁通阀也因密封油失压而关闭，这样可防止被密封气体漏入空气中去（工艺气体压力推开静环的力大于弹簧对它的压紧力时，气体将泄入密封油中带出）。少量的油（允许漏油量为 20L/日）通过密封环漏入 A 区和工艺气体混合并通过管线进入油汽分离器。密封油通过端面处的泄漏也带走摩擦热。浮环密封则限制了密封油的漏出量，密封油经过回收流回油槽可继续循环使用。

冰机由于排放端被密封气体与进口端被密封气体连通而使压力得以平衡。其排放端的密封装置与进口端的密封装置是相同的。

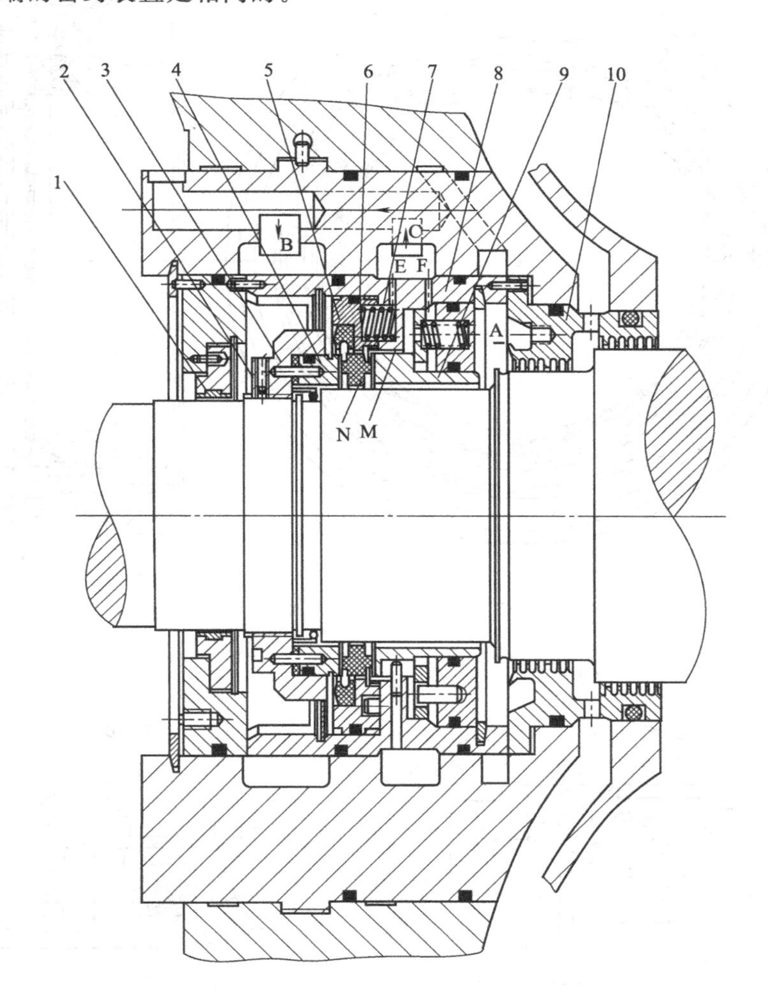


图 7-21 冰机进口端密封装置

1—浮动环；2—聚四氟乙烯小丸（保护螺纹用）；3—密封螺母；4—动环；5—停车活塞；6—差动环；7—弹簧；8—密封套；9—静环；10—迷宫板

## 7.2.4 高速机械密封静环密封圈结构

本结构为单端面多弹簧静置型机械密封的主要部分——静环及其加荷装置，如图 7-22 所示，该高速机械转速为 7035r/min，平均速度为 63.2m/s。其特点是静环密封圈与一般常见结构有所不同，密封环（翼）受到的张开力不是由压紧摩擦副的一般弹簧所产生的，而是由专为撑紧密封环而设置的特殊弹簧所产生的。这个压紧力不会因密封环端面磨损后向前推进而发生变化，其大小应正好构成密封，同时也不要使密封圈与静环的摩擦阻力过大。它是一种密封稳定、能满足长期安全运行的密封圈张紧结构。

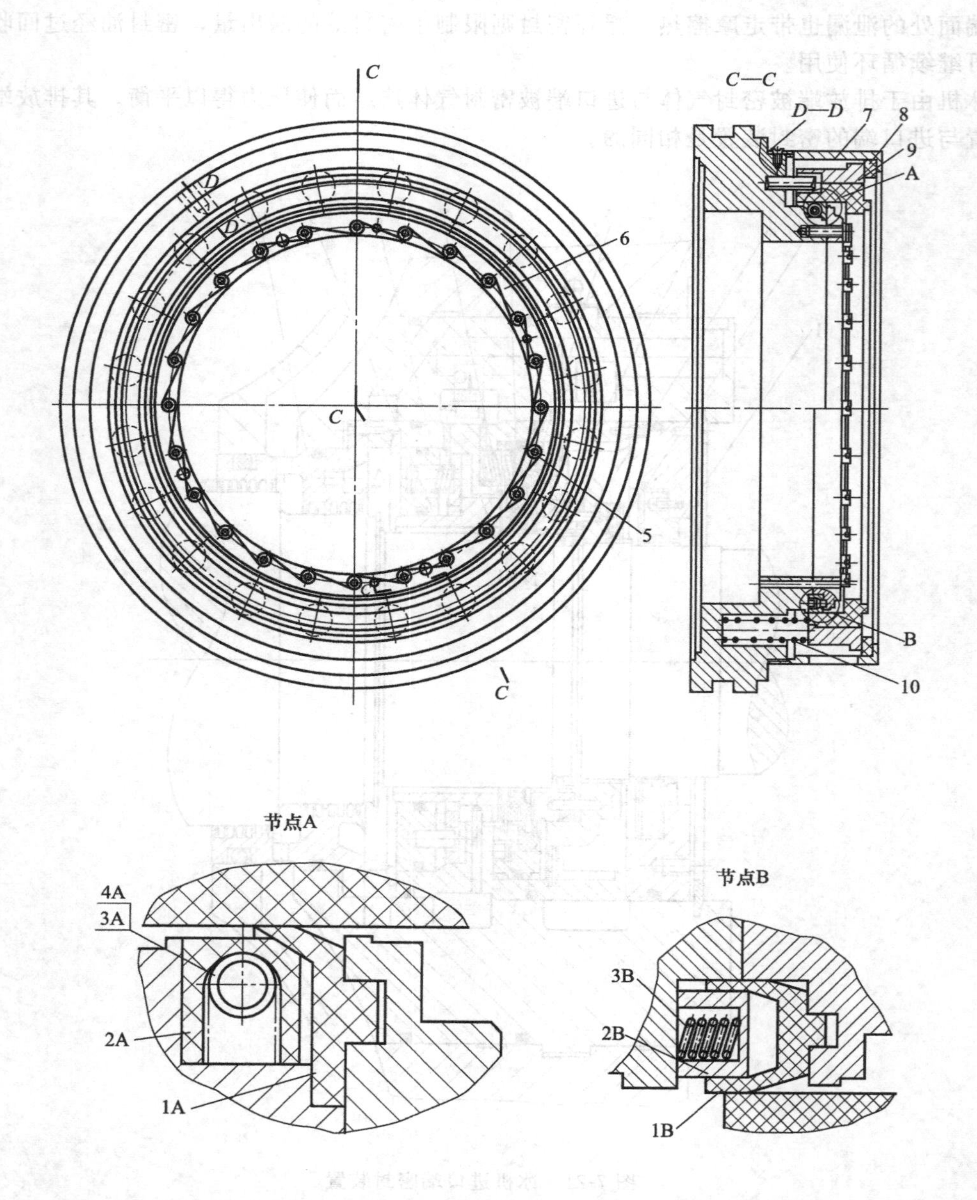


图 7-22 高速机械密封静环密封圈结构

1A—静环密封翼；2A，2B—撑环；3A—螺旋弹簧圆环；4A—接杆；1B—静环密封圈；3B—特小弹簧；5—圆头螺钉；6—螺钉锁紧钢丝；7—罩壳；8—压条；9—静环；10—小弹簧

节点 A 和节点 B 是同一台设备转轴两端机械密封上的静环密封圈结构，形式虽异，其作用却完全相同。另外，所有组装在一起的静置部分零件用罩壳 7 和海绵橡胶压条 8 将静环 9 压向弹簧 10，使零件不致散落。静环的端面缩在罩壳内防止碰伤，便于保管和方便机械密封的安装工作。安装机械密封时，只需将静环端面贴住动环（未表示出），使弹簧压缩到规定压缩量，然后去掉压条 8 即可开车运转。

螺钉 5 的防松方法是用一根不锈钢丝 6 穿过各螺钉头上的小孔（注意穿孔方向与螺纹旋

向的关系）扎紧，结构简单可靠。

### 7.2.5 高速双端面机械密封

高速工作时对摩擦环的主要危害是产生热变形，热应力裂缝以及磨损物、沉淀物引起的泄漏损失将随着滑动速度的增加而强烈地增加。高速密封的冷却介质的流量是很大的，其值为 50～100mL/min。当使用油作为封液时，应使其有尽量小的黏性、对气体尽量小的溶解性和尽可能小的焦化倾向。

应当注意，密封腔中的涡流损失往往大于端面摩擦损失，因此，涡流室的间隙高度应控制在 7.5～10mm，如图 7-23 所示，当它在此值上下变化时，涡流损失一般都会增加。线速度大于 35m/s 时一般都要采用弹簧静置式结构，且端面材料要有足够的机械强度和良好的热导率。高速条件下还须考虑油沫的形成或气体的吸收，由于液体和气体有较大的密度差，故在密封区周围常有气泡环，并导致过热和干摩擦，因此，在启动运行前要将气体排除干净，借助导流片 5 使之有较好的流动方向和较高的流动速度，来冲刷热的、可能带有气体的封液环带。在边界区流速应提高到 10m/s。

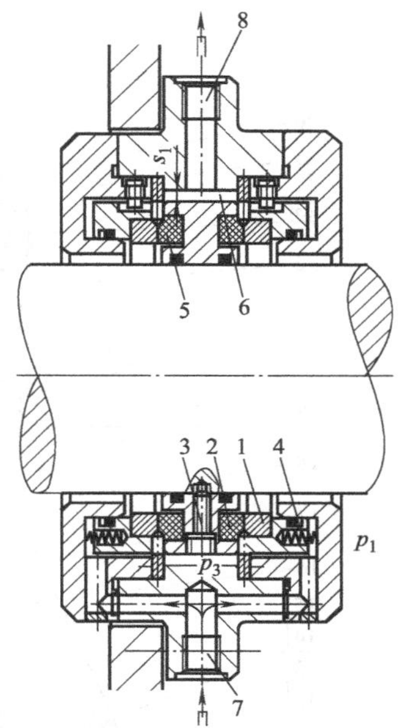


图 7-23 高速双端面机械密封

1—静环；2—动环；3—传动螺钉；4—弹簧组；5—导流片；6—涡流室；7—封液入口；8—封液出口

## 7.3 釜用密封

### 7.3.1 釜用双端面平衡型机械密封

本结构形式为双端面平衡型机械密封，如图 7-24 所示，与通常用的双端面平衡型机械密封比较，有如下几个特点：

① 用两套相同的机械密封，备件品种少。

② 下端面采用和上端面相同的平衡型结构，密封装置可按操作条件单独进行试压和试运转。若下端面是常见的非平衡型结构，则试压和试运转必须装在釜上进行，否则，下端面比压过大，运转时容易把环磨坏。装在釜上进行试验的缺点是经常要拆卸笨重的传动机构。

③ 在弹簧座上设置两个密封圈（内圈和外圈），是使端面接触压力减小的一种平衡方法，它不需要在轴（或轴套）上加工成台阶就能达到平衡的目的，既节省轴套也不削弱轴的强度。由于轴上不设台阶，密封件的拆卸和轴的沉放（轴下沉支放在油杯上）非常方便。

④ 静环采用双 O 形圈支承，除了仍能保持环的浮动特性外还加强了该密封点的密封性能。为了防止密封腔压力可能出现低于釜内压力而使静环因背压过大而脱离防转销的倾向，在下静环的上肩装一个限位环（与静环不接触），限制静环向上串动。

⑤ 上、下两个密封组件之间增加一个隔环，其作用是通过改变它的厚度来修正零件轴向尺寸的制造误差或调整弹簧压缩量以得到合适的弹簧比压。

使用机械密封要考虑到密封失效时能迅速进行更换密封零件的维修工作以及防止机械密封密封液漏入釜内影响产品质量的问题。在本结构图中对这些问题已作了较为周密的设计，例如：密封腔上端轴承箱中的两个相对安装的滚柱轴承的轴套与轴的配合采用了动配合，轴

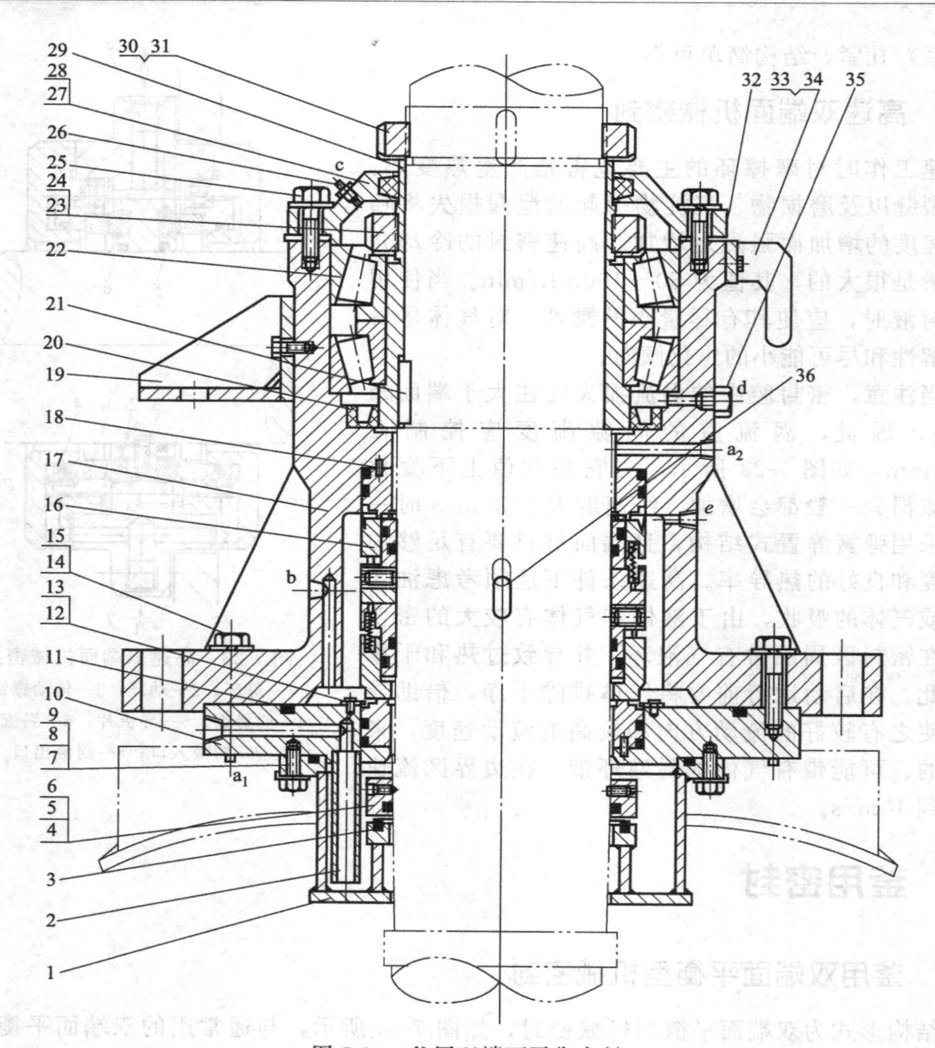


图 7-24 釜用双端面平衡密封

1—油杯；2—排液口；3,6,11—O 形圈；4—支承环；5,7,13,14,25,34—螺钉；8,24,31—放松垫片；9—密封圈；10—底座；12—限位环；15—弹簧垫圈；16—双端面密封部件；17—箱体；18—防转销；19—吊架；20—油封圈；21,36—键；22—滚柱轴承；23,30—圆螺母；26—注油螺塞；27—轴承压盖；28—油毛毡；29—轴套；32—垫片；33 吊钩；35—螺塞

套与轴的传动用键来完成，当需要拆卸密封元件时，只要拧松上端圆螺母 31 后，轴便可顺利地下沉到预定位置。

在反应釜机械密封的下面，安装有油杯，其作用如下：

① 检查下端面的泄漏情况，可借助釜内压力把漏液排除出去。

② 作为轴的支承，待釜内压力卸压后，放松轴上圆螺母，轴渐渐下沉使轴上的支承环坐落在油杯上。

③ 支承环和油杯都装有 O 形密封圈，可保持拆卸过程的密封要求，因此，不需要对釜内进行气相的置换工作，防止了有害气体的外逸并使维修周期大大缩短。

## 7.3.2 卧式反应釜用机械密封

这套双端面平衡型机械密封使用于某援外工程中的冶金设备上，在卧式设备的水平位置上等距离安装几台搅拌装置进行液、固相反应。设备的传动特点和密封要求与立式反应釜差别不大，只是搅拌轴伸入釜内较短，整根轴不再分段，如图 7-25 所示。当需要拆装机械密封时，先将釜内卸压，再放松圆螺母 3、8、10，使搅拌轴 5 上的台肩坐落在水套 12 上，然后顺次拆除大三角带轮 9、轴承箱 7、支架 4、密封箱 11 和机械密封 1 等。机械密封和轴承箱中都设置轴套 2、6，轴套与轴取滑动配合，拆卸时轴不会被咬死，也不会损坏密封元件。

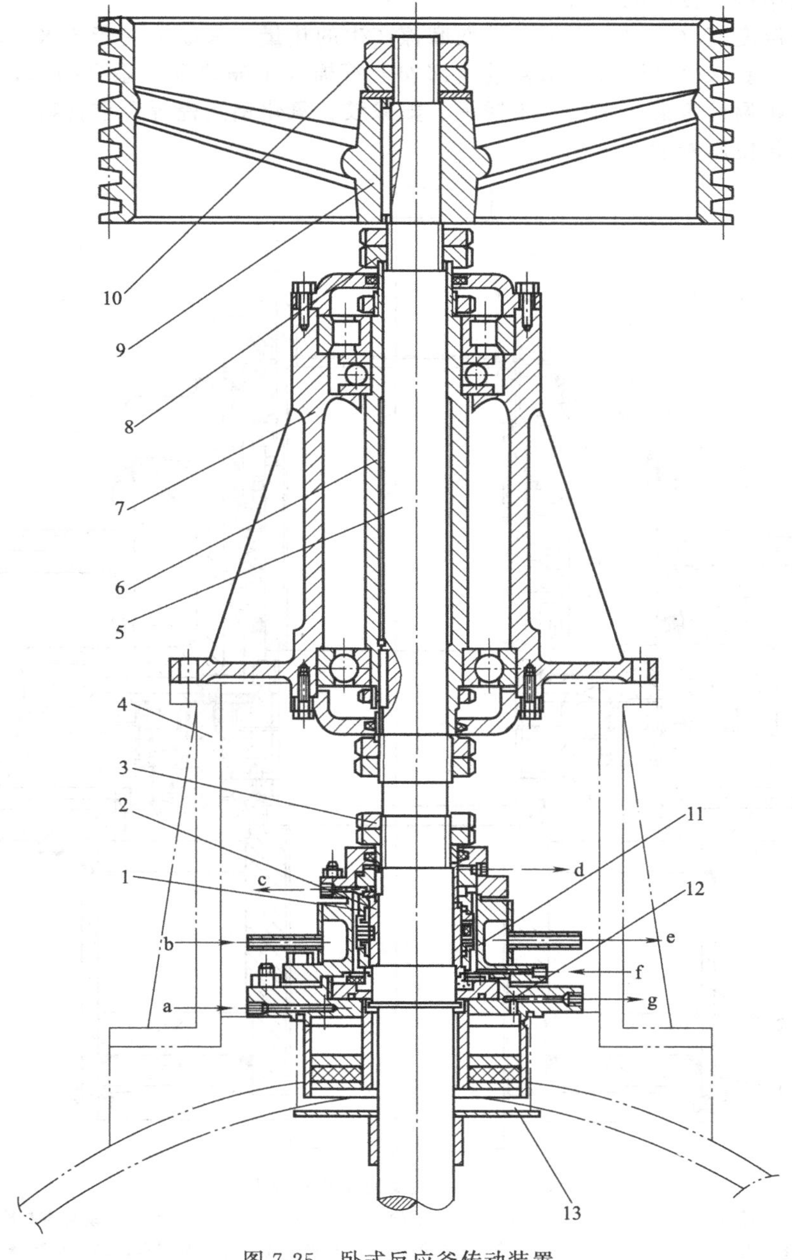


图 7-25 卧式反应釜传动装置

1—机械密封；2—密封轴套；3,8,10—圆螺母；4—支架；5—搅拌轴；6—轴承轴套；7—轴承箱；9—大三角带轮；11—密封箱；12—水套；13—挡污盘；a—水套冷却水进口；b—夹套冷却水进口；c—机械密封封液出口；d—泄漏检查口；e—夹套冷却水出口；f—机械密封封液进口；g—水套冷却水出口

上、下端面利用轴套台阶做成平衡型（取不同的平衡系数）结构，如图 7-26 所示。上动环处的密封圈 7 在弹簧 13 未经压缩之前，它的位置应该置于轴套（或轴）的台阶之下，即在直径 $\phi$120mm 的台阶上；另外，轴套上的传动槽长度可以限制上动环的密封圈的位置，否则，安装时密封圈被挤压或滑入台阶，容易把密封圈挤坏。

密封箱盖 11 上的排气孔位于上端面接触面之上，有利于将气体排除干净，使接触端面浸没在封液之中得到良好的润滑。

由于操作温度高（200℃），加上端面摩擦产生的热量，采取了夹套 6 水冷却和在机械密封下部再增加一套水套 2 装置，水套的底部加上石棉板 1 隔热等一系列措施，冷却效果好。从耐腐蚀性和耐温性考虑，采用了不锈钢、氟橡胶、氧化铝陶瓷等贵重材料，以保持良好的密封性能和延长使用寿命。

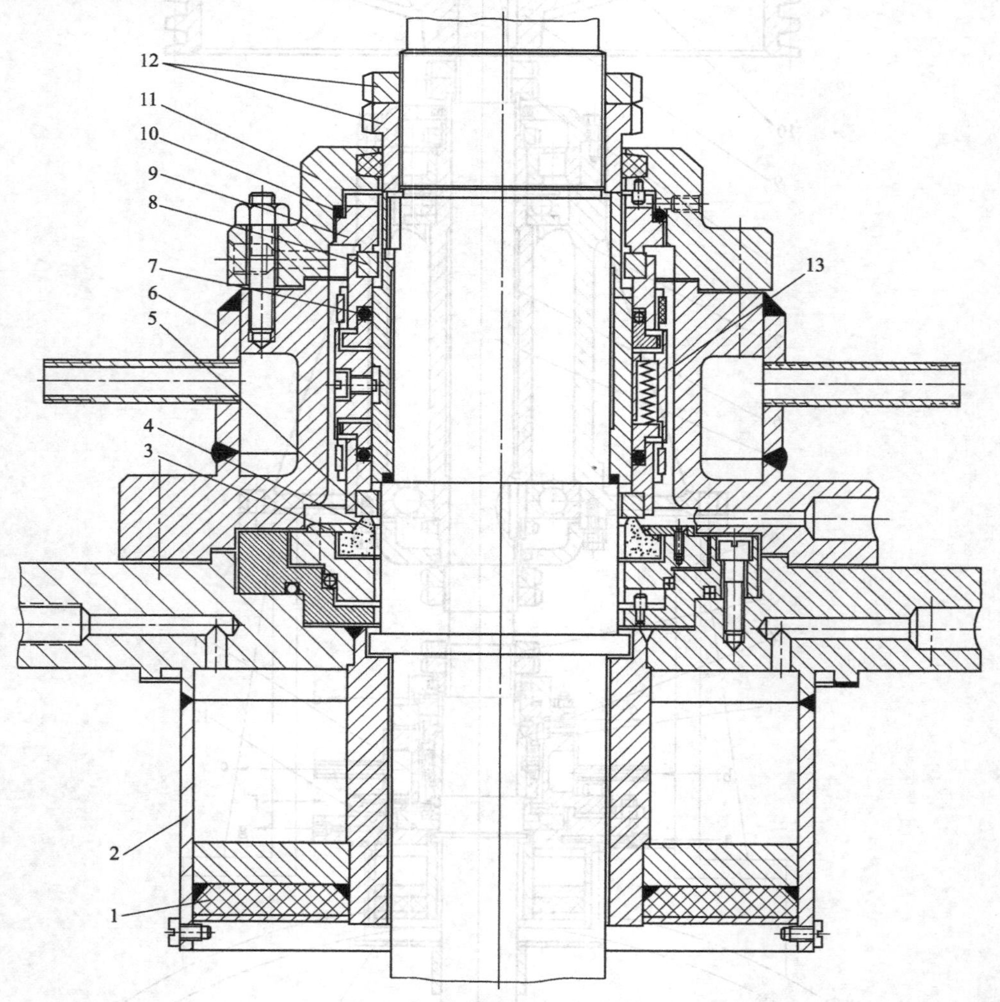


图 7-26　卧式反应釜机械密封

1—石棉板；2—水套；3—放松压板；4—下静环；5—下动环；6—夹套；7—动环密封圈；8—上动环；9—上静环；10—静环密封圈；11—密封箱盖；12—圆螺母；13—小弹簧

## 7.3.3 搪瓷釜耐腐蚀机械密封

如图 7-27 所示，本机械密封是一种耐腐蚀性能很好的结构形式。传动轴 11 在轴径

$\phi$45mm 的台阶以下全部用搪瓷保护，轴上的搪瓷部分在套装密封元件处要求达到一定的光洁度和圆度（搪瓷轴经过高温焙烧，轴的圆度和光洁度均受到影响），故搪瓷层厚度比一般要厚些（约 0.5mm），以便进行特殊精加工保证上述要求。

动环密封圈 7 采用 O 形橡胶圈，因弹性好，也可弥补轴的不圆度。

传动轴和搅拌轴 1 的连接别具一格：以传动轴轴孔为基准，保证上、下轴轴线一致，中间用一根长螺栓 6 把搅拌轴收紧。两轴连接处用 O 形橡胶圈 2 密封，使轴上非搪瓷部分不与介质接触，结构简单，密封可靠。

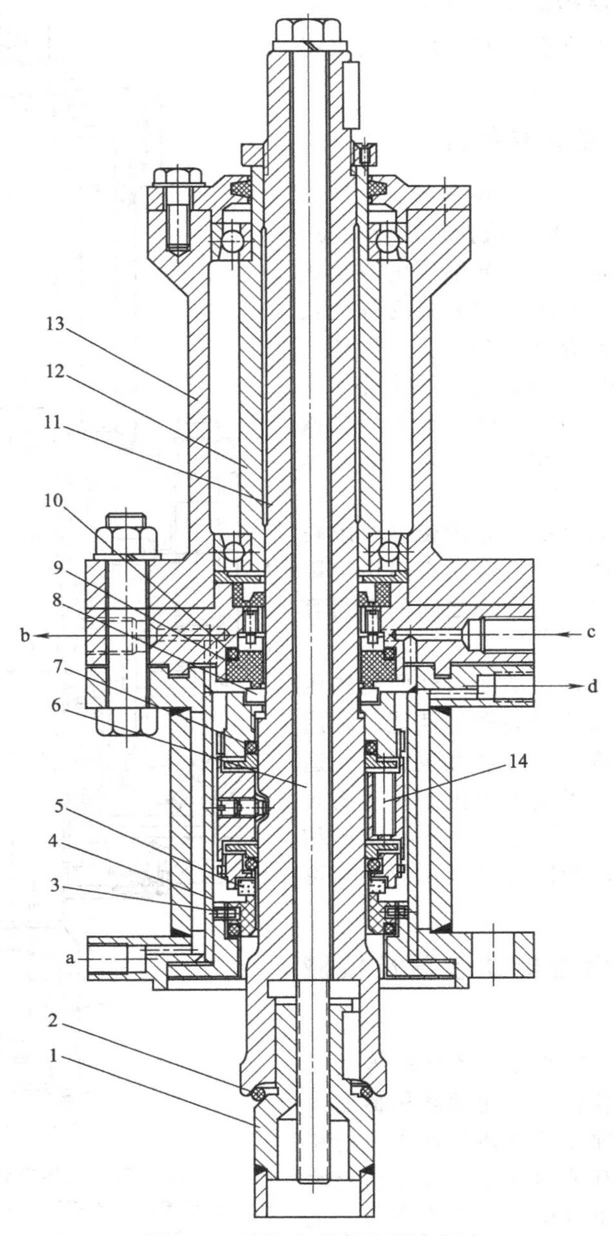


图 7-27 搪瓷釜耐腐蚀机械密封

1—搅拌轴；2—O 形圈；3—防转销；4—下静环；5—下动环；6—长螺栓；7—动环密封圈；8—上动环；9—上静环；10—静环密封圈；11—传动轴；12—轴套；13—轴承箱；14—小弹簧；a—冷却水进口；b—密封液出口；c—密封液入口；d—冷却水出口

动环、静环、O形密封圈都采用耐腐蚀性能很好的材料，其他不锈钢零件与介质接触处也用聚四氟乙烯进行隔离。不锈钢弹簧14浸没在非腐蚀性密封液之中，且密封液压力较釜内压力高49～98kPa，泄漏方向为内漏式，密封元件因此受到了保护。

下静环的防转销3横向安装，除了防止环的旋转外，也阻止静环可能因封压低于釜压时产生轴向串动脱离防转销位置而破坏密封的情况。

轴的支承自成一体，因为配有轴套12，故拆装很方便。该机械密封可配用各种定型立式减速机进行传动。端面摩擦热除了可用封液循环冷却外，外面再加上夹套冷却，冷却效果得到了加强。

## 7.3.4　高压搪瓷釜机械密封

搪瓷釜是搪瓷反应釜、搪瓷蒸馏釜、搪瓷储存釜的简称，又称搪玻璃罐或搪玻璃反应釜，搪瓷釜具有玻璃的稳定性和金属强度的双重优点，具有耐酸、耐碱、耐冲击和耐温变等优良性能，是一种优良的耐腐蚀设备。已广泛地应用于化工、石油、医药、农药、食品等行业。

压力高达4.9MPa的搪瓷反应釜采用机械密封经过试车证明，密封性能也是安全可靠的，如图7-28所示。本机械密封与图7-27所示结构基本相似，不同之处只是耐腐蚀要求较低，传动轴表面没有搪瓷，不存在高温焙烧影响轴的圆度问题，所以轴与动环之间的密封容易保证。

在高压操作条件下，上端面内外两侧的压差很大，环的变形影响端面的密封性能。采用青铜制作的静环，强度高，耐磨性也很好，适合于高压条件下使用。下端面因压差小（密封腔压力与釜内压力已取得平衡），环的变形相对来说比上端面要小，所以动环（或静环）可以采用非金属材料。

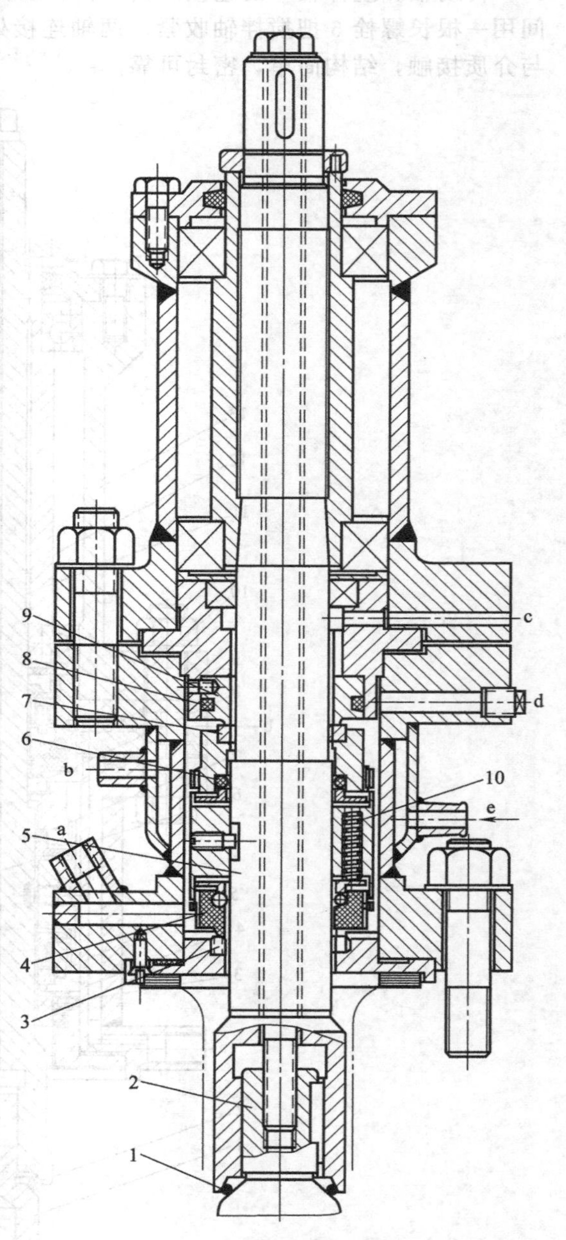


图7-28　高压搪瓷釜机械密封

1—O形圈；2—搅拌轴；3—下静环；4—下动环；5—传动轴；6—动环密封圈；7—上动环；8—静环密封圈；9—上静环；10—小弹簧；a—密封液入口；b—冷却水出口；c—泄漏检查口；d—排气孔；e—冷却水入口

## 7.3.5　30m³聚合釜传动装置及机械密封

如图7-29所示，为30m³聚合釜传动装置。该聚合釜将传动装置、中间轴和机械密封组装在一起成为一个独立的整体后即可进行单独试车。单独试车具有装拆简单，容易检查泄漏情况的优点。待试车合格后再装在聚合釜上驱动搅拌轴进一步进行运转和升压试验。一般说来，通过单独试车的机械密封，在釜上试车问题不会很大。

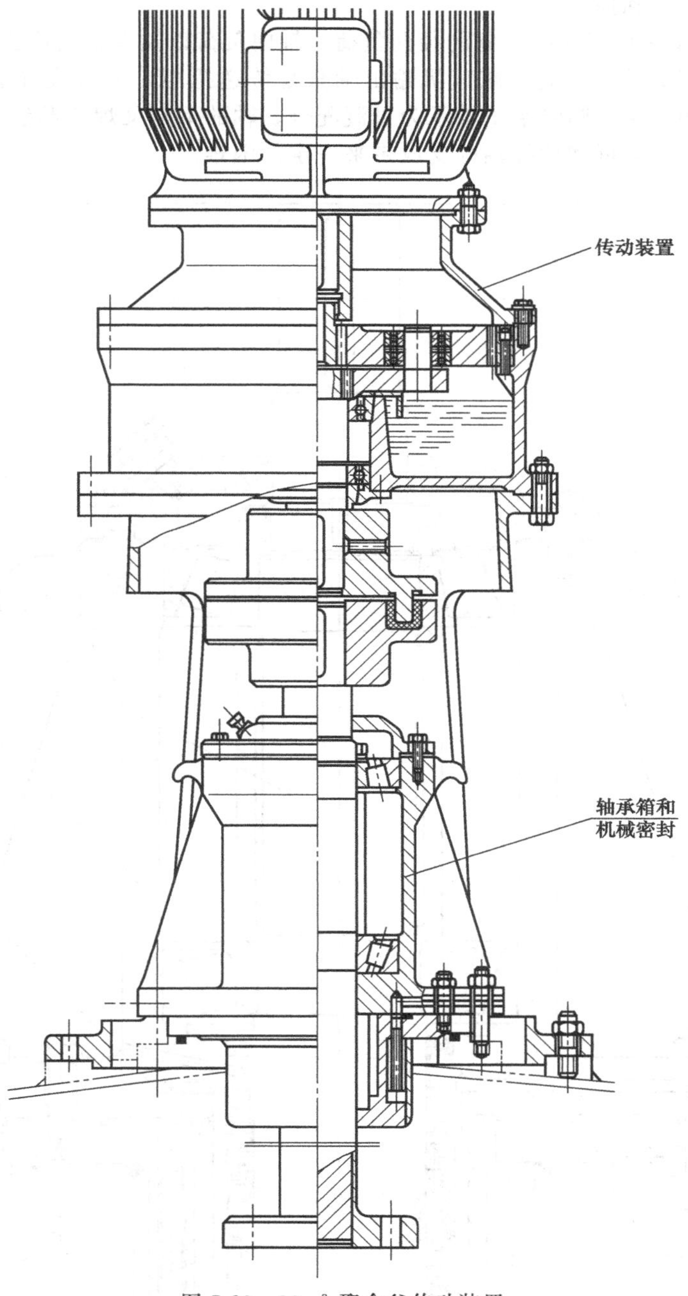


图 7-29 30m³ 聚合釜传动装置

如图 7-30 所示，双端面机械密封上、下两组零件采用相同的平衡型结构，其优点在于：

① 静环的端面直径比一般的要大些，即端面的平均直径尽量靠近静环密封圈的中心直径，使端面受到的压紧力和 O 形圈支承力的偏心力矩缩小，这样，环的变形也将减小。特别是在较高的温度和压力作用下用软材料制作的环容易产生变形或破损，因此，缩小偏心力矩或增加环的断面尺寸可以弥补材料的刚性不足。

② 用紧固螺钉拧紧在轴上传动动环（轴表面包不锈钢不便用键传动），轴的表面会产生刻痕或拉毛，为此，在弹簧座的内侧增加一个黄铜板制作的垫环，以避免动环密封圈（内

圈）在装拆过程中受到损伤。

③ 由于轴承箱承担了搅拌引起的径向负荷、轴向负荷以及由釜内压力产生的轴向推力，搅拌轴自重等全部负荷，因此，减速机输出轴只是传递扭矩，大大改善了减速机的运行条件。但是，中间轴与两个圆锥滚子轴承为过渡配合，轴的下端又焊有凸缘联轴器，如图7-30所示，给机械密封的装拆和搅拌轴的支放带来一定的困难。

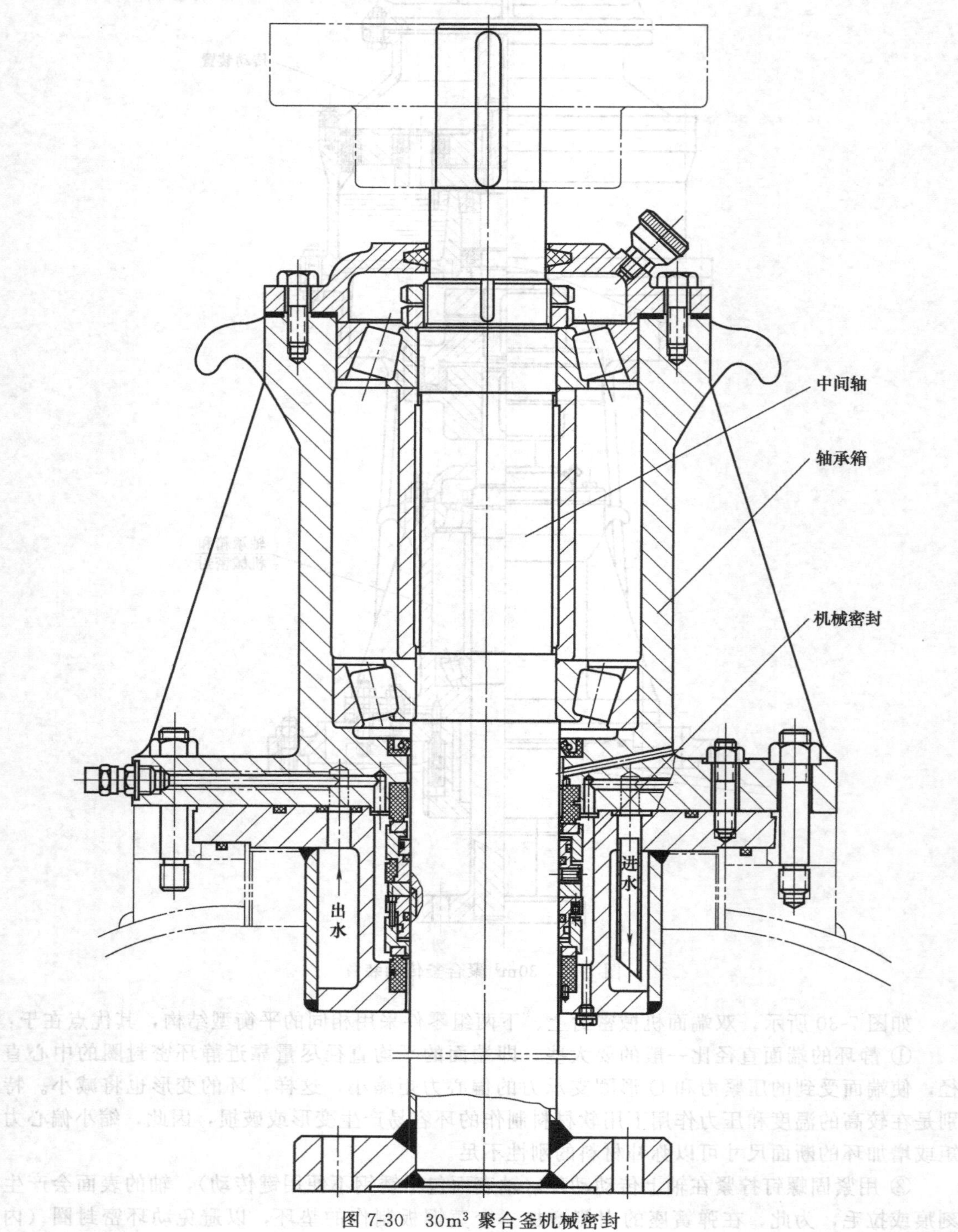


图 7-30　$30m^3$ 聚合釜机械密封

### 7.3.6　$20m^3$ 聚合塔底搅拌机械密封

聚合釜向大型化发展以来，搅拌轴从顶盖上伸入有逐步转向自底部伸入的趋势。底搅拌器和上搅拌器相比较，具有下列优点。

① 搅拌轴短，轴所受的弯曲应力小，所以计算轴径细，省工省料，制造成本低。

② 不像上搅拌器那样要有底轴承和中间轴承，以及由此产生的轴承磨蚀和检修等问题，也不会因轴承发热而影响产品质量的现象发生。

③ 短轴比长轴运转稳定，密封可靠。

④ 底搅拌器的动力装置安放在地面基础上，便于维护检修。

⑤ 搅拌装置在下封头，有利于上封头接管的排列和安装，目前还出现了在上封头上加夹套的做法，以冷却气相介质。

由于底搅拌器轴采用机械密封可以做到泄漏少甚至不泄漏，因此也为大型聚合釜推广使用底搅拌创造了条件。

然而，底搅拌也有一些缺点，如当采用机械密封时如液相物料中有固体物渗入到机械密封时密封将遭到破坏。另外，当密封突然失效时，要防止液体大量流出，因此必须及时采取有效的措施进行检修。

图 7-31 是 $20m^3$ 聚合塔底搅拌机械密封和它的辅助系统流程图。图 7-32 所示为该机械密封结构。为了防止液体中的固体杂质进入机械密封，在密封的上方增加了一套冲洗装置，利用反应过程中需添加的溶剂——汽油作为冲洗液，由多级泵控制冲洗液压力，此压力比反应压力高 98～196kPa，冲洗液通过反向安装的油封圈渐渐流入釜内，阻止了釜内杂质的倒流，保护了机械密封。从多级泵引出的另一条管路将汽油送入密封腔作冷却和润滑端面之用。该密封液的压力与冲洗液压力相同，然后也流入反应釜内。

在大气端的静环因为压差大，环的受力也大，将软材料制作的环镶在金属座内，以减小端面凸台的变形。实践证明，底搅拌器采用机械密封效果很好，使用寿命为一年左右。

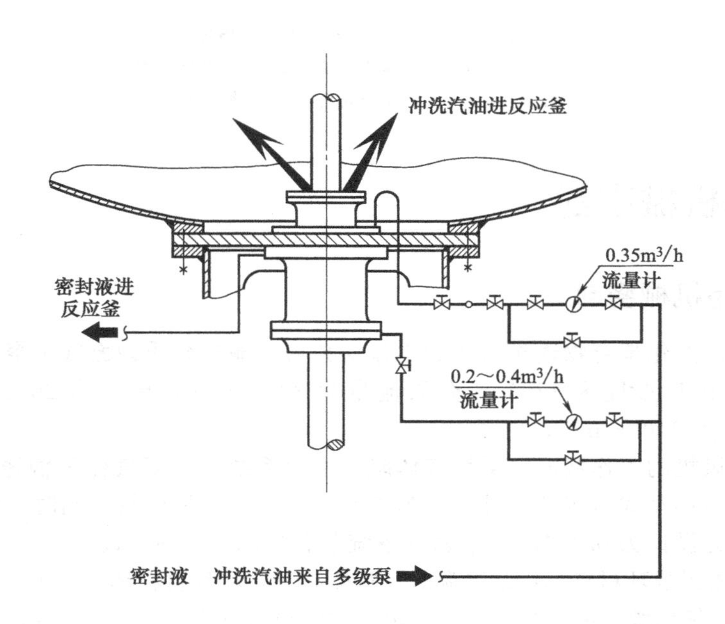


图 7-31　底搅拌机械密封冲洗及封液流程图

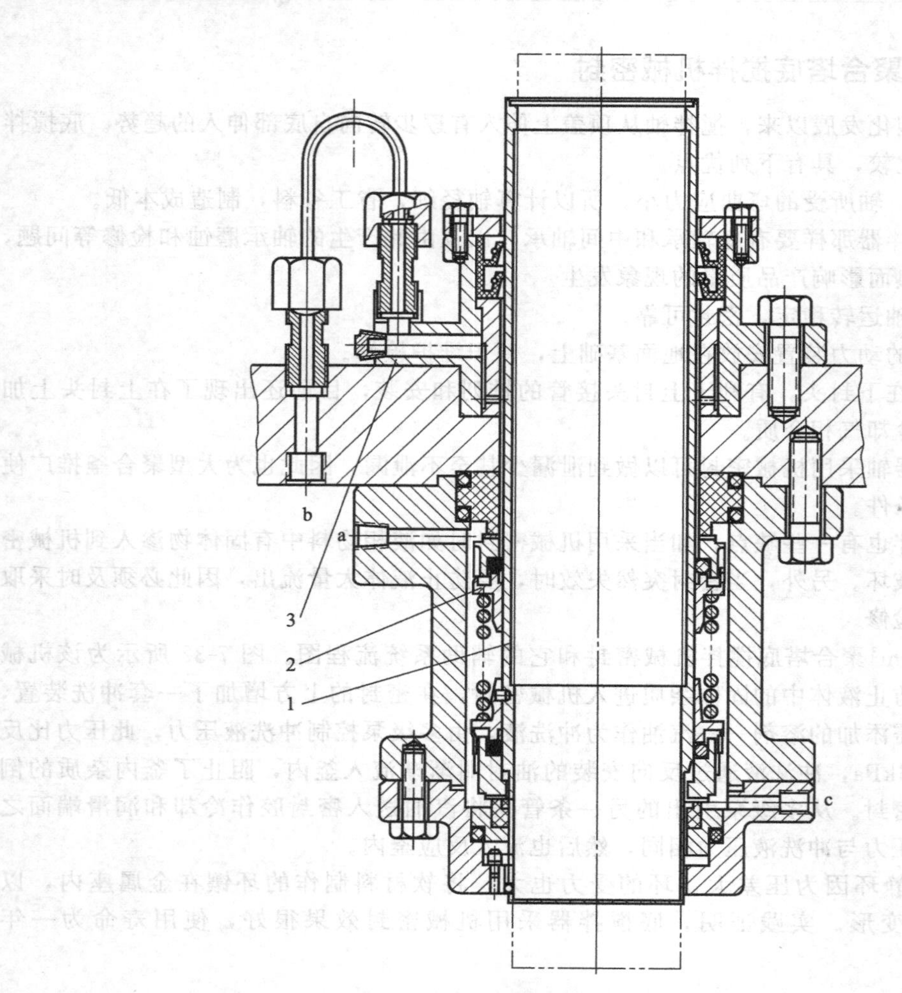


图 7-32 $20m^3$ 聚合塔底搅拌机械密封

1—轴套；2—双端面平衡型机械密封；3—冲洗装置；

a—密封液出口；b—冲洗液进口；c—密封液进口

# 7.4 其他机械密封

## 7.4.1 风机用机械密封

某有限公司国产化聚合物输送风机的工作参数为：输送介质为氮气+聚丙烯腈粉末，入口温度为40℃，出口温度为120℃，介质流量为$3000m^3/h$，压力为26kPa，介质密度为$1.1kg/m^3$，转速为3400r/min。

根据该输送风机的工作状况，采用气体阻塞密封系统。阻塞气体为输送压力为0.2MPa的氮气，内密封为浮动式节流套，外密封为外装式多弹簧机械密封，同时该系统装有自动报警装置，报警压力设计为0.1MPa。该密封系统装置如图7-33所示。

该系统的外密封静环材料选用耐高温的浸锑碳石墨，动环材料选用整体碳化钨，辅助密封材料选用耐高温的氟橡胶。内密封由弹簧力定位的浮动式节流套允许径向浮动，并与轴保持同心，由于节流套有径向浮动能力，因而具有较小的径向间隙，当氮气进入节流套和机械密封之间时，该气体通过节流套窄小的间隙进入风机内，从而阻挡了聚丙烯腈粉末进入机械密封，同时也限制了氮气的流量。而对于用来密封氮气的干运转机械密封来说，则要求其具有密封性好、使用寿命较长、功率损较小等特点，因而对其材料、弹簧载荷以及端面尺寸等必须合理选择，仔细加工。

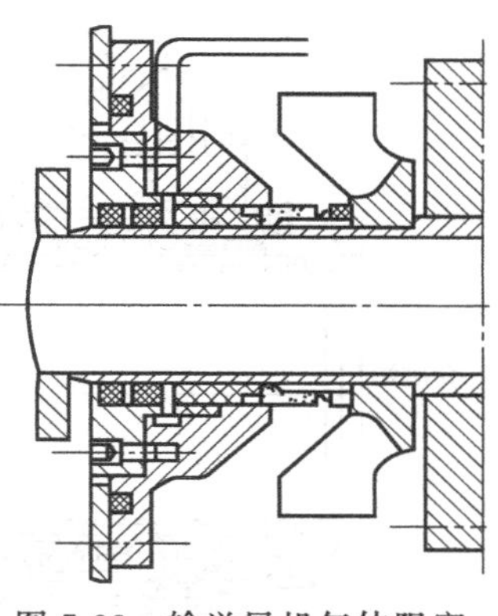

图 7-33　输送风机气体阻塞密封系统装置图

## 7.4.2　高速真空腔试验设备机械密封

这是用于高速、真空条件下的一种特殊结构。其特点是端面间引入的密封油具有流体静力密封和流体动力密封特性。所谓流体静力密封就是将密封油直接引向摩擦面间起润滑作用。液膜压力由单独的液源所产生，以此压力与被密封介质在端面间的推力相对抗。密封油通过 a、b 进、出管口进入静环 3 上小孔 H、沟槽 M，然后进入端面的外侧和内侧，如图 7-34 所示，使原来对大气的密封改变为对润滑油的密封，既改善了密封和润滑条件，也带走了摩擦热。所谓流体动力密封特性是在端面上开设几个小槽 N，这些槽引入的密封油产生的压力楔能有效地减少摩擦面的接触压力，增加润滑性能，因而可以提高密封使用压力、速度极限和冷却效应。

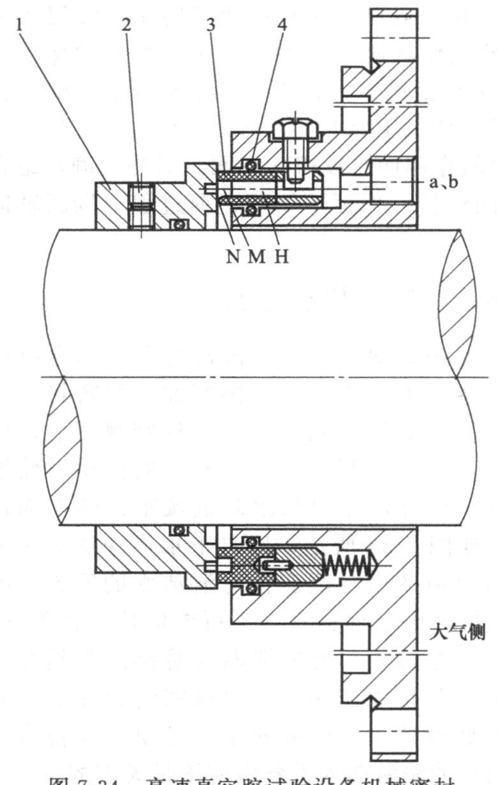


图 7-34　高速真空腔试验设备机械密封
1—动环；2—传动螺钉；3—内外端面静环；4—O 形圈密封；a，b—密封油进出口

沟槽 M 将端面分成内、外两个端面（径向），与普通型式的双端面（轴向）机械密封起相同的作用，但前者具有结构简单、轴向尺寸短的优点。因转速高，转动零件主要是动环 1 和传动螺钉 2，离心力影响小。两个传动螺钉与螺钉孔体积相当，受重心偏移影响小，适用于高速运转。

内、外两个端面做在一个零件上有一定的缺点，如接触面宽度加大后，内端和外端线速度不同，磨损率也不一样，影响密封性能；又因两个端面的接触压力系由一组弹簧所产生，端面比压不能够单独进行调整。

## 7.4.3　能轴向移动的机械密封

如图 7-35 所示为卧式侧装釜用机械密封装置。该密封适用于较长的搅拌轴、高温状况及温度变化较大的场合。为避免轴向产生较大的延伸率由机械密封件承受和补偿，在密封壳体外，设置一金属波纹管作为膨胀节，以承受搅拌轴轴承端的轴向延伸。它与轴承、壳体和釜口法兰连接，使密封壳体可随着轴作轴向与径向位移。同时，依靠安置在壳体内的和补偿环外圆上的 O 形密封圈，保证了有效的密封。机械密封布置为串联式，在密封的外侧，配置了一冷却法兰套，用循环的冷却水带走密封腔内的热量，在高温条件下有效地保护了辅助密封圈。

如图 7-36 所示为卧式反应釜的双端面机械密封，该密封结构允许有更大的轴向位移。

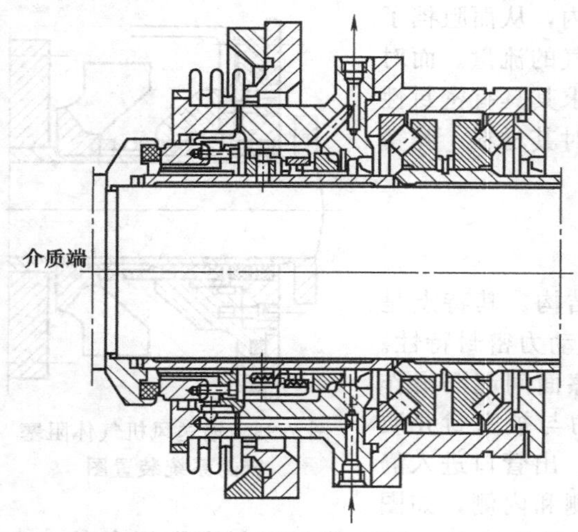


图 7-35 允许有轴向位移的机械密封

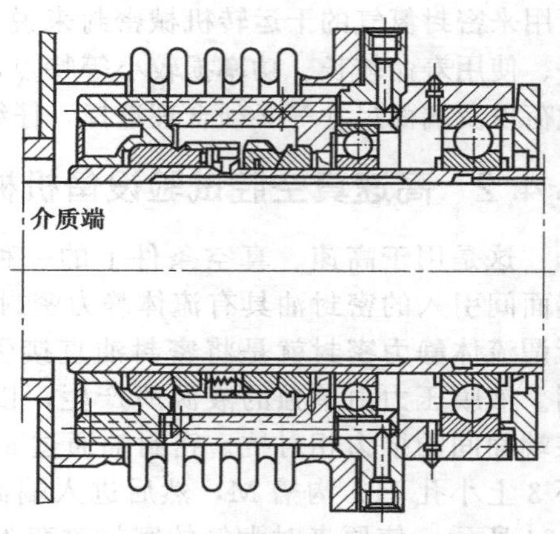


图 7-36 允许有更大轴向位移的机械密封

## 7.4.4 水陆两用车传动端机械密封

如图 7-37 所示为水陆两用车传动端机械密封。该密封结构主要是为了防止泥沙浸入滚动轴承，延长轴承的使用寿命。在有地下水作业的工作场所的传动机械必须很好地保护轴承。轴承用的润滑油脂或油进入内腔 4，由流体动力润滑槽（开设在硬环接触面的内侧）带到端面上起润滑和压力楔的作用。稍大的泥沙粒子经轴承座套上的迷宫密封件 3 阻挡后，少量的泥沙粒子通过迷宫区后也将受到旋转环离心力的作用而难以挤入端面。另外，静环组合件 1 中的 O 形圈和弹簧得到弹性波形密封片的封闭保护，保证了端面磨损过程中端面轴向滑移的弹性补偿作用。

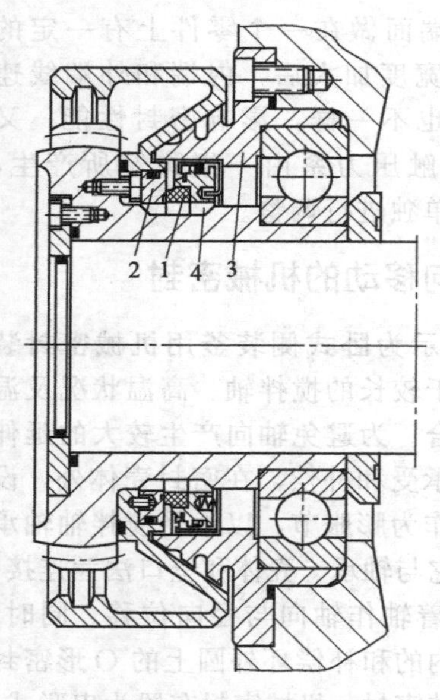


图 7-37 水陆两用车传动端机械密封

1—静环组合件；2—动环；3—迷宫密封件；4—内腔

## 7.4.5 中和滚动加料斗机械密封

中和滚筒是一台卧式回转设备，被密封介质是含有固体颗粒的悬浮液。悬浮液如果进入摩擦端面，则密封面将受到剧烈磨损而失效；如果挤入静环和动环密封圈处，则环的浮动性能降低，且端面磨损后影响静环的自动补偿能力，密封也就失效。因此，在中和滚筒机械密封的前面增设一道填料密封，如图 7-38 所示，用自来水作冲洗液注入其间，使原来对悬浮液的密封改变为对清洁水的密封，改善了润滑和密封条件。由于填料密封不可能保持严密不漏，实际上，清洁的水是通过填料处的泄漏对悬浮液起到冲洗作用的，这一措施对防止固体颗粒与机械密封相接触是非常有效的。要达到此目的，冲洗液的压力必须比设备内的介质压力高些，而且冲洗液漏入设备内应该是无害的。

图 7-39 和图 7-38 中所示的机械密封同为单端面弹簧外装静置型结构，由于后者没有采取冲洗措施而失效。但是图 7-38 所示结构也有特点，就是将静环座 4 的轴向位置设计成受回转圆筒所控制，当筒体在转动过程中有较大的轴向窜动时，静置部分的零件将随着回转筒旋转时所发生的

轴向移动而移动，即静环座和动环端面之间轴向距离保持不变，静环上的弹簧压缩量基本上不会发生变化，因而可使端面受压均匀，保持密封稳定。静环、静环座分别得到小弹簧1和4的缓冲和吸振作用，故能够适应设备振动和动环偏摆而保证两端面持久地贴合。

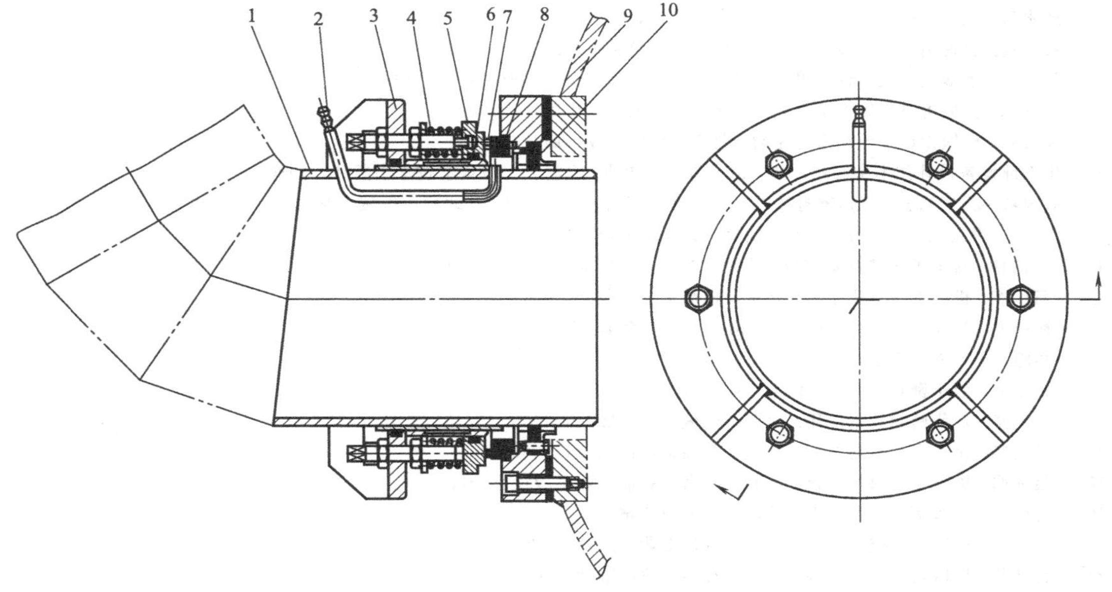


图7-38　加料斗机械密封带冲洗结构

1—加料斗；2—冲洗管；3—弹簧座；4—小弹簧；5—静环；6—静环密封圈；7—动环；8—动环密封圈；9—中和滚筒；10—填料密封

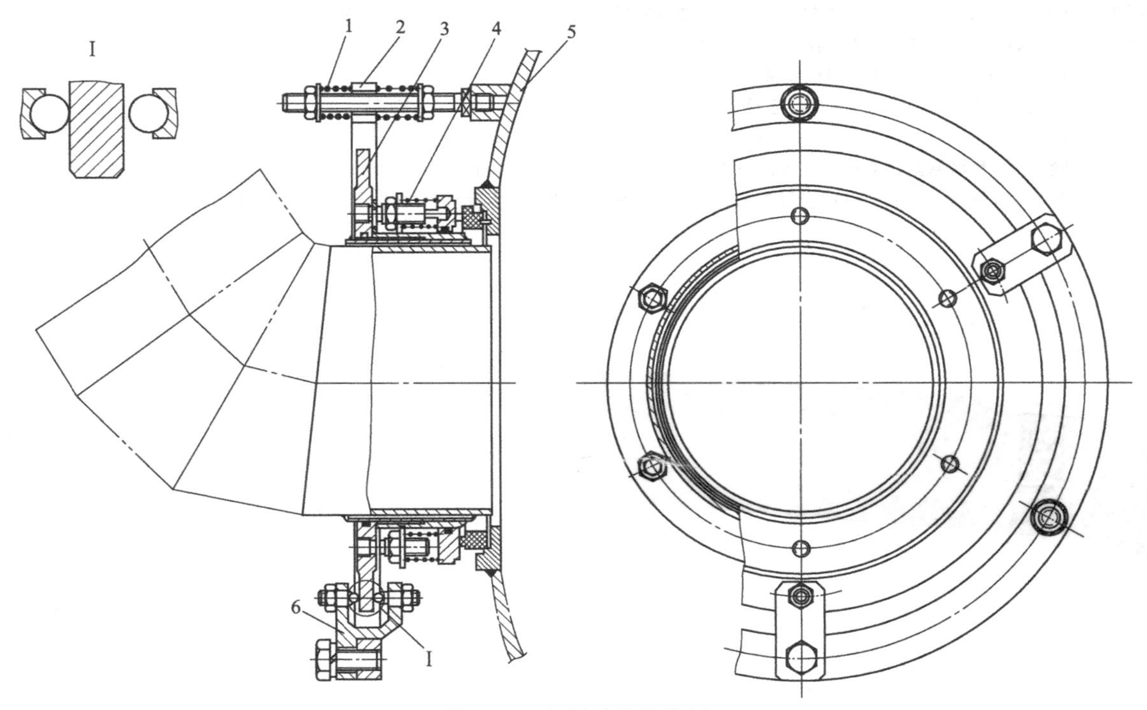


图7-39　加料斗机械密封

1—缓冲弹簧；2—冲洗管；3—弹簧座；4—小弹簧；5—中和滚筒；6—托架

## 参 考 文 献

[1] 郝木明等. 机械密封技术及应用（二）. 北京：中国石化出版社，2014.
[2] 顾永泉. 机械密封实用技术. 北京：机械工业出版社，2007.
[3] 顾永泉. 流体动密封. 东营：石油大学出版社，1990.
[4] 蔡仁良. 过程装备密封技术. 北京：化学工业出版社，2002.
[5] 陈德才，崔德容. 机械密封设计制造与使用. 北京：机械工业出版社，1993.
[6] 赵林源. 机械密封实用方法与技巧. 北京：石油工业出版社，2009.
[7] 成大先. 机械设计手册润滑与密封. 北京：化学工业出版社，2013.
[8] 化工部设备设计技术中心站. 机械密封新结构图册. 上海：上海科学技术出版社，1980.
[9] 海因茨 K. 米勒著. 流体密封技术——原理与应用. 程传庆等译. 北京：机械工业出版社，2002.
[10] 付平，常德功. 密封设计手册. 北京：化学工业出版社，2009.
[11] 田伯勤. 新编机械密封实用技术手册. 北京：中国知识出版社，2005.
[12] 何玉杰. 机械密封选用手册. 北京：机械工业出版社，2011.
[13] 徐祥发，沈兆乾. 机械密封手册. 南京：东南大学出版社，1990.
[14] 林峥. 实用密封手册. 上海：上海科学技术出版社，2008.
[15] 张绍九. 液压密封. 北京：化学工业出版社，2012.
[16] 黄志坚. 现代密封技术应用. 北京：机械工业出版社，2008.
[17] 吕瑞典. 化工设计密封技术. 北京：石油工业出版社，2006.
[18] 赵林源. 机械密封故障分析 100 例. 北京：石油工业出版社，2011.
[19] 鹭田彰. 机械密封. 化工部设备设计技术中心站，1979.
[20] 沈锡华. 机械密封技术问答. 北京：机械工业出版社，1986.
[21] 赵林源. 机械密封技术问答. 北京：石油工业出版社，2011.
[22] JB/T 1472—2011.《泵用机械密封》.
[23] GB/T 15601—2013.《管法兰用金属包覆垫片》.
[24] GB/T 4622.2—2008.《缠绕式垫片、管法兰用垫片尺寸》.
[25] GB/T 9126—2008.《管法兰用非金属平垫片尺寸》.
[26] GB/T 13871.1—2007.《密封元件为弹性体材料的旋转轴唇形密封圈基本尺寸和工差》.
[27] JB/ZQ 4609—2006.《圆橡胶、圆橡胶管及沟槽尺寸》.
[28] JB/T 6994—2007.《VD形橡胶密封圈》.
[29] JB/ZQ 4075—2006.《Z型橡胶油封》.
[30] JB/ZQ 4264—2006.《孔用 Yx 型密封圈》.
[31] 顾永泉. 机械密封的故障、原因及分析. 流体工程，1981 (8)：42-53.
[32] 陈强，王树棠，蔡彤. 机械密封常见故障原因分析及处理. 热力发电，2007，36 (3)：75-77.